MATHEMATIK
zur Fachhochschulreife
Technische Richtung

Komplexe Zahlen, Funktionen, Folgen und Reihen,
Differential- und Integralrechnung, Vektoralgebra

Von Juliane Brüggemann
Berthold Heinrich
Reinhard Sobczak
Rolf Schöwe
Jost Knapp
Rudolf Borgmann

unter Mitarbeit der Verlagsredaktion

Redaktion: Dr. Horst Wedell, Dr. Jürgen Wolff
Herstellung: Wolf-Dieter Stark
Titelfoto und Foto auf Seite 111: Henrik Pohl, Berlin
Technische Zeichnungen: Wolfgang Mattern, Bochum
Technische Umsetzung: Universitätsdruckerei H. Stürtz AG, Würzburg

http://www.cornelsen.de

1. Auflage ✓ €   Druck 5 4 3 2   Jahr 03 02 01 2000

Alle Drucke dieser Auflage können im Unterricht nebeneinander verwendet werden.

Druck: Universitätsdruckerei H. Stürtz AG, Würzburg

ISBN 3-464-41201-6

Bestellnummer 412016

gedruckt auf säurefreiem Papier, umweltschonend hergestellt aus chlorfrei gebleichten Faserstoffen

Vorwort

Dieses Mathematikbuch wendet sich in erster Linie an Schülerinnen und Schüler der Sekundarstufe II, deren Ziel es ist, die Fachhochschulreife für eine technische Richtung zu erwerben. Die mathematischen Inhalte sind deshalb so weit wie möglich an technischen Problemstellungen orientiert. Parallel zu der systematischen Behandlung der mathematischen Gegenstände werden die technischen Beispiele erläutert, so dass Schülerinnen und Schüler auch ohne Vorkenntnisse die anwendungsbezogenen Problemstellungen lösen können. Damit genügt dieses Buch der Forderung der modernen Didaktik des Mathematikunterrichts, fächerübergreifende Lerninhalte in verständlicher Weise zu mathematisieren, ohne dass die Systematik und die Logik der Mathematik verlorengehen. Die Themen dieses Buches decken auch viele Lerninhalte des Mathematik-Grundkurses der Gymnasialen Oberstufe ab.

Das Buch soll für die Lernenden ein Lernbuch und für die Lehrenden ein Lehrbuch sein: die mathematischen Inhalte werden in jedem Abschnitt durch eine Vielzahl von Beispielrechnungen in so kleine Einheiten zerlegt, dass einerseits die Lernenden die Problemlösungen durchschauen und selbstständig mit dem Buch arbeiten können und andererseits den Lehrenden eine solide Basis geboten wird, systematisch Mathematik anwendungsbezogen und problemorientiert unterrichten zu können.

Die zahlreichen Übungsaufgaben dienen der Festigung und der Vertiefung des Gelernten und sollen zur Übertragung auf andere Problemstellungen anregen. Auf schwierige Beweisführungen ist verzichtet worden, damit Mathematik den Lernenden verständlich bleibt.

Auf konkrete Anwendungen der EDV wurde bewusst verzichtet; zu zahlreich und unterschiedlich ist die Software, die in den Schulen vorhanden ist und in der Mathematik eingesetzt wird. Zudem sind viele Programme – speziell in den technischen Anwendungen – schnell veraltet. Ihr aktueller Einsatz ist natürlich unverzichtbar.

Die Verfasserin und die Verfasser hoffen, mit dieser Neuerscheinung die Schulmathematik zu bereichern und bitten um Kritik und Anregungen. Ein besonderer Dank gilt den Verfassern des gleichnamigen Buches für die kaufmännisch-wirtschaftliche Richtung. Ihr Manuskript bildete die Grundlage des vorliegenden Buches. Neben anderen Anwendungsbeispielen und Aufgaben aus der Technik wurden die Kapitel „Zahlenmengen", „Komplexe Zahlen" und „Vektoralgebra" ergänzt und das Kapitel „Funktionen" um das Thema „Winkelfunktionen" erweitert, um den Anforderungen aus den technikspezifischen Bereichen Rechnung zu tragen. Der Redaktion des Verlages danken wir für die gute Zusammenarbeit und für ihre wertvolle und aufwendige Hilfe bei der Überarbeitung der Manuskripte.

Juliane Brüggemann, Berthold Heinrich, Reinhard Sobczak

Hinweise zur Benutzung dieses Buches

Dieses Buch ist ein methodisches Lehrbuch, das auch für den Selbstunterricht gestaltet ist. Es bietet Ihnen die Möglichkeit zum systematischen Lernen, zur Nacharbeit und Wiederholung sowie zum mathematischen Training und Üben. Um das Lernen optimal zu gestalten, sind einige Hinweise zur Benutzung dieses Buches hilfreich.

Im Buch werden zwei Arten von Beispielen unterschieden, das halbspaltig abgedruckte, den Lehrtext entwickelnde Beispiel und das Musterbeispiel für Sie, den Lernenden, in voller Satzspiegelbreite. Jedes Kapitel ist in pädagogisch und mathematisch sinnvolle Lernabschnitte eingeteilt, die jeweils meistens mit einem **technischen Problem** (Beispiel) beginnen und dessen Lösung in kleinen Schritten entwickelt wird. Auf schwierige Beweisführungen wird verzichtet. Alle Problemlösungen werden dann unter **Merke** zu Erklärungen, Regeln oder Anwendungshinweisen zusammengefasst. In vielen **Beispielen** mit ausführlichen Lösungswegen erfolgt anschließend die Anwendung und Vertiefung des Gelernten. Zahlreiche **Übungsaufgaben** bieten Ihnen vielfältige Möglichkeiten zum mathematischen Training.

Bemerkenswert ist die in diesem Buch angewendete **Zweispalten-Methode**. Dabei wird in der rechten Spalte der mathematische Lösungsgang in kleinen Rechenschritten entwickelt, während synchron dazu in der linken Spalte eine ausführliche verbale Erläuterung und Begründung erfolgt, so dass der Rechengang nicht unterbrochen werden muss. Neben den üblichen mathematischen Zeichen und Symbolen finden Sie oft ein kleines Dreieck „▶“, das hier im Sinne von „Beachten Sie“ oder einem nichtmathematischen „Daraus folgt“ oder als „Setzen Sie“ oder zur Gliederung des Rechenganges verwendet wird. Alle Rechnungen in diesem Buch werden, soweit nicht anders angemerkt, auf zwei Dezimalstellen gerundet und mit dem „=“-Zeichen versehen. Den verwendeten Schreib- und Sprechweisen liegt die Norm DIN 1302 „Allgemeine mathematische Zeichen und Begriffe“ vom April 1994 zugrunde. Insbesondere enthält hiernach die Menge $\mathbb{N}$ der natürlichen Zahlen die Zahl 0 und die Herausnahme der 0 wird durch die Menge $\mathbb{N}^*$ gekennzeichnet. Ergänzend zu dieser Norm wird z.B. die Menge der nicht negativen reellen Zahlen mit $\mathbb{R}^{\geq 0}$ bezeichnet und in Analogie dazu mit $\mathbb{R}^{\leq -1}$ die Menge der reellen Zahlen, welche kleiner oder gleich -1 sind.

Die Verfasser wünschen Ihnen bei der Arbeit mit diesem Buch viel Erfolg.

Zu diesem Buch ist ein Lösungsbuch (Bestell-Nr. 412717) erschienen, das über den Buchhandel zu beziehen ist.

Inhaltsverzeichnis

1 Die Zahlenmengen

Zur quantitativen Erfassung von naturwissenschaftlichen und technischen Zusammenhängen werden Zahlen aus unterschiedlichen Zahlenmengen verwendet. Geht es nur um die Anzahl von irgendwelchen Dingen, so kommen wir mit den **natürlichen Zahlen** aus. Wird aber beispielsweise für Temperaturmessungen die Celsiusskala verwendet, so benötigen wir auch **negative Zahlen**, also mit den natürlichen Zahlen alle **ganzen Zahlen**. Sollen auch Zwischenwerte abgelesen werden, so sind zur Beschreibung **rationale Zahlen** erforderlich.

Bei der Behandlung von Problemen aus Naturwissenschaft und Technik begegnen uns immer wieder mathematische Gleichungen, deren Lösbarkeit wesentlich auch von dem zur Verfügung stehenden Zahlenbegriff abhängt. In der Menge der natürlichen Zahlen sind bereits einfache lineare Gleichungen wie beispielsweise $5+x=3$ und $5\cdot x=3$ nicht lösbar. Die erste dieser beiden Gleichungen veranlasst uns zur Zahlenbereichserweiterung zu den ganzen Zahlen, die zweite motiviert zur Erweiterung auf rationale Zahlen. Aber auch die Menge der rationalen Zahlen reicht nicht aus, wenn man beliebige quadratische Gleichungen lösen möchte. Deshalb wird die Erweiterung zu den **reellen Zahlen** und schließlich zu den **komplexen Zahlen** erforderlich. Letztere sind aus einigen naturwissenschaftlichen und technischen Bereichen – so beispielsweise der Elektrotechnik – nicht mehr wegzudenken.

Im Abschnitt 1.1 geben wir einen kurzen Überblick zu den bereits bekannten Zahlenmengen; im Abschnitt 1.2 erfolgt eine erste Einführung in die komplexen Zahlen.

1.1 Natürliche, ganze, rationale und reelle Zahlen

Natürliche Zahlen

Die natürlichen Zahlen entstanden aus dem Bedürfnis Dinge zu zählen. Auf diese Weise kann jeder endlichen Menge die Anzahl der in ihr enthaltenen Elemente zugeordnet werden. Der leeren Menge wird die Zahl 0 zugeordnet. Als Symbol für die Menge der natürlichen Zahlen wird das Zeichen $\mathbb{N}$ verwendet.

Die natürlichen Zahlen können auf einem Zahlenstrahl veranschaulicht werden.

Menge der natürlichen Zahlen:

$\mathbb{N}=\{0; 1; 2; 3; 4; 5; 6; \ldots\}$

Menge der natürlichen Zahlen ohne die Zahl 0:

$\mathbb{N}^*=\{1; 2; 3; 4; 5; 6; \ldots\}$

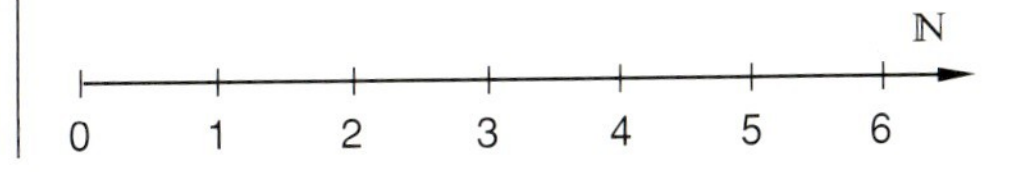

Ganze Zahlen

Fügen wir zur Menge der natürlichen Zahlen die Menge der negativen Zahlen $\{-1; -2; -3; \ldots\}$ hinzu, so kommen wir zur Menge $\mathbb{Z}$ der ganzen Zahlen. Es ist deshalb naheliegend, den Zahlenstrahl symmetrisch zu einer Zahlengeraden zu ergänzen. Dabei sind links von der Null die negativen ganzen Zahlen angeordnet.

Menge der ganzen Zahlen:

$\mathbb{Z}=\{\ldots; -3; -2; -1; 0; 1; 2; 3; \ldots\}$

ℤ
−3 −2 −1 0 1 2 3

Es gilt: $\mathbb{N}\subset\mathbb{Z}$.

Rationale Zahlen

Die Menge aller Brüche $\frac{p}{q}$, bei denen p und q ganze Zahlen sind und q von 0 verschieden ist, heißt Menge $\mathbb{Q}$ der rationalen Zahlen.

Jeder Bruch lässt sich als endliche oder als periodische Dezimalzahl schreiben.

Die rationalen Zahlen können ebenfalls auf der Zahlengeraden veranschaulicht werden. Der einer rationalen Zahl entsprechende Punkt kann mit Hilfe einer Strahlensatzfigur konstruiert werden. Das nebenstehende Bild zeigt eine Figur zur Konstruktion der Punkte zu den rationalen Zahlen $\frac{2}{3}$ und $\frac{7}{3}$.

Menge der rationalen Zahlen:

$$\mathbb{Q}=\left\{\frac{p}{q}\,\middle|\,p,\,q\in\mathbb{Z}\wedge q\neq 0\right\}$$

Jede ganze Zahl p kann in der Form $\frac{p}{1}$ geschrieben werden. Die ganzen Zahlen (und damit auch die natürlichen Zahlen) bilden also eine Teilmenge der rationalen Zahlen.

Es gilt:

$\mathbb{N}\subset\mathbb{Z}\subset\mathbb{Q}$.

Reelle Zahlen

Die rationalen Zahlen liegen auf der Zahlengeraden „dicht“, denn zwischen zwei rationalen Zahlen können wir stets unendlich viele weitere rationale Zahlen finden. Das legt die Vermutung nahe, dass auch jedem Punkt der Zahlengeraden eine rationale Zahl entspricht. Dem ist aber nicht so!

Zeichnen wir über der Einheitsstrecke der Zahlengeraden das Quadrat $ABCD$ mit der Seitenlängenmaßzahl 1, so hat nach dem Lehrsatz des Pythagoras die Diagonale eine Längenmaßzahl x, die der quadratischen Gleichung

$$x^2=1^2+1^2=2$$

genügt. Der Kreis um A mit dem Radius $x=|\overline{AC}|$ schneidet die Zahlengerade in einem Punkt X, der der Längenmaßzahl x der Diagonalen entspricht.

Wir nehmen zunächst an, dass die Lösung x eine rationale Zahl ist; dass es also ganze Zahlen p und q mit $p,\,q>0$ gibt, sodass gilt:

$$x=\frac{p}{q}.$$

Die nebenstehenden Überlegungen zeigen, dass die Lösung x der Gleichung $x^2=2$ keine rationale Zahl sein kann.

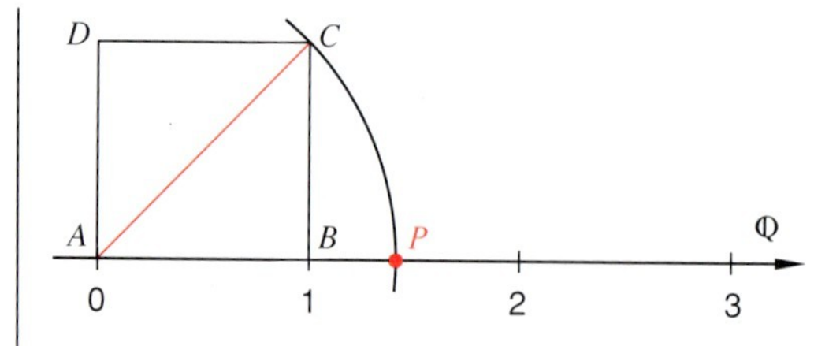

Aus $x^2=2$ und der Annahme $x=\frac{p}{q}$ folgt

$$\frac{p^2}{q^2}=2, \quad \text{also} \quad p^2=2\cdot q^2.$$

Da auf der linken Seite der letzten Gleichung das Quadrat einer ganzen Zahl steht, kommt dort der Primfaktor 2 in geradzahliger Anzahl vor. Ebenso tritt in der Primfaktorzerlegung von q^2 der Primfaktor 2 in gerader Anzahl auf. Da aber auf der rechten Seite der Gleichung ein weiteres Mal der Faktor 2 vorkommt, tritt der Primfaktor 2 rechts in ungeradzahliger Anzahl auf. Die Gleichung $p^2=2\cdot q^2$ kann also niemals gelten.

Nun besteht aber immer die Möglichkeit, die Lösung x der Gleichung $x^2=2$ mit beliebiger Genauigkeit durch rationale Zahlen näherungsweise zu bestimmen. Wir können dies durch eine dezimale Einschachtelung der Lösung x erreichen. Dabei bestimmen wir, ausgehend von den Zahlen $a_0=1$ und $b_0=2$, zwischen denen die Lösung liegen muss, schrittweise jeweils zwei rationale Zahlen a_n und b_n in dezimaler Darstellung so, dass gilt:

$b_n-a_n=10^{-n}$ und $a_n^2<2<b_n^2$.

Dann gilt auch $a_n<x<b_n$.

$n=0$:	$1<x<2$;	denn	$1^2=1<2<4=2^2$
$n=1$:	$1{,}4<x<1{,}5$;	denn	$1{,}4^2=1{,}96<2<2{,}25=1{,}5^2$
$n=2$:	$1{,}41<x<1{,}42$;	denn	$1{,}41^2=1{,}9881<2<2{,}0164=1{,}42^2$
$n=3$:	$1{,}414<x<1{,}415$;	denn	$1{,}414^2=1{,}999396<2<2{,}002225=1{,}414^2$
$n=4$:	$1{,}4142<x<1{,}4143$;	denn	$1{,}4142^2=1{,}99996164<2<2{,}00024449=1{,}4143^2$

. . . .

Das Verfahren liefert zwei Folgen von rationalen Näherungswerten, deren Glieder „immer besser" die Gleichung $x^2=2$ erfüllen. Das Verfahren kann beliebig fortgesetzt werden; es bricht niemals ab. Die Vorgehensweise führt zu einer unendlichen, nicht periodischen Dezimalzahl, die man im Gegensatz zu den rationalen Zahlen als **irrationale Zahl** bezeichnet. Allen Punkten der Zahlengeraden, denen keine rationale Zahl zugeordnet werden kann, entspricht eine irrationale Zahl, also eine unendliche, nicht periodische Dezimalzahl. Rationale und irrationale Zahlen bilden zusammengenommen die Menge $\mathbb{R}$ der **reellen Zahlen**. Die rationalen Zahlen bilden damit eine Teilmenge der reellen Zahlen.

Die positive Lösung der Gleichung $x^2=2$ wird mit dem Symbol $\sqrt{2}$ (sprich: „Wurzel aus 2" oder „Quadratwurzel aus 2") bezeichnet. Eine zweite Lösung dieser Gleichung ist die ebenfalls irrationale Zahl $-\sqrt{2}$.

In der Menge der reellen Zahlen besitzt jede Gleichung $x^2=a$ die beiden Lösungen $\sqrt{a}$ und $-\sqrt{a}$, falls a positiv ist. Für $a=0$ hat die Gleichung nur die Lösung 0. Ist a negativ, so hat die Gleichung keine reelle Lösung, weil das Quadrat einer reellen Zahl stets nicht negativ ist.

$x^2=9$

$\Leftrightarrow x=\sqrt{9}=3 \vee x=-\sqrt{9}=-3$

$x^2=5$

$\Leftrightarrow x=\sqrt{5}\approx 2{,}236 \vee x=-\sqrt{5}=-2{,}236$

$x^2=-1$ besitzt keine reelle Lösung.

Bereits einfache Taschenrechner besitzen eine „Quadratwurzeltaste". Mit solchen Taschenrechnern können Quadratwurzeln von nicht negativen Zahlen zumindest näherungsweise bestimmt werden. Man erhält damit acht- oder zehnstellige Näherungswerte, die entsprechend der praktischen Aufgabenstellung zu runden sind.

$\sqrt{2}\approx 1{,}414213562$

$\sqrt{625}=25$

$\sqrt{\tfrac{3}{7}}\approx 0{,}65465367$

$\sqrt{9{,}81}\approx 3{,}132091953$

Wir bemerken noch, dass sich die irrationalen Zahlen keineswegs in den nicht rationalen Quadratwurzeln erschöpfen. Andere Beispiele sind die Kreiszahl $\pi=3{,}141592653589\ldots\approx 3{,}14$ und die Euler'sche Zahl $e=2{,}718281828459\ldots\approx 2{,}72$.

Übungen zu 1.1

1. Ermitteln Sie den Hauptnenner und die Summe.

a) $\frac{1}{3}+\frac{2}{5}-\frac{3}{4}+\frac{5}{6}$ **b)** $\frac{4}{9}-\frac{3}{4}+\frac{2}{3}-\frac{3}{8}$ **c)** $\frac{6}{8}+\frac{2}{5}-\frac{3}{12}-\frac{6}{10}+\frac{3}{15}$

d) $\frac{15}{12}-\frac{4}{3}+\frac{16}{8}-\frac{15}{7}+\frac{10}{6}$ **e)** $9\frac{3}{5}-\frac{2}{3}-\frac{12}{4}-3\frac{1}{8}+\frac{4}{40}$ **f)** $6\frac{2}{4}+3\frac{1}{6}-12\frac{3}{5}+1\frac{1}{3}-7$

2. Berechnen Sie das Produkt.

a) $\frac{5}{3}\cdot 12$ **b)** $7\cdot\frac{8}{28}$ **c)** $4\cdot\frac{6}{9}$ **d)** $12\cdot\frac{9}{17}$ **e)** $\frac{11}{14}\cdot\frac{21}{44}$ **f)** $\frac{117}{119}\cdot\frac{102}{91}$

g) $6\cdot 4\frac{3}{7}$ **h)** $5\frac{8}{9}\cdot 3$ **i)** $5\frac{2}{3}\cdot 8\frac{12}{15}$ **j)** $3\frac{1}{2}\cdot 4\frac{3}{7}\cdot 2\frac{2}{9}$ **k)** $\frac{5}{3}\cdot\frac{4}{7}\cdot\frac{12}{14}\cdot\frac{49}{20}$ **l)** $2\frac{3}{5}\cdot 6\cdot\frac{25}{21}\cdot\frac{3}{4}$

3. Berechnen Sie den Quotienten.

a) $\frac{6}{18}:3$ **b)** $\frac{25}{15}:5$ **c)** $5:\frac{35}{10}$ **d)** $\frac{9}{\frac{3}{18}}$ **e)** $\frac{21}{12}:\frac{14}{15}$ **f)** $\frac{\frac{32}{18}}{\frac{24}{36}}$

4. Berechnen Sie den Kettenbruch mit Hilfe eines Taschenrechners.

a) $\cfrac{1}{1+\cfrac{1}{2+\cfrac{2}{3+\cfrac{3}{4}}}}$ **b)** $\cfrac{1}{2-\cfrac{3}{4+\cfrac{5}{6-\cfrac{7}{8}}}}$ **c)** 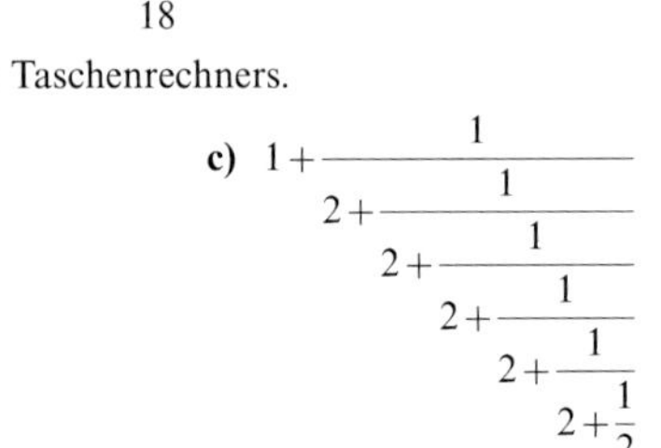 $1+\cfrac{1}{2+\cfrac{1}{2+\cfrac{1}{2+\cfrac{1}{2+\cfrac{1}{2+\cfrac{1}{2}}}}}}$

5. Formen Sie die Kettenbrüche von Aufgabe 4 in gemeine Brüche um.

6. Wandeln Sie die einzelnen Summanden zunächst so um, dass sie die gleiche Einheit haben. Berechnen Sie dann die Summe der Größen.

a) $76{,}38\ \text{cm}^2+0{,}042\ \text{km}^2-16\,352\ \text{dm}^2+8\,241\,005\ \text{mm}^2$

b) $153{,}41\ \text{kg}+27\,893{,}1\ \text{g}-40\,002{,}521\ \text{mg}-0{,}0205\ \text{kg}$

7. Vereinfachen Sie die Terme. Geben Sie die einschränkenden Bedingungen an.

a) $\frac{2b+b}{2b-b}$ **b)** $\frac{2a-3}{8-8a}$ **c)** $\frac{x-yz}{xyz}$ **d)** $\frac{ab-ac-br+rc}{ab+ac-br-rc}$

8. Bestimmen Sie die Definitions- und die Lösungsmenge der Gleichung in der Grundmenge $G=\mathbb{Q}$.

a) $16-(3x+4)+(x-7)=x+4$ **b)** $\frac{1}{5}\left[2x-\frac{2}{3}\left(x-\frac{5}{6}\right)\right]=\frac{7}{5}\left(4x-\frac{25}{9}\right)$

c) $(a-b)\,x-(c+ax)=(c+b)\,x-x(a+c)$ **d)** $0{,}5(4{,}4-3x)-0{,}9(0{,}5x-1{,}6)=4{,}08-2{,}5x$

e) $4-\frac{2x-8}{3}=\frac{6-5x}{22}+\frac{1}{6}(47x-3)$ **f)** $\frac{3x-4}{6x-2}+\frac{7x+2}{x-3}-\frac{2x+5}{2x-2}-\frac{6x+2}{3x-8}=0$

9. Konstruieren Sie auf der Grundlage des Strahlensatzes bzw. des Satzes des Pythagoras mit Zirkel, Lineal und Geodreieck den Punkt auf der Zahlengeraden, der der gegebenen Zahl entspricht.

a) $\frac{7}{5}$ **b)** $-\frac{5}{7}$ **c)** $\sqrt{5}$ **d)** $\sqrt{13}$

10. Beschreiben Sie die Konstruktionen von Aufgabe 9.

11. Begründen Sie, dass die Gleichung keine rationalen Lösungen besitzt.

a) $x^2=5$ **b)** $x^2=13$ **c)** $x^2=8$ **d)** $x^2=\frac{2}{3}$

12. Bestimmen Sie durch Intervallschachtelung einen endlichen Näherungsdezimalbruch für die irrationale Quadratwurzel. Brechen Sie die Rechnung ab, wenn sich die fünfte Stelle hinter dem Komma nicht mehr ändert.

a) $\sqrt{5}$ **b)** $\sqrt{0{,}9}$ **c)** $\sqrt{2{,}5}$ **d)** $\sqrt{\pi}$

1.2 Komplexe Zahlen

Um einen vollständigen Überblick über die Zahlenmengen zu erhalten, wird im Folgenden eine erste Einführung zu den komplexen Zahlen gegeben. An späterer Stelle erfolgt dann eine entsprechende Vertiefung zu dieser Zahlenmenge, deren Anwendung bei der Darstellung und Berechnung von Größen in der Wechselstromtechnik zu wesentlichen Vereinfachungen führt.

Grundbegriffe

In der Wechselstromtechnik ist es von Vorteil, bestimmte Größen nicht nur durch ihren zahlenmäßigen Betrag zu beschreiben, sondern sie in der Ebene durch „Zeiger“ darzustellen, die vom Nullpunkt eines kartesischen Koordinatensystems ausgehen. Die waagerechte Koordinatenachse ist dabei die reelle Zahlengerade. Auf der senkrechten Achse werden im Unterschied zu den reellen Zahlen die sogenannten **imaginären Zahlen** abgetragen, sodass jeder Zeiger als „Summe“ aus einer reellen und einer imaginären Komponente erscheint. Im Unterschied zur Einheit 1 der reellen Zahlen bezeichnen wir die Einheit der imaginären Zahlen mit j.[1] Wir können damit jeden Zeiger in der Form

$z = a + bj$

darstellen, wobei a und b reelle Zahlen sind. Man nennt a den Realteil und b den Imaginärteil von z und schreibt:

$a = \text{Re}\, z; \quad b = \text{Im}\, z.$

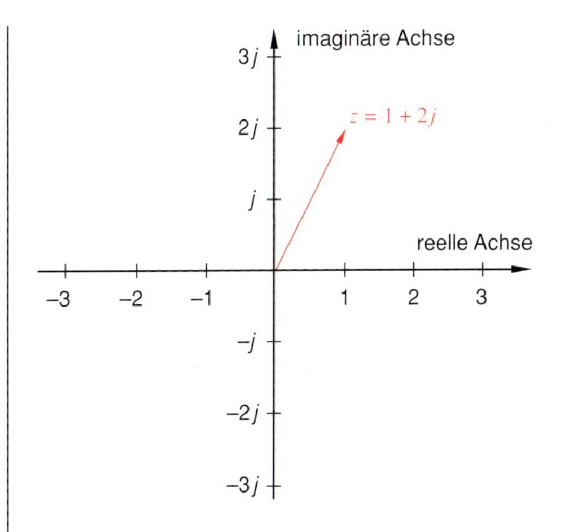

Beispiele 1.1

$z = 1 + 2j; \quad \text{Re}\, z = 1; \quad \text{Im}\, z = 2$

$z = -\frac{1}{2} + \frac{3}{4}j; \quad \text{Re}\, z = -\frac{1}{2}; \quad \text{Im}\, z = \frac{3}{4}$

$z = 1{,}2 - \pi \cdot j; \quad \text{Re}\, z = 1{,}2; \quad \text{Im}\, z = -\pi$

Für die so definierten Zeiger können eine Addition und eine Multiplikation erklärt werden. Es stellt sich heraus, dass diese Rechenoperationen dieselben Eigenschaften wie bei den reellen Zahlen haben. Beide Operationen erweisen sich als umkehrbar, wobei die Division durch die Zahl $0 + 0 \cdot j = 0$ wieder nicht definiert ist.

Wir werden deshalb im Folgenden von Zahlen und nur bei deren geometrischer Darstellung von Zeigern sprechen. Man nennt diese neuen Zahlen **Menge $\mathbb{C}$ der komplexen Zahlen**. Die Ebene, in der die Zahlen durch Zeiger oder deren Endpunkte veranschaulicht werden können, heißt **Gauß'sche Zahlenebene**. Wir definieren zunächst die Gleichheit komplexer Zahlen:

Zwei komplexe Zahlen z_1 und z_2 sind gleich, wenn ihre Realteile und ihre Imaginärteile übereinstimmen.

$$z_1 = z_2 \quad \Leftrightarrow \quad \text{Re}\, z_1 = \text{Re}\, z_2 \quad \wedge \quad \text{Im}\, z_1 = \text{Im}\, z_2$$

---

[1] In der Elektrotechnik wird die imaginäre Einheit mit dem Buchstaben j bezeichnet im Gegensatz zu der sonst in der Mathematik üblichen Bezeichnung mit dem Buchstaben i. Da das vorliegende Buch sich an Techniker richtet, verwenden wir ebenfalls den Buchstaben j.

Addition und Subtraktion komplexer Zahlen

Die Addition komplexer Zahlen wird in sehr einfacher Weise definiert: Der Realteil der Summe zweier komplexer Zahlen ist gleich der Summe der Realteile, der Imaginärteil der Summe ist gleich der Summe der Imaginärteile. Für die komplexen Zahlen $z_1=a_1+b_1 j$ und $z_2=a_2+b_2 j$ gilt also:

$$z_1+z_2=(a_1+a_2)+(b_1+b_2)j$$

In der Gauß'schen Zahlenebene ergibt sich der Zeiger der Summe als Diagonale in dem Parallelogramm, das durch die Zeiger der beiden Summanden aufgespannt wird.

Die Differenz zweier komplexer Zahlen $z_1=a_1+b_1 j$ und $z_2=a_2+b_2 j$ erhält man, indem man die Differenzen der Realteile und die Differenzen der Imaginärteile bildet:

$$z_1-z_2=(a_1-a_2)+(b_1-b_2)j$$

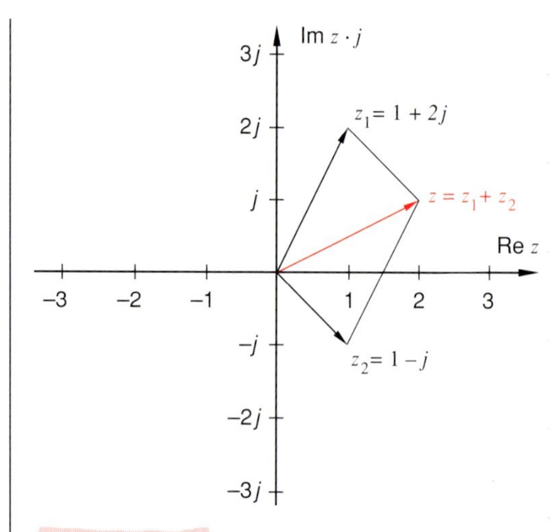

Beispiele 1.2

$z_1+z_2=(1+2j)+(1-j)=2+j$
$z_1-z_2=(1+2j)-(1-j)=0+3j=3j$

Multiplikation komplexer Zahlen

Bilden wir in formaler Weise das Produkt der komplexen Zahlen $z_1=a_1+b_1 j$ und $z_2=a_2+b_2 j$, indem wir wie im Reellen einfach die Klammern ausmultiplizieren, so erhalten wir:

$$z_1 \cdot z_2=(a_1+b_1 j)\cdot(a_2+b_2 j)=a_1\,a_2+(a_1\,b_2+a_2\,b_1)j+b_1\,b_2\,j^2.$$

Wir erhalten also den Teilterm $a_1\,a_2$, der offensichtlich zum Realteil des Produktes gehört und den Teilterm $a_1\,b_2+a_2\,b_1$, der dem Imaginärteil des Produktes zuzuordnen ist. Der Teilterm $b_1\,b_2$ mit dem Faktor j^2 kann zunächst nicht zugeordnet werden, weil wir noch nicht wissen, welchen Wert j^2 sinnvollerweise erhalten sollte. Wir betrachten nun den Winkel, den ein Zeiger mit der positiven reellen Achse bei mathematisch positivem Drehsinn bildet. Dann entspricht der reellen Einheit 1 ein Winkel von 0°, der imaginären Einheit j entspricht ein Winkel von 90°, -1 hat einen Winkel von 180° und $-j$ einen Winkel von 270°. Wir können nun feststellen, dass wir die Winkel von Produkten erhalten, indem wir die Winkel der Faktoren addieren; wir erhalten beispielsweise

für	$1\cdot 1=1$	einen Winkel von	$0°+0°=0°$;
für	$1\cdot(-1)=-1$	einen Winkel von	$0°+180°=180°$;
für	$(-1)\cdot(-1)=1$	einen Winkel von	$180°+180°=360°$ (entspricht 0°);
für	$1\cdot j=j$	einen Winkel von	$0°+90°=90°$;
für	$(-1)\cdot j=-j$	einen Winkel von	$180°+90°=270°$;
für	$1\cdot(-j)=-j$	einen Winkel von	$0°+270°=270°$;
für	$(-1)\cdot(-j)=j$	einen Winkel von	$180°+270°=450°$ (entspricht 90°).

Dem Produkt $j\cdot j=j^2$ ist demnach ein Winkel von $90°+90°=180°$ zuzuordnen, der der reellen Zahl -1 entspricht.

Wir treffen deshalb die sinnvolle Festlegung: **Es gilt:** $j^2=-1$.

Damit gehört der Teilterm $b_1 b_2 j^2 = -b_1 b_2$ zum Realteil des Produktes der komplexen Zahlen $z_1 = a_1 + b_1 j$ und $z_2 = a_2 + b_2 j$:

$$z_1 \cdot z_2 = (a_1 + b_1 j) \cdot (a_2 + b_2 j)$$
$$= (a_1 a_2 - b_1 b_2) + (a_1 b_2 + a_2 b_1) j$$

Beispiele 1.3

$(3+4j)(2+j) = (3 \cdot 2 - 4 \cdot 1) + (3 \cdot 1 + 4 \cdot 2) j = 2 + 11 j$

$(1+j)(1-j) = (1^2 + 1^2) + (-1+1) j = 2$

$(1+j)^2 = (1^2 - 1^2) + (1^2 + 1^2) j = 2j$

$(1-j)^2 = (1^2 - (-1)^2) + (1 \cdot (-1) + (-1) \cdot 1) j = -2j$

Konjugiert komplexe Zahlen. Der Betrag einer komplexen Zahl

Spiegelt man den Zeiger einer komplexen Zahl z an der reellen Achse, so erhält man den Zeiger der sogenannten **konjugiert komplexen Zahl** $\bar{z}$ (sprich: „z quer"). Konjugiert komplexe Zahlen besitzen also den gleichen Realteil und unterscheiden sich nur im Vorzeichen des Imaginärteils, also:

$$\operatorname{Re} z = \operatorname{Re} \bar{z} \quad \text{und} \quad \operatorname{Im} z = -\operatorname{Im} \bar{z}.$$

Die Zahlen $z = a + bj$ und $\bar{z} = a - bj$ sind konjugiert komplex. Ihr Produkt ist:

$z \cdot \bar{z} = a^2 + b^2.$

Der reellwertige Term $a^2 + b^2$ gibt nach dem Lehrsatz des Pythagoras das Quadrat der Länge des Zeigers der Zahl $z = a + bj$ (und ebenso der Zahl $\bar{z} = a - bj$) wieder. Diese Länge nennt man auch den **Betrag** $|z|$ der komplexen Zahl z. Es gilt:

$$|z|^2 = z \cdot \bar{z} = a^2 + b^2;$$
$$\text{also } |z| = \sqrt{z \cdot \bar{z}} = \sqrt{a^2 + b^2}$$

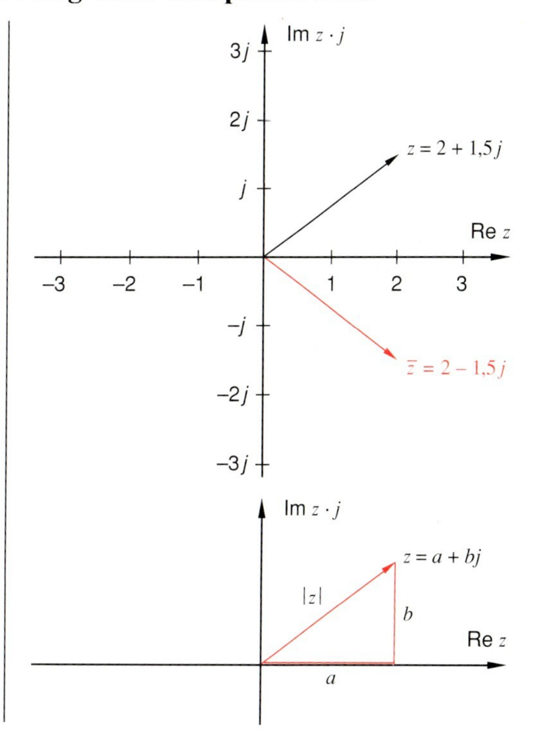

Division komplexer Zahlen

Mit Hilfe des Begriffs der konjugiert komplexen Zahl kann die Division komplexer Zahlen auf die Multiplikation komplexer Zahlen zurückgeführt werden, denn es gilt:

$$\frac{z_1}{z_2} = \frac{z_1 \cdot \overline{z_2}}{z_2 \cdot \overline{z_2}} = \frac{z_1 \cdot \overline{z_2}}{|z_2|^2}$$

Man dividiert also zwei komplexe Zahlen, indem man das Produkt aus dem Dividenden und der konjugiert komplexen Zahl des Divisors bildet und dieses durch das Quadrat des Betrages des Divisors dividiert.

Beispiele 1.4

$$\frac{1+j}{1+3j} = \frac{(1+j)(1-3j)}{1^2+3^2} = \frac{4-2j}{10} = \frac{2}{5} - \frac{1}{5} j$$

$$\frac{2+j}{4-3j} = \frac{(2+j)(4+3j)}{4^2+3^2} = \frac{5+10j}{25} = \frac{1}{5} + \frac{2}{5} j$$

$$\frac{1-2j}{1-j} = \frac{(1-2j)(1+j)}{1^2+1^2} = \frac{3-j}{2} = \frac{3}{2} - \frac{1}{2} j$$

Allgemein gilt:

$$\frac{a+bj}{c+dj} = \frac{ac+bd}{c^2+d^2} - \frac{ad-bc}{c^2+d^2} j$$

Die reellen Zahlen als Teilmenge der komplexen Zahlen

Jeder reellen Zahl a kann in eindeutiger Weise die komplexe Zahl $a+0\cdot j$ zugeordnet werden. Die Teilmenge der komplexen Zahlen, deren Imaginärteil gleich 0 ist, also die Menge $\{z\in\mathbb{C}\,|\,\operatorname{Im} z=0\}$, entspricht also der Menge $\mathbb{R}$ der reellen Zahlen. In diesem Sinne bildet die Menge der reellen Zahlen eine Teilmenge der komplexen Zahlen.

Es gilt: $\mathbb{N}\subset\mathbb{Z}\subset\mathbb{Q}\subset\mathbb{R}\subset\mathbb{C}$.

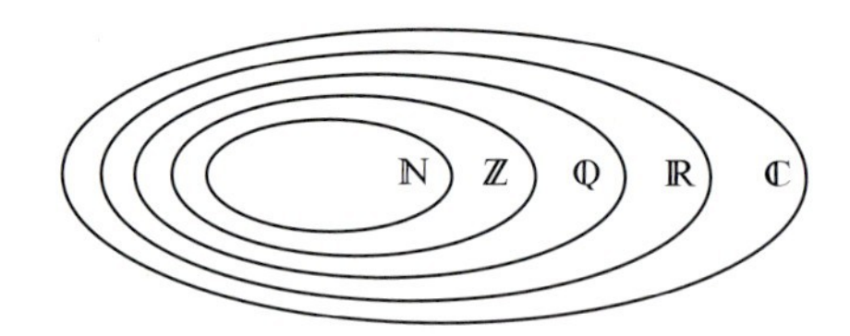

Die Lösung quadratischer Gleichungen

Auf Seite 9 haben wir festgestellt, dass die einfache quadratische Gleichung $x^2=-1$ keine Lösung in der Menge der reellen Zahlen hat, weil das Quadrat einer reellen Zahl stets nicht negativ ist. Mit den komplexen Zahlen ist dieser Mangel behoben. Offensichtlich erfüllen die komplexen Zahlen j und $-j$ diese Gleichung, denn es gilt sowohl $j^2=-1$ als auch $(-j)^2=-1$. Wir betrachten nun noch die Lösbarkeit allgemeiner quadratischer Gleichungen in der Grundmenge $\mathbb{C}$.

Wir erinnern daran, dass man unter einer quadratischen Gleichung in einer Variablen x eine Gleichung versteht, die sich durch Äquivalenzumformungen auf die **allgemeine Form** $ax^2+bx+c=0$ mit $a\neq 0$ bringen lässt. Wir wollen hier nur solche Gleichungen betrachten, deren Koeffizienten a, b und c reelle Zahlen sind. Für x werden auch komplexe Zahlen zugelassen.

Die Gleichung $x^2=-1$ ist äquivalent zu $x^2+1=0$; hier gilt also: $a=1$; $b=0$; $c=1$.

Hat man durch Äquivalenzumformungen die allgemeine Form $ax^2+bx+c=0$ erzeugt, so kann daraus stets die sogenannte **Normalform** $x^2+px+q=0$ gewonnen werden, indem man die allgemeine Form durch den Koeffizienten a von x^2 dividiert. Es gilt dann: $p=\frac{b}{a}$ und $q=\frac{c}{a}$.

Schließlich gewinnt man die Lösungen der quadratischen Gleichung, indem man die Normalform mit Hilfe der **Methode der quadratischen Ergänzung** umformt. Anhand von drei Beispielen soll das Lösungsverfahren verdeutlicht werden.

Beispiel 1.5 **Quadratische Gleichung mit zwei reellen Lösungen**

Gegeben ist die nebenstehende Gleichung.	$10x^2-3x+4=7x^2-5x+9$
• Bildung der allgemeinen Form	$\Leftrightarrow\quad 3x^2+2x-5=0$
• Darstellung in Normalform	$\Leftrightarrow\quad x^2+\frac{2}{3}x-\frac{5}{3}=0$
• Quadratische Ergänzung	$\Leftrightarrow\quad (x+\frac{1}{3})^2-(\frac{1}{3})^2-\frac{5}{3}=0$
• Zusammenfassen der Diskriminante $D=(\frac{p}{2})^2-q=(\frac{1}{3})^2+\frac{5}{3}=\frac{16}{9}$ auf der rechten Seite der Gleichung	$\Leftrightarrow\quad (x+\frac{1}{3})^2=\frac{16}{9}$
• Die Gleichung besitzt zwei reelle Lösungen, weil ihre Diskriminante $D=(\frac{p}{2})^2-q$ positiv ist. Die Lösungsmenge ist $L=\{1;\,-\frac{5}{3}\}$.	$\Leftrightarrow\quad x+\frac{1}{3}=\frac{4}{3}\ \vee\ x+\frac{1}{3}=-\frac{4}{3}$ $\Leftrightarrow\quad x=1\ \vee\ x=-\frac{5}{3}$

Beispiel 1.6 **Quadratische Gleichung mit einer reellen Lösung**

Gegeben ist die nebenstehende Gleichung	$4x(2x+\sqrt{5})=10(1+x^2)$
• Bildung der allgemeinen Form	$\Leftrightarrow\ -2x^2+2\sqrt{5}x-10=0$
• Darstellung in Normalform	$\Leftrightarrow\ x^2-2\sqrt{5}x+5=0$
• Quadratische Ergänzung	$\Leftrightarrow (x-\sqrt{5})^2-(\sqrt{5})^2+5=0$
• Zusammenfassen der Diskriminante $D=(\frac{p}{2})^2-q=(\sqrt{5})^2-5=0$	$\Leftrightarrow\ (x-\sqrt{5})^2=0$
• Die Gleichung besitzt genau eine reelle Lösung, weil ihre Diskriminante 0 ist. Die Lösungsmenge ist $L=\{\sqrt{5}\}$.	$\Leftrightarrow\ x-\sqrt{5}=0$ $\Leftrightarrow\ x=\sqrt{5}$

Beispiel 1.7 **Quadratische Gleichung mit zwei konjugiert komplexen Lösungen**

Gegeben ist die nebenstehende Gleichung	$3x(3+2x)=(4x-3)x-68$
• Bildung der allgemeinen Form	$\Leftrightarrow\ 2x^2+12x+68=0$
• Darstellung in Normalform	$\Leftrightarrow\ x^2+6x+34=0$
• Quadratische Ergänzung	$\Leftrightarrow (x+3)^2-3^2+34=0$
• Zusammenfassen der Diskriminante	$\Leftrightarrow\ (x+3)^2=-25$
$D=(\frac{p}{2})^2-q=3^2-34=-25$	$\Leftrightarrow\ (x+3)^2=25j^2$
• Die Gleichung besitzt zwei konjugiert komplexe Lösungen, weil ihre Diskriminante $D=(\frac{p}{2})^2-q$ negativ ist. Die Lösungsmenge ist $L=\{-3+5j;\ -3-5j\}$.	$\Leftrightarrow\ x+3=5j \ \vee\ x+3=-5j$ $\Leftrightarrow\ x=-3+5j \ \vee\ x=-3-5j$

Merke:

Die quadratische Gleichung $x^2+px+q=0$ mit reellen Koeffizienten p und q ist in der Menge der komplexen Zahlen stets lösbar. Mit der Methode der quadratischen Ergänzung ergibt sich:

$$x^2+px+q=0 \ \Leftrightarrow\ \left(x+\frac{p}{2}\right)^2-\left(\frac{p}{2}\right)^2+q=0 \ \Leftrightarrow\ \left(x+\frac{p}{2}\right)^2=\left(\frac{p}{2}\right)^2-q=D.$$

Ist $D=\left(\frac{p}{2}\right)^2-q>0$, dann hat die Gleichung $x^2+px+q=0$ die reellen Lösungen

$$-\frac{p}{2}+\sqrt{D} \quad \text{und} \quad -\frac{p}{2}-\sqrt{D}.$$

Ist $D=0$, dann existiert nur die reelle Lösung $-\frac{p}{2}$.

Ist $D<0$, dann ist $-D>0$ und wir können die Gleichung wegen $D=(\sqrt{-D}\cdot j)^2$ in der Form

$$\left(x+\frac{p}{2}\right)^2=(\sqrt{-D}\cdot j)^2$$

schreiben. Diese Gleichung besitzt die konjugiert komplexen Lösungen

$$-\frac{p}{2}+\sqrt{-D}\cdot j \quad \text{und} \quad -\frac{p}{2}-\sqrt{-D}\cdot j.$$

Übungen zu 1.2

1. Welche komplexen Zahlen entsprechen den dargestellten Zeigern bzw. Punkten?

a)

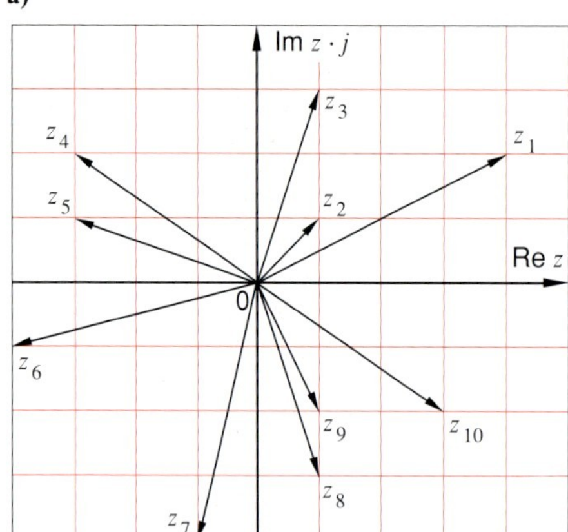

b)

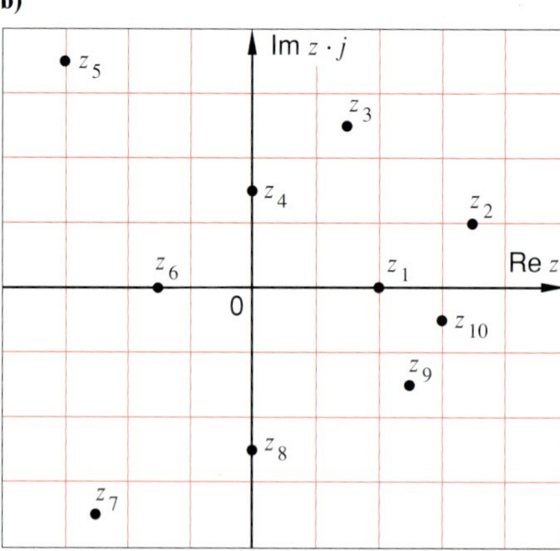

2. Stellen Sie die komplexe Zahl als Zeiger in der Gauß'schen Zahlenebene dar.

a) $z_1=2+3j$ **b)** $z_2=-1+2j$ **c)** $z_3=-3-j$

d) $z_4=4-3j$ **e)** $z_5=\frac{3}{4}-\frac{2}{3}j$ **f)** $z_6=-3{,}2-1{,}8j$

3. Beschreiben Sie die Teilmenge der komplexen Zahlen in der Gauß'schen Zahlenebene.

a) Teilmenge aller komplexen Zahlen, deren Realteil größer als 1 ist.
b) Teilmenge aller komplexen Zahlen, deren Imaginärteil höchstens 1 ist.
c) Teilmenge aller komplexen Zahlen, die in Real- und Imaginärteil übereinstimmen.
d) Teilmenge aller komplexen Zahlen, deren Betrag gleich 1 ist.
e) Teilmenge aller komplexen Zahlen, deren Betrag höchstens 1 ist.
f) Teilmenge aller komplexen Zahlen, deren Betrag größer als 1 ist.

4. Bestimmen Sie zeichnerisch und rechnerisch z_1+z_2, z_1-z_2 und z_2-z_1.

a) $z_1=1+4j;\ z_2=2-2j$ **b)** $z_1=3-j;\ z_2=-3+j$ **c)** $z_1=1{,}5-2{,}5j;\ z_2=-\frac{3}{2}+\frac{7}{2}j$

5. Gegeben sind die komplexen Zahlen $z_1=2+5j$, $z_2=3-4j$ und $z_3=-2{,}5+0{,}5j$. Berechnen Sie

a) $z_1 \cdot z_2$; **b)** $z_1 \cdot z_3$; **c)** $z_2 \cdot z_3$;

d) $\overline{z_1} \cdot \overline{z_2}$; **e)** $\overline{z_1} \cdot \overline{z_3}$; **f)** $\overline{z_2} \cdot \overline{z_3}$.

6. Ermitteln Sie zeichnerisch und rechnerisch den Betrag.

a) $z_1=2-3j$ **b)** $z_2=-6+4j$ **c)** $z_3=\frac{12}{5}+\frac{7}{5}j$

7. Gegeben sind die komplexen Zahlen $z_1=-2+j$, $z_2=-5-5j$ und $z_3=-\frac{1}{3}+\frac{4}{3}j$. Berechnen Sie

a) $z_1:z_2$; **b)** $z_2:z_1$; **c)** $z_3:z_1$; **d)** $z_1:z_3$;

e) $z_1:\overline{z_1}$; **f)** $\overline{z_1}:z_2$; **g)** $\overline{z_3}:\overline{z_1}$; **h)** $\overline{z_3}:\overline{z_2}$.

8. Beweisen Sie die Aussage.

a) $z+\bar{z}=2\cdot \mathrm{Re}\, z$ **b)** $z-\bar{z}=2j\cdot \mathrm{Im}\, z$ **c)** $\overline{z_1}\cdot\overline{z_2}=\overline{(z_1\cdot z_2)}$ **d)** $\overline{z_1}:\overline{z_2}=\overline{(z_1:z_2)}$

9. Bestimmen Sie die Lösungen der Gleichung in der Menge $\mathbb{C}$.

a) $3x^2+x-4=2(x^2+x+1)$ **b)** $3x^2-7x+2=5x(x-3)+42$

c) $6(1-2x)-91=4x(x+4)$ **d)** $9(x-10)=(2x-17)x$

e) $\frac{9}{4}-2x\left(x-\frac{7}{4}\right)=6x-2-\frac{5}{2}x^2$ **f)** $(1{,}1x-0{,}8)x-1{,}05=(0{,}7x-1{,}2)x-17{,}3$

2 Funktionen

Zur Verdeutlichung von Situationen und zur Lösung von Problemen in zahlreichen Bereichen des menschlichen Lebens werden Beziehungen zwischen Objekten aufgebaut, die sich durch Funktionen in der Mathematik beschreiben lassen.

2.1 Begriff und Definitionen

In Wissenschaft, Technik und Wirtschaft sowie auch in der Praxis des täglichen Lebens sind nicht selten zwei Mengen von Zahlen, Größen oder anderen Objekten in bestimmter Weise miteinander verbunden, so dass jedem Element aus einer der Mengen mindestens ein Element aus der anderen Menge zugeordnet ist.

Beispiel 2.1

In einem physikalischen Versuch wird die Stromstärke I in Abhängigkeit von der Länge l eines Konstantandrahtes gemessen. Am Stromkreis liegen 2 V Spannung. In der Tabelle sind die Längen und die entsprechenden Stromstärken eingetragen.

Dabei ist **jeder Länge genau eine Stromstärke zugeordnet**. Länge und Stromstärke bilden in dieser Reihenfolge, wie man sagt, ein **geordnetes Paar**; in diesem Beispiel existieren 6 solcher Paare.

Solche Paare können in einer **Wertetabelle** aufgeführt oder als Punkte in einem rechtwinkligen **Koordinatensystem** gedeutet werden. Die waagerechte Achse heißt **Abszissenachse**, die senkrechte Achse **Ordinatenachse**.

Ein Koordinatensystem besteht aus 4 **Quadranten** wie nebenstehend bezeichnet.

Im 1. Quadranten eines Koordinatensystems tragen wir die Längen und die entsprechenden Stromstärken ab und erhalten einzelne („diskrete") Punkte, den sog. **Graphen** der Zuordnung.

Wertetabelle

l in m	0,5	1	1,5	2	2,5	3
I in A	0,96	0,5	0,33	0,26	0,2	0,17

Koordinatensystem

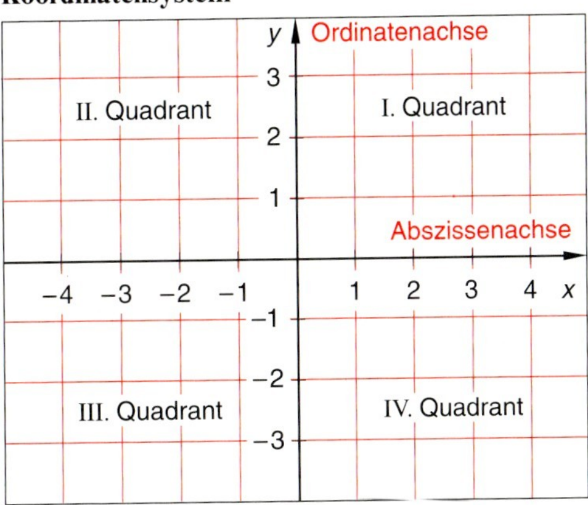

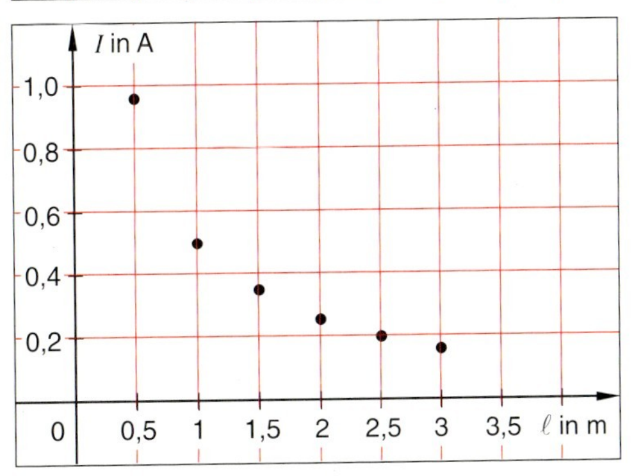

Beispiel 2.2

Die Spannung U an einem Widerstand wird verändert. Spannungswerte und entsprechende Stromstärken I sind in der nebenstehenden Tabelle notiert.

Dabei wird jeder Spannung U in Volt genau eine Stromstärke I in Ampere zugeordnet.

Die jeweils einander zugeordneten Spannungen und Stromstärken bilden ebenfalls geordnete Paare.

Wertetabelle

***U* in V**	0	20	40	60	80	100
***I* in A**	0	0,8	1,6	2,4	3,2	4,0

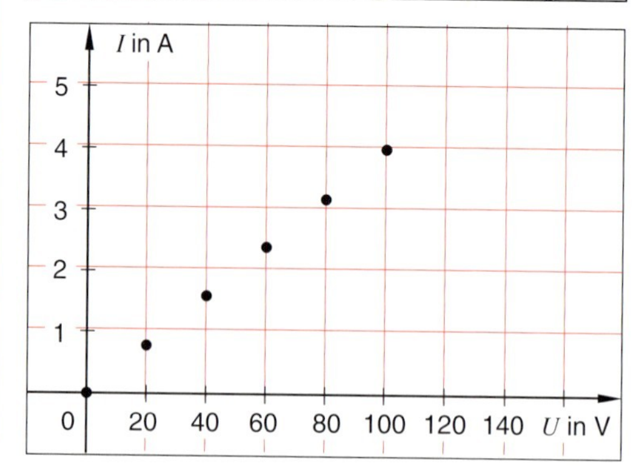

Zur Veranschaulichung von Zuordnungen können auch Mengendiagramme und Pfeile, sog. **Pfeildiagramme**, verwendet werden.

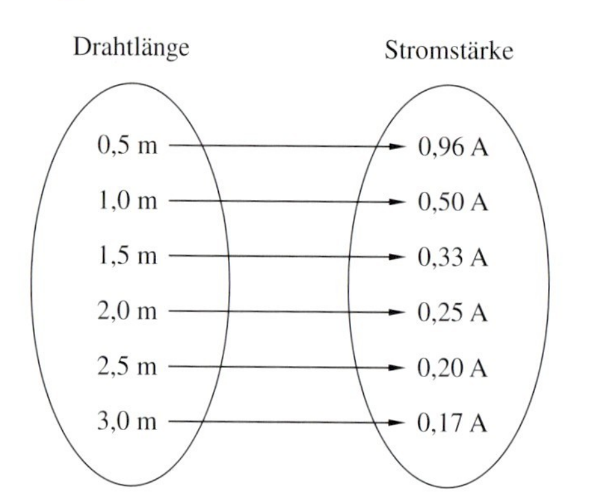

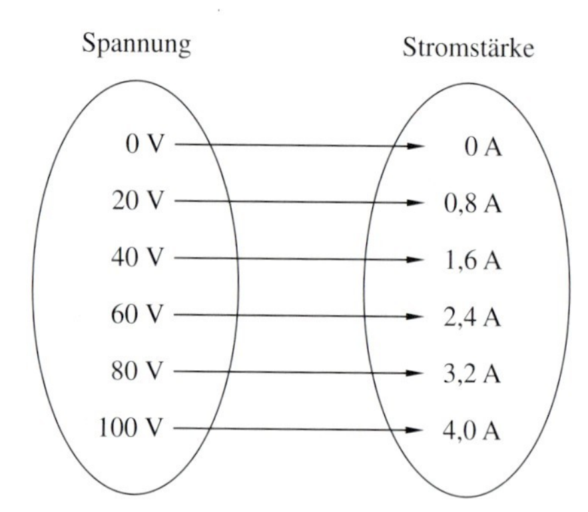

Beispiel 2.3

Die Jahrgangsstufe 12 einer Fachoberschule besteht aus 4 Klassen 12a – d. Die Schülerinnen und Schüler werden im Sportunterricht nicht im Klassenverband unterrichtet und dürfen ihren Sportkurs unter 7 verschiedenen Sportarten wählen.

Die eine Menge umfasst somit die 4 einzelnen Klassen, die andere Menge die angebotenen Sportarten.
Jeder Klasse sind die von deren Schülern und Schülerinnen gewählten Sportarten durch Pfeile **zugeordnet**.

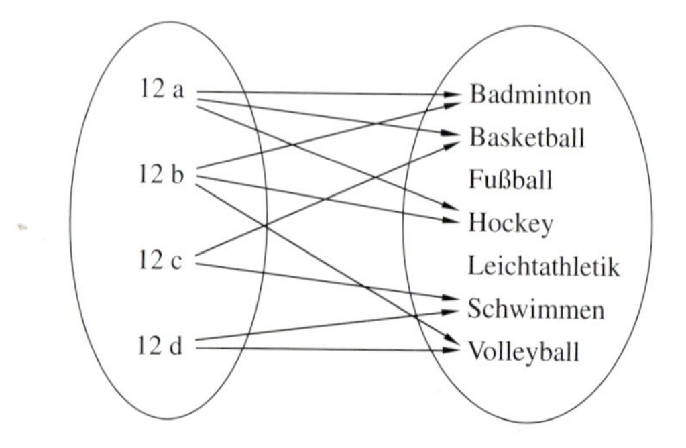

Man nennt bei einer Zuordnung zwischen den Elementen zweier Mengen diejenige Menge, von der im Pfeildiagramm von jedem Element Pfeile ausgehen, die **Ausgangsmenge** der Zuordnung, und diejenige Menge, bei der diese Pfeile enden, ihre **Zielmenge**.

In Beispiel 2.1 bilden die unterschiedlichen Drahtlängen die Ausgangsmenge und die entsprechenden Stromstärken die Zielmenge.

In Beispiel 2.2 bilden die einzelnen Spannungen die Ausgangsmenge und die zugehörigen Stromstärken die Zielmenge.

In Beispiel 2.3 bilden die Klassen die Ausgangsmenge und die verschiedenen Sportarten die Zielmenge.

Im Unterschied zu den ersten beiden Beispielen enden im Beispiel 2.3 nicht bei jedem Element der Zielmenge Pfeile, da kein Schüler aus den 4 Klassen die Sportarten Fußball und Leichtathletik gewählt hat. Man fasst in der Zielmenge einer Zuordnung diejenigen Elemente, bei der im Pfeildiagramm Pfeile enden, wiederum zu einer Menge zusammen und nennt sie die **Wertemenge** der Zuordnung.

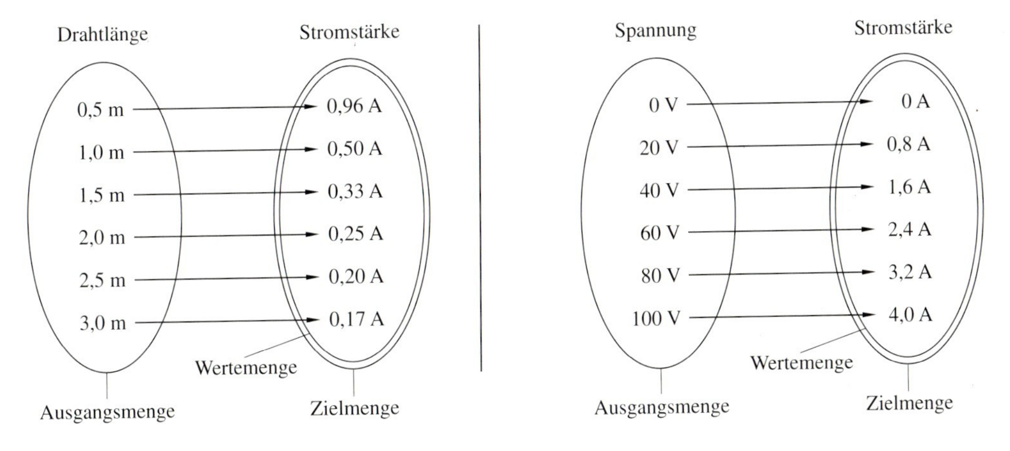

Die Wertemenge einer Zuordnung kann also mit deren Zielmenge übereinstimmen, muss es aber nicht. So bilden zwar im Beispiel 2.3 die 7 zur Wahl stehenden Sportarten die Zielmenge, aber nur die 5 gewählten Sportarten die Wertemenge der Zuordnung „Wunschsportarten" (im Pfeildiagramm rot gefärbt).

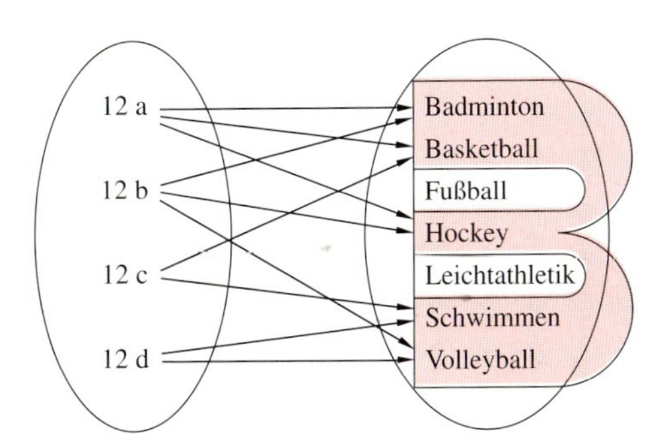

Merke:

Bei der Zuordnung zwischen den Elementen von zwei Mengen werden die folgenden Begriffe verwendet:

- Diejenige Menge, in der von jedem Element im Pfeildiagramm Pfeile ausgehen, heißt **Ausgangsmenge**. Sie enthält also die Elemente, denen andere Elemente zugeordnet werden.
- Diejenige Menge, in der die Elemente liegen, bei denen die Pfeile enden, heißt **Zielmenge**. Die Zielmenge umfasst also die Elemente, die den Elementen der Ausgangsmenge zugeordnet sind.
- Diejenige Menge aller Elemente der Zielmenge, bei denen ein Pfeil endet, heißt **Wertemenge**. Die Wertemenge enthält somit alle diejenigen Elemente der Zielmenge, die den Elementen der Ausgangsmenge auch wirklich zugeordnet sind. Die Wertemenge kann mit der Zielmenge übereinstimmen, muss es aber nicht.
- Einander zugeordnete Elemente der Ausgangs- und Wertemenge bilden in dieser Reihenfolge ein **geordnetes Paar**.
- **Zuordnungen** können durch **Wertetabellen**, **Pfeildiagramme** und in einem Koordinatensystem durch ihre **Graphen** dargestellt werden.

Beispiel 2.4

In einer Nährflüssigkeit werden Bakterien gezüchtet, die sich nach jeder Sekunde verdoppeln. Die Zucht wird mit 10 Bakterien begonnen.

Die Zuordnung zwischen den Zeiten und der Bakterienzahl kann durch folgende Gleichung beschrieben werden: $y = 10 \cdot 2^x$; wobei x für die Anzahl der vollen Sekunden und y für die Anzahl der in der Zeit x sec vorhandenen Bakterien steht.

Hier ist die Menge $\mathbb{N}$ der natürlichen Zahlen die **Ausgangsmenge**. Die **Zielmenge** kann $\mathbb{N}$, $\mathbb{Q}$ oder $\mathbb{R}$ sein. Die **Wertemenge** ist die Menge der zehnfachen Zweierpotenzen.

Pfeildiagramm

$\mathbb{N}$: 0, 1, 2, … → $\mathbb{N}$: 10, 20, 40, …

(0 → 10, 1 → 20, 2 → 40)

Ausgangsmenge — Wertemenge — Zielmenge

x	0	1	2	3	4	…
y	10	20	40	80	160	…

Graph im Koordinatensystem

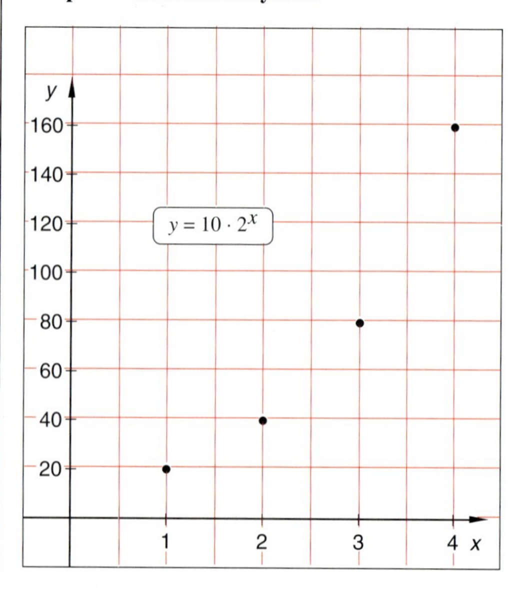

Bei Betrachtung der Zuordnungen in den Beispielen 2.1, 2.2 und 2.4 erkennt man, dass den Elementen der Ausgangsmenge die Elemente der Zielmenge jeweils **eindeutig zugeordnet** sind, d. h., dass im Pfeildiagramm von jedem Element der Ausgangsmenge **genau** ein Pfeil ausgeht. Dabei darf verschiedenen Elementen der Ausgangsmenge durchaus dasselbe Element der Zielmenge zugeordnet sein (vgl. Beispiel 2.1).

In Beispiel 2.3 wählen die Schülerinnen und Schüler sogar aus jeder Klasse verschiedene Sportarten. Es werden also einem Element der Ausgangsmenge mehrere Elemente der Zielmenge zugeordnet. Von einem Element der Ausgangsmenge gehen im Pfeildiagramm somit zwei oder mehrere Pfeile aus.

Zuordnungen, die **jedes** Element einer Menge (**Ausgangsmenge**) mit Elementen derselben oder einer anderen Menge (**Zielmenge**) in Beziehung setzen, nennt man ganz allgemein **Relationen**. Eindeutige Zuordnungen heißen auch **Funktionen**.

Im Pfeildiagramm erkennt man eine Funktion daran, dass von jedem Element ihrer Ausgangsmenge **genau ein** Pfeil ausgeht. Alle Zuordnungen in den Beispielen 2.1 bis 2.4 sind also Relationen, und bis auf die Zuordnung in Beispiel 2.3 sind sie auch Funktionen.

Merke:

Zuordnungen zwischen allen Elementen einer Menge (Ausgangsmenge) und Elementen derselben oder einer anderen Menge (Zielmenge) heißen **Relationen**.
Ist eine Relation eindeutig, d. h., wird jedem Element der Ausgangsmenge **genau ein** Element der Zielmenge zugeordnet, so nennt man eine solche Relation eine **Funktion**.

Betrachtet man die vorstehenden vier Beispiele noch etwas genauer, so fällt auf, dass die Zuordnungen im Beispiel 2.4 außer durch die dabei beteiligten zwei Mengen noch durch eine einheitliche (Zuordnungs-)Vorschrift (hier in Form von Termen) festgelegt ist. Aufgrund des Terms werden den Elementen der Ausgangsmenge diejenigen der Zielmenge einheitlich nach derselben Vorschrift zugeordnet.

In den Beispielen 2.1 und 2.3 können auf der Grundlage bestehender physikalischer Gesetze (Widerstandsgesetz $B = \varrho \cdot \frac{l}{A}$ und Ohm'sches Gesetz $R = \frac{U}{I}$) ebenfalls Zuordnungsvorschriften in Form von Termen angegeben werden.

- Beispiel 2.1: $I = \frac{U \cdot A}{\varrho} \cdot \frac{1}{l}$
- Beispiel 2.2: $I = \frac{1}{R} \cdot U$

Bei technischen Anwendungen ergeben sich die Funktionsterme meist aus Naturgesetzen, die zum großen Teil auf experimentellen Untersuchungen und der dabei gewonnenen Erfahrung beruhen. In solchen Fällen spricht man deshalb häufig von **empirische Funktionen**.

Im Beispiel 2.3 fehlt eine solche verallgemeinerungsfähige Vorschrift, Eine Zuordnungsvorschrift könnte auch bestenfalls erst aus der Erfahrung heraus gewonnen werden. Eine Verallgemeinerung auf andere Klassen wäre damit aber kaum zulässig. Wie schön wäre es andernfalls, man könnte schon im Voraus das Kurswahlverhalten von Schülern „berechnen".

Im Folgenden werden ausschließlich Funktionen betrachtet, die in eindeutiger Weise durch Terme erklärt sind, bei denen sich also die Elemente der Wertemenge ganz oder teilweise nach derselben Vorschrift **berechnen** lassen.

Beispiel 2.5

Ein Pkw fährt mit einer konstanten Geschwindigkeit $v = 20\,\frac{\text{m}}{\text{s}}$.

Der zurückgelegte Weg (s) lässt sich als Funktion zwischen den Größenbereichen der Zeit und der Längen in Abhängigkeit von der Zeit (t) nach der Vorschrift

$$s(t) = 20\,\frac{\text{m}}{\text{s}} \cdot t$$

im Koordinatensystem als Graph darstellen (**Weg-Zeit-Diagramm**).

Das zugehörige **Geschwindigkeit-Zeit-Diagramm** ergibt sich dann als Graph einer Funktion zwischen den Größenbereichen der Zeit und der Geschwindigkeiten nach der Vorschrift $v(t) = 20\,\frac{\text{m}}{\text{s}}$ zu jeder Zeit für t.

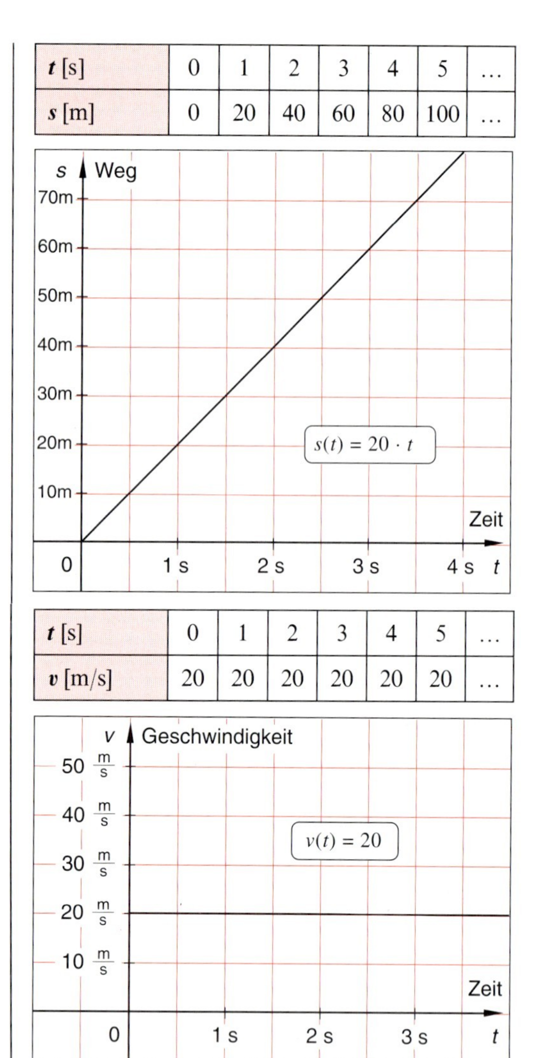

t [s]	0	1	2	3	4	5	...
s [m]	0	20	40	60	80	100	...

t [s]	0	1	2	3	4	5	...
v [m/s]	20	20	20	20	20	20	...

Funktionen werden in der Mathematik meistens mit den Kleinbuchstaben f, g und h bezeichnet. Ist x_0 ein Element der Ausgangsmenge A einer Funktion f, so schreibt man $f(x_0)$ für das dem x_0 eindeutig zugeordnete Element in der Zielmenge Z und nennt $f(x_0)$ den **Funktionswert** der Funktion f an der **Stelle** x_0 oder für das **Argument** x_0.

Die Zuordnungsvorschrift einer Funktion f wird symbolisch oft in der Form $x \mapsto f(x)$ angegeben, wobei x als **Argumentvariable** für Elemente der Ausgangsmenge A und $f(x)$ als **Funktionsterm** für Elemente der Zielmenge Z steht. Man sagt:
f ist die Funktion x auf $f(x)$ mit x Element A und $f(x)$ Element Z.

Zuordnungsvorschrift

$$f\colon x \mapsto f(x);\quad x \in A \text{ und } f(x) \in Z$$

Funktionsterm
Argumentvariable
Funktionsname

Die Zuordnungsvorschriften der Funktionen s und v im Beispiel 2.5 lauten in dieser Schreibweise $t \mapsto s(t)$ bzw. $t \mapsto v(t)$.

Sowohl $s(t)$ als auch $v(t)$ lassen sich jeweils für jeden zulässigen Wert für t einheitlich durch je einen Term beschreiben:

$s(t) = 20\,\frac{\text{m}}{\text{s}} \cdot t$ bzw. $v(t) = 20\,\frac{\text{m}}{\text{s}}$.

Beide Funktionen s bzw. v sind (physikalische) Funktionen zwischen zwei Größenbereichen.

Funktionen zwischen Größenbereichen

$t \mapsto s(t)$

$s(t) = 20\,\frac{\text{m}}{\text{s}} \cdot t$ ▶ Funktionsterm der Funktion s

$t \mapsto v(t)$

$v(t) = 20\,\frac{\text{m}}{\text{s}}$ ▶ Funktionsterm der Funktion v

Zeiten $\overset{s}{\longmapsto}$ Längen

Zeiten $\overset{v}{\longmapsto}$ Geschwindigkeiten

Dementsprechend handelt es sich bei ihren Funktionstermen auch um **Größenterme**. In solchen Termen muss man außer mit Zahlen auch mit den Maßeinheiten der Größen „rechnen". Dabei muss man beachten, dass man gleiche Größenarten jeweils auf dieselbe Maßeinheit bezieht, um nicht zu einem falschen Ergebnis zu kommen.

Beispiel:

$s(t) = 20\,\frac{\text{m}}{\text{s}} \cdot t$ ▶ 5 s für t

$\Rightarrow s(5\text{ s}) = 20\,\frac{\text{m}}{\text{s}} \cdot 5\text{ s} = \underline{\underline{100\text{ m}}}$

▶ 5 s ⟵ Größe für eine Zeit

Maßzahl Maßeinheit

Aber: $s(t) = 20\,\frac{\text{m}}{\text{s}} \cdot t$ ▶ 5 min für t

$$s(5\text{ min}) = 20\,\frac{\text{m}}{\text{s}} \cdot 5\text{ min}$$
$$= 20\,\frac{\text{m}}{\text{s}} \cdot 5 \cdot 60\text{ s}$$
$$= \underline{\underline{6000\text{ m}}}$$

Im Folgenden werden in der Regel **reelle Funktionen** betrachtet oder als solche durch ihre Graphen im Koordinatensystem dargestellt. Die Ausgangsmenge einer solchen Funktion ist die Menge der reellen Zahlen $\mathbb{R}$ oder eine echte Teilmenge A von $\mathbb{R}$.

Die Zielmenge ist stets $\mathbb{R}$, deshalb kann zukünftig auf die gesonderte Angabe der Zielmenge verzichtet werden.

Man nennt die Ausgangsmenge A einer reellen Funktion f auch ihre **Definitionsmenge** oder ihren **Definitionsbereich**, abgekürzt mit $D(f)$.

Ihre Wertemenge wird auch als **Wertebereich** bezeichnet und mit $W(f)$ abgekürzt.

$f\colon x \mapsto f(x)$; $D(f) = A$

$\ldots \mapsto \ldots$ wird gelesen:

… wird eindeutig zugeordnet …

z.B.: $x \mapsto x^2$

„x" wird eindeutig zugeordnet „x^2".

f ist die (reelle) Funktion x **auf** $f(x)$ mit dem Definitionsbereich A.

Zur vollständigen Beschreibung einer reellen Funktion, etwa analog zu Beispiel 2.4, reicht die Darstellung ihres **Funktionsterms** und die Angabe ihres **Definitionsbereichs** aus und wird mit der folgenden Schreibweise zum Ausdruck gebracht: $f: f(x) = 10 \cdot 2^x;\ D(f) = \mathbb{R}^{\geq 0}$.

Wenn in Anwendungssituationen und von der Regel abweichend andere Definitions- und/oder Zielmengen verwendet werden (z.B. Mengen von physikalischen Größen wie Zeit- und Längenmaße oder Mengen von volkswirtschaftlichen Größen wie z.B. Kapitalerträge), geht dies aus dem Textzusammenhang hervor. Auch in diesen Fällen lassen sich die Funktionen als reelle Funktionen deuten, wenn man nur die Zahlenwerte der beteiligten Größen betrachtet, also die Einheiten (z. B. s und m) unberücksichtigt lässt.

Will man etwa die Funktionen des Beispiels 2.5 als reelle Funktionen deuten, so müssen ihre Ausgangsmengen, Zielmengen und ihre Funktionsterme entsprechend abgeändert werden. Da jetzt die Variable t nur für nicht negative reelle Zahlen steht, haben beide Funktionen die Menge der nicht negativen reellen Zahlen $\mathbb{R}^{\geq 0}$ als Definitionsbereich.

Reelle Funktionen

$s: t \mapsto s(t)$: $D(s) = \mathbb{R}^{\geq 0}$
$s(t) = 20 \cdot t$ ► Funktionsterm

$v: t \mapsto v(t)$: $D(v) = \mathbb{R}^{\geq 0}$
$v(t) = 20$ ► Funktionsterm

Will man es andererseits bei der Funktionsauffassung als Funktion zwischen Größenbereichen belassen, aber ihre Graphen als reelle Funktionen im Koordinatensystem mit **reellen** Zahlengeraden als Koordinatenachsen graphisch darstellen, so muss man die Achsen geeignet beschriften.

Für das Weg-Zeit-Diagramm des Beispiels 2.5 etwa werden dazu die Quotienten $\frac{\text{Weg}}{\text{m}}$ und $\frac{\text{Zeit}}{\text{s}}$ benutzt.

Dann stehen auf den Achsen reelle Zahlen und nicht Größen, denn wenn man z. B. die einen bestimmten Weg bezeichnende Größe 10 m durch m dividiert, erhält man die reelle Zahl 10 und analog aus $\frac{5\text{ s}}{\text{s}}$ die Zahl 5.

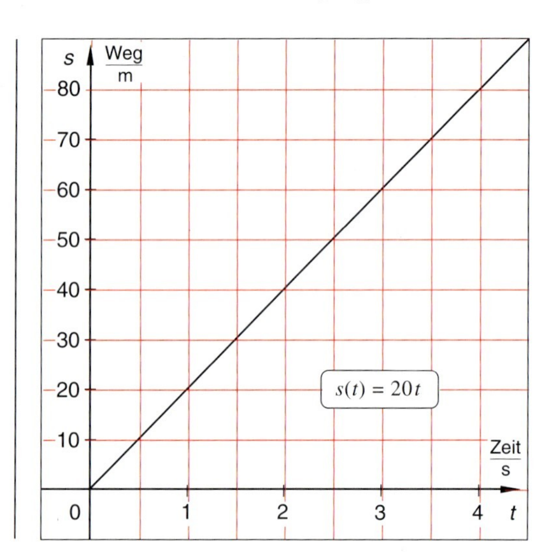

Merke:

Ist f eine Funktion mit der Ausgangsmenge A und der Zielmenge Z und x_0 ein Element von A, so heißt

- $f(x_0)$ **Funktionswert** der Funktion f an der Stelle x_0 oder zum Argument x_0 und $f(x)$ der **Funktionsterm** der Funktion f.
- Gilt $A \subset \mathbb{R}$ und $Z = \mathbb{R}$, so heißt f eine **reelle Funktion**.

Eine Relation ist genau dann eine Funktion, wenn jedem Element der Ausgangsmenge **genau** ein Element der Zielmenge zugeordnet ist. Im Pfeildiagramm geht dann von jedem Element der Ausgangsmenge **genau ein Pfeil** aus.

Wie kann man bei einer Punktmenge im Koordinatensystem erkennen, ob es sich um den Graphen einer reellen Funktion handelt?

Vereinbarungsgemäß trägt man in einem Koordinatensystem für die Darstellung einer reellen Funktion $f: x \mapsto f(x);\ x \in A$ als Graph auf der Abszissenachse die reellen Zahlen für x ab. Man nennt diese Achse daher auch **x-Achse**. Die Ordinatenachse heißt **y-Achse**, wobei y als Variable für den Zielbereich Z – also für $\mathbb{R}$ – anzusehen ist.

Durch die Menge aller Zahlenpaare für $\langle x | y \rangle$ mit $x \in \mathbb{R}$ und $y \in \mathbb{R}$ wird dann jeder Punkt in der x-y-Ebene beschrieben, und umgekehrt gehört zu jedem Punkt P in dieser Ebene auch eindeutig ein solches Zahlenpaar. Dieses Zahlenpaar nennt man die Koordinaten des Punktes P mit dem Wert für x als **Abszisse** und dem Wert für y als **Ordinate**

Ein Punkt $P_0 \langle x_0 | y_0 \rangle$ in dieser Ebene ist aber nur dann auch ein Punkt des Graphen der Funktion $f: x \mapsto f(x);\ x \in A$, wenn $y_0 = f(x_0)$ gilt. Nur die Werte für $y \in \mathbb{R}$ gehören also zum Graphen der Funktion f, für die die Gleichung $y = f(x)$ mit $x \in A$ erfüllbar ist.

Man nennt $y = f(x)$ die **Funktionsgleichung** der Funktion f.

Da eine Funktion eine eindeutige Zuordnung ist, kann der Graph einer Funktion an derselben Stelle x_1 nicht verschiedene Punkte besitzen.

Eine ebene Punktmenge ist nur dann Graph einer Funktion, wenn es keine Parallele zur y-Achse gibt, die die Punktmenge an derselben Stelle in mehr als einem Punkt schneidet.

Die Punktmenge zur Zuordnungsvorschrift des Beispiels 2.3 wird, im Koordinatensystem dargestellt, von mehreren Parallelen zur y-Achse geschnitten. Sie ist deshalb **nicht** Graph einer Funktion.

In allen anderen bisherigen Beispielen schneidet hingegen jede mögliche Parallele zur y-Achse die Punktmengen in höchstens einem Punkt. Diese Punktmengen stellen daher Graphen von Funktionen dar.

Die dargestellten Graphen sind keine Funktionsgraphen.

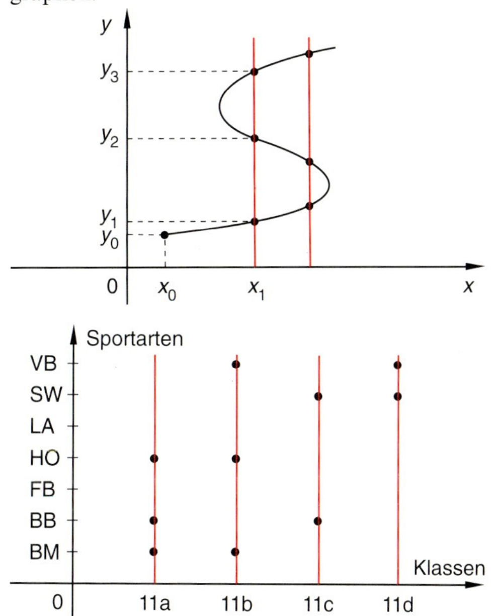

Merke:

Eine ebene Punktmenge in einem Koordinatensystem stellt nur dann den Graphen einer Funktion dar, wenn jede Parallele zur y-Achse die Punktmenge in höchstens einem Punkt schneidet.

Die bisher betrachteten Funktionen ließen sich immer durch einen einheitlichen Funktionsterm beschreiben. Es gibt aber auch Funktionen, für die das nicht der Fall ist.

Beispiel 2.6

Die Kfz-Steuer richtet sich nach dem Hubraum des Pkws. Für einen schadstoffarmen Pkw mit Benzinmotor ist je angefangene 100 cm³ jährlich eine Kfz-Steuer von 6,60 € fällig (Stand 1995).

$$f(x)=\begin{cases} 6{,}60\text{ €} & \text{für } 0\text{ cm}^3 < x \leq 100\text{ cm}^3 \\ 13{,}20\text{ €} & \text{für } 100\text{ cm}^3 < x \leq 200\text{ cm}^3 \\ \dots\dots & \dots\dots \\ 105{,}60\text{ €} & \text{für } 1500\text{ cm}^3 < x \leq 1600\text{ cm}^3 \\ \dots\dots & \dots\dots \end{cases}$$

Diese Funktion ist nicht einheitlich durch einen Funktionsterm für ihre Ausgangsmenge, sondern in ihr durch verschiedene Funktionsterme **abschnittsweise** definiert. Der zugehörige Graph von f hat Ähnlichkeit mit den Stufen einer Treppe.

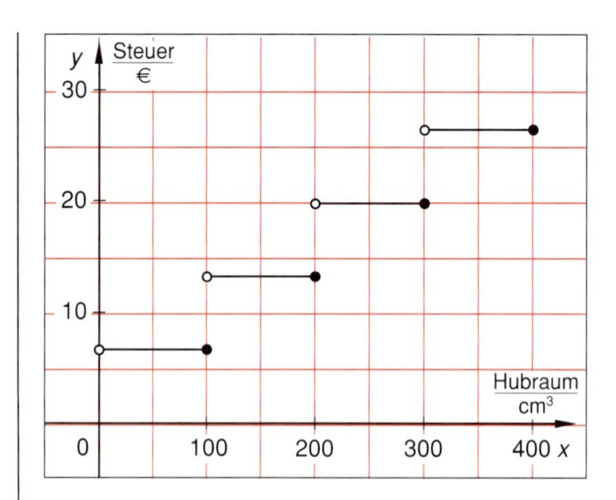

Beispiel 2.7

1996 galten in Deutschland folgende Telefon-Gebühren. Für ein Drei-Minuten-Gespräch zum Tarif „Region 50" bezahlte man 42 Cent am Vormittag von 9 – 12 Uhr, 36 Cent am Nachmittag von 12 – 18 Uhr, 24 Cent in der Freizeit von 18 – 21 Uhr und von 5 – 9 Uhr, 18 Cent zum „Mondscheintarif" von 21 – 2 Uhr und 12 Cent in der Nacht von 2 – 5 Uhr.

Stellen Sie die Kosten für ein Drei-Minuten-Gespräch zum Tarif „Region 50" in Abhängigkeit der einzelnen Tageszeiten durch eine abschnittsweise definierte Funktion f dar und zeichnen Sie den zugehörigen Graphen von f.

Auch diese Funktion ist durch verschiedene Funktionsterme **abschnittsweise** definiert.

$$f(x)=\begin{cases} 18 & \text{für } 0<x\leq 2 \\ 12 & \text{für } 2<x\leq 5 \\ 24 & \text{für } 5<x\leq 9 \\ 42 & \text{für } 9<x\leq 12 \\ 36 & \text{für } 12<x\leq 18 \\ 24 & \text{für } 18<x\leq 21 \\ 18 & \text{für } 21<x\leq 24 \end{cases}$$

Der zugehörige Graph von f hat auch Ähnlichkeit mit den Stufen einer Treppe.

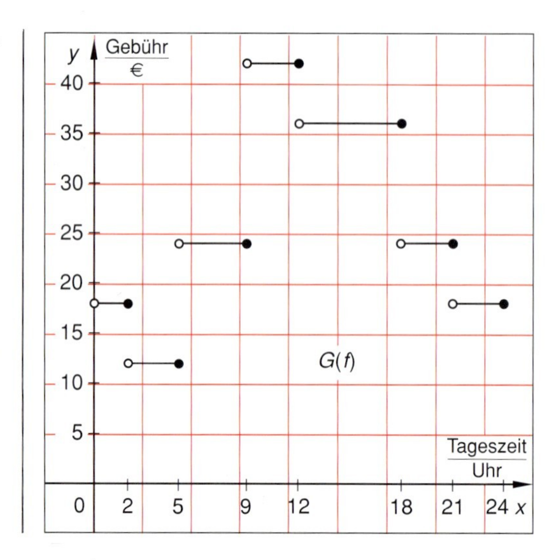

Übungen zu 2.1

1. Welche der folgenden Zuordnungen sind Funktionen?

a)

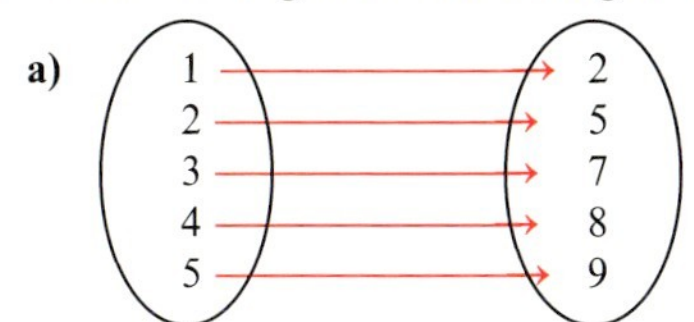

b)

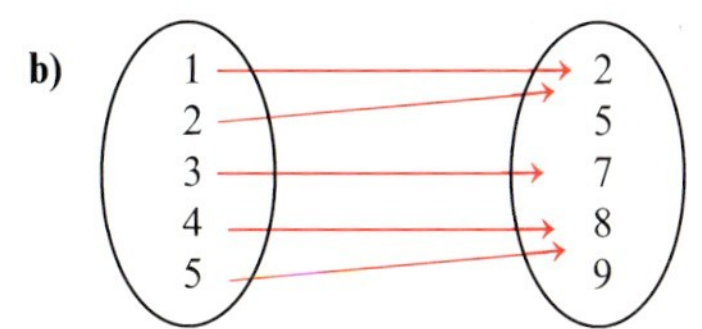

c)

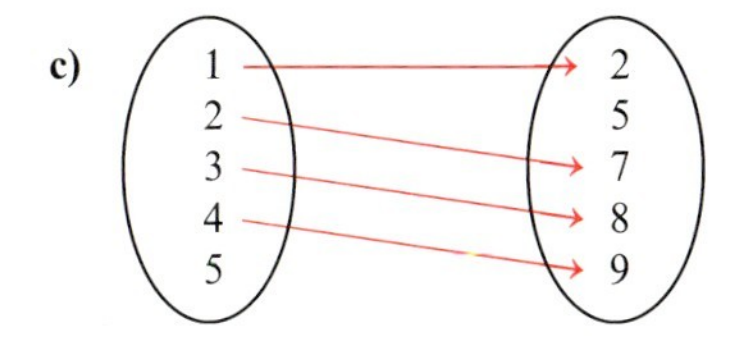

d)

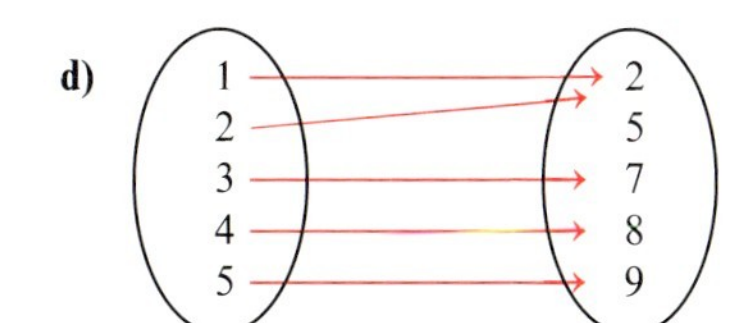

e)

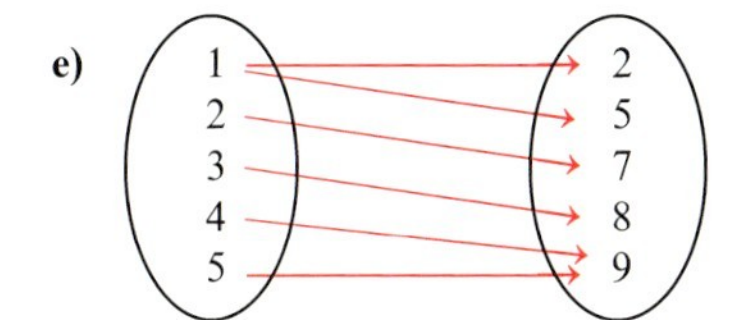

f)

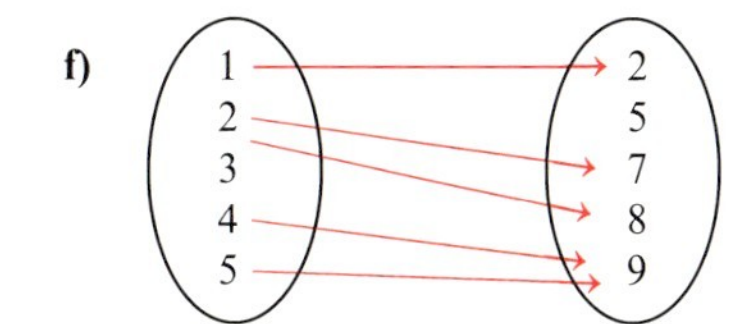

g)

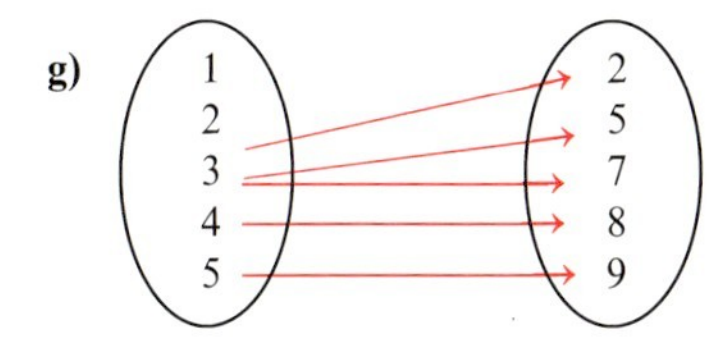

h)

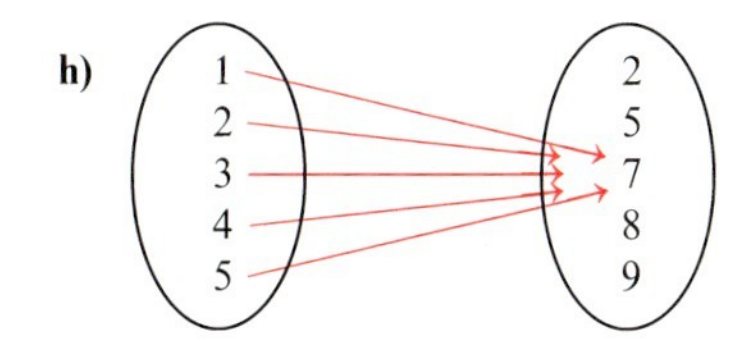

i)

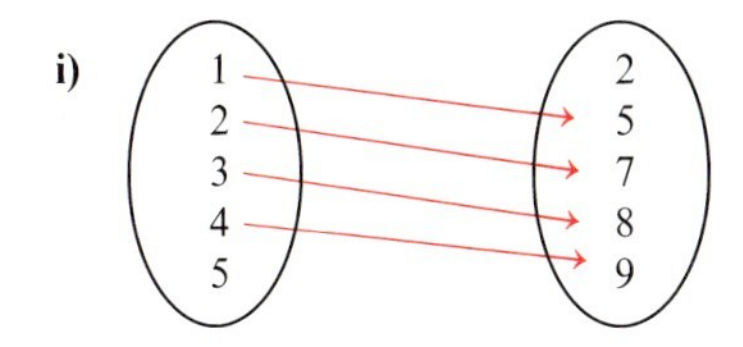

j)

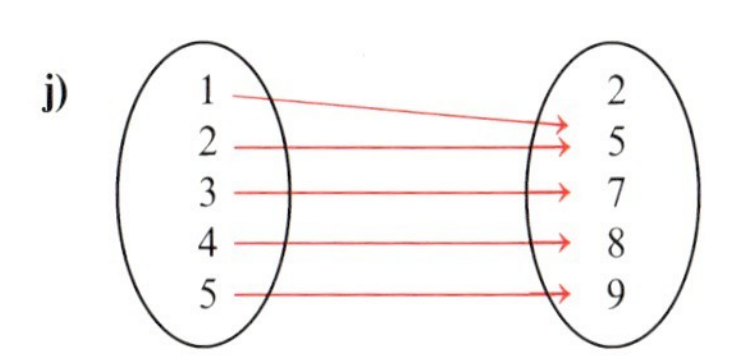

2. Gegeben ist die Ausgangsmenge $X = \{2, 3, 4\}$ und die Zielmenge $Y = \{3, 4, 5\}$. Den Elementen der Menge X werden die Elemente der Menge Y nach verschiedenen Vorschriften zugeordnet.
Die Zuordnung erfolgt so, dass

a) die Elemente von Y größer sind als die Elemente von X
b) die Elemente von Y kleiner sind als die Elemente von X
c) die Elemente von Y gleich den Elementen von X sind
d) die Elemente von Y das Quadrat der Elemente von X sind
e) die Elemente von Y das Doppelte der Elemente von X sind
f) die Elemente von Y um 1 größer sind als die Elemente von X.

Stellen Sie die Relationen in der Form von Pfeildiagrammen dar, untersuchen Sie die Relationen auf Funktionseigenschaft und begründen Sie Ihr Ergebnis.

3. Gegeben sind die Ausgangsmenge $A=\{x\in\mathbb{N}\,|\,1\leq x<4\}$ und die Zielmenge $B=\{0, 1, 2, 3\}$.

a) Zeichnen Sie Mengendiagramme für A und B und ordnen Sie den Elementen x der Menge A die Elemente y der Menge B nach folgenden Gleichungen zu:

a₁) $y=x^0$;

a₂) $y=3x-x^2$;

a₃) $y=\frac{6}{x}$.

b) Untersuchen Sie die Relationen auf Funktionseigenschaften und begründen Sie Ihr Ergebnis.

c) Geben Sie bei den Funktionen die Wertemenge an.

4. Gegeben sind die Ausgangsmenge $A=\{1, 2, 3\}$ und die Zielmenge $B=\{1, 2, 3, \ldots, 9\}$. Den Elementen von A sind Elemente von B wie unten dargestellt eindeutig zugeordnet.

a) Bestimmen Sie die Zuordnungsvorschriften in der Form $\ldots \mapsto \ldots$.

b) Geben Sie jeweils die Wertemenge an.

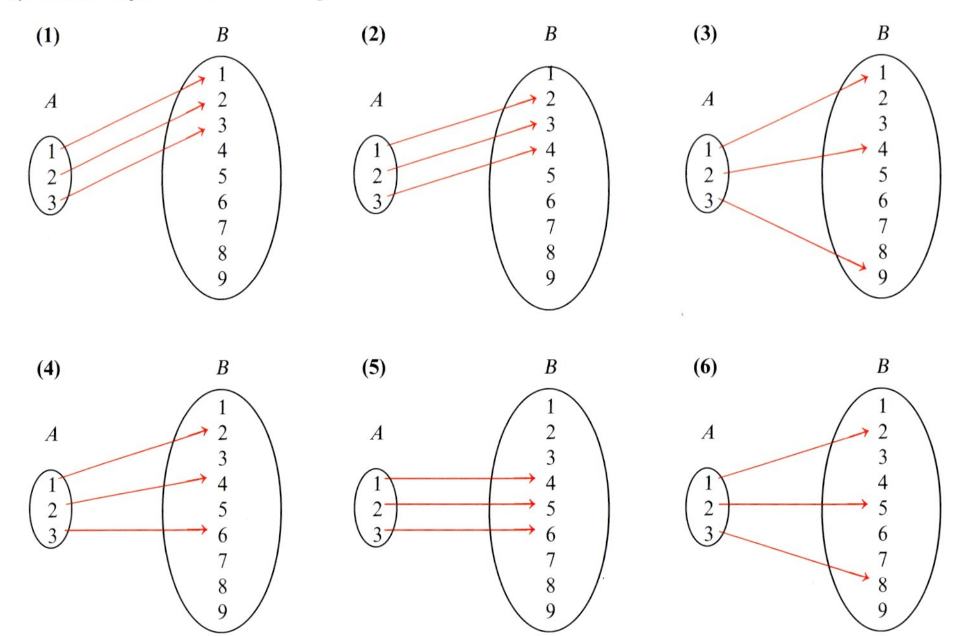

5. Gegeben sind die Ausgangsmenge $A=\{x\in\mathbb{N}\,|\,0\leq x\leq 5\}$ und die Zielmenge $B=\{y\,|\,y\in\mathbb{Z}\}$. Zeichnen Sie Mengendiagramme mit der Ausgangsmenge A und den jeweiligen sich aus A und den Gleichungen ergebenden Wertemengen.

a) $y=3$ **b)** $y=2x+1$ **c)** $y^2=x$
d) $y=x^3$ **e)** $x^2+y^2=25$ **f)** $y^2=x-1$

6. Welche der dargestellten Punktmengen ist Graph einer Funktion? Begründen Sie Ihre Antwort!

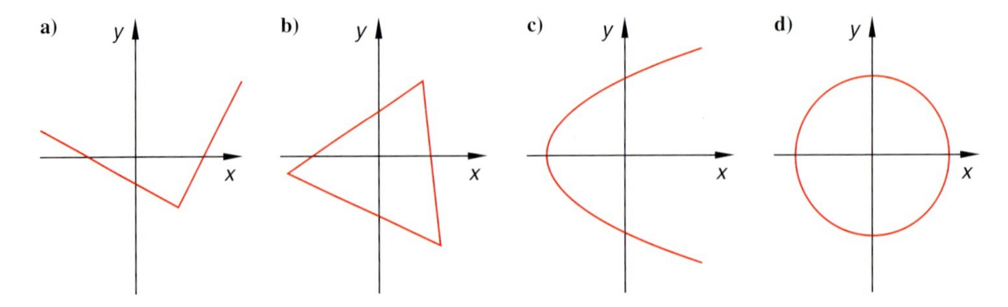

2.2 Lineare Funktionen

In der Technik werden mathematische Modelle verwendet, um physikalische Vorgänge zu beschreiben. Physikalische Gesetzmäßigkeiten, in denen Größen proportional abhängig voneinander sind, lassen sich durch lineare Funktionen darstellen. Wir nennen einige Beispiele.

a) Das **Newton'sche Grundgesetz** besagt: Wirkt auf einen Körper der Masse m eine Kraft F, so erteilt diese dem Körper eine Beschleunigung a, die der Kraft F proportional ist; $F \sim a$. Der Proportionalitätsfaktor ist die Masse m; es gilt: $F = m \cdot a$. Bei konstanter Masse besteht also zwischen Beschleunigung und Kraft eine lineare Zuordnung.

b) Das **Ohm'sche Gesetz** beinhaltet, dass zwischen dem Spannungsabfall U und der Stromstärke I unter bestimmten Bedingungen Proportionalität besteht. Der Proportionalitätsfaktor ist der (ohmsche) Widerstand R; es gilt $U = R \cdot I$. Bei konstantem Widerstand besteht also zwischen Stromstärke I und Spannung U eine lineare Zuordnung.

c) Das **Hooke'sche Gesetz** sagt aus: Bei metallischen Schraubenfedern und Drähten sind elastische Verformungen s direkt proportional zur verformenden Kraft F. Der Proportionalitätsfaktor D heißt Federkonstante. Es gilt: $F = D \cdot s$. Eine lineare Zuordnung ist also zwischen der Federlänge und der entsprechenden Kraft gegeben.

d) Die Gleichung, mit deren Hilfe man die Geschwindigkeit v einer gleichförmigen Bewegung als Quotienten aus Weg s und Zeit t berechnen kann, lautet $v = \frac{s}{t}$. Lösen wir diese Gleichung nach dem Weg s auf, so ergibt sich das **Weg-Zeit-Gesetz der gleichförmigen Bewgung:** $s = v \cdot t$. Bei konstanter Geschwindigkeit besteht also eine lineare Zuordnung zwischen der Zeit t und dem zurückgelegten Weg s. Der Proportionalitätsfaktor ist die konstante Geschwindigkeit v.

Beispiel 2.8

Die Spannung U an einem Widerstand wird in drei Schritten verändert. Die Stromstärke I wird gemessen.

Die Messergebnisse lassen sich in einer Tabelle und durch den Verlauf des Graphen zur Funktion

f: $I = f(U) = 3U$; $D(f) = \{1; 2; 3\}$

darstellen.

Da nur drei Messungen durchgeführt wurden, besteht der Graph von f nur aus drei einzelnen Punkten.

Abstrahiert man von dem Anwendungsbezug und erweitert den Definitionsbereich, betrachtet man also die reelle Funktion

g: $y = g(x) = 3x$; $D(g) = \mathbb{R}$,

so ist der Graph von g eine Gerade, auf der die Punkte des Graphen von f liegen.

Spannung *U* (in Volt)	1	2	3
Stromstärke *I* (in Ampere)	3	6	9

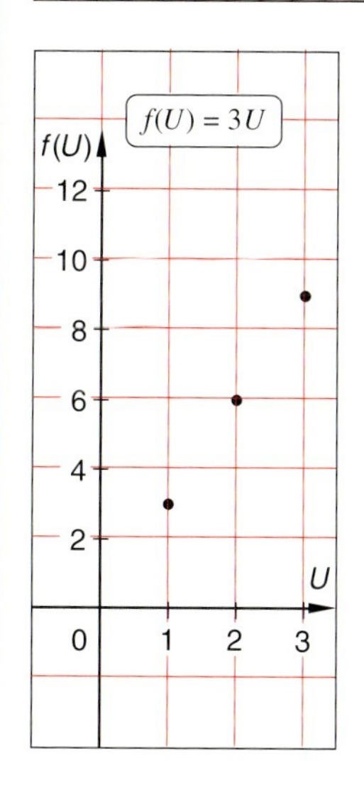

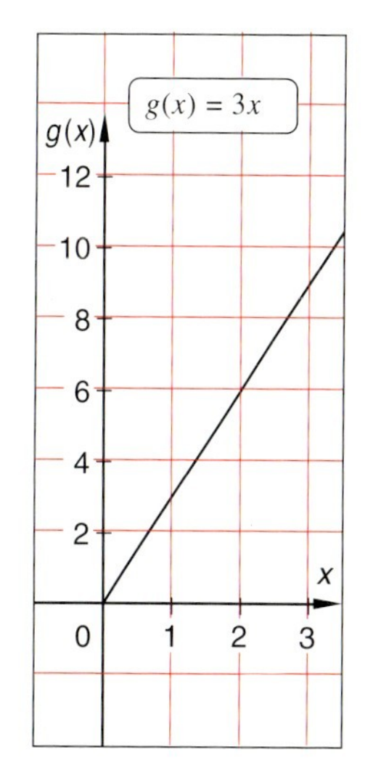

Beispiel 2.9

Der Graph der Funktion $f: f(x)=2x$; $D(f)=\mathbb{R}$, ist eine **Ursprungsgerade**; der Graph von f verläuft jedoch „flacher“ als der Graph von g. Man sagt: Beide Geraden haben **verschiedene Steigungen**.

Wenn man beim Graphen von f vom Ursprung aus eine Einheit in Richtung der positiven x-Achse nach rechts geht, muss man in Richtung der positiven y-Achse zwei Einheiten **nach oben** gehen, um wieder zu einem Punkt des Graphen von f zu gelangen.

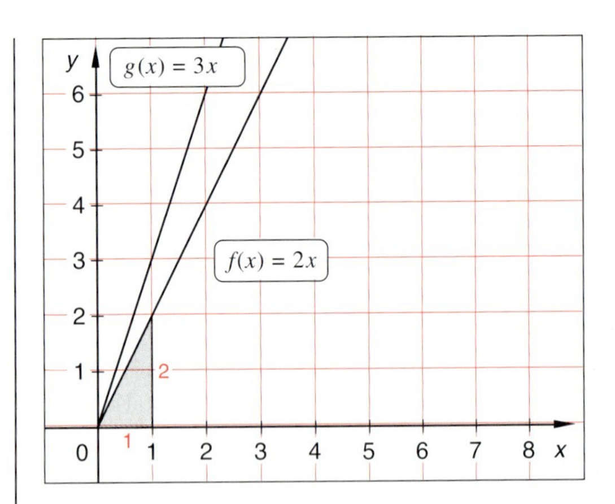

Der gleiche Vorgang lässt sich von diesem Punkt aus wiederholen, usw.

Zeichnet man diese Schritte nach, so erhält man rechtwinklige Dreiecke, die sog. **Steigungsdreiecke**, bei denen das Verhältnis der jeweiligen senkrechten Kathete zur waagerechten Kathete immer gleich 2 ist.

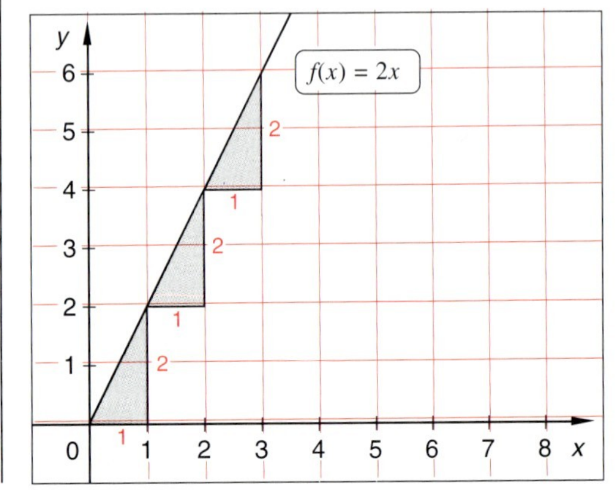

Allgemeiner noch lässt sich dieses Verhältnis für jedes Steigungsdreieck in einer Formel ausdrücken. Dazu werden die Schnittpunkte $P_1\langle x_1|y_1\rangle$ und $P_2\langle x_2|y_2\rangle$, $x_1 \neq x_2$, der beiden Katheten mit dem Graphen von f gekennzeichnet.

Die Steigung der Geraden ist dann das Verhältnis der Differenzen der y-Werte (Δy) zu den Differenzen der x-Werte (Δx). ▶ $y_1=2x_1$, $y_2=2x_2$

Die Steigung gibt an, um wie viele Einheiten sich die y-Werte verändern, wenn sich die x-Werte um Δx Einheiten verändern.

$$\Rightarrow \frac{\Delta y}{\Delta x}=\frac{y_2-y_1}{x_2-x_1}=\frac{f(x_2)-f(x_1)}{x_2-x_1}$$

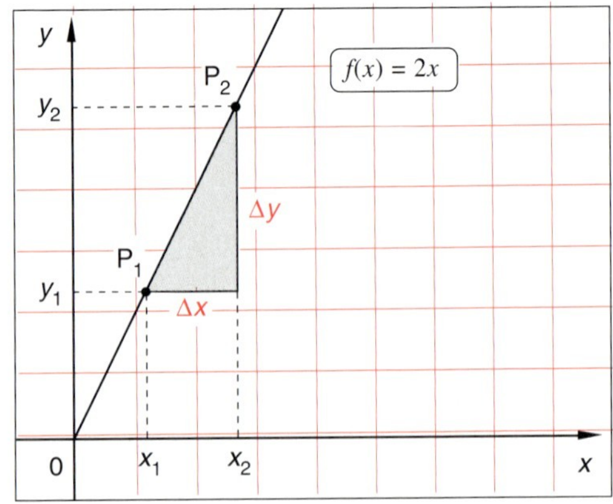

Für die Funktion f des Beispiels 2.9 gilt demnach: $\frac{\Delta y}{\Delta x}=\frac{2x_2-2x_1}{x_2-x_1}=\frac{2(x_2-x_1)}{x_2-x_1}=2.$

Analog gilt für die Funktion g des Beispiels 2.8: $\frac{\Delta y}{\Delta x}=\frac{3x_2-3x_1}{x_2-x_1}=\frac{3(x_2-x_1)}{x_2-x_1}=3.$

Beispiel 2.10

Bei der Bestimmung der Steigung der Geraden zur Funktion $f: f(x)=\frac{1}{2}x;\ D(f)=\mathbb{R}$ stellt man anschaulich fest, dass man nach einem Schritt in Richtung der x-Achse nach rechts nur einen halben Schritt in Richtung der y-Achse **nach oben** benötigt, um wieder zum Graphen von f zu gelangen. Geht man zwei Einheiten nach rechts und eine Einheit nach oben, so trifft man wieder auf die Gerade. Die Berechnung ergibt:

$$\frac{\Delta y}{\Delta x}=\frac{\frac{1}{2}x_2-\frac{1}{2}x_1}{x_2-x_1}=\frac{\frac{1}{2}(x_2-x_1)}{x_2-x_1}=\frac{1}{2}.$$

Die Steigung des Graphen von f ist $\frac{1}{2}$.

x	0	1	2	3	4	5	…
$f(x)$	0	$\frac{1}{2}$	1	$\frac{3}{2}$	2	$\frac{5}{2}$	…

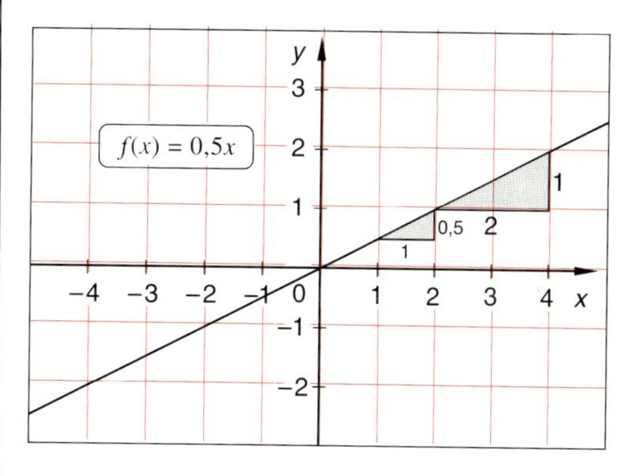

Es fällt auf, dass die Steigungen der Geraden jeweils mit dem Koeffizienten vor x im Funktionsterm von f bei allen bisherigen Funktionen in diesem Abschnitt übereinstimmen. Das ist nicht zufällig, sondern lässt sich allgemein beweisen.

Der Graph jeder Funktion des Typs $f: f(x)=mx;\ D(f)=\mathbb{R};\ m\in\mathbb{R}$ ist immer eine Gerade durch den Ursprung. Die Berechnung der Steigung der Geraden durch die voneinander verschiedenen Punkte $P_1\langle x_1|mx_1\rangle$ und $P_2\langle x_2|mx_2\rangle$ erfolgt wie gehabt:

$$\frac{\Delta y}{\Delta x}=\frac{mx_2-mx_1}{x_2-x_1}=\frac{m(x_2-x_1)}{x_2-x_1}=m.$$

Man nennt daher die Zahl für den Koeffizienten m im Funktionsterm $f(x)=mx$ auch den **Steigungsfaktor** der Funktion f.

Beispiel 2.11

Der Graph der Funktion $f: f(x)=-2x;\ D(f)=\mathbb{R}$ ist eine Ursprungsgerade mit der Steigung -2.

$$\frac{\Delta y}{\Delta x}=\frac{-2x_2-(-2x_1)}{x_2-x_1}=\frac{-2(x_2-x_1)}{x_2-x_1}=-2.$$

Von dieser Geraden aus geht man eine Einheit nach rechts und zwei Einheiten nach unten, um wieder zur Geraden zu gelangen.

x	0	1	2	3	4	5	…
$f(x)$	0	−2	−4	−6	−8	−10	…

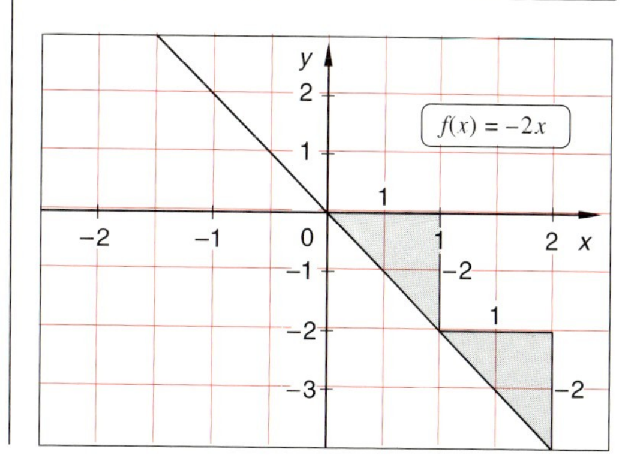

Beispiel 2.12

Im Unterschied zur Funktion f aus Beispiel 2.10 stellt man bei der Bestimmung der Steigung des Graphen zur Funktion f mit $f: f(x) = -\frac{1}{2}x;\; D(f) = \mathbb{R}$ anschaulich fest, dass man nach einem Schritt in Richtung der x-Achse nach rechts einen halben Schritt in Richtung der negativen y-Achse **nach unten** gehen muss, um wieder zum Graphen von f zu gelangen. Die Berechnung ergibt:

$$\frac{\Delta y}{\Delta x} = \frac{-\frac{1}{2}x_2 - \left(-\frac{1}{2}x_1\right)}{x_2 - x_1} = \frac{-\frac{1}{2}(x_2 - x_1)}{x_2 - x_1} = -\frac{1}{2}.$$

Die Steigung des Graphen von f ist $-\frac{1}{2}$.

x	0	1	2	3	4	...
f (x)	0	−0,5	−1	−1,5	−2	...

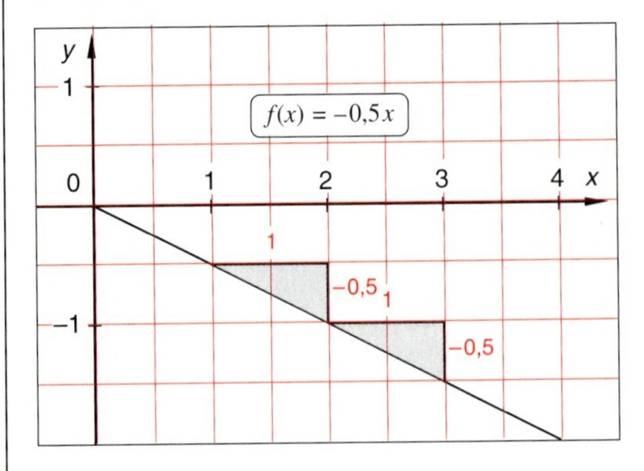

Für Funktionen vom Typ $f: f(x) = mx;\; D(f) = \mathbb{R}$ mit einer reellen Zahl für m gilt:

Für $m > 0$ steigen die Graphen umso stärker, je größer die Zahl für m ist.
Für $m < 0$ fallen die Graphen umso stärker, je größer die Zahl für m vom Betrag her ist.

„$m = 0$" bedeutet, dass kein Vertikalunterschied Δy in Bezug auf den Horizontalunterschied $\Delta x \neq 0$ zu verzeichnen ist. Somit fällt der Graph der Funktion $f: f(x) = 0 \cdot x = 0;\; D(f) = \mathbb{R}$ mit der x-Achse zusammen.

Im Unterschied zur **Funktionsvariablen** x nennt man die Variable m eine **Formvariable**, weil durch sie Funktionen mit Funktionstermen derselben Form, sog. **proportionale Zuordnungen**, charakterisiert werden.

Merke:

- In jeder Funktion vom Typ $f: f(x) = mx;\; D(f) = \mathbb{R};\; m \in \mathbb{R}$ gibt die Zahl für den Koeffizienten m die **Steigung** des zugehörigen Graphen an.
- Der Steigungsfaktor m ist der Quotient aus den Differenzen der y-Werte (Δy) und der x-Werte (Δx): $m = \frac{\Delta y}{\Delta x}$. Für $m > 0$ steigt, für $m < 0$ fällt die Gerade.
- Δy und Δx lassen sich aus jedem Steigungsdreieck an den Graphen einer linearen Funktion ablesen.

Beispiel 2.13

Ein Massenpunkt P bewegt sich mit konstanter Geschwindigkeit $v = 0{,}05$ m/s auf geradliniger Bahn. Zu Beginn der Zeitmessung befindet er sich bei der Wegmarke $y = 4$ m. Der zurückgelegte Weg kann als Funktion y_1 mit der Gleichung $y_1(t) = 0{,}05 \cdot t + 4$ in Abhängigkeit von der Zeit t dargestellt werden. Dabei verzichten wir auf das Mitführen der Einheiten.

t (in s)	0	10	20	30	40	...
g_1 (in m)	4	4,5	5	5,5	6	...
y_2 (in m)	0	0,5	1	1,5	5,5	...

Die Wertetabelle zeigt, dass in jedem Zeitpunkt der Wert der Funktion y_1 um 4 Wegeinheiten größer ist als der Wert der Funktion zu

$y_2(t) = 0{,}05 \cdot t,$

deren Graph im Koordinatenursprung beginnt und die Steigung 0,05 hat.

Der Graph der Funktion y_1 lässt sich als Verschiebung des Graphen von y_2 um 4 Einheiten in Richtung der positiven y-Achse interpretieren. Auch der Graph von y_1 hat die Steigung 0,05:

$$\frac{\Delta s}{\Delta t} = \frac{0{,}05t_2 + 4 - (0{,}05t_1 + 4)}{t_2 - t_1} = \frac{0{,}05(t_2 - t_1)}{t_2 - t_1} = 0{,}05.$$

Der zurückgelegte Weg wächst pro verstrichener Zeiteinheit s um 0,05 m.

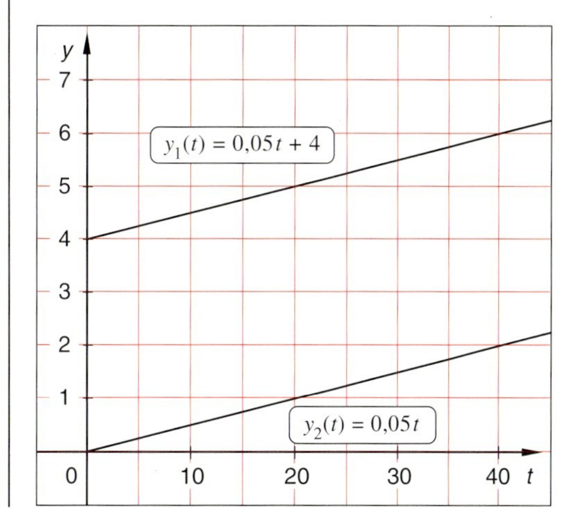

Der Graph von y_1 schneidet die y-Achse bei 4; dieser Wert heißt **y-Achsenabschnitt** oder **Ordinatenabschnitt** des Graphen. Er stimmt mit dem sog. **Absolutglied** im Funktionsterm überein.

Beispiel 2.14

Der Graph der Funktion f: $f(x) = -2x - 3$; $D(f) = \mathbb{R}$ ist eine um drei Einheiten in Richtung der negativen y-Achse nach unten verschobene Ursprungsgerade zur Funktion g: $g(x) = -2x$.

x	0	1	2	3	4	...
$g(x)$	0	-2	-4	-6	-8	...
$f(x)$	-3	-5	-7	-9	-11	...

Gemäß dem Absolutglied im Funktionsterm hat der Graph von f den Ordinatenabschnitt -3.

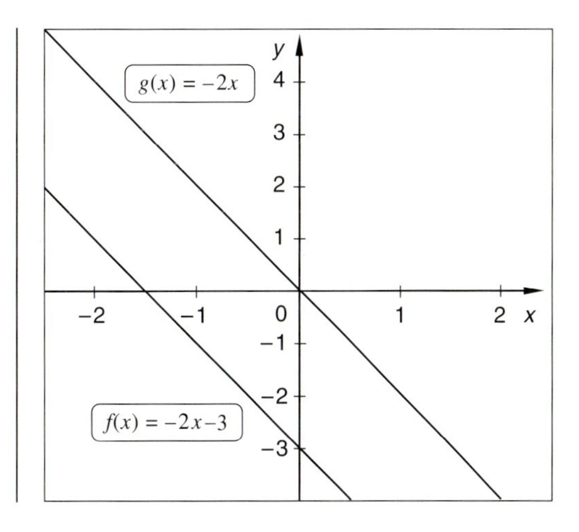

Merke:

- Funktionen vom Typ $f: f(x)=mx+b$; $D(f)=\mathbb{R}$ mit reellen Zahlen für m und b ($m, b\in\mathbb{R}$) heißen **lineare Funktionen**; ihre Graphen sind **Geraden**.
- Das **Absolutglied b** bestimmt den **Ordinatenabschnitt** dieser Geraden.
- Funktionen des Typs $f: f(x)=b$; $D(f)=\mathbb{R}$ mit reellen Zahlen für b heißen **konstante Funktionen**. Ihre Graphen verlaufen parallel zur x-Achse ($m=0$).

Oft lassen sich Funktionen abschnittsweise linear darstellen.

Beispiel 2.15

Zu den abschnittsweise definierten Funktionen kann man auch die sog. **Betragsfunktionen** zählen. Unter dem Betrag $|x|$ einer reellen Zahl für x versteht man ihren nicht negativen Zahlenwert:

$$|x|=\begin{cases} x & \text{für } x\in\mathbb{R}^{\geq 0} \\ -x & \text{für } x\in\mathbb{R}^{<0}. \end{cases}$$

Entsprechend ordnet die Betragsfunktion jeder reellen Zahl ihren Betrag zu:

$$f: f(x)=|x|=\begin{cases} x & \text{für } x\in\mathbb{R}^{\geq 0} \\ -x & \text{für } x\in\mathbb{R}^{<0} \end{cases}; D(f)=\mathbb{R}.$$

Der Graph $G(f)$ dieser Betragsfunktion setzt sich aus den Teilen der 1. und 2. Winkelhalbierenden des Koordinatensystems zusammen, die ganz oberhalb der x-Achse verlaufen.

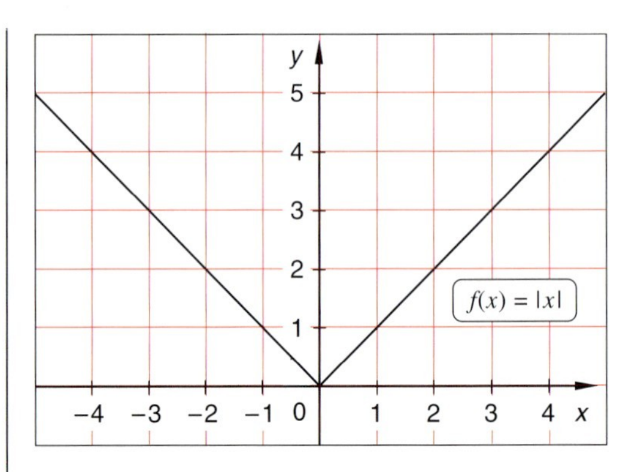

Beispiel 2.16

Zeichnen Sie den Graphen der Funktion $g: g(x)=|x-2|-4$; $D(g)=\mathbb{R}$ und begründen Sie, wie $G(g)$ aus $G(f)$ aus Beispiel 2.15 durch Verschiebung entsteht.

$$\begin{aligned} g: g(x)&=|x-2|-4 \\ &=\begin{cases} x-2-4 & \text{für } x-2\geq 0 \\ -(x-2)-4 & \text{für } x-2<0 \end{cases} \\ &=\begin{cases} x-6 & \text{für } x\geq 2 \\ -x-2 & \text{für } x<2 \end{cases} \\ &=\begin{cases} x-6 & \text{für } x\in\mathbb{R}^{\geq 2} \\ -x-2 & \text{für } x\in\mathbb{R}^{<2}. \end{cases} \end{aligned}$$

Der Graph zur Betragsfunktion f mit $f(x)=|x|$ wird um 2 Einheiten in Richtung der positiven x-Achse (wegen $|x-2|$ im Funktionsterm von g) und um 4 Einheiten in Richtung der negativen y-Achse (wegen -4 im Funktionsterm von g) verschoben.

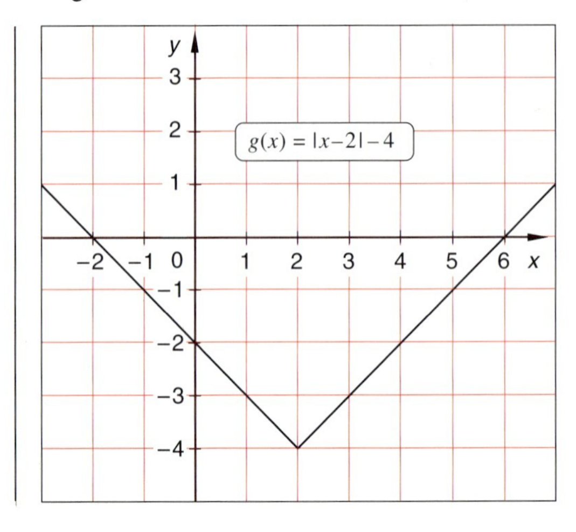

Bestimmung des Funktionsterms linearer Funktionen aus ihren Graphen

Beispiele 2.17

Der Graph jeder linearen Funktion f ist eine Gerade. Jede Gerade ist bereits durch zwei ihrer Punkte eindeutig bestimmt.

Nach der Berechnung zweier beliebiger Punkte mittels des Funktionsterms von f kann man den Graphen von f zeichnen, indem man diese Punkte durch eine Gerade verbindet.

$f(x)=x+1$ ▶ $P_1\langle -2|-1\rangle$, $P_2\langle 2|3\rangle$ sind Punkte des Graphen von f.

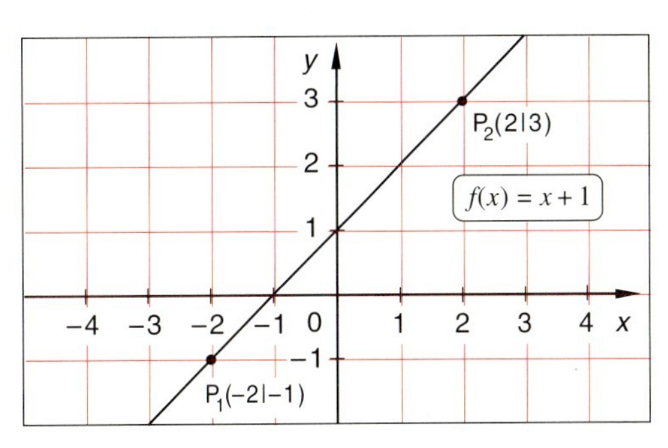

Aber auch ohne eine Festlegung von zwei Punkten kann man direkt mittels des Absolutgliedes b und des Steigungsfaktors m aus dem Funktionsterm $f(x)=mx+b$ die Gerade zeichnen.
Dazu markiert man den Ordinatenabschnitt b und legt dort das Steigungsdreieck an, indem man zunächst um eine Einheit in Richtung der positiven x-Achse nach rechts geht. Je nachdem, ob $m>0$ oder $m<0$ gilt, geht man dann um $|m|$ Einheiten in Richtung der y-Achse nach oben ($m>0$) bzw. nach unten ($m<0$).

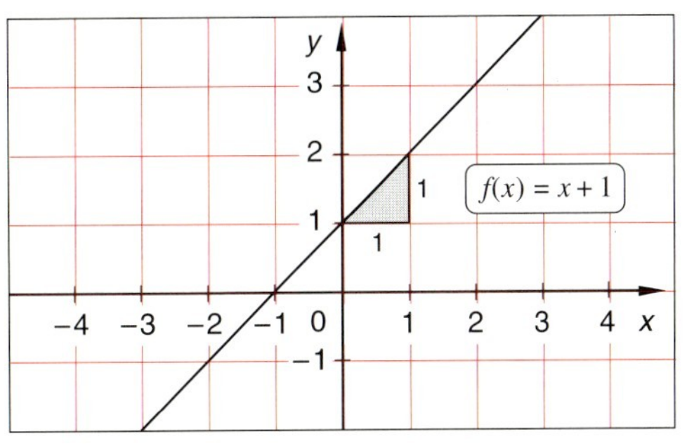

Sind umgekehrt zwei Punkte $P_1\langle x_1|y_1\rangle$ und $P_2\langle x_2|y_2\rangle$ des Graphen einer linearen Funktion f bekannt, so lässt sich ihr Funktionsterm folgendermaßen ermitteln:

Durch die Koordinaten der zwei Punkte ist die Steigung m der Geraden eindeutig bestimmt:

$$m=\frac{y_2-y_1}{x_2-x_1}.$$

Deshalb setzt man den errechneten Wert für m und die Koordinaten eines der beiden Punkte (z.B. von P_1) in den allgemeinen Funktionsterm einer linearen Funktion ein und stellt sie nach b um.

Hierbei ist zu beachten, dass $y_1=f(x_1)$ gilt:

$$y_1=mx_1+b \Leftrightarrow b=y_1-mx_1.$$

Mit den beiden errechneten Werten für m und b lautet dann die lineare Funktion $f: f(x)=mx+b$; $D(f)=\mathbb{R}$.

Beispiel: $P_1\langle -2|1\rangle$; $P_2\langle 1|-5\rangle$.

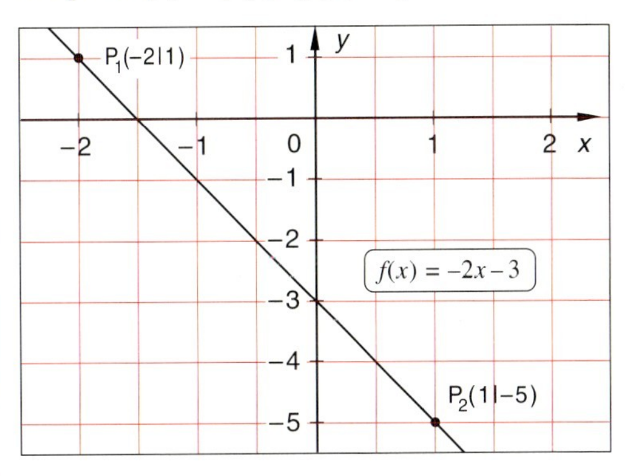

- $m=\dfrac{-5-1}{1-(-2)}=\dfrac{-6}{3}=\underline{\underline{-2}}$
- $b=y_1-mx_1$ ▶ $m=-2$; $x_1=-2$; $y_1=1$
  $b=1-4=\underline{\underline{-3}}$

$\Rightarrow f: f(x)=-2x-3$

Beispiel 2.18

Der Graph einer linearen Funktion f geht durch die Punkte A$\langle -1|7{,}5\rangle$ und B$\langle 4|0\rangle$, und der Graph einer linearen Funktion g hat die Steigung 2 und geht durch den Punkt C$\langle -0{,}5|-2\rangle$.

Bestimmen Sie die Funktionsterme beider Funktionen.

Durch die Koordinaten der Punkte A und B ist die Steigung m von $G(f)$ eindeutig bestimmt. Deshalb setzt man den errechneten Wert für m und die Koordinaten eines der beiden Punkte (hier die von B) in den allgemeinen Funktionsterm einer linearen Funktion ein und stellt sie nach b um.

- $m = \frac{0-7{,}5}{4-(-1)} = \frac{-7{,}5}{5} = \underline{\underline{-1{,}5}}$ ▶ $m = \frac{y_2-y_1}{x_2-x_1}$

  $b = y_2 - m x_2$ ▶ $m = -1{,}5;\ x_2 = 4;\ y_2 = 0$
  $= 0 - (-1{,}5)\cdot 4$
  $= \underline{\underline{6}}$

Insgesamt erhält man $f\colon f(x) = -1{,}5x + 6$.

$\Rightarrow f\colon f(x) = -1{,}5x + 6$

Da die Steigung von $G(g)$ schon bekannt ist, muss nur noch der Wert für b berechnet werden.

- $b = y_1 - m x_1$ ▶ $m = 2;\ x_1 = -0{,}5;\ y_1 = -2$
  $= -2 - 2\cdot(-0{,}5)$
  $= \underline{\underline{-1}}$

Insgesamt erhält man $g\colon g(x) = 2x - 1$.

$\Rightarrow g\colon g(x) = 2x - 1$

Die Zeichnung bestätigt, dass die Punkte A und B auf $G(f)$ liegen, der Punkt C auf $G(g)$ liegt und $G(g)$ die Steigung 2 hat.

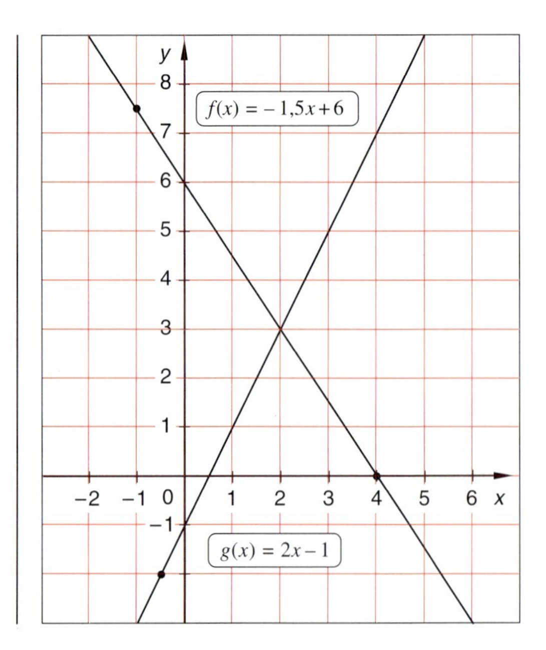

Allgemein gilt:

- Sind zwei Punkte $P_1\langle x_1|y_1\rangle$ und $P_2\langle x_2|y_2\rangle$ des Graphen einer linearen Funktion f bekannt, so erhält man ihren Funktionsterm aus $\frac{f(x)-y_1}{x-x_1} = \frac{y_2-y_1}{x_2-x_1}$. Diese Gleichung heißt **Zwei-Punkte-Form** einer Geradengleichung.
- Sind ein Punkt $P_1\langle x_1|y_1\rangle$ und die Steigung m des Graphen einer linearen Funktion f bekannt, so erhält man ihren Funktionsterm aus $\frac{f(x)-y_1}{x-x_1} = m$. Diese Gleichung heißt **Punkt-Steigungs-Form** einer Geradengleichung.

Beispiel 2.19

Ein Radfahrer benötigt für eine 60 km lange Strecke 3 Stunden. 30 Minuten später fährt eine Radsportlerin vom gleichen Startpunkt ab, die für diese Strecke 1 Stunde weniger benötigt. Wann und in welcher Entfernung vom Startpunkt holt die Radsportlerin den Radfahrer ein?

Die Geschwindigkeit des Radfahrers ist $v_1 = 20\,\frac{\text{km}}{\text{h}}$, die der Radsportlerin beträgt $v_2 = 30\,\frac{\text{km}}{\text{h}}$. Für den Bewegungsablauf des Radfahrers und der Radsportlerin ergeben sich damit die Funktionen s_1 bzw. s_2 mit den folgenden Funktionsgleichungen:

s_1: $s_1(t) = 20 \cdot t$;

s_2: $s_2(t) = 30 \cdot (t - 0{,}5) = 30t - 15$.

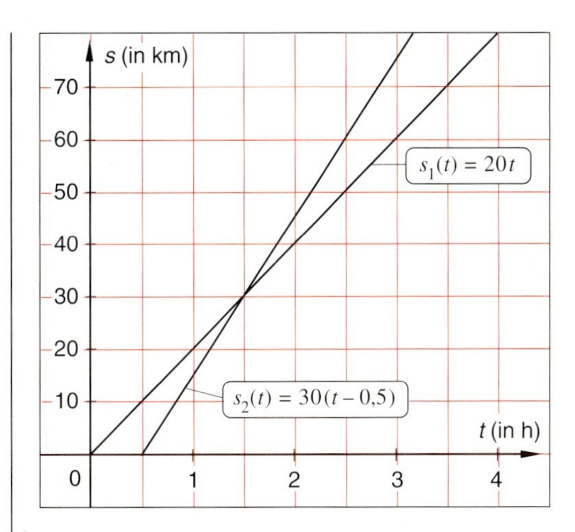

Zeichnet man die Graphen von s_1 und s_2 in dasselbe Koordinatensystem, so liefert ihr Schnittpunkt $S(1{,}5\,|\,30)$ die Lösung der Aufgabe: Nach 1,5 Stunden holt die Radsportlerin den Radfahrer ein; beide haben zu diesem Zeitpunkt 30 km zurückgelegt.

Die Lösung kann auch rechnerisch bestimmt werden, indem man die beiden Funktionsterme gleichsetzt und die sich ergebende Gleichung nach t auflöst.

$$s_2(t) = s_1(t) \Leftrightarrow 30t - 15 = 20t \quad | -20t;\ +15$$
$$\Leftrightarrow \quad 10t = 15 \quad |:10$$
$$\Leftrightarrow \quad t = \underline{\underline{1{,}5}}$$

Die gesuchte Wegstrecke ergibt sich schließlich durch Einsetzen von $t = 1{,}5$ in einen der beiden Funktionsterme.

$$s_1(1{,}5) = 20 \cdot 1{,}5 = \underline{\underline{30}}$$

Beispiel 2.20

Eine Pumpe fördert in jeweils 10 Minuten 50 Liter Flüssigkeit in einen Tank, der anfangs 1 500 Liter enthält. Gleichzeitig werden aus dem Behälter im Verlauf von jeweils 5 Minuten 100 Liter entnommen. Nach wieviel Minuten ist der Tank leer?

Der Zusammenhang lässt sich durch die folgende Funktionsgleichung erfassen:

$$V\colon\ V(t) = 1\,500 + \frac{50}{10} \cdot t - \frac{100}{5} \cdot t;$$

also

$$V\colon\ V(t) = -15t + 1\,500.$$

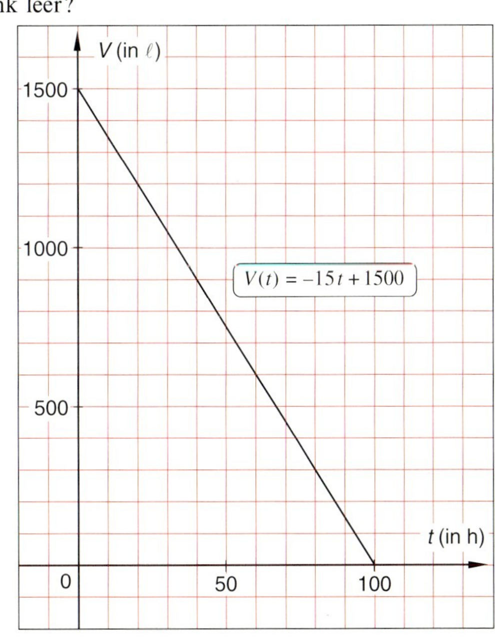

Der Graph von V schneidet die t-Achse an der Stelle $t_0 = 100$. Dieser Zahlenwert heißt **Nullstelle** der Funktion V.

Rechnerisch ergibt sich t_0 als Lösung der Gleichung $V(t) = 0$:

$$V(t) = 0 \Leftrightarrow -15t + 1\,500 = 0 \quad | -1\,500$$
$$\Leftrightarrow \quad -15t = -1\,500 \quad |:(-15)$$
$$\Leftrightarrow \quad t = \underline{\underline{100}}$$

Der Tank ist nach 100 Minuten leer.

Beispiel 2.21

Bestimmen Sie rechnerisch den Schnittpunkt der Graphen der Funktionen f: $f(x) = -1{,}5x + 6$; $D(f) = \mathbb{R}$ und g: $g(x) = 2x - 1$; $D(g) = \mathbb{R}$ aus Beispiel 2.18a und die Nullstellen von f und g.

Zur Bestimmung der Schnittstelle x_s von $G(f)$ und $G(g)$ setzt man beide Funktionsterme gleich und löst die Gleichung. Damit hat man die x-Koordinate des Schnittpunktes beider Graphen berechnet.

$$f(x) = g(x)$$
$$\Leftrightarrow -1{,}5x + 6 = 2x - 1 \quad | -2x - 6$$
$$\Leftrightarrow -3{,}5x = -7 \quad | :(-3{,}5)$$
$$\Leftrightarrow x = 2$$
$$\Rightarrow x_s = \underline{\underline{2}}$$ ► Schnittstelle; x-Koordinate des Schnittpunktes

Durch die Berechnung des Funktionswertes von $f(x_s)$ oder von $g(x_s)$ erhält man dann auch die y-Koordinate des Schnittpunktes von $G(f)$ und $G(g)$.

$$g(2) = 2 \cdot 2 - 1 = 3$$
$$\Rightarrow y_s = \underline{\underline{3}}$$ ► y-Koordinate des Schnittpunktes

$\Rightarrow S\langle 2|3\rangle$ ► Schnittpunkt von $G(f)$ und $G(g)$; Schaubild zu Beispiel 1.21a

Zur Nullstellenbestimmung setzt man die Funktionsterme gleich Null und löst die Gleichungen.

$$f(x) = 0$$
$$\Leftrightarrow -1{,}5x + 6 = 0 \quad | -6$$
$$\Leftrightarrow -1{,}5x = -6 \quad | :(-1{,}5)$$
$$\Leftrightarrow x = 4$$

Lösung: $x_0 = \underline{\underline{4}}$ ► Nullstelle von f

Der Schnittpunkt von $G(f)$ mit der x-Achse ist $\langle 4|0\rangle$ und der Schnittpunkt von $G(g)$ mit der x-Achse ist $\langle 0{,}5|0\rangle$.

$$g(x) = 0$$
$$\Leftrightarrow 2x - 1 = 0 \quad | +1$$
$$\Leftrightarrow 2x = 1 \quad | :2$$
$$\Leftrightarrow x = 0{,}5$$

Lösung: $x_0 = \underline{\underline{0{,}5}}$ ► Nullstelle von g

Beispiele zum Lösen von Gleichungssystemen

Bei der Berechnung des Schnittpunktes $S\langle x_s|y_s\rangle$ der Graphen $G(f)$ und $G(g)$ werden die x- und y-Werte bestimmt, die das System aus beiden Funktionsgleichungen erfüllen. Das im Beispiel 2.21 benutzte Verfahren heißt **Gleichsetzungsverfahren**. Im Folgenden werden zwei weitere Verfahren zum Lösen von Gleichungssystemen vorgestellt.

Beispiel 2.22 **Einsetzungsverfahren für Gleichungssysteme**

Man löst das gegebene Gleichungssystem, indem man aus den zwei Gleichungen I und II mit den zwei Variablen x und y durch Elimination einer der beiden Variablen eine Gleichung mit nur noch einer Variablen herstellt und diese auflöst.

$$2x + 3y = 18 \quad \text{(I)}$$
$$x = y - 1 \quad \text{(II)}$$

Bei dem nebenstehenden Gleichungssystem können wir wegen Gleichung II den Term $y - 1$ für die Variable x in die Gleichung I einsetzen und diese nach y auflösen.

$$2(y-1) + 3y = 18$$
$$\Leftrightarrow 2y - 2 + 3y = 18 \quad | +2$$
$$\Leftrightarrow 5y = 20 \quad | :5$$
$$\Leftrightarrow y = \underline{\underline{4}}$$

Nun setzen wir den Wert von y in die Gleichung II ein, und erhalten x.

$$x = y - 1 = 4 - 1 = \underline{\underline{3}}$$

Das Verfahren heißt **Einsetzungsverfahren**. Natürlich wäre es auch möglich, das Gleichsetzungsverfahren anzuwenden. Im vorliegenden Fall ist das Einsetzungsverfahren offensichtlich günstiger.

Am häufigsten wird allerdings das sog. **Additionsverfahren** benutzt.

Beispiel 2.23 **Additionsverfahren für Gleichungssysteme**

Bei dem nebenstehenden Gleichungssystem bietet es sich an, beide Gleichungen zunächst mit solchen Faktoren zu multiplizieren, dass die neuen Koeffizienten einer der beiden Variablen entgegengesetzte Zahlen sind. Bei der anschließenden Addition der beiden Gleichungen ergibt sich eine Gleichung, die nur noch eine Variable enthält.

Im nebenstehenden Beispiel wird die Gleichung I beibehalten und die Gleichung II mit dem Faktor -2 multipliziert.

Schließlich setzen wir den errechneten Wert (hier: $y=2$) in eine der Ausgangsgleichungen (hier: II) ein und lösen diese nach der zweiten Variablen auf.

$$\begin{aligned} 6x+7y&=10 \quad \text{(I)} \\ 3x+2y&=\ 2 \quad \text{(II)} \end{aligned}$$

$$\begin{array}{lrll} \text{I} & 6x+7y= & 10 & \\ -2\cdot\text{II} & -6x-4y= & -4 & + \\ \hline & 3y= & 6 & \\ \Leftrightarrow & y= & \underline{\underline{2}} & \\ & 3x+2\cdot 2= & 2 & \mid -4 \\ \Leftrightarrow & 3x= & -2 & \mid :3 \\ \Leftrightarrow & x= & \underline{\underline{-\tfrac{2}{3}}} & \end{array}$$

Beispiel 2.24

Nicht immer sind Gleichungssysteme überhaupt lösbar. Wir betrachten aus dem Beispiel 2.13 das System der Funktionsgleichungen

$$y=0{,}05t+4 \quad \text{und} \quad y=0{,}05t.$$

Das Gleichsetzungsverfahren liefert: $0{,}05t+4=0{,}05t$. Diese Gleichung ist für keine Zahl t erfüllbar; es ergibt sich also ein Widerspruch.

Das Gleichungssystem ist **nicht lösbar**. Anschaulich bedeutet dies, dass die zugehörigen Geraden mit einem von null verschiedenen Abstand parallel verlaufen.

Beispiel 2.25

Wir wollen noch auf einen weiteren Fall hinweisen. Bei dem Gleichungssystem

$$y=x+2 \quad \text{und} \quad 3x-3y+6=0$$

ergibt das Einsetzungsverfahren

$$3x-3(x+2)+6=0 \Leftrightarrow 3x-3x-6+6=0 \Leftrightarrow 0=0.$$

Hier liegt kein Widerspruch vor. Die Aussage ist allgemein gültig. Das Gleichungssystem ist deshalb **nicht eindeutig lösbar**; seine Lösungsmenge umfasst alle Paare $\langle x \mid y \rangle$, die jede der beiden Gleichungen erfüllen, also:

$$L=\{\langle x \mid y \rangle \mid y=x+2 \land x \in \mathbb{R}\}.$$

Anschaulich bedeutet das, dass die Geraden identisch sind.

Orthogonalität von Geraden

Stehen zwei Geraden senkrecht aufeinander, so ist das Produkt ihrer Steigungen -1.

Beispiel 2.26

Bestimmen Sie die Gleichung der Geraden, die die Gerade zu $f(x)=\frac{1}{2}x$ im Ursprung orthogonal schneidet.

Bedingung: $m_1 \cdot m_2 = -1$.

Wegen $m_1 = \frac{1}{2}$ folgt $m_2 = -2$.

Die Gleichung der Geraden lautet:

$g(x) = -2x$.

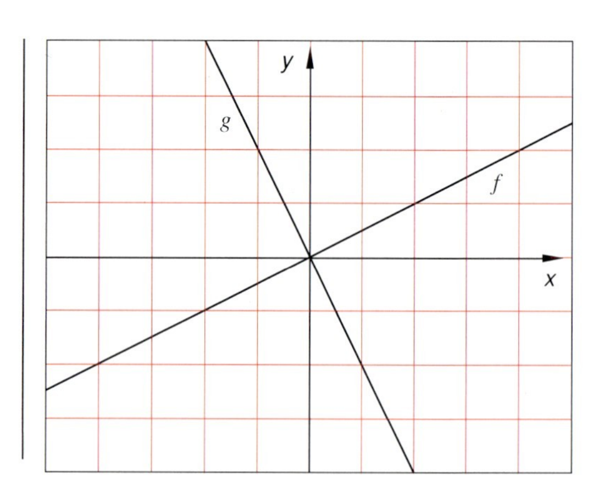

Beispiel 2.27

Bestimmen Sie die Gleichung der Geraden, die auf der Geraden mit der Funktionsgleichung $f(x)=-\frac{2}{3}x+3$ senkrecht steht und durch den Punkt P⟨1|4⟩ verläuft.

Aus $m_1 \cdot m_2 = -1$ und $m_1 = -\frac{2}{3}$ folgt: $m_2 = \frac{3}{2}$.

Ansatz für die Geradengleichung: $g(x) = m_2 \cdot x + b$

Aus $g(1)=4$ und $m_2 = \frac{3}{2}$ folgt: $\frac{3}{2} \cdot 1 + b = 4$, also $b = 4 - \frac{3}{2} = \frac{5}{2}$.

Die Gleichung der Geraden lautet: $g(x) = \frac{3}{2}x + \frac{5}{2}$.

Übungen zu 2.2

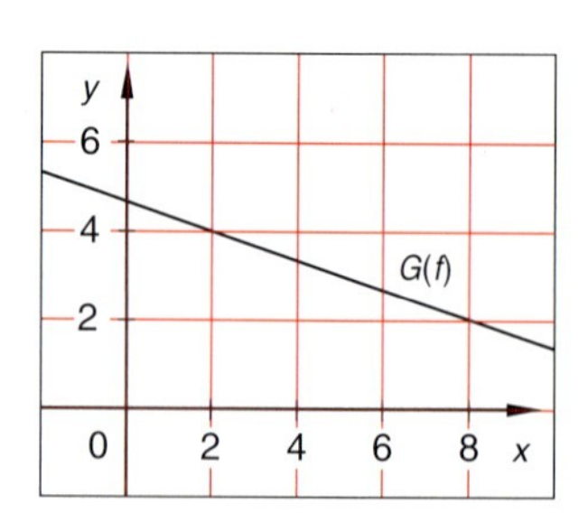

1. Bestimmen Sie den Funktionsterm der linearen Funktion, deren Graph
- **a)** die Steigung 10 hat und durch den Punkt P⟨4|−8⟩ geht;
- **b)** durch die Punkte A⟨−2|25⟩ und B⟨5|13⟩ geht;
- **c)** durch die Punkte C⟨0|−8⟩ und D⟨−4|−4⟩ geht;
- **d)** aus der nebenstehenden Zeichnung hervorgeht.

2. Die Gerade g_1 geht durch die Punkte A⟨4|6⟩ und B⟨8|4⟩, die Gerade g_2 hat die Steigung 2 und geht durch C⟨2|1⟩.
- **a)** Bestimmen Sie die Funktionsterme der zugehörigen linearen Funktionen.
- **b)** Zeichnen Sie die Graphen der beiden Funktionen im Intervall [0; 16].
- **c)** Bestimmen Sie die Nullstellen beider Funktionen.
- **d)** Bestimmen Sie den Schnittpunkt beider Geraden miteinander.

3. Bestimmen Sie den Funktionsterm der linearen Funktion, deren Graph durch A⟨1|2⟩ geht und außerdem
- **a)** zum Graphen der linearen Funktion g: $g(x)=\frac{1}{3}x+1$; $D(g)=\mathbb{R}$ parallel verläuft;
- **b)** mit der positiven x-Achse einen Winkel von 45° bildet;
- **c)** durch den Koordinatenursprung geht;
- **d)** zur x-Achse parallel verläuft.

4. Bestimmen Sie im Funktionsterm der linearen Funktion vom Typ f: $f(x)=mx+2$; $D(f)=\mathbb{R}$ den Steigungsfaktor m so, dass der Graph von f durch den Punkt A⟨3|0,5⟩ geht.
Zeichnen Sie den Graphen der Funktion f im Intervall [−2; 6].

5. Eine Gerade verläuft durch die Punkte A⟨2|5⟩ und B⟨6|7⟩.
a) Zeichnen Sie die Gerade im Intervall [0; 15].
b) Bestimmen Sie den Funktionsterm der Funktion, deren Graph diese Gerade ist.
c) Berechnen Sie die Ordinate (y-Koordinate) des Punktes von $G(f)$ mit der Abszisse (x-Koordinate) 12.

6. Berechnen Sie die Schnittpunkte der zu den reellen Funktionen f und g zugehörigen Graphen ($D(f)=\mathbb{R}$, $D(g)=\mathbb{R}$) rechnerisch und zeichnerisch.
a) $f(x)=0{,}5x+4$ und $g(x)=-0{,}25x+5{,}5$ **b)** $f(x)=-2x+5$ und $g(x)=x-1$
c) $f(x)=3x-5$ und $g(x)=2x-2$ **d)** $f(x)=0{,}5x+8$ und $g(x)=-2x+18$

7. Gegeben ist das Parallelogramm mit den Eckpunkten A⟨1|1⟩, B⟨7|1⟩, C⟨8|5⟩ und D⟨2|5⟩.
a) Zeichnen Sie das Parallelogramm einschließlich seiner Diagonalen in ein Koordinatensystem.
b) Bestimmen Sie die Funktionsterme der Funktionen, auf deren Graphen die Diagonalen des Parallelogramms liegen.
c) Berechnen Sie den Schnittpunkt der Diagonalen.

8. Gegeben ist die lineare Funktion f: $f(x)=0{,}5x-3$; $D(f)=\mathbb{R}$. Eine Parallele zum Graphen dieser Funktion verläuft durch den Punkt A⟨5|5⟩.
a) Zeichnen Sie den Graphen der Funktion f und die Parallele zu $G(f)$ durch den Punkt A.
b) Bestimmen Sie den Funktionsterm der Funktion g, deren Graph die Parallele zu $G(f)$ ist.
c) Berechnen Sie die Nullstelle von g.

9. Gegeben sind die Punkte A⟨1|2⟩ und B⟨5|12⟩ des Graphen der linearen Funktion f und die Funktion g: $g(x)=-0{,}5x+11{,}5$; $D(g)=\mathbb{R}$.
a) Bestimmen Sie den Funktionsterm von f.
b) Bestimmen Sie den Schnittpunkt beider Geraden rechnerisch und zeichnerisch.
c) Bestimmen Sie den Flächeninhalt der von beiden Geraden und der x-Achse begrenzten Fläche.

10. Zwei unterschiedlich geschulte Bergsteigergruppen beschließen, einen 3500 m hohen Berg zu besteigen. Die Gruppen fahren mit einem Lift bergauf. Die besser trainierte Gruppe steigt in 1000 m Höhe an der Mittelstation aus, die andere Gruppe fährt bis zur Bergstation in 1600 m Höhe. Um 10 Uhr beginnen beide Gruppen ihren Aufstieg, wobei die gut trainierte Gruppe einen Höhenunterschied von 600 m pro Stunde, die weniger gut trainierte Gruppe einen Höhenunterschied von 400 m pro Stunde bewältigt.
a) Stellen Sie die Funktionsterme der einzelnen Höhen in Abhängigkeit von der Zeit für beide Gruppen auf und zeichnen Sie die Graphen beider Funktionen.
b) Berechnen Sie, um wie viel Uhr beide Gruppen die gleiche Höhe auf dem Weg zur Bergspitze erreicht haben.
c) Ermitteln Sie den Zeitpunkt des Erreichens der Bergspitze für beide Gruppen.

11. Eine Schraubenfeder wird durch $F_1=12\,\text{N}$ um $s_1=12\,\text{cm}$ gedehnt. Stellen Sie aufgrund dieser Angaben eine Funktionsgleichung auf, die es ermöglicht, bei gegebener Kraft F die Dehnung s zu bestimmen. Zeichnen Sie den Graphen der Funktion.

12. Zeichnen Sie die Graphen der folgenden Funktionen und begründen Sie, wie sie aus dem Graphen der Funktion f: $f(x)=|x|$; $D(f)=\mathbb{R}$ durch Verschiebung entstehen.
a) f: $f(x)=|x|-3$; $D(f)=\mathbb{R}$ **b)** f: $f(x)=|x+2|-4$; $D(f)=\mathbb{R}$
c) f: $f(x)=|2x-1|-1$; $D(f)=\mathbb{R}$ **d)** f: $f(x)=|0{,}5x+2|+3$; $D(f)=\mathbb{R}$
e) f: $f(x)=|-x+1|-3$; $D(f)=\mathbb{R}$ **f)** f: $f(x)=|-x-5|+2$; $D(f)=\mathbb{R}$
g) f: $f(x)=|x-2{,}5|+1{,}5$; $D(f)-\mathbb{R}$ **h)** f: $f(x)=|x-6|-0{,}5$; $D(f)-\mathbb{R}$

13. Bestimmen Sie die Lösungsmenge des Gleichungssystems mit einem geeigneten Verfahren. Machen Sie eine Probe.

a) $2x+3y=13$
$x=2$

b) $4x+2y=12$
$12x-2y=4$

c) $x=12-y$
$2x=3y-11$

d) $x+y=2$
$-x-y=4$

e) $7x+y=9$
$14x+2y=18$

f) $2x-8y=6-3x$
$x+4y=-3(x+25)-y$

14. Bestimmen Sie die Gleichung der Geraden, die die Gerade zu $f(x)=\frac{2}{5}x$ im Ursprung orthogonal schneidet.

15. Bestimmen Sie die Gleichung der Geraden, die auf der Geraden zu $f(x)=2x-4$ senkrecht steht und durch den Punkt $P\langle 1|1{,}5\rangle$ verläuft.

16. Ein Lieferwagen fährt von Köln um 9.00 Uhr nach Hamburg mit einer Durchschnittsgeschwindigkeit von 80 km/h. Wann kann ein um 10.00 Uhr von Köln startender PKW den Lieferwagen einholen, wenn der PKW mit einer Durchschnittsgeschwindigkeit von 100 km/h fährt? Wie viel km hat der Lieferwagen bis zu diesem Zeitpunkt zurückgelegt? Lösen Sie die Aufgabe zeichnerisch und rechnerisch.

2.3 Quadratische Funktionen

Im Unterschied zum Term linearer Funktionen kann die Argumentvariable x in Funktionstermen auch in höherer Potenz als 1 vorkommen.

Funktionen vom Typ f: $f(x)=ax^2+bx+c$ mit reellen Zahlen für a, b, c und $a\neq 0$, bei denen die Argumentvariable x in höchster Potenz quadratisch auftritt, heißen **Quadratische Funktionen**, ihre Graphen nennt man **Parabeln**.

Beispiel 2.28

● Die Erwärmung einer elektrischen Heizung ist abhängig von der Stromstärke I durch die Heizspirale und deren elektrischen Widerstand R. Die Wärmeleistung P kann mit Hilfe der Formel

$P=R\cdot I^2$

berechnet werden.

Das nebenstehende Koordinatensystem zeigt die Parabel, die die Wärmeleistung P der Heizung in Abhängigkeit von verschiedenen Stromstärken I bei gleichbleibendem Widerstand $R=1\,\Omega$ veranschaulicht. Es wird also jeder Stromstärke genau eine Wärmeleistung zugeordnet. Die zugehörige Funktion lautet also:

f: $f(I)=I^2$; $D(f)=\mathbb{R}^{\geq 0}$.

I	0,5	1	2	3	4
$f(I)$	0,25	1	4	9	16

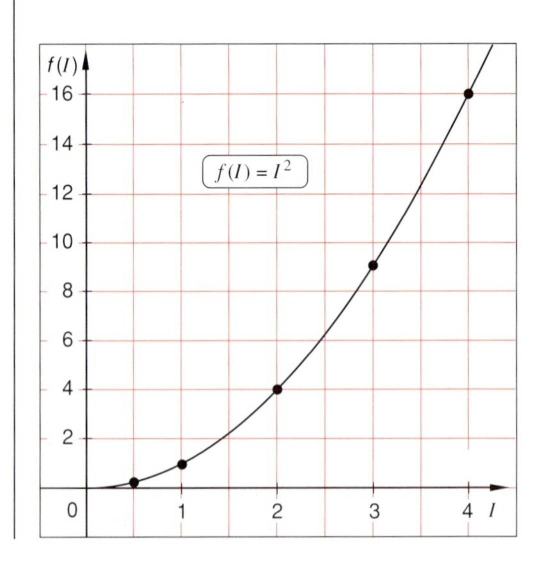

Auch quadratische Funktionen können auf ganz $\mathbb{R}$ betrachtet werden. Hebt man von obigem Beispiel ab und betrachtet die Funktion f auf ganz $\mathbb{R}$, erweitert man also den Definitionsbereich auf $\mathbb{R}$, so erhält man die Funktion f: $f(x)=x^2$; $D(f)=\mathbb{R}$.

- Ihr Graph ist die sog. **Normalparabel**. Sie ist symmetrisch zur y-Achse, die daher auch ihre **Symmetrieachse** heißt.

x	-2	-1	0	1	1,5	$\sqrt{3}$	2
$f(x)$	4	1	0	1	2,25	3	4

Den Schnittpunkt der beiden zueinander symmetrischen Parabeläste mit der Symmetrieachse nennt man **Scheitelpunkt** der Parabel.

Der **Wertebereich** dieser (quadratischen) Funktion ist die Menge der nicht-negativen reellen Zahlen ($W(f)=\mathbb{R}^{\geq 0}$).

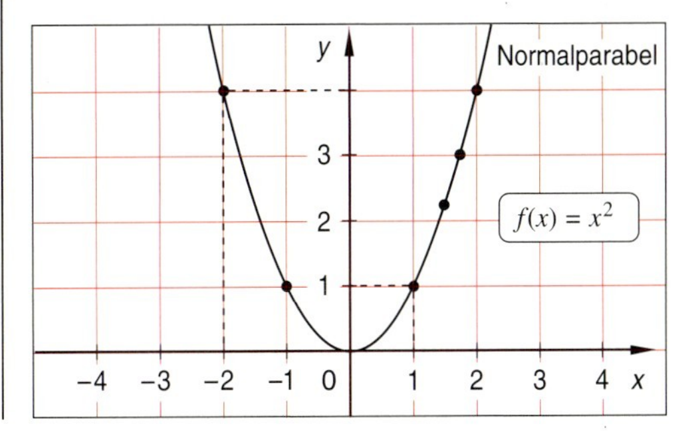

Beispiel 2.29

- Addiert man die reelle Zahl 2 zum Funktionsterm x^2, so erhält man den Funktionsterm einer neuen Funktion

$g_1: g_1(x)=x^2+2;\ D(g_1)=\mathbb{R}$,

deren Graph sich aus der Normalparabel durch Verschiebung aus dem Koordinatenursprung um 2 Einheiten nach oben ergibt.

Der Scheitelpunkt dieser Parabel ist $S_1\langle 0|2\rangle$.

- Der Graph der Funktion $g_2: g_2(x)=x^2-3;\ D(g_2)=\mathbb{R}$ ergibt sich aus der Normalparabel durch Verschiebung aus dem Koordinatenursprung um 3 Einheiten nach unten. Der Scheitelpunkt dieser Parabel ist $S_2\langle 0|-3\rangle$.

x	-3	-2	-1	0	1	2	3
$g(x)$	9	4	1	0	1	4	9
$g_1(x)$	11	6	3	2	3	6	11
$g_2(x)$	6	1	-2	-3	-2	1	6

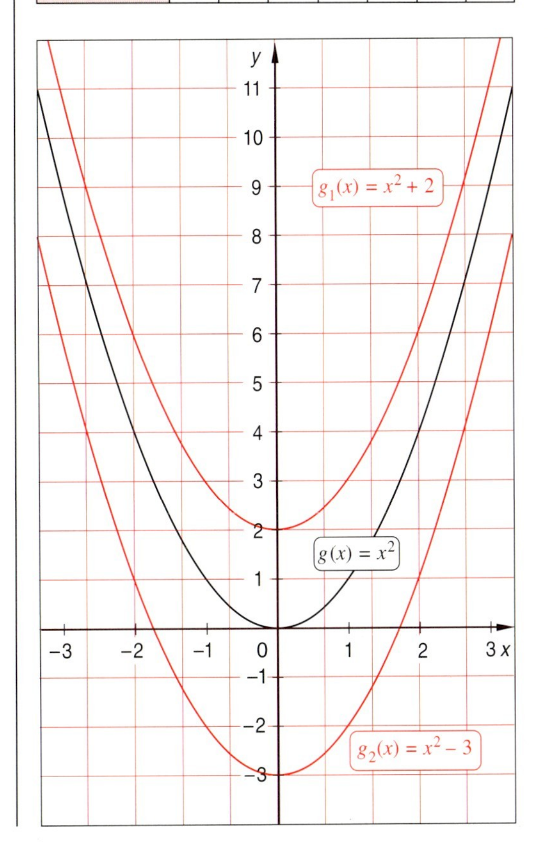

x	−4	−3	−2	−1	0	1	2	3
$g(x)$	16	9	4	1	0	1	4	9
$g_3(x)$	36	25	16	9	4	1	0	1
$g_4(x)$	1	0	1	4	9	16	25	36

● Der Graph der Funktion g_3: $g_3(x)=(x-2)^2$; $D(g_3)=\mathbb{R}$ ergibt sich aus der Normalparabel durch Verschiebung aus dem Koordinatenursprung um 2 Einheiten nach rechts. Scheitelpunkt dieser Parabel ist $S_3\langle 2|0\rangle$ und liegt auf der x-Achse.

● Der Graph der Funktion g_4: $g_4(x)=(x+3)^2$; $D(g_4)=\mathbb{R}$ ergibt sich aus der Normalparabel durch Verschiebung aus dem Koordinatenursprung um 3 Einheiten nach links. Der Scheitelpunkt dieser Parabel ist $S_4\langle -3|0\rangle$ und liegt auch auf der x-Achse.

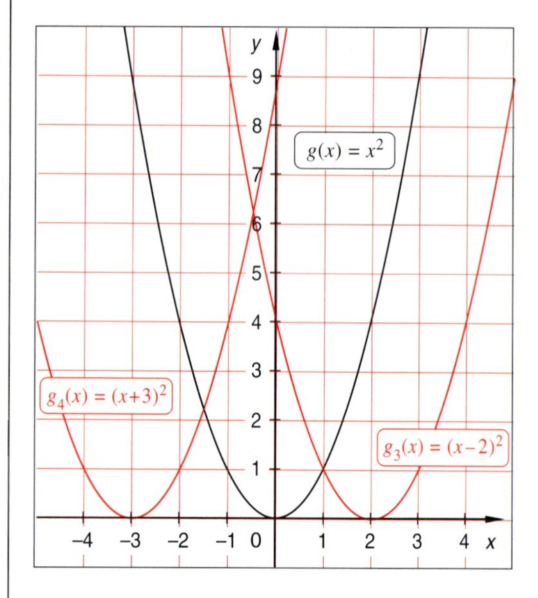

● Verschiebt man die Normalparabel aus dem Koordinatenursprung um 2 Einheiten nach rechts und 1 Einheit nach oben, so heißt die zu diesem Graphen gehörige Funktion:

g_5: $g_5(x)=(x-2)^2+1$; $D(g_5)=\mathbb{R}$.

x	−2	−1	0	1	2	3	4	5	6
$g_5(x)$	17	10	5	2	1	2	5	10	17

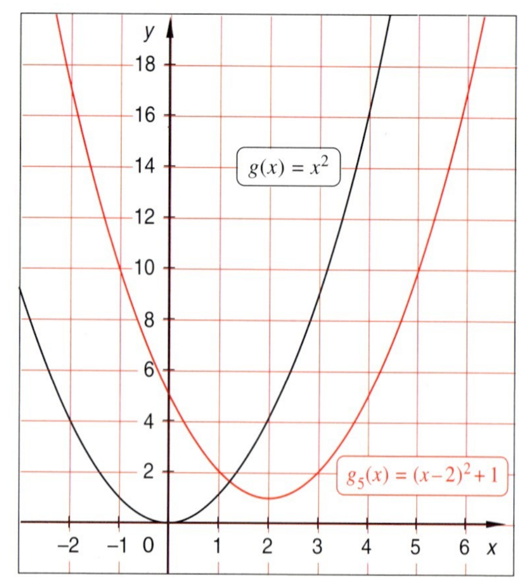

Allgemein ist der Graph jeder Funktion vom Typ f: $f(x)=(x-x_s)^2+y_s$; $D(f)=\mathbb{R}$ eine Parabel, die durch Verschiebung der Normalparabel um x_s Einheiten in Richtung der x-Achse und um y_s Einheiten in Richtung der y-Achse erhalten wird.

Dabei bedeuten ein positiver Wert für x_s und y_s das Verschieben der Normalparabel in positiver Richtung und ein negativer Wert das Verschieben in negativer Richtung der jeweiligen Koordinatenachse. x_s und y_s bezeichnen die Abszissen bzw. Ordinaten der **Scheitelpunkte** $S\langle x_s | y_s \rangle$ der Parabeln. Da aus dem Funktionsterm $(x-x_s)^2+y_s$ die Koordinaten der Scheitelpunkte $S\langle x_s | y_s \rangle$ ablesbar sind, heißt eine Form vom Typ $f(x)=a(x-x_s)^2+y_s$ mit $a \neq 0$ deshalb auch **Scheitelpunktform** der quadratischen Funktion.
Durch Ausmultiplizieren der speziellen Scheitelpunktform $g_5(x)=(x-2)^2+1$ erhält man nach der zweiten Binomischen Formel $g_5(x)=(x-2)^2+1=x^2-4x+4+1=x^2-4x+5$.

Eine Form vom Typ $f\colon f(x)=ax^2+bx+c$; $D(f)=\mathbb{R}$ mit $a \neq 0$ heißt **allgemeine Form** der quadratischen Funktion f.
Wie bei linearen Funktionen gibt auch hier das x-freie Glied (Absolutglied) im Funktionsterm von f den Ordinatenabschnitt des Graphen an, den man jedoch nur aus der allgemeinen Form und nicht aus der Scheitelpunktform direkt ablesen kann.

Wie sehen nun die Graphen von quadratischen Funktionen des Typs $f\colon f(x)=ax^2+bx+c$ bzw. $f\colon f(x)=a(x-x_s)^2+y_s$ für $a \neq 1$ aus?

Beispiel 2.30

Wird ein Stein zum Zeitpunkt $t_0=0$ mit der Anfangsgeschwindigkeit v_0 von einem Turm der Höhe h_0 senkrecht nach oben geworfen, so gilt für seine Höhe h zum Zeitpunkt $t \geq 0$:

$$h(t)=-\frac{1}{2}gt^2+v_0t+h_0.$$

Der Funktionsterm für die Höhe $h(t)$ ergibt sich als Summe aus der Turmhöhe h_0, dem Anteil des Weges v_0t aus der geradlinig-gleichförmigen Bewegung des Wurfs nach oben und aus dem Anteil des Weges $-\frac{1}{2}gt^2$, der aus dem sofort mit Wurfbeginn einsetzenden freien Fall resultiert. Bei diesem physikalischen Ansatz wird der Luftwiderstand vernachlässigt.

Das nebenstehende Bild zeigt den Graphen der Funktion h für $h_0=30$ m und $v_0=25$ m/s. Für die Fallbeschleunigung g, deren Wert in Mitteleuropa etwa $9{,}81$ m/s² beträgt, verwenden wir den gebräuchlichen Näherungswert 10 m/s². Vernachlässigen wir die Einheiten, so ergibt sich der Funktionsterm

$$h(t)=-5t^2+25t+30.$$

t (in s)	0	1	2	3	4	5	6
$h(t)$ (in m)	30	50	60	60	50	30	0

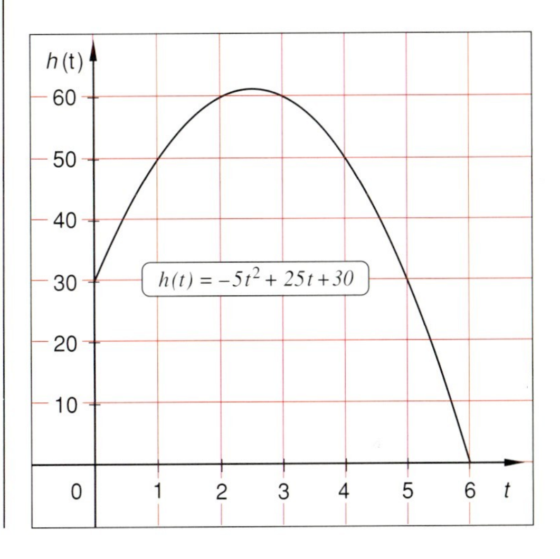

Nach einer bestimmten Zeit t_1 ist $h(t_1)=0$, d.h., der Stein hat den Erdboden erreicht. Man stellt fest, dass dies bei $t_1=6$ s der Fall ist. Für die Funktion h ergibt sich damit als sinnvole Definitionsmenge das Zeitintervall $D(h)=[0; 6]$.

Der Graph der Funktion h ist eine nach unten geöffnete Parabel, weil der Koeffizient -5 des quadratischen Gliedes negativ ist.

Allgemein bewirkt ein positiver Koeffizient $a(a \in \mathbb{R}^{>0})$ im Funktionsterm ax^2+bx+c einer quadratischen Funktion die **Parabelöffnung nach oben** und ein negativer Koeffizient $a(a \in \mathbb{R}^{<0})$ die **Parabelöffnung nach unten**. Zusätzlich verändert der Graph einer quadratischen Funktion seine Form mit dem Wert für a.

Beispiel 2.31

- Die Funktion g_6: $g_6(x)=2x^2$; $D(g_6)=\mathbb{R}$ hat doppelt so große Funktionswerte wie die Funktion g: $g(x)=x^2$; $D(g)=\mathbb{R}$; der Graph von g_6 ist gegenüber dem Graphen von g „schmaler", er ist **gestreckt**.
- Die Funktion g_7: $g_7(x)=0{,}5x^2$; $D(g_7)=\mathbb{R}$ hat halb so große Funktionswerte wie g; ihr Graph ist im Verhältnis zum Graphen von g „breiter", er ist **gestaucht**.

x	−3	−2	−1	0	1	2	3
$g_6(x)$	18	8	2	0	2	8	18
$g_7(x)$	4,5	2	0,5	0	0,5	2	4,5

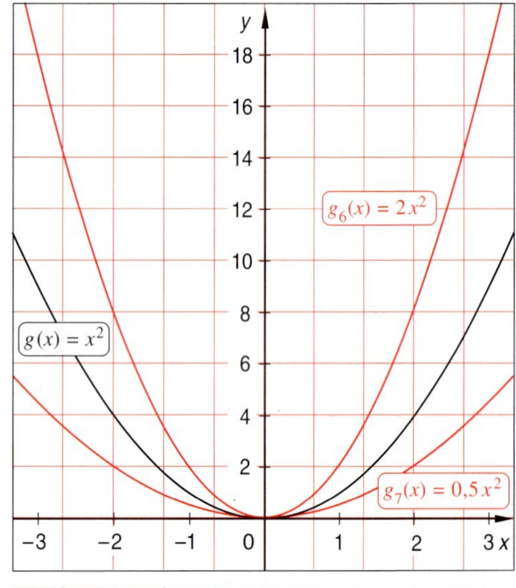

- Analog ist auch der Graph von g_8: $g_8(x)=-3x^2$; $D(g_8)=\mathbb{R}$ **gestreckt** und der Graph von g_9: $g_9(x)=-0{,}25x^2$; $D(g_9)=\mathbb{R}$ **gestaucht**.

x	−3	−2	−1	0	1	2	3
$g_8(x)$	−27	−12	−3	0	−3	−12	−27
$g_9(x)$	−2,25	−1	−0,25	0	−0,25	−1	−2,25

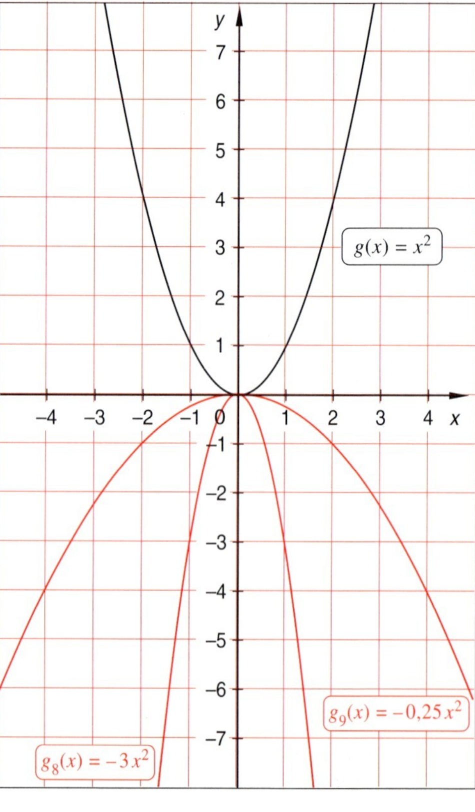

Bei quadratischen Funktionstermen vom Typ ax^2+bx+c bzw. vom Typ $a(x-x_s)^2+y_s$ (▶ $a \neq 0$) gibt $|a|$ die Dehnung des Funktionsgraphen an und heißt deshalb **Dehnungsfaktor** des Funktionsterms.

Merke:

- Funktionen vom Typ $f: f(x) = ax^2 + bx + c$; $D(f) = \mathbb{R}$ mit $a \neq 0$ heißen **quadratische Funktionen**. In ihrem Funktionsterm tritt die Argumentvariable x in höchster Potenz quadratisch, d.h. in zweiter Potenz, auf.
- Die Graphen quadratischer Funktionen heißen **Parabeln**. Sie besitzen zwei zueinander symmetrische **Parabeläste**. Der **Scheitelpunkt** einer Parabel ist der Schnittpunkt der Parabel mit ihrer Symmetrieachse.
- Gilt $a = 1$, $b = 0$ und $c = 0$, so heißt die Parabel **Normalparabel**.
- Ein Funktionsterm vom Typ $f(x) = ax^2 + bx + c$ heißt **allgemeine Form** der quadratischen Funktion f mit dem **Dehnungsfaktor** $\boldsymbol{a}$ und dem **Absolutglied** $\boldsymbol{c}$.
- Für $a > 0$ sind die Parabeln **nach oben geöffnet**.
- Für $a < 0$ sind die Parabeln **nach unten geöffnet**.
- Für $|a| > 1$ sind die Parabeln im Unterschied zur Normalparabel **gestreckt**.
- Für $|a| < 1$ sind die Parabeln im Unterschied zur Normalparabel **gestaucht**.
- Das Absolutglied c markiert den **Ordinatenabschnitt** der Parabeln.
- Ein Funktionsterm vom Typ $f(x) = a(x - x_s)^2 + y_s$ heißt **Scheitelpunktform** der quadratischen Funktion f mit dem **Dehnungsfaktor** $\boldsymbol{a}$ und den **Scheitelpunktkoordinaten** x_s und y_s. $S\langle x_s | y_s \rangle$ ist der **Scheitelpunkt** der Parabel.

Funktionsterme einer quadratischen Funktion in ihrer allgemeinen Form $f(x) = ax^2 + bx + c$ lassen keine direkten Rückschlüsse auf die Scheitelpunkte der zugehörigen Parabeln zu, deren Kenntnis jedoch das Zeichnen von Parabeln erheblich vereinfacht. Während das Ausmultiplizieren der Scheitelpunktform von quadratischen Funktionen keine großen Schwierigkeiten bereitet, gestaltet sich das Umwandeln der allgemeinen Form in die Scheitelpunktform schwieriger.

Beispiel 2.32

Der Term der Funktion f: $f(x) = x^2 + 6x$; $D(f) = \mathbb{R}$ ist in allgemeiner Form mit dem Absolutglied 0 dargestellt. Seine Scheitelpunktform ist gesucht.

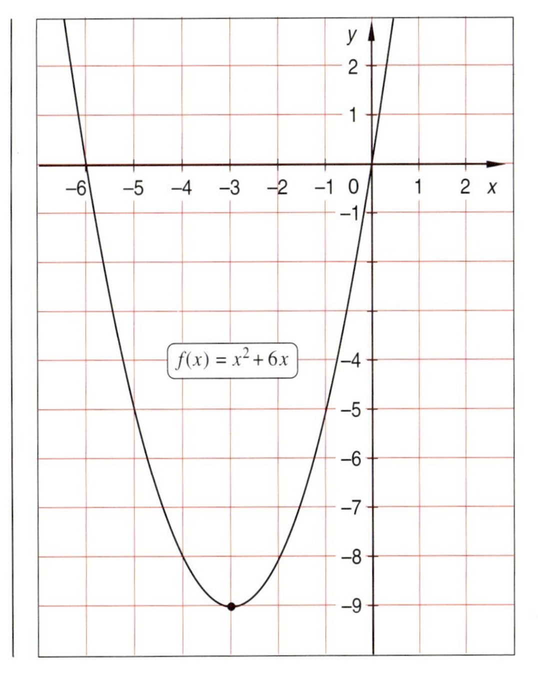

Den Funktionsterm $x^2 + 6x$ kann man mit Hilfe der **ersten Binomischen Formel** in seine Scheitelpunktform bringen.

Das Problem hierbei besteht in der umgekehrten Anwendung dieser Binomischen Formel „von hinten nach vorne", d.h. aus dem Term x^2+6x soll durch Ergänzungen das Quadrat eines Binoms entstehen.

$(a+b)^2=a^2+2ab+b^2$ ▶ 1. Binomische Formel

$a^2+2ab+b^2=(a+b)^2$ ▶ umgekehrte Leserichtung

Schreibt man den obigen Term in der Form $x^2+2\cdot x\cdot 3$, so entspricht er den ersten beiden Summanden der ersten Binomischen Formel ($a^2+2\cdot a\cdot b$).

$$\begin{aligned} & a^2+2\cdot a\cdot b \\ & \uparrow \qquad \uparrow \\ f(x)= & x^2+2\cdot x\cdot 3 \end{aligned}$$

Aus dieser Darstellung wird schnell deutlich, dass die Zahl für b die Zahl 3 sein muss. Der so bestimmte Wert für b wird noch **quadriert** und zu dem Term x^2+6x **ergänzt**, damit dieser Gesamtterm zum Quadrat eines Binoms umgeformt werden kann.

$$\begin{aligned} & a^2+2\cdot a\cdot b+b^2 \\ & \uparrow \qquad \uparrow \; \uparrow \;\; \uparrow \\ & =x^2+2\cdot x\cdot 3+3^2-3^2 \\ & =(x^2+6x+9)-9 \\ & =(x+3)^2-9 \\ & \Rightarrow S\langle -3 \mid -9\rangle \end{aligned}$$

Um den „Wert" des Funktionsterms nicht zu verändern, muss dabei die ergänzte Quadratzahl (9) wieder subtrahiert werden.

Da immer das Quadrat einer Zahl einen Term der Form x^2+px zum Quadrat eines Binoms ergänzt, nennt man dieses Quadrat auch **quadratische Ergänzung**. Diese zu quadrierende Zahl (im Beispiel die Zahl 3) entspricht aufgrund der ersten Binomischen Formel immer der Hälfte des Koeffizienten des zweiten Summanden in der allgemeinen Form (im Beispiel lautet dieser Summand $6x$).

Analog wird nach der zweiten Binomischen Formel durch eine Quadratzahl ein Term der Form x^2-px zu einem vollständigen Quadrat ergänzt, wie im folgenden Beispiel gezeigt wird.

Beispiel 2.33

Der Term der Funktion $f\colon f(x)=x^2-3x+2$; $D(f)=\mathbb{R}$ ist in allgemeiner Form mit dem Absolutglied 2 dargestellt. Der Scheitelpunkt der Parabel ist gesucht.

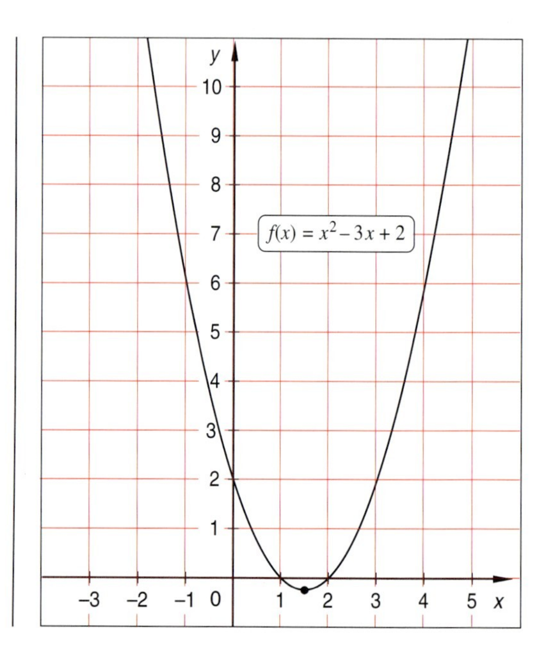

Auch bei diesem Beispiel entspricht die Zahl für b der Hälfte des Koeffizienten des zweiten Summanden in der allgemeinen Form, damit ihr Quadrat den Term x^2-3x zu einem vollständigen Quadrat ergänzt.

Die ergänzte Quadratzahl (2,25) wird wieder subtrahiert und mit dem Absolutglied (2) zusammengefasst.

$$\begin{aligned} f(x) &= x^2-3x+2 \quad \blacktriangleright \text{ quadratische Ergänzung } 1{,}5^2 \\ &= x^2-2\cdot x\cdot 1{,}5+1{,}5^2-1{,}5^2+2 \\ &= x^2-2\cdot x\cdot 1{,}5+2{,}25-2{,}25+2 \\ &= (x^2-3x+2{,}25)-2{,}25+2 \\ &= (x-1{,}5)^2-0{,}25 \\ &\Rightarrow \underline{\underline{S\langle 1{,}5\,|\,-0{,}25\rangle}} \end{aligned}$$

Extremalprobleme werden häufig mit den Methoden der Differentialrechnung gelöst. Einige dieser Aufgaben können aber bereits mit einfacheren Mitteln behandelt werden.

Beispiel 2.34

Von allen Rechtecken, deren Umfang 20 m beträgt, ist dasjenige mit dem größten Flächeninhalt zu ermitteln.

Ist x die Längenmaßzahl der einen Seite des Rechtecks, so hat die zweite Seite die Maßzahl $20-x$.

Da der Flächeninhalt des Rechtecks das Produkt der beiden Seitenlängen ist, ergibt sich die folgende Funktion für die Maßzahl des Flächeninhalts:

A: $A(x)=x\cdot(10-x)$; $D(A)=[0;\ 10]$.

Die Funktion A kann als Flächeninhalt offensichtlich keine negativen Werte annehmen. Wir haben deshalb sinnvollerweise als Definitionsmenge das Intervall [0; 10] festgelegt, obwohl der Funktionsterm für alle reellen Zahlen definiert ist.

Der Graph der Funktion A ist eine nach unten geöffnete Parabel; im Scheitelpunkt nimmt die Funktion ihren größten Wert an. Wir berechnen also die Scheitelpunktkoordinaten des Graphen.

Um die zweite binomische Formel anwenden zu können, muss dabei zunächst einmal -1 ausgeklammert werden, so dass der Term in der Klammer mittels seiner quadratischen Ergänzung in seine Scheitelpunktform gebracht werden kann. Zur Scheitelpunktbestimmung wird danach die [eckige] Klammer wieder aufgelöst.

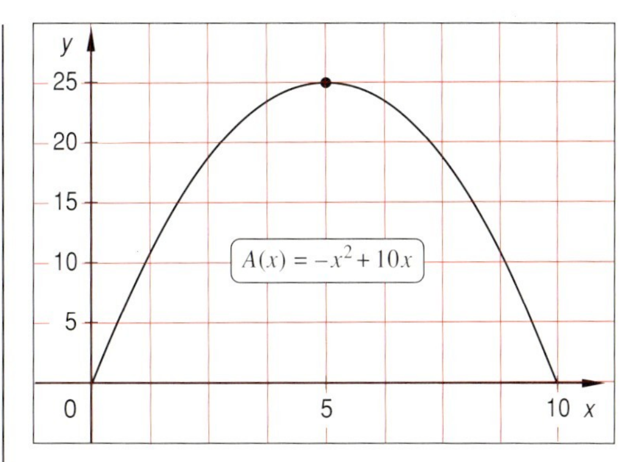

$$\begin{aligned} A(x) &= -x^2+10x \\ &= -[x^2-10x] \quad \blacktriangleright \text{ quadratische Ergänzung } 25 \\ &= -[(x^2-10x+25)-25] \\ &= -[(x-5)^2-25] \\ &= -(x-5)^2+25 \\ &\Rightarrow \underline{\underline{S\langle 5\,|\,25\rangle}} \end{aligned}$$

Zur Bestimmung einer sinnvollen Definitionsmenge $D(A)$ war es in dem obigen Beispiel erforderlich, diejenigen Werte von x zu bestimmen, für die der Flächeninhalt des Rechtecks verschwindet, für die also der Funktionswert $A(x)$ gleich null ist. Solche Stellen der Definitionsmenge einer Funktion, an denen die Funktion den Wert null annimmt, heißen **Nullstellen** der Funktion. Die Nullstellen einer Funktion sind die x-Koordinaten der Schnittpunkte des Graphen der Funktion mit der x-Achse.

Zur Bestimmung der Nullstellen einer quadratischen Funktion entsteht somit eine **quadratische Gleichung** (in diesem Beispiel $A(x)=0$). Die Lösung dieser Gleichung führt zu den Nullstellen von A und somit zu den Abszissen der Schnittpunkte des Graphen von A mit der x-Achse.

$A(x)=0 \Leftrightarrow -x^2+10x=0$
$\Leftrightarrow -x\cdot(x-10)=0$
$\Leftrightarrow x=0$ oder $x=10$

Lösung: $x_{01}=\underline{\underline{0}}$ und $x_{02}=\underline{\underline{10}}$

Die Funktion $f: f(x)=x^2-3x+2; D(f)=\mathbb{R}$ aus Beispiel 2.33 hat die beiden Nullstellen $x_{01}=1$ und $x_{02}=2$.

$f(x)=0 \Leftrightarrow x^2-3x+2=0$ ▶ quadratische Ergänzung 2,25
$\Leftrightarrow (x^2-3x+2{,}25)-2{,}25+2=0$
$\Leftrightarrow (x-1{,}5)^2=0{,}25$ ▶ $\sqrt{x^2}=|x|$
$\Leftrightarrow |x-1{,}5|=0{,}5$ ▶ Beispiel 2.15
$\Leftrightarrow x=1$ oder $x=2$

Lösung: $x_{01}=\underline{\underline{1}}$ und $x_{02}=\underline{\underline{2}}$

Beachten Sie: Jede quadratische Gleichung der Form $x^2=a$ mit $a\in\mathbb{R}^{\geq 0}$ ist lösungsgleich zur Gleichung $|x|=\sqrt{a}$.

In den letzten Beispielen galt $|a|=1$, in den nächsten beiden Beispielen ist $|a|\neq 1$ und $|a|\neq 0$. Beide Beispiele werden zeigen, dass eine quadratische Gleichung in der Menge der reellen Zahlen auch nur **eine** oder sogar **keine Lösung** haben kann.

Beispiele 2.35

Wie lauten die Scheitelpunkte und die Schnittpunkte mit der x-Achse der beiden Funktionsgraphen von f_1 und f_2?

- $f_1: f_1(x)=0{,}2x^2+2x+5;\ D(f_1)=\mathbb{R}$.

$f_1(x)=0{,}2x^2+2x+5=0{,}2(x^2+10x+25)$
$=0{,}2(x+5)^2 \Rightarrow \underline{\underline{S\langle -5|0\rangle}}$

$f_1(x)=0 \Leftrightarrow 0{,}2(x+5)^2=0$
$\Leftrightarrow (x+5)^2=0$
$\Leftrightarrow |x+5|=0$
$\Leftrightarrow x=-5$

Lösung: $x_0=\underline{\underline{-5}}$ ▶ einzige Nullstelle von f_1

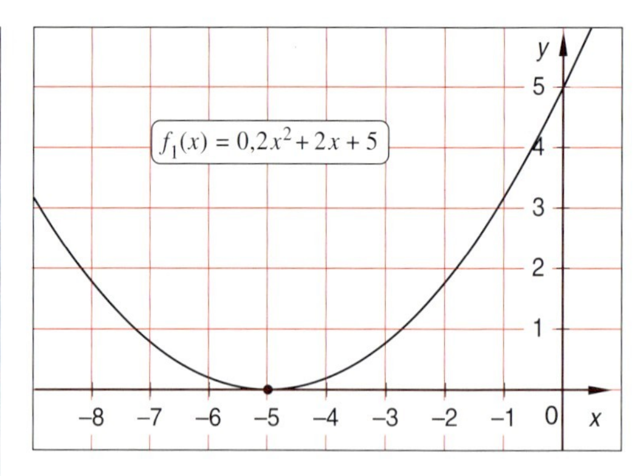

- $f_2: f_2(x)=-2x^2+12x-20;\ D(f_2)=\mathbb{R}$.

$f_2(x)=-2x^2+12x-20=-2(x^2-6x+10)$
$=-2[(x^2-6x+9)-9+10]$
$=-2[(x-3)^2+1]$
$=-2(x-3)^2-2 \Rightarrow \underline{\underline{S\langle 3|-2\rangle}}$

$f_2(x)=0 \Leftrightarrow -2[(x-3)^2+1]=0$
$\Leftrightarrow (x-3)^2+1=0$
$\Leftrightarrow (x-3)^2=-1$

Die Gleichung $(x-3)^2=-1$ besitzt **keine Lösung**, denn das Quadrat jeder reellen Zahl ist nicht negativ. Somit hat f_2 keine Nullstellen.

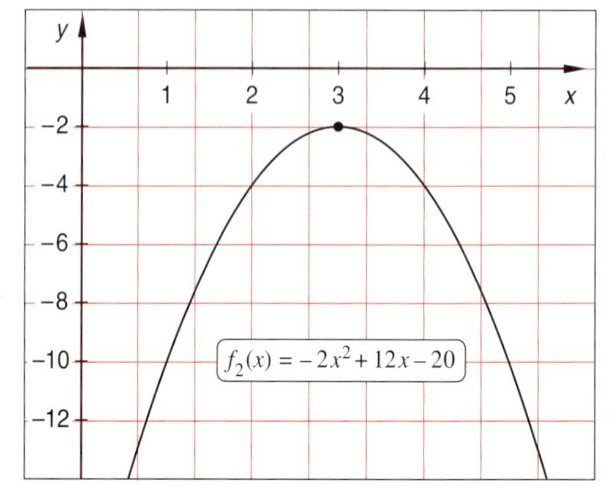

Aus der allgemeinen Form quadratischer Funktionen $f(x)=ax^2+bx+c$ lässt sich die Scheitelpunktform $f(x)=a(x-x_s)^2+y_s$ und ihre Nullstellen folgendermaßen allgemein bestimmen:

Berechnung der Scheitelpunktform

$$\begin{aligned} f(x) &= ax^2+bx+c \\ &= a\left(x^2+\frac{b}{a}x+\frac{c}{a}\right) \quad \blacktriangleright\ a \neq 0 \\ &= a\left[\left(x^2+\frac{b}{a}x+\frac{b^2}{4a^2}\right)-\frac{b^2}{4a^2}+\frac{c}{a}\right] \\ &= a\left[\left(x+\frac{b}{2a}\right)^2+\frac{4ac-b^2}{4a^2}\right] \\ &= a\left(x+\frac{b}{2a}\right)^2+\frac{4ac-b^2}{4a} \\ &\Rightarrow S\left\langle -\frac{b}{2a} \,\middle|\, \frac{4ac-b^2}{4a}\right\rangle \end{aligned}$$

Berechnung der reellen Nullstellen

$$\begin{aligned} f(x)=0 &\Leftrightarrow a\left[\left(x+\frac{b}{2a}\right)^2+\frac{4ac-b^2}{4a^2}\right]=0 \quad \blacktriangleright\ a \neq 0 \\ &\Leftrightarrow \left(x+\frac{b}{2a}\right)^2+\frac{4ac-b^2}{4a^2}=0 \\ &\Leftrightarrow \left(x+\frac{b}{2a}\right)^2=\frac{b^2-4ac}{4a^2} \end{aligned}$$

Fallunterscheidung:

1. Ist $b^2-4ac>0$, so hat f **zwei** Nullstellen:

$$\Rightarrow \left|x+\frac{b}{2a}\right|=\frac{1}{2a}\cdot\sqrt{b^2-4ac}$$

Lösung: $x_{01}=-\frac{b}{2a}-\frac{1}{2a}\cdot\sqrt{b^2-4ac}$

und $x_{02}=-\frac{b}{2a}+\frac{1}{2a}\cdot\sqrt{b^2-4ac}$

2. Ist $b^2-4ac=0$, so existiert nur **eine** reelle Nullstelle von f, nämlich $x_0=-\frac{b}{2a}$ (= Scheitelpunktstelle)

3. Ist $b^2-4ac<0$, so hat f keine reellen Nullstellen, weil das Quadrat einer reellen Zahl nicht kleiner als 0 sein kann.

Es ist anhand der möglichen Lagen der Parabeln im Koordinatensystem anschaulich klar, dass eine quadratische Funktion höchstens zwei Nullstellen haben kann.

Mit Hilfe der **dritten Binomischen Formel** $[a^2-b^2=(a+b)(a-b)]$ ist es bei Existenz reeller Nullstellen stets möglich, eine weitere Darstellungsform quadratischer Funktionen anzugeben.

Die Scheitelpunktform der Funktion f mit $f(x)=x^2-3x+2$; $D(f)=\mathbb{R}$ aus Beispiel 2.33 ist f: $f(x)=(x-1{,}5)^2-0{,}25$; $D(f)=\mathbb{R}$; ihr Funktionsterm besteht aus der Summe zweier quadratischer Terme, der nach der dritten Binomischen Formel in einen Produktterm umgewandelt werden kann.

$$\begin{aligned} f(x) &= (x-1{,}5)^2-0{,}25=(x-1{,}5)^2-0{,}5^2 \\ &= [(x-1{,}5)+0{,}5][(x-1{,}5)-0{,}5] \\ &= (x-1)(x-2) \end{aligned}$$

Aus einer Darstellung des Funktionsterms einer quadratischen Funktion in der Form $f(x)=a(x-x_{01})(x-x_{02})$ lassen sich die Nullstellen von f bequem ablesen. Man sagt, der Funktionsterm ist in seine **Linearfaktoren** zerlegt.

$$\begin{aligned} f(x)=0 &\Leftrightarrow (x-1)(x-2)=0 \\ &\Leftrightarrow x=1 \text{ oder } x=2 \end{aligned}$$

Lösung:

$x_{01}=\underline{\underline{1}}$ und $x_{02}=\underline{\underline{2}}$ ▶ Nullstellen von f

Multipliziert man in der quadratischen Gleichung $(x-x_{01})(x-x_{02})=0$ die Klammern aus, so erhält man die sogenannte **Normalform der quadratischen Gleichung**:

$x^2+px+q=0.$

Dabei ergibt die negative Summe der Lösungen x_{01} und x_{02} der Gleichung $x^2+px+q=0$ den **Koeffizienten** p **des linearen Gliedes**; das Produkt der Lösungen ergibt das **Absolutglied** q.

$$(x-x_{01})(x-x_{02})=0$$
$$\Leftrightarrow x^2-x_{01}x-x_{02}x+x_{01}x_{02}=0$$
$$\Leftrightarrow x^2+\underbrace{(-x_{01}-x_{02})}_{p}+\underbrace{x_{01}x_{02}}_{q}=0$$

Es gilt: $p=-(x_{01}+x_{02})$ und $q=x_{01}\cdot x_{02}$

Beispiel: $x^2-3x+2=(x-1)(x-2)=0$

▶ $p=-(1+2)$ wahre Aussage

▶ $q=1\cdot 2$ wahre Aussage

Sind x_{01} und x_{02} Lösungen der quadratischen Gleichung vom Typ $x^2+px+q=0$, so gilt:
$-(x_{01}+x_{02})=p$ und $x_{01}\cdot x_{02}=q$ (**Satz von *VIETA***).

Der Satz von *VIETA* ermöglicht es, ohne großen Rechenaufwand zu einer in Normalform vorliegenden quadratischen Gleichung die Probe durchzuführen. Ist nämlich die Summe der beiden errechneten Werte die Zahl für $-p$ und ihr Produkt die Zahl für q, so hat man die Gleichung richtig gelöst.

Beispiele:

Die Gleichung $x^2+6x+8=0$ hat die Lösungen $x_1=-2$ und $x_2=-4$.

$-(x_1+x_2)=6$ ▶ $p=6$ wahre Aussage
$x_1\cdot x_2=8$ ▶ $q=8$ wahre Aussage

Die Gleichung $x^2+6x-5=0$ hat nicht die Lösungen $x_1=-2$ und $x_2=-4$.

$-(x_1+x_2)=6$ ▶ $p=6$ wahre Aussage
$x_1\cdot x_2=8$ ▶ $q=8$ falsche Aussage

Nicht immer lässt sich ein Funktionsterm in Linearfaktoren zerlegen.

Der Term $-2[(x-3)^2+1]$ der Funktion f_2 hat z.B. nicht die Form, um ihn nach der dritten Binomischen Formel in Linearfaktoren zerlegen zu können. Somit existieren auch keine reellen Nullstellen von f_2 (s.o.).

Merke:

- Die Scheitelpunktform einer quadratischen Funktion $f(x)=a(x-x_s)^2+y_s$ geht aus ihrer Normalform $f(x)=ax^2+bx+c$ mittels **quadratischer Ergänzung** hervor, wobei $x_s=-\frac{b}{2a}$ und $y_s=\frac{4ac-b^2}{4a}$ gilt.
- Der **Scheitelpunkt** ist dann gegeben durch $S\left\langle -\frac{b}{2a} \middle| \frac{4ac-b^2}{4a} \right\rangle$.
- **Nullstellen** einer quadratischen Funktion berechnet man durch Lösen der entsprechenden quadratischen Gleichung $f(x)=0$. Für $b^2-4ac>0$ hat f zwei Nullstellen:
  $x_{01}=-\frac{b}{2a}-\frac{1}{2a}\cdot\sqrt{b^2-4ac}$ und $x_{02}=-\frac{b}{2a}+\frac{1}{2a}\cdot\sqrt{b^2-4ac}$.

  Für $b^2-4ac=0$ hat f nur eine Nullstelle: $x_0=-\frac{b}{2a}$. Für $b^2-4ac<0$ hat f keine Nullstelle.
- Kann man den Term einer quadratischen Funktion f in **Linearfaktoren** $a(x-x_{01})(x-x_{02})$ zerlegen, so lassen sich die Nullstellen von f unmittelbar zu x_{01} und x_{02} ablesen.
- Sind x_1 und x_2 Lösungen der Gleichung $x^2+px+q=0$, so gilt:
  $-(x_1+x_2)=p$ und $x_1\cdot x_2=q$ (Satz von *VIETA*).

Bestimmen quadratischer Funktionsterme

Sind vom Graphen einer quadratischen Funktion drei Punkte gegeben, so lässt sich deren Funktionsterm bestimmen.

Beispiel 2.36

Der Graph einer quadratischen Funktion gehe durch die Punkte A$\langle 2|14\rangle$; B$\langle 4|20\rangle$ und C$\langle 6|18\rangle$. Wie lautet der Funktionsterm?

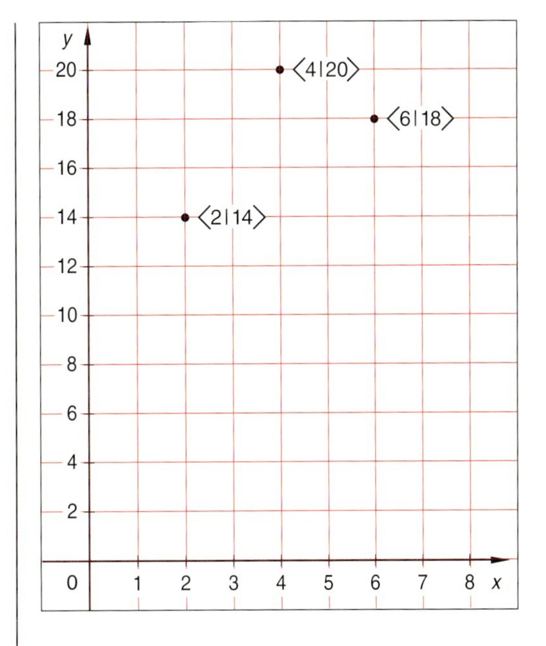

Der allgemeine Term einer quadratischen Funktion f ist $f(x)=ax^2+bx+c$.

Um die drei Koeffizienten a, b und c eindeutig bestimmen zu können, benötigt man drei lineare Gleichungen in den Variablen a, b und c, die aus den Aufgabeninformationen gewonnen werden müssen.

Die drei Punktepaare $\langle 2|14\rangle$, $\langle 4|20\rangle$ und $\langle 6|18\rangle$ sind Teil aller Punktepaare $\langle x|f(x)\rangle$ auf dem Graphen der Funktion f und ihre Koordinaten müssen somit die Gleichung $f(x)=ax^2+bx+c$ erfüllen.

Das lineare Gleichungssystem lässt sich lösen, indem man zunächst aus drei Gleichungen mit drei Variablen durch beliebige Elimination einer der drei Variablen zwei Gleichungen mit nur noch zwei Variablen herstellt und dieses LGS löst (vgl. S. 38f.).

Hier wird am einfachsten c eliminiert.

$$f(2)=14 \Leftrightarrow a\cdot 2^2+b\cdot 2+c=14$$
$$\Leftrightarrow 4a+2b+c=14$$
$$f(4)=20 \Leftrightarrow a\cdot 4^2+b\cdot 4+c=20$$
$$\Leftrightarrow 16a+4b+c=20$$
$$f(6)=18 \Leftrightarrow a\cdot 6^2+b\cdot 6+c=18$$
$$\Leftrightarrow 36a+6b+c=18$$

Lineares Gleichungssystem

$$4a+2b+c=14 \quad \text{(I)}$$
$$16a+4b+c=20 \quad \text{(II)}$$
$$36a+6b+c=18 \quad \text{(III)}$$

$$\begin{array}{lrl} \text{I} & 4a+2b+c= & 14 \\ -\text{II} & -16a-4b-c= & -20 \quad + \\ \hline & -12a-2b = & -6 \quad \text{(IV)} \end{array}$$

$$\begin{array}{lrl} -\text{II} & -16a-4b-c= & -20 \\ \text{III} & 36a+6b+c= & 18 \quad + \\ \hline & 20a+2b = & -2 \quad \text{(V)} \end{array}$$

Dabei bedient man sich des sog. **Additionsverfahrens**, das ggfs. eine Anpassung der einzelnen Gleichungen derart verlangt, dass bei Addition zweier Gleichungen die zu eliminierende Variable wegfällt. Hier wird die zweite Gleichung mit -1 multipliziert, damit bei Addition der Gleichungen I und $-$II die Variable c eliminiert wird.

Entsprechend wird mit der nächsten Variablen (hier b) verfahren, um aus zwei Gleichungen mit zwei Variablen eine Gleichung mit einer Variablen zu erhalten, die dann bequem gelöst werden kann.

Dabei werden Umformungen, die 2 Gleichungen betreffen, durch das Symbol ⌐+ markiert, das angibt, welche Gleichung zu der jeweils anderen Gleichung addiert wird. Hierbei müssen eventuell durchzuführende Operationen an beiden Gleichungen zuvor beachtet werden.

Anschließend bestimmt man nacheinander die Werte für b und c und bestätigt die erhaltenen Werte für a, b und c durch eine Probe (im Kopf) in allen Ausgangsgleichungen.

$$\begin{array}{lrl} \text{IV} & -12a-2b & =-6 \\ \text{V} & 20a+2b & =-2 \\ \hline & 8a & =-8 \\ \Leftrightarrow & a & =\underline{\underline{-1}} \end{array} \quad +$$

Ersetzen von (-1) für a in V liefert:

$$20\cdot(-1)+2b=-2$$
$$\Leftrightarrow \quad b=\underline{\underline{9}}$$

Ersetzen von (-1) für a, 9 für b in I liefert:

$$4\cdot(-1)+2\cdot 9+c=14$$
$$\Leftrightarrow \quad c=\underline{\underline{0}}$$

Probe z.B. in II: $-16+36=20$

$\Leftrightarrow 20=20$ ▶ wahre Aussage

$\Rightarrow f(x)=\underline{\underline{-x^2+9x}}$

Anhand des ermittelten Funktionsterms $f(x)=-x^2+9x$ oder des Graphen der Funktion f lassen sich nun Funktionswerte auch für andere als die gegebenen x-Werte berechnen.

Beispielsweise hat f an der Stelle $x=3$ den Funktionswert 18.

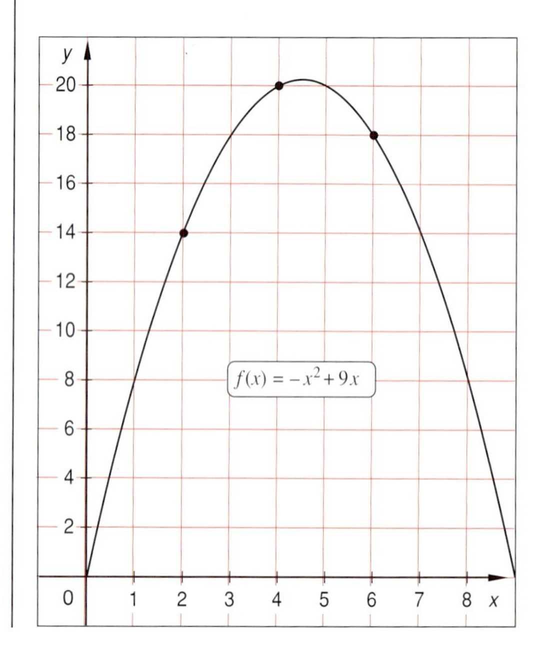

Schnittpunkte von Funktionsgraphen

Die Berechnung der Koordinaten der Schnittpunkte von Funktionsgraphen führt wie das Nullstellenproblem auf die Aufgabe der Lösung entsprechender Gleichungen. So bilden alle reellen Lösungen der Gleichung $f(x)=g(x)$ die Menge der x-Koordinaten der Schnittpunkte der Graphen der Funktionen f und g, denn in einem Schnittpunkt stimmen die Funktionswerte der beiden Funktionen überein.

Wir betrachten zwei Beispiele.

Beispiel 2.37 **Schnitt von Parabel und Gerade**

Wir berechnen die Schnittpunkte der Graphen der quadratischen Funktionen f und der linearen Funktion g mit

$f(x)=0{,}5x^2+3x-8;\; g(x)=5x-5{,}5.$

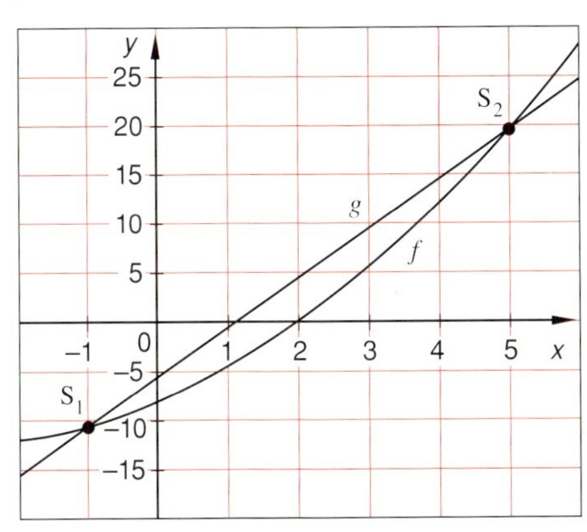

Es gilt:

$$\begin{aligned} & f(x)=g(x) \\ \Leftrightarrow\quad & 0{,}5x^2+3x-8=5x-5{,}5 \\ \Leftrightarrow\quad & 0{,}5x^2-2x-2{,}5=0 \\ \Leftrightarrow\quad & x^2-4x-5=0 \\ \Leftrightarrow\quad & (x^2-4x+4)-4-5=0 \\ \Leftrightarrow\quad & (x-2)^2-3^2=0 \\ \Leftrightarrow\quad & ((x-2)+3)((x-2)-3)=0 \\ \Leftrightarrow\quad & (x-(-1))(x-5)=0 \\ \Leftrightarrow\quad & x=-1 \quad\text{oder}\quad x=5 \end{aligned}$$

Ordinaten der Schnittpunkte:

$f(-1)=g(-1)=-10{,}5;\; f(5)=g(5)=19{,}5$

Die Graphen von f und g schneiden sich in den Punkten $S_1\langle -1|-10{,}5\rangle$ und $S_2\langle 5|19{,}5\rangle$.

Beispiel 2.38 **Schnitt zweier Parabeln**

Wir berechnen die Schnittpunkte der Graphen der beiden quadratischen Funktionen f und g mit

$f(x)=3x^2-7x+6;\; g(x)=x^2+3x-6.$

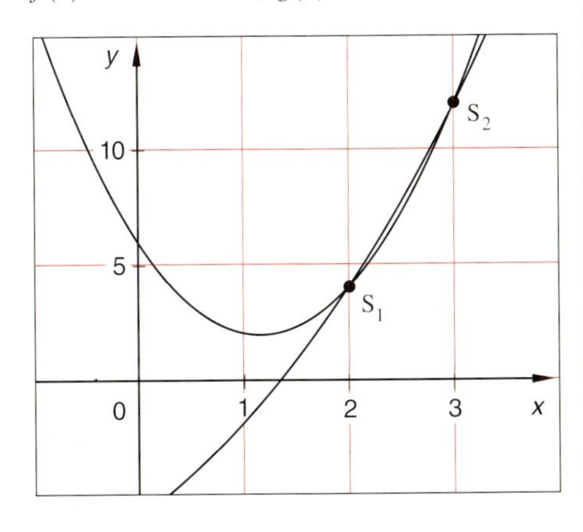

Es gilt:

$$\begin{aligned} & f(x)=g(x) \\ \Leftrightarrow\quad & 3x^2-7x+6=x^2+3x-6 \\ \Leftrightarrow\quad & 2x^2-10x+12=0 \\ \Leftrightarrow\quad & x^2-5x+6=0 \\ \Leftrightarrow\quad & (x^2-5x+\tfrac{25}{4})-\tfrac{25}{4}+6=0 \\ \Leftrightarrow\quad & (x-\tfrac{5}{2})^2-(\tfrac{1}{2})^2=0 \\ \Leftrightarrow\quad & ((x-\tfrac{5}{2})+\tfrac{1}{2})((x-\tfrac{5}{2})-\tfrac{1}{2})=0 \\ \Leftrightarrow\quad & (x-2)(x-3)=0 \\ \Leftrightarrow\quad & x=2 \quad\text{oder}\quad x=3 \end{aligned}$$

Ordinaten der Schnittpunkte:

$f(2)=g(2)=4;\; f(3)=g(3)=12$

Die Graphen von f und g schneiden sich in den Punkten $S_1\langle 2|4\rangle$ und $S_2\langle 3|12\rangle$.

Übungen zu 2.3

1. Zeichnen Sie sowohl die nach oben als auch die nach unten geöffnete Parabel durch den jeweiligen Scheitelpunkt, wenn bekannt ist, dass sie durch Verschiebung und Drehung aus der Normalparabel entsteht (**Hinweis:** Normalparabel-Schablone)

a) $S\langle 1|2\rangle$ **b)** $S\langle 3|-2\rangle$ **c)** $S\langle -2|4\rangle$ **d)** $S\langle -4|-3\rangle$ **e)** $S\langle 0{,}5|-6\rangle$

2. Zeichnen Sie zu den angegebenen Scheitelpunktformen der quadratischen Funktionen f die jeweiligen Parabeln und formen Sie die Funktionsterme in die jeweilige allgemeine Form von f um. Bestimmen Sie zeichnerisch und rechnerisch die jeweiligen Achsenschnittpunkte von $G(f)$.

a) $f(x)=(x-2)^2-3$ **b)** $f(x)=(x+3)^2-1$ **c)** $f(x)=(x-3)^2+2$
d) $f(x)=(x+1{,}5)^2$ **e)** $f(x)=(x-2{,}5)^2-3$ **f)** $f(x)=-(x-1)^2+1$
g) $f(x)=-2(x+2)^2+9$ **h)** $f(x)=-4(x-0{,}5)^2-3$ **i)** $f(x)=-0{,}5(x-2)^2+4{,}5$

3. Bringen Sie folgende quadratische Funktionsterme auf ihre Scheitelpunktformen, bestimmen Sie die Scheitelpunkte der einzelnen Parabeln und zeichnen Sie die Graphen.

a) $f(x)=x^2+4x-12$ **b)** $f(x)=x^2-2x-3$ **c)** $f(x)=x^2-8x-15$
d) $f(x)=x^2+3x+15$ **e)** $f(x)=x^2-5x+20$ **f)** $f(x)=x^2-x-1$

4. Bringen Sie folgende quadratische Funktionsterme auf ihre Scheitelpunktformen, bestimmen Sie die Scheitelpunkte der einzelnen Parabeln und zeichnen Sie die Graphen.

a) $f(x)=-x^2+4x-12$ **b)** $f(x)=2x^2+4x+16$ **c)** $f(x)=-3x^2+9x-27$
d) $f(x)=4x^2+x+6$ **e)** $f(x)=-0{,}5x^2+2x-5$ **f)** $f(x)=0{,}25x^2-2x+1$
g) $f(x)=5x^2+5x+25$ **h)** $f(x)=-2x^2+5x-8$ **i)** $f(x)=2x^2+6x-3$

5. Bestimmen Sie aus der angegebenen allgemeinen Form der quadratischen Funktion die jeweilige Scheitelpunktform von f und zeichnen Sie die zugehörige Parabel. Welchen Scheitelpunkt und welche Achsenschnittpunkte haben die einzelnen Graphen? Ermitteln Sie, sofern vorhanden, die Schnittpunkte der einzelnen Parabeln mit dem Graphen der linearen Funktion g: $g(x)=x+1$; $D(g)=\mathbb{R}$.

a) $f(x)=-x^2$ **b)** $f(x)=x^2+4x-5$ **c)** $f(x)=x^2-8x+12$ **d)** $f(x)=x^2-6{,}25$
e) $f(x)=x^2+3x-10$ **f)** $f(x)=x^2-2{,}5x+1{,}5$ **g)** $f(x)=-x^2+5x+14$
h) $f(x)=2x^2-12x+16$ **i)** $f(x)=0{,}5x^2-2x-2{,}5$ **j)** $f(x)=0{,}2x^2+x+1{,}2$
k) $f(x)=-3x^2-18x+21$ **l)** $f(x)=-2x^2-7x+25$ **m)** $f(x)=-0{,}5x^2+3{,}5x-3$

6. Der Bogen einer Hängebrücke von der Form einer Parabel verläuft gemäß dem Graphen der Funktion f in nebenstehendem Bild: $f(x)=-0{,}004x^2+1{,}2x-32{,}4$; $D(f)=\mathbb{R}^{\geq 0}$. Die Verankerungspunkte der Brücke liegen unterhalb der durch die x-Achse markierten Straße.

a) Wie hoch ist die Brücke? (Abstand von der Straße)
b) Wie lang ist die Straße auf der Brücke (Strecke AB)?
c) Wie tief unter der Straße befinden sich die Verankerungspunkte der Brücke?
d) Wie lauten die Funktionsgleichungen der Träger durch C und S bzw. D und S?

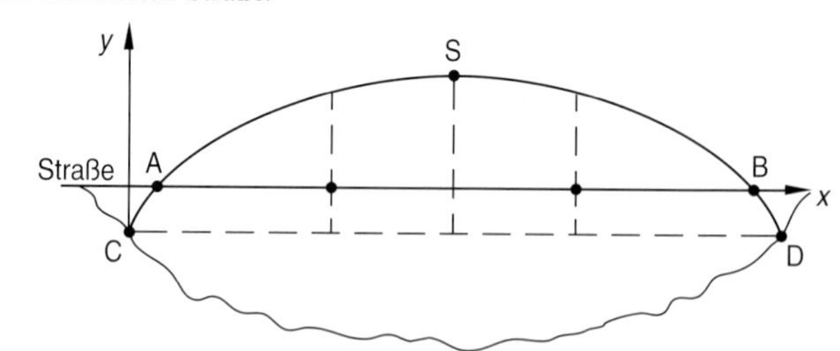

7. Gegeben sind die Punkte $A\langle 1|-5\rangle$, $B\langle 2|-9\rangle$ und $C\langle -1|-15\rangle$ einer Parabel.

a) Bestimmen Sie den zugehörigen quadratischen Funktionsterm $f(x)$ und zeichnen Sie den Graphen von f.
b) Bestimmen Sie den Scheitelpunkt und die Achsenschnittpunkte des Graphen von f.

8. Gegeben ist die quadratische Funktion f: $f(x)=0{,}5x^2+3x+2{,}5$; $D(f)=\mathbb{R}$.

a) Bestimmen Sie den Scheitelpunkt und die Achsenschnittpunkte des Graphen von f.
b) Bestimmen Sie die Schnittpunkte von $G(f)$ mit dem Graphen von g: $g(x)=6x$; $D(g)=\mathbb{R}$ und zeichnen Sie beide Graphen in ein Koordinatensystem.

9. Gegeben sind die Funktionen f_1: $f_1(x) = -0{,}6x^2 - 5x - 6{,}4$; $D(f_1) = \mathbb{R}$ und f_2: $f_2(x) = \frac{14}{15}x^2 + 5\frac{11}{15}x + 2\frac{4}{5}$; $D(f_2) = \mathbb{R}$.
a) Bestimmen Sie die Schnittpunkte S_1 und S_2 der Graphen der beiden Funktionen.
b) Bestimmen Sie den Funktionsterm der Funktion, deren Graph S_1 und S_2 verbindet.
c) Bestimmen Sie die Achsenschnittpunkte der Graphen aller drei Funktionen.
d) Zeichnen Sie die Graphen aller drei Funktionen.

10. Die Graphen der Funktion f_1: $f_1(x) = -(x+2)^2 - 1$; $D(f_1) = \mathbb{R}$ und f_2: $f_2(x) = x + 0{,}25$; $D(f_2) = \mathbb{R}$ schneiden sich in den Punkten S_1 und S_2.
a) Bestimmen Sie S_1 und S_2 rechnerisch und zeichnerisch.
b) Bestimmen Sie den Funktionsterm der linearen Funktion, deren Graph den Graphen der Funktion f_2 im Punkt S_1 rechtwinklig schneidet.

11. Gegeben sind die Funktionen f_1: $f_1(x) = x^2 + 5x + 2{,}25$; $D(f_1) = \mathbb{R}$ und f_2: $f_2(x) = -1{,}5x - 5{,}25$; $D(f_2) = \mathbb{R}$.
a) Bestimmen Sie die Achsenschnittpunkte der Graphen beider Funktionen.
b) Zeichnen Sie die Graphen beider Funktionen.

12. Die Graphen der drei linearen Funktionen f_1: $f_1(x) = 1{,}5x + 6$; $D(f_1) = \mathbb{R}$, f_2: $f_2(x) = -3x + 15$; $D(f_2) = \mathbb{R}$ und f_3: $f_3(x) = -4{,}5x + 30$; $D(f_3) = \mathbb{R}$ bilden mit ihren Schnittpunkten ein Dreieck.
a) Bestimmen Sie die drei Eckpunkte des Dreiecks.
b) Bestimmen Sie den Funktionsterm der quadratischen Funktion, deren Graph durch die Eckpunkte des Dreiecks geht.
c) Zeichnen Sie die Graphen der vier Funktionen.

13. Der Graph der Funktion f_1: $f_1(x) = (x+2)^2 - 1$; $D(f_1) = \mathbb{R}$ wird vom Graphen von f_2: $f_2(x) = 0{,}5(x+2)^2 + 3{,}5$; $D(f_2) = \mathbb{R}$ in den Punkten P_1 und P_2 geschnitten.
a) Bestimmen Sie P_1 und P_2 rechnerisch und zeichnerisch.
b) Bestimmen Sie den Funktionsterm der Schnittgeraden.

14. Der Graph einer Funktion f_1: $f_1(x) = (x+3{,}5)^2 - 6$; $D(f_1) = \mathbb{R}$ wird vom Graphen der Funktion f_2: $f_2(x) = x + 3{,}5$; $D(f_2) = \mathbb{R}$ in den Punkten P_1 und P_2 geschnitten, wobei P_2 der tieferliegende Punkt ist. Rechtwinklig zu $G(f_2)$ verläuft der Graph der linearen Funktion f_3 durch P_2.
a) Bestimmen Sie P_1 und P_2.
b) Bestimmen Sie den Funktionsterm von f_3.
c) Zeichnen Sie die Graphen der drei Funktionen.

15. Wie lauten die Funktionsterme der quadratischen Funktionen f, deren Graphen jeweils durch die folgenden Punkte gehen?
a) $A\langle -5|6\rangle$; $B\langle -3|-4\rangle$; $C\langle 3|14\rangle$
b) $A\langle -2|0\rangle$; $B\langle 2|4\rangle$; $C\langle 3|10\rangle$
c) $A\langle -6|-8\rangle$; $B\langle -2|12\rangle$; $C\langle 3|-8\rangle$
d) $A\langle -3|3\rangle$; $B\langle 1|-3\rangle$; $C\langle 5|7\rangle$
e) $A\langle -6|4\rangle$; $B\langle -3|-5\rangle$; $C\langle 4|9\rangle$
f) $A\langle -1|-10\rangle$; $B\langle 2|-1\rangle$; $C\langle 6|-3\rangle$

16. Der Graph einer quadratischen Funktion f geht durch den Punkt $P_1\langle 0|-2\frac{7}{9}\rangle$ und wird in den Punkten $P_2\langle 2|f(2)\rangle$ und $P_3\langle -3|f(-3)\rangle$ vom Graphen der Funktion g: $g(x) = 1\frac{2}{3}x + \frac{5}{9}$; $D(g) = \mathbb{R}$ geschnitten.
a) Bestimmen Sie den Funktionsterm der Funktion f.
b) Zeichnen Sie die beiden Graphen.

17. Von einer an einem geradlinigen Kanal gelegenen Weidefläche soll ein rechteckiges Stück unter Einschluss des Kanals als Grenze mittels eines 240 m langen Zaunes eingegrenzt werden.
a) Bestimmen Sie den Funktionsterm der Flächeninhaltsfunktion A.
b) Zeichnen Sie den Graphen von A.
c) Bestimmen Sie rechnerisch mit Hilfe der Scheitelpunktform die Seitenlängen der eingegrenzten Weidefläche so, dass der Flächeninhalt maximal ist.

18. Ein Stein wird aus einer Höhe von $h_0 = 25$ m über der Erdoberfläche mit der Anfangsgeschwindigkeit $v_0 = 2{,}5$ m/s senkrecht nach unten geworfen (vgl. Beispiel 2.30, Seite 45).
a) Ermitteln Sie den Funktionsterm $h(t)$, der die Höhe des Steins in Abhängigkeit von der Zeit t für $t \geq 0$ beschreibt.
b) Nach welcher Zeit trifft der Stein auf die Erdoberfläche?

2.4 Ganzrationale Funktionen

Funktionen vom Typ $f: f(x)=a_n x^n + a_{n-1}x^{n-1} + a_{n-2}x^{n-2} + \ldots + a_2 x^2 + a_1 x + a_0$; $D(f)=\mathbb{R}$ mit $a_n \neq 0$ und $a_n \in \mathbb{R}$, in deren Funktionstermen die Argumentvariable x in der Potenz einer beliebig großen natürlichen Zahl für n auftritt, heißen **ganzrationale Funktionen** oder **Polynomfunktionen n-ten Grades**; ihre Funktionsterme werden **Polynome** genannt.

Lineare Funktionen vom Typ $f: f(x)=mx+b$ bzw. $f(x)=a_1 x + a_0$; $D(f)=\mathbb{R}$ sind somit spezielle **ganzrationale Funktionen ersten Grades**.

Quadratische Funktionen vom Typ $f: f(x)=ax^2+bx+c$ bzw. $f(x)=a_2x^2+a_1x+a_0$; $D(f)=\mathbb{R}$ sind spezielle **ganzrationale Funktionen zweiten Grades**. Ganzrationale Funktionen dritten Grades vom Typ $f: f(x)=ax^3+bx^2+cx+d$ bzw. $f(x)=a_3x^3+a_2x^2+a_1x+a_0$; $D(f)=\mathbb{R}$ heißen auch **kubische Funktionen**. Der **Grad einer ganzrationalen Funktion** ergibt sich aus der höchsten Potenz, in der die Argumentvariable x im Funktionsterm auftritt.

Beispiel 2.39 **Eine ganzrationale Funktion dritten Grades**

Aus einer rechteckigen Metallplatte mit den Maßen 30 cm und 14 cm soll ein offener Kasten mit maximalem Volumen hergestellt werden. Welche optimale Kastenhöhe h ist zu wählen?

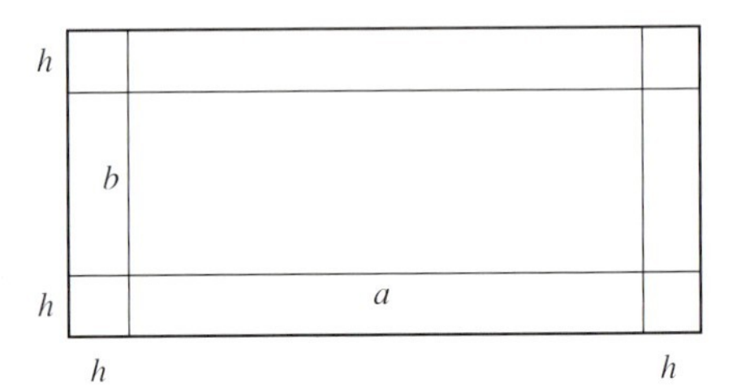

Für das Kastenvolumen gilt: $V=a\cdot b\cdot h$.

Mit $a=30-2h$ und $b=14-2h$ ergibt sich für das Volumen der Funktionsterm

$$V(h)=(30-2h)\cdot(14-2h)\cdot h$$
$$=4h^3-88h^2+420h.$$

Aus dem Graphen lässt sich vermuten, dass das Volumen für $h_0=3$ cm am größten ist. Wir werden dies später mit den Mitteln der Differentialrechnung bestätigen.

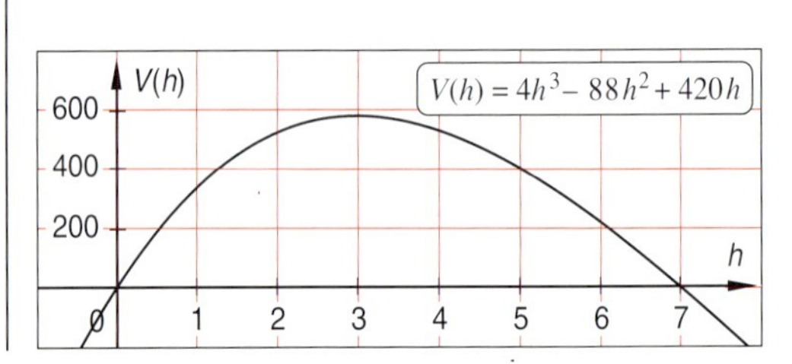

Im Folgenden sollen einige ganzrationale Funktionen genauer untersucht werden.

Beispiele 2.40

- Der Graph der ganzrationalen Funktion dritten Grades f: $f(x)=x^3$; $D(f)=\mathbb{R}$ ist eine Parabel dritten Grades (kubische Parabel), die **punktsymmetrisch** zum Koordinatenursprung verläuft, d.h., sie wird durch Spiegelung am Koordinatenursprung auf sich selbst abgebildet.
- Der Graph der ganzrationalen Funktion fünften Grades f_1: $f_1(x)=x^5$; $D(f_1)=\mathbb{R}$ heißt Parabel fünften Grades.

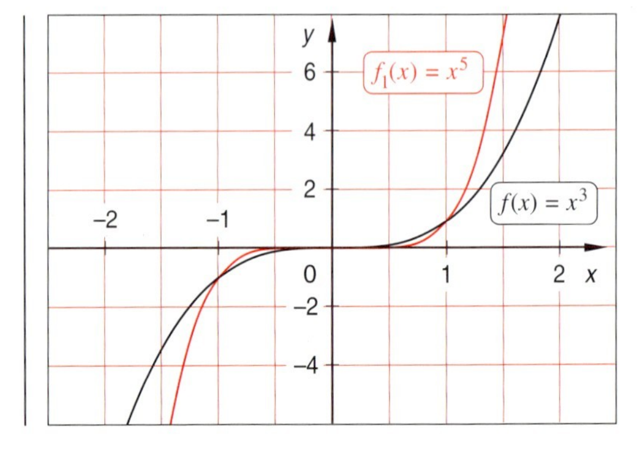

● Auch der Graph der ganzrationalen Funktion fünften Grades f_2: $f_2(x)=x^5-x^3$; $D(f_2)=\mathbb{R}$ ist **punktsymmetrisch** zum Koordinatenursprung.

Für die Funktionen f, f_1 und f_2 gilt: Der Funktionswert an einer Stelle $x_0 \in \mathbb{R}$ ist gleich dem entgegengesetzten Funktionswert an der Stelle $-x_0$.

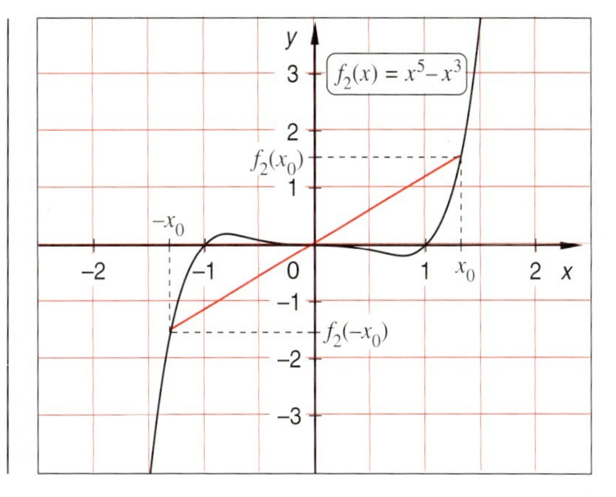

Funktionen mit der Eigenschaft, dass für alle $x \in D(f)$ gilt $f(x) = -f(-x)$, heißen **ungerade Funktionen**. Ihre Graphen verlaufen **punktsymmetrisch** zum Koordinatenursprung.

● Der Graph der ganzrationalen Funktion vierten Grades f_3: $f_3(x)=x^4$; $D(f_3)=\mathbb{R}$ ist eine zur y-Achse symmetrische Parabel vierten Grades.

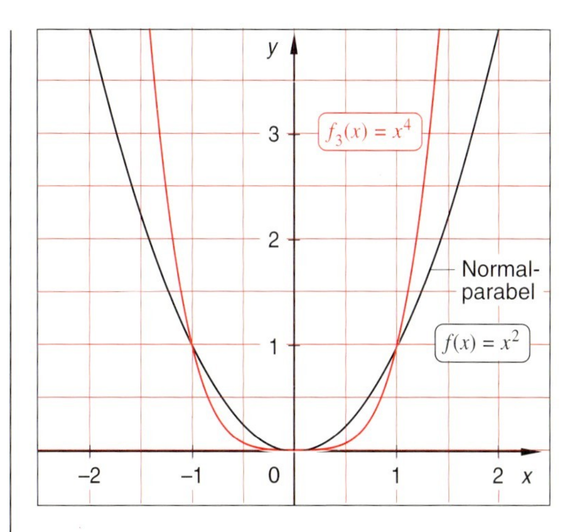

● Auch der Graph der ganzrationalen Funktion vierten Grades f_4: $f_4(x)= x^4+x^2-2$; $D(f_4)=\mathbb{R}$ ist symmetrisch zur y-Achse.

Für die Funktionen f_3 und f_4 gilt: Der Funktionswert $x_0 \in \mathbb{R}$ ist gleich dem Funktionswert an der Stelle $-x_0$.

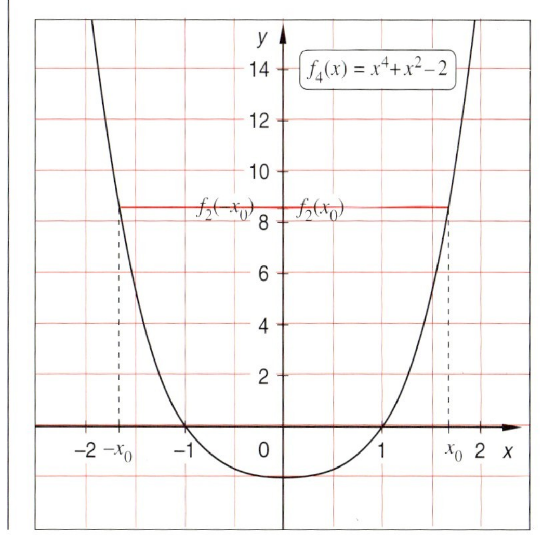

Funktionen mit der Eigenschaft, dass für alle $x_0 \in D(f)$ gilt $f(x)=f(-x)$, heißen **gerade Funktionen**. Ihre Graphen verlaufen **achsensymmetrisch** zur y-Achse.

● Der Term der ganzrationalen Funktion sechsten Grades $f_5: f_5(x)=x^6-x^5-x^3+x$; $D(f_5)=\mathbb{R}$ besteht sowohl aus Summanden von Potenzen mit geraden als auch aus Summanden mit ungeraden Exponenten.

Der Graph von f_5 ist weder achsensymmetrisch zur y-Achse, noch punktsymmetrisch zum Koordinatenursprung, denn z. B. an der (Null-)Stelle gilt $f(1)=0$, aber:

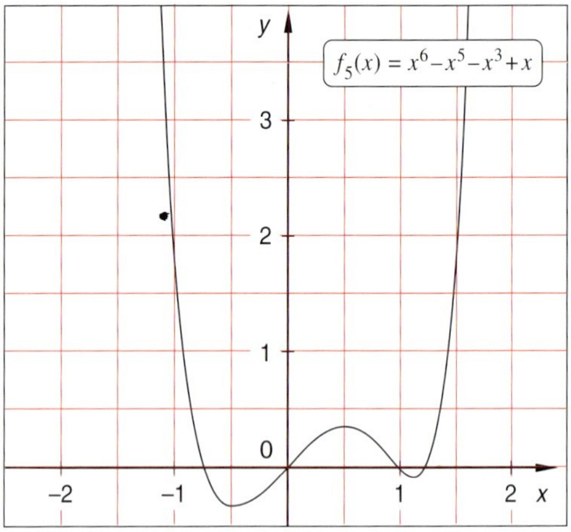

$f(1) \neq f(-1)$ und $f(1) \neq -f(-1)$.

$f(-1) = (-1)^6-(-1)^5-(-1)^3+(-1)$
$= 1+1+1-1 = \underline{\underline{2}}.$
$-f(-1) = \underline{\underline{-2}}.$

Merke:

- Funktionen vom Typ $f: f(x)=a_n x^n + a_{n-1}x^{n-1} + a_{n-2}x^{n-2} + \ldots + a_2x^2 + a_1x + a_0$; $D(f)=\mathbb{R}$, $a_n \neq 0$, $a_n \in \mathbb{R}$ heißen **ganzrationale Funktionen *n*-ten Grades**.
- Ganzrationale Funktionen, in deren Funktionstermen die Argumentvariable nur mit geraden Exponenten auftritt, sind **gerade Funktionen**; ihre Graphen verlaufen **achsensymmetrisch zur *y*-Achse**. Für diese Funktionen gilt $f(x)=f(-x)$ für alle $x \in \mathbb{R}$.
- Ganzrationale Funktionen, in deren Funktionstermen die Argumentvariable nur mit ungeraden Exponenten auftritt und bei denen das Absolutglied 0 ist, sind **ungerade Funktionen**; ihre Graphen verlaufen **punktsymmetrisch zum Koordinatenursprung**. Für diese Funktionen gilt $f(x)=-f(-x)$ für alle $x \in \mathbb{R}$.

Aus den Funktionstermen ganzrationaler Funktionen lassen sich neben den Symmetrieeigenschaften ihrer Graphen noch weitere wichtige Funktionseigenschaften ableiten.

Die Nullstellenbestimmung bei ganzrationalen Funktionen gestaltet sich unterschiedlich. Dazu werden die vorstehenden Funktionen f_2 und f_4 noch einmal betrachtet.

● Die Nullstellen von $f_2: f_2(x)=x^5-x^3$; $D(f_2)=\mathbb{R}$ lassen sich unmittelbar der vollständigen Linearfaktorzerlegung des Funktionsterms entnehmen. Da in dieser der Linearfaktor x dreimal auftritt, nennt man 0 eine dreifache Nullstelle der Funktion f.

▶ $x = x-0$

$f_2(x)=0 \Leftrightarrow x^5-x^3=0$
$\Leftrightarrow x^3 \cdot (x^2-1)=0$
$\Leftrightarrow x \cdot x \cdot x \cdot (x-1) \cdot (x+1)=0$
$\Leftrightarrow x^3=0$ oder $x=1$ oder $x=-1$

Lösung:
$x_{01}=\underline{\underline{0}}$, $x_{02}=\underline{\underline{1}}$, $x_{03}=\underline{\underline{-1}}$ ▶ Nullstellen von f_2

Allgemein versteht man bei einer ganzrationalen Funktion unter der **Vielfachheit einer Nullstelle** x_0 die maximale Anzahl, mit der der Term $(x - x_0)$ als Linearfaktor im Funktionsterm enthalten ist.

$f_2: f_2(x) = x^3 \cdot (x-1) \cdot (x+1)$
$= x \cdot x \cdot x \cdot (x-1) \cdot (x+1)$
▶ vollständige Linearfaktorzerlegung

$\Rightarrow x_{01} = 0$ ▶ Nullstelle mit der Vielfachheit 3
$x_{02} = 1$ ▶ Nullstelle mit der Vielfachheit 1
$x_{03} = -1$ ▶ Nullstelle mit der Vielfachheit 1

● Der Funktionsterm der Funktion f_4 mit $f_4(x) = x^4 + x^2 - 2$; $D(f_4) = \mathbb{R}$ lässt sich zwar in Faktoren, aber nicht vollständig in Linearfaktoren zerlegen. Bei der Gleichung $x^4 + x^2 - 2 = 0$ handelt es sich um eine sog. **biquadratische Gleichung**. Ersetzt (substituiert) man jedoch in ihr den Term x^2 durch z, so erhält man die quadratische Gleichung $z^2 + z - 2 = 0$.

Diese Gleichung lässt sich dann z. B. mittels des Verfahrens der „quadratischen Ergänzung" für z und im Anschluss daran auch für x lösen.

$f_4(x) = 0 \Leftrightarrow x^4 + x^2 - 2 = 0$ ▶ $x^2 = z$
$\Leftrightarrow z^2 + z - 2 = 0$
$\Leftrightarrow (z-1)(z+2) = 0$
$\Leftrightarrow z = 1$ oder $z = -2$ ▶ $z = x^2$
$\Leftrightarrow x^2 = 1$ oder $x^2 = -2$
▶ $x^2 = -2$ hat keine Lösung
$\Leftrightarrow |x| = 1$
$\Leftrightarrow x = -1$ oder $x = 1$

Lösung:
$x_{01} = -1$ und $x_{02} = 1$ ▶ Nullstellen von f_4

$f_4: f_4(x) = (x-1) \cdot (x+1)(x^2+2)$
▶ vollständige Faktorzerlegung

$\Rightarrow x_{01} = -1$ ▶ Nullstelle mit der Vielfachheit 1
$x_{02} = 1$ ▶ Nullstelle mit der Vielfachheit 1

Beispiel 2.41

Bestimmen Sie die Nullstellen der Funktion dritten Grades $f_6: f_6(x) = 0{,}5(x-1)(x+2)(x-4)$; $D(f_6) = \mathbb{R}$ und versuchen Sie, dieselben auch aus ihrer Darstellung in Normalform f_6 mit $f_6(x) = 0{,}5x^3 - 1{,}5x^2 - 3x + 4$; $D(f_6) = \mathbb{R}$ zu ermitteln.

Ist der Term einer Funktion bereits vollständig in seine Linearfaktoren zerlegt, so lassen sich ihre Nullstellen nach dem Satz „Ein Produkt ist Null, wenn einer seiner Faktoren Null ist" bestimmen.

$x - 1 = 0$ oder $x + 2 = 0$ oder $x - 4 = 0$
$\Leftrightarrow x = 1$ oder $x = -2$ oder $x = 4$.

Lösung: $x_{01} = 1$ und $x_{02} = -2$ und $x_{03} = 4$.

Aus der Darstellung von $f_6: f_6(x) = 0{,}5x^3 - 1{,}5x^2 - 3x + 4$; $D(f_6) = \mathbb{R}$ in Normalform lassen sich die Nullstellen nicht sofort ermitteln.

Da beide Terme aber dieselbe Funktion beschreiben, können sie gleichgesetzt werden. Die Äquivalenzumformungen zeigen, dass mittels Division eines Polynoms dritten Grades durch ein lineares Polynom ein quadratisches Polynom entsteht, dessen Nullstellen z. B. mittels des Verfahrens der „quadratischen Ergänzung" berechnet werden können.

$0{,}5x^3 - 1{,}5x^2 - 3x + 4 = 0{,}5(x-1)(x+2)(x-4)$
$\Leftrightarrow x^3 - 3x^2 - 6x + 8 = (x-1)(x+2)(x-4)$

Für $x \neq 1$ gilt weiter:
$\Leftrightarrow (x^3 - 3x^2 - 6x + 8) : (x-1) = (x+2)(x-4)$
$\Leftrightarrow (x^3 - 3x^2 - 6x + 8) : (x-1) = x^2 - 2x - 8.$

Diese Äquivalenzumformungen zeigen weiterhin, dass man bei Kenntnis einer Nullstelle der Funktion f_6 in Normalform (z. B. $x_{01}=1$) die Bestimmung der weiteren Nullstellen auf die Lösungen einer quadratischen Gleichung zurückführen kann.

▶ $f_6(x)=0{,}5x^3-1{,}5x^2-3x+4$
$=0{,}5(x-1)(x^2-2x-8)$

$\Rightarrow x-1=0$ oder $x^2-2x-8=0$

Das Problem besteht im Auffinden einer Nullstelle von f_6. In der Regel wird man bei ganzrationalen Funktionen vom Grad ≥ 3 versuchen, eine ihrer Nullstellen durch **Probieren** zu finden. Hat man eine Nullstelle x_{01} von f_6 durch Probieren gefunden, kann man mit Hilfe des Verfahrens der **Polynomdivision** das Polynom dritten Grades durch den Linearfaktor $(x-x_{01})$ mit $x \neq x_{01}$ dividieren und erhält ein quadratisches Polynom.

Dabei wird jeweils nur der erste Summand des „Dividenden" (x^3) durch den ersten Summanden des „Divisors" (x) dividiert; man erhält x^2 als Ergebnis.

Dieses Ergebnis wird anschließend mit dem gesamten Divisor $(x-1)$ multipliziert und das erhaltene Resultat vom Dividenden abgezogen.

Der Restterm $-2x^2-6x+8$ wird wieder durch x dividiert, usw. Dieses Verfahren führt man so lange durch, bis kein Rest mehr bleibt.

Polynomdivision

$$
\begin{array}{l}
(x^3-3x^2-6x+8):(x-1)=x^2-2x-8 \\
\underline{-(x^3-x^2)} \\
\quad -2x^2-6x \\
\quad \underline{-(-2x^2+2x)} \\
\qquad -8x+8 \\
\qquad \underline{-(-8x+8)} \\
\qquad\qquad 0
\end{array}
$$

$x_{01}=\underline{\underline{1}}$ ▶ durch Probieren gefunden

▶ Rest 0

▶ $f_6(x)=0{,}5x^3-1{,}5x^2-3x+4$
$=0{,}5(x^3-3x^2-6x+8)$

$\Rightarrow$ Die Funktionen f_6 und $f\colon f(x)=x^3-3x^2-6x+8$ besitzen in $\mathbb{R}$ dieselben Nullstellen.

Mittels des Verfahrens der „quadratischen Ergänzung" werden die beiden weiteren Nullstellen der Funktion f_6 als Lösungen der Gleichung $x^2-2x-8=0$ durch Rechnung bestimmt.

$x^2-2x-8=0 \Leftrightarrow (x-1)^2=9$
$\Leftrightarrow |x-1|=3$
$\Leftrightarrow x=-2$ oder $x=4$

Lösung:
$x_{02}=\underline{\underline{-2}}$ und $x_{03}=\underline{\underline{4}}$ ▶ Vielfachheit 1

Mit Hilfe des Verfahrens der Polynomdivision lässt sich von einer ganzrationalen Funktion leicht die Vielfachheit einer Nullstelle feststellen. Die **Vielfachheit einer Nullstelle** x_0 ergibt sich daraus, wie oft sich ihr Funktionsterm durch den Linearfaktor $(x-x_0)$ ohne Rest teilen lässt.

Anmerkungen:

- Sinnvoll ist die Anwendung des Verfahrens der Polynomdivision zur **Bestimmung der Nullstellen** einer ganzrationalen Funktion n-ten Grades immer dann, wenn man sie aus einer Gleichung der Form $x^n+a_{n-1}x^{n-1}+\ldots+a_0=0$ bestimmen soll. Sind die Zahlen für $a_{n-1}\ldots a_0$ ganzzahlig und sucht man ausschließlich nach **ganzzahligen Lösungen** der Gleichung $x^n+a_{n-1}x^{n-1}+\ldots+a_0=0$, so müssen sie unter den **Teilern** der Zahl für a_0 zu finden sein.
- Den Term einer ganzrationalen Funktion n-ten Grades kann man in höchstens n Linearfaktoren vollständig zerlegen. Dabei kann ein Linearfaktor $(x-x_0)$ auch mehrmals auftreten. Würde man den Term einer ganzrationalen Funktion n-ten Grades nämlich in weniger bzw. mehr als n Linearfaktoren vollständig zerlegen können, so erhielte man eine Funktion niedrigeren bzw. höheren Grades als n. Somit kann eine ganzrationale Funktion n-ten Grades **maximal n reelle Nullstellen** haben, wobei die Vielfachheit jeder Nullstelle mitzählt.

Horner-Schema

Bei der Untersuchung ganzrationaler Funktionen stehen wir immer wieder vor der Aufgabe, Funktionswerte $f(x)$ zu verschiedenen Argumentwerten x zu berechnen. So benötigen wir beispielsweise beim Zeichnen eines hinreichend genauen Funktionsgraphen eine ganze Tabelle von Funktionswerten. Liegt der Term einer ganzrationalen Funktion n-ten Grades in der Form

$$f(x)=a_n x^n + a_{n-1} x^{n-1} + a_{n-2} x^{n-2} + \ldots + a_3 x^3 + a_2 x^2 + a_1 x + a_0$$

vor, so sind für eine Funktionswertberechnung $n+(n-1)+(n-2)+\ldots+3+2+1=\frac{n\cdot(n+1)}{2}$ Multiplikationen erforderlich. Die Anzahl der notwendigen Multiplikationen kann drastisch gesenkt werden, wenn der Funktionsterm durch mehrfaches Ausklammern der Variablen x umgeformt wird. Dabei ergibt sich ein einfaches Rechenschema, das in der praktischen Mathematik unter der Bezeichnung **Horner-Schema** bekannt wurde.[1)]

Beispiel 2.42

Wir betrachten die ganzrationale Funktion 3. Grades mit dem Term $f(x)=0{,}5x^3-1{,}5x^2-3x+4$. Zur Ermittlung von $f(2)$ wäre zu rechnen:

$$f(2)=0{,}5\cdot 2\cdot 2\cdot 2-1{,}5\cdot 2\cdot 2+3\cdot 2+4;$$

es sind also $3+2+1=\frac{3\cdot 4}{2}=6$ Multiplikationen erforderlich.

Wir klammern nun im Funktionsterm mehrmals die Variable x in folgender Weise aus:

$$f(x)=0{,}5x^3-1{,}5x^2-3x+4=[0{,}5x^2-1{,}5x-3]\cdot x+4=[(0{,}5\cdot x-1{,}5)\cdot x-3]\cdot x+4$$

Wir stellen fest, dass zur Berechnung eines Funktionswertes mit dem Funktionsterm in der ausgeklammerten Form nur noch 3 Multiplikationen erforderlich sind.

Auf welche Zahl verringert sich die Anzahl der notwendigen Multiplikationen entsprechend bei einer ganzrationalen Funktion n-ten Grades?

Die Rechnung nach dem neuen Term kann nun folgendermaßen verbal beschrieben werden:

> Multipliziere den Höchstkoeffizienten 0,5 mit dem x-Wert, addiere zum Produkt den nächsten Koeffizienten $-1{,}5$, multipliziere die Summe mit dem x-Wert, addiere zum Produkt den nächsten Koeffizienten -3, multipliziere die Summe mit dem x-Wert und addiere zum Produkt das Absolutglied 4.

Analysiert man die Vorgehensweise, so stellt man fest, dass sich die Rechenschritte ständig wiederholen. Die Rechnung kann also in eleganter Weise schematisiert werden. Dazu schreibt man, beginnend mit dem Koeffizienten der höchsten Potenz, alle Koeffizienten des ganzrationalen Funktionsterms in einer Reihe auf, wobei für nicht vorkommende Glieder die Zahl 0 zu schreiben ist. Links neben dem Schema notiert man den x-Wert, zu dem der Funktionswert berechnet werden soll. Nun notiert man 2 Zeilen genau unterhalb des Höchstkoeffizienten diesen noch einmal, multipliziert ihn mit dem x-Wert und schreibt das Produkt in die Zeile genau unter den zweiten Koeffizienten. Nun bildet man die Summe aus Produkt und Koeffizient und notiert das Ergebnis in der 3. Zeile, usw. Die letzte Summe ist der gesuchte Funktionswert.

	0,5	−1,5	−3	4	
$x=2$		1	−1	−8	
	0,5	−0,5	−4	−4	$=f(2)$

	a_3	a_2	a_1	a_0	
$x=x_0$		$s_3\cdot x_0$	$s_2\cdot x_0$	$s_1\cdot x_0$	
	$s_3=a_3$	s_2	s_1	s_0	$=f(x_0)$

[1)] William George Horner (1786 − 1837) englischer Mathematiker

Wir notieren zu diesem Beispiel noch das Horner-Schema für die Berechnung des Funktionswertes an der Stelle $x=3$.

Horner-Schema für $f(3)$:

	0,5	−1,5	−3	4
$x=3$		1,5	0	−9
	0,5	0	−3	$-5=f(3)$

Die zweite Zeile mit den Produkten kann auch weggelassen werden. Es werden also nur die Summen notiert. Die nebenstehende Tabelle enthält die Ergebnisse nach dem Horner-Schema für die x-Werte -3, -2, -1, 0, 1, 2, 3 und 4.

Wir sehen, dass mit Hilfe des Horner-Schemas alle 3 Nullstellen der Funktion f gefunden werden konnten.

x	0,5	−1,5	−3	4	$f(x)$
−3	0,5	−3	6	−14	−14
−2	0,5	−2,5	2	0	0
−1	0,5	−2	−1	5	5
0	0,5	−1,5	−3	4	4
1	0,5	−1	−4	0	0
2	0,5	−0,5	−4	−4	−4
3	0,5	0	−3	−5	−5
4	0,5	0,5	−1	0	0

Mit Hilfe eines Taschenrechners kann man die Funktionswerte wie folgt berechnen:

1. Eingabe von x_0 in den Speicher (z. B.: 3)
2. Eingabe des Höchstkoeffizienten (hier: 0,5)
3. Multiplikation mit dem Speicherinhalt
4. Addition des nächsten Koeffizienten („=“ nicht vergessen!)
5. Ist das Absolutglied erreicht, dann ist man fertig; ansonsten Fortsetzung mit 3.

Beispiel 2.43

Wir untersuchen die Funktion f mit

$f(x)=3x^3+3x^2-6x-6$

und berechnen zunächst wieder einige Funktionswerte mit dem Horner-Schema.

Die nebenstehende Tabelle weist nur eine Nullstelle von f auf: $f(-1)=0$. Zur Berechnung weiterer Nullstellen spalten wir den Linearfaktor $x+1$ durch Polynomdivision ab und erhalten:

$(3x^3+3x^2-6x-6):(x+1)=3x^2-6.$

Das Restpolynom $3x^2-6$ besitzt die Nullstellen $\sqrt{2}$ und $-\sqrt{2}$.

Horner-Schema für $f(x)=3x^3+3x^2-6x-6$:

x	3	3	−6	−6	$f(x)$
−2	3	−3	0	−6	−6
−1	[3]	[0]	[−6]	0	0
0	3	3	−6	−6	−6
1	3	6	0	−6	−6
2	3	9	12	18	18

Notieren wir das Restpolynom in der vollständigen allgemeinen Form

$$3\cdot x^2-0\cdot x-6,$$

so fällt auf, dass die Koeffizienten des Restpolynoms gerade die Summen ☐ in der zugehörigen Zeile des Horner-Schemas sind. Wir verzichten hier auf einen allgemeinen Beweis.

Merke:

- Eine erste **Nullstelle** x_{01} einer ganzrationalen Funktion dritten Grades lässt sich häufig nur durch **Probieren** bestimmen. Mittels der **Polynomdivision** des Terms dritten Grades durch den linearen Term $(x-x_{01})$ entsteht dann ein quadratischer Term. Die beiden möglichen weiteren Nullstellen der ganzrationalen Funktion dritten Grades können dann z. B. mit Hilfe der quadratischen Ergänzung ermittelt werden.
- Bei der Nullstellenbestimmung einer ganzrationalen Funktion vierten oder noch höheren Grades muss die Reduktion auf ein quadratisches Polynom unter Umständen durch entsprechend häufiges Probieren zum Aufsuchen von Nullstellen mit anschließender Polynomdivision durch den jeweiligen linearen Term $(x-x_0)$, x_0 Nullstelle von f, erfolgen.
- Unter der **Vielfachheit einer Nullstelle** x_0 versteht man die maximale Anzahl, mit der der Term $(x-x_0)$ als Linearfaktor im Funktionsterm enthalten ist.
- Eine **ganzrationale Funktion *n*-ten Grades** hat höchstens ***n*** **Nullstellen**, wobei die Vielfachheit jeder Nullstelle mitzählt.

Beispiel 2.44

Der Graph der ganzrationalen Funktion f_6: $f_6(x) = 0{,}5x^3 - 1{,}5x^2 - 3x + 4$; $D(f_6) = \mathbb{R}$ hat drei Schnittpunkte mit der x-Achse. Um dreimal die x-Achse schneiden zu können, muss er sein **Steigungsverhalten** zwischen benachbarten Nullstellen ändern. Das kann dort aber nur in Punkten geschehen, von denen ab der Graph seine Richtung umkehrt. Ein solcher Punkt heißt **Extrempunkt** (Hoch- oder Tiefpunkt).

$G(f_6)$ besitzt zwischen den Nullstellen jeweils genau einen Extrempunkt. Diese Extrempunkte teilen den Definitionsbereich der Funktion f_6 somit in einzelne **Steigungsintervalle** ein.

Da $G(f_6)$ zwei Extrempunkte besitzt, muss der neben dem Hochpunkt zweite Extrempunkt ein Tiefpunkt sein.

Zwischen diesen Extrempunkten ändert $G(f_6)$ sein **Krümmungsverhalten** bei W $\langle 1|0\rangle$. Dieser Punkt teilt den Definitionsbereich der Funktion f_6 somit in zwei **Krümmungsintervalle** ein.

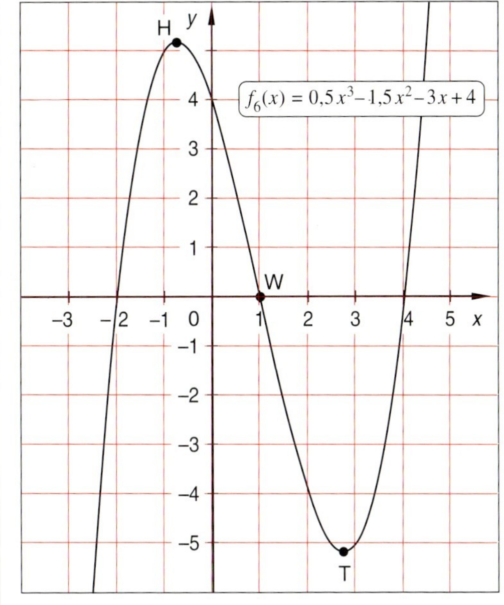

$G(f_6)$ hat drei Nullstellen, zwei Extrempunkte und einen Wendepunkt W $\langle 1|0\rangle$.

$G(f_6)$ steigt bis zum Hochpunkt H (ungefähr $\langle -0{,}8|5{,}2\rangle$), fällt bis zum Tiefpunkt T (ungefähr $\langle 2{,}8|-5{,}2\rangle$) und steigt dann wieder.

$G(f_6)$ ist zunächst rechts-, dann linksgekrümmt.

Ein Punkt, von dem ab sich das Krümmungsverhalten eines Graphen von einer Rechts- zu einer Linkskrümmung (oder umgekehrt) ändert, heißt **Wendepunkt**

Im vorstehenden Beispiel wurde der Verlauf eines Graphen einer ganzrationalen Funktion qualitativ beschrieben. Die Differentialrechnung (▶ Kapitel 5) stellt Mittel bereit, die Extrem- und Wendepunkte des Graphen einer ganzrationalen Funktion auch quantitativ zu bestimmen.

Merke:

- In **Extrempunkten** (Hoch- oder Tiefpunkten) ändert der Graph einer ganzrationalen Funktion sein **Steigungsverhalten**.
- In **Wendepunkten** ändert der Graph einer ganzrationalen Funktion sein **Krümmungsverhalten**.

Beispiel 2.45

Beschreiben Sie anhand der nebenstehenden Zeichnung den qualitativen Verlauf des Graphen der Funktion
$f_7\colon f_7(x) = 0{,}5x^4 - 1{,}5x^3 - 3x^2 + 4x$;
$D(f_7) = \mathbb{R}$.

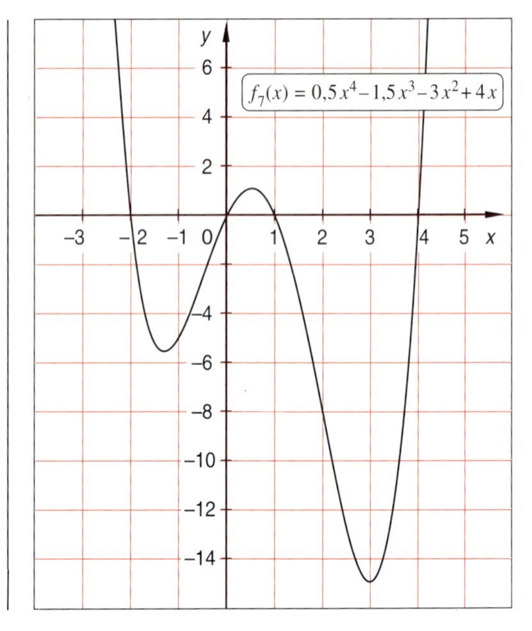

Der Graph der ganzrationalen Funktion $f_7\colon f_7(x) = 0{,}5x^4 - 1{,}5x^3 - 3x^2 + 4x$; $D(f_7) = \mathbb{R}$ schneidet viermal die x-Achse, besitzt drei Extrempunkte und zwei Wendepunkte.

$G(f_7)$ fällt von links nach rechts bis zum ersten Tiefpunkt, steigt bis zum Hochpunkt, fällt dann bis zum zweiten Tiefpunkt und steigt dann wieder.

$G(f_7)$ ist zunächst links-, dann rechts- und dann wieder linksgekrümmt.

Im Folgenden soll zwischen dem **Steigungsverhalten des Graphen einer Funktion *f*** und dem zugehörigen **Monotonieverhalten der Funktion *f*** begrifflich unterschieden werden.

Beispiel 2.46

Im Beispiel 2.44 steigt $G(f_6)$ im Intervall M_1 ständig bis zu seinem Hochpunkt, fällt im Intervall M_2 ständig bis zu seinem Tiefpunkt und steigt dann im Intervall M_3 ständig nur noch.

Steigt $G(f_6)$ im Intervall M_1 ständig, so nehmen dort die Funktionswerte von links nach rechts zu, d. h. für $x_1 < x_2$ ist dort auch $f_6(x_1) < f_6(x_2)$. In diesem Fall heißt die Funktion f_6 **streng monoton steigend** in M_1.

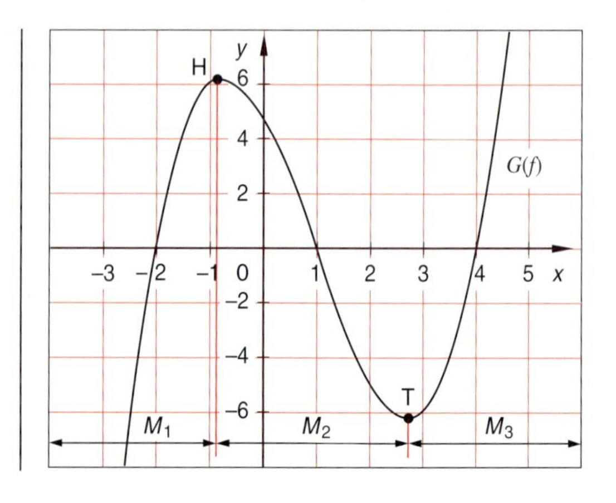

Fällt $G(f_6)$ im Intervall M_2 ständig, so nehmen dort die Funktionswerte von links nach rechts ab, d. h., für $x_3 < x_4$ ist dort $f_6(x_4) < f_6(x_3)$. In diesem Fall heißt die Funktion f_6 **streng monoton fallend** in M_2.

Im Intervall M_3 steigt f_6 wieder streng monoton, d. h., für $x_5 < x_6$ ist dort $f_6(x_5) < f_6(x_6)$.

Steigt $G(f)$ nicht nur in einem Monotonieintervall M ständig, sondern im **gesamten Definitionsbereich** $D(f)$, so heißt **die Funktion f streng monoton steigend**.

Fällt $G(f)$ nicht nur in einem Monotonieintervall M ständig, sondern im **gesamten Definitionsbereich** $D(f)$, so heißt **die Funktion f streng monoton fallend**.

Abweichend von der strengen Monotonie kann eine Funktion f auch nur **monoton steigend** oder **monoton fallend** sein, wenn ihr Graph teilweise parallel zur x-Achse verläuft.

Im nebenstehenden Bild gilt:
Im Intervall M_1 steigt f streng monoton, im Intervall M_2 verläuft $G(f)$ parallel zur x-Achse. Dort gilt für $x_1 < x_2$ die Aussage $f(x_1) = f(x_2)$.
Im Intervall M_3 steigt f wieder streng monoton.

Betrachtet man alle drei Monotonieintervalle, also den gesamten Definitionsbereich $D(f)$, so gilt für $x_1 < x_2$ nur die Aussage $f(x_1) \leq f(x_2)$.

In diesem Fall heißt die Funktion f **monoton steigend**.

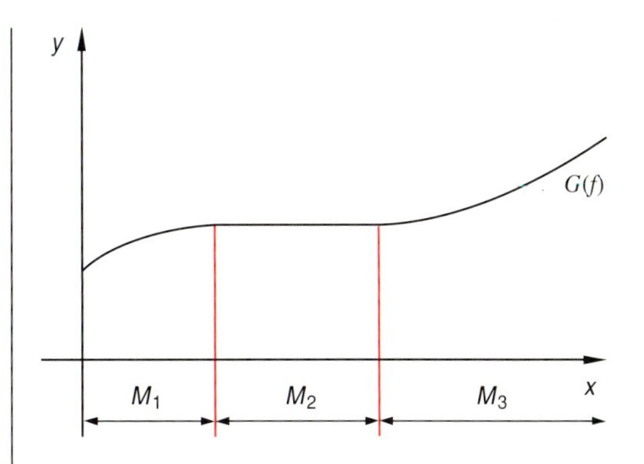

$x_1 < x_2 \Rightarrow f(x_1) \leq f(x_2)$ ▶ f steigt monoton

Im nebenstehenden Bild gilt:
Im Intervall M_1 fällt f streng monoton, im Intervall M_2 verläuft $G(f)$ parallel zur x-Achse. Dort gilt für $x_1 < x_2$ die Aussage $f(x_1) = f(x_2)$.
Im Intervall M_3 fällt f wieder streng monoton.

Betrachtet man alle drei Monotonieintervalle, also den gesamten Definitionsbereich $D(f)$, so gilt für $x_1 < x_2$ die Aussage $f(x_2) \leq f(x_1)$.

In diesem Fall heißt die Funktion f **monoton fallend**.

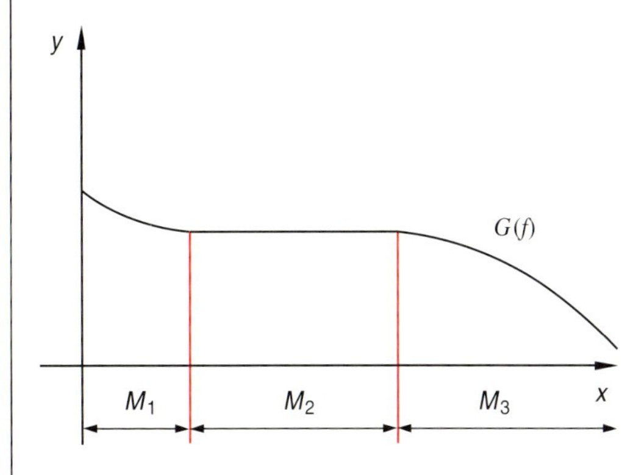

$x_1 < x_2 \Rightarrow f(x_2) \leq f(x_1)$ ▶ f fällt monoton

Merke:

Für das **Monotonieverhalten** einer Funktion f in einem Intervall M gilt:

- für alle $x_1 < x_2 \Rightarrow f(x_1) < f(x_2)$ ▶ Funktion f steigt streng monoton
- für alle $x_1 < x_2 \Rightarrow f(x_2) < f(x_1)$ ▶ Funktion f fällt streng monoton
- für alle $x_1 < x_2 \Rightarrow f(x_1) \leq f(x_2)$ ▶ Funktion f steigt monoton
- für alle $x_1 < x_2 \Rightarrow f(x_2) \leq f(x_1)$ ▶ Funktion f fällt monoton

Bestimmen eines ganzrationalen Funktionsterms fünften Grades und die exemplarische Untersuchung dieser Funktion

Beispiel 2.47

Der Graph einer ganzrationalen Funktion fünften Grades ist punktsymmetrisch zum Koordinatenursprung, schneidet die x-Achse an den Stellen 1 und 2 und verläuft durch den Punkt P$\langle 3|12\rangle$. Bestimmen Sie den Funktionsterm, beschreiben Sie den Verlauf des Graphen qualitativ und skizzieren Sie den ungefähren Verlauf des Graphen.

Da der Graph punktsymmetrisch zum Koordinatenursprung verläuft, handelt es sich bei der gesuchten zugehörigen ganzrationalen Funktion f fünften Grades um eine ungerade Funktion. Ihr Funktionsterm kann daher die Argumentvariable x nur mit ungeraden Exponenten und dem Absolutglied 0 enthalten: $f(x)=ax^5+bx^3+cx$.

Um die drei Koeffizienten a, b und c eindeutig bestimmen zu können, benötigt man drei lineare Gleichungen in den Variablen a, b und c, die aus den Aufgabeninformationen gewonnen werden müssen.

Die drei Punkte $\langle 1|0\rangle$, $\langle 2|0\rangle$ und $\langle 3|12\rangle$ sind Teil aller Punkte $\langle x|f(x)\rangle$ auf dem Graphen der Funktion f.
Ihre Koordinaten müssen daher die Gleichung $f(x)=ax^5+bx^3+c$ erfüllen.

$$f(1)=0 \Leftrightarrow a\cdot 1^5+b\cdot 1^3+c\cdot 1=0$$
$$\Leftrightarrow a+b+c=0$$
$$f(2)=0 \Leftrightarrow a\cdot 2^5+b\cdot 2^3+c\cdot 2=0$$
$$\Leftrightarrow 32a+8b+2c=0$$
$$f(3)=12 \Leftrightarrow a\cdot 3^5+b\cdot 3^3+c\cdot 3=12$$
$$\Leftrightarrow 243a+27b+3c=12$$

Das erhaltene lineare Gleichungssystem lässt sich lösen, indem man zunächst aus drei Gleichungen mit drei Variablen durch beliebige Elimination einer der drei Variablen zwei Gleichungen mit nur noch zwei Variablen herstellt und dieses löst.
Hier wird am einfachsten c eliminiert.

Dabei bedient man sich des sog. **Additionsverfahrens.** ▶ S. 38 u. 53

Beachten Sie: Das nebenstehende Lösungsverfahren lässt sich vereinfachen, wenn man zu Beginn der Rechnung die Gleichung II durch 2 und die Gleichung III durch 3 dividiert.

Lineares Gleichungssystem

$$a+b+c=0 \quad \text{(I)}$$
$$32a+8b+2c=0 \quad \text{(II)}$$
$$243a+27b+3c=12 \quad \text{(III)}$$

$$\begin{array}{ll} -2\cdot\text{I} & -2a-2b-2c=0 \\ \text{II} & 32a+8b+2c=0 \\ \hline & 30a+6b=0 \quad \text{(IV)} \end{array} \quad +$$

$$\begin{array}{ll} -3\cdot\text{I} & -3a-3b-3c=0 \\ \text{III} & 243a+27b+3c=12 \\ \hline & 240a+24b=12 \quad \text{(V)} \end{array} \quad +$$

$$\begin{array}{ll} -4\cdot\text{IV} & -120a-24b=0 \\ \text{V} & 240a+24b=12 \\ \hline & 120a=12 \\ \Leftrightarrow & a=\underline{\underline{0{,}1}} \end{array} \quad +$$

Ersetzen von 0,1 für a in IV liefert $b=-0{,}5$.

$$30\cdot 0{,}1+6b=0$$
$$\Leftrightarrow b=\underline{\underline{-0{,}5}}$$

Ersetzen von 0,1 für a; 0,5 für b in I liefert $c=0{,}4$.

$$0{,}1-0{,}5+c=0$$
$$\Leftrightarrow \quad c=\underline{\underline{0{,}4}}$$

Die Probe in allen Ausgangsgleichungen (im Kopf!) bestätigt die für a, b, und c errechneten Werte als Lösungen des LGS. Mit diesen Werten erhält man den Funktionsterm der Funktion f.

Probe z. B. in II: $3{,}2-4+0{,}8=0$
$\Leftrightarrow 0=0$ ▶ wahre Aussage

$$\Rightarrow \underline{\underline{f(x)=0{,}1x^5-0{,}5x^3+0{,}4x}}$$

Im Folgenden wird unter Anwendung der bisher bekannten Verfahren die ganzrationale Funktion $f\colon f(x)=0{,}1x^5-0{,}5x^3+0{,}4x$: $D(f)=\mathbb{R}$ untersucht. Dabei können eventuell vorhandene Extrem- und Wendepunkte nur qualitativ, nicht aber quantitativ bestimmt werden. Das Steigungs- und Krümmungsverhalten des Funktionsgraphen wird anhand der Untersuchungen und der Zeichnung festgestellt.

Verhalten für ganz große $|x|$-Werte:

Das Verhalten für den Verlauf der Graphen von ganzrationalen Funktionen wird für vom Betrag her große x-Werte durch die höchste Potenz von x festgelegt. Der ungerade höchste Exponent (5) bewirkt, dass die Funktionswerte für vom Betrag her ganz große negative x-Werte ganz klein negativ und für ganz große positive x-Werte ganz groß positiv werden.

Man schreibt hierfür auch $x\to-\infty \Rightarrow f(x)\to-\infty$ bzw. $x\to\infty \Rightarrow f(x)\to\infty$.

Hieraus kann man schließen, dass eine ganzrationale Funktion von ungeradem Grad wenigstens eine Nullstelle besitzen muss, weil $f(x)$ wenigstens einmal sein Vorzeichen wechselt.

Symmetrieeigenschaften von f:

Die Funktion ist ungerade und somit ihr Graph punktsymmetrisch zum Koordinatenursprung.

Es gilt für alle $x\in\mathbb{R}$:

$$-f(-x)=-[0{,}1\cdot(-x)^5-0{,}5\cdot(-x)^3+0{,}4\cdot(-x)]$$
$$=-[-0{,}1x^5+0{,}5x^3-0{,}4x]$$
$$=0{,}1x^5-0{,}5x^3+0{,}4x=f(x).$$

Achsenschnittpunkte:

Der Schnittpunkt von $G(f)$ mit der y-Achse wird durch $f(0)$ bestimmt.

$$f(0)=0 \Rightarrow \underline{\underline{S_y\langle 0|0\rangle}}$$

Die Schnittpunkte von $G(f)$ mit der x-Achse entsprechen der Lösung der Gleichung $f(x)=0$.

$$f(x)=0 \Leftrightarrow 0{,}1x^5-0{,}5x^3+0{,}4x=0$$
$$\Leftrightarrow 0{,}1x\cdot(x^4-5x^2+4)=0$$
$$\Leftrightarrow x=0 \text{ oder } x^4-5x^2+4=0$$

Da $f(x)$ in ein Produkt aus einem linearen und einem ganzrationalen Term vierten Grades umgewandelt werden kann, ist die Nullstelle $x_{01}=0$ von f sofort erkennbar.

Lösung: $x_{01}=\underline{\underline{0}}$

Die biquadratische Gleichung $x^4-5x^2+4=0$ löst man mittels des „**Substitutionsverfahrens**", indem x^2 durch z ersetzt (substituiert) wird.

Die dadurch entstehende quadratische Gleichung liefert zwei Lösungen für z.

▶ Substituiere $x^2=z$:

$$x^4-5x^2+4=0 \Leftrightarrow z^2-5z+4=0$$
$$\Leftrightarrow z^2-5z+6{,}25=2{,}25$$
$$\Leftrightarrow (z-2{,}5)^2=2{,}25$$
$$\Leftrightarrow |z-2{,}5|=1{,}5$$
$$\Leftrightarrow z=1 \text{ oder } z=4$$

Durch Rücksubstitution und Lösung der beiden quadratischen Gleichungen erhält man vier weitere Nullstellen x_{02} bis x_{05}.

► Rücksubstituiere $z = x^2$:

$z = 1 \Leftrightarrow x^2 = 1 \quad \Leftrightarrow \quad |x| = 1$

$\Leftrightarrow x = -1$ oder $x = 1$

$z = 4 \Leftrightarrow x^2 = 4 \quad \Leftrightarrow \quad |x| = 2$

$\Leftrightarrow x = -2$ oder $x = 2$

► Die Nullstellen von f sind symmetrisch verteilt.

Lösung: $x_{02} = \underline{\underline{-1}}$ und $x_{03} = \underline{\underline{1}}$

$x_{04} = \underline{\underline{-2}}$ und $x_{05} = \underline{\underline{2}}$

Qualitative Beschreibung des Graphen in Bezug auf Extrem- und Wendepunkte, Steigungs- und Krümmungsverhalten:

Da $G(f)$ die x-Achse in fünf Punkten schneidet, muss $G(f)$ zwischen je zwei Nullstellen von f mindestens einen Extrempunkt haben.

Wegen $f(x) \to -\infty$ für $x \to -\infty$ steigt $G(f)$ zunächst von links nach rechts bis zu seinem höchsten Punkt zwischen den Nullstellen -2 und -1, muss dann bis zu seinem tiefsten Punkt zwischen den Nullstellen -1 und 0 fallen, zwischen 0 und 1 zu seinem höchsten Punkt hin wieder steigen, zwischen 1 und 2 zu seinem tiefsten Punkt hin fallen und schließlich wegen $f(x) \to \infty$ für $x \to \infty$ nur noch steigen.

Bei der Leserichtung von links nach rechts muss $G(f)$ erst rechtsgekrümmt, dann linksgekrümmt, dann wieder rechtsgekrümmt und danach nur noch linksgekrümmt sein.

Graph der Funktion:

Die durch die Untersuchung ermittelten Punkte werden in ein Koordinatensystem eingetragen und unter Berücksichtigung der qualitativen Beschreibung des Graphenverlaufs miteinander verbunden.

$P_{01}\langle -2|0 \rangle$, $P_{02}\langle -1|0 \rangle$, $P_{03}\langle 0|0 \rangle$, $P_{04}\langle 1|0 \rangle$, $P_{05}\langle 2|0 \rangle$ } Schnittpunkte mit der x-Achse

$S_y\langle 0|0 \rangle$ ► Schnittpunkt mit der y-Achse

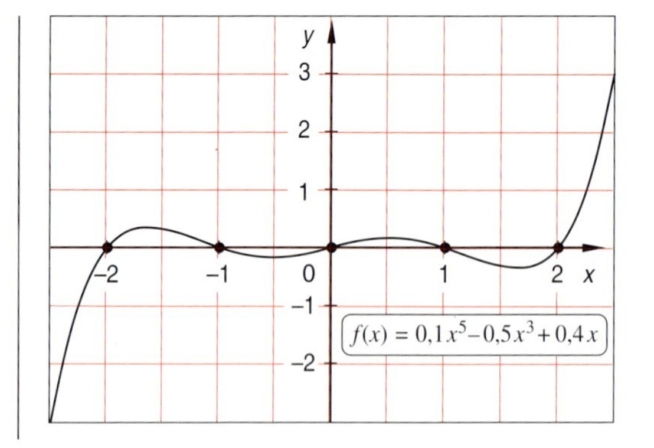

Anmerkung:

Mit Mitteln der Differentialrechnung lässt sich zeigen, dass der Graph einer ganzrationalen Funktion n-ten Grades höchstens $n-1$ Extrempunkte und höchstens $n-2$ Wendepunkte haben kann. ► Kapitel 7

Der Graph der Funktion fünften Grades $f: f(x) = 0{,}1x^5 - 0{,}5x^3 + 0{,}4x$; $D(f) = \mathbb{R}$ kann daher zwischen je zwei benachbarten Nullstellen nur einen einzigen Extrempunkt besitzen und zwischen je zwei benachbarten Extrempunkten auch nur einen einzigen Wendepunkt. Daher entspricht der qualitative Verlauf des Graphen auch seinem tatsächlichen Verlauf.

Übungen zu 2.4

1. Gegeben sind folgende reelle Funktionen mit dem Definitionsbereich $\mathbb{R}$:

a) $f: f(x)=x^3-8x^2+16x$ **b)** $f: f(x)=x^3-2x^2-5x+6$ **c)** $f: f(x)=-x^3+5x^2-8x+4$
d) $f: f(x)=0{,}5x^3+1{,}5x^2-2$ **e)** $f: f(x)=-0{,}5x^3+2x^2-2{,}5x+1$ **f)** $f: f(x)=x^3-5x^2+7x-3$
g) $f: f(x)=0{,}5x^3-2{,}5x^2+x+4$ **h)** $f: f(x)=x^3+3x^2-0{,}25x-0{,}75$ **i)** $f: f(x)=-0{,}5x^3+1{,}25x^2+x-0{,}75$
j) $f: f(x)=x^4-6x^3+9x^2$ **k)** $f: f(x)=x^4-5x^2+4$ **l)** $f: f(x)=0{,}5x^4+x^3-3{,}5x^2-4x+6$

Bestimmen Sie die Achsenschnittpunkte der Graphen der reellen Funktionen und zerlegen Sie die angegebenen Funktionsterme in ihre Linearfaktoren.
Ermitteln Sie das Symmetrieverhalten der einzelnen Graphen.
Machen Sie begründete Aussagen über das Steigungs- und Krümmungsverhalten und möglichst auch über Extrem- und Wendepunkte der jeweiligen Graphen.
Skizzieren Sie die Graphen in einem geeigneten Bereich.

2. Bestimmen Sie den Funktionsterm der jeweiligen reellen Funktion f dritten Grades, deren Graph durch die angegebenen Punkte geht.

a) $A\langle -1|18\rangle$; $B\langle 0|8\rangle$; $C\langle 2|0\rangle$; $D\langle 3|14\rangle$. **b)** $A\langle 0|-50\rangle$; $B\langle 2|0\rangle$; $C\langle 3|4\rangle$; $D\langle 4|2\rangle$.
c) $A\langle -2|-7\rangle$; $B\langle 0|-5\rangle$; $C\langle 1|-16\rangle$; $D\langle 5|0\rangle$.
d) $A\langle -3|-33\rangle$; $B\langle 0|3{,}75\rangle$; $C\langle 1|0\rangle$; $D\langle 3|4{,}5\rangle$.
e) $A\langle -4|14\rangle$; $B\langle -1|8\rangle$; $C\langle 0|18\rangle$; $D\langle 2|20\rangle$. **f)** $A\langle -2|0\rangle$; $B\langle -1|4\rangle$; $C\langle 0|6\rangle$; $D\langle 2|-20\rangle$.
g) $A\langle -4|-2{,}5\rangle$; $B\langle -1|-4\rangle$; $C\langle 0|-4{,}5\rangle$; $D\langle 2|12{,}5\rangle$.
h) $A\langle -3|-24\rangle$; $B\langle -2|0\rangle$; $C\langle 2|-4\rangle$; $D\langle 4|18\rangle$.
i) $A\langle -2|15\rangle$; $B\langle 2|-5\rangle$; $C\langle 3|0\rangle$; $D\langle 4|21\rangle$. **j)** $A\langle -3|20\rangle$; $B\langle -2|6\rangle$; $C\langle 2|0\rangle$; $D\langle 3|-4\rangle$.
k) $A\langle -4|-10\rangle$; $B\langle -1|5\rangle$; $C\langle 3|-3\rangle$; $D\langle 5|8\rangle$.
l) $A\langle -3|-9\rangle$; $B\langle 1|0\rangle$; $C\langle 4|-9\rangle$; $D\langle 5|-21\rangle$.

3. Von einer ganzrationalen Funktion n-ten Grades sind ein Koeffizient und alle Nullstellen gegeben. Ermitteln Sie die Funktionsgleichung.

a) $n=3$; $a_3=3$; $x_1=x_2=2$; $x_3=4$
b) $n=4$; $a_4=1$; $x_1=x_2=0$; $x_3=1$; $x_4=-1$
c) $n=4$; $a_4=2$; $x_1=\sqrt{2}$; $x_2=-\sqrt{2}$; $x_3=\sqrt{3}$; $x_4=-\sqrt{3}$

4. Wie lautet die Funktionsgleichung der ganzrationalen Funktion n-ten Grades, von der ein Punkt P des Graphen und alle Nullstelllen gegeben sind?

a) $n=2$; $P\langle 2|1\rangle$; $x_1=-1$; $x_2=3$
b) $n=3$; $P\langle 2|4\rangle$; $x_1=\sqrt{2}$; $x_2=-\sqrt{2}$; $x_3=1$
c) $n=4$; $P\langle -1|72\rangle$; $x_1=\sqrt{2}$; $x_2=-2$; $x_3=5$; $x_4=-5$

5. Berechnen Sie mit Hilfe des Horner-Schemas die Funktionswerte für alle ganzzahligen x-Werte der angegebenen Intervalle.

a) $f(x)=-2x^3+4x^2-3x+3$; $[-3; 3]$
b) $f(x)=-2x^4+5x^2+6x+2$; $[-2; 2]$
c) $f(x)=\frac{1}{3}x^5-2x^3+\frac{1}{2}x^2-5$; $[-3; 3]$

2.5 Gebrochen-rationale Funktionen

Eine Funktion f, deren Funktionsterm $f(x)$ ein Quotient zweier ganzrationaler Funktionsterme bzw. ein Quotient zweier Polynome ist, heißt **gebrochen-rationale Funktion**

Beispiel 2.48

Eine Sammellinse der Brennweite b cm erzeugt von einer Kerze in der Gegenstandsweite x cm ein Bild auf einem Schirm in der Bildweite y cm. Aus der Optik ist das folgende Gesetz unter der Bezeichnung „Linsengleichung“ bekannt:

$$\frac{1}{x}+\frac{1}{y}=\frac{1}{b}.$$

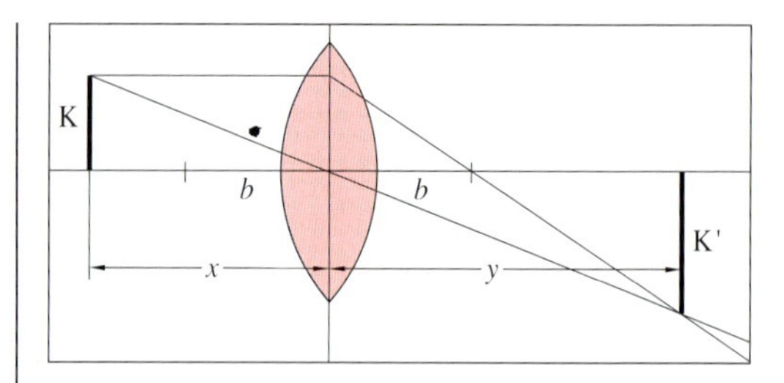

Nehmen wir an, es sei eine Linse mit 5 cm Brennweite gegeben. Der funktionale Zusammenhang zwischen der Maßzahl der Gegenstandsweite x und der Maßzahl der Bildweite y lässt sich dann durch die folgende Funktion beschreiben:

$$f\colon\ y=f(x)=\frac{5x}{x-5};\quad D(f)=\mathbb{R}^{>5}$$

Wertetabelle:

x	6	10	15	20	25	30
$f(x)$	30	10	7,5	$6,\overline{6}$	6,25	6

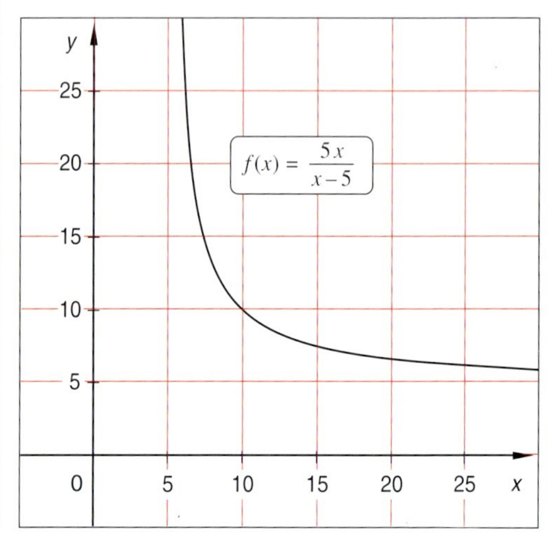

Beispiel 2.49

In einem physikalischen Versuch wird bei konstanter Temperatur das Volumen V einer Gasmenge in Abhängigkeit vom Druck gemessen. Dabei werden die nebenstehenden Messwerte ermittelt.

Bildet man das Produkt $p \cdot V$, so ergibt sich immer etwa dasselbe Ergebnis.

Dieses physikalische Gesetz wird als Boyle-Mariotte'sches Gesetz bezeichnet.[1] Es besagt, dass bei einer abgeschlossenen Gasmenge das Produkt aus Druck und Volumen konstant ist. Das Boyle-Mariotte'sche Gesetz gilt nur bei konstanter Temperatur. Der Druck eines Gases steigt nämlich auch, wenn es erhitzt wird.

Messwerttabelle:

p (in bar)	0,5	0,8	1,0	1,2	1,5	2
V (in cm³)	24	15	12	10	8	6
$p \cdot V$	12	12	12	12	12	12

Boyle-Mariotte'sches Gasgesetz:

$$p \cdot V = const.$$

(für $T = const.$)

[1] Robert Boyle, englischer Physiker (1627 bis 1691); Edmé Mariotte, französischer Physiker (1620 bis 1684)

In unserem Beispiel hat das Produkt $p \cdot V$ für alle Werte von p und V die Maßzahl 12. Lassen wir die Einheiten unberücksichtigt, so kann die Abhängigkeit des Volumens V vom Druck p durch folgende Funktion beschrieben werden:

$$f\colon V = f(p) = \frac{12}{p};\quad D(f) = \mathbb{R}^{>0}.$$

Wird der Druck verdoppelt, so verringert sich das Volumen auf die Hälfte. Wird der Druck verdreifacht, so verringert sich das Volumen auf ein Drittel. Halbieren wir den Druck, so verdoppelt sich das Gasvolumen. Es liegt also eine **indirekte Proportionalität** von Gasdruck und Gasvolumen vor. Dieser Zusammenhang wird auch aus dem nebenstehenden Graphen der Funktion f deutlich.

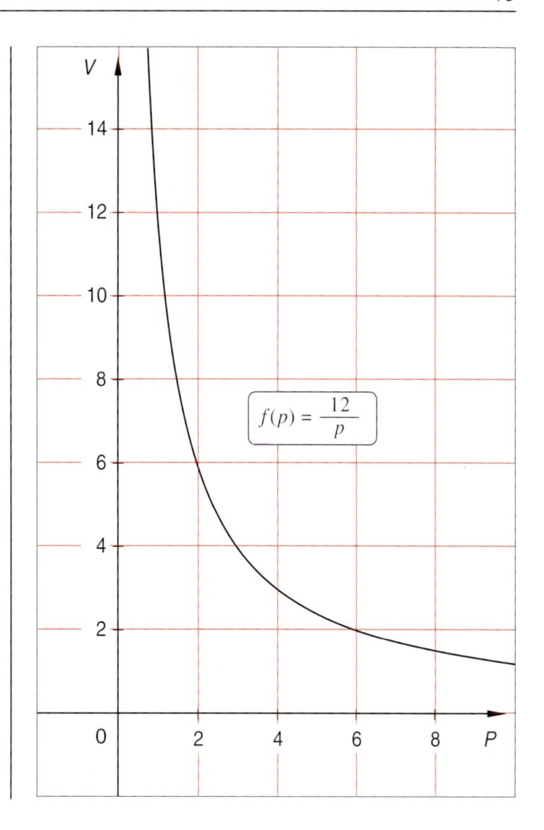

Beispiele 2.50

- Der Graph der Funktion $f\colon f(x) = \frac{1}{x}$; $D(f) = \mathbb{R} \setminus \{0\}$ ist eine zum Koordinatenursprung punktsymmetrische **Hyperbel**.

Je größer die x-Werte vom Betrag her werden, desto kleiner werden ihre Funktionswerte und nähern sich dabei immer mehr der Zahl 0. Der Graph von f nähert sich daher der Geraden, die mit der x-Achse zusammenfällt.

Eine solche Gerade, der sich der Graph von f in dieser Form nähert, heißt **Asymptote**.

Für $x \to -\infty$ nähert sich der Graph von f der x-Achse von unten, für $x \to \infty$ von oben.

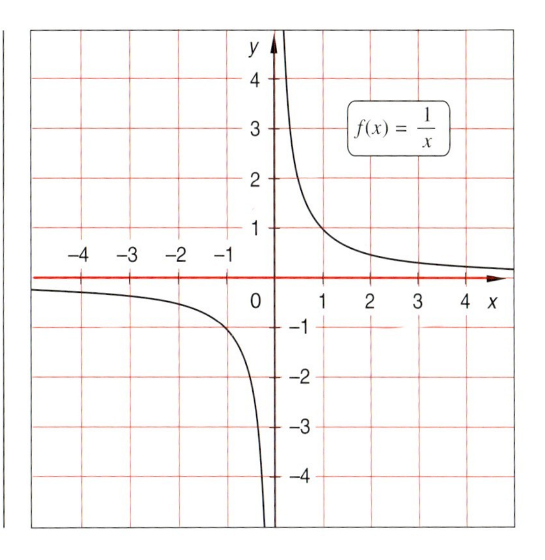

An der Stelle 0 ist die Funktion f nicht definiert, da der Nenner eines Bruches nie 0 sein kann. Weil aber f unmittelbar links und rechts von 0 erklärt ist, nennt man die Stelle 0 eine **Definitionslücke** der Funktion f.

Nähert man sich der Definitionslücke von links – man schreibt dafür $x \to 0$ für $x<0$ – so fallen die zugehörigen Funktionswerte unter jede Grenze, d. h. $f(x) \to -\infty$. Nähert man sich der Definitionslücke von rechts – man schreibt dafür $x \to 0$ für $x>0$ – so wachsen die zugehörigen Funktionswerte über jede Grenze, d. h. $f(x) \to \infty$. In beiden Fällen schmiegt sich $G(f)$ immer enger an die zur x-Achse senkrechte Gerade durch die Definitionslücke an, die hier mit der y-Achse zusammenfällt.

Eine solche zur x-Achse senkrechte Gerade durch eine Definitionslücke einer Funktion f, an die sich ihr Graph „bis ins Unendliche" immer enger anschmiegt, heißt senkrechte Asymptote oder **Polasymptote**. Die Stelle, an der f eine solche Definitionslücke hat, heißt **Polstelle** oder einfach **Pol**.

● Der Graph von g: $g(x)=\frac{1}{x^2}$; $D(g)=\mathbb{R}\setminus\{0\}$ ist eine zur y-Achse achsensymmetrische Hyperbel, deren Asymptote für $x \to -\infty$ bzw. $x \to \infty$ mit der x-Achse zusammenfällt.

Im Unterschied zum Graphen von f nähert sich der Graph von g der x-Achse nur von oben, da der Funktionsterm $g(x)$ für alle $x \in D(g)$ positiv ist.

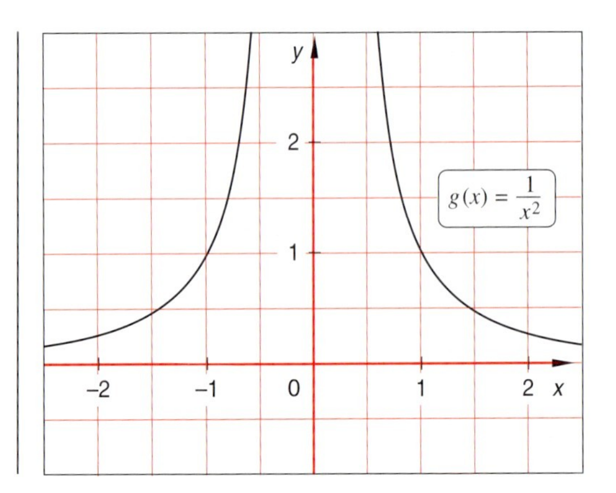

An der Stelle 0 hat g eine Definitionslücke, ihr Graph nähert sich dort ihrer Polasymptote, die mit der y-Achse zusammenfällt.

Da die Funktionswerte von g links und rechts von dieser Polstelle immer dasselbe Vorzeichen haben (hier alle Vorzeichen positiv), spricht man von einem **Pol ohne Vorzeichenwechsel**.

Zum Unterschied dazu hat f links und rechts von der Polstelle verschiedene Vorzeichen; deshalb hat f an der Stelle 0 einen **Pol mit Vorzeichenwechsel (VZW)**.

● An der Stelle 1 hat die Funktion f_1: $f_1(x)=\frac{1}{x-1}$; $D(f_1)=\mathbb{R}\setminus\{1\}$ eine Definitionslücke, einen **Pol mit VZW**; ihr Graph nähert sich für $x \to -\infty$ bzw. $x \to \infty$ der mit der x-Achse zusammenfallenden Geraden, seiner Asymptote, und zwar für $x \in \mathbb{R}^{>1}$ von oben und für $x \in \mathbb{R}^{<1}$ von unten.

Der Graph von f_1 ist der um eine Einheit nach rechts verschobene Graph von f.

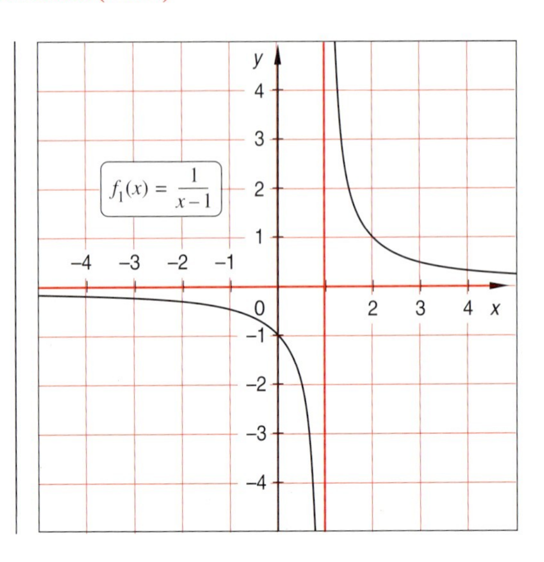

- An der Stelle -2 hat die Funktion g_1: $g_1(x)=\frac{1}{(x+2)^2}$; $D(g_1)=\mathbb{R}\setminus\{-2\}$ eine Definitionslücke, einen **Pol ohne VZW**; ihr Graph nähert sich für $x\to-\infty$ bzw. $x\to\infty$ der x-Achse für alle $x\in\mathbb{R}\setminus\{-2\}$ von oben.

Der Graph von g_1 ist der um zwei Einheiten nach links verschobene Graph von g.

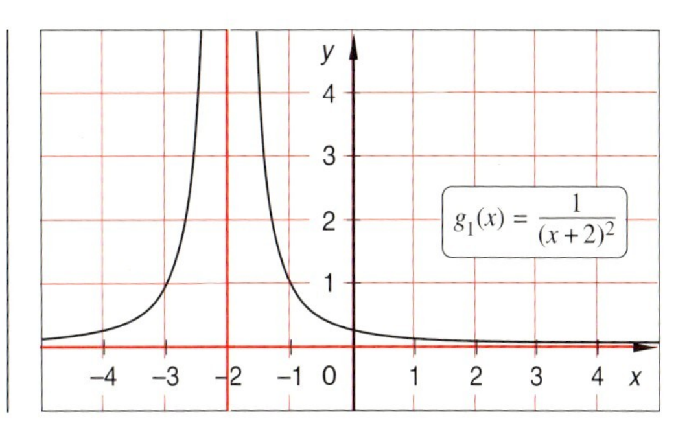

Merke:

- Der Graph einer Funktion vom Typ f: $f(x)=\frac{1}{x^{2n-1}}$; $D(f)=\mathbb{R}\setminus\{0\}$, $n\in\mathbb{N}^*$ ist eine zum Koordinatenursprung punktsymmetrische **Hyperbel**.
  An der Stelle 0 hat f eine Definitionslücke, und zwar einen **Pol mit Vorzeichenwechsel**.
- Der Graph einer Funktion vom Typ g: $g(x)=\frac{1}{x^{2n}}$; $D(g)=\mathbb{R}\setminus\{0\}$, $n\in\mathbb{N}^*$ ist eine zur y-Achse achsensymmetrische **Hyperbel**.
  An der Stelle 0 hat f eine Definitionslücke, und zwar einen **Pol ohne Vorzeichenwechsel**.
- Beide Hyperbeläste schmiegen sich an die Koordinatenachsen immer enger an. Die mit der x-Achse zusammenfallende Gerade heißt ihre **Asymptote**, die mit der y-Achse zusammenfallende Gerade heißt ihre **Polasymptote**.

Abhängig vom Grad m des Zählerpolynoms $p_m(x)$ und vom Grad n des Nennerpolynoms $q_n(x)$ unterscheidet man zwischen **echt** ($m<n$) und **unecht** ($m\geq n$) **gebrochen-rationalen Funktionen**.

$$f(x)=\frac{a_m x^m+a_{m-1}x^{m-1}+\ldots+a_2x^2+a_1x+a_0}{b_n x^n+b_{n-1}x^{n-1}+\ldots+b_2x^2+b_1x+b_0}=\frac{p_m(x)}{q_n(x)}$$

Bei allen gebrochen-rationalen Funktionen lässt sich mit relativ einfachen Mitteln klären, ob sich ihr Graph der Asymptote für $x\to-\infty$ bzw. $x\to\infty$ von oben oder von unten nähert.

Beispiele 2.51

- Die Funktion f_2: $f_2(x)=\frac{x+1}{(x-2)^2}$; $D(f_2)=\mathbb{R}\setminus\{2\}$ hat an der Stelle 2 einen **Pol ohne VZW**.

Das Nennerpolynom von f_2 ist für alle $x\in\mathbb{R}\setminus\{2\}$ immer positiv.

Da das Zählerpolynom für $x\to-\infty$ negativ wird, ist auch der Funktionsterm von f_2 für $x\to-\infty$, $x<-1$ negativ. Somit nähert sich $G(f_2)$ der x-Achse von unten für $x\to-\infty$.

Da das Zählerpolynom für $x\to\infty$ positiv ist, ist auch der Funktionsterm von f_2 für $x\to\infty$ positiv. Somit nähert sich $G(f_2)$ der x-Achse von oben für $x\to\infty$.

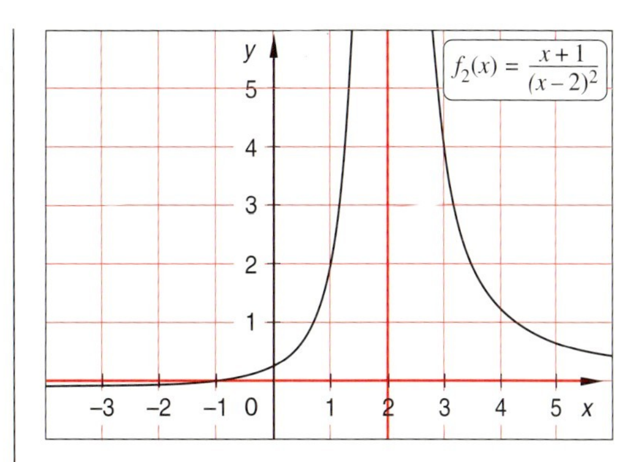

► $f_2(x)<0$ für $x\in(-\infty;-1)$

► $f_2(x)>0$ für $x\in(-1;\infty)$

Da der Grad des Zählerpolynoms kleiner ist als der Grad des Nennerpolynoms, ist f_2 eine **echt gebrochen-rationale Funktion**. Echt gebrochen-rationale Funktionen besitzen immer die mit der x-Achse zusammenfallende Gerade als Asymptote, weil sich deren Funktionswerte für vom Betrag her größer werdende Argumentwerte dem Wert 0 beliebig genau annähern, ohne ihn dabei aber jemals zu erreichen.

● Die Funktion f_3: $f_3(x) = \frac{2x-1}{x+1}$; $D(f_3) = \mathbb{R} \setminus \{-1\}$ hat an der Stelle -1 einen **Pol mit VZW**, da $f_3(x)$ links von der Stelle -1 nur positive und unmittelbar rechts davon negative Funktionswerte annimmt.

Der Graph von f_3 nähert sich für $x \to -\infty$ und für $x \to \infty$ immer mehr einer Geraden, nämlich dem Graphen von y_A: $y_A(x) = 2$; $D(y_A) = \mathbb{R}$. Diese Gerade ist die Asymptote des Graphen von f_3.

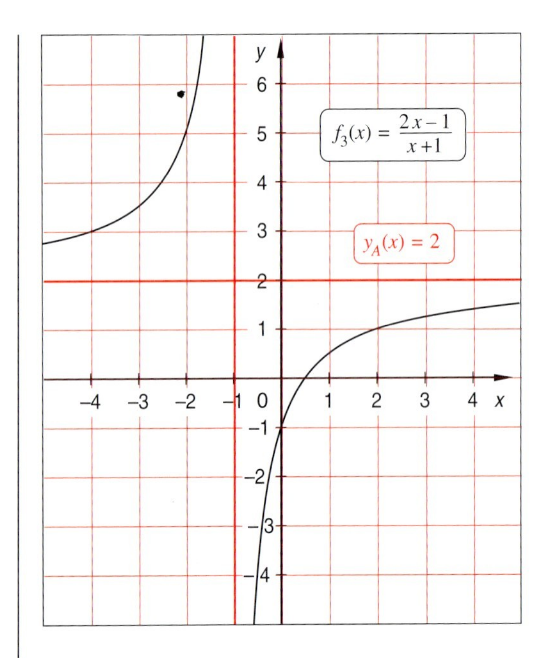

▶ $f_3(x) > 0$ für $x \in (-\infty; -1)$
▶ $f_3(x) < 0$ für $x \in (-1; 0{,}5)$

Da der Grad des Zähler- und Nennerpolynoms von $f_3(x)$ gleich ist, ist f_3 eine **unecht gebrochen-rationale Funktion**.

Durch Polynomdivision lässt sich $f_3(x)$ in einen ganzrationalen [$y_A(x)$] und einen echt gebrochen-rationalen Teil [$R(x)$], das sog. **Restglied** verwandeln.

$$f_3(x) = (2x-1):(x+1) = 2 + \frac{-3}{x+1}$$
$$\underline{-(2x+2)}$$
$$-3$$

↑ $y_A(x)$ ↑ $R(x)$

Der Darstellungsform $f_3(x) = 2 + \frac{-3}{x+1}$ lässt sich sofort entnehmen, dass $y_A(x) = 2$ der **Funktionsterm der Asymptotenfunktion** ist, da der echt gebrochen-rationale Teil von $f_3(x)$ für vom Betrag her große x-Werte betragsmäßig verschwindend klein wird.

Für $x \to \infty$ wird das **Restglied** $R(x)$ verschwindend klein, bleibt aber immer negativ, d.h. $R(x) \to 0$ und $R(x) < 0$. Der Graph von f_3 nähert sich daher dem Graphen der Asymptote $G(y_A)$ von unten.
▶ $f_3(x)$ ist dann immer kleiner als 2.

Für $x \to -\infty$ wird das Restglied $R(x)$ auch verschwindend klein, bleibt aber immer positiv, d.h. $R(x) \to 0$ und $R(x) > 0$. Der Graph von f_3 nähert sich daher dem Graphen der Asymptote $G(y_A)$ von oben. ▶ $f_3(x)$ ist hierbei immer größer als 2.

● Die Funktion f_4: $f_4(x) = \dfrac{x^2+x-2}{x-2}$;
$D(f_4) = \mathbb{R} \setminus \{2\}$ hat an der Stelle 2 einen **Pol mit VZW**, da $f_4(x)$ unmittelbar links von der Stelle 2 negative und rechts davon nur positive Funktionswerte annimmt.

Der Graph von f_4 nähert sich für $x \to -\infty$ und für $x \to \infty$ immer mehr der Geraden mit der Gleichung $y_A = x + 3$. Da das Steigungsmaß dieser Geraden von Null verschieden ist, nennt man sie eine **schräge Asymptote** des Graphen von f_4.

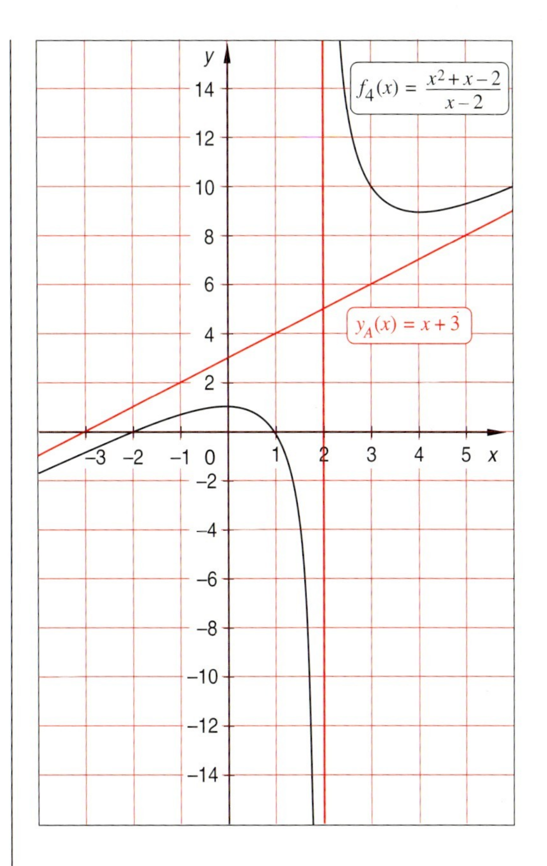

Da der Grad des Zählerpolynoms größer als der Grad des Nennerpolynoms von $f_4(x)$ ist, ist auch f_4 eine **unecht gebrochen-rationale Funktion**.

▶ $f_4(x) < 0$ für $x \in (1; 2)$
▶ $f_4(x) > 0$ für $x \in (2; \infty)$

Anhand der Darstellung $f_4(x) = x + 3 + \dfrac{4}{x-2}$ sieht man sofort, dass y_A: $y_A(x) = x + 3$; $D(y_A) = \mathbb{R}$ die Asymptotenfunktion ist.

$$f_4(x) = (x^2+x-2):(x-2) = x + 3 + \frac{4}{x-2}$$
$$\begin{array}{l} -(x^2-2x) \\ \hline \quad 3x-2 \\ \quad -(3x-6) \\ \hline \qquad 4 \end{array}$$
↑ $y_A(x)$ ↑ $R(x)$

$G(f_4)$ nähert sich $G(y_A)$ für $x \to -\infty$ von unten, da für $x \to -\infty$ gilt:
$R(x) \to 0$ und $R(x) < 0$.
$G(f_4)$ nähert sich $G(y_A)$ für $x \to \infty$ von oben, da für $x \to \infty$ gilt:
$R(x) \to 0$ und $R(x) > 0$.

- Die Funktion f_5: $f_5(x)=\frac{x^3-1}{x}$; $D(f_5)=\mathbb{R}\setminus\{0\}$ hat an der Stelle $x_0=0$ einen **Pol mit VZW**, da $f_5(x)$ links von der Stelle 0 nur positive und unmittelbar rechts davon negative Funktionswerte annimmt.

Der Graph von f_5 nähert sich für $x\to-\infty$ und für $x\to\infty$ immer mehr dem Graphen der Funktion y_A: $y_A(x)=x^2$. Da dieser Graph keine Gerade ist, nennt man ihn **asymptotische Linie** des Graphen von f_5.

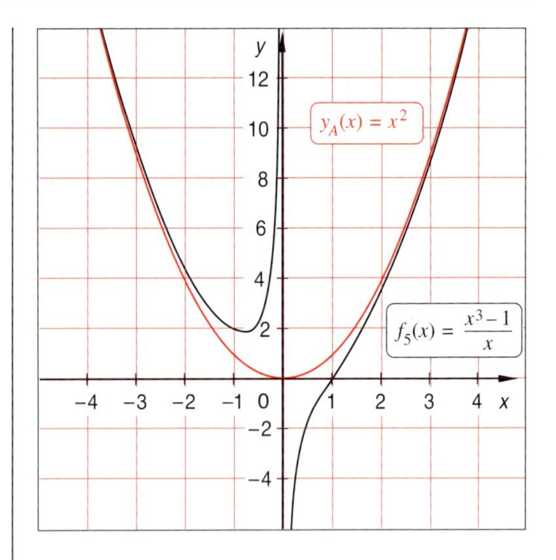

► $f_5(x)>0$ für $x\in(-\infty;0)$

► $f_5(x)<0$ für $x\in(0;1)$

$$f_5(x)=\frac{x^3-1}{x}=\underset{y_A(x)}{x^2}+\underset{R(x)}{\frac{-1}{x}}$$

Da für $x\to-\infty$ das Restglied $R(x)$ verschwindend klein wird, aber positiv ist, d.h. $R(x)\to0$ und $R(x)>0$, nähert sich $G(f_5)$ der asymptotischen Linie $G(y_A)$ von oben für $x\to-\infty$.

Für $x\to\infty$ wird das Restglied $R(x)$ auch verschwindend klein, aber negativ, d.h. $R(x)\to0$ und $R(x)<0$. Deshalb nähert sich $G(f_5)$ der asymptotischen Linie $G(y_A)$ von unten für $x\to\infty$.

Merke:

- Eine Funktion vom Typ f: $f(x)=\frac{a_m x^m+a_{m-1}x^{m-1}+\ldots+a_2x^2+a_1x+a_0}{b_n x^n+b_{n-1}x^{n-1}+\ldots+b_2x^2+b_1x+b_0}$; $D(f)=\mathbb{R}\setminus\{\text{Nullstellen der Nennerpolynomfunktion}\}$ mit reellen Zahlen für $a_1, \ldots, a_n$, $b_1, \ldots, b_m$; $m, n\in\mathbb{N}^*$; $a_m\neq0$, $b_n\neq0$ heißt eine **gebrochen-rationale Funktion** mit dem **Zählergrad** m und dem **Nennergrad** n.
- Eine gebrochen-rationale Funktion ist an den Stellen **nicht definiert**, an denen ihr Nennerterm den Wert 0 annimmt. Dort besitzt sie **Definitionslücken**.
- Ist der **Zählergrad** einer gebrochen-rationalen Funktion f kleiner als ihr **Nennergrad**, so ist f eine **echt gebrochen-rationale Funktion**.
  Die **Asymptote** des Graphen einer echt gebrochen-rationalen Funktion f ist für $x\to-\infty$ und für $x\to\infty$ die mit der x-Achse zusammenfallende Gerade.
- Ist der Zählergrad von f nicht kleiner als ihr Nennergrad, so ist f eine **unecht gebrochen-rationale Funktion**. Durch Polynomdivision wird der Term einer gebrochen-rationalen Funktion in die Summe aus einem ganz- und einem echt gebrochen-rationalen Term verwandelt. Der **ganzrationale Term** entspricht dem Funktionsterm $y_A(x)$ der **Asymptote** bzw. **asymptotischen Linie** des Graphen von f, der **gebrochen-rationale Term** ist das **Restglied** $R(x)$ von f. Wird für $x\to-\infty$ das **Restglied positiv** ($R(x)>0$), so nähert sich der Graph von f bei dieser „Bewegung" seiner Asymptote bzw. asymptotischen Linie von **oben**; wird für $x\to-\infty$ das **Restglied negativ** ($R(x)<0$), so nähert sich der Graph von f bei dieser „Bewegung" seiner Asymptote bzw. asymptotischen Linie von **unten**.
  Eine entsprechende Aussage gilt auch für die „Bewegung" $x\to\infty$.

Beispiele 2.52

Bestimmen Sie die Definitionslücken der Funktion f: $f(x)=\frac{x^2}{x^2-4}$.

Untersuchen Sie, von welcher Art die Definitionslücken sind.

Bestimmen Sie den Funktionsterm $y_A(x)$ der Asymptotenfunktion von f; von welcher Seite nähert sich $G(f)$ ihrer Asymptote $G(y_A)$? Zeichnen Sie $G(f)$ und $G(y_A)$.

Der Definitionsbereich schließt die Nullstellen des Nennerterms $q_2(x)$ von $f(x)$ aus.

$\Rightarrow D(f)=\mathbb{R}\setminus\{-2; 2\}$.

Somit sind Untersuchungen über die Art der jeweiligen Definitionslücke an den Stellen -2 und 2 erforderlich.

$$f\colon\ f(x)=\frac{x^2}{x^2-4}=\frac{p_2(x)}{q_2(x)}$$

$$q_2(x)=0 \Leftrightarrow x^2-4=0$$

$$\Leftrightarrow x=-2 \text{ oder } x=2$$

Lösung: $x_{N_1}=\underline{-2}$ und $x_{N_2}=\underline{2}$

Um festzustellen, wie $G(f)$ in der Nähe der Stellen -2 und 2 verläuft, werden Funktionswerte unmittelbar links und rechts dieser Stellen untersucht.

Die Funktion f besitzt unmittelbar links der Stelle -2 positive und unmittelbar rechts dieser Stelle negative Funktionswerte. Diese Vermutung wird durch die Vorzeichenuntersuchung des Zähler- und Nennerterms bestätigt. Entsprechendes gilt für die Stelle 2.

Daher hat f an diesen Stellen jeweils einen **Pol mit Vorzeichenwechsel** (VZW). Die Geraden mit den Gleichungen $x=-2$ und $x=2$ sind also Polasymptoten.

$$f\colon f(x)=\frac{x^2}{x^2-4}=\frac{p_2(x)}{q_2(x)}$$ ▶ $p_2(x)\geq 0$ für $x\in D(f)$

$f(-2{,}01) = 100{,}75$
$f(-2{,}001) = 1\,000{,}75$ ▶ $q_2(x)>0$ für $x<-2$ $\Rightarrow f(x)>0$ für $x<-2$

$f(-1{,}99) = -99{,}25$
$f(-1{,}999) = -999{,}25$ ▶ $q_2(x)<0$ für $x\in(-2; 2)$ $\Rightarrow f(x)\leq 0$ für $x\in(-2; 2)$

$f(1{,}99) = -99{,}25$
$f(1{,}999) = -999{,}25$ ▶ $q_2(x)<0$ für $x\in(-2; 2)$ $\Rightarrow f(x)\leq 0$ für $x\in(-2; 2)$

$f(2{,}01) = 100{,}75$
$f(2{,}001) = 1\,000{,}75$ ▶ $q_2(x)>0$ für $x>2$ $\Rightarrow f(x)>0$ für $x>2$

Der Funktionsterm $f(x)$ wird in einen ganzrationalen und einen echt gebrochen-rationalen Term zerlegt.

$$x^2:(x^2-4)=1+\frac{4}{x^2-4}$$
$$\underline{-(x^2-4)}$$
$$4$$

$\uparrow$ $y_A(x)$, $\uparrow$ $R(x)$

Der ganzrationale Term $y_A(x)$ ist der Funktionsterm der „geraden Asymptote".
Anhand des Restgliedes $R(x)$ erkennt man, von welcher Seite sich $G(f)$ der „geraden Asymptote" nähert.

$$R(x)=\frac{4}{x^2-4}$$ ▶ $R(x)>0$ für alle $x<-2$ und für alle $x>2$

Da $R(x)>0$ für $x\to-\infty$ und für $x\to\infty$ gilt, schmiegt sich $G(f)$ bei beiden „Bewegungen" von oben an $G(y_A)$ an.

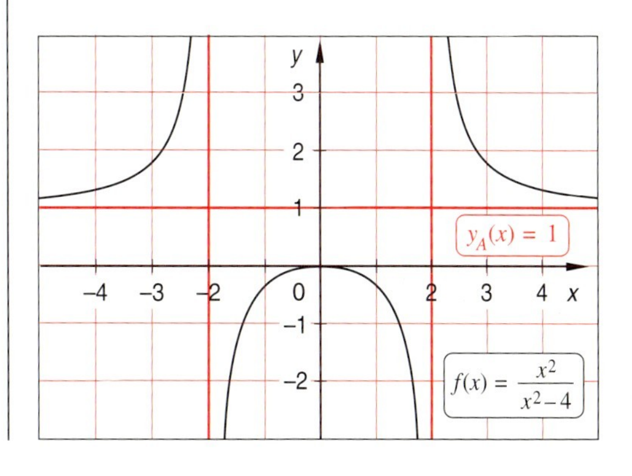

Auch aus dem Funktionsterm einer gebrochen-rationalen Funktion lassen sich ihre Nullstellen leicht bestimmen.

Die Nullstellen einer gebrochen-rationalen Funktion $f: f(x) = \frac{p_m(x)}{q_n(x)}$ sind die Nullstellen der durch den Zählerterm $p_m(x)$ definierten Polynomfunktion p_m im Definitionsbereich von f.

Beispiele 2.53

Bestimmen Sie die Nullstellen folgender gebrochen-rationaler Funktionen.

- f_2: $f_2(x) = \frac{x+1}{(x-2)^2}$; $D(f_2) = \mathbb{R} \setminus \{2\}$

$f_2(x) = 0 \Leftrightarrow \frac{x+1}{(x-2)^2} = 0$ ▶ $p_m(x) = x+1$

$\Rightarrow x+1 = 0$

$\Leftrightarrow x = -1$ ▶ $-1 \in D(f_2)$

Lösung: $x_0 = \underline{\underline{-1}}$

- f_3: $f_3(x) = \frac{2x-1}{x+1}$; $D(f_3) = \mathbb{R} \setminus \{-1\}$

$f_3(x) = 0 \Leftrightarrow \frac{2x-1}{x+1} = 0$ ▶ $p_m(x) = 2x-1$

$\Rightarrow 2x-1 = 0$

$\Leftrightarrow x = 0{,}5$ ▶ $0{,}5 \in D(f_3)$

Lösung: $x_0 = \underline{\underline{0{,}5}}$

- f_4: $f_4(x) = \frac{x^2+x-2}{x-2}$; $D(f_4) = \mathbb{R} \setminus \{2\}$

$f_4(x) = 0 \Leftrightarrow \frac{x^2+x-2}{x-2} = 0$ ▶ $p_m(x) = x^2+x-2$

$\Rightarrow x^2+x-2 = 0$

$\Leftrightarrow (x+0{,}5)^2 = 2{,}25$

$\Leftrightarrow |x+0{,}5| = 1{,}5$

$\Leftrightarrow x = -2$ oder $x = 1$ ▶ $-2 \in D(f_4)$ und $1 \in D(f_4)$

Lösung: $x_{01} = \underline{\underline{-2}}$ und $x_{02} = \underline{\underline{1}}$

- f_5: $f_5(x) = \frac{x^3-1}{x}$; $D(f_5) = \mathbb{R} \setminus \{0\}$

$f_5(x) = 0 \Leftrightarrow \frac{x^3-1}{x} = 0$ ▶ $p_m(x) = x^3-1$

$\Rightarrow x^3-1 = 0$

$\Leftrightarrow x^3 = 1$

$\Leftrightarrow x = 1$ ▶ $1 \in D(f_5)$

Lösung: $x_0 = \underline{\underline{1}}$

Eine gebrochen-rationale Funktion kann neben Polstellen noch weitere Arten von Definitionslücken haben.

Beispiel 2.54

Der Graph der Funktion f: $f(x) = \frac{2x-2}{x^2-x}$; $D(f) = \mathbb{R} \setminus \{0; 1\}$ hat an der Stelle 0 eine Polstelle, nicht aber an der Stelle 1.

In unmittelbarer Nähe der Stelle 1 nähern sich die Funktionswerte von beiden Seiten dem Wert 2 beliebig genau, wie man dem gekürzten Funktionsterm unmittelbar entnehmen kann.

Zum „Durchzeichnen" des Graphen von f an dieser Stelle fehlt ein einziger Punkt.

$f(x) = \frac{2x-2}{x^2-x} = \frac{2(x-1)}{x(x-1)} = \frac{2}{x}$; $D(f) = \mathbb{R} \setminus \{0; 1\}$

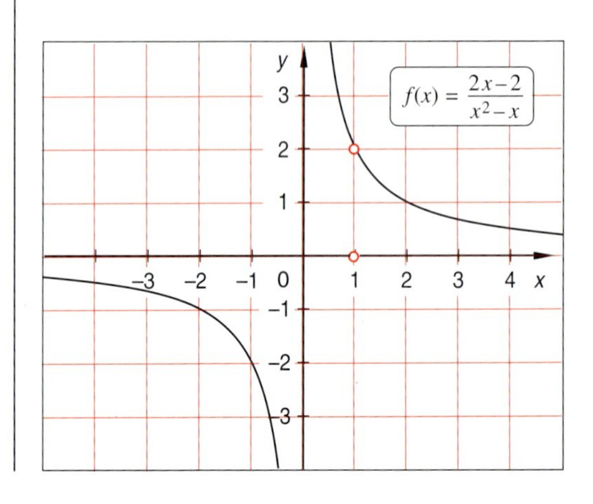

Eine solche Stelle, an der die Nenner- und die Zählerpolynomfunktion einer gebrochen-rationalen Funktion eine Nullstelle besitzen, wobei die Vielfachheit der Nullstelle der Nennerpolynomfunktion kleiner oder gleich der Vielfachheit derselben Nullstelle der Zählerpolynomfunktion ist, heißt **behebbare Definitionslücke** dieser gebrochen-rationalen Funktion, weil man eine solche Definitionslücke nachträglich beheben könnte.

Im obigen Beispiel haben sowohl die Zähler- als auch die Nennerpolynomfunktion von f an der Stelle 1 eine einfache Nullstelle; somit hat f dort eine **behebbare Definitionslücke**.

In $D(f)$ gilt $f(x)=\frac{2}{x}$, weil man wegen $x-1 \neq 0$ den gegebenen Bruchterm durch $(x-1)$ kürzen darf. Der Term $\frac{2}{x}$ ist auch Funktionsterm der Funktion f^*: $f^*(x)=\frac{2}{x}$; $D(f^*)=\mathbb{R}^*$, die in $\mathbb{R}\setminus\{0; 1\}$ mit der Funktion f übereinstimmt, aber zusätzlich noch an der Stelle 1 erklärt ist.

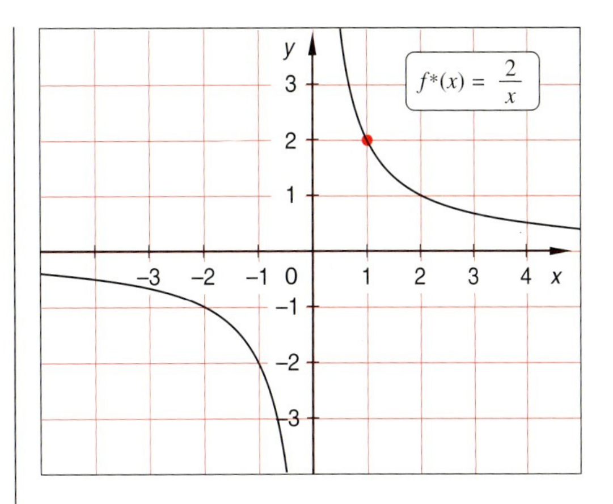

Die Funktion f^* setzt die Funktion f an der Stelle 1 gewissermaßen fort oder ergänzt sie dort. Sie heißt daher auch **Ergänzungsfunktion** von f zur Stelle 1. Man sagt auch:

Die **Definitionslücke** der Funktion f könnte nachträglich durch den Funktionswert der Funktion f^* an der Stelle 1 **behoben** werden, so dass ihr Graph, ohne den Zeichenstift abzusetzen, auch über die Stelle 1 hinaus gezeichnet werden könnte.

$$f^*(x)=\begin{cases} f(x) & \text{für } x\in\mathbb{R}\setminus\{0; 1\} \\ 2 & \text{für } x=1 \end{cases}$$

► f^* ist Ergänzungsfunktion von f zur Stelle 1.

Merke:

- Eine gebrochen-rationale Funktion vom Typ f: $f(x)=\frac{p_m(x)}{q_n(x)}$ hat bei $x_0 \in D(f)$ eine **Nullstelle**, wenn dort ihre Zählerpolynomfunktion p_m eine Nullstelle hat.
- Eine Stelle, an der die Nenner- und die Zählerpolynomfunktion einer gebrochen-rationalen Funktion eine Nullstelle besitzen, wobei die Vielfachheit der Nullstelle der Nennerpolynomfunktion kleiner oder gleich der Vielfachheit derselben Nullstelle der Zählerpolynomfunktion ist, heißt **behebbare Definitionslücke** dieser gebrochen-rationalen Funktion.
- Eine Funktion f^*, die in einer Umgebung einer behebbaren Definitionslücke einer gebrochen-rationalen Funktion f mit f übereinstimmt und zusätzlich an dieser Definitionslücke von f definiert ist, heißt **Ergänzungsfunktion** von f zu dieser Stelle.

Beispiel 2.55

Bestimmen Sie die Nullstellen und die Art der Definitionslücke der Funktion f: $f(x)=\frac{x^2+3x+2}{x+2}$; $D(f)=\mathbb{R}\setminus\{-2\}$.

Die Funktion f: $f(x)=\frac{x^2+3x+2}{x+2}$; $D(f)=\mathbb{R}\setminus\{-2\}$ besitzt nur die Nullstelle $x_0=-1$. Die zweite Lösung -2 der Gleichung $f(x)=0$ ist kein Element von $D(f)$ und daher auch keine Nullstelle von f.

An der Stelle -2 hat die Funktion f eine **behebbare Definitionslücke**.

Wegen $x^2+3x+2=(x+1)\cdot(x+2)$ lässt sich nämlich der Funktionsterm auch nennerfrei schreiben. Die Funktion f^*: $f^*(x)=x+1$; $D(f^*)=\mathbb{R}$ ist eine Ergänzungsfunktion von f zur Stelle -2 mit dem Funktionswert $f^*(-2)=-1$.

$f(x)=0 \Leftrightarrow \frac{x^2+3x+2}{x+2}=0$ ► $p_m(x)=x^2+3x+2$

$\Rightarrow x^2+3x+2=0$

$\Leftrightarrow x=-1$ oder $x=-2$ ► $-1\in D(f)$ und $-2\notin D(f)$

Lösung: $x_0=\underline{\underline{-1}}$ ► Nullstelle

$f(x)=\frac{x^2+3x+2}{x+2}=\frac{(x+1)\cdot(x+2)}{x+2}$
$=x+1;\ D(f)=\mathbb{R}\setminus\{-2\}$

Exemplarische Untersuchung einer gebrochen-rationalen Funktion

Im Folgenden wird unter Anwendung der bisher bekannten Verfahren eine gebrochen-rationale Funktion untersucht. Dabei können eventuell vorhandene Extrem- und Wendepunkte nur qualitativ, nicht aber quantitativ bestimmt werden. Das Steigungs- und Krümmungsverhalten des Funktionsgraphen wird ebenfalls qualitativ festgestellt und der Graph mit den gewonnenen Ergebnissen skizziert.

Beispiel 2.56

Zu untersuchen ist die gebrochen-rationale Funktion f: $f(x)=\frac{x^2-4}{x}$.

Definitionsbereich (Definitionslücken):

Da der Nennerterm im Funktionsterm von f nur dann 0 ist, wenn x den Wert 0 annimmt, ist f für alle reellen Zahlen außer für 0 definiert.

$\Rightarrow \boldsymbol{D(f)=\mathbb{R}\setminus\{0\}}$.

An der Stelle $x_0=0$ besitzt f eine **Definitionslücke**.

► Nennerterm x

$x=0$

Lösung: $x_0=\underline{\underline{0}}$.

Verhalten in der Nähe der Definitionslücke:

Um festzustellen, wie $G(f)$ in der Nähe der Stelle $x_0=0$ verläuft, werden Funktionswerte unmittelbar links und rechts dieser Stelle untersucht.

Die Funktion f besitzt unmittelbar links der Stelle $x_0=0$ positive und unmittelbar rechts der Stelle negative Funktionswerte. Diese Vermutung wird durch die Vorzeichenuntersuchung des Zähler- und Nennerterms bestätigt.

Daher hat f an dieser Stelle $x_0=0$ einen **Pol mit Vorzeichenwechsel** (VZW). Die mit der y-Achse zusammenfallende Gerade ist also die Polasymptote von $G(f)$.

$f\colon f(x)=\dfrac{x^2-4}{x}=\dfrac{p_2(x)}{q_1(x)}$ ▶ $p_2(x)<0$ für $x\in(-2;2)$

$f(-1)=3$
$f(-0{,}1)=39{,}8$
$f(-0{,}01)=399{,}98$
$f(-0{,}001)=3999{,}998$

▶ $q_1(x)<0$ für $x\in(-2;0)$
$\Rightarrow f(x)>0$ für $x\in(-2;0)$

$f(1)=-3$
$f(0{,}1)=-39{,}8$
$f(0{,}01)=-399{,}98$
$f(0{,}001)=-3999{,}998$

▶ $q_1(x)>0$ für $x\in(0;2)$
$\Rightarrow f(x)<0$ für $x\in(0;2)$

Verhalten für $x\to-\infty$ bzw. $x\to\infty$ und Asymptoten:

Bei der Funktion f handelt es sich um eine unecht gebrochen-rationale Funktion. Der Zählergrad ihres Funktionsterms ist um 1 größer als ihr Nennergrad.

Aufgrund des um 1 größeren Zählergrades schmiegt sich $G(f)$ an eine **schräge Asymptote** an.

Für $x\to-\infty$ gilt auch $f(x)\to-\infty$, und für $x\to\infty$ gilt auch $f(x)\to\infty$. Daher besitzt der Graph der Funktion f keine waagerechte Asymptote.

Der Funktionsterm $f(x)$ wird in einen ganzrationalen und einen echt gebrochen-rationalen Term zerlegt.

Der ganzrationale Term $y_A(x)$ ist der Funktionsterm der „schrägen Asymptote“.

Anhand des Restgliedes $R(x)$ erkennt man, von welcher Seite sich $G(f)$ der „schrägen Asymptote“ nähert.

Da $R(x)>0$ für $x\to-\infty$ gilt, schmiegt sich $G(f)$ bei dieser „Bewegung“ von oben an $G(y_A)$ an.

Für $x\to\infty$ gilt dagegen $R(x)<0$; $G(f)$ schmiegt sich bei dieser „Bewegung“ von unten an $G(y_A)$ an.

$$\frac{x^2-4}{x}=\underset{y_A(x)}{\underset{\uparrow}{x}}+\underset{R(x)}{\underset{\uparrow}{\frac{-4}{x}}}$$

$R(x)=\dfrac{-4}{x}$ ▶ $R(x)>0$ für alle $x<0$
$R(x)<0$ für alle $x>0$

Symmetrieeigenschaften:

f ist eine ungerade Funktion, d.h., $G(f)$ ist **punktsymmetrisch** zum Koordinatenursprung.

Es gilt für alle $x\in D(f)$:

$$-f(-x)=-\frac{(-x)^2-4}{-x}=\frac{x^2-4}{x}=f(x).$$

Achsenschnittpunkte:

Die Abszissen der Schnittpunkte von $G(f)$ mit der x-Achse erhält man als Lösungen der Gleichung $f(x)=0$.

Wegen $D(f)=\mathbb{R}\setminus\{0\}$ existiert kein Schnittpunkt von $G(f)$ mit der y-Achse.

$f(x)=0 \Leftrightarrow x^2-4=0$

$\Leftrightarrow x=-2$ oder $x=2$

Lösung:

$x_{01}=-2$ und $x_{02}=2$ ► Nullstellen von f

$P_1\langle -2|0\rangle$, $P_2\langle 2|0\rangle$ ► Schnittpunkte mit der x-Achse

Qualitative Beschreibung des Graphen in Bezug auf Extrem- und Wendepunkte, Monotonie- und Krümmungsverhalten:

Da f sowohl in $\mathbb{R}^{<0}$ als auch in $\mathbb{R}^{>0}$ streng monoton steigend ist, besitzt $G(f)$ keine Extrempunkte. ► Übungsaufgabe 3

Da sich andererseits $G(f)$ für $x \to -\infty$ von oben an $G(y_A)$ und am Pol von links an den positiven Teil der Polasymptote immer mehr anschmiegt, ist $G(f)$ für alle $x \in \mathbb{R}^{<0}$ in der Tendenz von links nach rechts hin linksgekrümmt.

Da sich $G(f)$ von rechts an den negativen Teil der Polasymptote und für $x \to \infty$ von unten an $G(y_A)$ immer mehr anschmiegt, ist $G(f)$ für alle $x \in \mathbb{R}^{>0}$ in der Tendenz von links nach rechts hin rechtsgekrümmt.

Eine qualitative Aussage über Wendepunkte von $G(f)$ lässt sich an dieser Stelle nicht machen.

Anmerkung:

Man kann vermuten: An einem Pol mit VZW ändert sich das Krümmungs-, aber nicht das Steigungsverhalten des Graphen von f. Diese Vermutung lässt sich mit Mitteln der Differentialrechnung bestätigen.

Graph der Funktion:

Die berechneten Schnittpunkte mit der x-Achse sowie $G(y_A)$ und die Polasymptote werden in ein Koordinatensystem eingetragen. Der Graph wird unter Berücksichtigung der qualitativen Verlaufsbeschreibung skizziert.

$\left.\begin{array}{l} P_{01}\langle -2|0\rangle \\ P_{02}\langle 2|0\rangle \end{array}\right\}$ Schnittpunkte mit der x-Achse

$y_A(x)=x$ ► schräge Asymptote

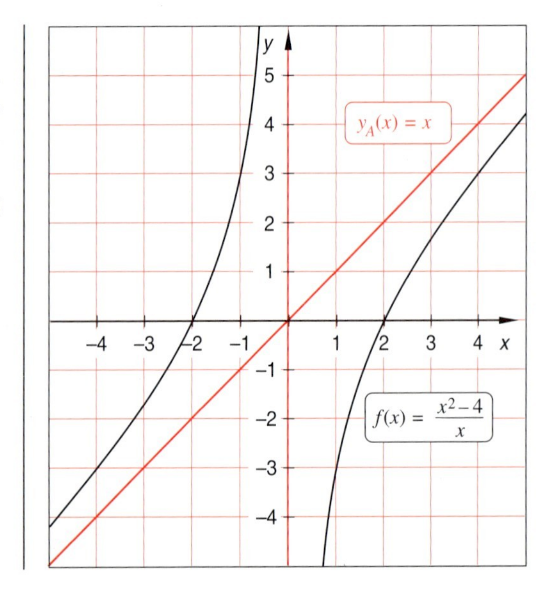

Übungen zu 2.5

1. Ermitteln Sie den größtmöglichen Definitionsbereich der folgenden durch ihre Funktionsterme gegebenen Funktionen in $\mathbb{R}$ sowie das Symmetrieverhalten ihrer Graphen.
Bestimmen Sie sowohl die Art der Definitionslücken als auch die Art ihrer Asymptoten (asymptotischen Linien). Von welcher Seite nähern sich die einzelnen Graphen ihren Asymptoten (asymptotischen Linien)?
Berechnen Sie die Achsenschnittpunkte der einzelnen Funktionsgraphen und machen Sie qualitative Aussagen über Extrempunkte und Steigungsverhalten von $G(f)$ und – wenn möglich – auch über Wendepunkte und Krümmungsverhalten von $G(f)$. Skizzieren Sie jeweils den Graphen.
▶ Seite 82ff., Beispiel 2.56

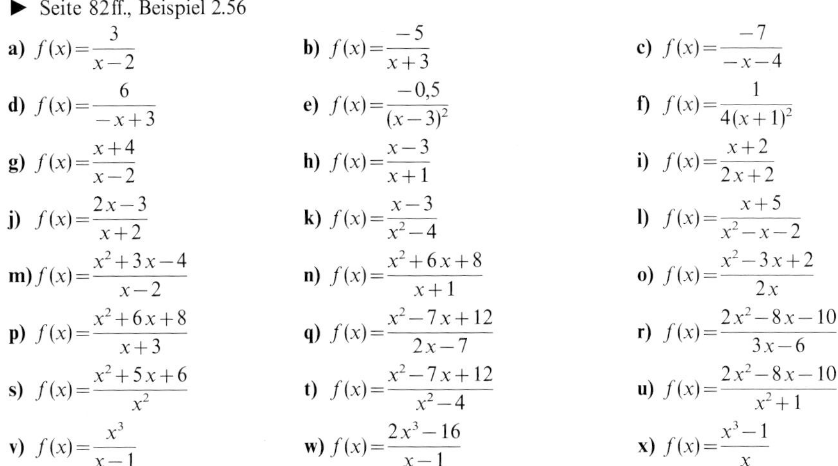

a) $f(x)=\frac{3}{x-2}$ **b)** $f(x)=\frac{-5}{x+3}$ **c)** $f(x)=\frac{-7}{-x-4}$

d) $f(x)=\frac{6}{-x+3}$ **e)** $f(x)=\frac{-0{,}5}{(x-3)^2}$ **f)** $f(x)=\frac{1}{4(x+1)^2}$

g) $f(x)=\frac{x+4}{x-2}$ **h)** $f(x)=\frac{x-3}{x+1}$ **i)** $f(x)=\frac{x+2}{2x+2}$

j) $f(x)=\frac{2x-3}{x+2}$ **k)** $f(x)=\frac{x-3}{x^2-4}$ **l)** $f(x)=\frac{x+5}{x^2-x-2}$

m) $f(x)=\frac{x^2+3x-4}{x-2}$ **n)** $f(x)=\frac{x^2+6x+8}{x+1}$ **o)** $f(x)=\frac{x^2-3x+2}{2x}$

p) $f(x)=\frac{x^2+6x+8}{x+3}$ **q)** $f(x)=\frac{x^2-7x+12}{2x-7}$ **r)** $f(x)=\frac{2x^2-8x-10}{3x-6}$

s) $f(x)=\frac{x^2+5x+6}{x^2}$ **t)** $f(x)=\frac{x^2-7x+12}{x^2-4}$ **u)** $f(x)=\frac{2x^2-8x-10}{x^2+1}$

v) $f(x)=\frac{x^3}{x-1}$ **w)** $f(x)=\frac{2x^3-16}{x-1}$ **x)** $f(x)=\frac{x^3-1}{x}$

2. Ermitteln Sie den größtmöglichen Definitionsbereich der folgenden durch ihre Funktionsterme gegebenen Funktionen in $\mathbb{R}$.
Bestimmen Sie die Art der Definitionslücken und die Ergänzungsfunktion an den behebbaren Definitionslücken.
Bestimmen Sie die Art ihrer Asymptoten (asymptotischen Linien). Von welcher Seite nähern sich die einzelnen Graphen ihren Asymptoten (asymptotischen Linien)?
Berechnen Sie die Achsenschnittpunkte der einzelnen Funktionsgraphen und skizzieren Sie die Graphen in einem geeigneten Bereich.

a) $f(x)=\frac{x^2-x-2}{x-2}$ **b)** $f(x)=\frac{2x^2-8x+6}{x-3}$ **c)** $f(x)=\frac{x-3}{x^2-2x-3}$ **d)** $f(x)=\frac{x^3-1}{x-1}$

3. Zeigen Sie rechnerisch, dass die gebrochen-rationale Funktion f: $f(x)=\frac{x^2-4}{x}$; $D(f)=\mathbb{R}\setminus\{0\}$ streng monoton steigend ist.

4. Eine gebrochen-rationale Funktion vom Typ f: $f(x)=\frac{x+a}{x^2+bx+c}$; mit reellen Zahlen a, b und c hat an der Stelle 2 einen Pol und an der Stelle -4 eine behebbare Lücke.
a) Bestimmen Sie die Werte für a, b und c im Funktionsterm $f(x)$.
b) Welche Asymptote besitzt der Graph von f?
c) Wodurch müsste der Funktionsterm ergänzt werden, damit $G(f)$ die Asymptote $y_A: y_A(x)=3$ hat?

5. Die Zugspannung σ in einem runden, massiven Stab wird nach der Formel $\sigma=\frac{F}{A}$ berechnet. Dabei ist F die Kraft, die den Stab belastet, und A der Stabquerschnitt. Ermitteln Sie eine Funktionsgleichung, die es ermöglicht, bei vorgegebener Kraft $F=2000$ N die Zugspannung σ in Abhängigkeit vom Stabdurchmesser zu berechnen. Skizzieren Sie den Graphen der Funktion.

6. Der Widerstand R eines elektrischen Leiters ist abhängig von der Länge l, vom Querschnitt A und vom spezifischen Widerstand ϱ des Leiters; es gilt: $R=\frac{\varrho \cdot l}{A}$. Ein Leiter aus Kupfer $\left(\varrho=0{,}01786\,\frac{\Omega\cdot\text{mm}^2}{\text{m}}\right)$ habe eine Länge von 1400 m. Wie lautet die Gleichung der Funktion, die dem Querschnitt A den Leiterwiderstand R zuordnet? Skizzieren Sie den Graphen der Funktion.

2.6 Exponential- und Logarithmusfunktionen, Umkehrfunktionen

Exponentialfunktionen

In der Natur, in der Ökonomie und in der Technik treten häufig Wachstums- und Abnahmeprozesse auf, die dadurch gekennzeichnet sind, dass bestimmte Bestandsgrößen sich in gleichen Zeitspannen verdoppeln oder verdreifachen oder auch halbieren etc. Beispiele für solche Wachstumsprozesse sind die Vermehrung der Anzahl von Zellen in einer Nährlösung oder das Anwachsen eines Kapitals, dem die jährlichen Zinsen immer wieder hinzugefügt werden. Ein Beispiel für einen entsprechenden Abnahmeprozess bildet die Verringerung der elektrischen Spannung zwischen den Platten eines Kondensators bei dessen Entladung über einem Ohm'schen Widerstand.

Beispiel 2.57

Bei der Beobachtung von Zellen in einer Nährlösung wurde festgestellt, dass sich die Anzahl der Zellen pro Zeiteinheit (z. B. Stunde) näherungsweise verdoppelt.
Liegt also zum Zeitpunkt $t=0$ eine Zelle vor, so teilt sich diese nach einer Zeiteinheit, und zum Zeitpunkt $t=1$ liegen zwei Zellen vor. Nach Ablauf der gleichen Zeiteinheit kommt es bei jeder der zwei Zellen wieder zur Teilung, und zum Zeitpunkt $t=2$ sind bereits vier Zellen vorhanden. Nach erneuter Teilung werden zum Zeitpunkt $t=3$ acht Zellen gezählt, usw. Die Anzahl der Zellen verdoppelt sich also pro Zeiteinheit; wir können das Wachstum der Zellkultur offensichtlich durch die Funktion

$f\colon f(t)=2^t,\ D(f)=\mathbb{N},$

beschreiben. In der nebenstehenden Tabelle sind einige Wertepaare von f zusammengefasst; im Koordinatensystem sind die entsprechenden Punkte des Graphen markiert.

t	0	1	2	3	4	5	6
$f(t)$	1	2	4	8	16	32	64

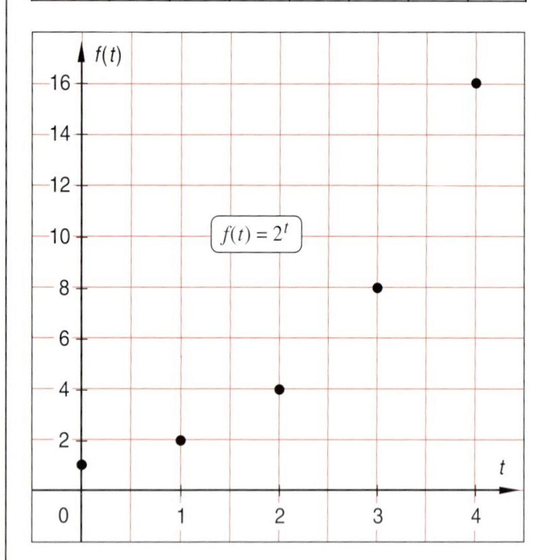

Beispiel 2.58

Ein Kapital von 5000,– € wird bei einem Zinssatz von 12% zu Beginn eines Jahres angelegt. Die Zinsen werden jeweils am Jahresende dem Kapital zugerechnet und vom nächsten Jahr an mitverzinst.

$K(0)=5000$ ► Anfangskapital bezogen auf die GE €

Am Ende des ersten Jahres wächst das Kapital um die Zinsen, und zwar um 12% von 5000,– €, an. Somit ergibt sich zum Jahresende ein Kapital von 5600,– €.

$$K(1)=5000+5000\cdot 0{,}12$$
$$=5000\cdot(1+0{,}12)=5600$$

Am Ende des zweiten Jahres werden 12% von 5600,– € dem Kapital $K(1)$ zugeschlagen, so dass sich 6272,– € ergeben, usw.

Wie hoch ist das Endkapital nach n Jahren?

$$K(2) = 5600 + 5600 \cdot 0{,}12$$
$$= 5600 \cdot (1 + 0{,}12)$$
$$= 5000 \cdot (1 + 0{,}12) \cdot (1 + 0{,}12)$$
$$= 5000 \cdot (1 + 0{,}12)^2 = 6272$$

$K(n) = 5000 \cdot (1 + 0{,}12)^n$ ► Kapital nach n Jahren

Für eine beliebige Anzahl von n Jahren ($n \in \mathbb{N}$) lässt sich das angesammelte Kapital durch die Funktion

$$K\colon\; K(n) = K(0) \cdot \left(1 + \frac{p}{100}\right)^n;\; D(K) = \mathbb{N};$$

bzw. $K\colon\; K(n) = K(0) \cdot q^n$ mit $q = \left(1 + \frac{p}{100}\right)^n$;

$K(0) \in \mathbb{R}^{>0}$, $p \in (0;\, 100)$ beschreiben.

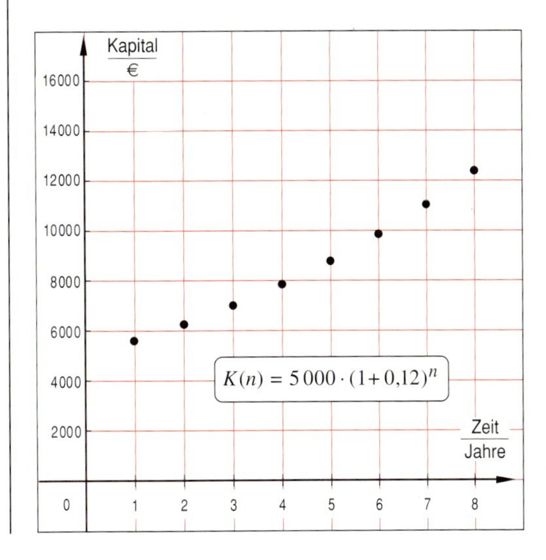

Bei den Berechnungen und der graphischen Darstellung der einzelnen Kapitalien in Abhängigkeit von den Jahren fällt auf, dass die Kapitalzuwächse von Jahr zu Jahr immer um denselben Faktor $(1 + 0{,}12)$ größer werden.

Beispiel 2.59

Ein Kondensator, zwischen dessen Platten eine Spannung von 1 V besteht, wird über einem Ohm'schen Widerstand entladen. Dabei wird nach Ablauf einer bestimmten Zeiteinheit noch eine Spannung von 0,5 V gemessen. Nach nochmaligem Ablauf derselben Zeit hat sich die Spannung wieder halbiert und beträgt nun nur noch 0,25 V usw. Im nebenstehenden Diagramm sind die Spannungswerte für die Zeitpunkte 0, 1, 2, 3 und 4 durch Punkte markiert. Im Gegensatz zu den ersten beiden Beispielen sind bei diesem Beispiel auch Zwischenwerte definiert; der Graph ist eine zusammenhängende Kurve, auf der die Punkte zu den Wertepaaren der Tabelle liegen. Für die Maßzahl der Spannung ergibt sich die Funktion

$U\colon\; U(t) = 0{,}5^t,\; D(U) = R^{\geq 0}.$

t	0	1	2	3	4
$U(t)$	1	0,5	0,25	0,125	0,0625

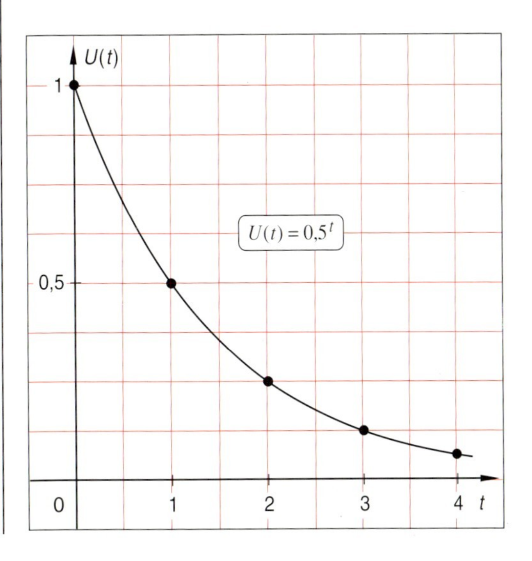

Allgemein zählt man Terme der Form a^x mit $x \in \mathbb{R}$ und einer positiven reellen Zahl für a zu den **Potenztermen**. Solche Potenzterme mit beliebigen reellen Exponenten lassen sich auf Potenzterme mit nur rationalen Exponenten zurückführen. ▶ Abschnitt 2.2.2, Übungsaufgabe 19

Man nennt reelle Funktionen vom Typ $f\colon f(x)=a^x$; $D(f)=\mathbb{R}$ mit $a \in \mathbb{R}^{>0}$, bei denen die Argumentvariable x im Funktionsterm als Exponent einer positiven Basis steht, **Exponentialfunktionen**.

Auch solche Funktionen zählt man zu den Exponentialfunktionen, bei denen dieser Funktionsterm – wie bei der Funktion K – noch mit einem konstanten Faktor multipliziert ist.

Da Exponentialfunktionen vom Typ $f\colon f(x)=a^x$; $D(f)=\mathbb{R}$ mit $a \in \mathbb{R}^{>0}$ eine positive Basis haben, besteht auch deren **Wertebereich** nur aus positiven Zahlen, und jede positive Zahl tritt auch als Funktionswert auf, falls $a \neq 1$ gilt.

$\Rightarrow W(f)=\mathbb{R}^{>0}$. Für $a=1$ ist $1^x=1$ für alle $x \in \mathbb{R}$,
und f ist in diesem Fall die konstante Funktion $f\colon f(x)=1$; $D(f)=\mathbb{R}$.

Die Graphen von $f_1\colon f_1(x)=2^x$; $D(f_1)=\mathbb{R}$, $f_2\colon f_2(x)=3^x$; $D(f_2)=\mathbb{R}$; $f_3\colon f_3(x)=0{,}5^x$; $D(f_3)=\mathbb{R}$ und $f_4\colon f_4(x)=0{,}7^x$; $D(f_4)=\mathbb{R}$ haben alle den Ordinatenabschnitt 1.

Die Graphen der Funktionen f_1 und f_2 **steigen ständig**, ihre Funktionsterme sind vom Typ a^x mit $a>1$.

Die Graphen der Funktionen f_3 und f_4 **fallen ständig**, ihre Funktionsterme sind auch vom Typ a^x, jedoch mit $0<a<1$.

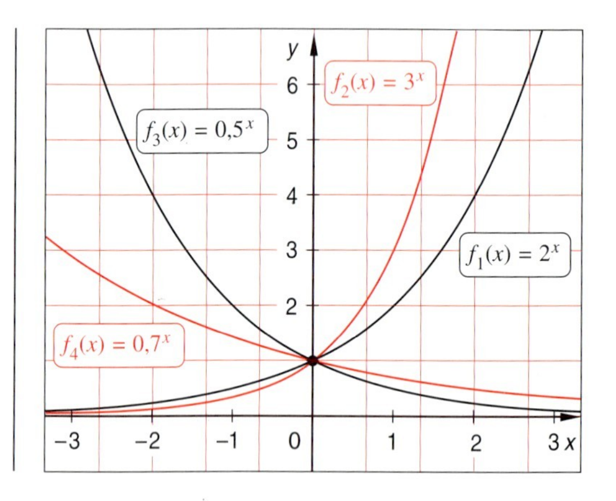

Exponentialfunktionen vom Typ $f\colon f(x)=a^x$; $D(f)=\mathbb{R}$ sind **für $a>1$ streng monoton steigend** (und umso strenger, je größer die Zahlen für a sind) und **für $0<a<1$ streng monoton fallend** (und umso strenger, je kleiner die Zahlen für a sind).

Die Graphen dieser Exponentialfunktionen nähern sich **asymptotisch** der x-Achse immer von oben.

Merke:

- **Exponentialfunktionen** vom Typ $f\colon f(x)=a^x$; $D(f)=\mathbb{R}$ sind nur für positive Zahlen anstelle von a ($a \in \mathbb{R}^{>0}$) definiert und haben den Wertebereich $W(f)=\mathbb{R}^{>0}$.
- Für $0<a<1$ sind diese Exponentialfunktionen **streng monoton fallend**. Ihre Graphen nähern sich **asymptotisch** von oben dem positiven Teil der x-Achse.
- Für $a>1$ sind diese Exponentialfunktionen **streng monoton steigend**. Ihre Graphen nähern sich **asymptotisch** von oben dem negativen Teil der x-Achse.
- Alle **Graphen** dieser Exponentialfunktionen verlaufen durch den II. und I. Quadranten des Koordinatensystems und gehen durch den Punkt $P\langle 0|1\rangle$.

Die Funktionsterme der Exponentialfunktionen vom Typ f: $f(x)=a^x$ sind Potenzterme a^x mit reellen Exponenten für x und positiver reeller Basis für a. Für das Rechnen mit solchen Potenztermen gelten die schon für natürliche Zahlen als Exponenten bekannten **Potenzregeln** 1 bis 3:

1. Zwei Potenzen mit gleicher Basis werden multipliziert, indem man die Exponenten addiert und die gemeinsame Basis beibehält.

1. $a^{x_1} \cdot a^{x_2} = a^{x_1+x_2}$

2. Zwei Potenzen mit gleichen Exponenten werden multipliziert, indem man die Basen multipliziert und den gemeinsamen Exponenten beibehält.

2. $a^x \cdot b^x = (a \cdot b)^x$

3. Eine Potenz wird potenziert, indem man die Exponenten multipliziert und die Basis beibehält.

3. $(a^{x_1})^{x_2} = a^{x_1 \cdot x_2}$

Als Folgerung von 1. und 2. erhält man dann auch Regeln für Quotienten.

$$\frac{a^{x_1}}{a^{x_2}} = a^{x_1-x_2}$$

$$\frac{a^x}{b^x} = \left(\frac{a}{b}\right)^x$$

Hierbei sind noch die nebenstehenden Festsetzungen zu beachten.

$$\frac{1}{a^x} = a^{-x} \quad ▶ \ a \neq 0$$

$$a^0 = 1 \quad ▶ \ a \neq 0$$

Steht insbesondere x für eine rationale Zahl, also für einen Term der Form $\frac{m}{n}$ mit $m \in \mathbb{Z}$ und $n \in \mathbb{N}^*$, so lassen sich die Potenzen mit positiven Basen für a und gebrochenen Exponenten auf den Wurzelbegriff zurückführen und die Potenzgesetze mit Hilfe der Wurzelgesetze streng beweisen. ▶ 3. Umschlagseite

$$a^{\frac{m}{n}} = \sqrt[n]{a^m}$$

▶ $\sqrt[n]{a^m} = \left(\sqrt[n]{a}\right)^m$, da $a > 0$, wobei $\sqrt[1]{a} = a$

Beispiele 2.60

Berechnen Sie $36^{\frac{1}{2}} \cdot 8^{-\frac{1}{3}}$ und $\dfrac{\sqrt[5]{4} \cdot \sqrt[3]{9}}{\sqrt[4]{12} \cdot \sqrt[2]{6}}$

● $36^{\frac{1}{2}} \cdot 8^{-\frac{1}{3}} =$

Im Produkt werden die Basen der Faktoren als Potenzen geschrieben und das Produkt ausgerechnet.

$36^{\frac{1}{2}} \cdot 8^{-\frac{1}{3}} = (6^2)^{\frac{1}{2}} \cdot (2^3)^{-\frac{1}{3}}$ ▶ 3. Potenzregel

$$= 6^{2 \cdot \frac{1}{2}} \cdot 2^{3 \cdot \left(-\frac{1}{3}\right)} = 6^1 \cdot 2^{-1} = 6 \cdot \frac{1}{2} = \underline{\underline{3}}$$

- $\dfrac{\sqrt[5]{4}\cdot\sqrt[3]{9}}{\sqrt[4]{12}\cdot\sqrt[2]{6}}=$

Die einzelnen Wurzeln werden als Potenzen geschrieben und der Bruch wird mit Hilfe der Potenzgesetze umgeformt. Die Potenzen $2^{-\frac{3}{5}}$ und $3^{-\frac{1}{3}}$ berechnet man dann mit Hilfe der y^x-Taste des Taschenrechners näherungsweise und bestimmt dann ihr Produkt.

$$\frac{\sqrt[5]{4}\cdot\sqrt[3]{9}}{\sqrt[4]{12}\cdot\sqrt[2]{6}}=\frac{2^{\frac{2}{5}}\cdot 3^{\frac{2}{3}}}{(2^{\frac{2}{4}}\cdot 3^{\frac{1}{4}})\cdot(2^{\frac{1}{2}}\cdot 3^{\frac{1}{2}})}$$

$$=\frac{2^{\frac{2}{5}}\cdot 3^{\frac{2}{3}}}{2^1\cdot 3^{\frac{3}{4}}} \blacktriangleright \frac{2}{3}=\frac{8}{12};\ \frac{3}{4}=\frac{9}{12}$$

$$=2^{-\frac{3}{5}}\cdot 3^{-\frac{1}{12}} \blacktriangleright \text{TR}$$

$$=0{,}6597\cdot 0{,}9125=\underline{\underline{0{,}602}}$$

Steht x für irrationale Zahlen, also für reelle Zahlen, die nicht rational sind, so lassen sich die Potenzen a^x mit positiven Basen für a mittels der Potenzen mit gebrochen-rationalen Exponenten erklären und dann die Potenzregeln ebenfalls streng beweisen.

Als Anwendung der 1. Potenzregel ergibt sich für Exponentialfunktionen vom Typ f: $f(x)=a^x$ unmittelbar das sog. **Additionstheorem**: $f(x_1+x_2)=f(x_1)\cdot f(x_2)$.

Merke:

Für Exponentialfunktionen vom Typ f: $f(x)=a^x$; $D(f)=\mathbb{R}$ gilt das **Additionstheorem**:

$$f(x_1+x_2)=f(x_1)\cdot f(x_2).$$

Bei den bisherigen Beispielen zu Exponentialfunktionen f mit $f(x)=c\cdot a^x$ ergab sich die Basis a und der konstante Faktor c jeweils aus dem inhaltlichen Zusammenhang. So gilt beim Beispiel 2.57: $c=1$ und $a=2$; beim Beispiel 2.58: $c=K(0)=5000$ und $a=1+\frac{p}{100}=1{,}12$; beim Beispiel 2.59: $c=1$ und $a=0{,}5$.

Mit Hilfe der Potenzgesetze ist es möglich, den Funktionsterm $U(t)=0{,}5^t$ des Beispiels 2.59 auch mit einer anderen Basis – etwa mit der Basis 2 – darzustellen, wobei im Exponenten allerdings ein konstanter Faktor hinzukommt. So können wir für die Basis $a=0{,}5$ schreiben:

$$0{,}5=2^{-1}.$$

Nach dem dritten Potenzgesetz gilt nun:

$$U(t)=0{,}5^t=(2^{-1})^t=2^{(-1)\cdot t}.$$

Anstelle der Basis $a=0{,}5$ tritt die neue Basis $b=2$ auf, und im Exponenten steht der zusätzliche konstante Faktor $d=-1$.

Offensichtlich kann **jede** Exponentialfunktion zu $f(x)=c\cdot a^x$ in der Form

$$f(x)=c\cdot b^{d\cdot x}$$

mit einer beliebig wählbaren neuen Basis b mit $b>0$ und $b\neq 1$ dargestellt werden.

Wählen wir, nachdem wir b festgelegt haben, die Zahl d so, dass $a=b^d$ ist, dann gilt:

$$f(x)=c\cdot a^x=c\cdot(b^d)^x=c\cdot b^{d\cdot x}.$$

Damit ergibt sich die Möglichkeit, für alle Exponentialfunktionen ein und dieselbe Basis zu wählen. Für technische Berechnungen bringt diese Möglichkeit viele Vorteile.

Die e-Funktion

Zur mathematischen Modellierung technischer Zusammenhänge, die auf Exponentialfunktionen führen, wurde eine spezielle Basis gewählt, die der Mathematiker Leonhard Euler (1707 – 1783) mit dem Buchstaben e bezeichnet hat. Die Zahl e ist eine irrationale Zahl; sie besitzt also eine Darstellung als unendlicher, nichtperiodischer Dezimalbruch. Ein Näherungswert ist

$$e \approx 2{,}718\,281\,828\,459.$$

Die Exponentialfunktion f mit $f(x)=e^x$ heißt **e-Funktion**; man spricht auch von der **natürlichen Exponentialfunktion**.

Die Wahl der Basis e ergab sich aufgrund der besonderen Eigenschaft dieser Exponentialfunktion, die darin besteht, dass der Anstieg der Tangente an den Graphen der Funktion zu $f(x)=e^x$ im Punkt $P\langle x_0 | f(x_0)\rangle$ stets gleich dem Funktionswert $f(x_0)$ ist. Wir werden darauf in der Differentialrechnung zurückkommen. Diese Besonderheit bringt so große praktische Vorteile, die den Nachteil des Charakters von e als Irrationalzahl wettmachen.

Die Exponentialfunktion zu $f(x)=e^x$ ist auf jedem wissenschaftlichen Taschenrechner fest einprogrammiert. Bei einigen Taschenrechnern und den meisten Programmiersprachen für Computer wird auch das Symbol $\exp(x)$ für den Funktionsterm verwendet.

In den folgenden beiden Beispielen wird die Anwendung der e-Funktion demonstriert. Wir beginnen mit dem Beispiel der Kondensatoraufladung, wobei im Gegensatz zur Kondensatorentladung von Beispiel 2.59 die wichtigen technischen Größen nun in die Modellierung einbezogen werden.

Beispiel 2.61 **Kondensator**

Ein Kondensator der Kapazität $C=60\,\mu F$ wird über einem Ohm'schen Widerstand $R=18\,k\Omega$ mit Hilfe einer Gleichspannungsquelle ($U=100\,V$) aufgeladen.

Die Ladestromstärke kann in Abhängigkeit von der Zeit durch die folgende Funktion i beschrieben werden:

$$i\colon\ i(t)=\frac{U}{R}\cdot e^{-\frac{t}{\tau}};\quad D(i)=\mathbb{R}^{\geq 0}.$$

Die sogenannte Zeitkonstante τ lässt sich mit Hilfe der Formel $r=CR$ berechnen. Mit $C=60\,\mu F=60\cdot 10^{-6}\,\frac{As}{V}$ und $R=18\,k\Omega=18\cdot 10^3\,\frac{V}{A}$ erhält man $\tau=1{,}08\,s$ und $\frac{U}{R}\approx 5{,}56\cdot 10^{-3}\,A=5{,}56\,mA$. Der Funktionsterm hat damit die Form

$$i(t)=5{,}56\cdot e^{-\frac{t}{1{,}08}}.$$

Dabei ist die Zeit in Sekunden einzusetzen; die Stromstärke ergibt sich in der Einheit Milliampere.

Für den zeitlichen Verlauf der Kondensatorspannung gilt:

$$u\colon\ u(t)=U(1-e^{-\frac{t}{\tau}});\quad D(u)=\mathbb{R}^{\geq 0}.$$

t in s	0	0,5	1	3	5
i(t) in mA	5,56	3,50	2,20	0,35	0,05

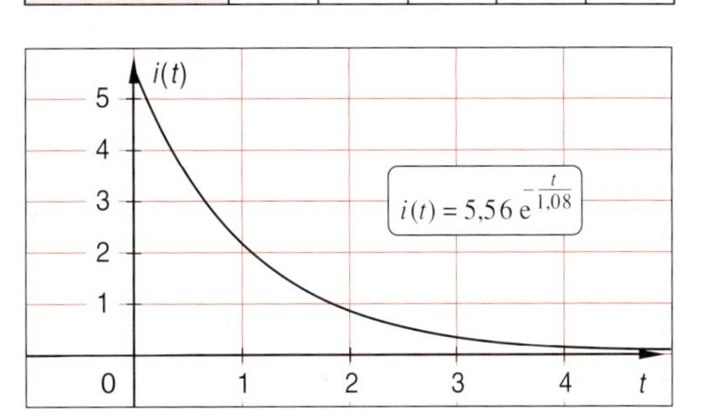

t in s	0	0,5	1	3	5
u(t) in V	0	37,06	60,38	93,78	99,02

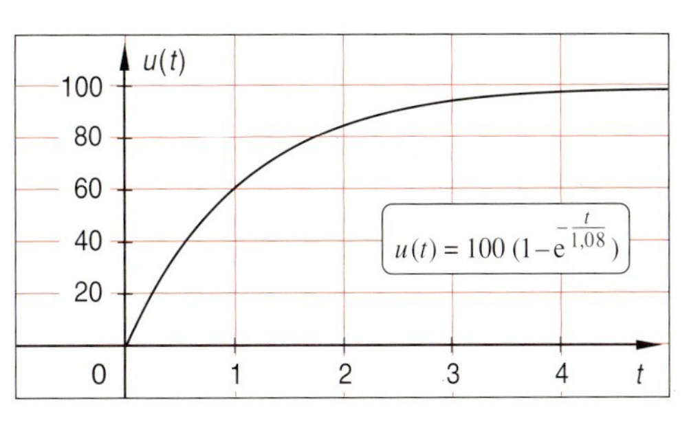

Beispiel 2.62 **Barometrische Höhenformel**

Wie groß ist der Luftdruck auf der Zugspitze (2963 m. ü. d. M.) und auf dem Montblanc (4808 m. ü. d. M.), wenn davon ausgegangen wird, dass der Luftdruck in Meeresspiegelhöhe (p_0) ungefähr 1000 hPa (Hektopascal) beträgt?

Der Luftdruck in der Höhe h über dem Meeresspiegel lässt sich annähernd durch sogenannte barometrische Höhenformel

$$p(h) = p_0 \cdot e^{-k \cdot h} \quad \text{mit} \quad k \approx \frac{1}{8000\,\text{m}}$$

beschreiben. Mit den Näherungswerten für p_0 und k ergibt sich die Exponentialfunktion

$p\colon\ p(h) = 1000 \cdot e^{-\frac{h}{8000}};\ D(p) = \mathbb{R}^{\geq 0}$,

wobei die Höhe h in Meter (über dem Meeresspiegel) einzusetzen ist und sich der Luftdruck p in Hektopascal ergibt. Für die Zugspitze erhalten wir:

$p(2963) = 1000 \cdot e^{-\frac{2963}{8000}} \approx 690\,(\text{hPa})$;

für den Montblanc ergibt sich:

$p(4808) = 1000 \cdot e^{-\frac{4808}{8000}} \approx 550\,(\text{hPa})$.

***h* in m**	2000	4000	6000	8000
***p*(*h*) in hPA**	778,8	606,5	472,4	367,9

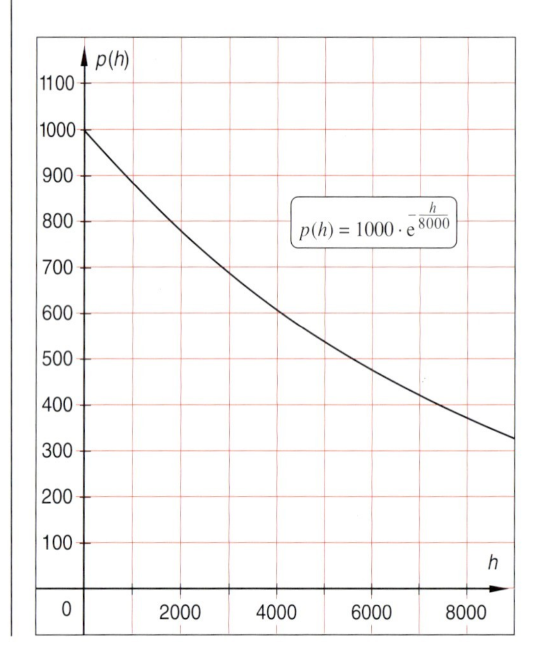

Logarithmen und Logarithmusfunktionen

Im Beispiel 2.59 auf Seite 87 könnte man auch fragen, nach wie vielen Zeiteinheiten die Ladespannung von 1 V auf 0,1 V gesunken ist. Nach dem Funktionsgraphen muss dieser Zeitpunkt zwischen 3 und 3,5 Zeiteinheiten liegen. Wir bestätigen dieses Ergebnis, indem wir die beiden Zeitwerte in die Funktionsgleichung einsetzen und (gegebenenfalls mit Hilfe eines Taschenrechners) die zugeordneten Funktionswerte berechnen. Wir erhalten:

$$U(3) = 0{,}5^3 = 0{,}125 \quad \text{und} \quad U(3{,}5) = 0{,}5^{3{,}5} \approx 0{,}088.$$

Offensichtlich besteht das Problem darin, eine Lösung der folgenden Exponentialgleichung für die Variable t zu bestimmen:

$$0{,}5^t = 0{,}1.$$

Aus der graphischen Darstellung der Funktion ist sofort ablesbar, dass eine eindeutige Lösung dieser Gleichung existiert. Mit Hilfe eines Taschenrechners können wir durch Intervallschachtelung Näherungswerte für diese Lösung finden; beispielsweise gilt:

$$0{,}5^{3{,}3} > 0{,}101 \quad \text{und} \quad 0{,}5^{3{,}4} < 0{,}095.$$

Also liegt die gesuchte Lösung t zwischen 3,3 und 3,4 Zeiteinheiten. Die Zahl 3,3 ist bereits ein recht guter Näherungswert. Bei Bedarf kann die Näherungslösung weiter verbessert werden.

Entsprechend kann man bei jedem gegebenen Funktionswert $y > 0$ die Lösung x (bzw. eine Näherungslösung) der Exponentialgleichung $y = 0{,}5^x$ ermitteln. Dieselben Schlussfolgerungen gelten auch für Exponentialfunktion mit einer anderen positiven, von 1 verschiedenen Basis a.

Die zu den Exponentialfunktionen vom Typ f: $f(x)=a^x$; $D(f)=\mathbb{R}$ mit $a\neq 1$ gehörenden Gleichungen $y=a^x$ besitzen also für $y\in\mathbb{R}^{>0}$ eine eindeutige Lösung für x. Man nennt die Gleichungen $y=a^x$ **Funktionsgleichungen** dieser Exponentialfunktionen und die eindeutig bestimmte Lösung für x im Falle $y\in\mathbb{R}^{>0}$ den **Logarithmus von y zur Basis a** und schreibt dafür $x=\log_a y$. Hierbei muss die Einschränkung $a\neq 1$ gemacht werden, denn, da $1^x=1$ für **jedes** $x\in\mathbb{R}$ ist, lässt sich eine Zahl für x nicht eindeutig bestimmen, falls $a=1$ gilt.

Den Logarithmus einer nicht negativen Zahl zu berechnen heißt also, den Exponenten einer Potenz zu bestimmen. Der Logarithmus von y zur Basis a ist also diejenige **reelle** Zahl, mit der man a potenzieren muss, um y zu erhalten.

$\log_a a^n=n$, denn der Logarithmus von a^n zur Basis a ist ja gerade die Zahl, mit der man a potenzieren muss, um a^n zu erhalten.

Beispiele:

$\log_a 1=\log_a a^0=0$

$\log_a a^1=1$

$\dots$

$\log_a a^n=n$

$\log_2 8 =3$; denn $2^3 =8$

$\log_5 8 =1{,}29202\dots$; denn $5^{1{,}29202\dots} =8$

$\log_{10} 8=0{,}90308\dots$; denn $10^{0{,}90308\dots} =8$

Merke:

Gilt $a\in\mathbb{R}^{>0}$; $a\neq 1$ und $y\in\mathbb{R}^{>0}$, so bezeichnet $\log_a y$ diejenige Zahl für x, für die gilt $a^x=y$. $\log_a y$ wird der **Logarithmus** von y zur Basis a genannt.

Näherungswerte für Logarithmen hat man früher aus speziellen Tabellen (sogenannten Logarithmentafeln) entnommen. Heute kann man Logarithmen mit Taschenrechnern oder Computern näherungsweise bestimmen. Für das praktische Rechnen werden häufig die Logarithmen zur Basis 10 benutzt, für die es auf wissenschaftlichen Taschenrechnern eine spezielle Taste gibt. Man nennt die Logarithmen zur Basis 10 **dekadische Logarithmen** oder **Zehnerlogarithmen**. Statt $\log_{10} y$ schreibt man kürzer $\lg y$.

In den Naturwissenschaften und der Technik bevorzugt man dagegen die Logarithmen zur Basis e und spricht von **natürlichen Logarithmen**. Anstelle von $\log_e y$ schreibt man kurz $\ln y$. Auch für diese Logarithmen gibt es auf den meisten Taschenrechnern eine Taste.

Nach Definition des Logarithmus kann jede positive Zahl y als Potenz mit einer positiven, von 1 verschiedenen Basis a geschrieben werden: $y=a^{\log_a y}$. Genauso gilt mit $b>0$, $b\neq 1$: $y=b^{\log_b y}$ und $a=b^{\log_b a}$. Damit erhalten wir:

$$b^{\log_b y}=a^{\log_a y}=\left(b^{\log_b a}\right)^{\log_a y}=b^{\log_a a\cdot\log_a y}.$$

Durch Exponenten-Vergleich ergibt sich:

$$\log_b y=\log_b a\cdot\log_a y,\quad\text{also}\quad \log_a y=\frac{\log_b y}{\log_b a}.$$

Es reicht also grundsätzlich aus, nur die Logarithmen zu einer ausgewählten Basis zu kennen, denn jeder Logarithmus zu einer anderen Basis lässt sich durch erstere ausdrücken. Damit können wir jeden Logarithmus zu einer Basis a ausdrücken durch dekadische oder natürliche Logarithmen.

Merke:

Für $y\in\mathbb{R}^{>0}$ und $a\in\mathbb{R}^{>0}$ mit $a\neq 1$ gilt: $\log_a y=\dfrac{\lg y}{\lg a}=\dfrac{\ln y}{\ln a}$.

Wir sind nun in der Lage, einfache Exponentialgleichungen zu lösen. Zunächst vollenden wir die Lösung unseres Einstiegsproblems zur Kondensatorentladung von Seite 92.

Beispiel 2.63

Zu lösen ist die Exponentialgleichung

$0{,}5^t = 0{,}1$.

Nach ungefähr 3,32 Zeiteinheiten ist die Kondensatorspannung also von 1 V auf 0,1 V gesunken.

$$0{,}5^t = 0{,}1$$

$$\Rightarrow t = \log_{0{,}5} 0{,}1 = \frac{\ln 0{,}1}{\ln 0{,}5} \quad \blacktriangleright \text{ TR}$$

$$\Rightarrow t = \frac{-2{,}30258509}{-0{,}69314718} = 3{,}321928095 \approx \underline{\underline{3{,}32}}$$

Beispiel 2.64

In welcher Höhe über dem Meeresspiegel beträgt der Luftdruck 750 hPa?
▶ Beispiel 2.62

Zu lösen ist die Exponentialgleichung

$1000 \cdot e^{-\frac{h}{8000}} = 750$.

In ungefähr 2300 m.ü.d.M. beträgt der Luftdruck 750 hPa.

$$1000 \cdot e^{-\frac{h}{8000}} = 750$$

$$\Rightarrow \quad e^{-\frac{h}{8000}} = 0{,}75$$

$$\Rightarrow \quad -\frac{h}{8000} = \ln 0{,}75 \quad \blacktriangleright \text{ TR}$$

$$\Rightarrow \quad -\frac{h}{8000} = -0{,}28768207$$

$$\Rightarrow \quad h = (-0{,}28768207) \cdot (-8000) \approx \underline{\underline{2300}}$$

Grundlage für das Rechnen mit Logarithmen sind die nachstehenden **Logarithmenregeln**, die sich für $u, v \in \mathbb{R}^+$ aus den entsprechenden Potenzregeln folgern lassen.

1. Ein Produkt wird logarithmiert, indem man die Logarithmen der Faktoren addiert.

$$\log_a(u \cdot v) = \log_a u + \log_a v$$

Beweis:

Setze $\log_a u = x_1$; $\log_a v = x_2$. Dann gilt: $a^{x_1} = u$ und $a^{x_2} = v$.

Also: $u \cdot v = a^{x_1} \cdot a^{x_2} = a^{x_1 + x_2}$ ▶ 1. Potenzgesetz
$\Rightarrow \log_a(u \cdot v) = \log_a a^{x_1 + x_2} = x_1 + x_2$
und wegen $x_1 = \log_a u$; $x_2 = \log_a v$ folgt hieraus die 1. Regel.

2. Ein Bruch wird logarithmiert, indem man vom Logarithmus des Zählers den Logarithmus des Nenners subtrahiert.

$$\log_a \frac{u}{v} = \log_a u - \log_a v$$

Beweis:

Setze $\log_a u = x_1$; $\log_a v = x_2$. Dann gilt: $a^{x_1} = u$ und $a^{x_2} = v$.

Also: $\frac{u}{v} = \frac{a^{x_1}}{a^{x_2}} = a^{x_1 - x_2}$ ▶ Potenzgesetz für Quotienten

$$\Rightarrow \log_a \frac{u}{v} = \log_a a^{x_1 - x_2} = x_1 - x_2$$

und wegen $x_1 = \log_a u$; $x_2 = \log_a v$ folgt hieraus die 2. Regel.

3. Eine Potenz wird logarithmiert, indem man den Logarithmus der Potenzbasis mit dem Exponenten multipliziert.

$$\log_a u^n = n \cdot \log_a u$$

Beweis:

Setze $\log_a u = x_1$. Dann gilt: $a^{x_1} = u$.

Also: $u^n = (a^{x_1})^n = a^{x_1 \cdot n} = a^{n \cdot x_1}$ ► 3. Potenzgesetz

$\Rightarrow \log_a u^n = \log_a a^{n \cdot x_1} = n \cdot x_1$

und wegen $x_1 = \log_a u$ folgt hieraus die 3. Regel.

Zu jeder nicht negativen reellen Zahl für x lassen sich zu den verschiedenen Basen für a mit $a \in \mathbb{R}^{>0}$ und $a \neq 1$ die Logarithmen $\log_a x$ eindeutig als die Exponenten angeben, für die gilt: $a^{\log_a x} = x$.

Die Zuordnungen $x \mapsto \log_a x$ liefern daher für jede zulässige Basis eine reelle Funktion. Funktionen vom Typ g: $g(x) = \log_a x$; $D(g) = \mathbb{R}^{>0}$ heißen daher **Logarithmusfunktionen zur Basis *a***. Logarithmusfunktionen zur Basis a besitzen den Wertebereich $W(g) = \mathbb{R}$.

Auch bei Logarithmusfunktionen interessiert deren Graphenverlauf in Abhängigkeit von a.

Die Graphen der Funktionen g_1: $g_1(x) = \log_{10} x = \lg x$; g_2: $g_2(x) = \log_e x = \ln x$; g_3: $g_3(x) = \log_{0,5} x$ und g_4: $g_4(x) = \log_{0,1} x$ mit dem Definitionsbereich $\mathbb{R}^{>0}$ haben alle den Abszissenabschnitt 1 auf der x-Achse.

Die Graphen von g_1 und g_2 **steigen ständig**. Die Terme dieser Logarithmusfunktionen haben eine Basis a mit $a > 1$.

Die Graphen von g_3 und g_4 **fallen ständig**. Die Terme dieser Logarithmusfunktionen haben eine Basis a mit $0 < a < 1$.

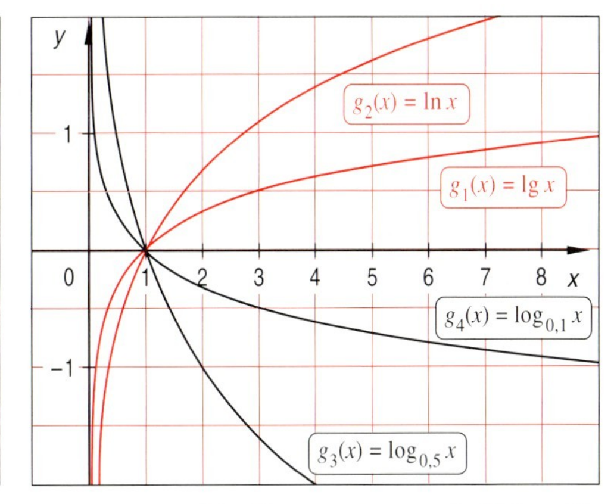

Logarithmusfunktionen sind **für $a > 1$** streng monoton steigend (und umso strenger, je kleiner die Werte für a sind) und **für $0 < a < 1$** streng monoton fallend (und umso strenger, je größer die Werte für a sind). Die Graphen der Logarithmusfunktionen nähern sich **asymptotisch** der y-Achse immer von rechts.

Merke:

- Funktionen vom Typ g: $g(x) = \log_a x$; $D(g) = \mathbb{R}^{>0}$ mit einer positiven reellen Zahl für a und $a \neq 1$ heißen **Logarithmusfunktionen zur Basis *a***. Sie besitzen den Wertebereich $W(g) = \mathbb{R}$.
- Für $0 < a < 1$ sind die Logarithmusfunktionen **streng monoton fallend**. Ihre Graphen nähern sich **asymptotisch** von rechts dem positiven Teil der y-Achse.
- Für $a > 1$ sind die Logarithmusfunktionen **streng monoton steigend**. Ihre Graphen nähern sich **asymptotisch** von rechts dem negativen Teil der y-Achse.
- Alle **Graphen** von Logarithmusfunktionen verlaufen durch den I. und IV. Quadranten des Koordinatensystems und gehen durch den Punkt $P\langle 1 | 0 \rangle$.

Umkehrfunktionen

Zwischen den Exponentialfunktionen f und den Logarithmusfunktionen g zur gleichen (zulässigen) Basis für a besteht eine enge Beziehung.

Zum einen gilt: $W(f) = D(g)$ (▶ $D(g) = \mathbb{R}^{>0}$) und $W(g) = D(f)$ (▶ $D(f) = \mathbb{R}$).

Führt man andererseits auf einen Argumentwert für x erst die eine Funktion aus und anschließend auf seinen Funktionswert die andere, so erhält man in jedem Fall wieder den ursprünglichen Argumentwert für x.

Denn einerseits steht $\log_a a^x$ gerade für diejenige Zahl, mit der man a potenzieren muss, um wieder a^x zu erhalten – also für x – und andererseits stellt $a^{\log_a x}$ per Definition des Logarithmus gerade die Zahl für x dar.

Für jedes $x \in D(f)$ gilt:

$x \overset{f}{\longmapsto} a^x \overset{g}{\longmapsto} \log_a a^x$ ▶ $\log_a a^x = x$

also: $f(x) = a^x$ und $g(a^x) = x$.

Für jedes $x \in D(g)$ gilt:

$x \overset{g}{\longmapsto} \log_a x \overset{f}{\longmapsto} a^{\log_a x}$ ▶ $a^{\log_a x} = x$

also: $g(x) = \log_a x$ und $f(\log_a x) = x$.

Beispiele: ▶ 10 für a

$\lg 1000 = 3$, denn $10^3 = 1000$ und $10^{\lg 1000} = 1000$, denn $\lg 1000 = 3$.

Vergleicht man die Graphen von Exponential- und Logarithmusfunktionen zur gleichen (zulässigen) Basis für a miteinander, so stellt man fest, dass sie durch Spiegelung an der Winkelhalbierenden des I. und III. Quadranten des Koordinatensystems auseinander hervorgehen.

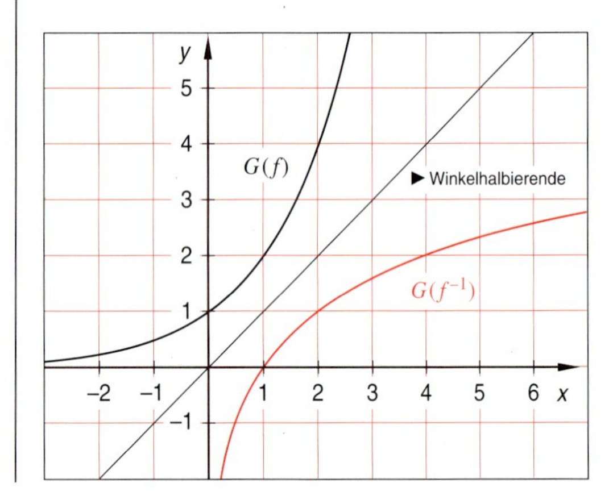

Allgemein nennt man zwei reelle Funktionen f und g mit $W(f) = D(g)$ und $W(g) = D(f)$ **Umkehrfunktionen** voneinander, wenn sie die für die Exponential- und Logarithmusfunktionen ausgesprochenen Argumenteigenschaften besitzen, d.h., wenn sie ihre Zuordnungen gewissermaßen gegenseitig wieder umkehren, wenn also gilt:

$x \overset{f}{\longmapsto} f(x) \overset{g}{\longmapsto} g(f(x))$ mit $g(f(x)) = x$ für jedes $x \in D(f)$

und

$x \overset{g}{\longmapsto} g(x) \overset{f}{\longmapsto} f(g(x))$ mit $f(g(x)) = x$ für jedes $x \in D(g)$.

Merke:

Exponentialfunktionen und Logarithmusfunktionen zur gleichen Basis sind **Umkehrfunktionen** voneinander.

Besitzt eine reelle Funktion f eine Umkehrfunktion g, so ist diese eindeutig bestimmt, d. h., es kann nicht mehr als eine Umkehrfunktion zu f geben.

Beweis:

Denn wären g_1 und g_2 zwei Umkehrfunktionen zu f, so müssten für $y \in W(f)$, also für $y = f(x)$,
sowohl $g_1(y) = g_1(f(x)) = x$
als auch $g_2(y) = g_2(f(x)) = x$ gelten.

$\Rightarrow g_1(y) = g_2(y) =$ für alle $y \in W(f)$ ▶ $D(g_1) = W(f)$ und $D(g_2) = W(f)$

$\Rightarrow g_1 = g_2$ ▶ Die Funktionen g_1 und g_2 sind identisch.

Sind f und g Umkehrfunktionen voneinander, so nennt man auch jede dieser Funktionen **umkehrbar** und bezeichnet **die** zu f gehörige Umkehrfunktion g auch mit f^{-1} bzw. **die** zu g gehörige Umkehrfunktion f auch mit g^{-1}.

Es gilt also: $g = f^{-1}$ und $f = g^{-1}$.

Es stellt sich nun die Frage, wann eine reelle Funktion f umkehrbar ist, also eine Umkehrfunktion f^{-1} besitzt.

Für eine umkehrbare reelle Funktion f ist es offenbar **notwendig**, dass die ihr zugrunde liegende Zuordnung $x \mapsto f(x)$ mit $x \in D(f)$ **umkehrbar eindeutig** ist. Das bedeutet, dass die umgekehrte Zuordnung $f(x) \mapsto x$ mit $f(x) \in W(f)$ ebenfalls eindeutig ist, also auch eine Funktion ist. Denn die Umkehrfunktion f^{-1} macht ja die Zuordnung $x \mapsto f(x)$ auf ihrem Definitionsbereich $D(f^{-1}) = W(f)$ gewissermaßen wieder rückgängig:

$f^{-1}: f(x) \mapsto x.$

Ist die reelle Funktion f umkehrbar, so ist auch die zu $x \longmapsto f(x);\ x \in D(f)$
umgekehrte Zuordnung
$f(x) \longmapsto x;\ f(x) \in W(f)$ eine Funktion:

$$x \underset{f^{-1}}{\overset{f}{\rightleftarrows}} f(x).$$

Das Kriterium für die umkehrbare Eindeutigkeit einer reellen Funktion f ist, dass es zu verschiedenen Argumentwerten x_1 und x_2 aus $D(f)$ auch verschiedene Funktionswerte gibt, wie man durch Rechnung bestätigt.

Sind dann $x_1, x_2 \in D(f)$, so gilt:

$$f(x_1) = f(x_2) \Rightarrow f^{-1}(f(x_1)) = f^{-1}(f(x_2))$$
$$\Rightarrow \quad x_1 = x_2.$$

Also: $f(x_1) = f(x_2) \Rightarrow x_1 = x_2$.

Hiermit gleichbedeutend ist:

$x_1 \neq x_2 \Rightarrow f(x_1) \neq f(x_2)$ für alle $x_1, x_2 \in D(f)$.

Die Bedingung $x_1 \neq x_2 \Rightarrow f(x_1) \neq f(x_2)$ für alle $x_1, x_2 \in D(f)$ ist aber auch für eine reelle Funktion **hinreichend** dafür, dass es die Umkehrfunktion f^{-1} gibt. Denn sie lässt sich mit der Wertemenge $W(f)$ als ihren Definitionsbereich durch die eindeutige Zuordnung $f(x) \mapsto x$ bestimmen.

Gilt für eine reelle Funktion f
$x_1 \neq x_2 \Rightarrow f(x_1) \neq f(x_2)$ für alle $x_1, x_2 \in D(f)$,
so ist f umkehrbar und

$f^{-1}: f^{-1}(f(x)) = x;\ f(x) \in W(f)$

ist die Umkehrfunktion von f mit dem Definitionsbereich $D(f^{-1}) = W(f)$.

Merke:

Eine reelle Funktion f ist genau dann **umkehrbar**, wenn ihre Zuordnung $x \mapsto f(x)$ **umkehrbar eindeutig** ist, d. h., wenn für alle $x_1, x_2 \in D(f)$ gilt: $x_1 \neq x_2 \Rightarrow f(x_1) \neq f(x_2)$.

Anschaulich bedeutet die Umkehrbarkeit einer reellen Funktion f, dass ihr Graph von jeder Parallelen zur x-Achse in höchstens einem Punkt geschnitten wird.

Der Graph der Funktion $f: f(x)=x^2$; $D(f)=\mathbb{R}$ wird oberhalb der x-Achse von jeder Parallelen zur x-Achse genau zweimal geschnitten.

Daher ist f nicht umkehrbar.

Graph einer nicht umkehrbaren Funktion:

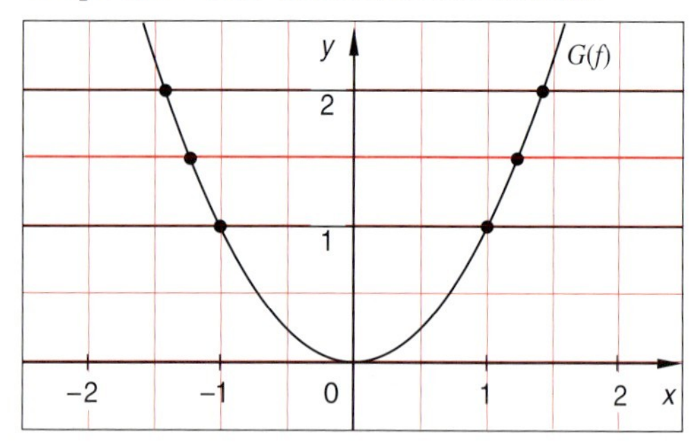

Der Graph der Funktion $f: f(x)=x^2$ mit dem eingeschränkten Definitionsbereich $D(f)=\mathbb{R}^{\geq 0}$ hingegen wird von jeder Parallelen zur x-Achse höchstens einmal geschnitten.

Daher ist f jetzt umkehrbar.

Graph einer umkehrbaren Funktion:

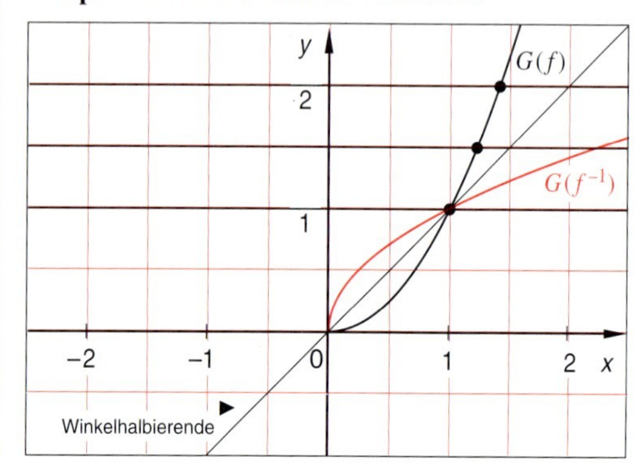

Der Graph der Umkehrfunktion f^{-1} einer umkehrbaren reellen Funktion f geht aus dem Graphen von f durch **Spiegelung an der Winkelhalbierenden** des I. und III. Quadranten hervor. Stellt man auf diese Winkelhalbierende senkrecht einen Spiegel, so kann man im Spiegel den Graphen der Umkehrfunktion sehen.

Z. B. sieht man im Spiegel zum Graphen der Funktion $f: f(x)=2x-1$; $D(f)=\mathbb{R}$ den Graphen der Umkehrfunktion f^{-1} mit $f^{-1}(x)=0{,}5x+0{,}5$; $D(f^{-1})=\mathbb{R}$.

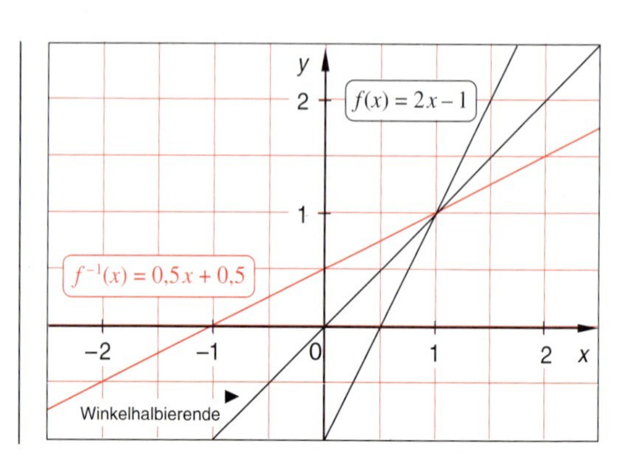

Rechnerisch erhält man den Funktionsterm der Umkehrfunktion f^{-1} aus dem Funktionsterm der Funktion f, indem man die Funktionsgleichung $y=f(x)$ nach x auflöst und anschließend die Variablen x und y gegenseitig vertauscht.

$y=2x-1$ ▶ Funktionsgleichung von f Auflösen nach x

$\Rightarrow x=\frac{1}{2}(y+1)$ ▶ Vertauschen von x und y

$\Rightarrow y=\frac{1}{2}(x+1)$ ▶ Funktionsgleichung der Umkehrfunktion

$\Rightarrow f^{-1}(x)=0{,}5x+0{,}5$ ▶ Funktionsterm der Umkehrfunktion

Die Bedingung $x_1 \neq x_2 \Rightarrow f(x_1) \neq f(x_2)$ für alle $x_1, x_2 \in D(f)$ ist für streng monotone reelle Funktionen immer erfüllt, da entweder $x_1 < x_2 \Rightarrow f(x_1) < f(x_2)$ ▶ f streng monoton steigend
oder $x_1 < x_2 \Rightarrow f(x_1) > f(x_2)$ ▶ f streng monoton fallend
für alle $x_1, x_2 \in D(f)$ gilt.

Merke:

- Eine Funktion f ist umkehrbar, wenn ihr im rechtwinkligen **Koordinatensystem** dargestellter Graph von jeder Parallelen zur x-Achse in höchstens einem Punkt geschnitten wird. Der Graph der Umkehrfunktion f^{-1} entsteht durch **Spiegelung** des Graphen der Funktion f an der Winkelhalbierenden des I. und III. Quadranten.
- **Streng** monotone reelle Funktionen sind umkehrbar.

Hiernach sind also insbesondere alle linearen Funktionen, also Funktionen des Typs $f\colon f(x)=mx+b;\ D(f)=\mathbb{R}$ als streng monotone Funktionen umkehrbar.

Aber auch alle Exponentialfunktionen des Typs $f\colon f(x)=a^x;\ D(f)=\mathbb{R}$ und alle Logarithmusfunktionen $g\colon g(x)=\log_a x;\ D(g)=\mathbb{R}^{>0}$ sind streng monoton und daher umkehrbar.

Im Folgenden wird anhand des radioaktiven Zerfalls ein Beispiel für Umkehrfunktionen entwickelt. Dazu beschreiben wir zunächst in kurzer Form das Zerfallsgesetz und die dabei auftretenden Größen.

Für den radioaktiven Zerfall gilt das Zerfallsgesetz:

$$n(t)=n_0 \cdot \mathrm{e}^{-\lambda t}.$$

$n(t)$: Anzahl der zur Zeit t vorhandenen instabilen Atomkerne
n_0: Anzahl der zu Beginn der Zeitzählung vorhandenen instabilen Atomkerne
λ: Zerfallskonstante

Die Zeit, nach der die Zahl n_0 der instabilen Ausgangskerne auf die Hälfte abgesunken ist, bezeichnet man als Halbwertszeit T. Ist T bekannt, so kann λ bestimmt werden:

$$n_0 \cdot \mathrm{e}^{-\lambda T}=\frac{1}{2}n_0 \qquad |:n_0$$

$$\Leftrightarrow \quad \mathrm{e}^{-\lambda T}=\frac{1}{2} \qquad \blacktriangleright \text{ Definition des natürlichen Logarithmus}$$

$$\Leftrightarrow \quad -\lambda T=\ln\frac{1}{2} \qquad |:(-T)$$

$$\Leftrightarrow \quad \lambda=-\frac{\ln 0{,}5}{T}$$

$$\Leftrightarrow \quad \lambda=\frac{0{,}69315}{T}$$

Da die Masse der radioaktiven Substanz proportional zur Anzahl der instabilen Kerne ist, können anstelle von $n(t)$ und n_0 im Zerfallsgesetz auch die entsprechenden Massen eingesetzt werden:

$$m = f(t) = m_0 \cdot e^{-\lambda t}.$$

Beispiel 2.65

Zur Zeit $t=0$ seien 250 mg Cäsium 137 vorhanden. Die Halbwertszeit von Cäsium 137 beträgt 33 Jahre. Auf Grundlage dieser Angaben soll ein Funktionsterm $f(t)$ aufgestellt werden, der für jeden Zeitpunkt t die Berechnung der Masse m der noch nicht zerfallenen Substanz ermöglicht. Die Funktion f ordnet dann also jedem Zeitpunkt t die Masse m des noch vorhandenen Cäsiums zu.

Aus $T=33$ und $\lambda = \frac{-\ln 0{,}5}{T}$ folgt:

$$\lambda = \frac{-\ln 0{,}5}{T} = \frac{0{,}69315}{33} \approx 0{,}021.$$

Mit $m_0 = 250$ erhalten wir:

$$f\colon m = f(t) = 250 \cdot e^{-0{,}021t};\ D(f) = \mathbb{R}.$$

Lösen wir die Funktionsgleichung von f nach der Zeit t auf, so erhalten wir die Funktionsgleichung der Umkehrfunktion f^{-1}.

Die Funktion f^{-1} ordnet jeder Masse m des noch vorhandenen Cäsiums den entsprechenden Zeitpunkt t zu.

Mit dem Funktionsterm von f^{-1} kann man aus der vorhandenen Masse an radioaktiver Substanz die verstrichene Zeit berechnen.

$$m = 250 \cdot e^{-0{,}021t}$$

$$\Leftrightarrow\quad e^{0{,}021t} = \frac{250}{m}$$

$$\Leftrightarrow\quad 0{,}021t = \ln\left(\frac{250}{m}\right) = \ln 250 - \ln m$$

$$\Leftrightarrow\quad t = \frac{\ln 250 - \ln m}{0{,}021}$$

$$f^{-1}\colon t = f^{-1}(m) = \frac{\ln 250 - \ln m}{0{,}021};\ D(f^{-1}) = \mathbb{R}^{>0}$$

Übungen zu 2.6

1. Zeichnen Sie die Graphen der folgenden Exponentialfunktionen und bestimmen Sie rechnerisch ihre Funktionswerte für $x \in \{1, 2, 3, 5, 10\}$.

a) $f\colon f(x) = 2^x$ **b)** $f\colon f(x) = 3^x$ **c)** $f\colon f(x) = 0{,}5^x$

d) $f\colon f(x) = (\frac{2}{3})^x$ **e)** $f\colon f(x) = (\frac{3}{2})^x$ **f)** $f\colon f(x) = (\frac{9}{10})^x$

2. Die chinesische Bevölkerung betrug 1995 ca, 1,2 Mrd. Menschen. Man rechnet mit einem jährlichen Bevölkerungswachstum von 3,5%.

a) Bestimmen Sie den Funktionsterm dieser Exponentialfunktion.

b) Berechnen Sie die voraussichtlichen Einwohnerzahlen in den Jahren 2000, 2010 und 2020.

c) In welchem Jahr wird sich bei gleicher Wachstumsrate die chinesische Bevölkerung im Vergleich zu 1995 verdoppelt haben?

3. Der indische König *SCHEHRAM* forderte den Erfinder des Schachspieles auf, sich eine Belohnung zu wünschen. Dieser bat ihn, auf das erste Feld des Schachbrettes ein Weizenkorn zu legen, auf das nächste 2 Weizenkörner, auf das nächste 4 Weizenkörner, usw.

a) Stellen Sie den Funktionsterm der Funktion auf, die angibt, wie viele Weizenkörner auf den verschiedenen Schachbrettfeldern liegen.

b) Berechnen Sie die Anzahl der Körner auf dem 8., 20., 32. und 64. Feld.

4. Berechnen Sie:

a) $64^{\frac{1}{2}} \cdot 16^{\frac{1}{4}}$ **b)** $64^{-\frac{1}{3}} \cdot 81^{\frac{1}{4}}$ **c)** $64^{\frac{1}{4}} \cdot 27^{-\frac{1}{3}}$ **d)** $64^{\frac{1}{6}} \cdot 81^{-\frac{1}{4}}$

e) $\dfrac{\sqrt[5]{8}}{\sqrt[6]{32}}$ **f)** $\dfrac{\sqrt[3]{9}}{\sqrt[5]{8}}$ **g)** $\dfrac{\sqrt[6]{36}}{\sqrt[5]{125}}$ **h)** $\dfrac{\sqrt[5]{4}}{\sqrt[4]{27}}$

5. Bestimmen Sie jeweils die Lösungen der folgenden Exponentialgleichungen.

a) $1{,}04^x = 1{,}36856905$ **b)** $4 \cdot 0{,}8^x = 0{,}219902326$ **c)** $6789 \cdot 2^x = 38404{,}3835$

d) $0{,}123 \cdot 3^x = 269{,}001$ **e)** $32{,}5 \cdot 1{,}005^x = 33{,}82297893$ **f)** $6484 \cdot 0{,}95^x = 4766{,}335819$

g) $1{,}02^{x-2} = 1{,}21899442$ **h)** $0{,}99^{2x+3} = 0{,}895338254$ **i)** $3 \cdot 3^x = 9^x + 2$

6. Zeigen Sie, dass für Exponentialfunktionen des Typs f: $f(x) = a^x$; $D(f) = \mathbb{R}$ und für Logarithmusfunktionen des Typs g: $g(x) = \log_a x$; $D(g) = \mathbb{R}^{>0}$ gilt: $W(f) = \mathbb{R}^{>0}$ und $W(g) = \mathbb{R}$.

7. Untersuchen Sie, ob folgende Funktionen umkehrbar sind.

a) f: $f(x) = x^3 + 1$; $D(f) = \mathbb{R}$ **b)** f: $f(x) = \sqrt{6{,}25 - x^2}$; $D(f) = \{x \in \mathbb{R} \mid 0 \leq x \leq 2{,}5\}$

c) f: $f(x) = \log 2x$; $D(f) = \{x \in \mathbb{R} \mid 0 < x \leq 10\}$ **d)** f: $f(x) = \begin{cases} x^2 & \text{für } 0 \leq x \leq 2 \\ x + 2 & \text{für } 2 < x \leq 5 \end{cases}$

8. Ermitteln Sie, ob die angegebene Funktion g Umkehrfunktion der gegebenen Funktion f ist.

a) f: $f(x) = 2x$; $D(f) = \{1, 2, 3\}$, g: $g(x) = 0{,}5x$; $D(g) = \{2, 4, 6\}$

b) f: $f(x) = x^3$; $D(f) = \mathbb{R}^{\geq 0}$, g: $g(x) = \sqrt[3]{x}$; $D(g) = \mathbb{R}^{\geq 0}$

c) f: $f(x) = x^2 - 1$; $D(f) = \{1, 2, 3, 4\}$, g: $g(x) = \sqrt{x + 1}$; $D(g) = \{0, 3, 8, 15\}$

d) f: $f(x) = x^2$; $D(f) = \{x \in \mathbb{R} \mid -2 \leq x \leq 2\}$, g: $g(x) = \sqrt{x}$; $D(g) = \{x \in \mathbb{R} \mid x \leq 4\}$

e) f: $f(x) = 5 - \dfrac{1}{x}$; $D(f) = \mathbb{R}^{>0}$, g: $g(x) = \dfrac{1}{5 - x}$; $D(g) = \mathbb{R}^{>0}$

f) f: $f(x) = 3 + \dfrac{1}{x}$; $D(f) = \mathbb{R}^{<0}$, g: $g(x) = \dfrac{1}{x - 3}$; $D(g) = \mathbb{R}^{<3}$

g) f: $f(x) = 2x + 3$; $D(f) = \{x \in \mathbb{R} \mid 0 \leq x \leq 3\}$, g: $g(x) = 0{,}5x - 1{,}5$; $D(g) = \{x \in \mathbb{R} \mid 3 \leq x \leq 9\}$

h) f: $f(x) = 2^x$; $D(f) = \mathbb{R}$, g: $g(x) = \log_2 x$; $D(g) = \mathbb{R}^{>0}$

i) f: $f(x) = \dfrac{2x}{x + 1}$; $D(f) = \mathbb{R}^{\geq 0}$, g: $g(x) = \dfrac{x}{2 - x}$; $D(g) = \{x \in \mathbb{R} \mid 0 \leq x < 2\}$

k) f: $f(x) = \dfrac{2x + 1}{5x}$; $D(f) = \mathbb{R}^{>0}$, g: $g(x) = \dfrac{1}{5x - 2}$; $D(g) = \mathbb{R}^{>0}$

9. Zeigen oder begründen Sie, dass nachfolgende Funktionen streng monoton sind. Geben Sie zu jeder Funktion die Umkehrfunktion an.

a) f: $f(x) = 0{,}25x + 2$; $D(f) = \mathbb{R}$ **b)** f: $f(x) = 2x^2 - 3$; $D(f) = \mathbb{R}^{\geq 0}$

c) f: $f(x) = 0{,}5x^3 - 2$; $D(f) = \mathbb{R}$ **d)** f: $f(x) = \sqrt{x}$; $D(f) = \mathbb{R}^{\geq 0}$

e) f: $f(x) = 2 + \log 3x$; $D(f) = \mathbb{R}^{>0}$ **f)** f: $f(x) = 3^x - 4$; $D(f) = \mathbb{R}$

10. Von einer Exponentialfunktion f der Form $f(x) = c \cdot a^x$ sind die Wertepaare $(-2 \mid 8)$ und $(-0{,}5 \mid 1)$ bekannt. Bestimmen Sie die Parameter a und c des Funktionsterms.

11. Die Basis der natürlichen Exponentialfunktion $e \approx 2{,}718$ ist der Grenzwert einer speziellen Zahlenfolge; es gilt:

$$e = \lim_{n \to \infty} \left(1 + \frac{1}{n}\right)^n.$$

a) Bestimmen Sie mit Hilfe Ihres Taschenrechners eine Folge von 7 Näherungswerten für die Zahl e, indem Sie die entsprechenden Folgeglieder für $n = 1; 10; 100; \cdots; 1000000$ berechnen.

b) Wählen wir bei einem zehnstelligen Taschenrechner für n die größtmögliche natürliche Zahl $n = 9999999999$, so liefert das Gerät

$$\left(1 + \frac{1}{9999999999}\right)^{9999999999} \boxed{=} \; 1^{9999999999} \; \boxed{=} \; 1.$$

Wie kommt es zu diesem Phänomen?

c) Ermitteln Sie für Ihren Taschenrechner diejenige natürliche Zahl n, für die das Gerät noch einen „richtigen" Näherungswert für e berechnet.

12. Eine radioaktive Substanz zerfällt nach dem Gesetz $n(t)=n_0 \cdot e^{-\lambda \cdot t}$ $(t \geq 0)$. Uran 235 hat eine Halbwertszeit von $7{,}1 \cdot 10^8$ Jahren, Uran 238 eine von $4{,}5 \cdot 10^9$ Jahren. Berechnen Sie für beide Substanzen die Zerfallsrate λ.

13. Aus Sicherheitsgründen muss nach DIN VDE ein Kompensationskondensator von 6 µF in 60 s von $U=230$ V auf $U \leq 50$ V entladen sein. Berechnen Sie den Entladewiderstand R, wenn gilt:
$U(t)=U_0 \cdot e^{-t/\tau}$ mit $\tau = R \cdot C$.

14. Bei einem KFZ-Stoßdämpfer legt der Kolben beim Einschieben einen Weg y nach dem Weg-Zeit-Gesetz $y(t)=y_0 \cdot (1-e^{-k \cdot t})$ zurück.

a) Skizzieren Sie den Graphen der Wegfunktion für $k=2\,s^{-1}$ und $y_0=30$ cm.

b) Ermitteln Sie graphisch und rechnerisch die Zeit, nach der der Kolben 14,8 cm eingeschoben ist.

15. Strahlungen werden beim Durchdringen von Materie geschwächt. Die Intensität $f(x)$ einer Strahlung nach Durchgang durch einen Stoff mit der Schichtdicke x kann mit Hilfe der Funktionsgleichung $f(x)=y_0 \cdot e^{-\alpha \cdot x}$ berechnet werden. Mit y_0 wird dabei die Strahlungsintensität unmittelbar vor Eintritt in die Materie bezeichnet.
Gegeben sei Licht mit einer Lichtstärke von 300 Lux, das beim Durchgang durch eine 1 cm dicke Glasplatte 8% der Helligkeit verliert.

a) Bestimmen Sie den Term der Funktion f.

b) Ermitteln Sie rechnerisch die Intensität nach Durchgang durch 8 solcher Glasplatten.

c) Bestimmen Sie den Term der Umkehrfunktion f^{-1}.

d) Wie viele Glasplatten sind erforderlich, damit die Lichtstärke nach dem Durchgang weniger als 1 Lux beträgt.

16. Man kann mit Hilfe einer Funktion Nachrichten verschlüsseln. Dazu ordnet man jedem Buchstaben des Alphabetes seine Nummer zu und benutzt die Zahl 0 für Leerzeichen:
A B C ... X Y Z
1 2 3 ... 24 25 26.
Aus der Nachricht STRENG GEHEIM wird so die Zahlenfolge
19, 20, 18, 5, 14, 7, 0, 7, 5, 8, 5, 9, 13.
Jede Zahl dieser Folge wird sodann als Argument einer „Kodierfunktion" genommen, z. B. $f: f(x)=2x-11$: 27, 29, 25, −1, 17, 3, −11, 3, −1, 5, −1, 7, 15.

a) Wie lässt sich eine so verschlüsselte Nachricht wieder dekodieren?

b) Welche Bedingung muss die Kodierfunktion erfüllen?

c) Entschlüsseln Sie die folgenden Nachrichten:

15, −9, 29, 5, −1 15, −9, −5, 5, 29 27, 21, −9, 27, 27	−1, 27, 27, −1, 17 19, 5, 17, −1 25, −1, 31, −1	15, −9, −5, 5 15, −9, 13 21, −9, 31, 27, −1.

2.7 Winkelfunktionen

Bei zahlreichen technischen Systemen treten Größen auf, deren Wert zwischen zwei Extremwerten wechselt, wobei alle Zwischenwerte durchlaufen werden. Das einfachste Beispiel ist das Pendel einer Uhr. Nachdem es die sogenannte Ruhelage passiert hat, schlägt es zunächst zu der einen Seite bis zu einem maximalen Abstand von der Ruhelage aus. Dann kehrt es seine Bewegungsrichtung um und schwingt wieder durch die Ruhelage, um auf der gegenüberliegenden Seite ebenfalls bis zum maximalen Abstand von der Ruhelage zu gelangen. Diese Hin- und Herbewegung setzt sich gleichmäßig fort, jedenfalls solange, wie die Spannung der Uhrfeder diesen Prozess unterstützt. Man spricht von einer (mechanischen) **Schwingung**.

Auch eine Stimmgabel kann in eine Schwingung versetzt werden, die sich wiederum auf die Luftmoleküle überträgt, deren Schwingungen schließlich unser Trommelfell zum Schwingen anregen.

Die Membran eines Lautsprechers führt ebenfalls mechanische Schwingungen aus, die hervorgerufen werden durch die elektrische Schwingungen eines Wechselstroms. Wechselt die Stromstärke gleichmäßig zwischen einem negativen Maximalwert und einem positiven Maximalwert gleichen Betrages, so erzeugt dieser Wechselstrom im Lautsprecher einen gleichbleibenden Ton.

Bei den bisher aufgeführten Beispielen handelt es sich stets um erwünschte bzw. nützliche Schwingungsvorgänge. Schwingungen treten aber auch unerwünscht auf, sie können beispielsweise bei Hochhäusern und Brücken zu katastrophalen Folgen führen. Umso wichtiger ist es, die naturwissenschaftlich-technischen Zusammenhänge bei Schwingungen exakt zu untersuchen. Dies gelingt über die mathematische Beschreibung von Schwingungsvorgängen.

Zur Erfassung der mathematischen Zusammenhänge betrachten wir die Schwingung des Kolbens eines Verbrennungsmotors. Diese für die Fortbewegung des Fahrzeugs zunächst unbrauchbare Hin- und Herbewegung des Kolbens wird über Pleuelstange und Kurbelwelle in eine Drehbewegung umgewandelt, die schließlich über das Getriebe auf die Räder übertragen wird.

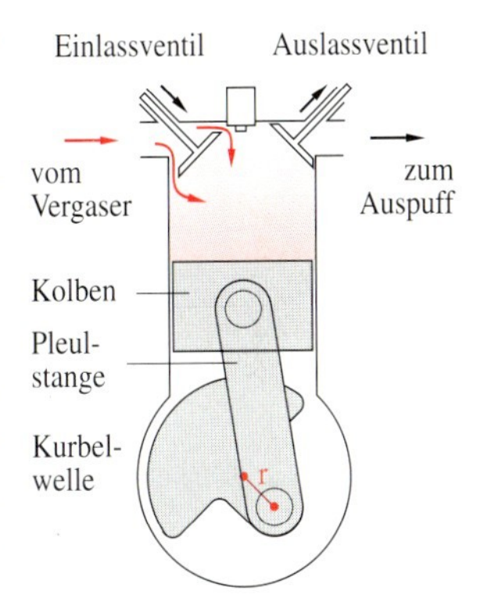

Uns interessiert der Zusammenhang zwischen dem Drehwinkel der Kurbelwelle und der Auslenkung des Kolbens. Offensichtlich ist die maximale Auslenkung des Kolbens aus seiner „Ruhestellung" gleich der Länge r der Kurbelwelle, deren Endpunkt einen Kreis mit dem Radius r beschreibt. Wir wählen den Radius r als Längeneinheit, betrachten also der Einfachheit halber einen **Einheitskreis**.

Zeichnen wir diesen Kreis so in den II. und III. Quadranten eines Koordinatensystems, dass sein Mittelpunkt auf der Abszissenachse liegt, so vollführt die Projektion eines auf dem Kreis umlaufenden Punktes auf die Ordinatenachse annähernd die Schwingung des Kolbens. Tragen wir für jeden Drehwinkel x die Ordinate y des umlaufenden Punktes in dem Koordinatensystem ab, so erhalten wir den Graphen der Funktion f, die jedem Drehwinkel x die Auslenkung y zuordnet.

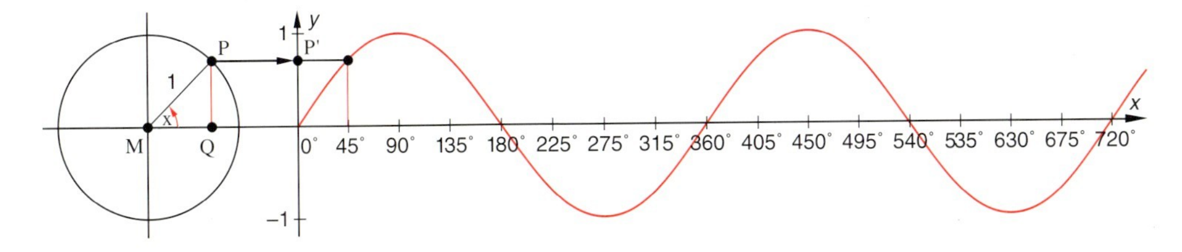

Wir verallgemeinern unser Beispiel, indem wir den Funktionswert $f(x)$ als Ordinate desjenigen Punktes P des Einheitskreises definieren, in dem der zweite Schenkel des Winkels x den Kreis schneidet. Diese Ordinate heißt **Sinus des Winkels x**; man schreibt: $y=\sin x$. Die so erklärte **Sinusfunktion** ist für alle reellen Zahlen definiert, wenn auch negative Drehwinkel (also Winkel im Uhrzeigersinn) zugelassen werden.

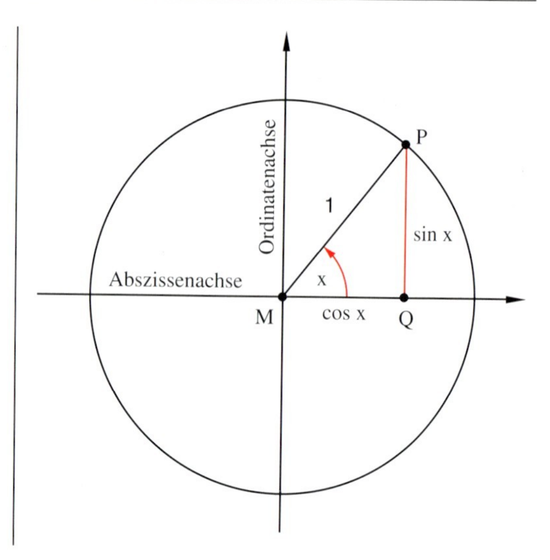

$f: f(x)=\sin x;\ D(\sin)=\mathbb{R}$

Liegt der Punkt P im I. oder II. Quadranten, so gilt: $\sin x=|\overline{PQ}|$.

Befindet sich P im III. oder IV. Quadranten, so gilt: $\sin x=-|\overline{PQ}|$.

Wir können weitere Winkelfunktionen am Einheitskreis einführen. So wird die Abszisse des Punktes P als **Kosinus des Winkels x** bezeichnet; man schreibt: $y=\cos x$. Die Kosinusfunktion ist ebenfalls für alle reellen Zahlen definiert: $D(\cos)=\mathbb{R}$.

Liegt der Punkt P im I. oder VI. Quadranten, so gilt: $\cos x=|\overline{MQ}|$.

Liegt der Punkt P im II. oder III. Quadranten, so gilt: $\cos x=-|\overline{MQ}|$.

Die Strecken $\overline{PQ}$ und $\overline{MQ}$ sind Katheten in dem bei Q rechtwinkligen Dreieck MQP, dessen Hypotenuse die Länge 1 hat. Nach dem Satz des Pythagoras gilt dann $|\overline{PQ}|^2+|\overline{MQ}|^2=1^2$, also

$$\sin^2 x+\cos^2 x=1.$$

Zur Definition der Winkelfunktionen **Tangens** und **Kotangens** betrachten wir im nebenstehenden Bild die Dreiecke MRS und UTM, die offensichtlich dem Dreieck MQP ähnlich sind. Damit stehen die Seiten der drei Dreiecke im gleichen Verhältnis. Wegen $|\overline{MR}|=|\overline{MT}|=r=1$ ergibt sich:

$$\tan x=\frac{\sin x}{\cos x} \quad \text{und} \quad \cot x=\frac{\cos x}{\sin x}.$$

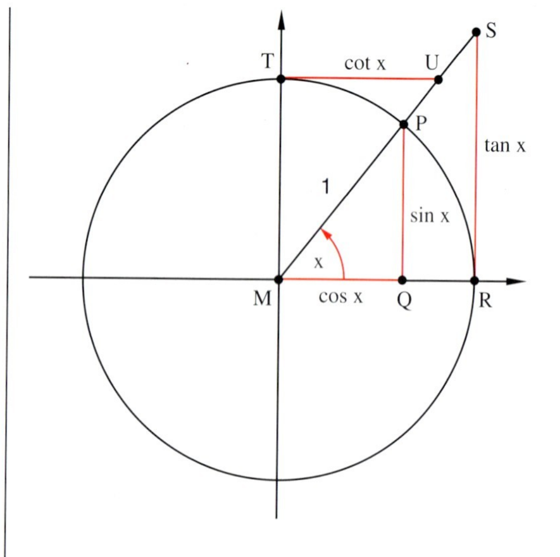

Diese Beziehungen gelten auch, wenn der Punkt P in den anderen Quadranten liegt. Liegt P auf der Ordinatenachse, so gilt $\cos x=0$ und der Tangens ist nicht definiert. Liegt P auf der Abszissenachse, so gilt $\sin x=0$ und der Kotangens ist nicht definiert. Damit folgt:

$D(\tan)=\mathbb{R}\setminus\{x\,|\,x=90°+k\cdot 180°;\ k\in\mathbb{Z}\}$,
$D(\cot)=\mathbb{R}\setminus\{x\,|\,x=k\cdot 180°;\ k\in\mathbb{Z}\}$.

Bei der Definition der Sinusfunktion am Einheitskreis ergab sich der Wert $\sin x$ für $0° < x < 90°$ als Länge der dem Winkel x gegenüberliegenden Kathete eines rechtwinkligen Dreiecks mit der Hypotenusenlänge 1. Man nennt diese Kathete die **Gegenkathete** des Winkels. Die zweite Kathete heißt entsprechend **Ankathete** des Winkels. Bei einem rechtwinkligen Dreieck mit der Hypotenusenlänge 1 ist die Ankathetenlänge nach Definition gleich dem Kosinus des entsprechenden Winkels.

Wir betrachten nun ein rechtwinkliges Dreieck, das dieselben Winkel aber eine beliebige Hypotenusenlänge r besitzt. Aus der Ähnlichkeit der beiden Dreiecke folgt, dass die Gegenkathete des zweiten Dreiecks die Länge $r \cdot \sin x$ und die Ankathete die Länge $r \cdot \cos x$ besitzt. Mit dieser Erkenntnis erhalten wir die nebenstehenden Berechnungsformeln für die vier Winkelfunktionen bei beliebigen rechtwinkligen Dreiecken.

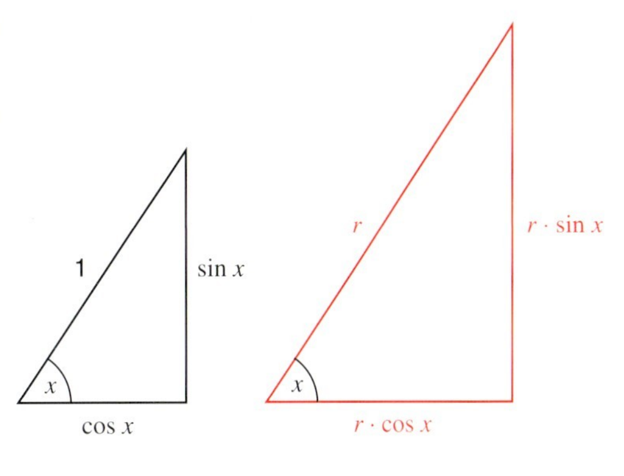

$$\sin x = \frac{\text{Gegenkathete}}{\text{Hypotenuse}}$$

$$\cos x = \frac{\text{Ankathete}}{\text{Hypotenuse}}$$

$$\tan x = \frac{\text{Gegenkathete}}{\text{Ankathete}}$$

$$\cot x = \frac{\text{Ankathete}}{\text{Gegenkathete}}$$

Zur Bestimmung von Werten der Winkelfunktionen stehen auf wissenschaftlichen Taschenrechnern die Tasten [sin], [cos] und [tan] zur Verfügung, mit denen man Näherungswerte direkt abrufen kann. Auf eine Taste für den Kotangens wird meist verzichtet. Sind die Winkel im Gradmaß gegeben, so ist der Taschenrechner im Modus „DEG“ [1] zu betreiben.

Beispiel 2.66 Berechnung der Größen in einem rechtwinkligen Dreieck

Von dem bei C rechtwinkligen Dreieck ABC ist die Länge $c = 5$ cm der Hypotenuse $\overline{AB}$ und der Winkel bei A mit $\alpha = 63°$ bekannt. Man berechne die Längen a, b der Katheten und das Winkelmaß β.

Skizze:

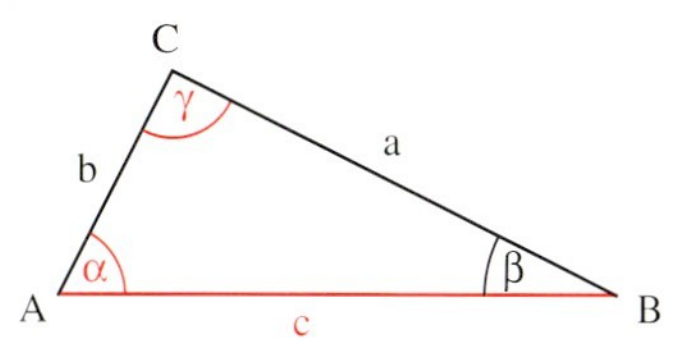

Für die Katheten gilt $a \approx 4{,}455$ cm und $b \approx 2{,}270$ cm; der dritte Winkel besitzt das Maß $\beta = 27°$.

Gegeben: $c = 5$ cm; $\alpha = 63°$; $\gamma = 90°$

Gesucht: a; b; β

Lösung:

$\sin \alpha = \frac{a}{c}$

$\Rightarrow a = c \cdot \sin \alpha = 5 \text{ cm} \cdot \sin 63°$ ▶ TR

$\Rightarrow a = 5 \text{ cm} \cdot 0{,}891006524 \approx \underline{\underline{4{,}455 \text{ cm}}}$

$\cos \alpha = \frac{b}{c}$

$\Rightarrow b = c \cdot \cos \alpha = 5 \text{ cm} \cdot \cos 63°$ ▶ TR

$\Rightarrow b = 5 \text{ cm} \cdot 0{,}453990499 \approx \underline{\underline{2{,}270 \text{ cm}}}$

$\beta = 90° - 63° = \underline{\underline{27°}}$

Probe mit dem Satz des Pythagoras:

$a^2 + b^2 \approx 4{,}55^2 + 2{,}270^2 \approx 25 = 5^2 = c^2$

[1] degree (engl.): Grad (auch Altgrad); bei dieser Einstellung hat ein rechter Winkel das Maß 90°. Alternativ stehen die Modi „GRA“ für Neugrad (rechter Winkel: 100 gon) und RAD für Winkel im Bogenmaß zur Verfügung. Das Bogenmaß eines Winkels wird auf Seite 107 definiert.

Auf wissenschaftlichen Taschenrechnern sind auch die Umkehrfunktionen $\sin^{-1}$, $\cos^{-1}$ und $\tan^{-1}$ abrufbar, d.h., man kann bei gegebenem Winkelfunktionswert das Maß des Winkels berechnen.

Beispiel 2.67

Bekanntlich ist das Dreieck mit den Seitenlängen $a = 3$ cm, $b = 4$ cm und $c = 5$ cm rechtwinklig mit $\gamma = 90°$. Wie groß sind die beiden anderen Winkel?

Zunächst wird durch Quotientenbildung ein Winkelfunktionswert berechnet und daraus mit der zugehörigen Umkehrfunktion des Taschenrechners das Winkelmaß.

Man erhält: $\alpha \approx 36{,}87°$ und $\beta \approx 53{,}13°$.

Mit einem Taschenrechner ergibt sich:

$$\left.\begin{aligned} \sin\alpha &= \tfrac{a}{c} = \tfrac{3}{5} = 0{,}6 \\ \cos\alpha &= \tfrac{b}{c} = \tfrac{4}{5} = 0{,}8 \\ \tan\alpha &= \tfrac{a}{b} = \tfrac{3}{4} = 0{,}75 \end{aligned}\right\} \Rightarrow \alpha \approx \underline{\underline{36{,}87°}}$$

Ebenso: $\sin\beta = \frac{b}{c} = \frac{4}{5} = 0{,}8 \Rightarrow \beta \approx \underline{\underline{53{,}13°}}$

Probe: $\alpha + \beta + \gamma \approx 36{,}87° + 53{,}13° + 90° = 180°$

Bei den bisherigen Beispielen wurden die Winkelfunktionen auf Grund ihrer Definition nur zur Berechnung rechtwinkliger Dreiecke verwendet. Da jedes spitzwinklige Dreieck in zwei rechtwinklige Teildreiecke zerlegt werden kann und jedes stumpfwinklige Dreieck durch ein rechtwinkliges Dreieck zu einem zweiten rechtwinkligen Dreieck ergänzt werden kann, besteht auch bei beliebigen Dreiecken stets die Berechnungsmöglichkeit mithilfe der Winkelfunktionen. Durch solche Zerlegungen bzw. Ergänzungen kann man Formeln zur Berechnung allgemeiner Dreiecke gewinnen; in beliebigen Dreiecken gilt der **Sinussatz**

$$\frac{\sin\alpha}{a} = \frac{\sin\beta}{b} = \frac{\sin\gamma}{c}$$

und der **Kosinussatz**

$$a^2 = b^2 + c^2 - 2bc\cos\alpha, \quad b^2 = a^2 + c^2 - 2ac\cos\beta, \quad c^2 = a^2 + b^2 - 2ab\cos\gamma.$$

Wegen der großen Bedeutung der Winkelfunktionen in der Dreiecksberechnung (Trigonometrie) nennt man sie auch **trigonometrische Funktionen**.

Im Folgenden geben wir ein Beispiel für eine solche trigonometrische Berechnung.

Beispiel 2.68

Die Entfernung x zweier unzugänglicher Geländepunkte A und B ist zu bestimmen.

Man wählt dazu im Gelände zwei weitere Punkte C und D so, dass deren Entfernung s und die Winkel α, β, γ und δ gemessen werden können. Aus den Messergebnissen wird dann unter Verwendung der Winkelfunktionen die Entfernung x berechnet.

Es wurden folgende Werte gemessen:

$s = 738{,}6$ m; $\alpha = 51{,}2°$; $\beta = 112{,}3°$;
$\gamma = 32{,}7°$; $\delta = 84{,}9°$.

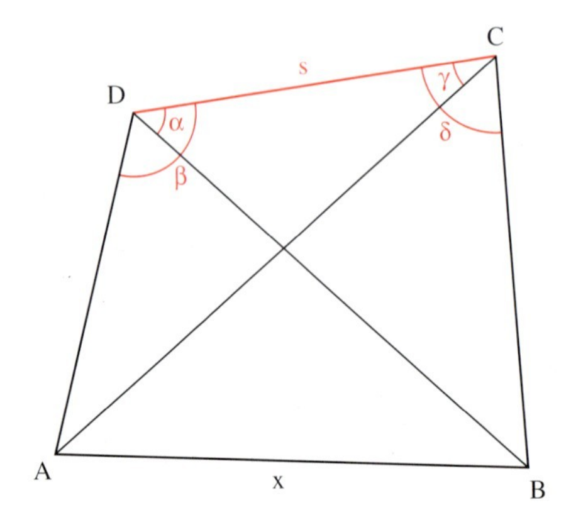

Wir berechnen zunächst aus den gemessenen Winkelmaßen die Maße φ und ψ der Winkel $\sphericalangle$CAD bzw. $\sphericalangle$CBD.

$\varphi = |\sphericalangle \mathrm{CAD}| = 180° - \beta - \gamma = 35{,}0°$

$\psi = |\sphericalangle \mathrm{CBD}| = 180° - \alpha - \delta = 43{,}9°$

Dann wenden wir zweimal den Sinussatz an; zunächst auf das Dreieck BCD und dann auf das Dreieck ACD. Damit berechnen wir die Seitenlängen $a = |\overline{\mathrm{BC}}|$ und $b = |\overline{\mathrm{AC}}|$ des Dreiecks ABC.

Im Dreieck BCD gilt: $\frac{\sin\psi}{s} = \frac{\sin\alpha}{a} \Rightarrow$

$a = \frac{s \cdot \sin\alpha}{\sin\psi} = \frac{738{,}6\,\mathrm{m} \cdot \sin 51{,}2°}{\sin 43{,}9°} \approx 830{,}14\,\mathrm{m}$

Im Dreieck ACD gilt: $\frac{\sin\varphi}{s} = \frac{\sin\beta}{b} \Rightarrow$

$b = \frac{s \cdot \sin\beta}{\sin\varphi} = \frac{738{,}6\,\mathrm{m} \cdot \sin 112{,}3°}{\sin 35{,}0°} \approx 1191{,}40\,\mathrm{m}$

Schließlich berechnen wir durch Anwendung des Kosinussatzes auf das Dreieck ABC die Entfernung x.

Im Dreieck ABC gilt:

$x^2 = a^2 + b^2 - 2ab\cos(\delta - \gamma)$

Die Entfernung zwischen den Punkten A und B beträgt ungefähr 946,7 m.

$\Rightarrow x \approx \underline{\underline{946{,}7\,\mathrm{m}}}$

Bisher haben wir alle Winkel im **Gradmaß** („Altgrad") angegeben und bei Berechnungen mit dem Taschenrechner den Winkelmodus DEG verwendet. Bei diesem Winkelmaß hat ein rechter Winkel 90°. Bruchteile von 1° werden in dezimaler Teilung angegeben. Häufig findet man aber auch die sexagesimale Teilung. Dabei wird 1 Grad in 60 Minuten (Schreibweise: 60′) und eine Minute in 60 Sekunden (Schreibweise: 60″) unterteilt. Für die Anwendung ist bei den meisten Taschenrechnern eine Umrechnung in die dezimale Teilung erforderlich.

In der Vermessungstechnik wird heute meist eine andere Winkelteilung – die **Gonteilung** („Neugrad") – verwendet. Bei diesem Winkelmaß hat ein rechter Winkel 100 gon. Üblich ist eine dezimale Teilung und auch die kleinere Einheit Milligon (1 gon = 1000 mg). Auf dem Taschenrechner ist der Winkelmodus GRA zu wählen.

In der Mathematik ist ein weiteres Winkelmaß gebräuchlich, das sog. **Bogenmaß**. Das Bogenmaß eines Winkels ist gleich der Längenmaßzahl des zugehörigen Bogens im Einheitskreis. Da dieses Winkelmaß auch in den meisten technischen Disziplinen verwendet wird, werden wir es für die folgenden Betrachtungen zugrunde legen. Auf dem Taschenrechner ist der Winkelmodus RAD (Radiant) zu wählen.

Bezeichnen wir mit α die Größe eines Winkels im Gradmaß und mit x die Längenmaßzahl des zugehörigen Bogens im Einheitskreis, so gilt die Umrechnungsformel

$$\frac{x}{2\pi} = \frac{\alpha}{360°},$$

weil die Maßzahl des Umfangs des Einheitskreises 2π beträgt.

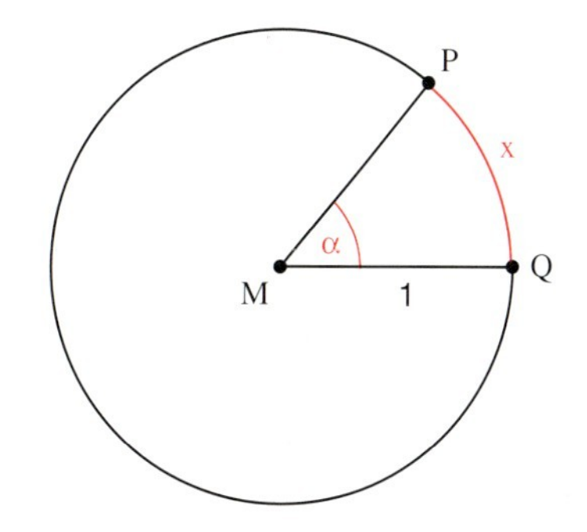

Man gibt das Bogenmaß eines Winkels gern als Vielfaches von π an:

α	0°	30°	45°	57,2957795...°	60°	90°	135°	180°	270°	360°	720°
x	0	$\frac{\pi}{6}$	$\frac{\pi}{4}$	1	$\frac{\pi}{3}$	$\frac{\pi}{2}$	$\frac{3\pi}{4}$	π	$\frac{3\pi}{2}$	2π	4π

Das Bogenmaß erweist sich insofern als sehr vorteilhaft, weil nun auch die Definitionsmengen wie bereits die Wertemengen der Winkelfunktionen reelle Zahlen sind. Trägt man also auf der x-Achse das Bogenmaß der Winkel ab, so erhält man folgende **Graphen der Winkelfunktionen**.

Graph der Sinusfunktion zu $y = \sin x$; $D(\sin) = \mathbb{R}$; $W(\sin) = [-1; 1]$

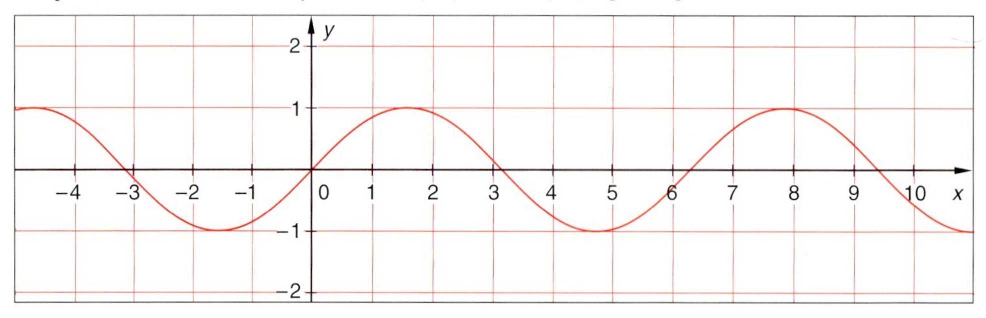

Graph der Kosinusfunktion zu $y = \cos x$; $D(\cos) = \mathbb{R}$; $W(\cos) = [-1; 1]$

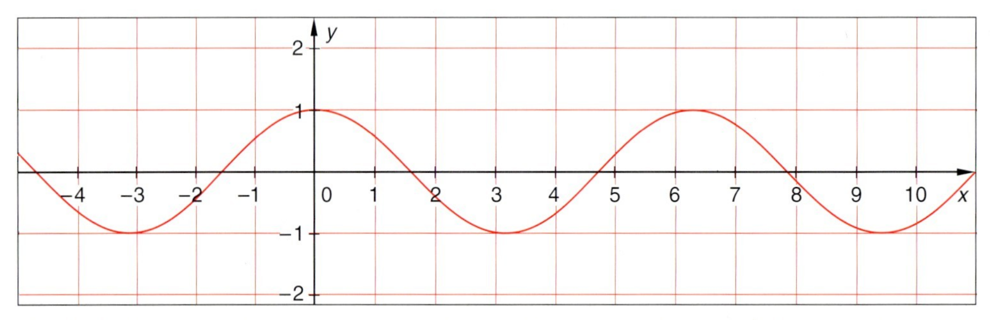

Graph der Tangensfunktion zu $y = \tan x$; $D(\tan) = \mathbb{R} \setminus \{x \mid x = \frac{\pi}{2} + k\pi;\ k \in \mathbb{Z}\}$; $W(\tan) = \mathbb{R}$

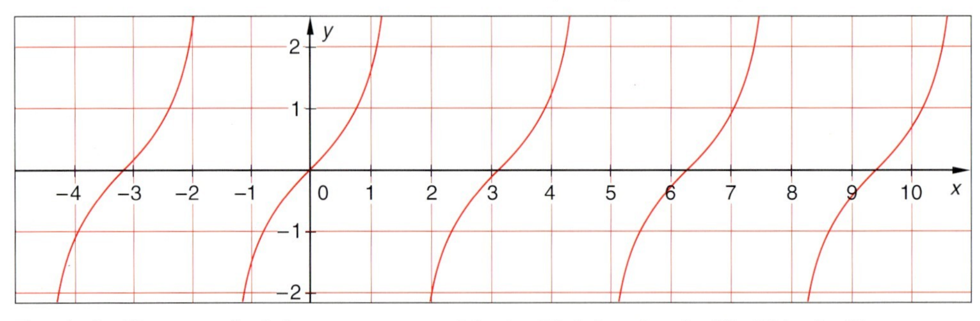

Graph der Kotangensfunktion zu $y = \cot x$; $D(\cot) = \mathbb{R} \setminus \{x \mid x = k\pi;\ k \in \mathbb{Z}\}$; $W(\cot) = \mathbb{R}$

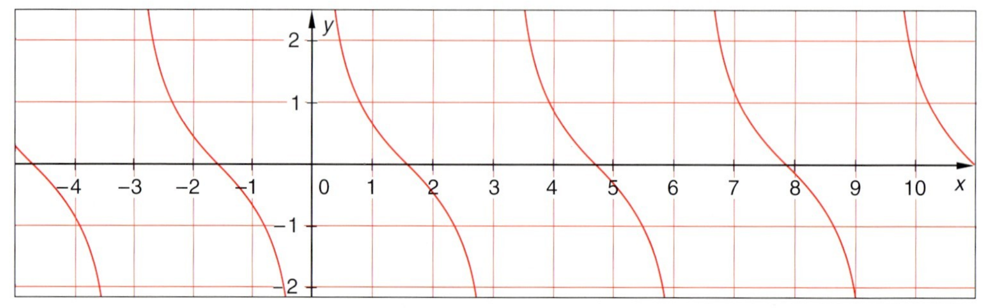

Wir fassen die Eigenschaften der vier Winkelfunktionen zusammen.

Merke:

- Während die Sinus- und die Kosinusfunktion für alle reellen Zahlen definiert sind, besitzen die Tangens- und die Kotangensfunktion unendlich viele Definitionslücken. Die Tangensfunktion ist in den Nullstellen der Kosinusfunktion nicht definiert; die Kotangensfunktion hat ihre Definitionslücken bei den Nullstellen der Sinusfunktion. Diese Lage der Definitionslücken ergibt sich bereits aus der Definition von tan und cot (vgl. S. 104).
- Die Sinus- und die Kosinusfunktion nehmen nur Werte aus dem Intervall $[-1;1]$ an. Dagegen umfasst die Wertemenge der Tangens- und der Kotangensfunktion alle reellen Zahlen.
- Die Sinus- und die Tangensfunktion besitzen dieselbe Nullstellenmenge, es gilt:

  $$N(\sin)=N(\tan)=\{x \mid x=\pi+k\pi;\ k\in\mathbb{Z}\}.$$

  Die Kosinus- und die Kotangensfunktion besitzen ebenfalls dieselbe Nullstellenmenge:

  $$N(\cos)=N(\cot)=\left\{x \mid x=\frac{\pi}{2}+k\pi;\ k\in\mathbb{Z}\right\}.$$

  Die Sinusfunktion nimmt ihre Extremwerte in den Nullstellen der Kosinusfunktion an; die Kosinusfunktion hat ihre Extremwerte in den Nullstellen der Sinusfunktion.
- Die Winkelfunktionen sind periodisch. Die kleinste Periode der Sinus- und der Kosinusfunktion ist 2π; die Tangens- und die Kotangensfunktion besitzen die kleinste Periode π.
- Die Kosinusfunktion ist eine gerade Funktion; ihr Graph verläuft achsensymmetrisch zur y-Achse. Für alle $x\in\mathbb{R}$ gilt: $\cos(-x)=\cos x$.
  Die Sinus-, die Tangens- und die Kotangensfunktion sind ungerade Funktionen; ihre Graphen verlaufen punktsymmetrisch zum Koordinatenursprung. Für alle x der entsprechenden Definitionsmengen gilt: $\sin(-x)=-\sin x$, $\tan(-x)=-\tan x$, $\cot(-x)=-\cot x$.
- Der Graph der Kosinusfunktion ist gegenüber dem Graphen der Sinusfunktion um $\frac{\pi}{2}$ in Richtung der negativen x-Achse verschoben; es gilt also:

  $$\cos x=\sin\left(x+\frac{\pi}{2}\right).$$

  Der Graph der Kotangensfunktion ergibt sich aus dem Graphen der Tangensfunktion durch Verschiebung um $\frac{\pi}{2}$ in Richtung der positiven x-Achse und anschließender Spiegelung an der x-Achse; es gilt also:

  $$\cos x=-\tan\left(x-\frac{\pi}{2}\right).$$
- Zwischen den Winkelfunktionen bestehen die Beziehungen (vgl. S. 104):

  $$\sin^2 x+\cos^2 x=1,\ \tan x=\frac{\sin x}{\cos x},\ \cot x=\frac{\cos x}{\sin x},\ \text{also } \tan x\cdot\cot x=1.$$

Aufgrund der Periodizität und der Symmetrieeigenschaften kann man weitere Eigenschaften finden. So gelten für $0<x<\frac{\pi}{2}$ z. B. die nebenstehenden „Quadrantenbeziehungen".

$\sin x=$	$\sin(\pi-x)=$	$-\sin(\pi+x)=$	$-\sin(2\pi-x)$
$\cos x=$	$-\cos(\pi-x)=$	$-\sin(\pi+x)=$	$\cos(2\pi-x)$
$\tan x=$	$-\tan(\pi-x)=$	$\tan(\pi+x)=$	$-\tan(2\pi-x)$
$\cot x=$	$-\cot(\pi-x)=$	$\cot(\pi+x)=$	$-\cot(2\pi-x)$

Bei einer Reihe von Anwendungen ist es von Vorteil, wenn man den Winkelfunktionswert der Summe zweier Winkel durch Winkelfunktionswerte der Summanden ausdrücken kann. Solche Beziehungen heißen **Additionstheoreme**.

Für alle Winkelmaße x_1 und x_2, für die die einzelnen Winkelfunktionsterme definiert sind, gilt:

$$\sin(x_1+x_2)=\sin x_1 \cos x_2+\cos x_1 \sin x_2,$$
$$\cos(x_1+x_2)=\cos x_1 \cos x_2-\sin x_1 \sin x_2,$$
$$\tan(x_1+x_2)=\frac{\tan x_1+\tan x_2}{1-\tan x_1 \tan x_2}.$$

Wir beschränken uns auf eine anschauliche Begründung des Additionstheorems zur Sinusfunktion für den Fall, dass gilt: $x_1>0$, $x_2>0$ und $x_1+x_2<\frac{\pi}{2}$. Mit diesen Vorgaben für die Winkelmaße kann aus dem nebenstehenden Bild die Gültigkeit der folgenden Beziehungen direkt abgelesen werden. Dabei wird ausgenutzt, dass $\sphericalangle$ EFC ebenfalls das Maß x_1 besitzt, weil die Schenkel von $\sphericalangle$ BAC und $\sphericalangle$ EFC paarweise aufeinander senkrecht stehen.

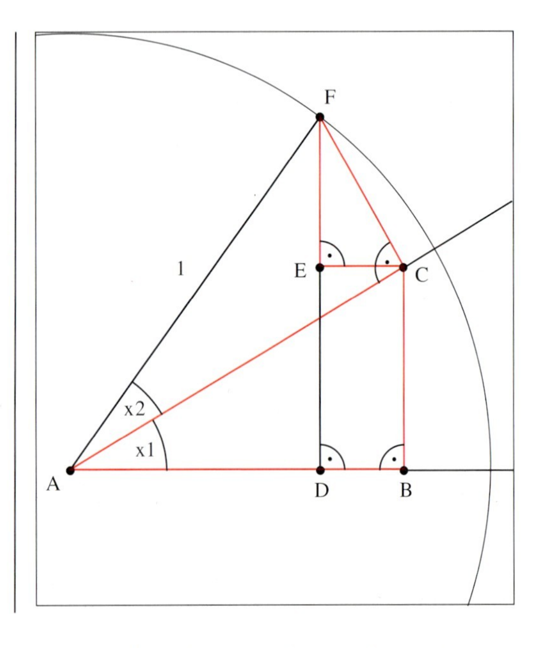

Es sei $r=|\overline{AF}|=1$ (Einheitskreis).

Dann gilt: $|\overline{AC}|=\cos x_2$, $|\overline{CF}|=\sin x_2$ und $|\overline{DF}|=\sin(x_1+x_2)=|\overline{DE}|+|\overline{EF}|$.

Außerdem ist $|\overline{BC}|=|\overline{DE}|$. Wir suchen nun Ausdrücke für $|\overline{DE}|$ und $|\overline{EF}|$.

Aus dem Dreieck ABC lesen wir ab:

$$\sin x_1=\frac{|\overline{BC}|}{|\overline{AC}|}; \text{ also } \sin x_1=\frac{|\overline{DE}|}{\cos x_2}.$$

$$\Rightarrow |\overline{DE}|=\sin x_1 \cos x_2$$

Aus dem Dreieck FEC lesen wir ab:

$$\cos x_1=\frac{|\overline{EF}|}{|\overline{CF}|}; \text{ also } \cos x_1=\frac{|\overline{EF}|}{\sin x_2}.$$

$$\Rightarrow |\overline{EF}|=\cos x_1 \sin x_2$$

Damit folgt insgesamt:

$$\sin(x_1+x_2)=\sin x_1 \cos x_2+\cos x_1 \sin x_2.$$

Das Additionstheorem für die Kosinusfunktion kann in ähnlicher Weise begründet werden. Das Additionstheorem für die Tangensfunktion ergibt sich aus denen für Sinus und Kosinus. Damit könnte auch sofort eine entsprechende Gleichung für $\cot(x_1+x_2)$ entwickelt werden, worauf hier aber verzichtet wird.

Aus den obigen Additionstheoremen für die Summe von Winkeln können unter Anwendung der Symmetrieeigenschaften $\sin(-x)=-\sin x$, $\cos(-x)=\cos x$ und $\tan(-x)=-\tan x$ unmittelbar entsprechende Gleichungen für die Differenz von Winkeln hergeleitet werden, indem man in den Gleichungen x_2 durch $-x_2$ ersetzt.

Für alle Winkelmaße x_1 und x_2, für die die einzelnen Winkelfunktionsterme definiert sind, gilt deshalb auch:

$$\sin(x_1-x_2)=\sin x_1 \cos x_2-\cos x_1 \sin x_2,$$
$$\cos(x_1-x_2)=\cos x_1 \cos x_2+\sin x_1 \sin x_2,$$
$$\tan(x_1-x_2)=\frac{\tan x_1-\tan x_2}{1+\tan x_1 \tan x_2}.$$

Die Funktionen zu $g(x) = a \cdot \sin(bx + c) + d$

Beispiel 2.69 **Wechselstrom**

Aus dem physikalischen Praktikum kennen wir den Kathodenstrahloszillographen, mit dem der zeitliche Verlauf von Wechselspannungen dargestellt werden kann. Auch der zeitliche Verlauf einer Wechselstromstärke ist so darstellbar, indem man den zur Stromstärke proportionalen Spannungsabfall über einem Ohm'schen Widerstand mit dem Gerät aufzeichnet. Einige Oszillographen gestatten auch die gleichzeitige Darstellung von Wechselspannung und Wechselstromstärke.

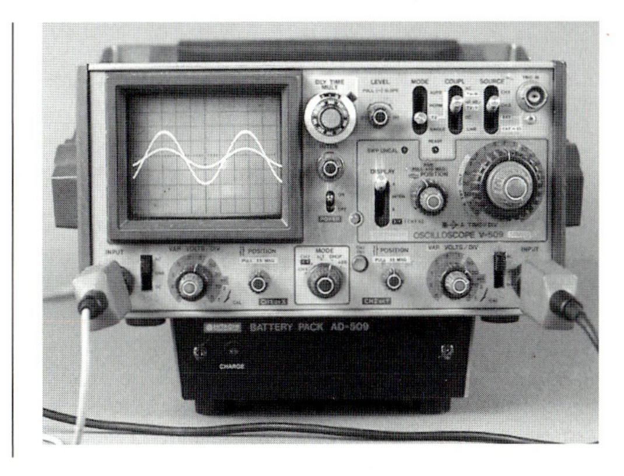

Das Bild auf dem Schirm des Oszillographen zeigt den zeitlichen Verlauf der Spannung und der Stromstärke eines Wechselstromes unseres Stromnetzes. Man kann feststellen, dass es sich um einen sinusförmigen Verlauf handelt, d.h., Spannung u und Stromstärke i eines solchen Wechselstromes sind spezielle Sinusfunktionen der Zeit t. Allgemein kann man die Funktionen u und i durch folgende Funktionsgleichungen beschreiben:

Wechselspannung

u: $u(t) = u_0 \cdot \sin(\omega t + \varphi)$

Größen:

$u(t)$: Momentanwert der Spannung

u_0: Maximalwert der Spannung

Wechselstromstärke

i: $i(t) = i_0 \cdot \sin(\omega t + \varphi)$

Größen:

$i(t)$: Momentanwert der Stromstärke

i_0: Maximalwert der Stromstärke

In beiden Funktionsgleichungen treten außerdem die Größen ω und φ auf. Ist $f = \frac{1}{T}$ die Frequenz des Wechselstromes, so nennt man die Größe $\omega = 2\pi f = \frac{2\pi}{T}$ Kreisfrequenz des Wechselstromes. Die Zeit T ist dabei die Dauer einer Periode. Mit φ wird der sog. Phasenwinkel bezeichnet, der von der Wahl des zeitlichen Nullpunktes abhängt.

Im vorliegenden Beispiel handelt es sich um die Funktionsgleichungen von harmonischen Schwingungen. Fast immer, wenn wir es mit Schwingungen oder anderen periodischen Vorgängen zu tun haben, stimmen deren Graphen nicht mit denen der einfachen Grundfunktionen zu $f(x) = \sin x$ bzw. $f(x) = \cos x$ überein. Es liegen Dehnungen, Stauchungen, Verschiebungen und Überlagerungen verschiedener Funktionen vor. Diese Veränderungen gegenüber den Grundfunktionen ergeben sich durch zusätzliche Parameter im Funktionsterm. Im obigen Beispiel tritt als Argument der Sinusfunktion nicht einfach die Variable x, sondern es steht dort der Term $\omega t + \varphi$, der die Variable t enthält. Außerdem werden in den obigen Funktionstermen die Sinusterme noch mit Faktoren u_0 bzw. i_0 multipliziert. Nun wäre es auch noch denkbar, dass die Wechselspannung $u(t)$ mit einer Gleichspannung U zusammengeschaltet wird; der Term der neuen Funktion u besitzt dann die Form $u(t) = u_0 \cdot \sin(\omega t + \varphi) + U$.

Die Parameter u_0, ω, φ und U haben bestimmte Auswirkungen auf den Graphen der Funktion u. Der Term der Funktion u besitzt die allgemeine Form $a \cdot \sin(bx + c) + d$.

Im Folgenden sollen deshalb die Auswirkungen der Parameter a, b, c und d auf die Graphen der Funktionen zu $g(x) = a \cdot \sin(bx + c) + d$ untersucht werden.

Bei der Untersuchung der Auswirkung der Parameter gehen wir wie bei den quadratischen Funktionen vor und betrachten zunächst den Einfluss jedes einzelnen Parameters für sich. Wir betrachten also anhand von Beispielen nacheinander Funktionen mit Termen der Form

$$g(x)=a\cdot\sin x,\ g(x)=\sin(bx),\ g(x)=\sin(x+c),\ \text{und}\ g(x)=\sin x+d$$

und vergleichen die Graphen dieser Funktionen mit dem Graphen der Funktion f mit $f(x)=\sin x$.

Beispiele 2.70 **Funktionen mit dem Term $g(x)=a\cdot\sin x$;**

- Multipliziert man den Term $\sin x$ mit der reellen Zahl 2, so erhält man den Funktionsterm einer neuen Funktion

g_1: $g_1(x)=2\cdot\sin x$; $D(g_1)=\mathbb{R}$,

deren Funktionswerte doppelt so groß sind wie die der Funktion zu $f(x)=\sin x$. Der Graph von g_1 ist gegenüber dem Graphen von f **gestreckt**.

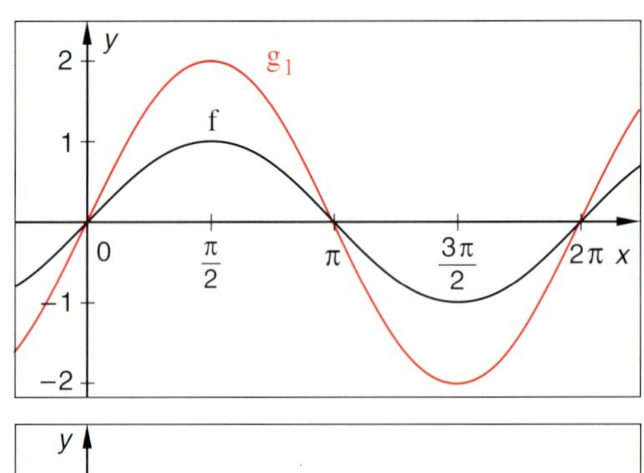

- Die Funktion

g_2: $g_2(x)=-0{,}5\cdot\sin x$; $D(g_2)=\mathbb{R}$,

hat im Vergleich zu f dem Betrage nach halb so große Funktionswerte mit jeweils entgegengesetztem Vorzeichen; ihr Graph ist im Verhältnis zum Graphen von f **gestaucht** und an der x-Achse **gespiegelt**.

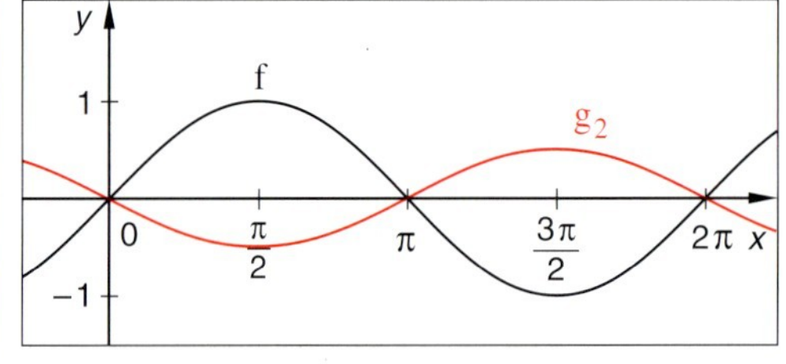

Merke:

Bei der Funktion zu $g(x)=a\cdot\sin x$ bewirkt der Faktor a im Fall $|a|>1$ eine **Streckung** und im Fall $0<|a|<1$ eine **Stauchung** des Graphen der Sinusfunktion in Richtung der y-Achse.
Im Fall $a<0$ kommt noch eine **Spiegelung** des Graphen an der x-Achse hinzu.
Die Zahl $|a|$ ist das Maximum der Funktion zu $g(x)=a\cdot\sin x$. Wird durch die Funktion g eine Schwingung modelliert, so heißt $|a|$ **Amplitude**.

Beispiele 2.71 **Funktionen mit dem Term $g(x)=\sin(bx)$**

- Multipliziert man die Variable x im Term $\sin x$ mit der reellen Zahl 2, so ergibt sich die neue Funktion

g_3: $g_3(x)=\sin(2x)$; $D(g_3)=\mathbb{R}$,

deren Graph gegenüber dem Graphen zu $f(x)=\sin x$ in Richtung der x-Achse **gestaucht** ist.

Der Faktor $b=0{,}5$ bewirkt dann offenbar eine **Streckung** in Richtung der x-Achse.

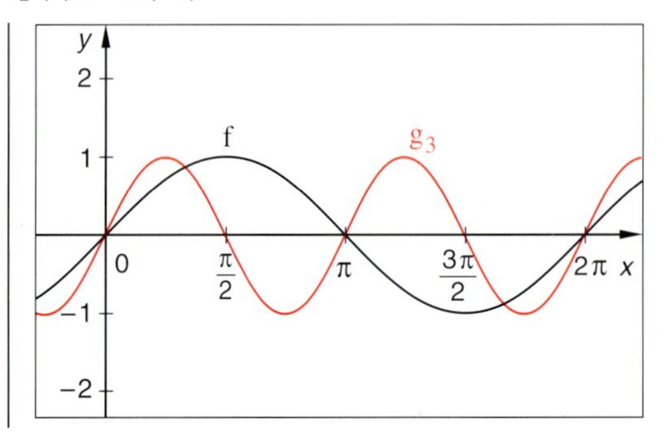

● Bei der Funktion

g_4: $g_4(x) = \sin(-2x)$; $D(g_4) = \mathbb{R}$,

kommt noch eine **Spiegelung** an der y-Achse hinzu.

Die Funktionen g_3 und g_4 habe beide die kleinste Periode $p = \frac{2\pi}{2} = \pi$.

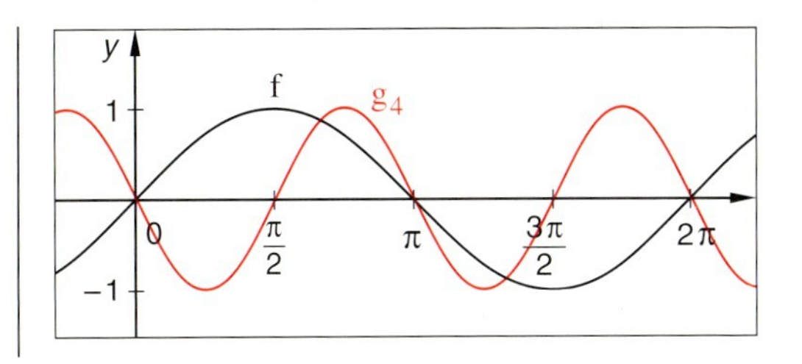

Merke:

Bei der Funktion zu $g(x) = \sin(bx)$ bewirkt der Faktor b im Fall $|b| > 1$ eine **Stauchung** und im Fall $0 < |b| < 1$ eine **Streckung** des Graphen der Sinusfunktion in Richtung der x-Achse.
Im Fall $b < 0$ kommt noch eine **Spiegelung** des Graphen an der y-Achse hinzu.
Wird durch die Funktion g eine Schwingung modelliert, so ist der Faktor b positiv und heißt **Kreisfrequenz** der Schwingung. Die Kreisfrequenz hat die Einheit s^{-1} und gibt die Anzahl der Schwingungen während der Zeit von 2π Sekunden an. Die Kreisfrequenz wird meist mit dem griechischen Buchstaben ω bezeichnet.
Die kleinste Periode der Funktion zu $g(x) = \sin(bx)$ ist die positive Zahl $\frac{2\pi}{|b|}$.

Beispiele 2.72 **Funktionen mit dem Term $g(x) = \sin(x + c)$;**

● Der Graph der Funktion

g_5: $g_5(x) = \sin\left(x + \frac{\pi}{4}\right)$; $D(g_5) = \mathbb{R}$,

ergibt sich aus dem Graphen zu $f(x) = \sin x$ durch **Verschiebung** in Richtung der negativen x-Achse um $\frac{\pi}{4}$. Dies ist sofort einsehbar, wenn man bedenkt, dass der Funktionswert von g_5 an der Stelle x gleich dem Funktionswert der Sinusfunktion f an der Stelle $x + \frac{\pi}{4}$ ist.

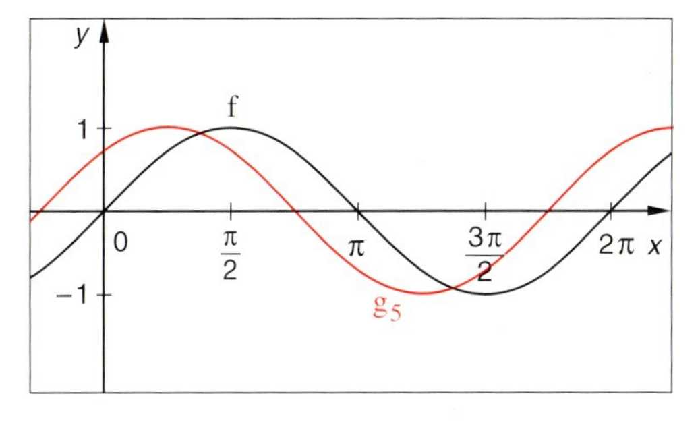

● Entsprechend ergibt sich der Graph der Funktion

g_6: $g_6(x) = \sin\left(x - \frac{\pi}{4}\right)$; $D(g_6) = \mathbb{R}$,

aus dem Graphen zu $f(x) = \sin x$ durch **Verschiebung** in Richtung der positiven x-Achse um $\frac{\pi}{4}$.

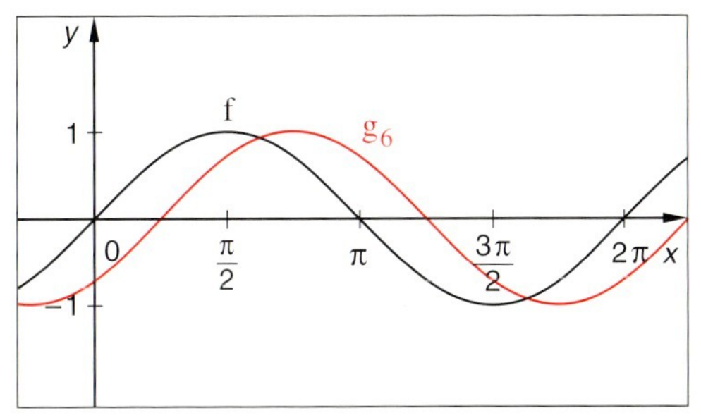

Merke:

Bei der Funktion zu $g(x) = \sin(x + c)$ bewirkt der Parameter c eine **Verschiebung** des Graphen der Sinusfunktion um $|c|$ Einheiten in Richtung der x-Achse. Ist $c > 0$, so erfolgt die Verschiebung nach links, ist $c < 0$ so erfolgt die Verschiebung nach rechts.
Wird durch die Funktion g eine Schwingung modelliert, so heißt c **Phasenwinkel**. Der Phasenwinkel wird häufig mit dem griechischen Buchstaben φ bezeichnet.

Beispiele 2.73 **Funktionen mit dem Term $g(x)=\sin x+d$;**

- Der Graph der Funktion

g_7: $g_7(x)=\sin x+2$; $D(g_7)=\mathbb{R}$,

ergibt sich aus dem Graphen zu $f(x)=\sin x$ durch **Verschiebung** in Richtung der positiven y-Achse um 2 Einheiten.

- Entsprechend ergibt sich der Graph der Funktion

g_8: $g_8(x)=\sin x-0{,}5$; $D(g_8)=\mathbb{R}$,

aus dem Graphen zu $f(x)=\sin x$ durch **Verschiebung** in Richtung der negativen y-Achse um eine halbe Einheit.

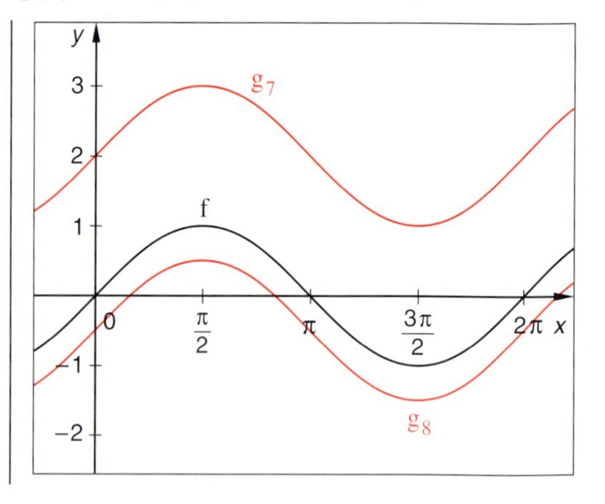

Merke:

Bei der Funktion zu $g(x)=\sin x+d$ bewirkt der Parameter d eine **Verschiebung** des Graphen der Sinusfunktion um $|d|$ Einheiten in Richtung der y-Achse. Ist $d>0$, so erfolgt die Verschiebung nach oben, ist $d<0$ so erfolgt die Verschiebung nach unten.

Treten in einem Funktionsterm $g(x)$ mehrere Parameter auf, so kann man den obigen Erkenntnissen folgend den Graphen schrittweise aus dem Graphen der Sinusfunktion ermitteln.

Beispiel 2.74

Man skizziere den Graphen zu

$g(x)=3\cdot\sin\left(2x-\frac{\pi}{2}\right)+1{,}5.$

Ausgangsfunktion: $f(x)=\sin x$

Schrittweise Ermittlung des Graphen zu g:

$g_1(x)=\sin(2x)$

► Stauchung in x-Richtung mit Faktor 2.

$g_2(x)=\sin\left(2x-\frac{\pi}{2}\right)=\sin\left(2\left[x-\frac{\pi}{4}\right]\right)$

► Verschiebung um $\boxed{\frac{\pi}{4}}$ nach rechts.

$g_3(x)=3\cdot\sin\left(2x-\frac{\pi}{2}\right)$

► Streckung in y-Richtung mit Faktor 3.

$g(x)=3\cdot\sin\left(2x-\frac{\pi}{2}\right)+1{,}5$

► Verschiebung um 1,5 nach oben.

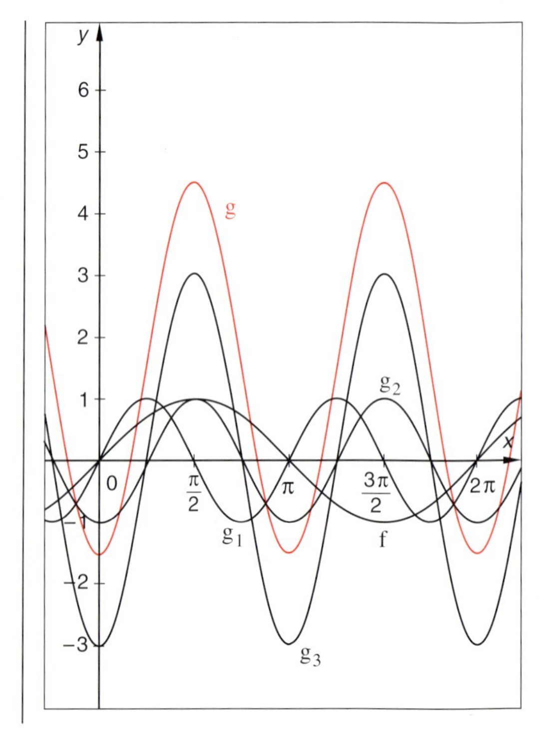

Man beachte die Umformung $\sin(2x-\frac{\pi}{2})=\sin(2[x-\frac{\pi}{4}])$. Erst nach dem Ausklammern des Faktors 2 im Argument der Sinusfunktion kann die Verschiebung $\frac{\pi}{4}$ abgelesen werden!

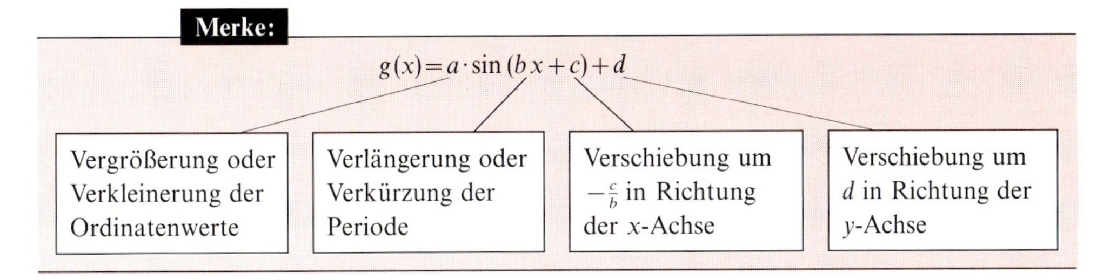

Die in Beispiel 2.74 demonstrierte schrittweise Erzeugung eines Funktionsgraphen aus der Sinusfunktion ist in der heutigen Zeit nur noch von theoretischem Interesse. Steht ein Computer mit einer Software zur Darstellung von Funktionsgraphen zur Verfügung, so kann man natürlich sofort den Graphen zur gegebenen Funktionsgleichung zeichnen lassen. Die umgekehrte Aufgabenstellung, bei der der Graph einer Funktion gegeben und die zugehörige Funktionsgleichung zu ermitteln ist, bleibt dagegen weiterhin von Bedeutung.

Beispiel 2.75 **Untersuchung eines Wechselstromes mit einem Oszillographen**

Auf dem Bildschirm eines Kathodenstrahloszillographen, der mit einem Raster versehen ist, werden die zeitlichen Verläufe einer Wechselspannung und einer Wechselstromstärke aufgezeichnet. Dabei ergibt sich das nebenstehende Bild mit sinusförmigen Kurven. Die Kurve, die am linken Bildrand durch den Nullpunkt geht, stellt die Spannung dar, die andere Kurve die Stromstärke. Der Oszillograph wurde vorher so eingestellt, dass die Bildschirmbreite einer Zeit von $\frac{1}{10}$ Sekunde und der obere Bildschirmrand einer Spannung von 4 Volt, der untere Bildschirmrand einer Spannung von -4 Volt entsprechen. Die Stromstärke ergibt sich durch Aufzeichnung eines Spannungsabfalls über einem Widerstand von $100\,\Omega$. Stromstärke und Spannung schwingen mit derselben Frequenz. Wir ermitteln aus diesen Angaben die Funktionsgleichungen $u(t)=u_0\sin(\omega t)$ sowie $i(t)=i_0\sin(\omega t+\varphi)$.

Wir erhalten:

$u(t)=3\text{ V}\cdot\sin(100\pi\text{ s}^{-1}\cdot t)$,

$$i(t)=5\text{ mA}\cdot\sin\left(100\pi\text{ s}^{-1}\cdot\left[t-\frac{1}{200}\text{ s}\right]\right),$$

$$=5\text{ mA}\cdot\sin\left(100\pi\text{ s}^{-1}\cdot t-\frac{\pi}{2}\right).$$

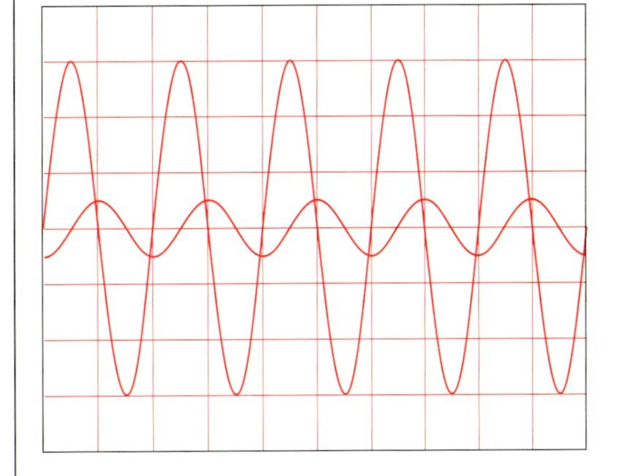

In 0,1 s werden 5 Schwingungen registriert, in 1 s sind es also 50 Schwingungen; es gilt also:

$f=50\text{ s}^{-1}$ und $\omega=2\pi f=100\pi\text{ s}^{-1}$.

Die Stromstärke läuft der Spannung um $\frac{1}{200}$ s hinterher; für die Phasenverschiebung zwischen Spannung und Stromstärke gilt also:

$$\varphi=100\pi\text{ s}^{-1}\cdot\left(-\frac{1}{200}\text{ s}\right)=-\frac{\pi}{2}.$$

Die Spannungsamplitude beträgt $u_0=3$ V.

Für die Amplitude der Stromstärke erhalten wir:

$$i_0=\frac{0{,}5\text{ V}}{100\,\Omega}=0{,}005\text{ A}=5\text{ mA}.$$

Zusammengesetzte Funktionen

Sind die Graphen der Funktionen f_1 und f_2 bekannt, so kann man durch Überlagerung der beiden Kurven (Superposition) den Graphen der Summenfunktion $f=f_1+f_2$ gewinnen, indem man an jeder Stelle x die Funktionswerte der beiden Ausgangsfunktionen addiert:

$$f(x)=f_1(x)+f_2(x).$$

Besonders einfach sind die Zusammenhänge, wenn f_1 uns f_2 Terme der Form $f_1(x)=\sin(bx+c_1)$ und $f_2(x)=\sin(bx+c_2)$ besitzen. Um eine Formel für die Summe zweier Sinuswerte aufzustellen, addieren wir die Gleichungen der Additionstheoreme

$$\sin(x_1+x_2)=\sin x_1 \cos x_2+\cos x_1 \sin x_2, \quad \sin(x_1-x_2)=\sin x_1 \cos x_2-\cos x_1 \sin x_2$$

und erhalten:

$$\sin(x_1+x_2)+\sin(x_1-x_2)=2\sin x_1 \cos x_2.$$

Wir setzen nun $x_1+x_2=\alpha$ und $x_1-x_2=\beta$, dann ist

$$\alpha+\beta=2x_1 \text{ und } \alpha-\beta=2x_2, \text{ also } x_1=\frac{\alpha+\beta}{2}, \quad x_2=\frac{\alpha-\beta}{2}.$$

Damit ergibt sich ein sog. **Additionstheorem 2. Art**:

$$\sin\alpha+\sin\beta=2\cdot\sin\frac{\alpha+\beta}{2}\cdot\cos\frac{\alpha-\beta}{2}.$$

Mit dieser Formel erhalten wir:

$$f(x)=f_1(x)+f_2(x)=\sin(bx+c_1)+\sin(bx+c_2)=2\cdot\sin\left(\frac{2bx+c_1+c_2}{2}\right)\cdot\cos\frac{c_1-c_2}{2}$$
$$=a\cdot\sin(bx+c),$$

wobei $a=2\cos\frac{c_1-c_2}{2}$ und $c=\frac{c_1+c_2}{2}$ ist. Die Summenfunktion f besitzt dieselbe kleinste Periode $\frac{2\pi}{|b|}$ wie die Funktionen g_1 und g_2.

Beispiel 2.76

Wir zeichnen den Graphen zu

$f(x)=\sin x+\cos x.$

Dabei ist

$f_1(x)=\sin x, f_2(x)=\cos x=\sin\left(x+\frac{\pi}{2}\right)$

und $b=1$, $c_1=0$, $c_2=\frac{\pi}{2}$. Damit erhält man:

$a=2\cdot\cos\left(-\frac{\pi}{4}\right)=2\cdot\frac{\sqrt{2}}{2}=\sqrt{2}, \; c=\frac{\pi}{4}.$

Die Summenfunktion f hat also den Funktionsterm

$f(x)=\sqrt{2}\cdot\sin\left(x+\frac{\pi}{4}\right).$

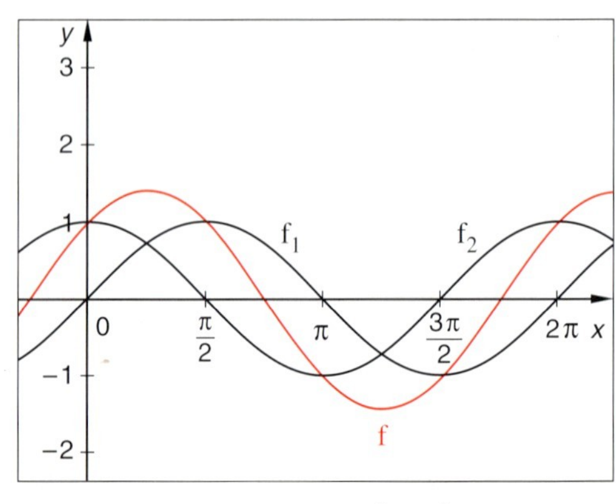

$f(x)=\sin x+\cos x=\sqrt{2}\cdot\sin\left(x+\frac{\pi}{4}\right)$

Wir betrachten nun ein Beispiel, bei dem die beiden Funktionsterme noch dieselbe Periode haben aber mit verschiedenen Faktoren a_1 und a_2 multipliziert werden. In solch einem Fall kann das obige Additionsteorem 2. Art nicht mehr angewendet werden.

Beispiel 2.77 a

Wir zeichnen den Graphen zu

$f(x) = 2 \sin x + 3 \cos x.$

Dabei ist

$f_1(x) = 2 \sin x,\ f_2(x) = 3 \sin\left(x + \frac{\pi}{2}\right).$

Die Funktionsterme von f_1 und f_2 haben nun die Form

$f_i(x) = a_i \sin(bx + c_i)\ \ (i = 1; 2)$

mit $a_1 = 2,\ a_2 = 3,\ b = 1,\ c_1 = 0,\ c_2 = \frac{\pi}{2}.$

Offensichtlich handelt es sich auch bei der Summenfunktion wieder um eine harmonische Funktion, die dieselbe kleinste Periode besitzt wie die beiden Summanden.

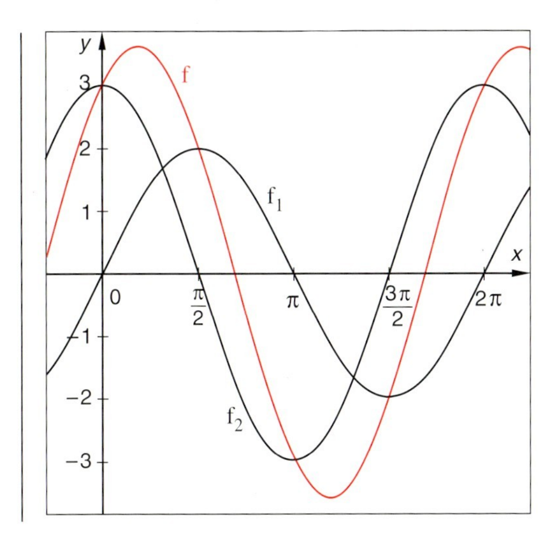

Es kann allgemein gezeigt werden, dass für $f_1(x) = a_1 \cdot \sin(bx + c_1)$ und $f_2(x) = a_2 \cdot \sin(bx + c_2)$ die Summe wieder auf eine Sinusschwingung mit einem Term der Form $f(x) = a \cdot \sin(bx + c)$ führt; dabei ist für $a_1,\ a_2 > 0$

$$a = \sqrt{a_1^2 + a_2^2 + 2 a_1 a_2 \cos(c_1 - c_2)}$$

und c kann aus der Beziehung

$$\tan c = \frac{a_1 \sin c_1 + a_2 \sin c_2}{a_1 \cos c_1 + a_2 \cos c_2}$$

berechnet werden. Wir verzichten auf einen Beweis dieser Formeln und wenden sie auf das obige Beispiel an.

Beispiel 2.77 b

Mit $a_1 = 2,\ a_2 = 3,\ b = 1,\ c_1 = 0$ und $c_2 = \frac{\pi}{2}$ ergibt sich:

$$a = \sqrt{2^2 + 3^2 + 2 \cdot 2 \cdot 3 \cdot \cos\left(0 - \frac{\pi}{2}\right)} = \sqrt{13} \approx 3{,}6$$

$$\tan c = \frac{2 \cdot \sin 0 + 3 \cdot \sin \frac{\pi}{2}}{2 \cdot \cos 0 + 3 \cdot \cos \frac{\pi}{2}} = 1{,}5 \quad \Rightarrow \quad c = \tan^{-1}(1{,}5) \approx 0{,}98$$

Die Summenfunktion f hat also den Funktionsterm

$$f(x) = \sqrt{13} \cdot \sin(x + \tan^{-1}(1{,}5)) \approx 3{,}6 \cdot \sin(x + 0{,}98).$$

Abschließend untersuchen wir noch ein Beispiel, bei dem die beiden Summanden unterschiedliche Perioden haben.

Beispiel 2.78

Wir zeichnen den Graphen zu

$f(x) = \sin x + \sin(2x + \pi)$.

Dabei ist $f_1(x) = \sin x$, $f_2(x) = \sin(2x + \pi)$.

Die Funktionsterme von f_1 und f_2 haben nun die Form $f_i(x) = a_i \sin(b_i x + c_i)$ $(i = 1; 2)$

mit $a_1 = 1$, $a_2 = 1$, $b_1 = 1$, $b_2 = 2$, $c_1 = 0$, $c_2 = \pi$.

Offensichtlich kann der Term der Summenfunktion nicht mehr in der Form $a \cdot \sin(bx + c)$ dargestellt werden.

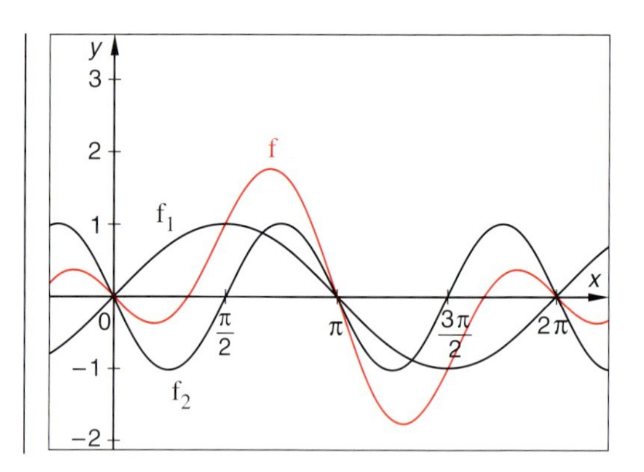

Wir erwähnen noch, dass entsprechende Betrachtungen wie für die Sinusfunktion auch bei den anderen Winkelfunktionen durchgeführt werden können. Bei der Modellierung von Schwingungen kann ebensogut auch die Kosinusfunktion verwendet werden.

Beispiele für die Lösung goniometrischer Gleichungen

Gleichungen, in denen die Variable als Argument von Winkelfunktionen vorkommen, nennt man goniometrische Gleichungen. Um diese rechnerisch zu lösen, gibt es je nach Aufgabenart verschiedene Lösungsansätze. Mithilfe der Beziehungen zwischen den trigonometrischen Funktionen (Seite 109) und den Additionstheoremen (Seiten 110 und 116) lässt sich in vielen Fällen eine zur gegebenen Gleichung äquivalente Gleichung[1] finden, deren Lösungsmenge unmittelbar abgelesen werden kann. Gute Dienste leisten dabei auch Formeln für die Vielfachen eines Winkels. So ergeben sich beispielsweise aus den Additionstheoremen $\sin(x_1 + x_2) = \sin x_1 \cos x_2 + \cos x_1 \sin x_2$ und $\cos(x_1 + x_2) = \cos x_1 \cos x_2 - \sin x_1 \sin x_2$ mit $x_1 = x_2 = x$ und der Beziehung $\sin^2 x = 1 - \cos^2 x$ Formeln für den Sinus bzw. den Kosinus des doppelten Winkels:

$$\sin(2x) = 2 \cdot \sin x \cdot \cos x \quad \text{bzw.} \quad \cos(2x) = \cos^2 x - \sin^2 x = 2\cos^2 x - 1.$$

Durch die Vielfalt der Formen bei goniometrischen Gleichungen können nur für einfache ausgewählte Typen systematische Verfahren angegeben werden. In den meisten Fällen ist man auf die Anwendung numerischer Näherungsverfahren angewiesen, was in der heutigen Zeit durch die allgemeine Verfügbarkeit von Computern mit entsprechender Software für den Anwender in der Praxis ohne Probleme sein dürfte. Ein einfaches Verfahren wird auf Seite 122 angegeben.

Wir geben im Folgenden einige Beispiele für die Lösung goniometrischer Gleichungen an. Dabei unterscheiden wir unterschiedliche Gleichungstypen:

1. Gleichungen mit nur einer Winkelfunktion,
2. Gleichungen mit zwei Winkelfunktionen desselben Arguments,
3. Gleichungen mit zwei Winkelfunktionen verschiedener Argumente.

[1] Äquivalente Gleichungen besitzen dieselbe Lösungsmenge.

Beispiel 2.79

Es sind alle reellen Lösungen der Gleichung

$1-\cos(2x)=0$

zu ermitteln.

Die Kosinusfunktion besitzt den Funktionswert 1 genau für alle ganzzahligen Vielfachen von 2π.

Lösungsmenge: $L_{\mathbb{R}}=\{x \mid x=k\pi;\ k\in\mathbb{Z}\}$

$$\begin{aligned} & 1-\cos(2x)=0 && \mid -1 \\ \Leftrightarrow\ & -\cos(2x)=-1 && \mid \cdot(-1) \\ \Leftrightarrow\ & \cos(2x)=1 && \mid \text{Substitution } z=2x \\ \Leftrightarrow\ & \cos z=1 && \\ \Leftrightarrow\ & z=2k\pi;\ k\in\mathbb{Z} && \\ \Leftrightarrow\ & x=k\pi;\ k\in\mathbb{Z} && \end{aligned}$$

Die Lösungen von $1-\cos(2x)=0$ sind die Nullstellen der Funktion zu $f(x)=1-\cos(2x)$:

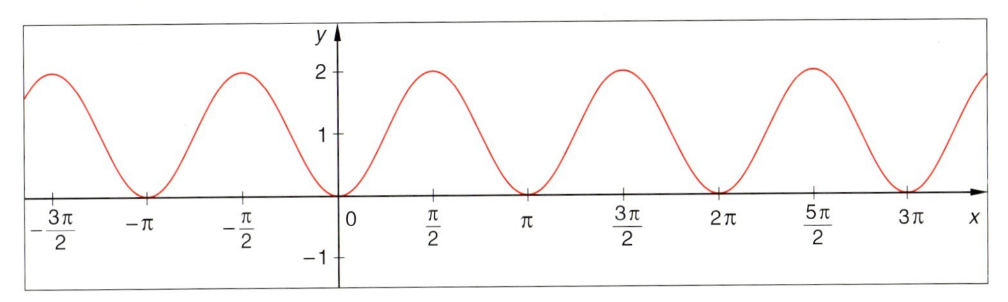

Beispiel 2.80

Es sind alle reellen Lösungen der Gleichung

$\sin x+\sin(2x)=0$

aus dem Intervall $[0; 2\pi]$ zu ermitteln.

Ein Produkt ist gleich null, wenn wenigstens ein Faktor gleich null ist.

Lösungsmenge: $L_{[0;2\pi]}=\{0; \frac{2\pi}{3}; \pi; \frac{4\pi}{3}; 2\pi\}$

$$\begin{aligned} & \sin x+\sin(2x)=0 && \mid \text{Additionstheorem} \\ \Leftrightarrow\ & \sin x+2\sin x\cos x=0 && \mid \text{Ausklammern} \\ \Leftrightarrow\ & \sin x\cdot(1+2\cos x)=0 && \end{aligned}$$

$\sin x=0 \quad \Leftrightarrow x=0$ oder $x=\pi$ oder $x=2\pi$

$1-2\cos x=0 \Leftrightarrow \cos x=-\frac{1}{2}$

$\Leftrightarrow z=\frac{2\pi}{3}$ oder $x=\frac{4\pi}{3}$

Die Lösungen sind die Nullstellen der Funktion zu $f(x)=\sin x+\sin(2x)$ auf $[0; 2\pi]$:

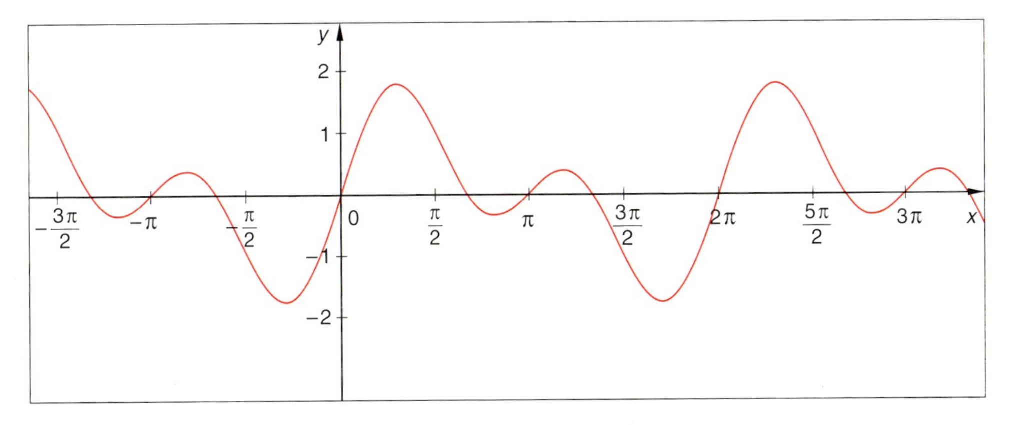

Beispiel 2.81

Es sind alle reellen Lösungen der Gleichung

$\cos x + \cos(2x) = 0$

aus dem Intervall $[0; 2\pi]$ zu ermitteln.

Dabei wenden wir folgende Formel an:

$\cos(2x) = \cos^2 x - \sin^2 x = 2\cos^2 x - 1.$

Nach der Substitution ergibt sich eine quadratische Gleichung, die durch Faktorisieren gelöst werden kann.

Lösungsmenge: $L_{[0;2\pi]} = \{\frac{\pi}{3}; \pi; \frac{5\pi}{3}\}$

$\cos x + \cos(2x) = 0$ | Additionstheorem

$\Leftrightarrow \cos x + 2\cos^2 x - 1 = 0$ | Subst. $z = \cos x$

$\Leftrightarrow z + 2z^2 - 1 = 0$

$\Leftrightarrow z^2 + \frac{1}{2}z - \frac{1}{2} = 0$

$\Leftrightarrow (z - \frac{1}{2})(z + 1) = 0$

$\Leftrightarrow z = \frac{1}{2}$ oder $z = -1$

$\Leftrightarrow \cos x = \frac{1}{2}$ oder $\cos x = -1$

$\cos x = \frac{1}{2} \Leftrightarrow x = \frac{\pi}{3}$ oder $x = \frac{5\pi}{3}$

$\cos x = -1 \Leftrightarrow x = \pi$

Die Lösungen sind die Nullstellen der Funktion zu $f(x) = \cos x + \cos(2x)$ auf $[0; 2\pi]$:

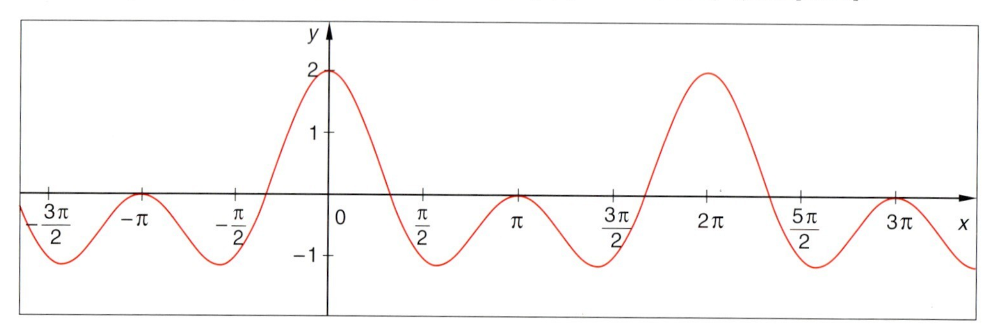

Beispiel 2.82

Es sind alle reellen Lösungen der Gleichung

$\cos^3 x - 2\cos x \sin^2 x = 0$

aus dem Intervall $[0; 2\pi]$ zu ermitteln.

Dabei wenden wir die folgende Formel an:

$\cos^2 x = 1 - \sin^2 x.$

Näherung für die Lösungsmenge $L_{[0;2\pi]}$:

$\{0{,}615; 1{,}571; 2{,}526; 3{,}757; 4{,}712; 5{,}668\}$

$\cos^3 x - 2\cos x \sin^2 x = 0$

$\Leftrightarrow \cos x \cdot (\cos^2 x - 2\sin^2 x) = 0$

$\Leftrightarrow \cos x \cdot (1 - 3\sin^2 x) = 0$

$\Leftrightarrow \cos x = 0$ oder $\sin^2 x = \frac{1}{3}$

$\cos x = 0 \Leftrightarrow x = \frac{\pi}{2} \approx 1{,}571$ oder $x = \frac{3\pi}{2} \approx 4{,}712$

$\sin^2 x = \frac{1}{3} \Leftrightarrow \sin x = \sqrt{\frac{1}{3}}$ oder $\sin x = -\sqrt{\frac{1}{3}}$

$\sin x = \sqrt{\frac{1}{3}} \Leftrightarrow x \approx 0{,}615$ oder $x \approx 2{,}526$

$\sin x = -\sqrt{\frac{1}{3}} \Leftrightarrow x \approx 3{,}757$ oder $x \approx 5{,}668$

Die Lösungen sind die Nullstellen der Funktion zu $f(x) = \cos^3 x - 2\cos x \sin^2 x$ auf $[0; 2\pi]$:

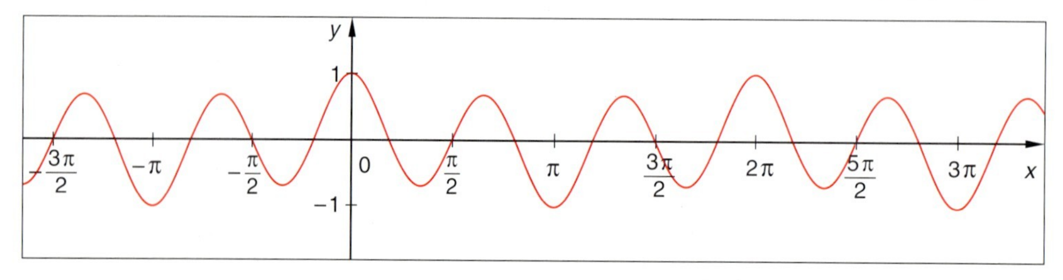

Beispiel 2.83

Es sind alle reellen Lösungen der Gleichung

$1 - \sin x = \cos x$

aus dem Intervall $[0; 2\pi]$ zu ermitteln.

Setzen wir die vier ermittelten Werte 0, π, 2π und $\frac{\pi}{2}$ in die Ausgangsgleichung ein, so stellen wir fest, dass nur die Werte 0, 2π und $\frac{\pi}{2}$ Lösungen sind. Die „Scheinlösung" π wurde durch das Quadrieren „eingeschleppt".

Lösungsmenge: $L_{[0; 2\pi]} = \{0; \frac{\pi}{2}; 2\pi\}$

Wir quadrieren die Gleichung $1 - \sin x = \cos x$.

$\Rightarrow 1 - 2\sin x + \sin^2 x = \cos^2 x$

$\Leftrightarrow 1 - 2\sin x + \sin^2 x = 1 - \sin^2 x \quad | -1 + \sin^2 x$

$\Leftrightarrow \quad 2\sin^2 x - 2\sin x = 0 \quad |:2$

$\Leftrightarrow \quad \sin^2 x - \sin x = 0$

$\Leftrightarrow \quad \sin x \cdot (\sin x - 1) = 0$

$\Leftrightarrow \sin x = 0$ oder $\sin x = 1$

$\sin x = 0 \Leftrightarrow x = 0$ oder $x = \pi$ oder $x = 2\pi$

$\sin x = 1 \Leftrightarrow x = \frac{\pi}{2}$

Die Lösungen sind die Nullstellen der Funktion zu $f(x) = 1 - \sin x - \cos x$ auf $[0; 2\pi]$:

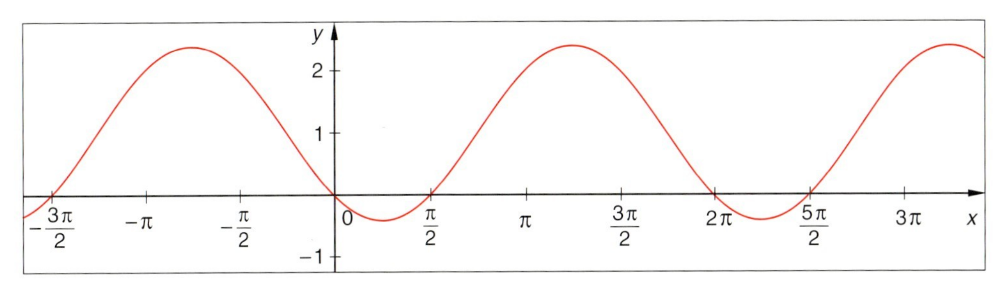

Beispiel 2.84

Es sind alle reellen Lösungen der Gleichung

$\sin x = \cos(2x)$

aus dem Intervall $[0; 2\pi]$ zu ermitteln.

Dabei wenden wir die Formel

$\cos(2x) = \cos^2 x - \sin^2 x = 1 - 2\sin^2$

und die Substitution $z = \sin x$ an.

Lösungsmenge: $L_{[0; 2\pi]} = \{\frac{\pi}{6}; \frac{5\pi}{6}; \frac{3\pi}{2}\}$

$\sin x = \cos(2x)$

$\Leftrightarrow \quad \sin x = 1 - 2\sin^2 x$

$\Leftrightarrow 2\sin^2 x + \sin x - 1 = 0$ ▶ $\sin x = z$

$\Leftrightarrow \quad 2z^2 + z - 1 = 0$ ▶ Beispiel 2.81

$\Leftrightarrow z = \frac{1}{2}$ oder $z = -1$

$\Leftrightarrow \sin x = \frac{1}{2}$ oder $\sin x = -1$

$\sin x = \frac{1}{2} \quad \Leftrightarrow x = \frac{\pi}{6}$ oder $x = \frac{5\pi}{6}$

$\sin x = -1 \Leftrightarrow x = \frac{3\pi}{2}$

Die Lösungen sind die Nullstellen der Funktion zu $f(x) = \sin x - \cos(2x)$ auf $[0; 2\pi]$:

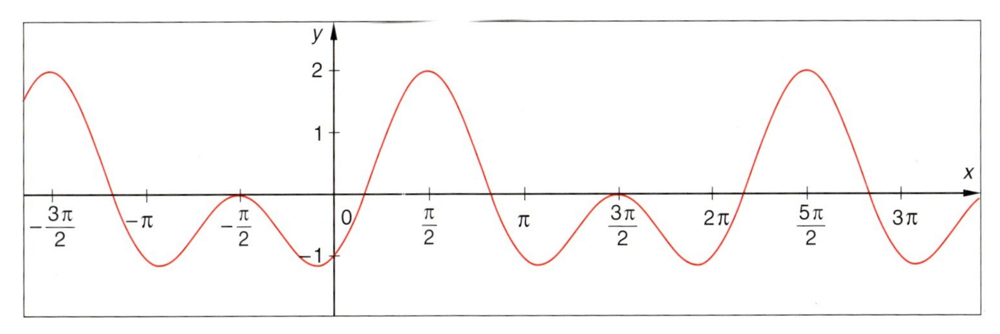

Das Halbierungsverfahren zur numerischen Lösung von Gleichungen

Auf Seite 118 haben wir darauf hingewiesen, dass in vielen Fällen keine einfachen äquivalenten Gleichungen gefunden werden können, aus denen man die Lösungen der gegebenen Gleichung ablesen kann. In diesen Fällen ist man auf die Anwendung von numerischen Näherungsverfahren angewiesen. Ein sehr einfaches Beispiel für ein Näherungsverfahren zur Lösung von Gleichungen ist das sog. **Halbierungsverfahren**, das hier kurz erläutert werden soll.

Das Verfahren berechnet eigentlich eine Folge von Näherungswerten für eine Nullstelle der durch ihren Term $f(x)$ gegebene Funktion f. Es wird also die Gleichung $f(x)=0$ näherungsweise gelöst, wobei die Genauigkeit bei hinreichend vielen Rechenschritten nur von der Genauigkeit des verwendeten Rechenhilfsmittels abhängt. Verwendet man beispielsweise einen Computer mit Turbo-Pascal, so kann man mit einer Genauigkeit auf 13 Stellen rechnen.

Wir geben im Folgenden ein solches Pascal-Programm an und erläutern daran das Verfahren.

```
 1 PROGRAM Halbierungsverfahren;
 2 USES Crt;
 3 VAR a, b, c, d: Real;
 4 FUNCTION f(x: Real): Real;
 5 BEGIN
 6   f:=x-cos(x);
 7 END;
 8 BEGIN
 9   ClrScr; Writeln;
10   Writeln('Das Programm berechnet Näherungswerte für eine Nullstelle
11   Writeln('der Funktion f nach der Intervallhalbierungsmethode.');
12   Writeln;
13   REPEAT
14     Write('Eingabe der unteren Intervallgrenze: a='); Readln(a);
15     Write('Eingabe der oberen  Intervallgrenze: b='); Readln(b);
16   UNTIL f(a)*f(b)<0;
17   Write('Eingabe der Abbruchschranke: d='); Readln(d);
18   REPEAT
19     c:=(a+b)/2; Writeln(c:14:9);
20     IF f(b)*f(c)<0 THEN a:=c ELSE b:=c;
21   UNTIL abs(f(c))<d;
22   Writeln; Writeln('Ende: <Enter>'); Readln;
23 END.
```

Das Verfahren beruht auf dem mathematischen Satz, dass eine auf einem abgeschlossenen Intervall $[a;b]$ stetige Funktion f in diesem Intervall mindestens eine Nullstelle besitzt, wenn die Funktionswerte $f(a)$ und $f(b)$ verschiedene Vorzeichen besitzen; wenn also gilt:

$f(a)\cdot f(b)<0.$

Diese Bedingung wird im Programm bereits bei der Eingabe der Intervallgrenzen a und b geprüft (Zeile 16).

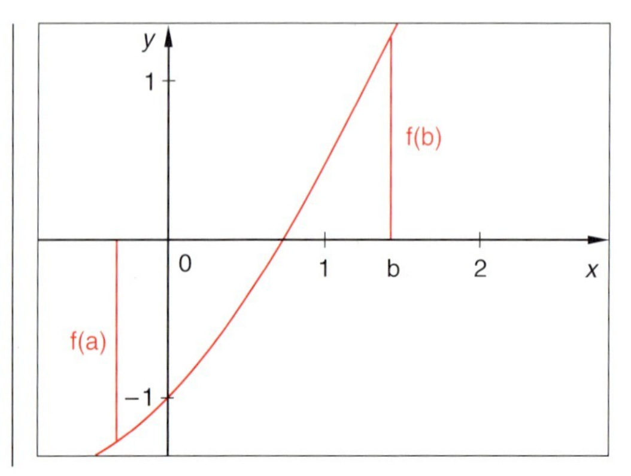

Ohne Beschränkung der Allgemeinheit nehmen wir an, dass bei einer Funktion f gilt:

$$f(a) < 0 \text{ und } f(b) > 0.$$

Für den Intervallmittelpunkt $c = \frac{a+b}{2}$ gilt nun einer der drei Fälle:

1) Es ist $f(c) = 0$. Dann hat man die Nullstelle gefunden.
2) Es ist $f(c) > 0$. Dann muss die Nullstelle im Intervall $[a; c]$ liegen, und man wiederholt das Verfahren für dieses Intervall; setzt als $b = c$.
3) Es ist $f(c) < 0$. Dann muss die Nullstelle im Intervall $[c; b]$ liegen, und man wiederholt das Verfahren für dieses Intervall; setzt als $a = c$.

Diese wiederholte Mittelbildung und Fallunterscheidung wird im Programm in einer REPEAT-Schleife (Zeilen 18 – 21) solange fortgesetzt, wie der Funktionswert $f(c)$ größer als die Abbruchschranke d ist. Für d ist eine kleine Zahl (etwa 0,0000000001) einzugeben.

Das neue Intervall ist stets nur noch halb so groß wie das vorhergehende Intervall. Das Verfahren liefert eine Intervallschachtelung für die gesuchte Nullstelle der Funktion, also für die Lösung der Gleichung $f(x) = 0$.

Der Funktionsterm steht in Zeile 6 des Programms. Hier wird also nach der Lösung der Gleichung $x - \cos x = 0$ gefragt, die mit den vorher betrachteten Verfahren nicht gelöst werden kann. Die Gleichung ist äquivalent zu $x = \cos x$; es sind also alle Schnittpunkte der Graphen zu $y = x$ und $y = \cos x$ zu bestimmen. Man sieht sofort, dass es nur genau einen solchen Schnittpunkt gibt, der im Intervall $[0; 1]$ liegt. Das Programm liefert mit den Eingaben $a = 0$, $b = 1$ und $d = 0{,}0000000001$ als letzten Näherungswert die Zahl 0,739085133.

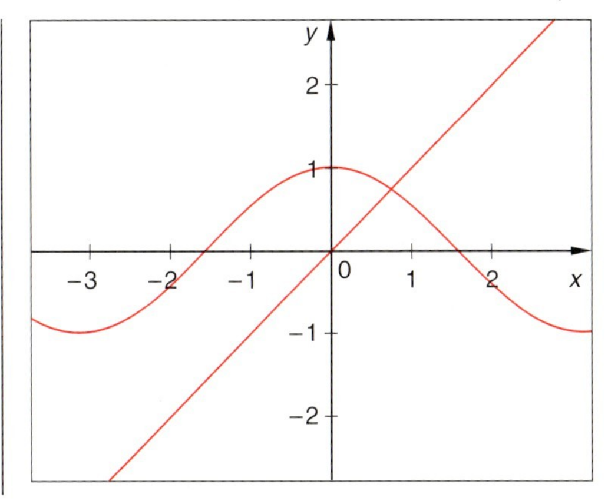

Mit dem Programm können die „gutartigen“ Nullstellen beliebiger stetiger Funktionen berechnet und damit eine Vielzahl von Gleichungen numerisch mit hoher Geschwindigkeit gelöst werden. Sollen beispielsweise Lösungen der Gleichung $\cos x + \cos(2x) = 0$ des Beispiels 2.81 (Seite 120) mit dem Halbierungsverfahren berechnet werden, so ist nur die Zeile 6 des Programms zu ändern:

```
f := cos (x) + cos (2*x);
```

Durch eine Skizze sind dann noch Intervallgrenzen zu ermitteln, zwischen denen die gesuchte Nullstelle liegt. Wir betrachten dazu den Graphen der zugehörigen Funktion des Beispiels 2.81. Die erste Nullstelle im Intervall $[0; 2\pi]$ ist $\frac{\pi}{3}$. Das Programm liefert mit $a = 0$, $b = 1{,}5$ und $d = 0.0000000001$ den Wert 1,047197551, also $\frac{\pi}{3}$ mit Taschenrechnergenauigkeit. Bei der zweiten Nullstelle (π) versagt das Verfahren, weil in unmittelbarer Umgebung der Nullstelle alle Funktionswerte dasselbe Vorzeichen haben. Hier liegt keine „gutartige Nullstelle“ vor! Startet man das Programm mit $a = 1{,}5$, $b = 6$ und $d = 0.0000000001$, so erhält man den Wert 5,235987756; also die dritte Nullstelle $\frac{5\pi}{3}$.

Ist auf einem Computer Turbo-Pascal nicht installiert, so kann das Programm leicht in eine andere Programmiersprache „übersetzt“ werden. Und wenn kein Computer zur Verfügung steht, kann die Rechnung mit einem Taschenrechner erfolgen, wobei man die Zwischenwerte in einer geeigneten Tabelle notieren sollte.

Übungen zu 2.7

1. Geben Sie die Maße der Winkel im Bogenmaß an.

a) $10°$ **b)** $15°$ **c)** $30°$ **d)** $45°$
e) $60°$ **f)** $-135°$ **g)** $845°$ **h)** $-723°$

2. Bestimmen Sie die Maße der im Bogenmaß gegebenen Winkel im Gradmaß.

a) $2{,}5$ **b)** 10 **c)** $-3{,}2$ **d)** $\sqrt{3}$
e) $0{,}5\pi$ **f)** $0{,}75\pi$ **g)** $-2{,}5\pi$ **h)** $-0{,}33\pi$

3. Ermitteln Sie mit einem Taschenrechner die Winkelfunktionswerte.

a) $\sin 32{,}6°$ **b)** $\cos 123{,}5°$ **c)** $\tan(-17{,}7°)$ **d)** $\cot 270{,}5°$
e) $\sin 6{,}4$ **f)** $\cos(-5{,}2)$ **g)** $\tan 0{,}03$ **h)** $\cot(-10{,}5)$
i) $\sin 2{,}7\pi$ **j)** $\cos 0{,}8\pi$ **k)** $\tan(3{,}5\pi+1{,}1)$ **l)** $\cot(-1{,}3\pi-0{,}3)$

4. Ermitteln Sie das Winkelmaß x mithilfe eines Taschenrechners im Grad- und im Bogenmaß.

a) $\sin x=0{,}8905$ **b)** $\cos x=-0{,}5678$ **c)** $\tan x=0{,}2345$ **d)** $\cot x=2{,}8888$
e) $\sin x=0{,}0053$ **f)** $\cos x=0{,}4345$ **g)** $\tan x=-1{,}3323$ **h)** $\cot x=-100{,}4$

5. Bestimmen Sie die Funktionswerte an den Stellen $x_1=\pi$; $x_2=0{,}5$; $x_3=0{,}25$; $x_4=-0{,}2$ und $x_5=-2\pi$.

a) $f(x)=\sin(2x)$ **b)** $f(x)=2\sin x$ **c)** $f(x)=\sin[2(x+1)]$ **d)** $f(x)=\sin(0{,}5x+1)$
e) $f(x)=\cos(2x)$ **f)** $f(x)=2\cos x$ **g)** $f(x)=\cos[2(x+1)]$ **h)** $f(x)=\cos(0{,}5x+1)$

6. Beweisen Sie unter Benutzung der Additionstheoreme:

a) $\sin(2x)=2\cdot\sin x\cdot\cos x$ **b)** $\cos(2x)=\cos^2 x-\sin^2 x$

7. Bestimmen Sie α aus $\sin(30°+\alpha)+\sin(30°-\alpha)=0{,}9135$.

8. Vereinfachen Sie den Term.

a) $\dfrac{\sin x}{\tan x}$ **b)** $\dfrac{1}{\cos x\cdot\tan x}$ **c)** $\dfrac{\cos(2x)}{\tan x}$ **d)** $\cos x\cdot\sqrt{1+\tan^2 x}$

9. Ermitteln Sie die Lösungsmenge der goniometrischen Gleichung.

a) $2\sin^2 x+\sin x=1$ **b)** $4\sin x=3\cos x$ **c)** $\tan^2 x+2\tan x-1=0$
d) $2\sin x-\tan x=0$ **e)** $\sin(2x)+2\sin x=0$ **f)** $2\cos^2 x=2+\sin(2x)$

10. Ermitteln Sie Amplitude und Phase der Sinusschwingung, die sich durch Superposition der gleichfrequenten Schwingungen zu f und g ergibt.

a) $f(x)=3\sin(2x)$, $g(x)=4\cos(2x)$ **b)** $f(x)=0{,}5\sin[2(x+1)]$, $g(x)=2\sin[2(x-2)]$
c) $f(x)=\cos(x+3\pi/4)$, $g(x)=\cos(x-\pi/4)$ **d)** $f(x)=\sin[3x-\pi/2)]$, $g(x)=\sin[3x+\pi/3)]$

11. Ermitteln Sie den Graphen der Funktion, die durch Superposition der Funktionen f und g mit $f(x)=\sin(2x)+\cos(x)$ und $g(x)=0{,}5\cos x-2\sin x$ entsteht.

12. Ermitteln Sie die Frequenz und Schwingungsdauer der Wechselspannung. Bestimmen Sie die Zeit des ersten Nulldurchgangs.

a) $u(t)=1{,}8\text{ V}\cdot\cos(0{,}2\text{ s}^{-1}\cdot t+1)$ **b)** $u(t)=20\text{ V}\cdot\sin[200\text{ s}^{-1}\cdot(t-0{,}025\text{ s})+30]$

13. Skizzieren Sie den Graphen der Funktion f.

a) $f(x)=3\cdot\sin[5(x-1)]+2$ **b)** $f(x)=3\cos(2x)$

14. Die Funktion $f: f(x)=\sin x$, $D(f)=[-\frac{\pi}{2};\frac{\pi}{2}]$ ist umkehrbar (vgl. Seite 96). Die Umkehrfunktion ist die **Arkussinusfunktion**: $f^{-1}: f^{-1}(x)=\arcsin x$ (gelesen: Arkus-Sinus von x).

a) Zeichnen Sie den Graphen von f^{-1} durch Spiegelung des Graphen von f an der Geraden zu $y=x$.
b) Geben Sie die Definitions- und die Wertemenge von f^{-1} an.
c) Ermitteln Sie $\arcsin\frac{1}{2}\sqrt{3}$.

15. Auf geeignet eingeschränkten Definitionsbereichen besitzen auch die Kosinusfunktion, die Tangensfunktion und die Kotangensfunktion jeweils Umkehrfunktionen, die als **Arkuskosinusfunktion** (arccos), **Arkustangensfunktion** (arctan) bzw. **Arkuskotangensfunktion** (arccot) bezeichnet werden.

a) Schränken Sie die Definitionsbereiche der Kosinusfunktion, der Tangensfunktion und der Kotangensfunktion so ein, dass umkehrbare Funktionen entstehen.
b) Zeichnen Sie die Graphen der drei Umkehrfunktionen durch Spiegelung der Geraden zu $y=x$ und geben Sie die Definitions- und die Wertemengen an.

c) Bestimmen Sie x aus der Gleichung $\arccos x = \frac{2}{3}\pi$.

d) Wie kann mit Hilfe der Arkustangensfunktion der Anstiegswinkel α einer Geraden mit der Gleichung $y = ax + b$ ausgedrückt werden?

16. In einem rechtwinkligen Dreieck ($\gamma = 90°$) sei die Höhe $h_c = 4{,}5$ cm und $\alpha = 64°$. Berechnen Sie die Seitenlängen a, b und c sowie das Winkelmaß β.

17. In einem Dreieck seien die Längen der drei Seiten mit $a = 16{,}4$ cm, $b = 6{,}5$ cm und $c = 18{,}0$ cm gegeben. Berechnen Sie die Innenwinkelmaße.

18. Entwickeln Sie eine Formel für x, wenn a und α gegeben sind.

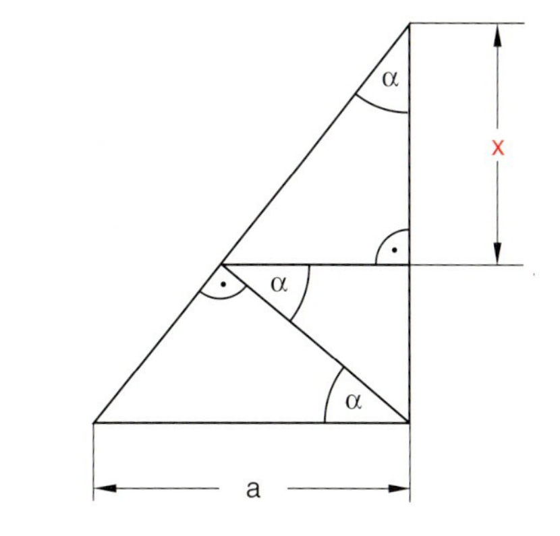

19. Bestimmen Sie das Kontrollmaß x für $\alpha = 40°$, $b = 12$ mm und $d = 25$ mm.

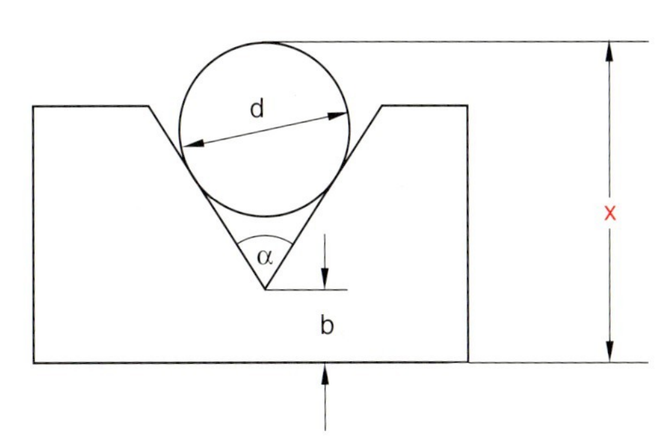

20. Zwei Kräfte $F_1 = 20$ N und $F_2 = 55$ N, die unter einem Winkel an einem Punkt angreifen, können durch die Resultierende $F_R = 43$ N ersetzt werden. Wie groß ist das Maß γ des Winkels zwischen den Kräften F_1 und F_2?

21. Wie groß ist die Entfernung der Punkte A und B, zwischen denen ein Gebäude liegt, das die gegenseitige Sicht versperrt, wenn $|\overline{BC}| = 75{,}25$ m, $|\overline{AC}| = 51{,}75$ m und $|\sphericalangle \mathrm{BCA}| = 71°15'45''$ ist?

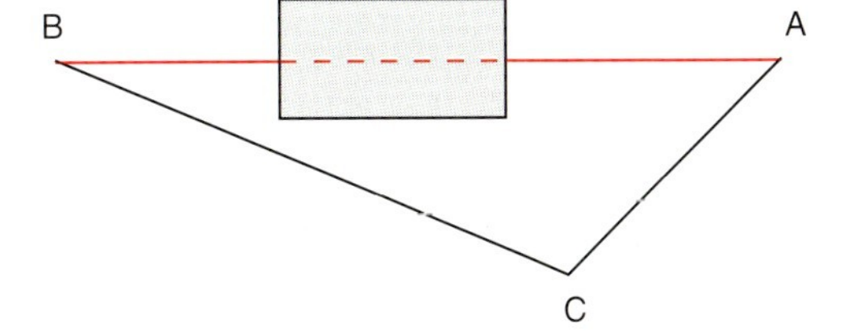

3 Komplexe Zahlen

3.1 Komplexe Zahlen in trigonometrischer Darstellung

Im Kapitel 1.2 wurden die komplexen Zahlen bereits als Zeiger in der Gauß'schen Zahlenebene veranschaulicht. Dabei wurde die sogenannte **kartesische Darstellung**

$$z = a + bj$$

der komplexen Zahl z mit reellen Koordinaten a und b eingeführt. Dabei ist die reelle Zahl a der Realteil von z, die reelle Zahl b der Imaginärteil von z und j die imaginäre Einheit; für diese gilt: $j^2 = -1$. Für die Länge $r = \sqrt{a^2 + b^2}$ des Zeigers führten wir den Begriff des Betrages $|z|$ der komplexen Zahl $z = a + bj$ ein. Mit den nun zur Verfügung stehenden Winkelfunktionen können wir eine weitere Darstellung der komplexen Zahlen erzeugen.

Der einer komplexen Zahl $z = a + bj$ zugeordnete Punkt $P\langle a|b\rangle$ in der Gauß'schen Zahlenebene ist auch eindeutig durch die Länge r des entsprechenden Zeigers – also durch den **Betrag** $r = |z| = \sqrt{a^2 + b^2}$ – und durch den im mathematisch positiven Drehsinn gemessenen Winkel φ zwischen der positiven reellen Achse und dem Zeiger bestimmt. Dieser Winkel heißt **Argument** von z; man schreibt: $\varphi = \arg z$.[1)]

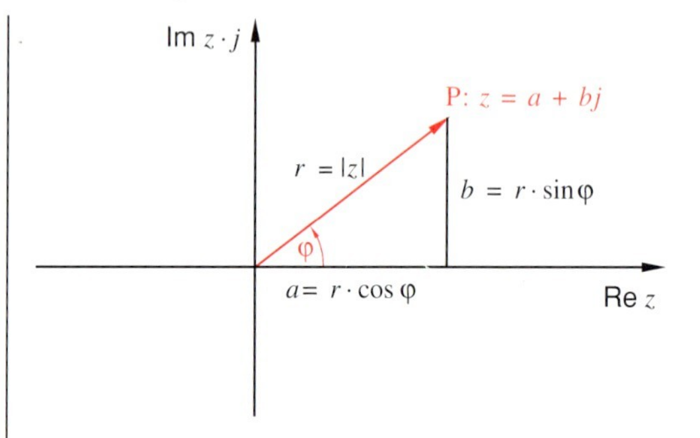

Mit der Definition der Winkelfunktionen Sinus und Kosinus im rechtwinkligen Dreieck (vgl. Seite 105) ergibt sich die sogenannte **trigonometrische Darstellung**[2)] einer komplexen Zahl z:

$$z = r(\cos\varphi + j\sin\varphi).$$

Aus $a = r \cdot \cos\varphi$, $b = r \cdot \sin\varphi$

und $z = a + bj$ folgt:

$z = r\cos\varphi + jr\sin\varphi = r(\cos\varphi + j\sin\varphi)$.

Das Argument φ ist dabei bis auf ganzzahlige Vielfache von 2π bzw. $360°$ eindeutig bestimmt.

Wir verfügen somit über zwei gleichwertige Darstellungen komplexer Zahlen, deren gegenseitige Umrechnung vielfach benötigt wird. Wegen der besseren Anschauung werden wir das Argument φ meist im Gradmaß angeben. Daneben ist natürlich auch das Bogenmaß gebräuchlich.

Beispiel 3.1 **Umrechnung von der trigonometrischen in die kartesische Darstellung**

Ermitteln Sie die kartesische Darstellung der komplexen Zahl

$z = 2 \cdot (\cos 60° + j\sin 60°)$.

Die Zahl z besitzt also die kartesische Darstellung $z = 1 + \sqrt{3} \cdot j$.

Die Zahl z hat den Betrag $r = 2$ und das Argument $\varphi = 60°$ bzw. $\varphi = \frac{\pi}{3}$.

Es gilt $\cos 60° = \frac{1}{2}$ und $\sin 60° = \frac{\sqrt{3}}{2}$.

$$\Rightarrow z = 2 \cdot \left(\frac{1}{2} + j \cdot \frac{\sqrt{3}}{2}\right) = 1 + \sqrt{3} \cdot j$$

1) r und φ nennt man Polarkoordinaten des Punktes P. Der Betrag einer komplexen Zahl z wird auch als Modul, das Argument auch Arkus oder als Phase von z bezeichnet.

2) Man spricht auch von der goniometrischen Darstellung der komplexen Zahl z.

Beispiel 3.2 **Umrechnung von der kartesischen in die trigonometrische Darstellung**

Ermitteln Sie die trigonometrische Darstellung der komplexen Zahl

$z = -2 + 2j.$

Die Zahl z besitzt den Realteil $a = \mathrm{Re}\, z = -2$ und den Imaginärteil $b = \mathrm{Im}\, z = 2$.

Man bestimmt zunächst den Betrag von z.

$\Rightarrow r = |z| = \sqrt{a^2 + b^2} = \sqrt{4+4} = 2\sqrt{2} \approx 2{,}8$

Zur Ermittlung des Arguments φ fertigen wir eine Skizze der Gauß'schen Zahlenebene an mit dem Zeiger der Zahl z. Von dem bei Q rechtwinkligen Dreieck PQO kennen wir die Längenmaßzahlen $|a|$ und $|b|$ der Katheten und können damit den Tangens von α ausdrücken; es gilt:

$\tan\alpha = \frac{|b|}{|a|}$, also $\alpha = \tan^{-1}\frac{|b|}{|a|}$.

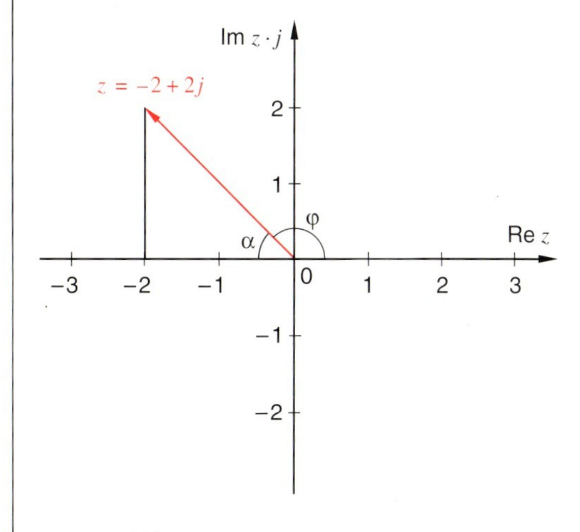

$\tan\alpha = \frac{|2|}{|-2|} = 1 \Rightarrow \alpha = \tan^{-1} 1 = 45°$

Die Umkehrfunktion der Tangensfunktion heißt **Arkustangensfunktion**:

$\alpha = \tan^{-1}\frac{|b|}{|a|} = \arctan\frac{|b|}{|a|}.$

Das Argument φ der komplexen Zahl z ergibt sich aus der jeweiligen Lage der Zahl z in der Gauß'schen Zahlenebene; es gilt:

im I. Quadranten: $\varphi = \alpha$,
im II. Quadranten: $\varphi = 180° - \alpha$,
im III. Quadranten: $\varphi = 180° + \alpha$,
im IV. Quadranten: $\varphi = 360° - \alpha$.

Es gilt $a = -2 < 0$ und $b = 2 > 0$.

Die komplexe Zahl z liegt also im II. Quadranten der Gauß'schen Zahlenebene.

$\Rightarrow \quad \varphi = 180° - \alpha = 180° - 45° = 135°$

bzw. $\varphi = \frac{3\pi}{4}$.

Trigonometrische Darstellung der Zahl z:

$z = 2\sqrt{2}\cdot(\cos 135° + j\sin 135°)$ bzw.
$z = 2\sqrt{2}\cdot(\cos\frac{3\pi}{4} + j\sin\frac{3\pi}{4})$.

Merke:

Zwischen dem Realteil $a = \mathrm{Re}\, z$, dem Imaginärteil $b = \mathrm{Im}\, z$, dem Betrag $r = |z|$ und dem Argument $\varphi = \arg z$ bestehen die folgenden Beziehungen:

$$r = \sqrt{a^2 + b^2}, \qquad \varphi = \begin{cases} \arctan\frac{|b|}{|a|} & \text{für } a > 0 \text{ und } b \geq 0 \\ 90° & \text{für } a = 0 \text{ und } b \geq 0 \\ 180° - \arctan\frac{|b|}{|a|} & \text{für } a < 0 \text{ und } b \geq 0 \\ 180° + \arctan\frac{|b|}{|a|} & \text{für } a < 0 \text{ und } b \leq 0 \\ 270° & \text{für } a = 0 \text{ und } b \leq 0 \\ 360° - \arctan\frac{|b|}{|a|} & \text{für } a > 0 \text{ und } b \leq 0 \end{cases}$$

Die Grundrechenoperationen bei komplexen Zahlen in trigonometrischer Darstellung

Die komplexen Zahlen z_1 und z_2 seien in der trigonometrischen Darstellung gegeben:

$$z_1 = r_1(\cos\varphi_1 + j\sin\varphi_1) \quad \text{und} \quad z_2 = r_2(\cos\varphi_2 + j\sin\varphi_2).$$

Dann erhält man für die Summe bzw. die Differenz:

$$z_1 + z_2 = (r_1\cos\varphi_1 + r_2\cos\varphi_2) + j(r_1\sin\varphi_1 + r_2\sin\varphi_2),$$
$$z_1 - z_2 = (r_1\cos\varphi_1 - r_2\cos\varphi_2) + j(r_1\sin\varphi_1 - r_2\sin\varphi_2).$$

Diese Ausdrücke können wir nicht weiter vereinfachen. Es bleibt uns also nur die Möglichkeit, die Zahlen in kartesischer Form darzustellen, diese dann zu addieren und die kartesische Form der Summe schließlich wieder in die trigonometrische Form zu überführen. In dieser Hinsicht hat uns also die neue Darstellungsart komplexer Zahlen keinerlei Vorteile gebracht.

Ganz anders liegen die Verhältnisse bei der Multiplikation und der Division komplexer Zahlen in trigonometrischer Darstellung. Wir bilden das Produkt der beiden Zahlen:

$$\begin{aligned}
z_1 \cdot z_2 &= r_1(\cos\varphi_1 + j\sin\varphi_1)\cdot r_2(\cos\varphi_2 + j\sin\varphi_2)\\
&= r_1 r_2(\cos\varphi_1 + j\sin\varphi_1)(\cos\varphi_2 + j\sin\varphi_2)\\
&= r_1 r_2(\cos\varphi_1\cos\varphi_2 + j\sin\varphi_1\cos\varphi_2 + j\cos\varphi_1\sin\varphi_2 + j^2\sin\varphi_1\sin\varphi_2)\\
&= r_1 r_2(\cos\varphi_1\cos\varphi_2 + j\sin\varphi_1\cos\varphi_2 + j\cos\varphi_1\sin\varphi_2 - \sin\varphi_1\sin\varphi_2)\\
&= r_1 r_2([\cos\varphi_1\cos\varphi_2 - \sin\varphi_1\sin\varphi_2] + j[\sin\varphi_1\cos\varphi_2 + \cos\varphi_1\sin\varphi_2])\\
&= r_1 r_2(\cos(\varphi_1 + \varphi_2) + j\sin(\varphi_1 + \varphi_2))
\end{aligned}$$

Beim letzten Umformungsschritt wurden auf die Terme in den eckigen Klammern direkt die Additionstheoreme für den Sinus und den Kosinus der Summe zweier Winkel (Seite 110) angewendet.

Für den Quotienten $\frac{z_1}{z_2}$ erhält man durch Erweitern mit $\overline{z_2} = r_2(\cos\varphi_2 - j\sin\varphi_2)$ (Aufgabe 3):

$$\frac{z_1}{z_2} = \frac{r_1}{r_2}(\cos(\varphi_1 - \varphi_2) + j\sin(\varphi_1 - \varphi_2)).$$

Diese Rechenregeln für die Multiplikation und die Division komplexer Zahlen in trigonometrischer Form sind also bedeutend einfacher als die entsprechenden Regeln für komplexe Zahlen in kartesischer Form. Wir erhalten nämlich den Betrag des Produktes, indem wir einfach das Produkt der Beträge bilden; der Betrag eines Quotienten ergibt sich einfach als Quotient der Beträge. Das Argument eines Produktes ist gleich der Summe der Argumente; das Argument eines Quotienten ist gleich der Differenz der Argumente.

Beispiel 3.3

Ermitteln Sie das Produkt $z_1 \cdot z_2$ und die Quotienten $\frac{z_1}{z_2}$ und $\frac{z_2}{z_1}$ der komplexen Zahlen

$z_1 = 3(\cos 35° + j\sin 35°)$ und

$z_2 = 2(\cos 25° + j\sin 25°)$.

Beachten Sie: Die komplexe Zahl mit dem Argument $-10°$ ist gleich der komplexen Zahl mit dem Argument 350°!

$$z_1 \cdot z_2 = 6(\cos 60° + j\sin 60°)$$

$$\frac{z_1}{z_2} = \frac{3}{2}(\cos 10° + j\sin 10°)$$

$$\frac{z_2}{z_1} = \frac{3}{2}(\cos(-10° + j\sin(-10°))$$

$$= \frac{2}{3}(\cos 350° + j\sin 350°)$$

Betrachten wir die geometrische Auswirkung der Multiplikation von z_1 mit z_2, so stellen wir fest, dass der Zeiger von z_1 um den Winkel $\arg z_2 = 25°$ gedreht und um den Faktor 2 – also um den Betrag von z_2 – gestreckt wird.

Umgekehrt wird z_2 durch die Multiplikation mit z_1 um $\arg z_1 = 35°$ gedreht und um den Faktor $|z_1| = 3$ gestreckt. Die Multiplikation komplexer Zahlen offenbart sich also geometrisch als **Drehstreckung** (Aufgabe 4).

Bilden wir in fortgesetzter Weise das Produkt der komplexen Zahl $z = r(\cos\varphi + j\sin\varphi)$ so erhalten wir nacheinander die Potenzen z^2, z^3, z^4, …:

$$z^2 = z \cdot z = r(\cos\varphi + j\sin\varphi) \cdot r(\cos\varphi + j\sin\varphi) = r^2(\cos(2\varphi) + j\sin(2\varphi))$$
$$z^3 = z^2 \cdot z = r^2(\cos(2\varphi) + j\sin(2\varphi)) \cdot r(\cos\varphi + j\sin\varphi) = r^3(\cos(3\varphi) + j\sin(3\varphi))$$
$$z^4 = z^3 \cdot z = r^3(\cos(3\varphi) + j\sin(3\varphi)) \cdot r(\cos\varphi + j\sin\varphi) = r^3(\cos(4\varphi) + j\sin(4\varphi))$$

und schließlich $z^n = r^n(\cos(n\varphi) + j\sin(n\varphi))$.

Beispiel 3.4

Wir berechnen die 6. und die 7. Potenz der komplexen Zahl $z = 1 + \sqrt{3} \cdot j = 2(\cos 60° + j\sin 60°)$.

$$z^6 = 2^6(\cos(6 \cdot 60°) + j\sin(6 \cdot 60°)) = 64(\cos 360° + j\sin 360°) = 64(\cos 0° + j\sin 0°) = 64(1 + j \cdot 0) = 64 \in \mathbb{R}$$

$$z^7 = 2^7(\cos(7 \cdot 60°) + j\sin(7 \cdot 60°)) = 128(\cos 420° + j\sin 420°) = 128(\cos 60° + j\sin 60°) = 64z = 64 + 64\sqrt{3} \cdot j$$

Wegen $z \cdot \frac{1}{z} = 1 = \cos 0° + j\sin 0°$ muss mit $z = r(\cos\varphi + j\sin\varphi) \neq 0$ die Zahl $z^{-1} = \frac{1}{z}$ den Betrag $\frac{1}{r} = r^{-1}$ und das Argument $-\varphi$ besitzen. Offensichtlich gilt damit die Gleichung

$$[r(\cos\varphi + j\sin\varphi)]^n = r^n(\cos(n\varphi) + j\sin(n\varphi))$$

nicht nur für natürliche Zahlen n sondern für alle ganzen Zahlen n.

Aus der letzten Gleichung können wir mittels Division durch r^n eine sehr wichtige Beziehung gewinnen; es gilt die **Formel von Moivre**[1]:

$$(\cos\varphi + j\sin\varphi)^n = \cos(n\varphi) + j\sin(n\varphi).$$

Merke:

Für das Produkt und den Quotienten der komplexen Zahlen $z_1 = r_1(\cos\varphi_1 + j\sin\varphi_1)$ und $z_2 = r_2(\cos\varphi_2 + j\sin\varphi_2)$ gilt:

$$z_1 \cdot z_2 = r_1 r_2(\cos(\varphi_1 + \varphi_2) + j\sin(\varphi_1 + \varphi_2)),$$
$$\frac{z_1}{z_2} = \frac{r_1}{r_2}(\cos(\varphi_1 - \varphi_2) + j\sin(\varphi_1 - \varphi_2)).$$

Die n-te Potenz ($n \in \mathbb{Z}$) der komplexen Zahl $z = r(\cos\varphi + j\sin\varphi)$ ist

$$z^n = r^n(\cos(n\varphi) + j\sin(n\varphi)).$$

Für alle $n \in \mathbb{Z}$ gilt die Formel von Moivre: $(\cos\varphi + j\sin\varphi)^n = \cos(n\varphi) + j\sin(n\varphi)$.

[1] Abraham de Moivre (1667 – 1754), franz. Mathematiker

Die Lösung der Gleichung $x^n = z$

Nachdem wir mit der Multiplikation komplexer Zahlen in der trigonometrischen Darstellung auch die Bildung von Potenzen mit ganzzahligen Exponenten für komplexe Zahlen gewonnen haben, besteht nun die Möglichkeit, nach Lösungen der Gleichung

$$x^n = z$$

im Komplexen zu fragen. Wir suchen also komplexe Zahlen x, die bei gegebenen Zahlen $z \in \mathbb{C}$ und $n \in \mathbb{N}$ diese Gleichung erfüllen. Wir erinnern an den Sachverhalt, dass eine Gleichung dieser Form im Reellen nur für nichtnegative rechte Seiten lösbar ist, dass beispielsweise die Gleichung $x^2 = -1$ keine reelle Lösung x besitzt. Im Komplexen ist diese Gleichung lösbar, sie besitzt dort die Lösungen $x = j$ und $x = -j$. Bevor wir die Lösbarkeit der Gleichung $x^n = z$ für beliebige $z \in \mathbb{C}$ und $n \in \mathbb{N}$ untersuchen, betrachten wir ein konkretes Beispiel.

Beispiel 3.5 **Lösung der Gleichung $x^3 = 1 + \sqrt{3} \cdot j$**

Zunächst stellen wir die rechte Seite in trigonometrischer Form dar.

$$x^3 = 1 + \sqrt{3} \cdot j = 2 (\cos 60° + j \sin 60°)$$

Da wir komplexe Lösungen dieser Gleichung suchen, machen wir für x einen komplexen Ansatz in trigonometrischer Form und bilden dazu die dritte Potenz.

Ansatz: $x = |x| (\cos \xi + j \sin \xi)$

$$x^3 = |x|^3 (\cos (3\xi) + j \sin (3\xi))$$

Vergleichen wir nun die rechten Seiten der letzten und der ersten Gleichung, so erhalten wir Gleichungen für den Betrag und das Argument von x.

$|x|^3 = 2$ und $3\xi = 60° + k \cdot 360°$ $(k \in \mathbb{Z})$;

$|x| = \sqrt[3]{2}$ und $\xi = \frac{60° + k \cdot 360°}{3}$ $(k \in \mathbb{Z})$,

also $\xi = \xi_k = 20° + k \cdot 120°$ $(k \in \mathbb{Z})$.

Demnach hätte die Gleichung unendlich viele Lösungen. Betrachten wir die Argumente ξ_k dieser Lösungen genauer, dann stellen wir fest, dass es nur genau drei echt verschiedene Lösungen gibt, denn die drei Argumente $\xi_0 = 20°$, $\xi_1 = 140°$ und $\xi_2 = 260°$ wiederholen sich zyklisch immer wieder.

Für alle $m \in \mathbb{Z}$ gilt:

ξ_{3m} entspricht $\xi_0 = 20°$,

ξ_{3m+1} entspricht $\xi_1 = 20° + 120° = 140°$,

ξ_{3m+2} entspricht $\xi_2 = 20° + 240° = 260°$.

So entspricht beispielsweise das Argument $\xi_3 = 20° + 360° = 380°$ wieder dem Argument $\xi_0 = 20°$.

Die kubische Gleichung $x^3 = 1 + \sqrt{3} \cdot j$ besitzt also genau drei komplexe Lösungen, die wir mit x_0, x_1 und x_2 bezeichnen wollen.

Lösungen:

$$x_0 = \sqrt[3]{2} (\cos 20° + j \sin 20°) \approx 1{,}18 + 0{,}43j$$
$$x_1 = \sqrt[3]{2} (\cos 140° + j \sin 140°) \approx -0{,}97 + 0{,}81j$$
$$x_2 = \sqrt[3]{2} (\cos 260° + j \sin 260°) \approx -0{,}22 - 1{,}24j$$

Die drei Lösungen liegen gleichmäßig verteilt auf dem Ursprungskreis mit dem Radius $\sqrt[3]{2} \approx 1{,}26$; sie teilen diesen Kreis in drei gleich große Kreisbögen.

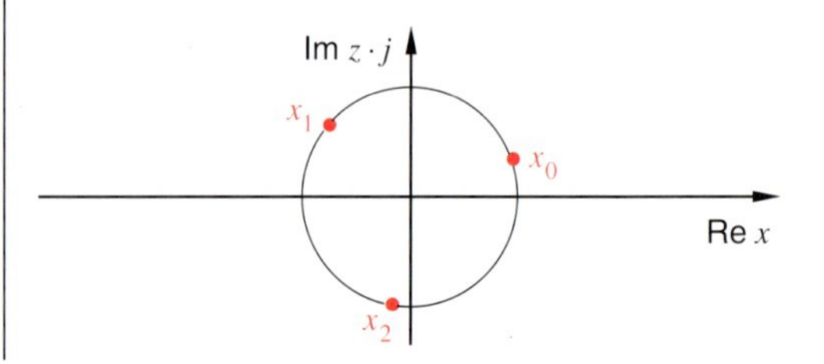

Analog zu dem Beispiel behandeln wir nun den allgemeinen Fall der Gleichung $x^n = z$. Für $z = 0$ hat die Gleichung nur die Zahl 0 als Lösung. Es sei nun z eine beliebig gegebene, von null verschiedene komplexe Zahl, die wir in ihrer trigonometrischen Form $z = r(\cos\varphi + j\sin\varphi)$ darstellen können. Damit erhält die Gleichung $x^n = z$ die Form

$$x^n = r(\cos\varphi + j\sin\varphi). \qquad (1)$$

Da wir nach komplexen Lösungen dieser Gleichung suchen, machen wir für x den Ansatz

$$x = |x|(\cos\xi + j\sin\xi)$$

und ermitteln im Folgenden den Betrag von x und das Argument ξ aus den gegebenen Werten r und φ. Mit diesem Ansatz gilt für die n-te Potenz ($n \in \mathbb{N}$) von x:

$$x^n = |x|^n(\cos(n\xi) + j\sin(n\xi)). \qquad (2)$$

Aus (1) und (2) folgt die Gleichung

$$|x|^n(\cos(n\xi) + j\sin(n\xi)) = r(\cos\varphi + j\sin\varphi),$$

die genau dann eine wahre Aussage darstellt, wenn die Beträge $|x|^n$ und r gleich sind und sich die Argumente $n \cdot \xi$ und φ nur um ganzzahlige Vielfache von 360° unterscheiden. Damit ergibt sich

$$|x|^n = r \quad \text{und} \quad n\xi = \varphi + k \cdot 360° \quad (k \in \mathbb{Z})$$

und wir erhalten schließlich:

$$|x| = \sqrt[n]{r} \quad \text{und} \quad \xi = \xi_k = \frac{\varphi + k \cdot 360°}{n} \quad (k \in \mathbb{Z}).$$

Wie bei einer Gleichung dritten Grades, die genau 3 verschiedene Lösungen besitzt, gibt es bei der Gleichung n-ten Grades genau n verschiedene Lösungen $x_0, x_1, x_1, \ldots, x_{n-1}$, da die Argumente ξ_k sich zyklisch wiederholen.

Merke:

Die Gleichung $x^n = r(\cos\varphi + j\sin\varphi)$ besitzt die n Lösungen

$$x_k = \sqrt[n]{r}\left(\cos\frac{\varphi + k \cdot 360°}{n} + j\sin\frac{\varphi + k \cdot 360°}{n}\right) \quad (k = 0, 1, 2, \ldots, n-1).$$

Im Reellen wird die nichtnegative Lösung der Gleichung $x^2 = 5$ als Quadratwurzel aus 5 bezeichnet; man schreibt $x = \sqrt{5}$. Allgemein heißt die nichtnegative reelle Zahl x, deren n-te Potenz gleich der nichtnegativen reellen Zahl y ist, n-te Wurzel aus y und man schreibt: $x = \sqrt[n]{y}$. Die n-te Wurzel aus nichtnegativen reellen Zahlen ist also eindeutig bestimmt.

Dagegen wurde festgelegt, dass die n-te Wurzel aus einer komplexen Zahl n verschiedene Werte besitzt, nämlich alle Lösungen der Gleichung $x^n = b$. So bezeichnet man beispielsweise alle komplexen Lösungen der Gleichung $x^n = 1$ als ***n*-te Einheitswurzeln** ε_k ($k = 0; 1; 2; \ldots; n-1$).

Beispiel 3.6 **Fünfte Einheitswurzeln**

Wir bestimmen die komplexen Lösungen $\varepsilon_0, \ldots, \varepsilon_4$ der Gleichung

$x^5 = 1 = 1 \cdot (\cos 0° + j\sin 0°)$.

$\varepsilon_0 = \cos 0° + j\sin 0° = 1$
$\varepsilon_1 = \cos 72° + j\sin 72° \approx 0{,}3090 + 0{,}9511\,j$
$\varepsilon_2 = \cos 144° + j\sin 144° \approx -0{,}8090 + 0{,}5878\,j$
$\varepsilon_3 = \cos 216° + j\sin 216° \approx -0{,}8090 - 0{,}5878\,j$
$\varepsilon_4 = \cos 288° + j\sin 288° \approx 0{,}3090 - 0{,}9511\,j$

Übungen zu 3.1

1. Ermitteln Sie die kartesische Darstellung der in trigonometrischer Form gegebenen komplexen Zahl und stellen Sie diese als Zeiger in der Gauß'schen Zahlenebene dar.

a) $2 \cdot (\cos 30° + j \sin 30°)$ **b)** $3 \cdot (\cos 45° + j \sin 45°)$ **c)** $4 \cdot (\cos 60° + j \sin 60°)$
d) $5 \cdot (\cos 90° + j \sin 90°)$ **e)** $6 \cdot (\cos 135° + j \sin 135°)$ **f)** $7 \cdot (\cos 180° + j \sin 180°)$
g) $4{,}5 \cdot (\cos 205° + j \sin 205°)$ **h)** $\frac{13}{3} \cdot (\cos 275° + j \sin 275°)$ **i)** $e^2 \cdot (\cos 350° + j \sin 350°)$
j) $5 \cdot \left(\cos \frac{2\pi}{3} + j \sin \frac{2\pi}{3}\right)$ **k)** $4 \cdot \left(\cos \frac{3\pi}{2} + j \sin \frac{3\pi}{2}\right)$ **l)** $3 \cdot \left(\cos \frac{7\pi}{4} + j \sin \frac{7\pi}{4}\right)$

2. Ermitteln Sie die trigonometrische Darstellung der in kartesischer Form gegebenen komplexen Zahl und stellen Sie diese als Zeiger in der Gauß'schen Zahlenebene dar.

a) $5 + 5j$ **b)** $2 - \sqrt{3}j$ **c)** $-\sqrt{3} + 4j$
d) $-5 - \sqrt{12}j$ **e)** -4 **f)** $-5j$
g) $3 + 4j$ **h)** $-7 + 3j$ **i)** $-3 - 2j$
j) $4{,}4 - 5{,}5j$ **k)** $-\frac{18}{7} + \frac{24}{7}j$ **l)** $e + \pi j$

3. Leiten Sie die Formel $\frac{z_1}{z_2} = \frac{r_1}{r_2}(\cos(\varphi_1 - \varphi_2) + j \sin(\varphi_1 - \varphi_2))$ für die Division zweier komplexer Zahlen $z_1 = r_1(\cos \varphi_1 + j \sin \varphi_1)$ und $z_2 = r_2(\cos \varphi_2 + j \sin \varphi_2)$ her, indem Sie den Quotienten $\frac{z_1}{z_2} = \frac{r_1(\cos \varphi_1 + j \sin \varphi_1)}{r_2(\cos \varphi_2 + j \sin \varphi_2)}$ mit der konjugiert komplexen Zahl von z_2 erweitern.

4. Stellen Sie die komplexen Zahlen z_1 und z_2 aus Beispiel 3.3 (Seite 128) in der Gauß'schen Zahlenebene dar und konstruieren Sie den Zeiger des Produktes durch Drehstreckung. Vergleichen Sie das Ergebnis Ihrer Konstruktion mit dem auf Seite 128 rechnerisch ermittelten Resultat.

5. Berechnen Sie das Produkt in trigonometrischer Darstellung und wandeln Sie das Ergebnis wieder in die kartesische Darstellung um.

a) $(5 + 5j) \cdot (2 - \sqrt{3}j)$ **b)** $(2 - \sqrt{3}j) \cdot (-\sqrt{3} + 4j)$ **c)** $(-\sqrt{3} + 4j) \cdot (-5 - \sqrt{12}j)$
d) $(-5 - \sqrt{12}j) \cdot (-4)$ **e)** $(-4) \cdot (-5j)$ **f)** $(-5j) \cdot (3 + 4j)$
g) $(3 + 4j) \cdot (-7 + 3j)$ **h)** $(-7 + 3j) \cdot (-3 - 2j)$ **i)** $(-3 - 2j) \cdot (4{,}4 - 5{,}5j)$

6. Berechnen Sie den Quotienten in trigonometrischer Darstellung und wandeln Sie das Ergebnis wieder in die kartesische Darstellung um.

a) $(5 + 5j) : (2 - \sqrt{3}j)$ **b)** $(2 - \sqrt{3}j) : (-\sqrt{3} + 4j)$ **c)** $(-\sqrt{3} + 4j) : (-5 - \sqrt{12}j)$
d) $(-5 - \sqrt{12}j) : (-4)$ **e)** $(-4) : (-5j)$ **f)** $(-5j) : (3 + 4j)$
g) $(3 + 4j) : (-7 + 3j)$ **h)** $(-7 + 3j) : (-3 - 2j)$ **i)** $(-3 - 2j) : (4{,}4 - 5{,}5j)$

7. Berechnen Sie die Potenz in trigonometrischer Darstellung und wandeln Sie das Ergebnis wieder in die kartesische Darstellung um.

a) $(5 + 5j)^2$ **b)** $(2 - \sqrt{3}j)^3$ **c)** $(-\sqrt{3} + 4j)^4$
d) $(-5 - \sqrt{12}j)^5$ **e)** $(-4)^6$ **f)** $(-5j)^7$
g) $(3 + 4j)^{-1}$ **h)** $(-7 + 3j)^{-2}$ **i)** $(-3 - 2j)^{-3}$

8. Ermitteln Sie alle komplexen Lösungen der Gleichung.

a) $x^2 = -4$ **b)** $x^3 = 8$ **c)** $x^5 = -125$
d) $x^2 = j$ **e)** $x^3 = -2j$ **f)** $x^4 = 3j$
g) $x^3 = 5 + 5j$ **h)** $x^5 = 2 - \sqrt{3}j$ **i)** $x^7 = -\sqrt{3} + 4j$

9. Berechnen Sie die zweiten, die dritten und die vierten Einheitswurzeln und stellen Sie diese jeweils in der Gauß'schen Zahlenebene dar. Wählen Sie dazu als Einheit 5 cm. Prüfen Sie, ob die Einheitswurzeln auf dem Einheitskreis liegen.

3.2 Komplexe Zahlen in der Exponentialform

Wir betrachten diejenige Funktion f, die jeder komplexen Zahl $z = x + yj$ die komplexe Zahl $e^x(\cos y + j \sin y)$ zuordnet. Wir definieren also:

$$f: f(z) = e^x(\cos y + j \sin y); \quad z = x + yj \in \mathbb{Z}$$

Für die Zahl $z = 2 + \frac{\pi}{3} j \approx 2 + 1{,}0472 j$ hat f beispielsweise den Funktionswert

$$f\left(2 + \frac{\pi}{3} j\right) = e^2 \cdot \left(\cos \frac{\pi}{3} + j \sin \frac{\pi}{3}\right) = e^2 \cdot \left(\frac{1}{2} + \frac{\sqrt{3}}{2} j\right) = \frac{e^2}{2} + \frac{e^2 \cdot \sqrt{3}}{2} j \approx 3{,}69453 + 6{,}39911 j.$$

Die so definierte komplexe Funktion einer komplexen Veränderlichen besitzt zwei interessante Eigenschaften:

1) Ist $\operatorname{Im} z = y = 0$, ist z also eine reelle Zahl, dann gilt: $f(z) = f(x) = e^x(\cos 0 + j \sin 0) = e^x$. Für reelle Argumente ist f also eine reellwertige Funktion; es ergibt sich gerade die auf der Seite 91 eingeführte reelle e-Funktion.

2) Zur Feststellung der zweiten Eigenschaft bilden wir zu den Argumenten $z_1 = x_1 + y_1 j$ und $z_2 = x_2 + y_2 j$ das Produkt der Funktionswerte:

$$\begin{aligned} f(z_1) \cdot f(z_2) &= e^{x_1}(\cos y_1 + j \sin y_1) \cdot e^{x_2}(\cos y_2 + j \sin y_2) = e^{x_1 + x_2}(\cos (y_1 + y_2) + j \sin (y_1 + y_2)) \\ &= f(z_1 + z_2) \end{aligned}$$

Es gilt also für die oben definierte Funktion f das **Additionstheorem** $f(z_1 + z_2) = f(z_1) \cdot f(z_2)$, das auf Seite 90 als charakteristische Eigenschaft aller reellen Exponentialfunktionen erkannt wurde.

Diese beiden Eigenschaften der Funktion f veranlassen uns zu der Festlegung, dass f die e-Funktion im Komplexen darstellen soll; wir definieren:

Es sei $e^{x + yj} = e^x(\cos y + j \sin y)$ für alle $x, y \in \mathbb{R}$.

Daraus ergibt sich unmittelbar die sog. **Euler'sche Formel**

$e^{yj} = \cos y + j \sin y$ für alle $y \in \mathbb{R}$,

aus der sich wiederum für $y = 2\pi$ eine Gleichung ergibt, die einen engen Zusammenhang zwischen den Irrationalzahlen e und π offenbart:

$$e^{2\pi j} = 1.$$

Mit der Euler'schen Formel gewinnen wir eine weitere Darstellungsform für komplexe Zahlen. Lautet die trigonometrische Darstellung einer komplexen Zahl $z = r(\cos \varphi + j \sin \varphi)$, so ist wegen $\cos \varphi + j \sin \varphi = e^{\varphi j}$ diese äquivalent zu der sog. **Darstellung in Exponentialform**

$$z = r \cdot e^{\varphi j}.$$

Das Argument φ kann im Bogenmaß oder im Gradmaß angegeben werden. Die neue Darstellung ist insofern sehr bequem, wenn Umformungen wie Potenzieren oder Radizieren zu erledigen sind. Dieses ist gerade bei Anwendungen der komplexen Zahlen in der Schwingungslehre häufig der Fall. Ist eine komplexe Zahl explizit zu bestimmen, dann muss man natürlich wieder zur trigonometrischen und zur kartesischen Darstellung übergehen.

Beispiel 3.7 **Umrechnung aus der Exponentialform**

Ermitteln Sie die trigonometrische und die kartesische Darstellung der komplexen Zahl

$z=3\cdot e^{\frac{\pi}{6}j}$.

Es gilt: $r=3$ und $\varphi=\frac{\pi}{6}$ bzw. $\varphi=30°$.

▶ $z=3\cdot(\cos 30°+j\sin 30°)$

▶ $z=3\cdot\left(\frac{\sqrt{3}}{2}+\frac{1}{2}j\right)=\frac{3\sqrt{3}}{2}+\frac{3}{2}j$

Beispiel 3.8 **Umrechnung in die Exponentialform**

Ermitteln Sie die Exponentialform der komplexen Zahl

$z=-2\sqrt{3}-2j$.

Wegen $a=-2\sqrt{3}<0$ und $b=-2<0$ liegt z im III. Quadranten.

$r=\sqrt{(-2\sqrt{3})^2+(-2)^2}=\sqrt{12+4}=\sqrt{16}=4$

$\alpha=\arctan\frac{|-2|}{|-2\sqrt{3}|}=\arctan\frac{1}{\sqrt{3}}=\arctan\frac{\sqrt{3}}{3}$

$\Rightarrow \alpha=30°$

$\varphi=180°+\alpha=180°+30°=210°$ bzw. $\varphi=\frac{7\pi}{6}$

▶ $z=4\cdot(\cos 210°+j\sin 210°)$ bzw.

$z=4\cdot(\cos\frac{7\pi}{6}+j\sin\frac{7\pi}{6})$

▶ $z=4\cdot e^{210°\cdot j}$ bzw. $z=4\cdot e^{\frac{7\pi}{6}j}$

Die Rechenoperationen bei komplexen Zahlen in der Exponentialform

Sind zwei komplexe Zahlen in der Exponentialform gegeben, so kann man ihre Summe und ihre Differenz erst nach der Umwandlung in die kartesische Darstellung berechnen.

Die Bildung des Produktes bzw. des Quotienten und auch das Potenzieren mit ganzzahligen Exponenten erfolgt genau wie im Fall der trigonometrischen Darstellung. Für $z_1=r_1\cdot e^{\varphi_1 j}$, $z_2=r_2\cdot e^{\varphi_2 j}$ und $z=r\cdot e^{\varphi j}$ ergibt sich nach den auch im Komplexen geltenden Potenzgesetzen:

$$z_1\cdot z_2=r_1\cdot r_2\cdot e^{(\varphi_1+\varphi_2)j},\quad \frac{z_1}{z_2}=\frac{r_1}{r_2}\cdot e^{(\varphi_1-\varphi_2)j},\quad z^n=r^n\cdot e^{n\varphi j}.$$

Diese Rechenregeln erhält man auch durch Vergleich mit den entsprechenden Rechenregeln für die trigonometrische Darstellung.

Mithilfe der trigonometrischen Darstellung konnten wir die Lösungen der Gleichung

$$x^n=r(\cos\varphi+j\sin\varphi)$$

in der Form

$$x_k=\sqrt[n]{r}\left(\cos\frac{\varphi+k\cdot 360°}{n}+j\sin\frac{\varphi+k\cdot 360°}{n}\right)\quad (k=0,1,2,\ldots,n-1)$$

darstellen. Völlig analog sind also die komplexen Zahlen

$$x_k=\sqrt[n]{r}\cdot e^{\frac{\varphi+k\cdot 360°}{n}j}\ \text{bzw.}\ x_k=\sqrt[n]{r}\cdot e^{\frac{\varphi+2k\pi}{n}j}\quad (k=0,1,2,\ldots,n-1)$$

die Lösungen der entsprechenden Gleichung $x^n=r\cdot e^{\varphi j}$. Wie bereits erwähnt, gebraucht man auch hier den Begriff der n-ten Wurzel aus einer komplexen Zahl, die im Gegensatz zum Wurzelbegriff im Reellen nun n verschiedene Werte besitzt. Den Wert x_0 nennt man den **Hauptwert** von $\sqrt[n]{x}$.

Die n-ten Einheitswurzeln können ebenfalls in der Form

$$\varepsilon_k=e^{\frac{2k\pi j}{n}}\quad (k=0,1,2,\ldots,n-1)$$

geschrieben werden.

Logarithmen komplexer Zahlen

Die Darstellung komplexer Zahlen in der Exponentialform hat uns bisher nur den Vorteil einer etwas kürzeren Schreibweise gebracht. Außerdem muss in konkreten Fällen doch immer wieder in die trigonometrische und die kartesische Darstellung umgewandelt werden. Bisher waren wir aber nicht in der Lage, Potenzen mit komplexer Basis und komplexen Exponenten zu berechnen. Dies gelingt uns mithilfe der Darstellung in der Exponentialform, wenn wir in geeigneter Weise den Logarithmusbegriff auf die komplexen Zahlen übertragen.

Wir setzen uns das Ziel, Lösungen z der Gleichung $e^z = r \cdot e^{\varphi j}$ zu bestimmen. Es gilt für $r > 0$:

$$e^z = r \cdot e^{\varphi j} = e^{\ln r} \cdot e^{\varphi j} = e^{\ln r + \varphi j}.$$

Aus dem Vergleich der Exponenten folgt, dass $z = \ln r + \varphi j$ eine Lösung der Gleichung ist. Nun gilt aber wegen $e^{2\pi j} = 1$ für die Funktion f zu $f(z) = e^z$:

$$f(z + 2k\pi j) = e^{z + 2k\pi j} = e^z \cdot e^{2k\pi j} = e^z \cdot (e^{2\pi j})^k = e^z \cdot 1^k = e^z = f(z).$$

Die e-Funktion ist also im Komplexen periodisch mit der rein imaginären Periode $2\pi j$. Deshalb sind alle komplexen Zahlen

$$z_k = \ln r + (\varphi + 2k\pi)j \ (k \in \mathbb{Z}) \text{ Lösungen der Gleichung } e^z = r \cdot e^{\varphi j}.$$

Für den Logarithmusbegriff im Komplexen bedeutet dies, dass jede Zahl $z_k = \ln r + (\varphi + 2k\pi)j$ $(k \in \mathbb{Z})$ als natürlicher Logarithmus der komplexen Zahl $r \cdot e^{\varphi j}$ aufzufassen ist:

$$\ln(r \cdot e^{\varphi j}) = \ln r + (\varphi + 2k\pi)j \quad (k \in \mathbb{Z}).$$

Man wählt auch hier einen **Hauptwert** aus. Wir werden die komplexe Zahl $\ln r + \varphi j$ mit $0 \le \varphi < 2\pi$ als Hauptwert von $\ln(r \cdot e^{\varphi j})$ bezeichnen. Zur Demonstration der Rechnung mit Logarithmen berechnen wir in einem Beispiel eine Potenz mit komplexer Basis und komplexem Exponenten.

Beispiel 3.9

Wir berechnen die Potenz $(2+2j)^{1-j}$. Zunächst bestimmen wir den Betrag und das Argument der Basis:

$$|2+2j| = \sqrt{8}; \quad \arg(2+2j) = \frac{\pi}{4}.$$

Mit der Definition der ln-Funktion als Umkehrfunktion der e-Funktion ergibt sich:

$$2+2j = e^{\ln(2+2j)} = e^{\ln\sqrt{8} + \frac{\pi}{4}j}.$$

Dabei wurde der Hauptwert $\ln\sqrt{8} + \frac{\pi}{4}j$ des natürlichen Logarithmus von $2+2j$ gewählt. Wegen der Periodizität der komplexen e-Funktion kann aber auch jeder andere Wert genommen werden. Durch Anwendung der Potenzgesetze erhalten wir:

$$(2+2j)^{1-j} = e^{(1-j)(\ln\sqrt{8} + \frac{\pi}{4}j)} = e^{(\frac{\pi}{4} + \ln\sqrt{8}) + (\frac{\pi}{4} - \ln\sqrt{8})j}.$$

Mit einem Taschenrechner ergibt sich schließlich:

$$\begin{aligned}(2+2j)^{1-j} &\approx e^{1{,}825118934 - 0{,}25432260j}\\ &\approx e^{1{,}825118934}(\cos(-0{,}2543226) + j\sin(-0{,}2543226))\\ &\approx 6{,}203532787 \cdot (0{,}967833942 - 0{,}25158986j)\\ &\approx 6{,}00 - 1{,}56j\end{aligned}$$

Merke:

Die komplexe Zahl z mit dem Betrag r und dem Argument φ besitzt die exponentielle Darstellung $z = r \cdot e^{\varphi j}$. Es gilt die Euler'sche Formel $e^{\varphi j} = \cos\varphi + j \sin\varphi$ für alle $\varphi \in \mathbb{R}$.

Für das Produkt und den Quotienten der komplexen Zahlen $z_1 = r_1 \cdot e^{\varphi_1 j}$ und $z_2 = r_2 \cdot e^{\varphi_2 j}$ gilt:

$$z_1 \cdot z_2 = r_1 r_2 \cdot e^{(\varphi_1 + \varphi_2) j}, \quad \frac{z_1}{z_2} = \frac{r_1}{r_2} \cdot e^{(\varphi_1 - \varphi_2) j}.$$

Die n-te Potenz ($n \in \mathbb{Z}$) der komplexen Zahl $z = r \cdot e^{\varphi j}$ ist $z^n = r^n \cdot e^{n\varphi j}$.

Die Gleichung $x^n = r \cdot e^{\varphi j}$ besitzt die n Lösungen $x_k = \sqrt[n]{r} \cdot e^{\frac{\varphi + 2k\pi}{n} j}$, $k = 0, 1, 2, \ldots, n-1$.

Für den natürlichen Logarithmus im Komplexen gilt: $\ln(r \cdot e^{\varphi j}) = \ln r + (\varphi + 2k\pi) j$, $k \in \mathbb{Z}$.

Übungen zu 3.2

1. Ermitteln Sie die kartesische Darstellung der komplexen Zahl.

a) $2 \cdot e^{\frac{\pi}{4} j}$ **b)** $5 \cdot e^{\frac{5\pi}{6} j}$ **c)** $3 \cdot e^{\frac{5\pi}{3} j}$

d) $2{,}75 \cdot e^{0{,}18 j}$ **e)** $1{,}96 \cdot e^{1{,}57 j}$ **f)** $2{,}72 \cdot e^{3{,}14 j}$

2. Wie lautet die Exponentialform der komplexen Zahlen, die durch die Zeiger bzw. durch die Punkte dargestellt werden?

a)

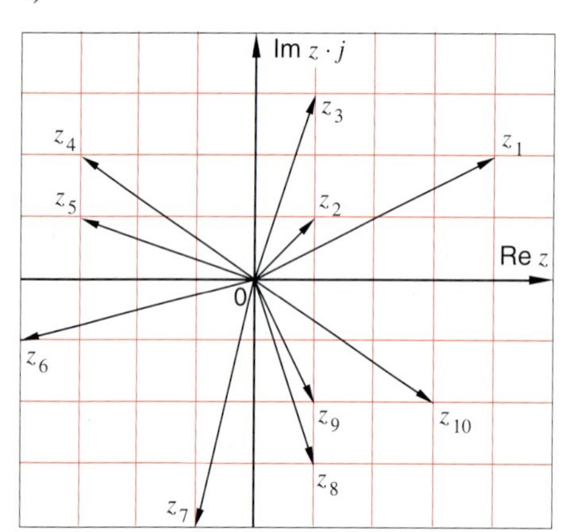

b)

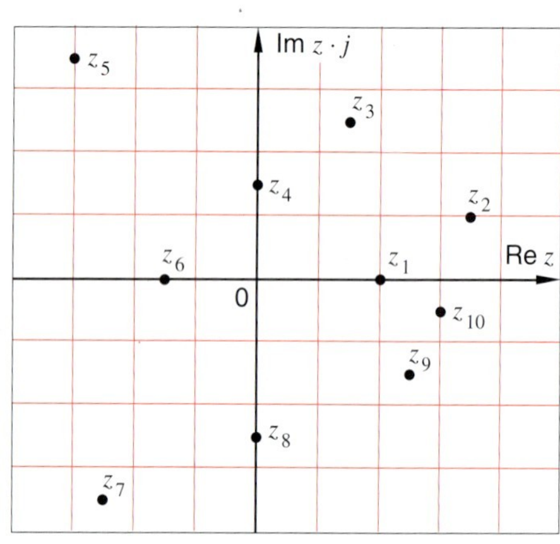

3. Lösen Sie die Aufgabe von Seite 132 in der Exponentialform.

a) Aufgabe 5 **b)** Aufgabe 6 **c)** Aufgabe 7 **d)** Aufgabe 8

4. Berechnen Sie die komplexen Wurzeln und geben Sie die Ergebnisse in der kartesischen Form an.

a) $\sqrt[5]{32 \cdot (\cos 60° + j \sin 60°)}$ **b)** $\sqrt[3]{512 \cdot (\cos 90° + j \sin 90°)}$ **c)** $\sqrt[3]{216 \cdot e^{j \cdot 18°}}$

d) $(243 \cdot e^{j \cdot 120°})^{\frac{1}{5}}$ **e)** $\sqrt[5]{5 + 5j}$ **f)** $\sqrt{8\sqrt{3} - 8j}$

g) $\sqrt{-4096}$ **h)** $(-4j)^{\frac{1}{3}}$ **i)** $\sqrt[4]{2{,}4 - 3{,}8j}$

5. Ermitteln Sie die kartesische Darstellung des Terms.

a) 7^j **b)** $(\sqrt{3})^{-2j}$ **c)** $(2-j)^{5j}$

d) $(1+j)^{1+j}$ **e)** $(3-2j)^{2-3j}$ **f)** $(-5-4j)^{-3-6j}$

g) $\dfrac{(2-j)^2}{1-j^5}$ **h)** $\dfrac{(-6+3j)^4}{(6-12j)^2}$ **i)** $\dfrac{(2+2j)^{4-4j}}{(1-j)^{-3+3j}}$

3.3 Komplexe Zahlen in der Technik

In der technischen Mechanik tritt häufig das Problem auf, dass verschiedene Kräfte an einer Stelle eines Gegenstandes angreifen. Um die Belastung an dieser Stelle genau festzustellen, ist es erforderlich, die Gesamtwirkung dieser Kräfte – die sog. Resultierende – zu bestimmen. Eine Berechnungsmöglichkeit bietet häufig der Kosinussatz (S. 106). Aber auch mithilfe der Darstellung der Kräfte in der Gauß'schen Zahlenebene ist das Problem lösbar.

Beispiel 3.10 **Berechnung der Resultierenden zweier Kräfte**

Zwei Kräfte $|\vec{F}_1| = 3{,}7\,\text{N}$ und $|\vec{F}_2| = 5{,}0\,\text{N}$ greifen im Punkt P_0 an und schließen dabei den Winkel $\alpha = 63°$ ein. Bestimmen Sie die Resultierende $\vec{F}_R$ zeichnerisch in der Gauß'schen Zahlenebene. Ermitteln Sie durch komplexe Rechnung die Resultierende und den Winkel, den diese mit $\vec{F}_1$ bildet.

Darstellung der Kräfte als komplexe Zahlen in der Gauß'schen Zahlenebene:

Wir stellen die Kräfte $\vec{F}_1$ und $\vec{F}_2$ in der Gauß'schen Zahlenebene dar, indem wir sie dort durch entsprechende komplexe Zahlen veranschaulichen, die wir mit F_1 und F_2 bezeichnen. Der Einfachheit halber legen wir F_1 als positive reelle Zahl fest. Mit den obigen Angaben erhät man die Darstellungen

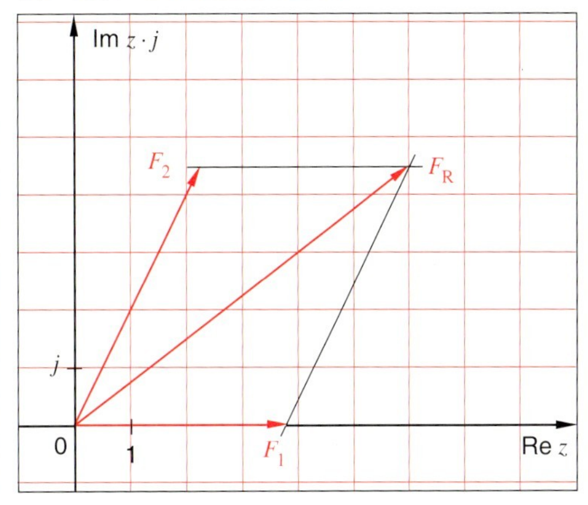

$F_1 = 3{,}7;$

$F_2 = 5{,}0\,(\cos 63° + j \sin 63°) = 2{,}3 + 4{,}5j.$

Kräftemaßstab: 1 LE (z. B. cm) entspricht 1 N

Komplexe Addition ergibt die der resultierenden Kraft $\vec{F}_R$ entsprechende Zahl F_R.

$F_R = F_1 + F_2 = 3{,}7 + 2{,}3 + 4{,}5j = 6{,}0 + 4{,}5j$

Zur Ermittlung des Winkels zwischen $\vec{F}_1$ und $\vec{F}_R$ stellen wir F_R trigonometrisch dar, bestimmen also $|F_R|$ und $\varphi = \arg F_R$.

$|F_R| = \sqrt{6{,}0^2 + 4{,}5^2} = \sqrt{56{,}25} = 7{,}5$

$\varphi = \arctan \frac{4{,}5}{6} = \arctan 0{,}75 = 37°.$

Die Resultierende $\vec{F}_R$ hat einen Betrag von 7,5 N; sie bildet mit $\vec{F}_1$ einen Winkel von ungefähr 37°.

$|\vec{F}_R| = 7{,}5\,\text{N}$

$|\sphericalangle(\vec{F}_1, \vec{F}_R)| = 37°$

Eine umfassende Anwendung finden die komplexen Zahlen in der **Wechselstromtechnik**, da hier auf Grund physikalischer Gesetzmäßigkeiten sogenannte Schein- oder Blindgrößen bei den physikalischen Größen Spannung, Stromstärke, Widerstand und Leistung auftreten, die als komplexe Größen – also als Größen mit komplexen Maßzahlen – aufzufassen sind. In der Formelschreibweise kennzeichnet man die komplexen Größen durch Unterstreichung. Das Ohm'sche Gesetz besitzt damit die komplexe Darstellung

$$\underline{u} = \underline{Z} \cdot \underline{i}.$$

Dabei ist $\underline{u}$ die komplexe Wechselspannung, $\underline{i}$ die komplexe Wechselstromstärke. Mit $\underline{Z}$ wird der komplexe Widerstand im Wechselstromkreis bezeichnet. Z bezeichnet den Betrag von $\underline{Z}$. Die konjugiert komplexe Größe wird in der Wechselstromtechnik durch einen hochgestellten Stern gekennzeichnet, man schreibt beispielsweise $\underline{Z}^*$.

Die komplexen elektrischen Größen können durch Zeiger in der Gauß'schen Zahlenebene dargestellt werden. Nichtreelle Größen ergeben sich genau dann, wenn in einem Wechselstromkreis nicht nur Ohm'sche Widerstände sondern auch induktive Widerstände (beispielsweise eine Spule mit der Induktivität L) und kapazitive Widerstände (beispielsweise ein Kondensator mit der Kapazität C) auftreten.

Wir fassen die drei Widerstände, deren Schaltsymbole und Formelausdrücke sowie die Zeigerdarstellung in der folgenden Tabelle zusammen. Dabei bezeichnet $\omega = 2\pi f$ die Kreisfrequenz.

Bezeichnung	**Schaltsymbol**	**Formel**	**Zeigerdarstellung**
Ohm'scher Widerstand		$Z = R$	$j \cdot \mathrm{Im}\,\underline{Z}$, R, $\mathrm{Re}\,\underline{Z}$
Induktiver Widerstand		$Z = X_L = \omega L$	$j \cdot \mathrm{Im}\,\underline{Z}$, jX_L, $\mathrm{Re}\,\underline{Z}$
kapazitiver Widerstand		$Z = X_C = \dfrac{1}{\omega C}$	$j \cdot \mathrm{Im}\,\underline{Z}$, jX_C, $\mathrm{Re}\,\underline{Z}$

Den Ohm'schen (reellen) Widerstand R bezeichnet man als Wirkwiderstand. Die beiden anderen (rein imaginären) Widerstände heißen Blindwiderstände.

Im Folgenden wird anhand typischer Beispiele die Anwendung komplexer Zahlen in der Elektrotechnik demonstriert.

Beispiel 3.11

Für eine Reihenschaltung aus einem Ohm'schen Widerstand (Wirkwiderstand) und einem induktiven Widerstand (Blindwiderstand) soll der Scheinwiderstand berechnet werden.

Wir skizzieren dazu das allgemeine Widerstandszeigerdiagramm. Dabei ist es üblich, den Zeiger der rein imaginären Größe jX_L parallel bis zur Zeigerspitze von R zu verschieben, sodass durch die Zeiger R, jX_L und $\underline{Z}$ ein Dreieck gebildet wird.

In einer Reihenschaltung addieren sich die Teilwiderstände; damit gilt:

$\underline{Z} = R + jX_L$.

Der Scheinwiderstand beträgt 65 Ω.

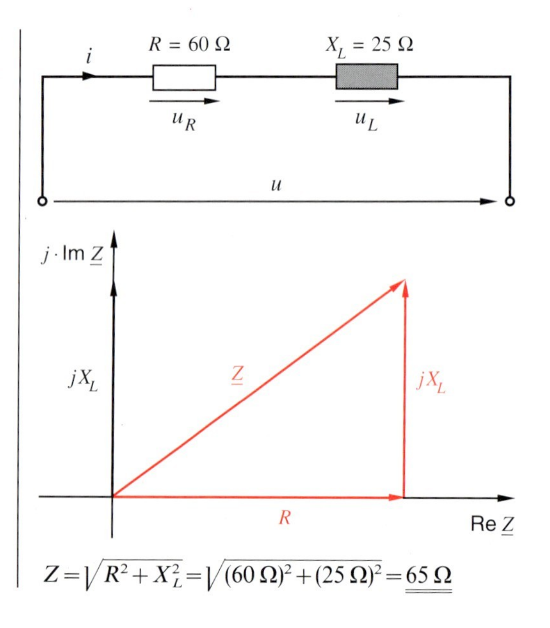

Beispiel 3.12

Im Bild ist eine sog. Spannungsteilerschaltung dargestellt. Es sollen das allgemeine Spannungszeigerdiagramm gezeichnet und der Scheinwiderstand sowie die Spannung u_2 berechnet werden.

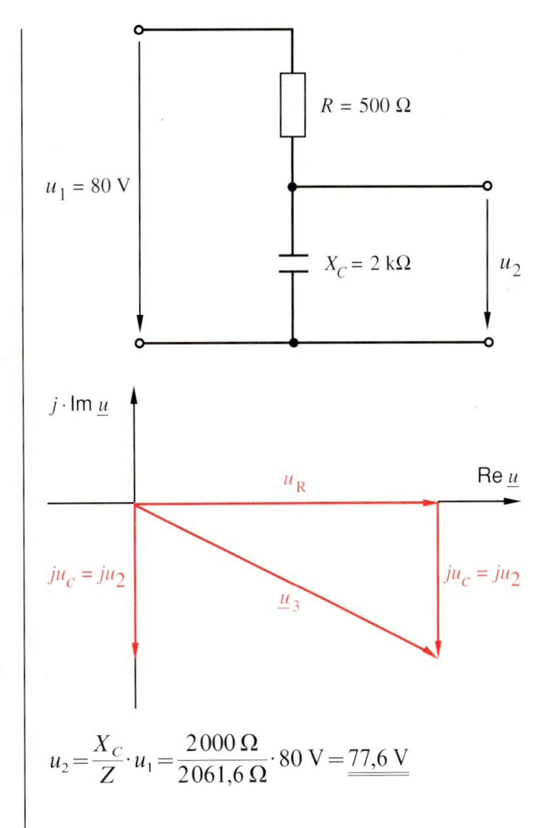

Wir zeichnen zunächst das allgemeine Spannungszeigerdiagramm. Da hier ein kapazitiver Widerstand auftritt, liegt $\underline{u}_1$ im IV. Quadranten.

Da es sich wieder um eine Reihenschaltung handelt, addieren sich wie im Beispiel 3.11 die Widerstände:

$$\underline{Z} = R + jX_C.$$

Damit gilt für den Scheinwiderstand Z:

$$Z = \sqrt{R^2 + X_C^2} = \sqrt{(500\,\Omega)^2 + (2000\,\Omega)^2} = \underline{\underline{2061{,}6\,\Omega}}$$

Die Spannung u_2 ist durch die Verhältnisgleichung

$$\frac{u_2}{u_1} = \frac{X_C}{Z}$$

bestimmt. Sie beträgt 77,6 V.

$$u_2 = \frac{X_C}{Z} \cdot u_1 = \frac{2000\,\Omega}{2061{,}6\,\Omega} \cdot 80\text{ V} = \underline{\underline{77{,}6\text{ V}}}$$

Beispiel 3.13

Zur abgebildeten Reihenschaltung sind die Scheinspannung und der Phasenwinkel zu berechnen.

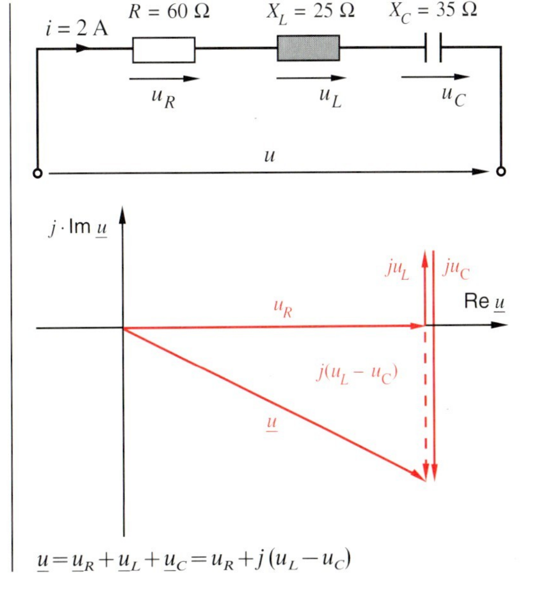

Wir zeichnen das dieser Reihenschaltung entsprechende allgemeine Spannungszeigerdiagramm. Dabei setzen wir sofort die Zeiger der Spannungsabfälle $\underline{u}_R$, $\underline{u}_L$ und $\underline{u}_C$ aneinander. Da über einem größeren Widerstand der Spannungsabfall ebenfalls größer ist, muss $u_C > u_L$ gelten, was wir in der Skizze berücksichtigen. Der Zeiger von $\underline{u}$ liegt damit im IV. Quadranten.

Aus dem Spannungszeigerdiagramm lässt sich die Gleichung für die Spannung $\underline{u}$ herleiten.

$$\underline{u} = \underline{u}_R + \underline{u}_L + \underline{u}_C = u_R + j(u_L - u_C)$$

Wir berechnen die einzelnen Spannungsabfälle mit dem Ohm'schen Gesetz.

$$u_R = i \cdot R = 2\,\text{A} \cdot 15\,\Omega = 30\,\text{V}$$
$$u_L = i \cdot X_L = 2\,\text{A} \cdot 25\,\Omega = 50\,\text{V}$$
$$u_C = i \cdot R_C = 2\,\text{A} \cdot 35\,\Omega = 70\,\text{V}$$

Damit können wir die Scheinspannung berechnen.

$$\underline{u} = u_R + j(u_L - u_C) = 30\,\text{V} - j \cdot 20\,\text{V}$$
$$u = \sqrt{(30\,\text{V})^2 + (20\,\text{V})^2} = \underline{\underline{36{,}1\,\text{V}}}$$

Die Berechnungsformel für φ ergibt sich direkt aus dem Spannungszeigerdiagramm.

$$\varphi = -\arctan\frac{u_C - u_L}{u_R} = -\arctan\frac{2}{3} = \underline{\underline{-33{,}7°}}$$

Bei der Berechnung des Phasenwinkels im obigen Beispiel haben wir berücksichtigt, dass der Zeiger von $\underline{u}$ im IV. Quadranten liegt. In der Wechselstromtechnik ist es üblich, für den Phasenwinkel einen Wert aus dem Intervall $[-180°; 180°]$ – also aus $[-\pi; \pi]$ – anzugeben. Damit treten auch negative Phasenwinkel auf.

Nach den drei obigen Beispielen zu Reihenschaltungen behandeln wir abschließend noch ein Beispiel zu einer Parallelschaltung.

Beispiel 3.14

Dargestellt ist eine Parallelschaltung aus einem Ohm'schen Widerstand und einer Spule. Die Wechselspannung, die an dieser Schaltung anliegt, habe die Frequenz $f = 2\,\text{kHz}$. Zeichnen Sie das Scheinleitdiagramm und berechnen Sie den Scheinleitwert und die Scheinstromstärke und geben Sie diese sowohl in der trigonometrischen als auch in der Exponentialform an.

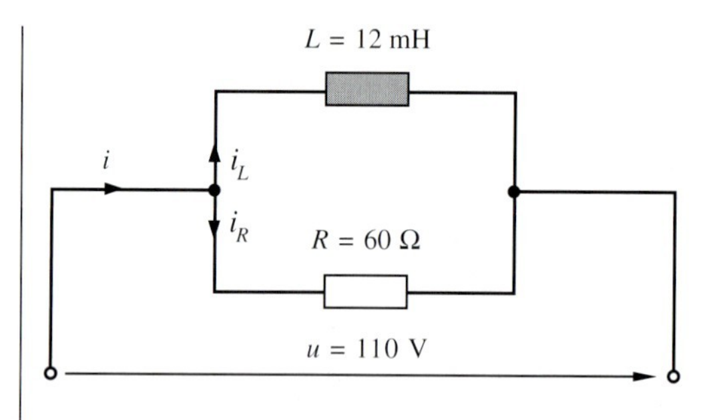

Die Gleichung drückt die Beziehung zwischen den komplexen Teilwiderständen $\underline{Z}_1$, $\underline{Z}_2$ und dem komplexen Gesamtwiderstand $\underline{Z}$ einer Parallelschaltung aus. Für unser Beispiel ergibt sich daraus die nebenstehende Formel.

$$\frac{1}{\underline{Z}} = \frac{1}{\underline{Z}_1} + \frac{1}{\underline{Z}_2}$$

$$\frac{1}{\underline{Z}} = \frac{1}{R} + \frac{1}{j\omega L} = \frac{1}{R} - j \cdot \frac{1}{\omega L}$$

Der Kehrwert des Gesamtscheinwiderstandes ist der Scheinleitwert $\underline{Y}$ der Schaltung. Entsprechend ist der Wirkleitwert G Kehrwert des Ohm'schen Widerstandes und der induktive Blindleitwert B_L Kehrwert des induktiven Widerstandes. Damit erhalten wir die Gleichung für den Scheinleitwert.

$$\underline{Y} = \frac{1}{\underline{Z}}$$

$$G = \frac{1}{R}; \quad B_L = \frac{1}{\omega L}$$

$$\underline{Y} = G - jB_L$$

Das Scheinleitwertdiagramm erhält man, wenn man berücksichtigt, dass in einer Parallelschaltung sich die Stromstärken addieren. Da jeder Leitwert proportional zur entsprechenden Stromstärke ist, ergibt sich bei einer Parallelschaltung der Gesamtleitwert als Summe der einzelnen Leitwerte.

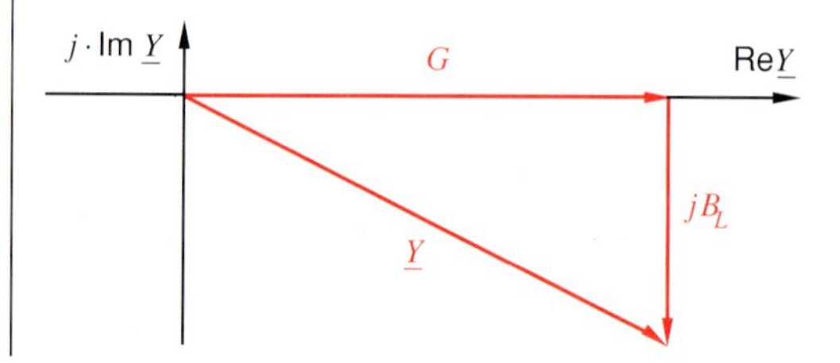

Wir berechnen nun den induktiven Scheinwiderstand X_L, daraus den induktiven Blindleitwert B_L und schließlich den Wirkleitwert G.

$X_L = \omega \cdot L = 2\pi f \cdot L$

Dabei berücksichtigen wir die folgenden Beziehungen zwischen den Einheiten:

$1\,\text{Hz} = 1\,\frac{1}{\text{s}}$, also $2\,\text{kHz} = 2 \cdot 10^3\,\frac{1}{\text{s}}$;

$1\,\text{H} = 1\,\frac{\text{Vs}}{\text{A}}$, also $12\,\text{mH} = 12 \cdot 10^{-3}\,\frac{\text{Vs}}{\text{A}}$,

$1\,\Omega = 1\,\frac{\text{V}}{\text{A}}$ und $1\,\frac{1}{\Omega} = 1\,\text{S} = 10^3\,\text{mS}$.

$$X_L = 2\pi \cdot 2 \cdot 10^3\,\frac{1}{\text{s}} \cdot 12 \cdot 10^{-3}\,\frac{\text{Vs}}{\text{A}} = 150{,}8\,\Omega$$

$$B_L = \frac{1}{X_L} = \frac{1}{150{,}8\,\Omega} = 6{,}63\,\text{mS}$$

$$G = \frac{1}{R} = \frac{1}{400\,\Omega} = 2{,}5\,\text{mS}$$

Der Scheinleitwert lässt sich damit in der kartesischen Form schreiben.

$$\underline{Y} = 2{,}5\,\text{mS} - j \cdot 6{,}63\,\text{mS}$$

Wir ermitteln nun den Betrag Y und den Phasenwinkel φ, wobei wir die Lage von $\underline{Y}$ im IV. Quadranten des Scheinleitwertdiagramms beachten.

$$Y = \sqrt{(2{,}5\,\text{mS})^2 + (6{,}63\,\text{mS})^2} = 7{,}09\,\text{mS}$$

$$\varphi = -\arctan\frac{B_L}{G} = -\arctan\frac{6{,}63}{2{,}5} = -69{,}3$$

Damit können wir den Scheinleitwert in der trigonometrischen und in der exponentiellen Form angeben, wobei wir für letztere das Argument φ noch in das Bogenmaß umgerechnet haben.

$$\underline{Y} = \underline{\underline{7{,}09 \cdot (\cos(-69{,}3°) + j \sin(-69{,}3°))\,\text{mS}}}$$

$$\underline{Y} = \underline{\underline{7{,}09 \cdot \text{e}^{-1{,}21j}\,\text{mS}}}$$

Die Teilstromstärken i_R und i_L lassen sich nach dem Ohm'schen Gesetz berechnen.

$$i_R = \frac{U}{R} = \frac{110\,\text{V}}{400\,\Omega} = 0{,}275\,\text{A}$$

$$i_L = \frac{U}{X_L} = \frac{110\,\text{V}}{150{,}8\,\Omega} = 0{,}729\,\text{A}$$

So ergibt sich die kartesische Darstellung der Scheinstromstärke $\underline{i}$, aus der wir wiederum den Betrag i ermitteln.

$$\underline{i} = i_R - j \cdot i_L = 0{,}275\,\text{A} - j \cdot 0{,}729\,\text{A}$$

$$i = \sqrt{(0{,}275\,\text{A})^2 + (0{,}729\,\text{A})^2} = 779\,\text{mA}$$

Der Phasenwinkel φ wurde oben bereits berechnet; damit können wir die Scheinstromstärke in der trigonometrischen und in der exponentiellen Form angeben.

$$\underline{i} = \underline{\underline{779 \cdot (\cos(-69{,}3°) + j \sin(-69{,}3°))\,\text{mA}}}$$

$$\underline{i} = \underline{\underline{779 \cdot \text{e}^{-1{,}21j}\,\text{mA}}}$$

In Ergänzung des letzten Beispiels leiten wir noch die Formel für den Scheinwiderstand $\underline{Z}$ der Parallelschaltung aus Ohm'schem und induktivem Widerstand her. Es gilt:

$$\underline{Z} = \frac{1}{\frac{1}{R} + \frac{1}{jX_L}} = \frac{1}{\frac{1}{R} - j\frac{1}{X_L}} = \frac{R \cdot X_L}{X_L - jR}.$$

Wir erweitern nun den letzten Bruchterm mit der konjugiert komplexen Zahl des Nenners:

$$\underline{Z} = \frac{R \cdot X_L \cdot (X_L + jR)}{(X_L - jR) \cdot (X_L + jR)} = \frac{R \cdot X_L \cdot (X_L + jR)}{X_L^2 + R^2} = \frac{R \cdot X_L^2 + j \cdot R^2 \cdot X_L}{X_L^2 + R^2}.$$

Die Aufteilung in Real- und Imaginärteil liefert die gewünschte Formel:

$$\underline{Z} = \frac{R \cdot X_L^2}{R^2 + X_L^2} + j\,\frac{R^2 \cdot X_L}{R^2 + X_L^2}.$$

Übungen zu 3.3

1. Ein Heißluftballon fährt während eines Dreipunktekurses 35 km nach Westen, dann 20 km nach Süden und schließlich 40 km nach Osten. Wie weit ist der Landepunkt vom Startpunkt entfernt?

2. Die Aufhängung eines Wandkranes wird durch zwei Kräfte belastet. Die daraus resultierende Kraft beträgt 5,5 kN. Eine der angreifenden Kräfte ist mit 1,25 kN bekannt und schließt mit der Resultierenden einen Winkel von 26° ein. Bestimmen Sie zeichnerisch und rechnerisch die zweite Kraft und den Winkel zwischen den beiden angreifenden Kräften.

3. In einer Reihenschaltung aus zwei Bauelementen liegen die Teilspannungen $\underline{u}_1 = 6\,\text{V} + j \cdot 4{,}5\,\text{V}$ und $\underline{u}_2 = 15 \cdot (\cos 45° + j \sin 45°)\,\text{V}$ an. Berechnen Sie den Betrag der Scheinspannung der Schaltung.

4. Zwischen den Anschlussklemmen eines Verbrauchers liegt eine Spannung $\underline{u} = 90\,\text{V} + j \cdot 30\,\text{V}$ an; dabei fließt ein Strom mit der Stromstärke $\underline{i} = 6 \cdot e^{-j \cdot 60°}\,\text{A}$.

a) Berechnen Sie den komplexen Widerstand $\underline{Z}$ des Verbrauchers.

b) Berechnen Sie den Phasenwinkel zwischen Strom und Spannung.

c) Machen Sie anhand des allgemeinen Widerstandszeigerdiagramms Aussagen darüber, ob ein kapazitives oder ein induktives Bauteil vorhanden ist.

5. Zeichnen Sie das allgemeine Zeigerdiagramm der jeweils gesuchten komplexen Größe und berechnen Sie alle gesuchten Größen. Geben Sie die gesuchten komplexen Größen in allen drei Darstellungsformen an.

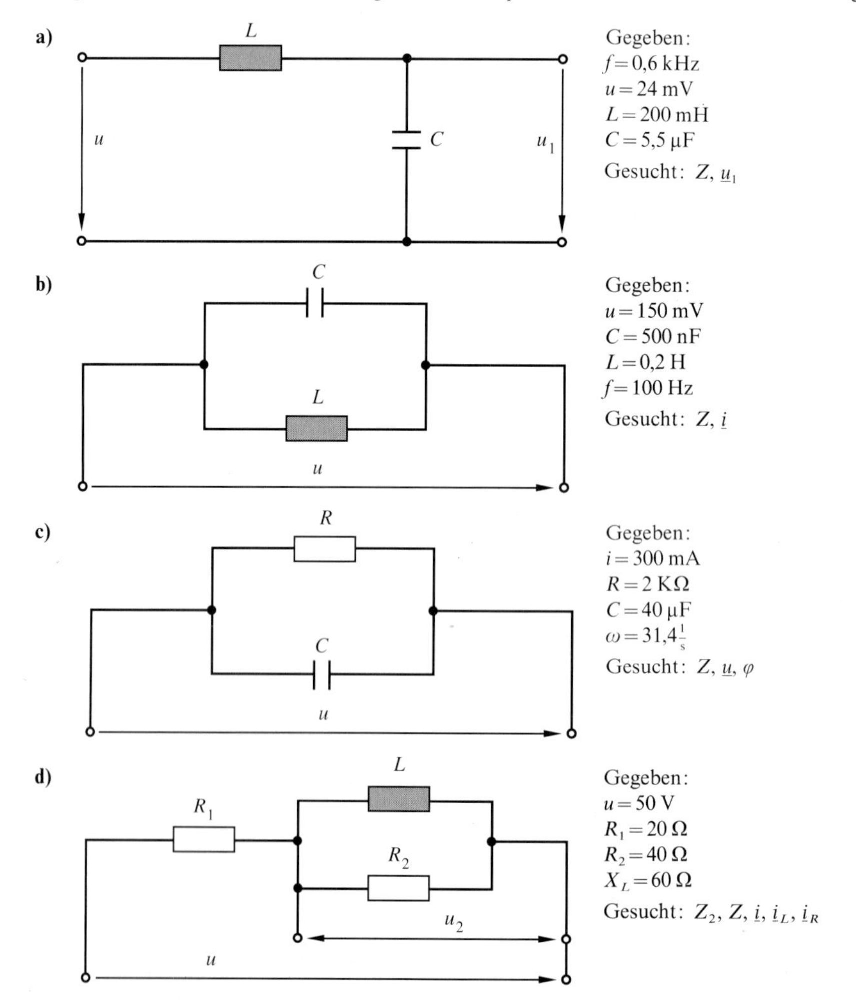

6. Bestimmen Sie die allgemeine Gleichung für den komplexen Gesamtwiderstand der Schaltung in kartesischer Darstellung.

a)

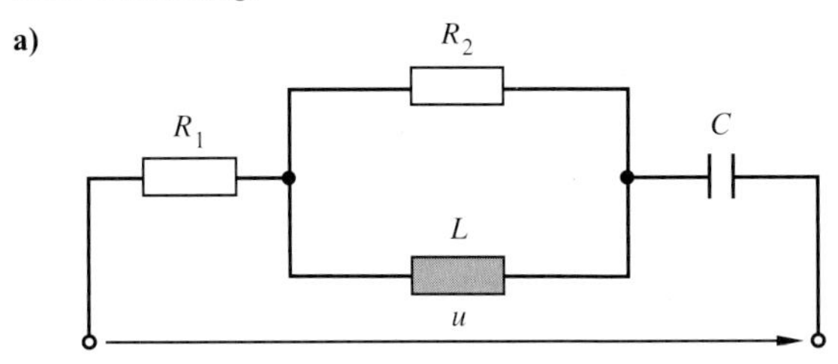

b)

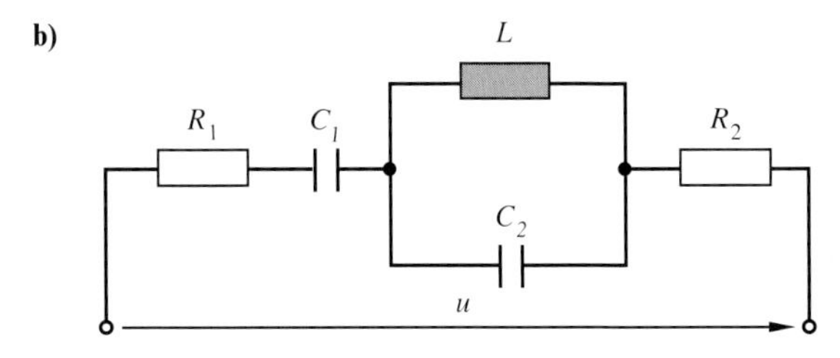

c)

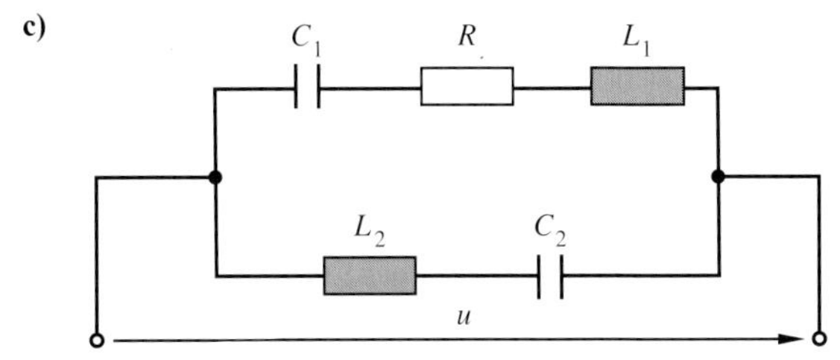

7. Die dargestellten Schwingkreise haben bei einer bestimmten Frequenz einen rein reellen Gesamtwiderstand. Ermitteln Sie für diesen Fall die Resonanzfrequenz f_0. Berechnen Sie allgemein den Scheinleitwert.

a)

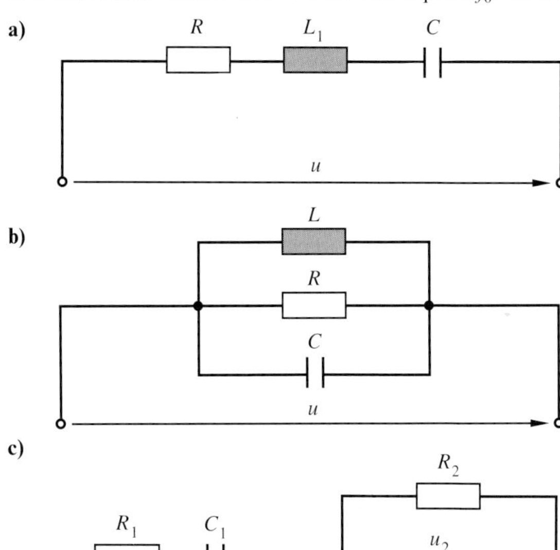

b)

c)

R_2 R_1 C_1 u_2 C_2 u

4 Folgen und Reihen

Funktionen sind mit den unterschiedlichsten Definitionsmengen denkbar. Zur Vorbereitung auf die Differentialrechnung und für die Lösung einiger wichtiger Problemstellungen werden hier reelle Funktionen behandelt, deren Definitionsmengen Teilmengen der natürlichen Zahlen ohne Null ($\mathbb{N}^*$) sind. Solche Funktionen heißen **Folgen**, ihre Funktionswerte heißen **Folgenglieder**.

Beispiel 4.1

In einem Einstellungstest werden jeweils fünf Zahlen vorgegeben. Drei weitere Zahlen sollen ergänzt werden.

a) 1, 3, 5, 7, 9, □, □, □

b) 1, 4, 9, 16, 25, □, □, □

Es handelt sich bei diesen zwei Beispielen um **endliche Zahlenfolgen**.

Das erste Glied der Folge heißt **Anfangsglied**, es wird mit $f(1)$ bezeichnet. In beiden Beispielen ist $f(1)=1$.

a)	1	3	5	7	9	11	13	15
	$f(1)$	$f(2)$	$f(3)$	$f(4)$	$f(5)$	$f(6)$	$f(7)$	$f(8)$
b)	1	4	9	16	25	36	49	64

Im Beispiel a gewinnt man das n-te Glied nach der Vorschrift $f_1(n)=2n-1$, im Beispiel b nach der Vorschrift $f_2(n)=n^2$. Die jeweilige Gleichung heißt **Bildungsgesetz der Folge**.

Das nebenstehende Bild zeigt die Graphen der beiden Folgen.

Platznummer	a)	b)
1	1	1
2	3	4
3	5	9
4	7	16
5	9	25
6	**11**	**36**
7	**13**	**49**
8	**15**	**64**

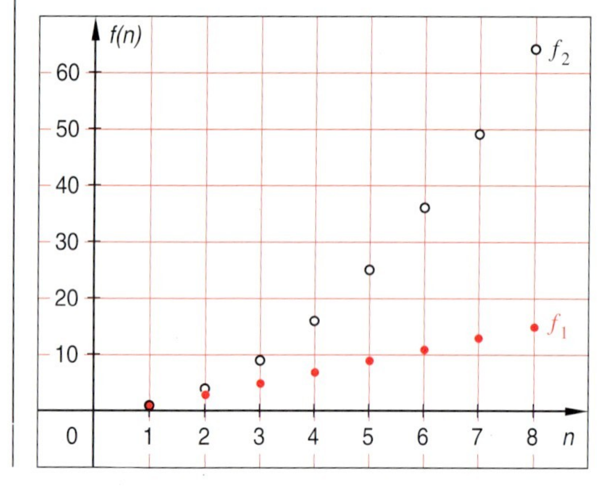

Beispiel 4.2

In einem runden Zirkuszelt mit 15 Zuschauerreihen besteht die unterste Sitzanordnung aus 100 Sitzplätzen; in jedem weiteren Rund nach oben hin befinden sich 2 Sitzplätze mehr als in dem vorhergehenden tieferen Rund. Wie viele Sitzplätze fasst der Zirkus insgesamt?

Im ersten Sitzplatzrund sind 100 Plätze, im zweiten 2 mehr als im ersten usw.

$f\colon f(n)=100+2\cdot(n-1);\, D(f)=\{1, 2, \ldots, 15\}$ ist eine Funktion mit der endlichen Definitionsmenge $D(f)\subset\mathbb{N}^*$, also die **endliche Folge** f: 100; 102; 104; …; 128.

$$
\begin{aligned}
&f(1) && && =100\\
&f(2) &&=f(1)+2 && =102\\
&f(3) &&=f(2)+2 =f(1)+2\cdot 2 && =104\\
&f(4) &&=f(3)+2 =f(1)+3\cdot 2 && =106\\
&\ldots &&\ldots \quad \ldots && \ldots\\
&f(15) &&=f(14)+2=f(1)+14\cdot 2 &&=128
\end{aligned}
$$

Um die Gesamtanzahl der Sitzplätze zu ermitteln, müssen die Plätze der einzelnen Zuschauerreihen summiert werden.

Das erste Rund umfasst 100 Sitzplätze; die ersten beiden umfassen 202 Sitzplätze; die ersten drei umfassen 306 Sitzplätze; usw.
$s(n)$ bezeichnet die Anzahl der Sitzplätze bis zur n-ten Zuschauerreihe.
s: 100; 202; 306; ...; 1710 stellt ebenfalls eine endliche Folge dar, deren Folgenglieder selbst Summen von Folgenwerten sind. Das **Bildungsgesetz** der Folge lautet:

$s\colon s(n) = f(1) + \ldots + f(n);\ D(s) = \{1, \ldots, 15\}$
oder $s\colon s(n) = s(n-1) + f(n)$.

$$\begin{aligned}
s(1) &= f(1) & &= 100\\
s(2) &= s(1)+f(2) &= f(1)+f(2) &= 202\\
s(3) &= s(2)+f(3) &= f(1)+f(2)+f(3) &= 306\\
\ldots &\quad \ldots & \ldots & \quad \ldots\\
s(15) &= s(14)+f(15) &= f(1)+\ldots+f(15) &= 1710
\end{aligned}$$

Endliche Summen werden in der Mathematik auch als **endliche Reihen** bezeichnet.

Merke:

- Eine Funktion f heißt eine **Folge**, wenn gilt: $D(f) \subset \mathbb{N}^*$.
  Ist $D(f)$ eine endliche Teilmenge von $\mathbb{N}^*$, so heißt f eine **endliche Folge**.
  Ihre einzelnen Folgenwerte für $f(n)$ mit $n \in D(f)$ heißen **Folgenglieder**.
- Wenn $D(f) = \{1, 2, \ldots, k\} \subset \mathbb{N}^*$ ist, dann kann man diese endliche Folge auch aufzählend schreiben: $f(1); f(2); \ldots; f(k)$. $f(1)$ ist das **erste Folgenglied**, $f(2)$ das **zweite Folgenglied** usw.
- Eine Gleichung wie $f(n) = 100 + (n-1)\cdot 2$ für $n \in D(f)$ nennt man das **Bildungsgesetz** der Folge f.
- Die Summe der ersten n Glieder einer Folge f bilden für jedes $n \in D(f)$ eine **endliche Reihe**.
- Die endlichen Reihen $s(1); s(2); \ldots; s(k)$ bilden für eine Folge f mit $D(f) = \{1, 2, \ldots, k\} \subset \mathbb{N}^*$ selbst wieder eine endliche Folge s mit $s\colon s(n) = f(1) + f(2) + \ldots + f(n);\ n \in D(f)$.

4.1 Arithmetische und geometrische Folgen und Reihen

Spezielle Folgen und Reihen können zur mathematischen Modellierung einer Vielzahl von praktischen Sachverhalten verwendet werden. Dabei sind zwei Typen von Folgen und die entsprechenden Reihen, denen wir uns im Folgenden zuwenden wollen, besonders wichtig.

Beispiel 4.3

Zwei Werkzeugmaschinen mit achtstufigen Hauptgetrieben und gleicher Anfangs- und Enddrehzahl haben die aus der Tabelle ersichtlichen Drehzahlabstufungen.

Maschine A

Stufe	1	2	3	4	5	6	7	8
Drehzahl	10	70	130	190	250	310	370	430

Maschine B

Stufe	1	2	3	4	5	6	7	8
Drehzahl	10	17,1	29,2	50	85,7	146,7	251	430

Wir untersuchen die Gesetzmäßigkeiten, die beiden Drehzahlfolgen unterliegen.

Maschine A	Maschine B
$f(1)=10$	$f(1)=10$
$f(2)=10+60=70$	$f(2)=10\cdot 1{,}71=17{,}1$
$f(3)=10+2\cdot 60=130$	$f(3)=10\cdot 1{,}71\cdot 17{,}1=10\cdot 1{,}71^2=29{,}2$
$f(4)=10+3\cdot 60=190$	$f(4)=10\cdot 1{,}71^2\cdot 17{,}1=10\cdot 1{,}71^3=50$
$\vdots$	$\vdots$
$f(n)=10+(n-1)\cdot 60$	$f(n)=10\cdot 1{,}71^{n-1}$

In den Beispielen handelt es sich um Folgen. Bei der Maschine A unterscheiden sich die aufeinanderfolgenden Drehzahlen um die gleiche konstante Differenz $f(n+1)-f(n)=d$. Man nennt solche Folgen **arithmetische Folgen**. Das Bildungsgesetz einer arithmetischen Folge lautet

$$f(n)=f(1)+(n-1)\cdot d.$$

Bei der Maschine B ist der Quotient zweier aufeinanderfolgender Glieder konstant: $\frac{f(n+1)}{f(n)}=q$. Solche Folgen heißen **geometrische Folgen**. Das Bildungsgesetz lautet:

$$f(n)=f(1)\cdot q^{n-1}.$$

Merke:

Als arithmetische Folgen werden Zahlenfolgen bezeichnet, bei denen die Differenz zweier aufeinanderfolgender Glieder konstant ist: $f(n+1)-f(n)=d$. Das Bildungsgesetz einer arithmetischen Folge lautet: $f(n)=f(1)+(n-1)\cdot d$.

Als geometrische Folgen werden Zahlenfolgen bezeichnet, bei denen der Quotient zweier aufeinanderfolgender Glieder konstant ist: $\frac{f(n+1)}{f(n)}=q$. Das Bildungsgesetz einer geometrischen Folge lautet: $f(n)=f(1)\cdot q^{n-1}$.

Beispiel 4.4 a

Für Bodenuntersuchungen werden Bohrarbeiten an eine Spezialfirma vergeben, die für den ersten Meter 20€ und für jeden weiteren Meter 10€ mehr als für den vorhergehenden verlangt. Mit welchen Kosten muss der Auftraggeber rechnen, wenn 40 Meter tief gebohrt werden soll.

Die Kosten für die einzelnen Meter entsprechen den Gliedern einer arithmetischen Folge mit $f(1)=20$ und $d=10$. Damit gilt für die Kosten (in €)

$$f(n)=20+(n-1)\cdot 10,$$

wobei die Variable n für die Anzahl der gebohrten Meter steht.

Für den letzten zu bohrenden Meter fallen Bohrkosten in Höhe von 410 € an.

Kosten für die einzelnen Meter (in €):

1. Meter: $f(1)=20$
2. Meter: $f(2)=20+1\cdot 10=30$
3. Meter: $f(3)=20+2\cdot 10=40$
4. Meter: $f(4)=20+3\cdot 10=50$

...

40. Meter: $f(40)=20+39\cdot 10=410$

Nun interessiert sich der Auftraggeber weniger dafür, wie teuer die Bohrung des jeweiligen Meters ist, sondern mehr dafür, wie teuer die Bohrung für alle Meter zusammen ist, also für die Summe

$s(40)=f(1)+f(2)+\ldots+f(40)$

der ersten 40 Glieder der zugrunde gelegten Folge

$f: f(n)=20+(n-1)\cdot 10$

mit $D(f)=\{1;2;\ldots;40\}$. Diese Summe s ist eine endliche Reihe der Zahlenfolge f.

Die Gesamtkosten für die Bohrung betragen zusammen 8600 €.

$$s(1)=f(1)=20$$
$$s(2)=f(1)+f(2)=20+(20+1\cdot 10)=50$$
$$s(3)=f(1)+f(2)+f(3)=20+(20+1\cdot 10)+(20+2\cdot 10)=90$$
$$s(4)=f(1)+f(2)+f(3)+f(4)=20+(20+1\cdot 10)+\ldots+(20+3\cdot 10)=140$$

...

$$s(40)=f(1)+f(2)+\ldots+f(40)=20+(20+1\cdot 10)+\ldots+(20+39\cdot 10)=8600$$

Da in der Reihe s mit $s(n)=f(1)+f(2)+\ldots+f(n)$ $(n\in\mathbb{N}^*)$ der einzelnen Summanden Glieder der arithmetischen Folge f sind, bezeichnet man sie als **arithmetische Reihe**.

Allgemein lässt sich die Summe der Glieder einer arithmetischen Reihe folgendermaßen berechnen:

$$s(n)=f(1)+f(2)+f(3)+\ldots+f(n)$$
$$s(n)=f(1)+f(1)+d+f(1)+2d+\ldots+f(1)+(n-1)d$$
$$s(n)=f(1)+(n-1)d+f(1)+(n-2)d+f(1)+(n-3)d+\ldots+f(1)$$

Addiert man die letzten beiden Gleichungen, so erhält man

$$2s(n)=2f(1)+(n-1)d+2f(1)+(n-1)d+2f(1)+(n-1)d+\ldots+2f(1)+(n-1)d,$$

also n-mal den Summanden $2f(1)+(n-1)d$:

$$2s(n)=n\cdot[2f(1)+(n-1)d] \Leftrightarrow s(n)=\frac{n}{2}\cdot[2f(1)+(n-1)d].$$

Wir können die Summenformel weiter vereinfachen, indem wir den Zusammenhang zwischen dem ersten Glied $f(1)$ und dem n-ten Glied $f(n)=f(1)+(n-1)d$ berücksichtigen:

$$s(n)=\frac{n}{2}\cdot[2f(1)+(n-1)d]=\frac{n}{2}\cdot[f(1)+(f(1)+(n-1)d)]=n\cdot\frac{f(1)+f(n)}{2}.$$

Bezogen auf das Beispiel erhalten wir:

$$s(40)=\frac{40}{2}\cdot[2\cdot 20+(40-1)\cdot 10]=20\cdot[40+390]=8600.$$

Beispiel 4.4 b

Der Auftraggeber (vgl. Beispiel 4.4 a) wendet sich an eine weitere Firma, die für den ersten Meter ebenfalls 20 € aber für jeden weiteren Meter 10% mehr als für den jeweils vorhergehenden Meter verlangt. Mit welchen Kosten muss der Auftraggeber bei Inanspruchnahme dieser Firma für die 40 m tiefe Bohrung rechnen?

Die Kosten für den jeweils zuletzt gebohrten Meter entsprechen den Gliedern einer geometrischen Folge mit $f(1)=20$ und $q=1{,}1$.

$f: f(n)=20\cdot 1{,}1^{n-1}$; $D(f)=\{1, 2, \ldots, 40\}$.
Die Variable n steht für die Anzahl der gebohrten Meter.
Für den letzten zu bohrenden Meter fallen Bohrkosten in Höhe von 822,90 € an.

1. Meter: $f(1)=20$
2. Meter: $f(2)=20+20\cdot 0{,}1 \quad =20\cdot 1{,}1$
3. Meter: $f(3)=20\cdot 1{,}1+20\cdot 1{,}1\cdot 0{,}1 \quad =20\cdot 1{,}1^2$
4. Meter: $f(4)=20\cdot 1{,}1^2+20\cdot 1{,}1^2\cdot 0{,}1=20\cdot 1{,}1^3$

…

40. Meter: $f(40)=20\cdot 1{,}1^{39}$
$=822{,}90$

Die Gesamtkosten $s(40)$ ergeben sich als Summe der Kosten, die bis zu 40 Meter Bohrtiefe entstanden sind:

$s(40)$ ist die Summe $f(1)+f(2)+\ldots+f(40)$ der ersten 40 Glieder der zugrunde gelegten Folge
$f: f(n)=20\cdot 1{,}1^{n-1}$; $D(f)=\{1, 2, \ldots, 40\}$,
also eine endliche Reihe.
Die Gesamtkosten für die Bohrungen betragen zusammen 8851,85 €.

$s(1)=f(1)=20$
$s(2)=f(1)+f(2)=20+20\cdot 1{,}1 \quad =42$
$s(3)=f(1)+f(2)+f(3)$
$\quad =20+20\cdot 1{,}1+20\cdot 1{,}1^2 \quad =66{,}20$
$s(4)=f(1)+f(2)+f(3)+f(4)$
$\quad =20+20\cdot 1{,}1+20\cdot 1{,}1^2+20\cdot 1{,}1^3=92{,}82$
… …

$s(40)=20+20\cdot 1{,}1+20\cdot 1{,}1^2+\ldots+20\cdot 1{,}1^{39}$ ► TR
$=8851{,}85$

Da in jeder der Reihen $s(n)$ mit $s(n)=f(1)+f(2)+\ldots+f(n)$ für $n\in\{1, 2, \ldots, 40\}$ die einzelnen Summanden Glieder einer geometrischen Folge f sind, bezeichnet man solche Reihen als **geometrische Reihen**.

Allgemein lässt sich der Wert jeder endlichen geometrischen Reihe $s(n)$ auf den Wert $f(1)$ der geometrischen Folge und auf dessen konstanten Multiplikator q zurückführen, falls $q\neq 1$ ist.

Dazu multipliziert man die Gleichung $s(n)=f(1)+f(2)+f(3)+\ldots+f(n)$
$=f(1)+f(1)\cdot q+f(1)\cdot q^2+\ldots+f(1)\cdot q^{n-1}$ mit q.

$$\Rightarrow \quad s(n)\cdot q=[f(1)+f(1)\cdot q+f(1)\cdot q^2+\ldots+f(1)\cdot q^{n-1}]\cdot q$$
$$=f(1)\cdot q+f(1)\cdot q^2+f(1)\cdot q^3+\ldots+f(1)\cdot q^n$$

Subtrahiert man dann $s(n)$ von $s(n)\cdot q$, so erhält man:

$$s(n)\cdot q \quad = \quad f(1)\cdot q+f(1)\cdot q^2+f(1)\cdot q^3+\ldots+f(1)\cdot q^{n-1}+f(1)\cdot q^n$$
$$-s(n) \quad =f(1)+f(1)\cdot q+f(1)\cdot q^2+f(1)\cdot q^3+\ldots+f(1)\cdot q^{n-1}$$

$$s(n)\cdot q-s(n)=f(1)\cdot q^n-f(1)$$
$$\Leftrightarrow \quad s(n)\cdot(q-1)=f(1)\cdot(q^n-1) \quad \blacktriangleright\ q\neq 1$$
$$\Leftrightarrow \quad \boldsymbol{s(n)=f(1)\cdot\frac{q^n-1}{q-1}=f(1)\cdot\frac{1-q^n}{1-q}} \quad \blacktriangleright \text{ mit } (-1) \text{ erweitert}$$

Das Ergebnis im Beispiel 4.4 b als Summenwert $s(40)$ lässt sich nach der Formel $s(n)=f(1)\cdot\frac{q^n-1}{q-1}$ besonders leicht mit dem Taschenrechner berechnen.

$$s(40)=f(1)\cdot\frac{q^{40}-1}{q-1}$$
$$=20\cdot\frac{1{,}1^{40}-1}{0{,}1} \quad \blacktriangleright\ f(1)=2;\ q=1{,}1$$
$$=\underline{\underline{8851{,}85}}$$

Merke:

- Eine **arithmetische Reihe** $s(n)=f(1)+f(2)+\ldots+f(n)$ ist die Teilsumme der ersten n Glieder $f(1), f(1), \ldots, f(n)$ einer arithmetischen Folge f: $f(n)=f(1)+(n-1)\cdot d$.
  Es gilt:
  $$s(n)=f(1)+f(1)+\ldots+f(n)=\frac{n}{2}\cdot[2f(1)+(n-1)d]=n\cdot\frac{f(1)+f(n)}{2}.$$
- Eine **geometrische Reihe** $s(n)=f(1)+f(2)+\ldots+f(n)$ ist die Teilsumme der ersten n Glieder $f(1), f(1), \ldots, f(n)$ einer geometrischen Folge f: $f(n)=f(1)\cdot q^{n-1}(n-1)$.
  Es gilt:
  $$s(n)=f(1)+f(1)+\ldots+f(n)=f(1)\cdot\frac{q^n-1}{q-1}=f(1)\cdot\frac{1-q^n}{1-q}.$$

Übungen zu 4.1

Beachten Sie: $n\in\{1, 2, \ldots, k\}\subset\mathbb{N}^*$.

1. Geben Sie zu nachstehenden Bildungsgesetzen der einzelnen Folgen f die ersten 5 Folgenwerte an und untersuchen Sie, welche dieser Folgen geometrische Folgen sind.

a) $f(n)=2\cdot 2^{n-1}$ **b)** $f(n)=5\cdot 1^{n-1}$ **c)** $f(n)=0{,}5\cdot(-2)^{n-1}$

d) $f(n)=5\cdot\left(\frac{1}{2}\right)^{n-1}$ **e)** $f(n)=3\cdot\left(-\frac{1}{3}\right)^{n-1}$ **f)** $f(n)=\frac{n-1}{n+1}$

g) $f(n)=\frac{n^2}{2n+1}$ **h)** $f(n)=\frac{3}{(n+1)^2}$ **i)** $f(n)=\frac{n}{n^2+1}$

2. Bestimmen Sie die Bildungsgesetze der nachstehenden Folgen.

a) $1, \frac{1}{2}, \frac{1}{4}, \ldots$ **b)** $2, \frac{3}{5}, \frac{18}{100}, \frac{27}{500}, \ldots$ **c)** $\frac{1}{2}, \frac{2}{3}, \frac{3}{4}, \frac{4}{5}, \ldots$

d) $2, \frac{4}{3}, \frac{8}{9}, \frac{16}{27}, \ldots$ **e)** $\frac{3}{4}, \frac{4}{5}, \frac{5}{6}, \frac{6}{7}, \ldots$ **f)** $1, -\frac{1}{2}, \frac{1}{4}, -\frac{1}{8}, \frac{1}{16}, \ldots$

3. Berechnen Sie $f(10)$ und $s(10)$ für die Folge 3, 6, 12, 24, … .

4. Bestimmen Sie die Anzahl der Summanden und den Wert der folgenden Summe:
$1+4+16+64+\ldots+65\,536$.

5. Wie viele Glieder der Folge 2, 6, 18, 54, … ergeben als Summe 59048?

6. Vom wievielten Folgenglied ab sind die Werte der Folgen
a) 3, 12, 48, 192, … größer als 10^6,
b) 1; 0,5; 0,25; 0,125; … kleiner als 10^{-6}?

7. Der 7. Folgenwert einer geometrischen Folge mit $q=2$ ist 96.
Entwickeln Sie die Folgenwerte $f(1)$ bis $f(6)$.

8. Der 6. Folgenwert einer geometrischen Folge ist 243, der 4. Wert ist 27.
a) Bestimmen Sie die ersten 6 Folgenwerte der Folge.
b) Berechnen Sie die Summe der ersten 6 Folgenwerte.

9. Gegeben ist die Folge $2, \frac{4}{3}, \frac{8}{9}, \ldots$.
a) Bestimmen Sie den 6. Folgenwert.
b) Berechnen Sie die Summe der ersten 12 Werte der Folge.

10. Fünf Bakterien teilen sich jeweils alle 20 Minuten einmal, wenn sie einen geeigneten Nährboden finden. Wie viele Zellen haben sich nach 6 Stunden entwickelt?

11. Bei welcher geometrischen Folge f mit $f(1)=5$ und $f(7)=3\,645$ ist die Summe der ersten 6 Glieder -910?

12. In ein gleich**seitiges** Dreieck mit der Seitenlänge 12 cm wird ein gleichseitiges Dreieck so eingezeichnet, dass die Ecken des eingezeichneten Dreiecks mit den Halbierungspunkten der Seiten des Ausgangsdreiecks zusammenfallen. In dieses Dreieck wird wiederum ein Dreieck nach demselben Verfahren eingezeichnet usw.

a) Bestimmen Sie jeweils das Maß der Flächeninhalte der ersten drei Dreiecke.
b) Ermitteln Sie die Summe der Flächeninhaltsmaße der ersten fünf Dreiecke.
c) Berechnen Sie die Summe der Flächeninhaltsmaße aller Dreiecke, wenn insgesamt 15 Dreiecke eingezeichnet werden.

13. In ein Quadrat mit der Seitenlänge 20 cm wird der Inkreis gezeichnet, in diesen wieder ein Quadrat usw., so dass jeweils 10 Quadrate und Kreise entstehen.

a) Berechnen Sie jeweils die Maßzahlen der Flächeninhalte der ersten drei Quadrate.
b) Ermitteln Sie jeweils die Maßzahlen der Flächeninhalte der ersten drei Kreise.
c) Bestimmen Sie die Summe der Maßzahlen der Flächeninhalte der ersten 10 Quadrate.
d) Bestimmen Sie die Summe der Maßzahlen der Flächeninhalte der ersten 10 Kreise.

14. Die Intensität einer radioaktiven Strahlung nimmt beim Durchgang durch eine Bleiplatte um 12% des Anfangswerts $I(1)$ ab.

a) Ermitteln Sie das Bildungsgesetz einer Zahlenfolge, die die verbleibende Intensität bei Durchgang durch n Bleiplatten derselben Stärke beschreibt.
b) Wie viel Prozent des Anfangswerts $I(1)$ sind nach Absorption durch 10 Platten noch vorhanden?
c) Durch wie viele Bleiplatten muss die radioaktive Strahlung absorbiert werden. wenn nur noch 50% des Anfangswerts vorhanden sein sollen?

15. In einem elektrischen Stromkreis wird die Stromstärke gemessen. Der Anfangswert $I(1)$ beträgt 5 A. Im Abstand von jeweils 10 s (= 1 Zeiteinheit) werden die Werte $I(2)$, $I(3)$, ... gemessen, wobei der jeweilige Wert um 13% kleiner ist, als der unmittelbar vorher gemessene Wert.

a) Wie lauten die Folgeglieder $I(1)$, $I(3)$, $I(4)$ und $I(5)$.
b) Die untere Messgrenze eines Strommessgerätes liegt bei 10^{-3} A. Ist der nach Ablauf von 90 s fließende Strom noch mit diesem Gerät messbar?
c) Wird die Stromstärke jemals 0?

4.2 Zinseszinsrechnung

In der Zinseszinsrechnung beschäftigt man sich mit der Entwicklung von einmalig angelegten Kapitalbeträgen zu einem Zinssatz, der in der Regel im Zeitablauf fest bleibt.

Beispiel 4.5

Eine Beamtin legt am Ende eines Jahres ihr Weihnachtsgeld in Höhe von 4000,– € auf ein Sparbuch mit 4-jähriger Kündigungsfrist. Das Kreditinstitut vereinbart mit ihr einen Zinssatz von 5%. Wie entwickelt sich das Sparguthaben?

Das Anfangskapital beträgt $K(0)=4000$.

$K(0)=4000$ ▶ Anfangskapital

Am Ende des 1. Jahres hat sich das Kapital um die Zinsen des 1. Jahres erhöht.

$$K(1)=K(0)+K(0)\cdot 0{,}05$$
$$K(1)=4000+4000\cdot 0{,}05$$
$$=4000\cdot 1{,}05$$

Am Ende des 2. Jahres werden zu dem Kapital $K(1)$ die Jahreszinsen des 2. Jahres addiert.

$$K(2)=K(1)\quad +K(1)\cdot 0{,}05$$
$$K(2)=4000\cdot 1{,}05+4000\cdot 1{,}05\cdot 0{,}05$$
$$=4000\cdot 1{,}05^2$$

Am Ende des 3. Jahres werden wieder die Zinsen von 5% zu $K(2)$ addiert.

$$K(3)=K(2)\quad +K(2)\cdot 0{,}05$$
$$K(3)=4000\cdot 1{,}05^2+4000\cdot 1{,}05^2\cdot 0{,}05$$
$$=4000\cdot 1{,}05^3$$

Das endgültige Guthaben am Ende des 4. Jahres ergibt sich aus der Summe von $K(3)$ und den Zinsen von $K(3)$.
Die Sparerin kann nach 4 Jahren über einen Betrag von 4862,03€ verfügen.

$$K(4) = K(3) + K(3) \cdot 0{,}05$$
$$K(4) = 4000 \cdot 1{,}05^3 + 4000 \cdot 1{,}05^3 \cdot 0{,}05$$
$$= 4000 \cdot 1{,}05^3 \cdot (1 + 0{,}05)$$
$$= 4000 \cdot 1{,}05^4$$
$$= \underline{\underline{4862{,}03}}$$

Nach n Jahren beträgt das Kapital somit: $\boldsymbol{K(n) = K(0) \cdot 1{,}05^n}$.

Dabei ist K: $K(n) = K(0) \cdot 1{,}05^n$ eine endliche geometrische Folge mit $D(K) = \{1, 2, \ldots, k\} \subset \mathbb{N}^*$. Ab dem ersten Folgenglied geht bereits das Anfangskapital $K(0)$ in die Folgenwerte ein.

Alle Lösungsansätze in der Zinseszinsrechnung gründen sich darauf, dass die verzinsten Kapitalbeträge durch **geometrische Folgen** beschrieben werden können, wobei n die **Anzahl der Zinsjahre**, p die **Zinssatzzahl** $\left(\blacktriangleright \frac{p}{100} = p\%\right)$, $K(n)$ der Wert des **Guthabens nach n Jahren** und $K(0)$ das **Anfangskapital** bedeuten.

$$K\colon K(n) = K(0) \cdot \left(1 + \frac{p}{100}\right)^n \quad \blacktriangleright \ \frac{p}{100} = p\%;\ q = 1 + \frac{p}{100}$$
$$= K(0) \cdot q^n;\ D(K) \subset \mathbb{N}^*.$$

In der Praxis wird die Zinssatzzahl immer auf % $\left(\blacktriangleright\ 1\% = \frac{1}{100}\right)$ bezogen; dann erhält man den sog. Zinssatz $p\%$ $\left(\blacktriangleright\ p\% = \frac{p}{100}\right)$, zu dem ein Kapital festgelegt oder ausgeliehen wurde.

Den Faktor $\left(1 + \frac{p}{100}\right)$ im Term für $K(n)$ nennt man Zinsfaktor und bezeichnet ihn mit q.

Anmerkung:

Der Begriff „Zinssatzzahl" für p wird hier im Unterschied zum Zinssatz $p\%$ bewusst neu eingeführt, denn in der kaufmännischen Literatur wird zwischen diesen beiden mathematisch unterschiedlichen Termen in der Regel nicht begrifflich und sprachlich unterschieden.
Der Zinssatz ist grundsätzlich ein Jahreszinssatz. Abweichungen von diesem Grundsatz werden ausdrücklich vermerkt.

In vielen Fällen interessiert man sich aber nicht für das Guthaben nach einer bestimmten Anzahl von Jahren, sondern dafür,

- zu welchem **Zinssatz** ($p\%$) ein vorhandenes Anfangskapital [$K(0)$] eine bestimmte Anzahl von Jahren (n) festgelegt werden muss, um nach dieser Zeit zu einem vorgegebenen Guthaben [$K(n)$] angewachsen zu sein (Beispiel 4.6); oder
- welcher **einmalige Betrag** [$K(0)$] zum Zinssatz $p\%$ für n Jahre angelegt werden muss, um dann zu einem bestimmten Guthaben [$K(n)$] angewachsen zu sein (Beispiel 4.7); oder
- **wie lange** ein Betrag [$K(0)$] zu einem Zinssatz $p\%$ verzinst werden muss, damit am Ende des Zinszeitraums ein gefordertes Guthaben $K(n)$ zur Verfügung steht (Beispiel 4.8).

Im folgenden wird das Kapital $K(n)$ nach n Jahren auf die Einheit € bezogen.

Beispiel 4.6

Zu welchem Zinssatz müssen 3325,29 € für 7 Jahre angelegt werden, damit am Ende des 7. Jahres 5000,– € zur Verfügung stehen?

Das Anfangskapital $K(0)$ beträgt 3325,29.

Das Guthaben nach 7 Jahren ($K(7)=5000$) ergibt sich, indem das Anfangskapital 7 Jahre verzinst wird.

Stellt man die Zinseszinsformel $K(n)=K(0)\cdot q^n$ nach q bzw. $p\%$ um, so erhält man als Ergebnis einen Zinssatz von 6%.

$$K(0)=3325{,}29$$

$$K(7)=5000$$

$$K(7)=K(0)\cdot\left(1+\frac{p}{100}\right)^7$$

$$5000=3325{,}29\cdot\left(1+\frac{p}{100}\right)^7$$

$$\frac{5000}{3325{,}29}=\left(1+\frac{p}{100}\right)^7$$

$$\sqrt[7]{\frac{5000}{3325{,}29}}=\left(1+\frac{p}{100}\right)$$

$$\frac{p}{100}=\sqrt[7]{\frac{5000}{3325{,}29}}-1 \;\blacktriangleright\; \text{TR};\ \frac{p}{100}=p\%$$

$$p\%=\underline{\underline{6\%}}$$

Beispiel 4.7

Für einen Autokauf sollen in 5 Jahren 20000,– € zur Verfügung stehen. Welchen Betrag müsste man dafür jetzt zu 7% anlegen?

$K(5)$ soll 20000 betragen.
Der gesuchte Anlagebetrag $K(0)$ muss sich dafür 5 Jahre lang zu 7% verzinsen lassen. Durch Umstellen der Zinseszinsformel $K(n)=K(0)\cdot q^n$ nach $K(0)$ erhält man für $K(0)$ den Anlagebetrag 14259,72 €.

$$K(5)=20000$$

$$K(5)=K(0)\cdot(1+0{,}07)^5$$

$$20000=K(0)\cdot 1{,}07^5$$

$$K(0)=\frac{20000}{1{,}07^5} \;\blacktriangleright\; \text{TR}$$

$$K(0)=\underline{\underline{14259{,}72}}$$

Beispiel 4.8

Wie lange müssen 6808,24 € zu 6,5% angelegt werden, bis sie auf 12000,– € gewachsen sind?

Gesucht ist die Anzahl n der Jahre, in denen 6808,24 € zu 12000,– € anwachsen, wenn der Zinssatz 6,5% beträgt.

Die Auflösung der Gleichung nach n erfordert das vorherige Logarithmieren der Terme auf beiden Seiten der Gleichung.

$$K(0)=6808{,}24$$

$$K(n)=12000$$

$$K(n)=K(0)\cdot(1+0{,}065)^n$$

$$12000=6808{,}24\cdot 1{,}065^n$$

$$1{,}065^n=\frac{12000}{6808{,}24}$$

$$\lg 1{,}065^n=\lg\frac{12000}{6808{,}24}$$

$$n\cdot\lg 1{,}065=\lg\frac{12000}{6808{,}24}$$

In 9 Jahren steht der gewünschte Betrag zur Verfügung.

$$n = \frac{\lg \frac{12000}{6808{,}24}}{\lg 1{,}065}$$

$$n = \underline{\underline{9}}$$

Merke:

- $K(n)$ ist das n Jahre lang zu einem Zinssatz von $p\%$ verzinste Anfangskapital $K(0)$ und lässt sich nach der **Zinseszinsformel** $K(n) = K(0) \cdot q^n$ mit $q = 1 + \frac{p}{100}$ berechnen.
- Ersetzt man in der Zinseszinsformel drei der vier Variablen $K(n)$, $K(0)$, q und n durch vorgegebene Werte, so erhält man Gleichungen mit jeweils einer Variablen. Je nach Vorgabe der Werte wird

  das **Anfangskapital** $K(0)$ mit $K(0) = \frac{K(n)}{q^n}$,

  die **Laufzeit** n mit $n = \frac{\lg \frac{K(n)}{K(0)}}{\lg q}$ oder

  der **Zinsfaktor** q mit $q = \sqrt[n]{\frac{K(n)}{K(0)}}$ bzw. der **Zinssatz** $p\%$ mit $p\% = \sqrt[n]{\frac{K(n)}{K(0)}} - 1$ oder

  die **Zinssatzzahl** p mit $p = \left(\sqrt[n]{\frac{K(n)}{K(0)}} - 1\right) \cdot 100$ bestimmt.

Übungen zu 4.2

1. Auf welchen Betrag wachsen folgende Anfangskapitalien an?
a) 1800,– € bei 5 % Zinssatz in 10 Jahren.
b) 6000,– € bei 6,5 %Zinssatz in 15 Jahren.
c) 25000,– € bei 4 % Zinssatz in 6 Jahren.

2. Ein Vater legt am 01.01.1996 ein Sparbuch über 1000,– € für seine Tochter an. Über welchen Betrag kann die Tochter am 31.12.2011 verfügen, wenn das Sparguthaben mit 3,5 % verzinst wird?

3. Auf welchen Betrag wachsen 16000,– € an, wenn das Guthaben 12 Jahre lang mit
a) 4 %, **b)** 5,5 % oder **c)** mit 8 % verzinst wird?

4. Ein Betrag in Höhe von 6000,– € wurde am 01.01.1990 zu 4,5 % angelegt. Welche Summe steht dem Anleger am 31.12.1998 zur Verfügung?

5. Ein Betrag in Höhe von 15000,– € wurde am 01.01.1985 mit 6 % festgelegt. Ab dem 01.01.1988 wurde das Kapital nur noch mit 5 % verzinst. Am 01.01.1991 sank der Zinssatz auf 4 %. Wie hoch war das Kapital einschließlich Zinsen am 31.12.1995?

6. Wie viel Zinsen bringen bei einer 5 %igen Verzinsung unter Berücksichtigung von Zinseszinsen 4000,– €, die vom 01.04.1990 bis zum 31.03.1996 festgelegt wurden?

7. Ein Vater möchte, dass seinem Sohn am 31.12.2010 ein Betrag von 30000,– € ausgezahlt wird. Welche Summe muss er am 01.01.1996 anlegen, wenn er mit einer Verzinsung von 5,5 % rechnet?

8. Ein Kapital wurde 5 Jahre lang mit 5 % und danach 6 Jahre mit 4 % jährlich verzinst. Wie hoch war das Kapital, wenn es auf 9876,– € angewachsen ist?

9. Jemand zahlt am Anfang des 1., 5. und 6. Jahres 4000,– € auf sein Sparkonto ein. Am Ende des 8. Jahres besitzt er ein Guthaben von 17584,22 €. Wie hoch war der Kontostand auf dem Sparbuch vor der ersten Einzahlung von 4000,– € bei einem Zinssatz von 3,5%?

10. Eine junge Frau hat die Wahl zwischen folgenden Kapitalien:
12000,– €, Auszahlung sofort, oder 22500,– €, Auszahlung in 10 Jahren, oder 36000,– €, Auszahlung in 20 Jahren.
Welches Kapital ist – bezogen auf einen gemeinsamen Stichtag – am höchsten, wenn man von einer 6%igen Verzinsung ausgeht?

11. Der Käufer eines Hauses macht dem Verkäufer 3 alternative Angebote:
400000,– € sofort oder 100000,– € sofort und 400000,– € in 5 Jahren oder 3 Raten in Höhe von je 158000,– €, und zwar die erste Rate sofort, die zweite Rate nach 3 Jahren und die dritte Rate nach 6 Jahren.
Welches Angebot ist unter Berücksichtigung einer 6%igen Verzinsung das günstigste?

12. Eine Mutter lieh ihrem Sohn für eine Unternehmensgründung einen hohen Kapitalbetrag. 5 Jahre später lieh sie ihm denselben Betrag noch einmal. 3 Jahre nach der 2. Auszahlung waren die Schulden des Sohnes auf 302577,47 € angewachsen.
Wie hoch waren die ausgeliehenen Beträge, wenn ein Zinssatz von 7,5% vereinbart worden war?

13. Ein Kapital in Höhe von 5000,– € verdoppelt sich in 12 Jahren. Welcher Zinssatz liegt dieser Berechnung zugrunde?

14. Zu welchem Zinssatz war ein Kapital von 5000,– € ausgeliehen, wenn es in 5 Jahren auf 6535,– € angewachsen ist?

15. In wie viel Jahren verdoppelt bzw. verdreifacht sich ein Kapital bei einem Zinssatz von 4% (5%)?

16. In wie viel Jahren wächst ein Kapital von 10000,– € bei einem Zinssatz von 5% auf 14774,55 € an?

17. In wie viel Jahren bringt ein Kapital von 15000,– € bei 6%iger Verzinsung 5073,38 € Zinsen?

18. Jemand macht eine Stiftung von 198000,– € mit der Auflage, dass der Betrag so lange bei einer Bank mit 5% angelegt wird, bis die jährlichen Zinsen für vier Stipendien im Wert von jeweils 4000,– € ausgezahlt werden können. Nach welcher Zeit ist die Auszahlung möglich (Jahre aufrunden)?

4.3 Grundlegende Eigenschaften unendlicher Zahlenfolgen

Bisher sind spezielle endliche Folgen betrachtet worden. Der Definitionsbereich dieser Folgen wurde als endliche Teilmenge $\{1, 2, ..., k\}$ von $\mathbb{N}^*$ vorausgesetzt oder konnte als solche durch die Aufgabenstellung angesehen werden.

Jetzt sollen innermathematische Eigenschaften von Folgen behandelt werden, deren Wertemengen $W(f)$ Zahlenmengen sind. Solche Folgen heißen **Zahlenfolgen**. Im Gegensatz aber zum Abschnitt 4.1 wird jetzt als Definitionsbereich dieser Zahlenfolgen die unendliche Menge $\mathbb{N}^*$ selbst zugelassen.

Folgen, welche $\mathbb{N}^*$ als Definitionsbereich haben, sind **unendliche Folgen**.

Anmerkung:

Wenn man in der Mathematik von einer „Folge“ spricht, dann ist damit eine „unendliche Folge“ gemeint. Der Zusatz „unendlich“ wird also weggelassen, der Zusatz „endlich“ dagegen nicht.

Monotonie und Beschränktheit von Zahlenfolgen

Beispiel 4.9

Das radioaktive Element Francium 223 hat eine Halbwertszeit von 22 Minuten, d.h. dass sich innerhalb von jeweils 22 Minuten die vorhandene Masse dieses Isotops halbiert. Es sei 1 kg Francium vorhanden.

Die Folge kann mit dem Bildungsgesetz

$f: f(n) = 10^6 \cdot 0{,}5^n,\ n \in \mathbb{N}^*,$

beschrieben werden. Dabei ist n die Anzahl der verstrichenen Halbwertszeiten und $f(n)$ die nach n Halbwertszeiten verbleibende Masse in mg.

Hier liegt ein exponentieller Abnahmeprozess vor; man sagt: die Folge f **fällt streng monoton**.

Es gilt für **alle** $n \in \mathbb{N}^*$: $f(n+1) < f(n)$.

Die Folgenwerte liegen alle zwischen ihrem größten Wert 500000, der auch als Folgenwert angenommen wird, und 0, die nicht als Folgenwert angenommen wird. Es gilt somit für alle $n \in \mathbb{N}^*$:

$0 < f(n) \leq 500000.$

Man nennt die Folge **nach oben beschränkt** durch 500000 und **nach unten beschränkt** durch 0.

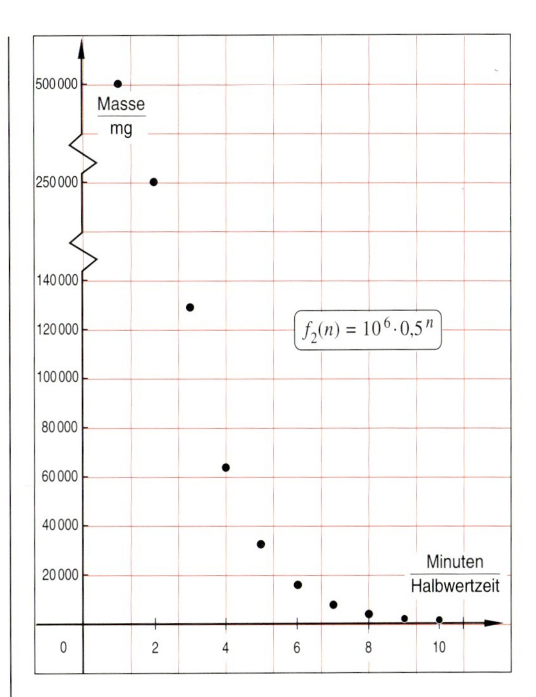

Anschaulich bedeutet diese Beschränktheit der Folge f, dass ihr Graph ganz in dem **Horizontalstreifen** der Breite 500000 oberhalb der Abszissenachse verläuft.

Man kann sich jede Folge f, ob endlich oder unendlich, statt durch ihren Graphen in einem Koordinatensystem auch als **Stellenwertfolge** auf einer Zahlengeraden veranschaulichen. Dazu trägt man für jedes Folgenglied den ihm entsprechenden Folgenwert auf der Zahlengeraden ab. Bei dieser Auffassung schreibt man dann für eine Folge f statt $f: n \mapsto f(n)$ üblicherweise $\langle f(n) \rangle$, setzt also den Folgenterm $f(n)$ in spitze Klammern.

Für die Folge f aus Beispiel 4.9 bedeutet ihr streng monotones Fallen in der Darstellung $\langle f(n) \rangle$, dass jedes nachfolgende Folgenglied **links** vom vorhergehenden Folgenglied liegt, und ihre Beschränktheit nach oben und unten, dass **alle** Folgenwerte im Intervall $(0; 500000]$ liegen.

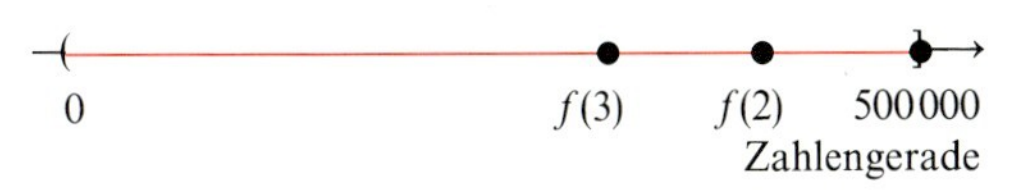

► In der Darstellung der Folge als $\langle f(n) \rangle$ liegt $f(n+1)$ links von $f(n)$, und alle Folgenglieder liegen im Intervall $(0; 500000]$.

Beispiel 4.10

Die n-te Teilsumme

$$s(n)=\frac{3}{10}+\frac{3}{100}+\frac{3}{1000}+\ldots+\frac{3}{10^n};\ n\in\mathbb{N}^*$$

der Folge f: $f(n)=\frac{3}{10^n}$; stellt die Dezimalzahl $\underbrace{0{,}333\ldots3}_{n\text{-mal}}$ dar.

$$\frac{3}{10}+\frac{3}{100}+\frac{3}{1000}+\ldots+\frac{3}{10^n}=\underbrace{0{,}333\ldots3}_{n\text{-mal}}$$

Der kleinste Folgenwert der Teilsummenfolge s: $s(n)=\frac{3}{10}+\ldots+\frac{3}{10^n}$; $n\in\mathbb{N}^*$ ist 0,3.

$s(1)=0{,}3$ ► kleinster Folgenwert

Die Folge **steigt streng monoton** für alle $n\in\mathbb{N}^*$.

$s(n+1)>s(n)$ für alle $n\in\mathbb{N}^*$

Obwohl die Folge streng monoton steigt, so übersteigt sie doch niemals die reelle Zahl $\frac{1}{3}$, wie man leicht zeigen kann:

$s(n)<\frac{1}{3}$ für alle $n\in\mathbb{N}^*$

Die Folge $f: f(n)=\frac{3}{10^n}$; ist eine geometrische Folge mit $q=0{,}1$.

$f: f(n)=3\cdot0{,}1^n$; $D(f)=\mathbb{N}^*$ ► geometrische Folge

Damit ist $s(n)=\frac{3}{10}+\frac{3}{10^2}+\ldots+\frac{3}{10^n}$ für jedes $n\in\mathbb{N}^*$ eine geometrische Reihe, für die die Summenformel gilt.

Die Werte der Folge $s: s(n)=\frac{3}{10}+\frac{3}{10^2}+\ldots+\frac{3}{10^n}$ liegen also alle unterhalb der reellen Zahl $\frac{1}{3}$.

$$\begin{aligned} s(n)&=f(1)\cdot\frac{1-q^n}{1-q}\\ &=0{,}3\cdot\frac{1-0{,}1^n}{1-0{,}1}\\ &=0{,}3\cdot\frac{1-0{,}1^n}{0{,}9}\\ &=\frac{1}{3}\cdot(1-0{,}1^n) \end{aligned}$$

► $1-0{,}1^n<1$ für jedes $n\in\mathbb{N}^*$

$\Rightarrow s(n)<\frac{1}{3}$ für jedes $n\in\mathbb{N}^*$

Die Folge ist somit nach oben beschränkt durch $\frac{1}{3}$ und nach unten beschränkt durch 0,3.

Man nennt $\frac{1}{3}$ eine **obere Schranke** und 0,3 eine **untere Schranke** der Folge s.

In der Darstellung von s als $\langle s(n)\rangle$ liegt jedes nachfolgende Folgenglied **rechts** vom vorhergehenden Folgenglied, und **alle** Folgenwerte liegen im Intervall $\left[0{,}3;\frac{1}{3}\right)$.

0 0,3 $s(1)\cdot s(2)$ … $\frac{1}{3}$ Zahlengerade

► s steigt streng monoton.

Beispiel 4.11

Zeigen Sie, dass die Folge $f\colon f(n)=\frac{2n-1}{n+1}$ nach unten durch 0 und nach oben durch 2 beschränkt ist. Zeigen Sie außerdem, dass f streng monoton steigt.

● **Beschränktheit nach unten:**
Wenn f nach unten beschränkt wäre durch 0, dann müssten alle Folgenwerte größer oder gleich 0 sein.

Die Lösungsmenge der Ungleichung $f(n)\geq 0$ ist $\mathbb{N}^*$, also gilt $f(n)\geq 0$ für alle $n\in\mathbb{N}^*$.

Somit ist 0 eine untere Schranke von f und damit auch **jede** Zahl, die kleiner ist als 0.

$f(n)\geq 0$ ▶ Annahme

$\Leftrightarrow \frac{2n-1}{n+1}\geq 0$ ▶ $n\in\mathbb{N}^*$

$\Leftrightarrow 2n-1\geq 0$

$\Leftrightarrow 2n\geq 1$

$\Leftrightarrow n\geq 0{,}5$ ▶ allgemein gültige Aussageform

$\Rightarrow L=\mathbb{N}^*$

● **Beschränktheit nach oben:**
Es wird geprüft, ob f nach oben beschränkt ist, indem man die Lösungsmenge der Ungleichung $f(n)\leq 2$ bestimmt.

Die Ungleichung $f(n)\leq 2$ gilt also für alle $n\in\mathbb{N}^*$; somit ist 2 eine obere Schranke von f und damit auch **jede** Zahl, die größer ist als 2.

$f(n)\leq 2$ ▶ Annahme

$\Leftrightarrow \frac{2n-1}{n+1}\leq 2$ ▶ $n\in\mathbb{N}^*$

$\Leftrightarrow 2n-1\leq 2n+2$

$\Leftrightarrow 2n\leq 2n+3$

$\Leftrightarrow 0\cdot n\leq 3$ ▶ allgemein gültige Aussageform

$\Rightarrow L=\mathbb{N}^*$

● **Strenge Monotonie:**
Für den Nachweis der strengen Monotonie von f muss gezeigt werden, dass für alle $n\in\mathbb{N}^*$ gilt $f(n+1)>f(n)$.

Die Lösungsmenge der Ungleichung ist $\mathbb{N}^*$, damit ist die Folge also streng monoton steigend.

$f(n+1)>f(n)$ ▶ Annahme

$\Leftrightarrow \frac{2(n+1)-1}{(n+1)+1}>\frac{2n-1}{n+1}$

$\Leftrightarrow \frac{2n+1}{n+2}>\frac{2n-1}{n+1}$ ▶ $n\in\mathbb{N}^*$

$\Leftrightarrow 2n^2+3n+1>2n^2+3n-2$

$\Leftrightarrow 0\cdot n^2+0\cdot n>-3$ ▶ allgemein gültige Aussageform

$\Rightarrow L=\mathbb{N}^*$

Veranschaulicht man sich f wieder als $\langle f(n)\rangle$, so liegt jedes nachfolgende Folgenglied **rechts** vom vorhergehenden Folgenglied (▶ f steigt streng monoton), und **alle** Folgenwerte liegen im Intervall (0; 2).

0 $f(1)$ $f(2)\ldots$ 2 Zahlengerade

▶ In der Darstellung von f als $\langle f(n)\rangle$ liegt $f(n+1)$ rechts von $f(n)$, und alle Folgenwerte liegen im Intervall (0; 2).

Merke:

- Eine Folge f heißt **streng monoton steigend**, wenn für alle $n \in \mathbb{N}^*$ gilt: $\boldsymbol{f(n+1) > f(n)}$.
- Eine Folge f heißt **streng monoton fallend**, wenn für alle $n \in \mathbb{N}^*$ gilt: $\boldsymbol{f(n+1) < f(n)}$.
- Eine Folge f heißt **nach oben beschränkt** durch eine reelle Zahl für $S \in \mathbb{R}$, wenn für alle $n \in \mathbb{N}^*$ gilt: $\boldsymbol{f(n) \leq S}$.
- Eine Folge f heißt **nach unten beschränkt** durch eine reelle Zahl für $s \in \mathbb{R}$, wenn für alle $n \in \mathbb{N}^*$ gilt: $\boldsymbol{s \leq f(n)}$.
- Eine Folge f heißt **beschränkt**, wenn sie nach oben und nach unten beschränkt ist.
- Besitzt eine Folge eine obere Schranke, so ist jede größere Zahl ebenfalls eine **obere Schranke** dieser Folge.
- Besitzt eine Folge eine untere Schranke, so ist jede kleinere Zahl ebenfalls eine **untere Schranke** dieser Folge.

Übungen

1. Gegeben sind die Folgen f: $f(n) = 0{,}2^n$ und g: $g(n) = 10 \cdot 0{,}5^n$.
a) Untersuchen Sie die Folgen auf Monotonie.
b) Zeigen Sie, dass 10 eine obere und 0 eine untere Schranke der Folgen ist.
c) Stellen Sie die Folgen graphisch im Koordinatensystem und auf der Zahlengeraden dar.

2. Gegeben ist die Folge $1, \frac{1}{2}, \frac{1}{4}, \frac{1}{8}, \ldots$.
a) Bestimmen Sie den Funktionsterm dieser Folge.
b) Geben Sie den 5., 8. und 12. Folgenwert der Folge an.
c) Zeigen Sie, dass 1 eine obere und 0 eine untere Schranke der Folge ist.
d) Weisen Sie nach, dass die Folge streng monoton fallend ist.
e) Stellen Sie die Folge graphisch im Koordinatensystem und auf der Zahlengeraden dar.

3. Untersuchen Sie die gegebenen Folgen f auf Monotonie und Beschränktheit und stellen Sie die Folgen graphisch im Koordinatensystem und auf der Zahlengeraden dar.
a) f: $f(n) = \left(-\frac{1}{3}\right)^n$
b) f: $f(n) = 5 - \frac{1}{n}$
c) f: $f(n) = \sqrt{\frac{n+1}{2n}}$
d) f: $f(n) = 3n + (-1)^n$
e) f: $f(n) = (2 + (-2)^n) \cdot 2n$
f) f: $f(n) = \frac{n}{n+1}$

4. Geben Sie eine Zahlenfolge an, deren größte untere Schranke -2 und deren kleinste obere Schranke 2 ist.

5. Gegeben ist die Folge $\langle f(n) \rangle$ mit $f(n) = \frac{n^2 - 1}{(n+1)^2}$.
a) Untersuchen Sie die Folge auf Monotonie.
b) Untersuchen Sie, ob 1 eine obere und -1 eine untere Schranke der Folge ist.
c) Stellen Sie die Folge graphisch im Koordinatensystem und auf der Zahlengeraden dar.

6. Gegeben ist die Folge $\langle f(n) \rangle$ mit $f(n) = \frac{n^2 + 1}{n^2}$.
a) Untersuchen Sie die Folge auf Monotonie.
b) Untersuchen Sie, ob 3 eine obere und 1 eine untere Schranke der Folge ist.
c) Stellen Sie die Folge graphisch im Koordinatensystem und auf der Zahlengeraden dar.

7. Gegeben ist die Folge $\langle f(n) \rangle$ mit $f(n) = \left(\frac{2}{3}\right)^n$.
a) Führen Sie den Monotonienachweis.
b) Zeigen Sie, dass die Folge eine untere Schranke -1 hat.
c) Stellen Sie die Folge graphisch im Koordinatensystem und auf der Zahlengeraden dar.

8. Gegeben ist die Folge f: $f(n)=\frac{n-1}{n+1}$.

a) Untersuchen Sie die Folge auf Monotonie.

b) Untersuchen Sie, ob 1 eine obere und -1 eine untere Schranke der Folge ist.

c) Stellen Sie die Folge graphisch im Koordinatensystem und auf der Zahlengeraden dar.

9. Gegeben ist die Folge f: $f(n)=\frac{1}{n}$.

a) Untersuchen Sie die Folge auf Monotonie.

b) Untersuchen Sie, ob 1 eine obere und 0 eine untere Schranke der Folge ist.

c) Stellen Sie die Folge graphisch im Koordinatensystem und auf der Zahlengeraden dar.

10. Untersuchen Sie die Folge $\langle s(n)\rangle$ mit $s(n)=\frac{9}{10}+\frac{9}{100}+\ldots+\frac{9}{10^n}$ auf Monotonie und Beschränktheit und stellen Sie die Folge graphisch im Koordinatensystem und auf der Zahlengeraden dar.

11. Die Begriffe Monotonie und Beschränktheit können auch für **endliche** Zahlenfolgen verwendet werden.

a) Zeigen Sie, dass die endliche Zahlenfolge 1, 2, 3, 4, 5, 6, 7 streng monoton steigt und beschränkt ist.

b) Untersuchen Sie die endliche Folge f: $f(n)=\frac{1}{n}$; $D(f)=\{1, 2, 3, \ldots, 100\}$ auf Monotonie und Beschränktheit.

c) Untersuchen Sie die endliche Folge f: $f(n)=\frac{2n}{4-n}$; $D(f)=\{5, 6, 7, \ldots, 54\}$ auf Monotonie und Beschränktheit.

d) Stellen Sie die Folgen graphisch im Koordinatensystem und auf der Zahlengeraden dar.

Konvergenz von Zahlenfolgen

In den Beispielen 4.9 bis 4.11 waren **alle** Folgen beschränkt und entweder streng monoton steigend oder streng monoton fallend.

Betrachtet man das **Beispiel 4.10** noch etwas genauer, so stellt man fest, dass die Reihenwerte $s(n)$ der Folge s immer weiter gegen die Bruchzahl $\frac{1}{3}$ wachsen, sie zwar nie erreichen, ihr aber beliebig nahe kommen, je größer man die Zahl n wählt.

Anschaulich bedeutet dies, dass sich der Graph von s der Parallelen im Abstand $\frac{1}{3}$ zur x-Achse **asymptotisch** immer mehr von unten anschmiegt.

So trennt z. B. nur noch $\frac{1}{3\cdot 10^{100}}$ den Folgenwert $s(100)$ von der Zahl $\frac{1}{3}$, während es vom Folgenwert $s(10)$ noch $\frac{1}{3\cdot 10^{10}}$ waren.

$$s(10)=\frac{1}{3}\cdot(1-0{,}1^{10})=\frac{1}{3}-\frac{1}{3\cdot 10^{10}}$$

$$s(100)=\frac{1}{3}\cdot(1-0{,}1^{100})=\frac{1}{3}-\frac{1}{3\cdot 10^{100}}$$

Anders ausgedrückt: Da die Folge $\langle s(n)\rangle$ streng monoton steigt, liegen auf der Zahlengeraden alle Folgenwerte für $n>100$, und das sind fast alle bis auf die ersten 100 Folgenglieder, dichter als $\frac{1}{3\cdot 10^{100}}$ bei $\frac{1}{3}$.

Im **Beispiel 4.9** wird die Masse des radioaktiven Isotops Francium 223 immer geringer, weil die Folge f eine streng monoton fallende Folge ist. Die Masse kann nicht unter 0 sinken, aber sehr dicht an 0 herankommen. Der Graph von f nähert sich mit größer werdenden Zahlen für n asymptotisch immer mehr der Abszissenachse von oben.

Zur Bestimmung der Folgenwerte, die beispielsweise weniger als 10^{-6} von 0 auf der Zahlengeraden entfernt sind, kann die Lösungsmenge der Ungleichung $R(n) < 10^{-6}$ ermittelt werden. Dabei muss man beachten, dass bei einer Ungleichung die Ordnungszeichen „<“ oder „>“ sich umkehren, wenn man die Ungleichung mit einer negativen Zahl multipliziert oder durch eine negative Zahl dividiert.

$10^6 \cdot 0{,}5^n < 10^{-6}$

$\Leftrightarrow \quad 0{,}5^n < 10^{-12}$ ▶ Logarithmieren

$\Leftrightarrow \quad n \cdot \lg 0{,}5 < -12$ ▶ $\lg 0{,}5 < 0$

$\Leftrightarrow \quad n > \dfrac{-12}{\lg 0{,}5} = \underline{\underline{39{,}86\ldots}}$

▶ Lösungen: $n \in \mathbb{N}^{\geq 40}$

Alle Folgenwerte der Folge $\langle f(n) \rangle$, für die $n \geq 40$ gilt, liegen so dicht bei 0 auf der Zahlengeraden, dass sie weniger als 10^{-6} Abstand von 0 haben.

Im **Beispiel 4.11** ist f eine vom ersten Folgenglied ab streng monoton steigende Folge, deren Werte aber 2 nicht übersteigen können. Je größer die Werte für n werden, desto näher liegen die Folgenwerte bei 2 auf der Zahlengeraden.

Fragt man danach, welche Folgenwerte in geringerem Abstand als z. B. 10^{-3} von 2 entfernt sind, so muss man die Ungleichung $f(n) > 2 - 10^{-3}$ lösen.
Somit liegen ab dem Wert 3000 für n alle weiteren Folgenwerte mit einem Abstand von weniger als 0,001 von 2 auf der Zahlengeraden entfernt.

$f(n) > 2 - 10^{-3}$ ▶ Annahme

$\Leftrightarrow \quad \dfrac{2n-1}{n+1} > 2 - 0{,}001$ ▶ $n \in \mathbb{N}^*$

$\Leftrightarrow \quad 2n - 1 > 1{,}999n + 1{,}999$

$\Leftrightarrow \quad 0{,}001\,n > 2{,}999$

$\Leftrightarrow \quad n > \underline{\underline{2999}}$ ▶ Lösungen $n \in \mathbb{N}^{\geq 3000}$

Beispiel 4.12

Zeigen Sie, dass die Folge f: $f(n) = \dfrac{(-1)^n}{n}$ zwar nicht streng monoton ist, sich die Folgenwerte aber beliebig genau der Null nähern.

Setzt man für n ungerade Zahlen, dann sind die Folgenwerte negativ, setzt man für n gerade Zahlen, dann sind die Folgenwerte positiv.
Da in der üblichen Reihenfolge der natürlichen Zahlen auf eine ungerade Zahl immer eine gerade Zahl folgt, wechseln die Folgenwerte von Wert zu Wert ihr Vorzeichen: Die Folge ist damit weder streng monoton fallend, noch streng monoton steigend – also nicht streng monoton.

Die Folgenwerte liegen zwar einmal links und einmal rechts von Null auf der Zahlengeraden, ihre Abstände zur Zahl Null werden aber immer kleiner.

$f(2n-1) = \dfrac{(-1)^{2n-1}}{2n-1} = -\dfrac{1}{2n-1}$ ▶ $n \in \mathbb{N}^*$

$f(2n) = \dfrac{(-1)^{2n}}{2n} = \dfrac{1}{2n}$ ▶ $n \in \mathbb{N}^*$

$-1; \tfrac{1}{2}; -\tfrac{1}{3}; \tfrac{1}{4}; -\tfrac{1}{5}$ ▶ $-1 < \tfrac{1}{2}; \tfrac{1}{2} > -\tfrac{1}{3}$

n	1	2	…	1000	1001	…
f(n)	−1	0,5	…	$\frac{1}{1000}$	$-\frac{1}{1001}$	…

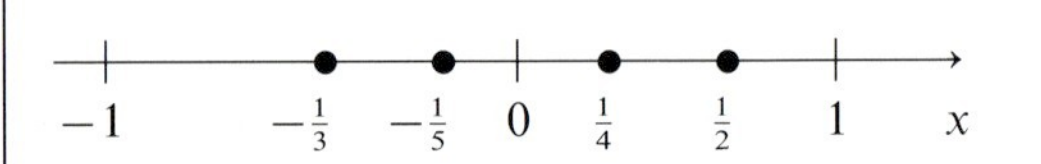

Um die Eigenschaften der Folgen aus den Beispielen 4.9 bis 4.12 besser erfassen zu können, sich mit ihren Folgenwerten einer reellen Zahl für immer größer werdende Zahlen für $n \in \mathbb{N}^*$ auf der Zahlengeraden zu nähern, wird der Begriff der **Umgebung einer reellen Zahl** eingeführt:

Bezeichnet g eine reelle Zahl und ε (Epsilon) eine positive reelle Zahl, so heißt das offene reelle Intervall $(g-\varepsilon;\ g+\varepsilon)$ eine Umgebung von g.
Genauer spricht man von einer **ε-Umgebung** von g, in Zeichen ε-$U(g)$.
Zu einer ε-Umgebung von g gehören also alle reellen Zahlen, deren Abstand von g auf der Zahlengeraden kleiner als ε ist. Es gilt für eine ε-Umgebung um g:

$$(g-\varepsilon;\ g+\varepsilon)=\{x \mid g-\varepsilon<x<g+\varepsilon\}=\{x \mid g-\varepsilon<x \text{ und } g+\varepsilon>x\}=\{x \mid -(x-g)<\varepsilon \text{ und } x-g<\varepsilon\}$$
$$=\{x \mid |x-g|<\varepsilon\}.$$
▶ Intervall- und Mengenschreibweise für eine ε-Umgebung

Beispiel 4.13

Zeigen Sie auf der Zahlengeraden: Die 2-Umgebung um 6 [2-$U(6)$] umfasst alle reellen Zahlen zwischen 4 und 8, wobei die Zahl 6 in der Mitte des Intervalls (4; 8) liegt

$$2\text{-}U(6)=(4;\ 8)$$
$$=\{x \mid 6-2<x<6+2\}=\{x \mid |x-6|<2\}$$

4 6 8 x

Beispiel 4.14

Geben Sie mit einer Kettenungleichung an, welche Zahlen in der 0,001-Umgebung von $\frac{1}{3}$ liegen und stellen Sie diese Zahlen auf der Zahlengeraden dar.

$$\frac{1}{1000}\text{-}U\left(\frac{1}{3}\right)=\left\{x \,\middle|\, \left|x-\frac{1}{3}\right|<\frac{1}{1000}\right\}$$
$$=\left\{x \,\middle|\, x-\frac{1}{3}<\frac{1}{1000} \text{ und } -\left(x-\frac{1}{3}\right)<\frac{1}{1000}\right\}$$
$$=\left\{x \,\middle|\, x<\frac{1}{1000}+\frac{1}{3} \text{ und } x>\frac{1}{3}-\frac{1}{1000}\right\}$$
$$=\left\{x \,\middle|\, \frac{997}{3000}<x<\frac{1003}{3000}\right\}$$

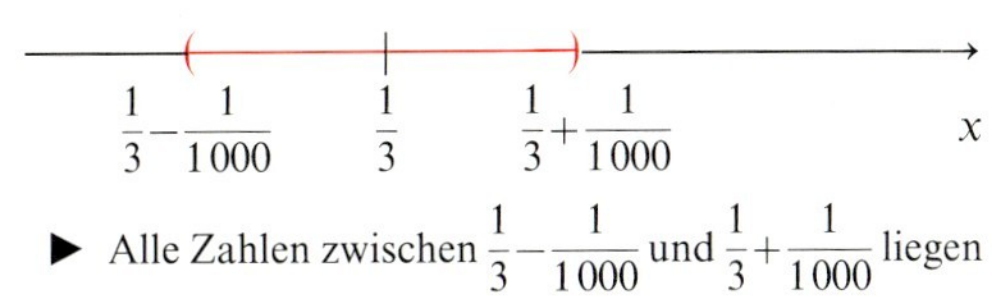

▶ Alle Zahlen zwischen $\frac{1}{3}-\frac{1}{1000}$ und $\frac{1}{3}+\frac{1}{1000}$ liegen in der 0,001-Umgebung von $\frac{1}{3}$.

Beispiel 4.15

g steht für die reelle Zahl -2 und ε für die reelle Zahl 10^{-4}. Stellen Sie die ε-$U(g)$ auf verschiedene Arten in der Mengenschreibweise dar und veranschaulichen Sie diese Umgebung auf der Zahlengeraden.

$$10^{-4}\text{-}U(-2)=\{x \mid |x+2|<10^{-4}\}$$
$$=\{x \mid x+2<10^{-4} \text{ und } -(x+2)<10^{-4}\}$$
$$=\{x \mid x<-2+10^{-4} \text{ und } -x-2<10^{-4}\}$$
$$=\{x \mid x<-1{,}9999 \text{ und } x>-2{,}0001\}$$
$$=\{x \mid -2{,}0001<x<-1{,}9999\}$$

$-2{,}0001$ -2 $-1{,}9999$ x

▶ Alle Zahlen zwischen $-2-\frac{1}{10^4}$ und $-2+\frac{1}{10^4}$ liegen in der 10^{-4}-Umgebung von -2.

Die Eigenschaft einer Folge, dass ihre Folgenwerte mit größer werdenden Zahlen für n immer dichter einer reellen Zahl für g zustreben, kann man jetzt auch mit Hilfe des Umgebungsbegriffes erfassen:

Wenn in **jeder** (insbesondere noch so kleinen) Umgebung um g **fast alle** Folgenwerte der Folge $f\colon n \mapsto f(n)$ bzw. $\langle f(n)\rangle$ liegen, dann bezeichnet man die Zahl für g als **Grenzwert** der Folge f bzw. $\langle f(n)\rangle$ und schreibt: $\lim\limits_{n\to\infty} f(n) = g$ (gelesen: „Limes (lat. Grenze) f von n für n gegen unendlich gleich g"). „Fast alle" bedeutet „alle bis auf endlich viele".

Gleichbedeutend mit dieser Definition des Grenzwertes einer Folge ist die Aussage:

g heißt **Grenzwert** der Folge f bzw. $\langle f(n)\rangle$, wenn es zu jeder ε-Umgebung um g (ε-$U(g)$) eine Platznummer $n(\varepsilon)$ gibt, von der ab alle weiteren Folgenwerte in der ε-$U(g)$ liegen. Das wiederum bedeutet, dass eine Zahl für g nur dann Grenzwert einer Folge sein kann, wenn innerhalb **jeder** ε-Umgebung um g unendlich viele Folgenglieder liegen, während es außerhalb **jeder** ε-Umgebung nur höchstens endlich viele gibt.

Der Grenzwert g einer Folge f lässt sich auf zwei Arten veranschaulichen:

- **im Koordinatensystem:**

Zeichnet man im Abstand g zur x-Achse eine Parallele, so verläuft der Graph von f für jeden Parallelstreifen der Breite 2ε um g schließlich ganz innerhalb dieses Parallelstreifens. ▶ $\varepsilon > 0$

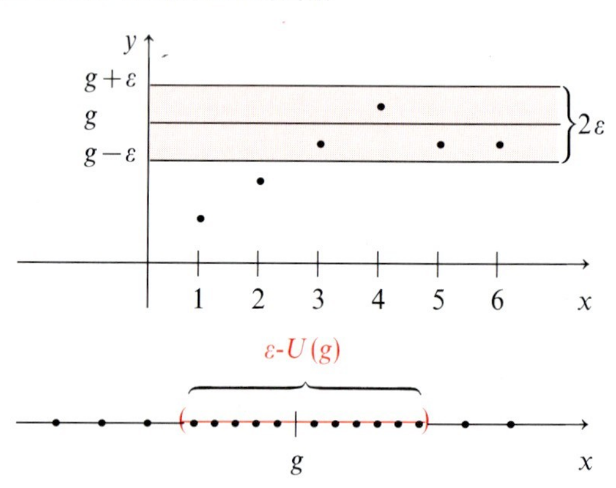

- **auf der Zahlengeraden:**

In jeder ε-Umgebung um g liegen fast alle Folgenwerte der Folge $\langle f(n)\rangle$, d.h. außerhalb derselben nur endlich viele.

Besitzt eine Folge den Grenzwert g, dann sagt man: Die Folge **konvergiert** gegen g. Die Eigenschaft einer Folge, einen Grenzwert zu besitzen, nennt man **Konvergenz**.

Beispiel 4.16

Untersuchen Sie für die Folge $f\colon f(n) = \frac{1}{n}$ für verschiedene ε-Umgebungen um 0, wie viele Folgenglieder innerhalb und außerhalb der ε-Umgebungen liegen.
Verallgemeinern Sie für eine beliebige ε-Umgebung um 0 und bestätigen Sie die Konvergenz der Folge mit dem Grenzwert 0.

Je größer die Zahlen für n werden, desto näher liegen die Folgenwerte bei 0. Man kann daher vermuten, dass 0 Grenzwert von f ist.

In 0,001-$U(0)$ liegen fast alle Glieder von f, nämlich alle außer den ersten 1000. Für $\varepsilon = 0{,}001$ ist also $n(\varepsilon)$ mit $n(\varepsilon) = 1001$ eine Platznummer, von der ab alle weiteren Folgenglieder in 0,001-$U(0)$ liegen.

In 0,001-$U(0)$ liegen die Folgenwerte von f mit $|f(n) - 0| < 0{,}001$

$$\Leftrightarrow \left|\frac{1}{n} - 0\right| < \frac{1}{1000} \quad ▶\ n \in \mathbb{N}^*$$

$$\Leftrightarrow \quad \frac{1}{n} < \frac{1}{1000}$$

$$\Leftrightarrow \quad n > 1000$$

Was ändert sich, wenn die Umgebung um g sehr viel kleiner ist?

Außerhalb der gegenüber 0,001-$U(0)$ viel kleineren 10^{-6}-$U(0)$ liegen zwar mehr Folgenglieder als außerhalb von 10^{-3}-$U(0)$, aber innerhalb derselben immer noch fast alle, d.h. unendlich viele; denn nur die ersten 10^6 Glieder liegen außerhalb von 10^{-6}-$U(0)$.

Für $\varepsilon = 10^{-6}$ ist also $n(\varepsilon)$ mit $n(\varepsilon) = 10^6 + 1$ eine Platznummer, von der ab alle Folgenglieder in 10^{-6}-$U(0)$ liegen.

In 10^{-6}-$U(0)$ liegen die Folgenwerte von f mit $|f(n) - 0| < 10^{-6}$

$$\Leftrightarrow \left|\frac{1}{n} - 0\right| < \frac{1}{10^6} \quad \blacktriangleright\; n \in \mathbb{N}^*$$

$$\Leftrightarrow \quad \frac{1}{n} < \frac{1}{10^6}$$

$$\Leftrightarrow \quad n > 10^6$$

Liegen auch immer noch fast alle Folgenwerte in einer ε-Umgebung um 0, bei der ε beliebig klein ist?

Dazu betrachtet man die Folgenwerte für $f(n)$, die in der ε-$U(0)$ liegen ($\varepsilon > 0$). Alle Folgenwerte, deren Platznummer größer ist als der Wert für $\frac{1}{\varepsilon}$, liegen in der ε-$U(0)$.

In ε-$U(0)$ liegen die Folgenwerte von f mit $|f(n) - 0| < \varepsilon$ ▶ $\varepsilon > 0$

$$\Leftrightarrow \left|\frac{1}{n} - 0\right| < \varepsilon \quad \blacktriangleright\; n \in \mathbb{N}^*$$

$$\Leftrightarrow \quad \frac{1}{n} < \varepsilon$$

$$\Leftrightarrow \quad n > \frac{1}{\varepsilon}$$

Es ist also unerheblich, wie ε und damit die Größe der Umgebung um 0 gewählt wird: Wenn für n eine natürliche Zahl größer als $\frac{1}{\varepsilon}$ gesetzt wird, liegen von dort ab alle Folgenwerte in dieser ε-Umgebung. Nur die endlich vielen Folgenwerte, für deren Platznummer $n \leq \frac{1}{\varepsilon}$ gilt, liegen außerhalb oder auf dem Rand der ε-Umgebung. Also ist 0 der Grenzwert der Folge f, d.h., es gilt:
$\lim\limits_{n \to \infty} f(n) = \lim\limits_{n \to \infty} \frac{1}{n} = 0.$

Eine konvergente Folge f nennt man eine **Nullfolge**, wenn sie 0 als Grenzwert besitzt.

Die Folge $f\colon f(n) = \frac{1}{n}$ ist also eine **Nullfolge**.

Beispiel 4.17

Das Beispiel 4.11 zeigt, dass sich die Glieder der Folge $f\colon f(n) = \frac{2n-1}{n+1}$ immer mehr der Zahl 2 nähern, je größer die Zahlen für n werden. Ist 2 Grenzwert von f?

Alle Folgenwerte für $f(n)$ liegen in ε-$U(2)$, für deren Platznummer gilt:

$n > \frac{3}{\varepsilon} - 1.$

In ε-$U(2)$ liegen die Folgenwerte von f mit $|f(n) - 2| < \varepsilon$ ▶ $\varepsilon > 0$

$$\Leftrightarrow \quad \left|\frac{2n-1}{n+1} - 2\right| < \varepsilon$$

$$\Leftrightarrow \left|\frac{2n - 1 - 2\cdot(n+1)}{n+1}\right| < \varepsilon$$

$$\Leftrightarrow \quad \left|\frac{-3}{n+1}\right| < \varepsilon \quad \blacktriangleright\; n \in \mathbb{N}^*$$

$$\Leftrightarrow \quad \frac{3}{\varepsilon} - 1 < n$$

Wählt man z.B. $\varepsilon=0{,}001$, dann liegen alle Folgenwerte in $0{,}001$-$U(2)$, für deren Platznummern gilt: $n>\frac{3}{0{,}001}-1=2999$. ▶ $n(0{,}001)$ hat also den Wert 3000.

Verkleinert man die Umgebung noch weiter, indem man $\varepsilon=10^{-6}$ wählt, dann liegen ebenfalls fast alle Folgenwerte in dieser kleinen Umgebung um 2, nämlich alle, für deren Platznummern gilt: $n>\frac{3}{10^{-6}}-1=2999999$. ▶ $n(\varepsilon)$ steht hier für die natürliche Zahl 3000000.

2 ist also der Grenzwert der Folge f, d.h., es gilt: $g=2=\lim\limits_{n\to\infty} f(n)=\lim\limits_{n\to\infty}\frac{2n-1}{n+1}$.

Beispiel 4.18

Die Glieder der Teilsummenfolge s: $s(n)=\frac{1}{3}\cdot(1-0{,}1^n)$ aus Beispiel 4.10 nähern sich mit größer werdenden Zahlen für n der Zahl $\frac{1}{3}$. Liegen in jeder ε-Umgebung um $\frac{1}{3}$ fast alle Folgenglieder?

Alle Folgenwerte, die in ε-$U(\frac{1}{3})$ liegen, erfüllen die Betragsungleichung. Bei der Auflösung der Betragsungleichung nach n erhält man eine Potenzungleichung, die logarithmiert wird. Bei der anschließenden Multiplikation mit -1 muss beachtet werden, dass sich das Ordnungszeichen „$<$“ in das Ordnungszeichen „$>$“ umkehrt.

Alle Folgenwerte, deren Platznummer größer ist als $-\lg(3\varepsilon)$, liegen in der ε-Umgebung um $\frac{1}{3}$, und damit also nur endlich viele außerhalb ε-$U(\frac{1}{3})$.

$$
\begin{aligned}
& |s(n)-\tfrac{1}{3}|<\varepsilon \quad ▶\ \varepsilon>0\\
\Leftrightarrow\ & |\tfrac{1}{3}\cdot(1-0{,}1^n)-\tfrac{1}{3}|<\varepsilon\\
\Leftrightarrow\ & |-\tfrac{1}{3}\cdot 0{,}1^n|<\varepsilon\\
\Leftrightarrow\ & \tfrac{1}{3}\cdot 0{,}1^n<\varepsilon\\
\Leftrightarrow\ & 0{,}1^n<3\varepsilon \quad ▶\ \text{Logarithmieren}\\
\Leftrightarrow\ & n\cdot\lg 0{,}1<\lg(3\varepsilon)\\
\Leftrightarrow\ & n\cdot(-1)<\lg(3\varepsilon)\quad |\cdot(-1)\\
\Leftrightarrow\ & n>-\lg(3\varepsilon)
\end{aligned}
$$

Beispiel 4.19

Die Folgenwerte des Beispiels 4.9 der Folge $f: f(n)=10^6\cdot 5^n$ nähern sich mit größer werdenden Zahlen für n dem Wert 0. Ist f eine Nullfolge?

Zur Beantwortung der Frage, ob 0 Grenzwert der Folge f ist, betrachtet man eine beliebige ε-Umgebung um 0.

Für alle $n>\frac{\lg\varepsilon-6}{\lg 0{,}5}$ liegen die Folgenwerte für $f(n)$ in der ε-Umgebung um 0.

Somit ist 0 Grenzwert der Folge und damit f eine Nullfolge.

Für $\varepsilon=10^{-9}$ z.B. gilt $n(\varepsilon)=50$. Somit liegen 49 Folgenwerte außerhalb und ab dem 50. Folgenwert unendlich viele Folgenwerte innerhalb 10^{-9}-$U(0)$.

$\Rightarrow g=\lim\limits_{n\to\infty} f(n)=\lim\limits_{n\to\infty}(10^6\cdot 0{,}5^n)=0.$

$$
\begin{aligned}
& |f(n)-0|<\varepsilon \quad ▶\ \varepsilon>0\\
\Leftrightarrow\ & 10^6\cdot 0{,}5^n<\varepsilon \quad ▶\ \text{Logarithmieren}\\
\Leftrightarrow\ & 6+n\cdot\lg 0{,}5<\lg\varepsilon\\
\Leftrightarrow\ & n\cdot\lg 0{,}5<\lg\varepsilon-6 \quad ▶\ \lg 0{,}5<0\\
\Leftrightarrow\ & n>\frac{\lg\varepsilon-6}{\lg 0{,}5}
\end{aligned}
$$

$$n>\frac{\lg 10^{-9}-6}{\lg 0{,}5}$$

$$\Leftrightarrow n>\frac{-15}{\lg 0{,}5}=49{,}82\ldots$$

$$\Rightarrow n(10^{-9})=50$$

Beispiel 4.20

Zeigen Sie, dass die konstante Folge $f: f(n) = 1$ den Grenzwert 1 hat.

Alle Folgenwerte sind 1 und liegen damit in jeder ε-Umgebung von 1.
Also konvergiert f gegen 1.

$|f(n) - 1| < \varepsilon$ für jedes $\varepsilon > 0$,
da $f(n) = 1$ für jedes $n \in \mathbb{N}^*$

$\Rightarrow \lim\limits_{n \to \infty} f(n) = 1$

Beispiel 4.21

Zeigen Sie, dass die Folge $\langle f(n) \rangle$ mit $f(n) = (-1)^n$ keinen Grenzwert besitzt.

Alle Folgenwerte sind entweder -1 oder 1.

- Man zeigt, dass keine Zahl außer 1 Grenzwert der Folge sein kann:

$$f(n) = \begin{cases} -1 & \text{für ungerade Zahlen für } n \\ 1 & \text{für gerade Zahlen für } n \end{cases}$$

Nimmt man an, dass eine Zahl für a, die von 1 verschieden ist, Grenzwert ist, so müssten außerhalb jeder Umgebung von a nur endlich viele Folgenwerte liegen.

Wählt man aber um a eine ε-Umgebung, in der 1 nicht liegt, dann liegen alle Folgenwerte für $f(n)$, für die die Zahlen für n gerade sind, also unendlich viele, außerhalb der ε-Umgebung von a. Also kann a nicht Grenzwert der Folge sein. Damit kommt aber nur noch 1 als Grenzwert in Frage.

▶ $a \neq 1$

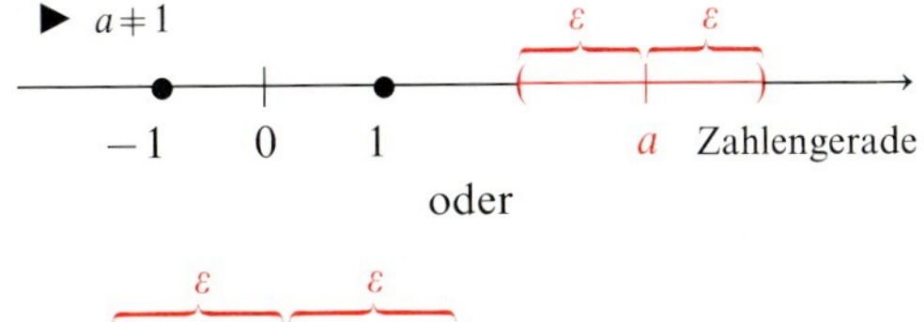

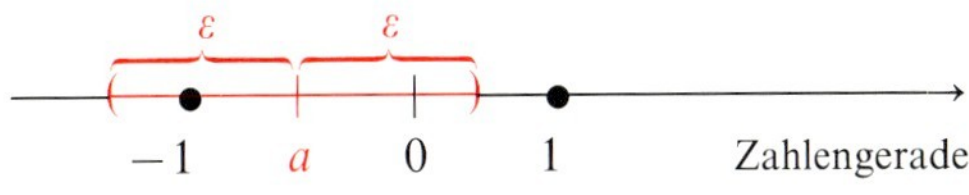

▶ $1 = f(n)$ für alle geraden Zahlen für n
▶ $f(n) \notin (a - \varepsilon;\ a + \varepsilon)$ für alle geraden Zahlen für n

- Man zeigt, dass 1 nicht Grenzwert der Folge sein kann:

Wählt man z.B. um 1 die ε-Umgebung 0,5-$U(1)$, dann liegen außerhalb dieser Umgebung alle Folgenwerte für $f(n)$, für die die Zahlen für n ungerade sind, also unendlich viele. Damit kann 1 nicht Grenzwert der Folge sein.
$\Rightarrow f$ besitzt keinen Grenzwert.

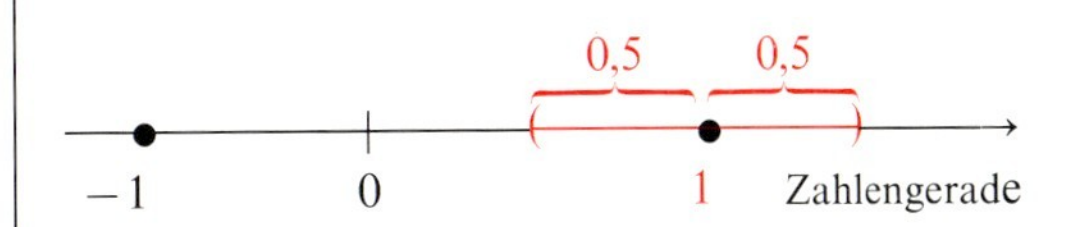

▶ $-1 = f(n)$ für alle ungeraden Zahlen für n
▶ $f(n) \notin (0{,}5;\ 1{,}5)$ für alle ungeraden Zahlen für n

Die Folge ist daher nicht konvergent; man sagt: f ist **divergent**.

Merke:

- Eine Zahl für $g \in \mathbb{R}$ heißt **Grenzwert** einer Folge, wenn in **jeder** ε-Umgebung um g fast alle Folgenwerte liegen. Ist g der Grenzwert einer Folge f, so schreibt man dafür: $g = \lim\limits_{n \to \infty} f(n)$.
- Äquivalent hierzu ist: g ist **Grenzwert** der Folge f, wenn es zu jeder reellen Zahl für ε mit $\varepsilon > 0$ eine natürliche Zahl für $n(\varepsilon) > 0$ gibt, so dass für alle $n \geq n(\varepsilon)$ gilt: $|f(n) - g| < \varepsilon$.
- Besitzt eine Folge einen Grenzwert, so nennt man sie **konvergent**, sonst **divergent**.
- Konvergente Folgen, deren Grenzwert 0 ist, nennt man **Nullfolgen**.

Anmerkung:
Wegen $n \to \infty$ für $n \in \mathbb{N}^*$ gilt der Grenzwertbegriff **nicht** für endliche Folgen.

Die Erklärung des Grenzwertes einer Folge gestattet es nicht, den Grenzwert einer Zahlenfolge zu berechnen. Man kann lediglich beweisen, dass eine Zahl, von der man vermutet, sie sei der Grenzwert, wirklich der Grenzwert ist.

Oft wird man aber versuchen, durch geeignete Vorüberlegungen zu einer Vermutung über den Grenzwert einer Zahlenfolge zu gelangen, und anschließend wird man diese Vermutung anhand der Grenzwerterklärung überprüfen. Häufig erreicht man dadurch sein Ziel, indem man im Term der Zahlenfolge für n „große" Zahlen setzt.

Beispiel 4.22

Stellen Sie eine Vermutung darüber auf, gegen welchen Wert die Zahlenfolge f: $f(n)=\frac{3n}{n+5}$ konvergiert, und zeigen Sie dann, ob ihre Vermutung richtig ist.

Setzt man immer größere Zahlen für n, dann nähern sich die Folgenwerte immer mehr der Zahl 3.

$f(100) = 2{,}857143$
$f(1\,000) = 2{,}985075$
$f(10^6) = 2{,}999985$

Die Vermutung, dass 3 Grenzwert der Folge f ist, wird überprüft, indem man zeigt, dass fast alle Folgenwerte in jeder ε-$U(3)$ liegen.

$$|f(n)-3|<\varepsilon \qquad \blacktriangleright \text{ Ausgangs-Betragsungleichung}$$

$$\Leftrightarrow \left|\frac{3n}{n+5}-3\right|<\varepsilon$$

$$\Leftrightarrow \left|\frac{3n-3(n+5)}{n+5}\right|<\varepsilon$$

$$\Leftrightarrow \left|\frac{-15}{n+5}\right|<\varepsilon \qquad \blacktriangleright\ n\in\mathbb{N}^*$$

$$\Leftrightarrow \frac{15}{n+5}<\varepsilon$$

$$\Leftrightarrow \frac{15}{\varepsilon}<n+5 \qquad \blacktriangleright\ \varepsilon>0$$

$$\Leftrightarrow n>\frac{15}{\varepsilon}-5$$

Alle Folgenwerte, deren Platznummern größer sind als $\frac{15}{\varepsilon}-5$, liegen in jeder ε-$U(3)$.

3 ist also Grenzwert der Zahlenfolge f, d. h., es gilt: $\lim\limits_{n\to\infty} f(n)=\lim\limits_{n\to\infty}\frac{3n}{n+5}=3$.

Beispiel 4.23

Stellen Sie eine Vermutung darüber auf, welche Zahl Grenzwert der Folge f: $f(n)=\frac{n^2}{1-2n^2}$ sein könnte und überprüfen Sie Ihre Vermutung.

Setzt man immer größere Zahlen für n, dann nähern sich die Folgenwerte immer mehr der Zahl $-0{,}5$.

$f(100) = -0{,}500025001$
$f(1\,000) = -0{,}50000025$
$f(10\,000) = -0{,}500000002$

Die Vermutung, dass $-0{,}5$ Grenzwert der Folge f ist, wird mit jeder ε-$U(-0{,}5)$ überprüft.

$$|f(n)-(-0{,}5)|<\varepsilon \qquad \blacktriangleright \text{ Ausgangs-Betragsungleichung}$$

$$\Leftrightarrow \left|\frac{n^2}{1-2n^2}+0{,}5\right|<\varepsilon$$

Da der Betrag eines Bruches gleich dem Quotienten aus den Beträgen von Zähler und Nenner ist, können Zähler und Nenner einzeln untersucht werden.

$$\Leftrightarrow \left|\frac{n^2+0{,}5(1-2n^2)}{1-2n^2}\right|<\varepsilon$$

$$\Leftrightarrow \left|\frac{0{,}5}{1-2n^2}\right|<\varepsilon$$

Der Term in den Betragsstrichen des Zählers ist eine positive Zahl, deshalb können dort die Betragsstriche entfallen.

$$\Leftrightarrow \frac{|0{,}5|}{|1-2n^2|}<\varepsilon \quad \blacktriangleright \ 1-2n^2<0;\ n\in\mathbb{N}^*$$

Im Nenner ist für alle Zahlen anstelle von n mit $n\in\mathbb{N}^*$ der Term in den Betragsstrichen negativ. Multipliziert man diesen Term mit -1, so können auch hier die Betragsstriche entfallen.

$$\Leftrightarrow \frac{0{,}5}{-(1-2n^2)}<\varepsilon$$

$$\Leftrightarrow \frac{0{,}5}{2n^2-1}<\varepsilon \quad \blacktriangleright \ \varepsilon>0 \text{ und } 2n^2-1>0$$

$$\Leftrightarrow \frac{0{,}5}{\varepsilon}<2n^2-1$$

Es zeigt sich, dass fast alle Folgenwerte – nämlich alle, deren Platznummer größer als $\sqrt{\frac{0{,}25}{\varepsilon}+0{,}5}$ ist – in ε-$U(-0{,}5)$ liegen.

$$\Leftrightarrow n^2>\frac{0{,}25}{\varepsilon}+0{,}5$$

$$\Leftrightarrow n>\sqrt{\frac{0{,}25}{\varepsilon}+0{,}5}$$

$-0{,}5$ ist also Grenzwert der Folge f, d.h., es gilt: $\lim\limits_{n\to\infty} f(n)=\lim\limits_{n\to\infty}\frac{n^2}{1-2n^2}=-0{,}5.$

Beispiel 4.24

Durch Setzen „großer" Zahlen für n ergibt sich die Vermutung, dass 2 der Grenzwert der Folge $f\colon f(n)=\frac{2n-1}{n+1}$ ist, dass also $\lim\limits_{n\to\infty}\frac{2n-1}{n+1}=2$ gilt.

Kann man den vermuteten Grenzwert 2 unmittelbar aus dem Folgenterm berechnen?

Da der Zähler- und der Nennerterm für sich genommen bei großen Werten für n über alle Schranken wachsen, klammert man im Zähler- und Nennerterm von $f(n)$ die jeweils höchste vorkommende Potenz von n aus und kürzt.

$$f(n)=\frac{2n-1}{n+1} \quad \blacktriangleright \text{ Ausklammern von } n \text{ im Zähler- und Nennerterm}$$

$$=\frac{n\cdot\left(2-\frac{1}{n}\right)}{n\cdot\left(1+\frac{1}{n}\right)} \quad \blacktriangleright \text{ Kürzen}$$

$$=\frac{2-\frac{1}{n}}{1+\frac{1}{n}}$$

Jetzt sieht man die Grenzwerte für die Folgen des Zähler- und des Nennerterms unmittelbar.

Man vermutet also, dass $f(n)$ für $n\to\infty$ gegen $\frac{2}{1}=2$ konvergiert.

$$\lim_{n\to\infty}\left(2-\frac{1}{n}\right)=\underline{\underline{2}};\quad \lim_{n\to\infty}\left(1+\frac{1}{n}\right)=\underline{\underline{1}}$$

Hierbei hat man von einer naheliegenden, aber nicht bewiesenen Vermutung Gebrauch gemacht, nämlich dass $\lim\limits_{n\to\infty}\frac{2n-1}{n+1}=\frac{\lim\limits_{n\to\infty}\left(2-\frac{1}{n}\right)}{\lim\limits_{n\to\infty}\left(1+\frac{1}{n}\right)}$ gilt.

Diese Vermutung lässt sich auch beweisen. Auf den Beweis soll aber in diesem Buch verzichtet werden, da es hier auf die Anwendungen der sog. **Grenzwertsätze** ankommt.

Darunter versteht man die folgenden Beziehungen zwischen den Grenzwerten von Zahlenfolgen.

Grenzwertsätze für Zahlenfolgen:

1. Wenn $\lim\limits_{n\to\infty} f_1(n)=g_1$ und $\lim\limits_{n\to\infty} f_2(n)=g_2$ existieren, dann gilt:
$\lim\limits_{n\to\infty}[f_1(n)+f_2(n)]=\lim\limits_{n\to\infty} f_1(n)+\lim\limits_{n\to\infty} f_2(n)=g_1+g_2.$

2. Wenn $\lim\limits_{n\to\infty} f_1(n)=g_1$ und $\lim\limits_{n\to\infty} f_2(n)=g_2$ existieren, dann gilt:
$\lim\limits_{n\to\infty}[f_1(n)\cdot f_2(n)]=\lim\limits_{n\to\infty} f_1(n)\cdot\lim\limits_{n\to\infty} f_2(n)=g_1\cdot g_2.$

3. Wenn $\lim\limits_{n\to\infty} f_1(n)=g_1$ und $\lim\limits_{n\to\infty} f_2(n)=g_2$ mit $g_2\neq 0$ existieren, dann gilt:
$$\lim_{n\to\infty}\frac{f_1(n)}{f_2(n)}=\frac{\lim\limits_{n\to\infty} f_1(n)}{\lim\limits_{n\to\infty} f_2(n)}=\frac{g_1}{g_2}.$$

4. Wenn $\lim\limits_{n\to\infty} f(n)=g$ existiert und $c\in\mathbb{R}$ ist, dann gilt:
$\lim\limits_{n\to\infty}[c\cdot f(n)]=c\cdot\lim\limits_{n\to\infty} f(n)=c\cdot g.$

Mit Hilfe der vier Grenzwertsätze lassen sich Grenzwerte oft unmittelbar **berechnen**. Man braucht dann keinen Konvergenznachweis mehr zu führen. Allerdings ist hierbei zu beachten, dass die Grenzwertsätze nur gelten, falls auch alle in ihnen vorkommenden Grenzwerte existieren. Deshalb ist es zweckmäßig, einen gegebenen Folgenterm zunächst ohne das Limeszeichen umzuformen und dieses erst dann hinzufügen, wenn die Existenz der Grenzwerte aller auftretenden Teilfolgen gesichert ist.

Beispiel 4.25

Berechnen Sie den Grenzwert der Folge f mit $f(n)=\frac{-6n+3}{2n+5}$ mit Hilfe der Grenzwertsätze.

Man klammert im Zähler- und im Nennerterm von $f(n)$ die jeweils höchste vorkommende Potenz von n aus und kürzt, um die Grenzwertsätze anwenden zu können.

$$f(n)=\frac{-6n+3}{2n+5}$$ ▶ Ausklammern von n im Zähler- und Nennerterm

$$=\frac{n\cdot\left(-6+\frac{3}{n}\right)}{n\cdot\left(2+\frac{5}{n}\right)}$$ ▶ Kürzen; $n\in\mathbb{N}^*$

Danach berechnet man jeweils den Grenzwert der durch den Zähler- und Nennerterm gegebenen neuen Folgen unter Anwendung des 1. Grenzwertsatzes. Da die Grenzwerte dieser Teilfolgen existieren, existiert auch der Grenzwert der Folge f. Nach dem 3. Grenzwertsatz ist der Grenzwert der Folge f dann -3.

$$=\frac{-6+\frac{3}{n}}{2+\frac{5}{n}}$$ ▶ $\lim\limits_{n\to\infty}\left(-6+\frac{3}{n}\right)=-6$ ▶ $\lim\limits_{n\to\infty}\left(2+\frac{5}{n}\right)=2$

$$\lim_{n\to\infty} f(n)=\lim_{n\to\infty}\frac{-6+\frac{3}{n}}{2+\frac{5}{n}}$$ ▶ 3. Grenzwertsatz

$$=\frac{-6}{2}=\underline{\underline{-3}}$$ ▶ Grenzwert von f für $n\to\infty$

Beispiel 4.26

Berechnen Sie den Grenzwert der Folge f mit $f(n)=\frac{2n^2+4n+1}{n^3+2}$ mit Hilfe der Grenzwertsätze.

Man klammert im Zähler- und im Nennerterm von $f(n)$ die höchste vorkommende Potenz von n aus und kürzt, um die Grenzwertsätze anwenden zu können.

$$f(n)=\frac{2n^2+4n+1}{n^3+2}$$

$$=\frac{n^3\cdot\left(\frac{2}{n}+\frac{4}{n^2}+\frac{1}{n^3}\right)}{n^3\cdot\left(1+\frac{2}{n^3}\right)} \quad \blacktriangleright \text{ Kürzen; } n\in\mathbb{N}^*$$

Danach berechnet man jeweils den Grenzwert der durch den Zähler- und Nennerterm gegebenen neuen Folgen unter Anwendung des 1. Grenzwertsatzes. Da die Grenzwerte dieser Teilfolgen existieren, existiert auch der Grenzwert der Folge f.

$$=\frac{\frac{2}{n}+\frac{4}{n^2}+\frac{1}{n^3}}{1+\frac{2}{n^3}} \quad \blacktriangleright \lim_{n\to\infty}\left(\frac{2}{n}+\frac{4}{n^2}+\frac{1}{n^3}\right)=0 \quad \blacktriangleright \lim_{n\to\infty}\left(1+\frac{2}{n^3}\right)=1$$

Nach dem 3. Grenzwertsatz ist der Grenzwert der Folge f dann 0.

$$\lim_{n\to\infty} f(n)=\lim_{n\to\infty}\frac{\frac{2}{n}+\frac{4}{n^2}+\frac{1}{n^3}}{1+\frac{2}{n^3}} \quad \blacktriangleright \text{ 3. Grenzwertsatz}$$

$$=\frac{0}{1}=\underline{\underline{0}}$$

Die Folge ist eine Nullfolge.

Beispiel 4.27

Untersuchen Sie die Folge f: $f(n)=\frac{2n^2+4n+1}{n+2}$ auf Konvergenz.

Man klammert im Zähler- und im Nennerterm von $f(n)$ die jeweils höchste vorkommende Potenz von n aus und kürzt.

$$f(n)=\frac{2n^2+4n+1}{n+2} \quad \blacktriangleright \text{ Ausklammern von } n^2 \text{ im Zähler- und von } n \text{ im Nennerterm}$$

$$=\frac{n^2\cdot\left(2+\frac{4}{n}+\frac{1}{n^2}\right)}{n\cdot\left(1+\frac{2}{n}\right)} \quad \blacktriangleright \text{ Kürzen; } n\in\mathbb{N}^*$$

$$=n\cdot\frac{2+\frac{4}{n}+\frac{1}{n^2}}{1+\frac{2}{n}}$$

Die Folge q: $q(n)=\frac{2+\frac{4}{n}+\frac{1}{n^2}}{1+\frac{2}{n}}$ konvergiert zwar gegen den Grenzwert 2, aber die Folge g: $g(n)=n$ divergiert.

$$q(n)=\frac{2+\frac{4}{n}+\frac{1}{n^2}}{1+\frac{2}{n}} \quad \blacktriangleright \lim_{n\to\infty}\left(2+\frac{4}{n}+\frac{1}{n^2}\right)=2 \quad \blacktriangleright \lim_{n\to\infty}\left(1+\frac{2}{n}\right)=1$$

$$\lim_{n\to\infty} q(n)=\lim_{n\to\infty}\frac{2+\frac{4}{n}+\frac{1}{n^2}}{1+\frac{2}{n}}=2 \quad \blacktriangleright\ q \text{ konvergiert}$$

Damit divergiert auch die Folge f mit $f(n)=g(n)\cdot q(n)$; die Folgenwerte streben über alle Grenzen.

$$\lim_{n\to\infty} g(n)=\lim_{n\to\infty} n=\infty \quad \blacktriangleright\ g \text{ divergiert}$$

Hierfür schreibt man symbolisch:

$$\lim_{n\to\infty} f(n)=\infty.$$

$$\Rightarrow \lim_{n\to\infty} f(n)=\lim_{n\to\infty}[n\cdot q(n)]=\infty \quad \blacktriangleright\ f \text{ divergiert}$$

Für Folgen wie in den Beispielen 4.25 bis 4.27 mit einem gebrochen-rationalen Funktionsterm lässt sich die Berechnung der Grenzwerte nach einer allgemeinen Regel vornehmen:

$$f(n)=\frac{a_i\cdot n^i+a_{i-1}\cdot n^{i-1}+\ldots+a_0}{b_k\cdot n^k+b_{k-1}\cdot n^{k-1}+\ldots+b_0}$$ ► Ausklammern der jeweils höchsten Potenz von n im Zähler- und Nennerterm von $f(n)$

$$f(n)=\frac{n^i}{n^k}\cdot q(n) \Rightarrow \lim_{n\to\infty} q(n)=\frac{a_i}{b_k}.$$

Man muss folgende drei Fälle unterscheiden:

1. $i<k$: Dann gilt: $\lim_{n\to\infty}\frac{n^i}{n^k}=0$ und somit $\lim_{n\to\infty} f(n)=0$.

2. $i=k$: Dann gilt: $\lim_{n\to\infty}\frac{n^i}{n^k}=1$ und somit $\lim_{n\to\infty} f(n)=\frac{a_i}{b_k}$.

3. $i>k$: Dann ist die Folge g: $g(n)=\frac{n^i}{n^k}$ divergent, also auch die Folge f: $f(n)=\frac{n^i}{n^k}\cdot q(n)$.

Merke:

Eine Folge des Typs f: $f(n)=\frac{a_i n^i+a_{i-1} n^{i-1}+\ldots+a_0}{b_k n^k+b_{k-1} n^{k-1}+\ldots+b_0}$; $D(f)=\mathbb{N}^*$; a_i, $b_k\in\mathbb{R}^*$

- **konvergiert** für $i<k$ gegen den Grenzwert $0\left(\lim_{n\to\infty} f(n)=0\right)$,
- **konvergiert** für $i=k$ gegen den Grenzwert $\frac{a_i}{b_k}\left(\lim_{n\to\infty} f(n)=\frac{a_i}{b_k}\right)$,
- **divergiert** für $i>k$. Hierfür schreibt man: $\lim_{n\to\infty} f(n)=\infty$.

Übungen

1. Bestimmen Sie die Grenzwerte der nachstehenden Folgen. Berechnen Sie die Zahl für n so, dass die Folgenwerte weniger als 10^{-3} Abstand vom Grenzwert haben.

a) f: $f(n)=0{,}2^n$ **b)** f: $f(n)=3\cdot\left(\frac{1}{2}\right)^n$ **c)** f: $f(n)=\frac{n-1}{n+1}$

2. Vom wie vielten Folgenwert ab sind die Werte der Folge f: $f(n)=5\cdot 2^n$ größer als 10^6?

3. Vom wie vielten Folgenwert ab sind die Werte der Folge $1, \frac{1}{3}, \frac{1}{9}, \frac{1}{27}, \frac{1}{81}, \ldots$ kleiner als 10^{-5}?

4. Gegeben ist die Folge $\langle f(n)\rangle$ mit $f(n)=\frac{n^2-1}{(n+1)^2}$.

a) Bestimmen Sie den Grenzwert der Folge.
b) Bestimmen Sie für $\varepsilon=0{,}01$ die natürliche Zahl für $n(\varepsilon)$, von der ab alle Folgenwerte in der ε-Umgebung des Grenzwertes liegen.

5. Untersuchen Sie, ob die Folge f: $f(n)=\frac{2-\sqrt{n}}{1+\sqrt{n}}$ einen Grenzwert hat, und führen Sie gegebenenfalls den Konvergenznachweis für diesen Grenzwert.

6. Gegeben ist die Folge $\langle f(n)\rangle$ mit $f(n)=\frac{n^2+2n+1}{n^2}$.

a) Bestimmen Sie den Grenzwert der Folge.
b) Bestimmen Sie für $\varepsilon=0{,}01$ die natürliche Zahl für $n(\varepsilon)$, von der ab alle Folgenwerte in der ε-Umgebung des Grenzwertes liegen.

7. Gegeben ist die Folge $\langle f(n)\rangle$ mit $f(n)=2\cdot\left(\frac{3}{10}\right)^n$.

a) Ermitteln Sie den Grenzwert der Folge.
b) Bestimmen Sie für $\varepsilon=10^{-6}$ die natürliche Zahl für $n(\varepsilon)$, von der ab alle Folgenwerte in der ε-Umgebung des Grenzwertes liegen.

8. Gegeben ist die Folge f: $f(n)=(-\frac{2}{3})^n$.

a) Ermitteln Sie den Grenzwert der Folge.
b) Bestimmen Sie für $\varepsilon=0{,}001$ die natürliche Zahl für $n(\varepsilon)$, von der ab alle Folgenwerte in der ε-Umgebung des Grenzwertes liegen.

9. Gegeben ist die Folge f: $f(n)=(-1)^n\cdot\frac{3n-1}{n+1}$.

a) Geben Sie die ersten 6 Werte der Folge f an.
b) Bilden Sie die Teilfolge der geraden Folgenglieder und die Teilfolge der ungeraden Folgenglieder.
c) Ermitteln Sie die Grenzwerte dieser Teilfolgen und bestimmen Sie für $\varepsilon=0{,}001$ die natürliche Zahl für $n(\varepsilon)$, von der ab alle Werte der Teilfolgen in der ε-Umgebung ihres Grenzwertes liegen.

10. Gegeben ist die Folge f: $f(n)=-\frac{3}{2}, \frac{5}{3}, -\frac{7}{4}, \frac{9}{5}, \ldots$.

a) Bestimmen Sie ein mögliches Bildungsgesetz der Folge.
b) Bestimmen Sie ein mögliches Bildungsgesetz für die Teilfolge der positiven Folgenwerte und für die Teilfolge der negativen Folgenwerte.
c) Berechnen Sie die Grenzwerte dieser Teilfolgen und bestimmen Sie für $\varepsilon=10^{-5}$ die natürliche Zahl für $n(\varepsilon)$, von der ab alle Werte der Teilfolgen in der ε-Umgebung ihres Grenzwertes liegen.
d) Untersuchen Sie, ob die Folge f einen Grenzwert besitzt (Begründung!).

11. Untersuchen Sie die Folge $\langle f(n)\rangle$ mit $f(n)=\frac{3n^4-2n^2+1}{n^2+3}$ auf Konvergenz.

12. Untersuchen Sie die Folge $\langle f(n)\rangle$ mit $f(n)=\frac{-0{,}5n^3+4n}{n^2+1}$ auf Konvergenz.

13. Untersuchen Sie die Folge f: $f(n)=8+(-1)^n$ auf Konvergenz.

14. Untersuchen Sie die Folge f: $f(n)=\frac{(-1)^{n+1}\cdot(2n+3)}{n+2}$ auf Konvergenz.

15. Bestimmen Sie jeweils zwei Zahlenfolgen, die die angegebenen Zahlen als Grenzwert haben.

a) 2 **b)** -3 **c)** 0,5 **d)** $-\frac{1}{3}$ **e)** 1

16. Welche der folgenden Aussagen sind wahr?
Widerlegen Sie die falschen Aussagen jeweils durch ein Gegenbeispiel.

a) Jede konvergente Folge ist monoton und beschränkt.
b) Jede monotone Folge ist konvergent.
c) Jede konvergente Folge ist monoton.
d) Jede nicht beschränkte Folge ist divergent.
e) Jede divergente Folge ist nicht beschränkt.
f) Jede beschränkte Folge ist konvergent.
g) Jede konvergente Folge ist beschränkt.

17. Ermitteln Sie den Grenzwert der geometrischen Reihe s: $s(n)=f(1)\cdot\frac{1-q^n}{1-q}$ mit $0<q<1$, $q\in\mathbb{R}$.

18. Zeigen Sie, dass die Zahl 1 Grenzwert der Folge s: 0,9; 0,99; 0,999; … ist und man daher schreiben kann: $0{,}\overline{9}=1$. ► Seite 159; Übungsaufgabe 10

5 Grenzwerte von reellen Funktionen

5.1 Grenzwerte von Funktionen für $|x| \to \infty$

Im Abschnitt 4.3 sind Folgen für $n \in \mathbb{N}^*$ auf mögliche Grenzwerte für $n \to \infty$ untersucht worden. Der Grenzwertbegriff für Folgen lässt sich in einfacher Weise auf beliebige reelle Funktionen übertragen, die eine rechtsseitig unbegrenzte Definitionsmenge haben.

Beispiel 5.1

Die Kosten K eines Betriebes lassen sich in Abhängigkeit von der produzierten Stückzahl x mit $K\colon K(x) = \underbrace{10x}_{\text{variable Kosten}} + \underbrace{100}_{\text{Fixkosten}};\ D(K) = \mathbb{R}^{\geq 0}$ darstellen.

Wie entwickeln sich die Stückkosten bei zunehmender Produktionsmenge?

Die Abhängigkeit der Stückkosten k von der produzierten Stückzahl x lassen sich durch eine gebrochen-rationale Funktion beschreiben:

$$k\colon k(x) = \frac{K(x)}{x} = \frac{10x + 100}{x} = 10 + \frac{100}{x};$$

$D(k) = \mathbb{R}^{>0}$. ▶ $\mathbb{R}^{>0}$ ist rechtsseitig unbegrenzt

x	1	2	…	5	…	10	…
$k(x)$	110	60	…	30	…	20	…

x	…	20	…	100	…	1000	…
$k(x)$	…	15	…	11	…	10,1	…

x	…	10000	…	100000	…
$k(x)$	…	10,01	…	10,001	…

Mit zunehmender Produktion sinken die Stückkosten („Kostendegression"), sie nähern sich immer mehr dem Wert 10.

Aus ökonomischer Sicht lässt sich das dadurch erklären, dass die variablen Kosten pro Stück unabhängig von der Produktionsmenge 10 GE betragen, der Beitrag der fixen Kosten an den Stückkosten aber immer geringer wird, je größer die Produktionsmenge ist.

Aus dem Graphenverlauf lässt sich das dadurch erklären, dass sich $G(k)$ bei zunehmender Produktionsmenge immer mehr seiner Asymptote $G(y_A)$ mit $y_A(x) = 10$ annähert, und zwar von oben, weil das Restglied $R(x)$ mit $R(x) = \frac{100}{x}$ für sehr große positive x-Werte zwar verschwindend klein wird, aber immer positiv bleibt.

▶ Abschnitt 2.5

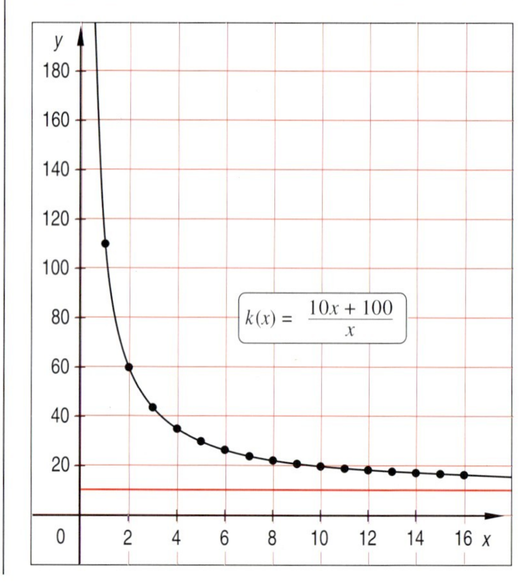

Die Wertetabelle, die ökonomischen Überlegungen und der Graph legen die Vermutung nahe, die Zahl 10 – wie bei Zahlenfolgen – als Grenzwert der Funktion k für $x \to \infty$ anzusehen, wobei $x \to \infty$ bedeutet, daß die x-Werte über alle Schranken wachsen.

Legt man um die Zahl 10 auf der y-Achse eine ε-Umgebung und bildet mit dieser einen **Horizontalstreifen** $H_\varepsilon(10)$, dann zeigt es sich, dass es eine reelle Zahl für $x(\varepsilon)$ gibt, so dass für alle $x > x(\varepsilon)$ die zugehörigen Punkte für $P\langle x | k(x)\rangle$ in diesem Horizontalstreifen liegen.

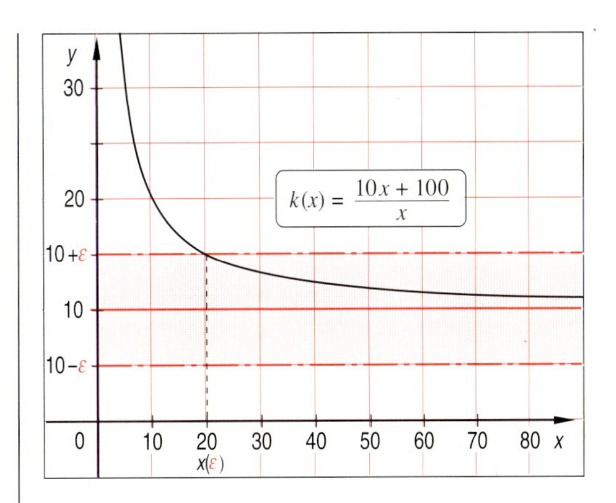

Diese Zahl für $x(\varepsilon)$ lässt sich durch die Betragsungleichung $|k(x) - 10| < \varepsilon$ ermitteln.

Abhängig von der Größe der Umgebung gilt:

Für alle $x > \frac{100}{\varepsilon}$ liegen die Funktionswerte $k(x)$ in der ε-Umgebung um 10.

Man kann also für $x(\varepsilon)$ setzen: $x(\varepsilon) = \frac{100}{\varepsilon}$.

$$|k(x) - 10| < \varepsilon$$

$$\Leftrightarrow \left|10 + \frac{100}{x} - 10\right| < \varepsilon \quad \blacktriangleright \; x > 0$$

$$\Rightarrow \frac{100}{x} < \varepsilon \quad \blacktriangleright \; \varepsilon > 0$$

$$\Leftrightarrow x > \frac{100}{\varepsilon} \quad \blacktriangleright \; x(\varepsilon) = \frac{100}{\varepsilon}$$

z. B. gilt $x(\varepsilon) = 10^5$ für $\varepsilon = 10^{-3}$.

Die Eigenschaft der Funktionswerte einer reellen Funktion, mit einer rechtsseitig unbegrenzten Definitionsmenge für $x \to \infty$ immer dichter einer reellen Zahl für g zuzustreben, kann man auch mit Hilfe des Umgebungsbegriffs erfassen:

Wenn es zu jeder ε-Umgebung um g ($\varepsilon > 0$) eine reelle Zahl für $x(\varepsilon)$ gibt, so dass alle Funktionswerte in ε-$U(g)$ liegen, für die die Argumente **größer** als $x(\varepsilon)$ sind, dann bezeichnet man g als **Grenzwert der Funktion** f für $x \to \infty$ und schreibt: $\lim\limits_{x \to \infty} f(x) = g$.

Anschaulich bedeutet dies, dass sich $G(f)$ bei **zunehmenden** Argumentwerten von f immer mehr der Geraden mit der Funktionsgleichung $y = g$ nähert.

Eine solche Annäherung des Graphen von f an die Gerade mit der Gleichung $y = g$ kann sowohl nur von unten,

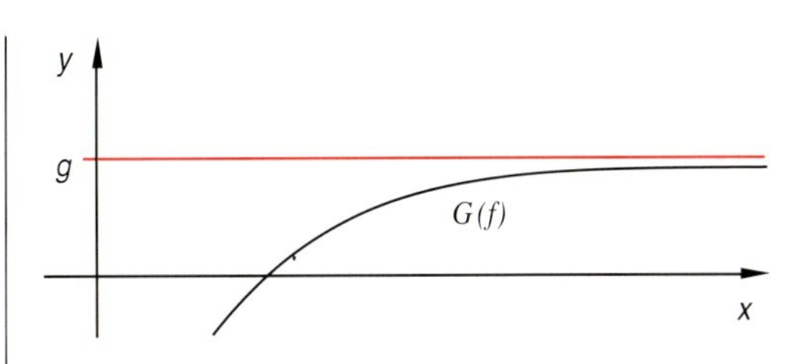

▶ Annäherung von $G(f)$ von unten an die Gerade mit der Gleichung $y = g$

oder nur von oben,

als auch von beiden Seiten erfolgen.

Wie diese Annäherung im speziellen Fall erfolgt, bleibt weiteren Untersuchungen vorbehalten.

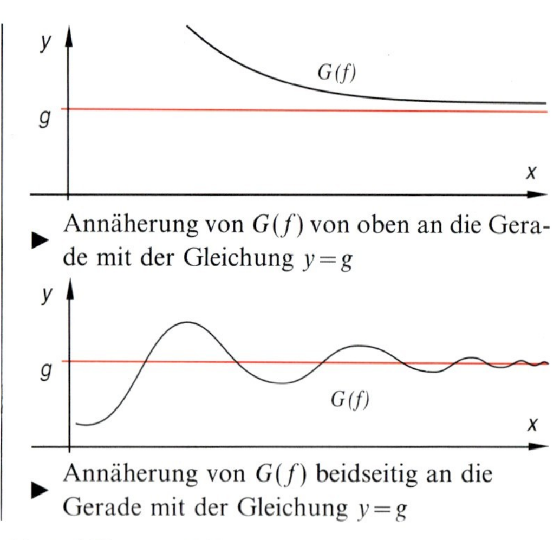

▶ Annäherung von $G(f)$ von oben an die Gerade mit der Gleichung $y=g$

▶ Annäherung von $G(f)$ beidseitig an die Gerade mit der Gleichung $y=g$

Für die Stückkostenfunktion $k\colon k(x)=\frac{K(x)}{x}=\frac{10x+100}{x}=10+\frac{100}{x}$; $D(k)=\mathbb{R}^{>0}$ aus Beispiel 3.1 gilt demnach: $\lim\limits_{x\to\infty} k(x)=10$, d.h., $G(k)$ nähert sich für $x\to\infty$ immer mehr der Parallelen zur x-Achse durch den Punkt $P\langle 0|10\rangle$ an.

Anmerkung:
Man beachte: Im Gegensatz zur Folge $k\colon k(n)=10+\frac{100}{n}$; $D(k)=\mathbb{N}^*$ sind für die Variable x in $k\colon k(x)=10+\frac{100}{x}$; $D(k)=\mathbb{R}^{>0}$ nicht nur natürliche Zahlen, sondern beliebige positive reelle Zahlen – insbesondere also die Werte einer Zahlenfolge mit lauter positiven Folgengliedern selber wieder – zugelassen. An die Stelle einer natürlichen Zahl für $n(\varepsilon)$ **muss** daher in der allgemeinen Grenzwertdefinition eine reelle Zahl für $x(\varepsilon)$ treten.

Im Unterschied zu den Folgen, bei denen nur positive Argumentwerte für n zugelassen sind, lässt sich bei reellen Funktionen mit linksseitig unbegrenzter Definitionsmenge auch eine Grenzwertbetrachtung anstellen, bei der für x Zahlen gesetzt werden, die immer kleiner werden, d.h. unter alle Schranken fallen, also für $x\to-\infty$.

Beispiel 5.2

Stellen Sie eine Vermutung darüber an, gegen welche Zahl die Werte der Funktion $f\colon f(x)=\frac{x-4}{2x+4}$; $D(f)=\mathbb{R}\setminus\{-2\}$ für $x\to-\infty$ streben. Begründen Sie ihre Vermutung auch anhand des Graphenverlaufs.

Setzt man für x immer kleinere Zahlen, dann nähern sich die Funktionswerte immer mehr 0,5. Außerdem weist der durch Polynomdivision ermittelte Funktionsterm für $f(x)$ die Gerade mit der Funktionsgleichung $y=0{,}5$ als Asymptote von $G(f)$ aus.
▶ Abschnitt 2.5

Das legt die Vermutung nahe, dass 0,5 der Grenzwert von f für $x\to-\infty$ ist.

$f(-1000)=0{,}503006012$
$f(-10000)=0{,}500300060$
$f(-10^6)=0{,}500003000$

$$f\colon f(x)=\frac{x-4}{2x+4} \quad \blacktriangleright \text{ Polynomdivision}$$
$$= \underset{\uparrow\atop y_A(x)}{0{,}5}+\underset{\uparrow\atop R(x)}{\frac{-6}{2x+4}}$$

Legt man um 0,5 auf der y-Achse eine ε-Umgebung und bildet mit dieser einen **Horizontalstreifen** $H_\varepsilon(0{,}5)$, dann zeigt es sich, dass es eine reelle Zahl für $x(\varepsilon)$ gibt, so dass für alle $x < x(\varepsilon)$ die zugehörigen Punkte für $P\langle x | f(x)\rangle$ in diesem Horizontalstreifen liegen.

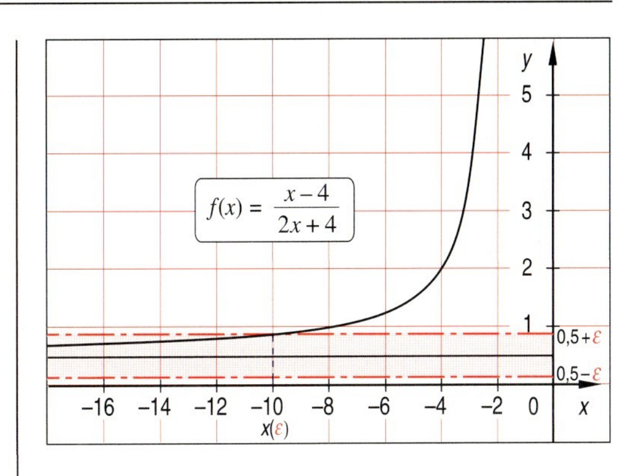

Diese Zahl für $x(\varepsilon)$ lässt sich durch die Betragsungleichung $|f(x) - 0{,}5| < \varepsilon$ ermitteln.

Da der Zähler negativ und der Nenner für genügend kleine Zahlen für x auch negativ ist, ist der Bruch positiv.

$$|f(x) - 0{,}5| < \varepsilon \quad \blacktriangleright \ \varepsilon > 0$$

$$\Leftrightarrow \left|\frac{x-4}{2x+4} - 0{,}5\right| < \varepsilon$$

$$\Leftrightarrow \left|\frac{x-4-0{,}5(2x+4)}{2x+4}\right| < \varepsilon$$

$$\Leftrightarrow \left|\frac{-6}{2x+4}\right| < \varepsilon \quad \blacktriangleright \ 2x+4 < 0 \text{ für } x < -2$$

$$\Rightarrow \frac{-6}{2x+4} < \varepsilon \quad \blacktriangleright \ 2x+4 < 0$$

$$\Leftrightarrow \frac{-6}{\varepsilon} > 2x+4$$

$$\Leftrightarrow x < \frac{-3}{\varepsilon} - 2 \quad \blacktriangleright \ x(\varepsilon) = \frac{-3}{\varepsilon} - 2$$

z. B. gilt für $\varepsilon = 10^{-3}$: $x(\varepsilon) = -3002$

Für alle $x < \frac{-3}{\varepsilon} - 2$ liegen die Funktionswerte $f(x)$ in der ε-$U(0{,}5)$.

Man kann also für $x(\varepsilon)$ setzen:

$$x(\varepsilon) = -\frac{3}{\varepsilon} - 2$$

Die Eigenschaft der Funktionswerte einer reellen Funktion, mit einer linksseitig unbegrenzten Definitionsmenge für $x \to -\infty$ immer dichter einer reellen Zahl für g zuzustreben, lässt sich also auch mit Hilfe des **Umgebungsbegriffs** erfassen:

Wenn es zu jeder ε-Umgebung um g ($\varepsilon > 0$) eine reelle Zahl für $x(\varepsilon)$ gibt, so dass alle die Funktionswerte in ε-$U(g)$ liegen, für die die Argumente x **kleiner** als $x(\varepsilon)$ sind, dann bezeichnet man g als **Grenzwert** der Funktion f für $x \to -\infty$ und schreibt: $\lim\limits_{x \to -\infty} f(x) = g$.

Anschaulich bedeutet dies, dass sich $G(f)$ bei **abnehmenden** Argumentwerten von f immer mehr der Geraden mit der Funktionsgleichung $y = g$ nähert.
Die Arten der Annäherung entsprechen denen für die Bewegung $x \to \infty$. ▶ Beispiel 5.1

Für die Funktion $f: f(x) = \frac{x-4}{2x+4}$; $D(f) = \mathbb{R} \setminus \{-2\}$ aus Beispiel 3.2 gilt demnach: $\lim\limits_{x \to -\infty} f(x) = 0{,}5$ und $G(f)$ nähert sich für $x \to -\infty$ immer mehr der Parallelen zur x-Achse durch den Punkt $P\langle 0 | 0{,}5\rangle$ an.

Beispiel 5.3

Zeigen Sie, dass die Funktion $f: f(x) = \frac{2x-3}{x}$; $D(f) = \mathbb{R}^*$ sowohl für $x \to \infty$ als auch für $x \to -\infty$ den Grenzwert 2 hat.

Die Funktion f besitzt eine beidseitig unbegrenzte Definitionsmenge.

„Bewegung“ $x \to \infty$:
Zu jeder ε-Umgebung um g gibt es eine reelle Zahl für $x(\varepsilon)$, so dass für alle $x > x(\varepsilon)$ die Funktionswerte von f in dieser Umgebung liegen.

Diese Zahl ist abhängig von der Größe der Umgebung und kann als $\frac{3}{\varepsilon}$ $\left(x(\varepsilon)=\frac{3}{\varepsilon}\right)$ gewählt werden.

Es gilt also: $\lim\limits_{x\to\infty} f(x)=2.$

Der Graph der Funktion f nähert sich für $x>0$ und $x\to\infty$ der Parallelen zur x-Achse durch den Punkt P $\langle 0|2\rangle$ – seiner Asymptote – immer mehr von unten an, da für alle $x>0$ gilt:

$2+\frac{-3}{x}<2.$ ▶ $f(x)=2+\frac{-3}{x}$

$$|f(x)-g|<\varepsilon \quad ▶ \ \varepsilon>0$$
$$\Leftrightarrow \left|\frac{2x-3}{x}-2\right|<\varepsilon$$
$$\Leftrightarrow \left|\frac{2x-3-2x}{x}\right|<\varepsilon$$
$$\Leftrightarrow \left|-\frac{3}{x}\right|<\varepsilon \quad ▶ \ \text{Wegen } x\to\infty \text{ gilt für } x \text{ irgendwann einmal } x>0$$
$$\Rightarrow \frac{3}{x}<\varepsilon \quad ▶ \ x>0 \text{ und } \varepsilon>0$$
$$\Leftrightarrow x>\frac{3}{\varepsilon} \quad ▶ \ x(\varepsilon)=\frac{3}{\varepsilon}$$

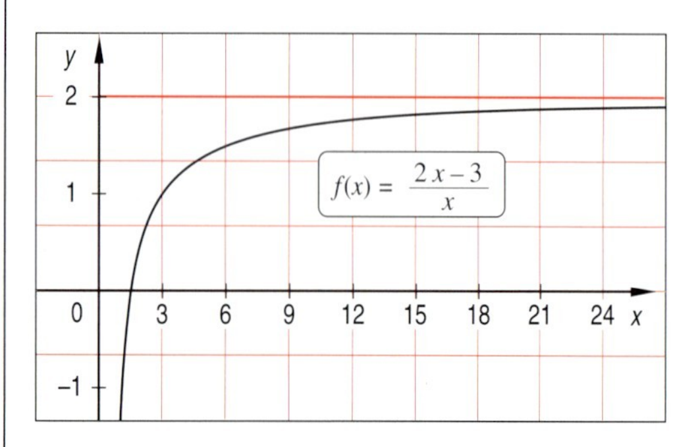

„Bewegung“ $x \to -\infty$:
Analog zur „Bewegung“ $x\to\infty$ lässt sich auch für $x\to-\infty$ zu jeder ε-Umgebung um die Zahl 2 auf der y-Achse eine Zahl für $x(\varepsilon)$ bestimmen, so dass für alle $x<x(\varepsilon)$ die zugehörigen Funktionswerte von f in dieser Umgebung liegen.

Diese Zahl ist abhängig von der Größe der Umgebung und kann als $\frac{-3}{\varepsilon}$ $\left(x(\varepsilon)=\frac{-3}{\varepsilon}\right)$ gewählt werden.

Es gilt also: $\lim\limits_{x\to-\infty} f(x)=2.$

Auch für $x<0$ und $x\to-\infty$ nähert sich der Graph der Funktion f immer mehr der Parallelen zur x-Achse durch den Punkt P $\langle 0|2\rangle$ – seiner Asymptote – an, allerdings jetzt von oben, da für alle $x<0$ gilt:

$2+\frac{-3}{x}>2.$ ▶ $f(x)=2+\frac{-3}{x}$

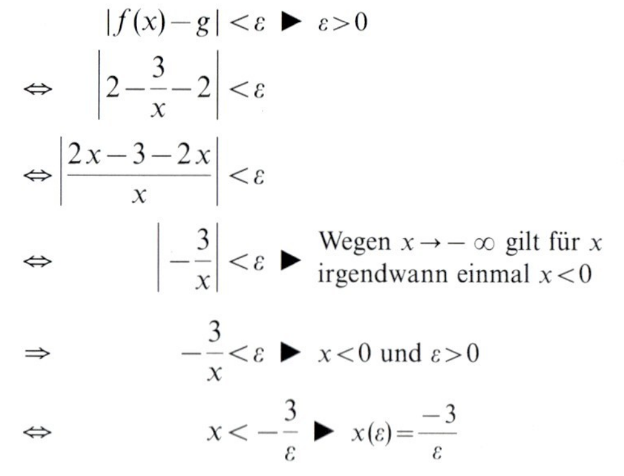

$$|f(x)-g|<\varepsilon \quad ▶ \ \varepsilon>0$$
$$\Leftrightarrow \left|2-\frac{3}{x}-2\right|<\varepsilon$$
$$\Leftrightarrow \left|\frac{2x-3-2x}{x}\right|<\varepsilon$$
$$\Leftrightarrow \left|-\frac{3}{x}\right|<\varepsilon \quad ▶ \ \text{Wegen } x\to-\infty \text{ gilt für } x \text{ irgendwann einmal } x<0$$
$$\Rightarrow -\frac{3}{x}<\varepsilon \quad ▶ \ x<0 \text{ und } \varepsilon>0$$
$$\Leftrightarrow x<-\frac{3}{\varepsilon} \quad ▶ \ x(\varepsilon)=\frac{-3}{\varepsilon}$$

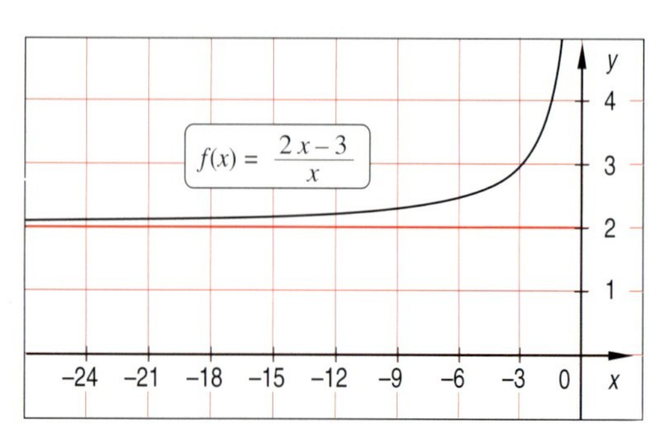

Da 2 sowohl der Grenzwert für $x\to\infty$ als auch für $x\to-\infty$ ist, schreibt man auch $\lim\limits_{|x|\to\infty} f(x)=2.$

Merke:

Es bezeichne g eine reelle Zahl.

- Für $x\to\infty$ gilt:
  g heißt **Grenzwert** einer reellen Funktion f mit einer rechtsseitig unbegrenzten Definitionsmenge, wenn es zu jeder ε-Umgebung um g eine reelle Zahl für $x(\varepsilon)$ gibt, so dass für alle $x>x(\varepsilon)$ die Funktionswerte von f in dieser Umgebung liegen.
  Äquivalent hierzu ist:
  g heißt **Grenzwert** einer reellen Funktion f mit einer rechtsseitig unbegrenzten Definitionsmenge, wenn es zu jedem $\varepsilon\in\mathbb{R}^{>0}$ eine reelle Zahl für $x(\varepsilon)$ gibt, so dass für alle $x>x(\varepsilon)$ gilt: $|f(x)-g|<\varepsilon$.
  Man sagt, die Funktion f **konvergiert** für $x\to\infty$ gegen den Grenzwert g und schreibt: $\lim\limits_{x\to\infty} f(x)=g$.
- Für $x\to-\infty$ gilt:
  g heißt **Grenzwert** einer reellen Funktion f mit einer linksseitig unbegrenzten Definitionsmenge, wenn es zu jeder ε-Umgebung um g eine reelle Zahl für $x(\varepsilon)$ gibt, so dass für alle $x<x(\varepsilon)$ die Funktionswerte von f in dieser Umgebung liegen.
  Äquivalent hierzu ist:
  g heißt **Grenzwert** einer reellen Funktion f mit einer linksseitig unbegrenzten Definitionsmenge, wenn es zu jedem $\varepsilon\in\mathbb{R}^{>0}$ eine reelle Zahl für $x(\varepsilon)$ gibt, so dass für alle $x<x(\varepsilon)$ gilt: $|f(x)-g|<\varepsilon$.
  Man sagt, die Funktion f **konvergiert** für $x\to-\infty$ gegen den Grenzwert g und schreibt: $\lim\limits_{x\to-\infty} f(x)=g$.
- Besitzt die Funktion f mit beidseitig unbegrenzter Definitionsmenge denselben Grenzwert g für $x\to\infty$ und für $x\to-\infty$, so schreibt man auch: $\lim\limits_{|x|\to\infty} f(x)=g$.

Existieren die Grenzwerte $\lim\limits_{x\to\infty} f(x)$ bzw. $\lim\limits_{x\to-\infty} f(x)$ einer Funktion f, so kann man sich bei den Bewegungen $x\to\infty$ bzw. $x\to-\infty$ insbesondere vorstellen, dass die Variable x die Werte einer Zahlenfolge durchläuft. Eine solche Zahlenfolge lässt sich auf der x-Achse als Zahlengeraden auch als **Stellenwertfolge** $\langle x_n\rangle$ darstellen. ► Abschnitt 4.3
Durchläuft dann x die Werte der Folge $\langle x_n\rangle$, so durchläuft $f(x)$ die Werte der Folge $\langle f(x_n)\rangle$, die man sich zweckmäßigerweise auf der y-Achse als Zahlengeraden ebenfalls als Stellenwertfolge veranschaulicht denken kann. Man kann daher den jeweiligen Grenzwert der Funktion f auf den Grenzwert $\lim\limits_{n\to\infty} f(x_n)$ für Folgen zurückführen.

Es lässt sich zeigen, dass der jeweils so ermittelte **Grenzwert einer Funktion** immer derselbe ist, und zwar **unabhängig** davon, welche Folge $\langle x_n\rangle$ man für die Bewegungen $x\to\infty$ bzw. $x\to-\infty$ wählt. Daher lassen sich für die Bewegungen $x\to\infty$ bzw. $x\to-\infty$ die Grenzwertsätze für Folgen ohne Schwierigkeit auf beliebige Funktionen übertragen und folglich damit dann auch Grenzwerte **berechnen**.

Anmerkung:
Aus der Tatsache, dass für **eine** Folge $\langle x_n\rangle$ mit $x_n\to\infty$ bzw. $x_n\to-\infty$ der zugehörige Folgengrenzwert $\lim\limits_{n\to\infty} f(x_n)=g$, $g\in\mathbb{R}$ existiert, lässt sich umgekehrt noch nicht auf die Existenz des Funktionsgrenzwertes $\lim\limits_{x\to\infty} f(x)$ bzw. $\lim\limits_{x\to-\infty} f(x)$ und auf die Gültigkeit von $\lim\limits_{x\to\infty} f(x)=g$ bzw. $\lim\limits_{x\to-\infty} f(x)=g$ schließen. Vielmehr muss dazu gesichert sein, dass für **jede** Folge $\langle x_n\rangle$ mit $x_n\to\infty$ bzw. $x_n\to-\infty$ der zugehörige Folgengrenzwert existiert und alle diese Folgengrenzwerte gleich g sind. ► Übungsaufgabe 1

Unter den Grenzwertsätzen für Funktionen versteht man folgende Beziehungen zwischen den Grenzwerten von Funktionen:

Grenzwertsätze für Funktionen

1. Wenn $\lim\limits_{x\to\infty} f_1(x)=g_1$ und $\lim\limits_{x\to\infty} f_2(x)=g_2$ existieren, dann gilt:

$\lim\limits_{x\to\infty} [f_1(x)+f_2(x)]=\lim\limits_{x\to\infty} f_1(x)+\lim\limits_{x\to\infty} f_2(x)=g_1+g_2.$

2. Wenn $\lim\limits_{x\to\infty} f_1(x)=g_1$ und $\lim\limits_{x\to\infty} f_2(x)=g_2$ existieren, dann gilt:

$\lim\limits_{x\to\infty} [f_1(x)\cdot f_2(x)]=\lim\limits_{x\to\infty} f_1(x)\cdot\lim\limits_{x\to\infty} f_2(x)=g_1\cdot g_2.$

3. Wenn $\lim\limits_{x\to\infty} f_1(x)=g_1$ und $\lim\limits_{x\to\infty} f_2(x)=g_2$ mit $g_2\neq 0$ existieren, dann gilt:

$$\lim_{x\to\infty}\frac{f_1(x)}{f_2(x)}=\frac{\lim\limits_{x\to\infty} f_1(x)}{\lim\limits_{x\to\infty} f_2(x)}=\frac{g_1}{g_2}.$$

4. Wenn $\lim\limits_{x\to\infty} f(x)=g$ existiert und $c\in\mathbb{R}$ ist, dann gilt:

$\lim\limits_{x\to\infty} [c\cdot f(x)]=c\cdot\lim\limits_{x\to\infty} f(x)=c\cdot g.$

Für $x\to-\infty$ gelten die Grenzwertsätze analog.

Da sich die Grenzwertsätze für Folgen ohne Schwierigkeiten auf die hier behandelten Grenzwerte beliebiger Funktionen übertragen lassen, gelten insbesondere auch die für Folgen getroffenen Feststellungen über Polynomquotienten für beliebige gebrochen-rationale Funktionen vom Typ

$f\colon f(x)=\dfrac{a_n\cdot x^n+\ldots+a_0}{b_m\cdot x^m+\ldots+b_0}$ mit $a_n\neq 0$ und $b_m\neq 0$: ▶ Abschnitt 4.3

- $n<m \Rightarrow \lim\limits_{x\to\infty} f(x)=\lim\limits_{x\to-\infty} f(x)=0.$
- $n=m \Rightarrow \lim\limits_{x\to\infty} f(x)=\lim\limits_{x\to-\infty} f(x)=\dfrac{a_n}{b_m};$
- Für $n>m$ führt man auch hier den Begriff des „**uneigentlichen Grenzwertes**“ ein.

  Man schreibt dann: „$\lim\limits_{x\to\infty} f(x)=\pm\infty$“ bzw. „$\lim\limits_{x\to-\infty} f(x)=\pm\infty$“ und meint damit, dass die Funktionswerte für $x\to\infty$ bzw. für $x\to-\infty$ über alle Schranken wachsen oder unter alle Schranken fallen.

Anmerkung:

Der Begriff des „uneigentlichen Grenzwertes“ ist bei gleicher Interpretation auch auf eine beliebige reelle Funktion mit einseitig oder beidseitig unbeschränkter Definitionsmenge anwendbar.

Beispiel 5.4

Berechnen Sie die Grenzwerte der Funktion $f\colon f(x)=\dfrac{-2x+3}{x+1}$; $D(f)=\mathbb{R}\setminus\{-1\}$ für $x\to\infty$ und für $x\to-\infty$. Welche Bedeutung haben diese Grenzwerte für den Graphenverlauf?

Man klammert x im Zähler- und Nennerterm des Funktionsterms aus und kürzt.

$$f(x) = \frac{-2x+3}{x+1}$$ ▶ Ausklammern von x im Zähler- und Nennerterm

$$= \frac{x \cdot \left(-2 + \frac{3}{x}\right)}{x \cdot \left(1 + \frac{1}{x}\right)}$$ ▶ $x \neq 0$

Jetzt sieht man, dass für $x \to \infty$ bzw. $x \to -\infty$ die Grenzwerte der „Zähler- und der Nennerfunktion" existieren und für beide Bewegungen den Wert -2 bzw. 1 haben. Daher gilt:
$\lim\limits_{|x| \to \infty} f(x) = -2.$

$$= \frac{-2 + \frac{3}{x}}{1 + \frac{1}{x}}$$ ▶ $\lim\limits_{|x| \to \infty} \left(-2 + \frac{3}{x}\right) = -2$ ▶ $\lim\limits_{|x| \to \infty} \left(1 + \frac{1}{x}\right) = 1$

▶ $D(f)$ ist beidseitig unbegrenzt

$$\lim_{|x| \to \infty} f(x) = \frac{-2}{1} = \underline{\underline{-2}}$$

Anschaulich bedeutet dies, dass sich $G(f)$ seiner Asymptote mit der Funktionsgleichung $y = -2$ immer mehr nähert, je größer die x-Werte vom Betrag her werden.

Ob diese Annäherung jeweils von oben oder von unten erfolgt, lässt sich aus dem Restglied $R(x)$ des durch Polynomdivision erhaltenen Funktionsterms von f entnehmen. ▶ Abschnitt 2.5

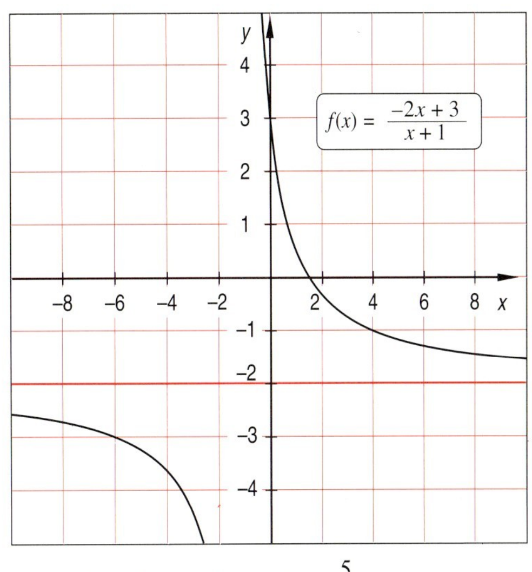

▶ $f(x) = -2 + \frac{5}{x+1}$; $D(f) = \mathbb{R} \setminus \{-1\}$
↑
$R(x)$

$$(-2x+3) : (x+1) = -2 + \frac{5}{x+1}$$
$$\frac{-(-2x-2)}{5}$$

Beispiel 5.5

Berechnen Sie die Grenzwerte der Funktion $f: f(x) = \frac{-x^2+2}{x^2+4}$; $D(f) = \mathbb{R}$ für $x \to \infty$ und für $x \to -\infty$ und deuten Sie das Ergebnis graphisch.

$D(f)$ ist beidseitig unbegrenzt.

Man klammert x^2 im Zähler- und Nennerterm des Funktionstermes aus und kürzt.

$$f(x) = \frac{-x^2+2}{x^2+4}$$ ▶ Ausklammern von x^2 im Zähler- und Nennerterm

$$= \frac{x^2 \cdot \left(-1 + \frac{2}{x^2}\right)}{x^2 \cdot \left(1 + \frac{4}{x^2}\right)}$$ ▶ $x \neq 0$

Auch hier sieht man, dass für $x \to \infty$ bzw. $x \to -\infty$ die Grenzwerte der „Zähler- und der Nennerfunktion" existieren und für beide Bewegungen den Wert -1 bzw. 1 haben. Daher gilt:

$$= \frac{-1 + \frac{2}{x^2}}{1 + \frac{4}{x^2}}$$ ▶ $\lim\limits_{|x| \to \infty} \left(-1 + \frac{2}{x^2}\right) = -1$ ▶ $\lim\limits_{|x| \to \infty} \left(1 + \frac{4}{x^2}\right) = 1$

$\lim\limits_{|x| \to \infty} f(x) = -1.$

Anschaulich bedeutet dies, dass sich $G(f)$ seiner Asymptote mit der Funktionsgleichung $y = -1$ immer mehr nähert, je größer die x-Werte vom Betrag her werden.

Diese Annäherung erfolgt jeweils von oben und lässt sich aus dem Restglied $R(x)$ des durch Polynomdivision erhaltenen Funktionsterms von f entnehmen.

► Abschnitt 2.5

► $f(x) = -1 + \frac{6}{x^2+4}$; $D(f) = \mathbb{R}$

↑ $R(x)$

► $D(f)$ ist beidseitig unbegrenzt

$\lim\limits_{|x| \to \infty} f(x) = \frac{-1}{1} = \underline{\underline{-1}}$

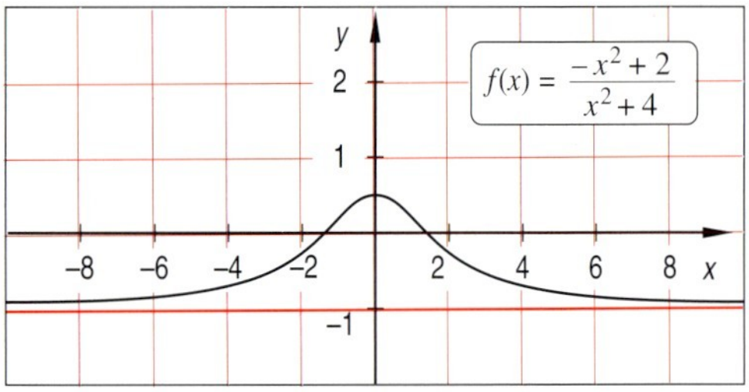

$f(x) = \frac{-x^2+2}{x^2+4}$

$(-x^2+2):(x^2+4) = -1 + \frac{6}{x^2+4}$
$\underline{-(-x^2-4)}$
6

Die Grenzwertsätze für Funktionen gelten nur, wenn **alle** darin auftretenden Grenzwerte als **endliche** Grenzwerte existieren. Unter Beachtung gewisser „Rechenregeln" lassen sich Grenzwertsätze aber auch für uneigentliche Grenzwerte aussprechen.

Beispiel 5.6

Die Kosten K eines Betriebes lassen sich in Abhängigkeit von der produzierten Stückzahl x durch die Kostenfunktion $K: K(x) = x^3 - 9x^2 + 30x + 16$; $D(K) = \mathbb{R}^{\geq 0}$ beschreiben. Die Betriebsleitung interessiert sich dafür, wie sich die Stückkosten bei steigender Produktion entwickeln.

$K: K(x) = \underbrace{x^3 - 9x^2 + 30x}_{\text{variabler}} + \underbrace{16}_{\text{fixer Kostenanteil}}$; $D(K) = \mathbb{R}^{\geq 0}$

Die Stückkosten können als eine gebrochen-rationale Funktion k in Abhängigkeit von der produzierten Stückzahl dargestellt werden. Da der Grad der „Zählerfunktion" im Term der Stückkostenfunktion größer ist als der Grad der „Nennerfunktion", wachsen die Stückkosten für $x \to \infty$ über alle Schranken.

$k: k(x) = \frac{K(x)}{x}$ ► Stückkostenfunktion

$= \frac{x^3 - 9x^2 + 30x + 16}{x}$; $D(k) = \mathbb{R}^{>0}$

$\lim\limits_{x \to \infty} k(x) = \infty$ ► uneigentlicher Grenzwert

Die Betriebsleitung interessiert sich nun dafür, wodurch diese Kostenexplosion im Einzelnen verursacht wird.

Aus dem durch Polynomdivision ermittelten Funktionsterm für $k(x)$ liest sie ab, dass bei steigender Produktion zwar die fixen Kosten 16 einen immer geringer werdenden Beitrag zu den Stückkosten liefern, dafür aber die variablen Kosten einen Beitrag, der ins Unermessliche steigt.

$k(x) = \frac{x^3 - 9x^2 + 30x + 16}{x}$ ► Polynomdivision

$= x^2 - 9x + 30 + \frac{16}{x}$

► $\lim\limits_{x \to \infty} \frac{16}{x} = 0$ ► $\lim\limits_{x \to \infty} (x^2 - 9x + 30) = \infty$

Die Stückkosten setzen sich also für die Betriebsleitung bei unbegrenzt steigender Produktion symbolisch wie folgt zusammen:

$\infty = \infty + 0.$

Bei formaler Anwendung der Grenzwertsätze folgt symbolisch:

$$\lim_{x\to\infty} k(x) = \lim_{x\to\infty} (x^2 - 9x + 30) + \lim_{x\to\infty} \frac{16}{x}$$
$$= \infty + 0 \ \blacktriangleright \ \lim_{x\to\infty} k(x) = \infty$$
$$\Rightarrow \quad \infty = \infty + 0$$

Setzt man im vorstehenden Beispiel $f: f(x) = x^2 - 9x + 30$ und $g: g(x) = \frac{16}{x}$ für $x \in \mathbb{R}^{>0}$, so gilt für $x \to \infty$ einerseits $f(x) \to \infty$ und $g(x) \to 0$ und andererseits wegen $k(x) \to \infty$ auch $f(x) + g(x) \to \infty$.

Diesen Grenzwert fasst man abgekürzt zur „Gleichung" $\infty + 0 = \infty$ zusammen.

Die Schreibweise $\infty + 0 = \infty$ darf aber nicht darüber hinwegtäuschen, dass sie **nur symbolischen Charakter** hat, denn ∞ ist nur ein Symbol und keine reelle Zahl, aber eben doch ein Symbol, unter dem man sich eine sehr große reelle Zahl vorstellen kann. Mit Hilfe dieser Vorstellung lässt sich die „Gleichung" $\infty + 0 = \infty$ auch als „Rechenregel" im folgenden Sinne verstehen: „Addiert man zu einer sehr großen reellen Zahl eine dazu relativ sehr kleine reelle Zahl, so ändert sich die sehr große reelle Zahl praktisch nicht."

In entsprechender Weise lassen sich „Gleichungen" wie z. B. $\infty + a = \infty$, $\infty - a = \infty$, $-\infty + a = -\infty$, $\frac{a}{\infty} = 0$, $\frac{a}{-\infty} = 0$ oder $\frac{\infty}{a} = \infty$ für $a = \mathbb{R}^{>0}$ interpretieren, die man durch formale Anwendung der Grenzwertsätze wie im Beispiel 5.6 erhalten kann.

Beispiel 5.7

Untersuchen Sie die ganzrationale Funktion $f: f(x) = -x^3 + 2x^2 - 8$; $D(f) = \mathbb{R}$ auf ihr Verhalten für $|x| \to \infty$.

Das Verhalten einer ganzrationalen Funktion f für $|x| \to \infty$ wird durch die höchste im Funktionsterm vorkommende Potenz ihrer Argumentvariablen x bestimmt.

Daher wird x^3 im Funktionsterm ausgeklammert und dann jeweils der zweite Grenzwertsatz für Funktionen formal angewendet.

Da der Exponent der höchsten Potenz von x **ungerade** ist, hat die Funktion für $x \to \infty$ einen **anderen** uneigentlichen Grenzwert als für $x \to -\infty$.

$$\lim_{x\to\infty} f(x) = \lim_{x\to\infty} (-x^3 + 2x^2 - 8)$$
$$= \lim_{x\to\infty} \left(x^3 \cdot \left(-1 + \frac{2}{x} - \frac{8}{x^3}\right)\right)$$
$$= \infty \cdot (-1) = -\infty$$

$$\lim_{x\to-\infty} f(x) = \lim_{x\to-\infty} \left(x^3 \cdot \left(-1 + \frac{2}{x} - \frac{8}{x^3}\right)\right)$$
$$= -\infty \cdot (-1) = \infty$$

$\blacktriangleright \ \lim_{x\to\infty} f(x) \neq \lim_{x\to-\infty} f(x)$

Beispiel 5.8

Untersuchen Sie die ganzrationale Funktion $f: f(x) = 2x^4 - 3x^3 + x - 2$; $D(f) = \mathbb{R}$ auf ihr Verhalten für $|x| \to \infty$.

Das Verhalten einer ganzrationalen Funktion f für $|x| \to \infty$ wird durch die höchste im Funktionsterm vorkommende Potenz ihrer Argumentvariablen x bestimmt.

Daher wird x^4 im Funktionsterm ausgeklammert und dann jeweils der zweite Grenzwertsatz für Funktionen formal angewendet.

Da der Exponent der höchsten Potenz von x **gerade** ist, hat die Funktion für $x \to \infty$ und für $x \to -\infty$ **denselben** uneigentlichen Grenzwert.

$$\lim_{x\to\infty} f(x) = \lim_{x\to\infty} (2x^4 - 3x^3 + x - 2) = \lim_{x\to\infty}\left(x^4 \cdot \left(2 - \frac{3}{x} + \frac{1}{x^3} - \frac{2}{x^4}\right)\right) = \infty \cdot 2 = \infty$$

$$\lim_{x\to-\infty} f(x) = \lim_{x\to-\infty}\left(x^4 \cdot \left(2 - \frac{3}{x} + \frac{1}{x^3} - \frac{2}{x^4}\right)\right) = \infty \cdot 2 = \infty$$

▶ $\lim_{x\to\infty} f(x) = \lim_{x\to-\infty} f(x)$

Beispiel 5.9

Untersuchen Sie die gebrochen-rationale Funktion $f\colon f(x) = \frac{2x^2-3}{x+1}$; $D(f) = \mathbb{R} \setminus \{-1\}$ auf ihr asymptotisches Verhalten für $|x| \to \infty$.

Um das Verhalten der gebrochen-rationalen Funktion f für $|x| \to \infty$ festzustellen, klammert man jeweils die höchste im Zähler- und Nennerterm vorkommende Potenz der Argumentvariablen aus, kürzt und wendet die Grenzwertsätze formal an.

$$f(x) = \frac{2x^2-3}{x+1} = \frac{x^2 \cdot \left(2 - \frac{3}{x^2}\right)}{x \cdot \left(1 + \frac{1}{x}\right)} = x \cdot \frac{2 - \frac{3}{x^2}}{1 + \frac{1}{x}}$$

$$\Rightarrow \quad \lim_{x\to\infty} f(x) = \infty \cdot 2 = \infty$$

$$\text{und} \quad \lim_{x\to-\infty} f(x) = -\infty \cdot 2 = -\infty$$

Um aber das **asymptotische** Verhalten der Funktion f festzustellen, ist es zweckmäßiger, ihren Funktionsterm durch Polynomdivision als Summe eines ganzrationalen Terms und eines gebrochen-rationalen Terms darzustellen. Hieran erkennt man, **wie** sich $G(f)$ an seine Asymptote mit der Funktionsgleichung $y = 2x - 2$ für $|x| \to \infty$ anschmiegt. ▶ Abschnitt 2.5

Wegen $R(x) < 0$ für $x \to \infty$ schmiegt sich $G(f)$ von unten und wegen $R(x) > 0$ für $x \to -\infty$ schmiegt sich $G(f)$ von oben an seine Asymptote an, wobei gleichzeitig die Funktionswerte gegen ∞ bzw. $-\infty$ streben.

$$f(x) = \frac{2x^2-3}{x+1} \quad \blacktriangleright \text{ Polynomdivision}$$

$$= \underbrace{2x - 2}_{y_A(x)} + \underbrace{\frac{-1}{x+1}}_{R(x)}$$

$$\Rightarrow \quad \lim_{x\to\infty} f(x) = \infty + (-0) = \infty$$

$$\text{und} \quad \lim_{x\to-\infty} f(x) = -\infty + 0 = -\infty$$

Merke:

Grenzwertsätze lassen sich auch für uneigentliche Grenzwerte als „Rechenregeln“ aufstellen.

Übungen zu 5.1

Allgemeine Übungen:

1. Berechnen Sie für $x \to \infty$ den Grenzwert der Funktion f mit $f(x) = \frac{x^2+1}{2x^2-2x}$; $D(f) = \mathbb{R} \setminus \{0; 1\}$ mit Hilfe der nachfolgenden Funktionenfolgen. Begründen Sie, dass der Grenzwert g der Funktion f existiert, und zeigen Sie an diesem Beispiel, dass er unabhängig von der Wahl der Folgenwerte ist, die die Variable x durchlaufen.

a) $\langle x_n \rangle$ mit $x_n = 1 + n^2$

b) $\langle x_n \rangle$ mit $x_n = n - 1{,}5$

c) $\langle x_n \rangle$ mit $\lim\limits_{n \to \infty} x_n = \infty$

2. Gegeben sind folgende gebrochen-rationale Funktionen mit der Grundmenge $\mathbb{R}$:

a) $f: f(x) = \frac{1}{x^2-1}$

b) $f: f(x) = \frac{5}{x-1}$

c) $f: f(x) = \frac{3x}{x^2-4}$

d) $f: f(x) = \frac{x}{x-3}$

e) $f: f(x) = \frac{(x-1)^2}{2x^2+3}$

f) $f: f(x) = \frac{x^2+2}{x-5}$

g) $f: f(x) = \frac{3x^3}{3x^3+2x^2-x}$

h) $f: f(x) = \frac{2x^2-3x+1}{x^2-1}$

Bestimmen Sie jeweils den Definitionsbereich der Funktionen und den Grenzwert $\lim\limits_{x \to \infty} f(x)$ bzw. $\lim\limits_{x \to -\infty} f(x)$. Beschreiben Sie jeweils das asymptotische Verhalten dieser Funktionen.

3. Bestimmen Sie jeweils für die Funktionen der Aufgaben 2a) bis 2e) eine reelle Zahl für $x(0{,}001)$ so, dass alle Funktionswerte für $x > x(0{,}001)$ in der 0,001-Umgebung des Grenzwertes der Funktion für $x \to \infty$ liegen.

4. Bestimmen Sie jeweils für die Funktionen der Aufgaben 2a) bis 2e) eine reelle Zahl für $x(0{,}001)$ so, dass alle Funktionswerte für $x < x(0{,}001)$ in der 0,001-Umgebung des Grenzwertes der Funktion für $x \to -\infty$ liegen.

5. Gegeben sind folgende ganzrationale Funktionen mit $D(f) = \mathbb{R}$:

a) $f: f(x) = x^2 - 2x + 1$

b) $f: f(x) = -x^3 + x^2 + 3$

c) $f: f(x) = 0{,}25x^4 + 2x - 1$

d) $f: f(x) = x - 1$

Bestimmen Sie für obige Funktionen die Grenzwerte $\lim\limits_{x \to \infty} f(x)$ und $\lim\limits_{x \to -\infty} f(x)$.

6. Bestimmen Sie die folgenden Grenzwerte:

a) $\lim\limits_{x \to \infty} 2^x$ und $\lim\limits_{x \to -\infty} 2^x$;

b) $\lim\limits_{x \to \infty} 2^{-x}$ und $\lim\limits_{x \to -\infty} 2^{-x}$.

7. Gegeben ist die Kostenfunktion K: $K(x) = 0{,}04x^3 - 0{,}6x^2 + 3x + 2$; $D(K) = \mathbb{R}^{\geq 0}$.
Bestimmen Sie den Grenzwert $\lim\limits_{x \to \infty} K(x)$ und den der Stückkosten für $x \to \infty$.

5.2 Grenzwerte von Funktionen an einer Stelle x_0

Funktionen können Eigenschaften besitzen, die auch die Untersuchung von Grenzprozessen erforderlich machen, bei denen die Zahlen für x gegen eine reelle Zahl für x_0 streben ($x \to x_0$). Eine solche Untersuchung ist bei einer Funktion f insbesondere immer dann erforderlich, wenn die Zahl für x_0 selbst **nicht** zum Definitionsbereich von f gehört, wohl aber alle Zahlen unmittelbar links und rechts davon. In diesem Fall existieren zwar Funktionswerte für Stellen in „unmittelbarer Nähe" von x_0, für die Stelle x_0 selbst aber gibt es keinen Funktionswert. Eine solche Stelle x_0 wurde eine **Definitionslücke** der Funktion f genannt. ▶ Abschnitt 2.5

Obwohl diese Erklärung einer Definitionslücke sehr anschaulich ist, ist sie für eine rechnerische Handhabung nicht geeignet, weil die in ihr verwendete Formulierung „unmittelbare Nähe" zu unbestimmt ist. Mit Hilfe des Umgebungsbegriffs einer reellen Zahl (▶ Abschnitt 2.2.2) lässt sich diese Erklärung jetzt präzisieren.

Dazu wird der Umgebungsbegriff ε-$U(x_0)$ in der Weise erweitert, dass in ihm die Stelle x_0 selbst nicht mehr auftritt. Man nennt eine solche ε-Umgebung der Stelle x_0 eine **punktierte Umgebung** von x_0 und schreibt dafür ε-$U(\not x_0)$, streicht also die Stelle x_0 aus ε-$U(x_0)$. Dann lässt sich sagen:

$\varepsilon \in \mathbb{R}^{>0}$

$\varepsilon\text{-}U(x_0) = \{x \mid |x - x_0| < \varepsilon\}$ ▶ ε-Umgebung von x_0

$\varepsilon\text{-}U(\not x_0) = \{x \mid 0 < |x - x_0| < \varepsilon\}$ ▶ punktierte ε-Umgebung von x_0

Merke:

Eine Stelle x_0 ist eine „**Definitionslücke**" einer Funktion f, wenn zwar x_0 nicht zu $D(f)$ gehört, es aber eine punktierte ε-Umgebung von x_0 gibt, die ganz zu $D(f)$ gehört: $\varepsilon\text{-}U(\not x_0) \subset D(f)$.

Beispiel 5.10

Die Funktion f: $f(x) = \dfrac{6}{x-2} + 3$;

$D(f) = \mathbb{R} \setminus \{2\}$ ist nur an der Stelle $x_0 = 2$ nicht definiert.

Mit anderen Worten: f ist in jeder punktierten ε-Umgebung der Stelle 2 definiert. Die Stelle $x_0 = 2$ ist daher eine Definitionslücke der Funktion f. Nähert man sich dieser Definitionslücke von links, so fallen die Funktionswerte von f unter alle Schranken, nähert man sich ihr von rechts, so wachsen die Funktionswerte von f über alle Schranken.

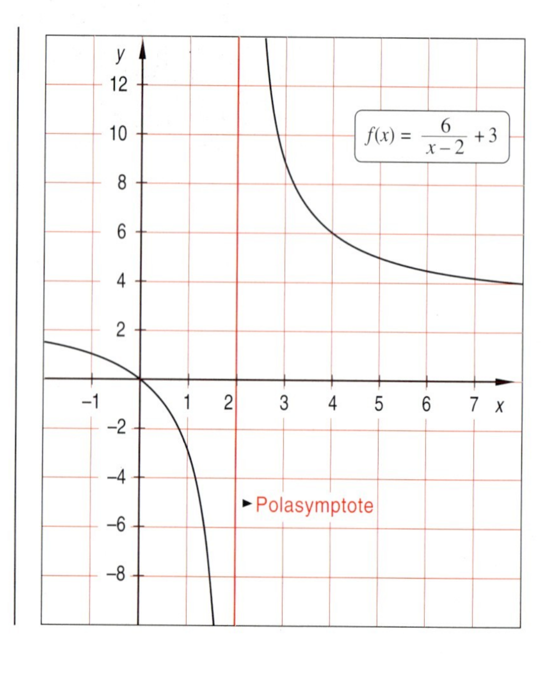

Dieses Verhalten der Funktionswerte in der Nähe der Stelle 2 lässt sich rechnerisch feststellen, indem man die Variable x Stellenwertfolgen $\langle x_n \rangle$ durchlaufen lässt, die **nur** von links oder **nur** von rechts gegen die Zahl 2 konvergieren, und den jeweils zugehörenden **Grenzwert der Folge** $\langle f(x_n) \rangle$ ermittelt. ► Abschnitt 5.1

- $\langle x_n \rangle$ mit $x_n \to 2$ und $x_n < 2$
  Annäherung an 2 von links

$\Rightarrow f(x_n) = \dfrac{6}{x_n - 2} + 3$

$\Rightarrow \lim\limits_{n \to \infty} f(x_n) = -\infty + 3 = -\infty$

z. B. $x_n = 2 - \dfrac{1}{n}$

$\Rightarrow f(x_n) = \dfrac{6}{-\frac{1}{n}} + 3 = -6n + 3$

$\Rightarrow \lim\limits_{n \to \infty} f(x_n) = -\infty + 3 = -\infty$

Bei diesen Annäherungen an die Stelle x_0 muss allerdings die Einschränkung gemacht werden, dass nur solche Stellenwertfolgen $\langle x_n \rangle$ zugelassen werden dürfen, bei denen für alle Stellenwerte gilt: $x_n \neq 2$.

Andernfalls wäre $f(x_n)$ nicht definiert.

- $\langle x_n \rangle$ mit $x_n \to 2$ und $x_n > 2$
  Annäherung an 2 von rechts

$\Rightarrow f(x_n) = \dfrac{6}{x_n - 2} + 3$

$\Rightarrow \lim\limits_{n \to \infty} f(x_n) = \infty + 3 = \infty$

z. B. $x_n = 2 + \dfrac{1}{n}$

$\Rightarrow f(x_n) = \dfrac{6}{\frac{1}{n}} + 3 = 6n + 3$

$\Rightarrow \lim\limits_{n \to \infty} f(x_n) = \infty + 3 = \infty$

Da für die beiden „Bewegungen" die ermittelten **uneigentlichen** Grenzwerte voneinander verschieden sind, ist die Stelle 2 eine **Polstelle** der Funktion f mit Vorzeichenwechsel. ► Abschnitt 2.5

Man sagt auch: Die Definitionslücke der Funktion f ist eine (zweiseitige) **Unendlichkeitsstelle**.

► 2 ist Pol mit VZW

$\Rightarrow G(f)$ schmiegt sich seiner Polasymptoten durch den Punkt $P\langle 2|0 \rangle$ sowohl von links als auch von rechts immer mehr an.

Weil $\lim\limits_{n \to \infty} f(x_n) = -\infty$ **unabhängig** davon gilt, **welche** Stellenwertfolge $\langle x_n \rangle$ mit $\lim\limits_{n \to \infty} x_n = x_0$ und $x_n < x_0$ zugrundegelegt wird, schreibt man auch $\text{l-}\lim\limits_{x \to x_0} f(x) = \lim\limits_{\substack{x \to x_0 \\ x < x_0}} f(x) = -\infty$ und spricht vom „**linksseitigen uneigentlichen Grenzwert der Funktion f an der Stelle x_0**".

Entsprechend schreibt man auch $\text{r-}\lim\limits_{x \to x_0} f(x) = \lim\limits_{\substack{x \to x_0 \\ x > x_0}} f(x) = \infty$ und spricht vom „**rechtsseitigen uneigentlichen Grenzwert der Funktion f an der Stelle x_0**".

Da im Beispiel 5.10 die beiden einseitigen uneigentlichen Grenzwerte $\text{l-}\lim\limits_{x \to 2} f(x)$ und $\text{r-}\lim\limits_{x \to 2} f(x)$ nicht übereinstimmen, kann man auch nicht davon sprechen, dass **der** uneigentliche Grenzwert der Funktion f an der Stelle 2 existiert.

Nicht immer muss eine Definitionslücke einer Funktion eine Unendlichkeitsstelle sein.

Beispiel 5.11

Die gebrochen-rationale Funktion $f\colon f(x) = \frac{x^2-1}{x^2-x}$ besitzt die Definitionsmenge $D(f) = \mathbb{R} \setminus \{0; 1\}$. Daher ist die Funktion in der punktierten Umgebung $0{,}5\text{-}\dot{U}(1)$ der Definitionslücke 1 definiert. Zur Untersuchung des Verhaltens der Funktionswerte in der Nähe der Stelle 1 wird geprüft, ob für Stellenwertfolgen $\langle x_n \rangle$ mit $\lim\limits_{n\to\infty} x_n = 1$ und $x_n \in D(f)$ die Folge der zugehörigen Funktionswerte $\langle f(x_n) \rangle$ ebenfalls konvergiert. Zweckmäßigerweise drückt man solche Stellenwertfolgen mit Hilfe einer Nullfolge $\langle h_n \rangle$ aus, indem man $x_n = 1 + h_n$ setzt.

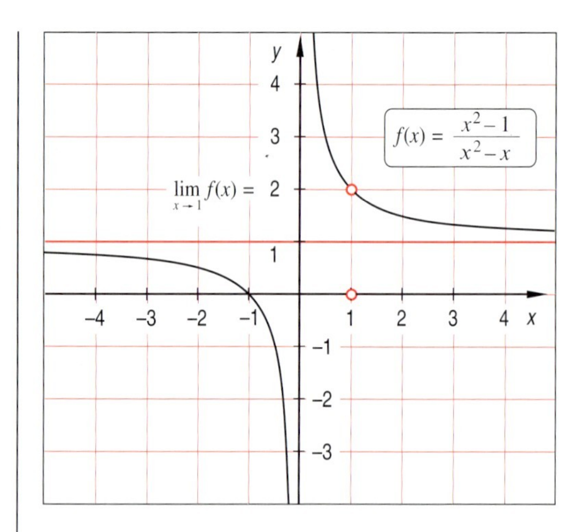

$$x_n = 1 + h_n$$
$$\Rightarrow \lim_{n\to\infty} x_n = \lim_{n\to\infty} (1 + h_n)$$
$$= 1 + \lim_{n\to\infty} h_n \quad \blacktriangleright\ \langle h_n \rangle \text{ ist Nullfolge}$$
$$= \underline{\underline{1}}$$

Weil $\lim\limits_{n\to\infty} f(x_n) = 2$ **unabhängig** davon gilt, **welche** Stellenwertfolge $\langle x_n \rangle$ mit $\lim\limits_{n\to\infty} x_n = 1$ und $x_n \in D(f)$ zugrunde gelegt wird, schreibt man auch $\lim\limits_{x\to 1} f(x) = \lim\limits_{x\to 1} \frac{x^2-1}{x^2-x} = 2$ und spricht vom „**Grenzwert der Funktion f an der Stelle 1**".

Es gilt dann:

$$f(x_n) = \frac{(1+h_n)^2 - 1}{(1+h_n)^2 - (1+h_n)} = \frac{2h_n + h_n^2}{h_n + h_n^2}$$
$$= \frac{h_n \cdot (2+h_n)}{h_n \cdot (1+h_n)} \quad \blacktriangleright\ \text{Kürzen; } h_n \neq 0 \text{, weil } x_n \in D(f)$$
$$= \frac{2+h_n}{1+h_n}$$
$$\Rightarrow \lim_{n\to\infty} f(x_n) = \frac{\lim\limits_{n\to\infty} (2+h_n)}{\lim\limits_{n\to\infty} (1+h_n)} = \frac{2}{1} = \underline{\underline{2}} \quad \blacktriangleright\ \text{Grenzwert an der Stelle 1}$$

Die Definitionslücke 1 ist also **keine** Unendlichkeitsstelle der Funktion f. Da f an dieser Stelle einen endlichen Grenzwert besitzt, nennt man diese Definitionslücke eine **behebbare Definitionslücke** und meint damit, dass man diese Definitionslücke **nachträglich** durch die Festsetzung $f(1) = 2$ schließen könnte, so dass der Graph von f an dieser Stelle nicht mehr unterbrochen sein müsste. ▶ Abschnitt 2.5

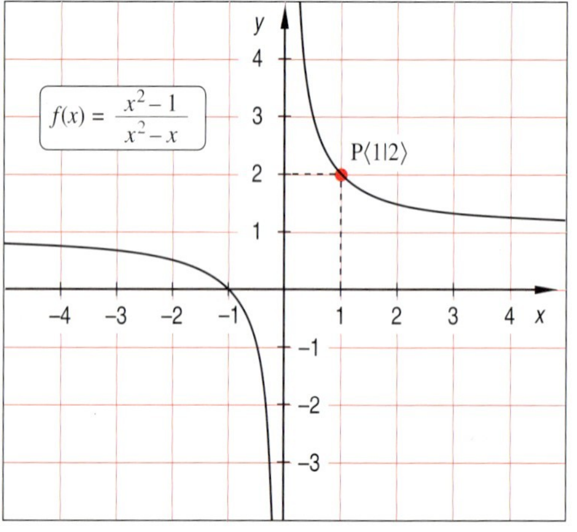

▶ 1 ist eine behebbare Definitionslücke von f. Der Punkt $P\langle 1|2 \rangle$ ergänzt $G(f)$.

Anmerkung:

Wählt man im Beispiel 3.11 eine Nullfolge $\langle h_n \rangle$ mit **positiven** Folgenwerten, so stellt $\langle x_n \rangle$ mit $x_n = 1 + h_n$ eine Stellenwertfolge dar, die sich der Stelle $x_0 = 1$ von rechts nähert und für $x_n = 1 - h_n$ eine solche, die sich dieser Stelle von links nähert.
Je nach „Bewegung" kann man also auch hier – wie bei jeder Funktion – von einem **linksseitigen Grenzwert** $\text{l-}\lim\limits_{x \to x_0} f(x)$ und von einem **rechtsseitigen Grenzwert** $\text{r-}\lim\limits_{x \to x_0} f(x)$ sprechen. Da in diesem Beispiel **der** Grenzwert existiert, müssen links- und rechtsseitiger Grenzwert gleich sein.

Der Grenzprozess $x \to x_0$ bei einer reellen Funktion f ist nicht nur durchführbar, wenn x_0 eine Definitionslücke von f ist, sondern auch wenn $x_0 \in D(f)$ gilt.

Beispiel 5.12

Wir betrachten die Funktion

f: $f(x) = 0{,}5x + 2, \quad D(f) = \mathbb{R}$,

an der Stelle $x_0 = 3$.

Die Funktion f ist an der Stelle x_0 definiert; der Funktionswert beträgt dort $f(3) = 3{,}5$. Nähert man sich der Stelle $x_0 = 3$ von links, dann nähern sich die Funktionswerte der Zahl 3,5; nähert man sich der Stelle x_0 von rechts, so nähern sich die Funktionswerte ebenfalls der Zahl 3,5. Durchläuft die Variable x eine beliebige Stellenwertfolge $\langle x_n \rangle$ mit $x_n \to 3$ und $x_n \neq 3$, so strebt die zugehörige Funktionswertfolge $\langle f(x_n) \rangle$ stets gegen 3,5. Die Funktion f hat also an der Stelle $x_0 = 3$ den Grenzwert 3,5.

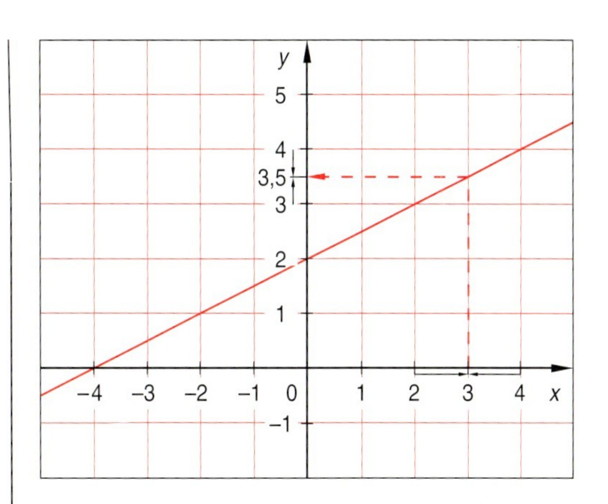

► $\lim\limits_{x \to 3} f(x) = 3{,}5$

Auch bei dem folgenden Beispiel sind rechts- und linksseitige Grenzprozesse durchführbar.

Beispiel 5.13

Wir wollen das Verhalten der abschnittsweise definierte Funktion

$$f\colon f(x) = \begin{cases} x^2 & \text{für } 0 \leq x < 1 \\ 0{,}5x + 1{,}5 & \text{für } x \geq 1 \end{cases}$$

mit $D(f) = \mathbb{R}^{\geq 0}$ an der Stelle $x_0 = 1$ untersuchen. Die Funktion f ist in x_0 definiert; der Funktionswert beträgt dort 2. Nähert man sich der Stelle $x_0 = 1$ von links, dann nähern sich die Funktionswerte der Zahl 1; nähert man sich der Stelle x_0 von rechts, so nähern sich die Funktionswerte der Zahl 2.

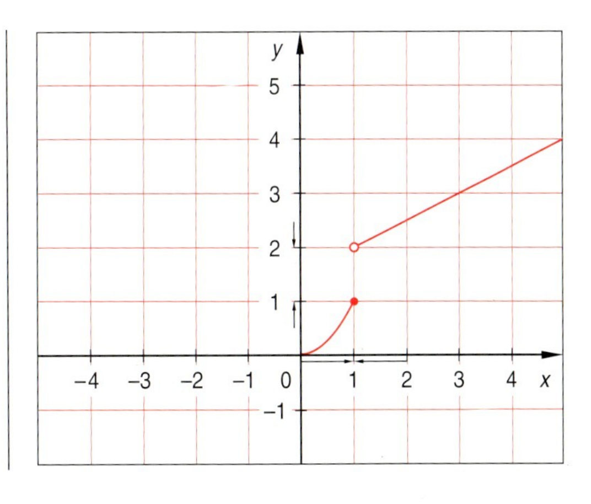

Diese beiden Grenzprozesse erkennt man rechnerisch, wenn man die Variable x **beliebige** Stellenwertfolgen $\langle x_n \rangle$ mit $x_n \to 3$ durchlaufen lässt einmal mit $x_n < 1$ und in einem zweiten Fall mit $x_n > 1$.

- Gilt für alle Folgenglieder $x_n < 1$, so ergibt sich eine Annäherung an 1 von links.
- Gilt für alle Folgenglieder $x_n > 1$, so ergibt sich eine Annäherung an 1 von rechts.

Zwar existieren für die Funktion f sowohl der linksseitige als auch der rechtsseitige Grenzwert an der Stelle $x_0 = 1$ als endliche Werte, aber beide Werte sind voneinander verschieden. Man kann daher nicht davon sprechen, dass **der** Grenzwert der Funktion f an der Stelle 1 existiert. An der Stelle 1 hat die Funktion f eine sog. **Sprungstelle**.

- $\langle x_n \rangle$ mit $x_n \to 3$ und $x_n < 1$

$\Rightarrow f(x_n) = x_n^2$

$\Rightarrow \text{l-}\lim\limits_{x \to 1} f(x) = \lim\limits_{n \to \infty} f(x_n)$
$= \lim\limits_{n \to \infty} x_n^2 = (\lim\limits_{n \to \infty} x_n)^2$
$= 1^2 = \underline{\underline{1}}$ ► linksseitiger Grenzwert

- $\langle x_n \rangle$ mit $x_n \to 3$ und $x_n > 1$

$\Rightarrow f(x_n) = 0{,}5\,x_n + 1{,}5$

$\Rightarrow \text{r-}\lim\limits_{x \to 1} f(x) = \lim\limits_{n \to \infty} f(x_n)$
$= \lim\limits_{n \to \infty} (0{,}5\,x_n + 1{,}5) = 0{,}5 \lim\limits_{n \to \infty} x_n + 1{,}5$
$= 0{,}5 \cdot 1 + 1{,}5 = \underline{\underline{2}}$ ► rechtsseitiger Grenzwert

► $\text{l-}\lim\limits_{x \to 1} f(x) \neq \text{r-}\lim\limits_{x \to 1} f(x)$

► f besitzt an der Stelle 1 **keinen** Grenzwert

Merke:

- Eine reelle Zahl für g heißt **Grenzwert einer Funktion f an einer Stelle x_0**, wenn für **jede** Stellenwertfolge $\langle x_n \rangle$, deren Werte in $D(f)$ liegen und die gegen x_0 mit $x_n \neq x_0$ konvergiert, die Folge der zugehörenden Funktionswerte $\langle f(x_n) \rangle$ den Grenzwert g hat.
  Man schreibt dann: $\lim\limits_{x \to x_0} f(x) = g$ und liest dies „Limes von $f(x)$ für x gegen x_0 gleich g".

► Limes lateinisch „Grenze"

- Gilt dies für die Stellenwertfolgen $\langle x_n \rangle$ mit $x_n < x_0$, so spricht man von einem **linksseitigen Grenzwert von f an der Stelle x_0** und schreibt $\text{l-}\lim\limits_{x \to x_0} f(x)$.
  Entsprechend spricht man für $x_n > x_0$ von einem **rechtsseitigen Grenzwert von f an der Stelle x_0** und schreibt $\text{r-}\lim\limits_{x \to x_0} f(x)$.
- Stimmen der linksseitige und der rechtsseitige Grenzwert einer Funktion an derselben Stelle **nicht** überein, so besitzt die Funktion an dieser Stelle **keinen** Grenzwert.
- Für g können auch die Symbole ∞ bzw. $-\infty$ stehen.
  Dann spricht man von **uneigentlichen Grenzwerten**.
  An der Stelle x_0 liegt dann eine **Unendlichkeitsstelle** vor.

Anmerkungen:

- In manchen Fällen (► Beispiel 5.11) ist es zweckmäßig, eine Stellenwertfolge $\langle x_n \rangle$ mit Hilfe einer Nullfolge $\langle h_n \rangle$ auszudrücken: $x_n = x_0 + h_n$. Dann gilt:
  $\lim\limits_{n \to \infty} x_n = \lim\limits_{n \to \infty} (x_0 + h_n) = x_0 + \lim\limits_{n \to \infty} h_n = x_0 + 0 = x_0$.
  In diesen Fällen setzt man $x = x_0 + h$ und schreibt statt $\lim\limits_{x \to x_0} f(x) = g$: $\boldsymbol{\lim\limits_{h \to 0} f(x_0 + h) = g}$.
- Oft ist es schwierig nachzuweisen, dass eine Funktion f an einer Stelle x_0 den Grenzwert g besitzt, weil es eben nicht genügt, nur zu zeigen, dass es Folgen $\langle x_n \rangle$ mit $x_n \to x_0$ gibt, für die $\lim\limits_{n \to \infty} f(x_n) = g$ gilt. Vielmehr muss gezeigt werden, dass es **keine** Folge $\langle x_n \rangle$ mit $x_n \to x_0$ gibt, für

die die Folge der Funktionswerte $\langle f(x_n)\rangle$ **nicht** gegen g konvergiert. Erst dann ist sichergestellt, dass für **jede** Stellenwertfolge $\langle x_n\rangle$ mit $x_n \to x_0$ die Folge der zugehörenden Funktionswerte gegen g konvergiert.

Man kann sich den Grenzwert g einer Funktion f an einer Stelle x_0 auf einfache Weise veranschaulichen und gelangt so zu einer anderen Erklärung des Grenzwertbegriffes.

Beispiel 5.14

Die Aussage $\lim\limits_{x\to x_0} f(x)=g$ mit $g\in\mathbb{R}$ hat zum Inhalt, dass für **jede** Folge $\langle x_n\rangle$ mit $x_n \neq x_0$ und $\lim\limits_{n\to\infty} x_n = x_0$ gilt: $\lim\limits_{n\to\infty} f(x_n)=g$.

Das bedeutet anschaulich, dass die Funktionswerte $f(x_n)$ beliebig nahe bei g liegen, wenn die Argumentwerte x_n hinreichend wenig von x_0 abweichen, ohne je mit x_0 zusammenzufallen.

Mit anderen Worten:
In der Nähe des Punktes $P\langle x_0|g\rangle$ kann man den Graphen von f – mit der möglichen Ausnahme dieses Punktes – in einen beliebig niedrigen und hinreichend schmalen $\varepsilon\delta$-Kasten einsperren.

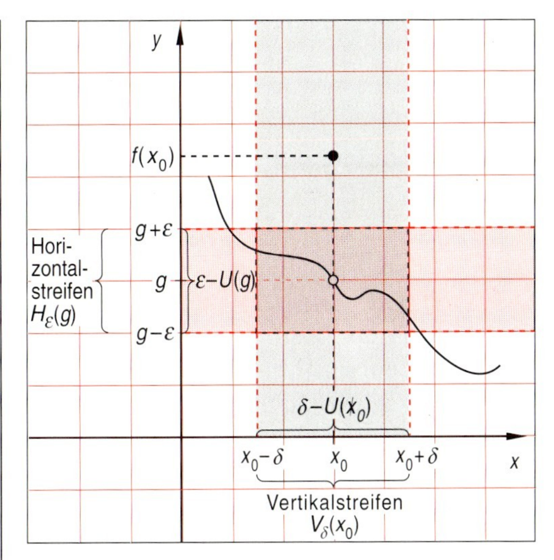

► Zu jedem Horizontalstreifen $H_\varepsilon(g)$ gibt es eine punktierte Umgebung $\delta\text{-}U(\not x_0)$ in $D(f)$, so dass für $x\in\delta\text{-}U(\not x_0)$ die zugehörenden Punkte $\langle x|f(x)\rangle$ in $H_\varepsilon(g)$ liegen.

Merke:

Eine reelle Zahl für g ist Grenzwert einer Funktion f an einer Stelle x_0, wenn es zu jedem Horizontalstreifen $H_\varepsilon(g)$ eine punktierte Umgebung $\delta\text{-}U(\not x_0)$ mit $\delta\text{-}U(\not x_0)\subset D(f)$ gibt, so dass gilt: $x\in\delta\text{-}U(\not x_0) \Rightarrow \langle x|f(x)\rangle\in H_\varepsilon(g)$.

Anmerkung:

Diese anschauliche Deutung eines Grenzwertes einer Funktion an einer Stelle x_0 gilt auch für $\lim\limits_{x\to\infty} f(x)$ bzw. für $\lim\limits_{x\to-\infty} f(x)$, wenn man unter $U(\infty)$ bzw. $U(-\infty)$ die folgenden Mengen versteht:

$U(\infty)=\{x\,|\,x>x(\varepsilon)\}$, $\quad U(-\infty)=\{x\,|\,x<x(\varepsilon)\}$. ► Abschnitt 5.1

Besitzt eine Funktion f an einer Stelle x_0 den Grenzwert g, so muss die Zahl für g selbstverständlich auch linksseitiger und rechtsseitiger Grenzwert von f an dieser Stelle sein. Durch die obige Veranschaulichung, die man sich in ganz entsprechender Weise auch für die Grenzwerte $\text{l-}\lim\limits_{x\to x_0} f(x)$ und $\text{r-}\lim\limits_{x\to x_0} f(x)$ vorstellen kann, wobei man lediglich jeweils nur linke bzw. nur rechte Hälften punktierter δ-Umgebungen der Stelle x_0 zu betrachten braucht, wird auch umgekehrt deutlich:

Stimmen linksseitiger und rechtsseitiger Grenzwert einer Funktion f an einer Stelle x_0 überein, so ist diese Zahl zugleich der Grenzwert von f an der Stelle x_0.

Bezeichnet man nämlich mit δ jeweils die kleinste der beiden Zahlen für δ_1 und δ_2, so ist δ-$U(\not x_0)$ stets eine punktierte Umgebung von x_0, für die die zugehörenden Punkte von $G(f)$ im Horizontalstreifen $H_\varepsilon(g)$ liegen.

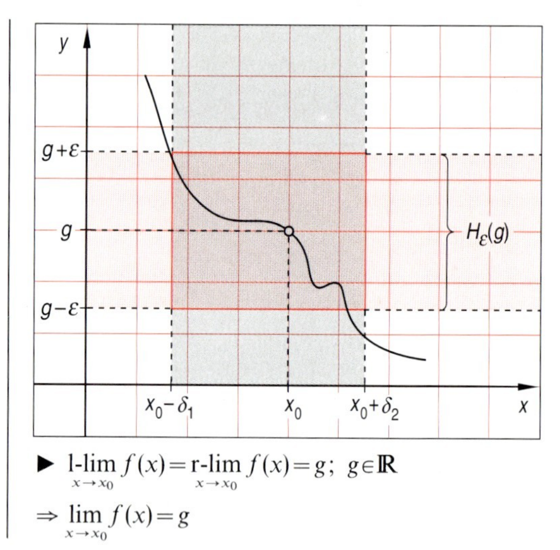

▶ $\underset{x\to x_0}{\text{l-lim}}\, f(x) = \underset{x\to x_0}{\text{r-lim}}\, f(x) = g;\ g \in \mathbb{R}$

$\Rightarrow \lim\limits_{x\to x_0} f(x) = g$

Da sich auch der Grenzwertbegriff für Funktionen an einer Stelle x_0 auf den Grenzwertbegriff für Zahlenfolgen zurückführen lässt, gelten analoge **Grenzwertsätze** für die „Bewegung" $x \to x_0$, wie sie für die „Bewegung" $x \to \infty$ formuliert wurden. ▶ Abschnitt 5.1

An die Stelle des Symbols ∞ muss dort lediglich x_0 gesetzt werden.

Beispiel 5.15

Die Funktion f: $f(x) = 5x^3 - 4x^2 + x + 3$, $D(f) = \mathbb{R}$, soll auf ihre Grenzwerte $x \to x_0$ für $x_0 \in \mathbb{R}$ untersucht werden.

f ist eine ganzrationale Funktion, die an jeder Stelle $x_0 \in \mathbb{R}$ den Funktionswert $f(x_0)$ besitzt. Bei den Grenzwertbildungen ist zu beachten, dass $\underset{x\to x_0}{\text{l-lim}}\, x = \underset{x\to x_0}{\text{r-lim}}\, x = x_0$ und $\underset{x\to x_0}{\text{l-lim}}\, c = \underset{x\to x_0}{\text{r-lim}}\, c = c$ gilt.

f hat an jeder Stelle x_0 ihres Definitionsbereiches somit einen Grenzwert für $x \to x_0$, der gleich dem Funktionswert $f(x_0)$ ist.

$f(x_0) = 5x_0^3 - 4x_0^2 + x_0 + 3$

$\lim\limits_{x\to x_0} f(x)$ ▶ Grenzwertsätze 1, 2 und 4

$= \lim\limits_{x\to x_0} (5x^3 - 4x^2 + x + 3)$

$= 5 \cdot \lim\limits_{x\to x_0} x^3 - 4 \cdot \lim\limits_{x\to x_0} x^2 + \lim\limits_{x\to x_0} x + \lim\limits_{x\to x_0} 3$

$= 5 \cdot (\lim\limits_{x\to x_0} x)^3 - 4 \cdot (\lim\limits_{x\to x_0} x)^2 + \lim\limits_{x\to x_0} x + \lim\limits_{x\to x_0} 3$

$= 5x_0^3 - 4x_0^2 + x_0 + 3$

$= f(x_0)$

$\Rightarrow \lim\limits_{x\to x_0} f(x) = f(x_0)$ ▶ Grenzwert

Die Beweisführung im Beispiel 5.15 lässt sich allgemeiner auf jede ganzrationale Funktion vom Typ f: $f(x) = a_n x^n + a_{n-1} x^{n-1} + \ldots + a_1 x + a_0$; $D(f) = \mathbb{R}$ übertragen. Für $x_0 \in D(f)$ folgt:

$$\lim_{x\to x_0} f(x) = a_n \cdot (\lim_{x\to x_0} x)^n + a_{n-1} \cdot (\lim_{x\to x_0} x)^{n-1} + \ldots + a_1 \cdot (\lim_{x\to x_0} x) + \lim_{x\to x_0} a_0$$
$$= a_n x_0^n + a_{n-1} x_0^{n-1} + \ldots + a_1 x_0 + a_0$$
$$= f(x_0)$$

Merke:

Für **ganzrationale Funktionen** lässt sich die Bestimmung eines Grenzwertes an einer Stelle ihres Definitionsbereiches auf die Berechnung ihres Funktionswertes an dieser Stelle zurückführen:

$$\boldsymbol{\lim_{x\to x_0} f(x) = f(x_0)}.$$

Beispiel 5.16

Die gebrochen-rationale Funktion f: $f(x)=\frac{x^2-1}{x+1}$; $D(f)=\mathbb{R}\setminus\{-1\}$ soll in der Nähe der Stelle untersucht werden, an der sie nicht definiert ist, also um $x_0=-1$ herum.

Würde man die Grenzwertsätze 3, 1 und 2 für $x \to -1$ **formal** auf $\frac{x^2-1}{x+1}$ anwenden, so erhielte man einen sog. **unbestimmten Ausdruck** der Form „$\frac{0}{0}$“, der **keine** Zahl und auch nicht eines der Symbole $-\infty$ bzw. ∞ darstellt. Daher kann man bei dieser Vorgehensweise keine Grenzwertaussage machen. Hier bietet sich aber eine andere Vorgehensweise an:

Der Graph der Funktion f ist bis auf den fehlenden Punkt bei der Definitionslücke $x_0=-1$ identisch mit dem Graphen der linearen Funktion g: $g(x)=x-1$; $D(g)=\mathbb{R}$, weil sich der Funktionsterm von f in $D(f)$ zu $x-1$ vereinfachen lässt.

$$f(x)=\frac{x^2-1}{x+1}=\frac{(x-1)\cdot(x+1)}{x+1} \quad \blacktriangleright\ x+1 \neq 0$$

$$=x-1 \quad \blacktriangleright\ x \neq -1$$

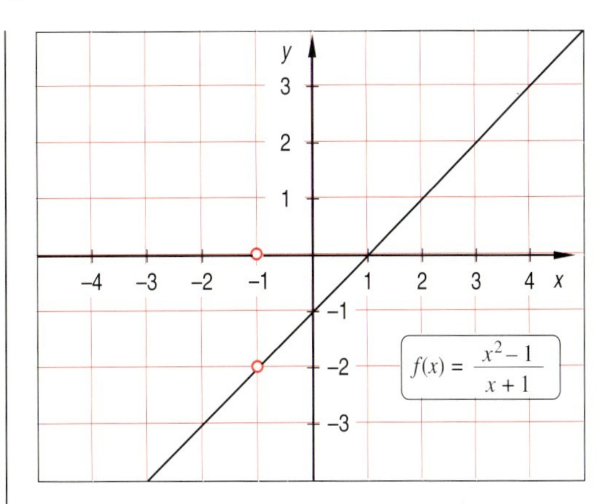

Auf den vereinfachten Funktionsterm von f lassen sich die Grenzwertsätze ohne Schwierigkeiten anwenden. Da f an der Stelle -1 einen **endlichen** Grenzwert besitzt, handelt es sich bei der Definitionslücke um eine **behebbare Definitionslücke**.

$$\lim_{x\to-1} f(x)=\lim_{x\to-1}(x-1) \quad \blacktriangleright\ x\neq-1$$

$$=\lim_{x\to-1} x-\lim_{x\to-1} 1$$

$$=-1-1=\underline{\underline{-2}} \quad \blacktriangleright\ \text{Grenzwert}$$

▶ -1 ist eine behebbare Definitionslücke von f

Das Beispiel 5.16 hat einen sehr wichtigen Aspekt zum Inhalt, der sehr oft die Bestimmung des Grenzwertes einer Funktion f an einer Stelle x_0 auf die **Berechnung** des Funktionswertes an der Stelle x_0 einer anderen Funktion g zurückführen lässt. Die Funktionen f: $f(x)=\frac{x^2-1}{x+1}$; $D(f)=\mathbb{R}\setminus\{-1\}$ und g: $g(x)=x-1$; $D(g)=\mathbb{R}$ stimmen in einer punktierten Umgebung der Stelle $x_0=-1$ überein (sogar in jeder), wie man dem gekürzten Funktionsterm von f oder ihren Graphenverläufen entnehmen kann. Daher müssen auch ihre Grenzwerte an der Stelle x_0 übereinstimmen, wie sich aus der anschaulichen Deutung des Grenzwertes einer Funktion an einer Stelle unmittelbar folgern lässt. Da der Grenzwert einer ganzrationalen Funktion an einer Stelle x_0 gleich seinem Funktionswert an dieser Stelle ist, lässt sich der Grenzwert wie folgt berechnen: $\lim_{x\to-1} f(x)=\lim_{x\to-1} g(x)=g(-1)=-2$.

Merke:

Sind zwei Funktionen f und g in einer punktierten Umgebung $U(\not{x}_0)$ gleich, so gilt:

$$\lim_{x\to x_0} f(x)=\lim_{x\to x_0} g(x).$$

Mit dieser Regel kann man den Grenzwert einer Funktion f oft an einer Definitionslücke x_0 berechnen, falls der Funktionswert der Funktion g an der Stelle x_0 existiert.

Beispiel 5.17

Bestimmen Sie an den Definitionslücken der Funktion f: $f(x)=\frac{x^3-6x^2+9x}{x^2-3x}$; $D(f)=\mathbb{R}\setminus\{0; 3\}$ die Grenzwerte.

Der 3. Grenzwertsatz lässt sich **nicht** auf die Funktion f für die Bewegungen $x\to 0$ bzw. $x\to 3$ anwenden, weil er auf einen unbestimmten Ausdruck der Form „$\frac{0}{0}$" führt.

f: $f(x)=\frac{x^3-6x^2+9x}{x^2-3x}=\frac{p_3(x)}{q_2(x)}$

► $\lim\limits_{x\to x_0}(x^3-6x^2+9x)=\lim\limits_{x\to x_0}p_3(x)=p_3(x_0)$

$\Rightarrow p_3(0)=0$ und $p_3(3)=0$

► $\lim\limits_{x\to x_0}(x^2-3x)=\lim\limits_{x\to x_0}q_2(x)=q_2(x_0)$

$\Rightarrow q_2(0)=0$ und $q_2(3)=0$

Zerlegt man aber die Funktionsterme der Funktionen p_3 und q_2 in ihre Linearfaktoren, dann erkennt man, dass man den Funktionsterm von f innerhalb des Definitionsbereiches kürzen kann.

f: $f(x)=\frac{x^3-6x^2+9x}{x^2-3x}=\frac{x\cdot(x^2-6x+9)}{x\cdot(x-3)}$

$=\frac{x\cdot(x-3)^2}{x\cdot(x-3)}=x-3$ ► $x\neq 0,\ x\neq 3$

Die Funktion f stimmt mit der ganzrationalen Funktion g: $g(x)=x-3$; $D(g)=\mathbb{R}$ in jeder punktierten ε-Umgebung der Stellen 0 und 3 überein, falls $\varepsilon<3$ ist.

Daher lassen sich die Grenzwerte von f an ihren Definitionslücken als Funktionswerte der Funktion g berechnen.

g: $g(x)=x-3$; $D(g)=\mathbb{R}$
stimmt in $D(f)$ mit f überein.

$\Rightarrow \lim\limits_{x\to 0}f(x)=\lim\limits_{x\to 0}g(x)=g(0)=-3$

und $\lim\limits_{x\to 3}f(x)=\lim\limits_{x\to 3}g(x)=g(3)=0$

Übungen zu 5.2

1. Ermitteln Sie die Definitionslücken der Funktion f. Prüfen Sie, ob es sich um Unendlichkeitsstellen mit oder ohne Vorzeichenwechsel handelt. Für welche Definitionslücken existiert ein endlicher Grenzwert?

a) $f(x)=\frac{x-1}{x+1}$ **b)** $f(x)=\frac{x-1}{(x+1)^2}$ **c)** $f(x)=\frac{x^3-x}{x^2+x}$

d) $f(x)=\frac{x^2-0{,}5x-0{,}5}{x^2-x}$ **e)** $f(x)=\frac{6-x^2-x}{x^2+5x+6}$ **f)** $f(x)=\frac{3x}{x\cdot(x-2)^2}$

2. Zeigen Sie mit Hilfe der Grenzwertsätze für Zahlenfolgen: Konvergiert die Stellenwertfolge $\langle x_n\rangle$ gegen x_0, so konvergiert auch die Folge $\langle f(x_n)\rangle$.

a) $f(x)=1+x^2$ **b)** $f(x)=\frac{x+1}{x^2+1}$ **c)** $f(x)=x^3-x^2$

3. Die **Vorzeichenfunktion** oder **Signumfunktion** sgn ist für $x\in\mathbb{R}$ wie folgt erklärt;

$$\operatorname{sgn}(x)=\begin{cases}1 & \text{für } x>0\\ 0 & \text{für } x=0\,.\\ -1 & \text{für } x<0\end{cases}$$

a) Zeichnen Sie den Graphen der Signumfunktion.

b) Ermitteln Sie den linksseitigen und den rechtsseitigen Grenzwert der Signumfunktion an der Stelle 0.

c) Welchen Grenzwert besitzt die Signumfunktion an der Stelle 0?

4. Untersuchen Sie folgende Funktionen auf Grenzwerte an den gegebenen Stellen:

a) $f\colon f(x)=x^2+1$; $D(f)=\mathbb{R}$ an der Stelle $x_0=0$.

b) $f\colon f(x)=\frac{x^3+x}{x}$; $D(f)=\mathbb{R}^*$ an der Stelle $x_0=0$.

c) $f\colon f(x)=\begin{cases} 0{,}5x & \text{für } 0\leq x<2 \\ 0{,}5x+1 & \text{für } 2\leq x\leq 4 \end{cases}$ an der Stelle $x_0=2$.

d) $f\colon f(x)=\frac{4}{x}$; $D(f)=\mathbb{R}^*$ an der Stelle $x_0=0$.

e) $f\colon f(x)=\frac{x^2-16}{x-4}$; $D(f)=\mathbb{R}\setminus\{4\}$ an der Stelle $x_0=4$.

f) $f\colon f(x)=\frac{x^2}{x^2+2}$; $D(f)=\mathbb{R}$ an der Stelle $x_0=0$.

g) $f\colon f(x)=\frac{5}{x^2}$; $D(f)=\mathbb{R}^*$ an der Stelle $x_0=0$.

h) $f\colon f(x)=\frac{2x-1}{(x-1)^2}$; $D(f)=\mathbb{R}\setminus\{1\}$ an der Stelle $x_0=1$.

i) $f\colon f(x)=\frac{2x+3}{x^3-1}$; $D(f)=\mathbb{R}\setminus\{1\}$ an der Stelle $x_0=1$.

j) $f\colon f(x)=\frac{(2x-2)^2}{x-1}$; $D(f)=\mathbb{R}\setminus\{1\}$ an der Stelle $x_0=1$.

5. Zeigen Sie: Für jede gebrochen-rationale Funktion $f\colon f(x)=\frac{p_m(x)}{q_n(x)}$ stimmt der Grenzwert an einer Stelle ihres Definitionsbereiches mit dem Funktionswert an dieser Stelle überein.

5.3 Stetigkeit von reellen Funktionen

Für die graphische Darstellung einer reellen Funktion im Koordinatensystem wird man in der Regel eine Wertetabelle aufstellen, die Wertepaare als Punkte in das Koordinatensystem übertragen und durch einen Linienzug zum Graphen der Funktion verbinden. Bei dieser Vorgehensweise ist jedoch zu beachten, dass der Verlauf des Funktionsgraphen zwischen den einzelnen Punkten auch ganz anders aussehen könnte, ja es sogar noch nicht einmal sicher ist, ob man die Punkte überhaupt durch eine Linie in einem Zug – also ohne den Zeichenstift abzusetzen – miteinander verbinden darf. So könnte der Funktionsgraph – wie bei der Funktion aus Beispiel 5.13 – an einer Stelle x_0 eine endliche Sprungstelle haben, so dass er sich eben nicht als geschlossener Linienzug darstellen lässt. Die Unsicherheit über den genauen Verlauf des Graphen bleibt prinzipiell auch dann bestehen, wenn man die Wertetabelle erweitert; denn durch sie lassen sich stets nur endlich viele Punkte des Graphen bestimmen.

Es stellt sich hier also die Frage, unter welchen mathematischen Bedingungen die einzelnen Punkte eines Funktionsgraphen so eng „zusammenhängen", dass man ihn in einem Zug zeichnen darf, bei dem also, wie man auch sagt, ein **stetiger Kurvenverlauf** gewährleistet ist.

Zur Beantwortung dieser Frage ist es nützlich, sich anhand von Beispielen zunächst einmal klar zu machen, welche Gründe dafür sprechen, dass ein solcher stetiger Kurvenverlauf **nicht** vorliegen kann, um hieraus Bedingungen zu folgern, die dafür erfüllt sein müssen.

Beispiele 5.18

- $f: f(x) = \dfrac{6}{x-2} + 3;\ D(f) = \mathbb{R} \setminus \{2\}$

$G(f)$ ist an der Stelle $x_0 = 2$ **nicht stetig**, weil die Funktion an dieser Stelle nicht definiert ist; der Funktionswert existiert nicht. ▶ Beispiel 5.10

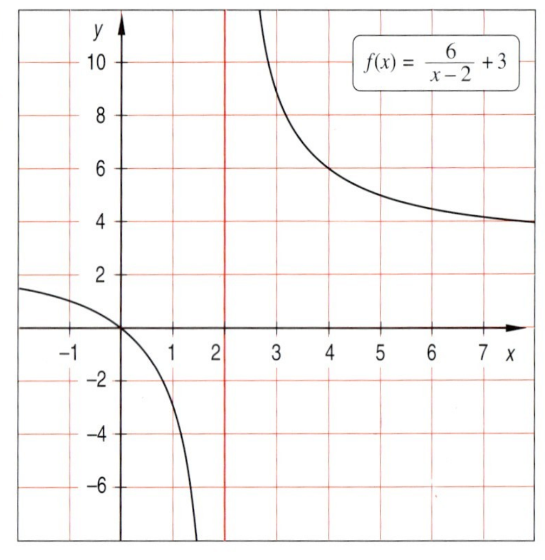

▶ $f(2)$ existiert nicht

- $f: f(x) = \dfrac{x^2-1}{x+1};\ D(f) = \mathbb{R} \setminus \{-1\}$

$G(f)$ ist an der Stelle $x_0 = -1$ **nicht stetig**, weil die Funktion an dieser Stelle nicht definiert ist; der Funktionswert existiert nicht. ▶ Beispiel 5.16

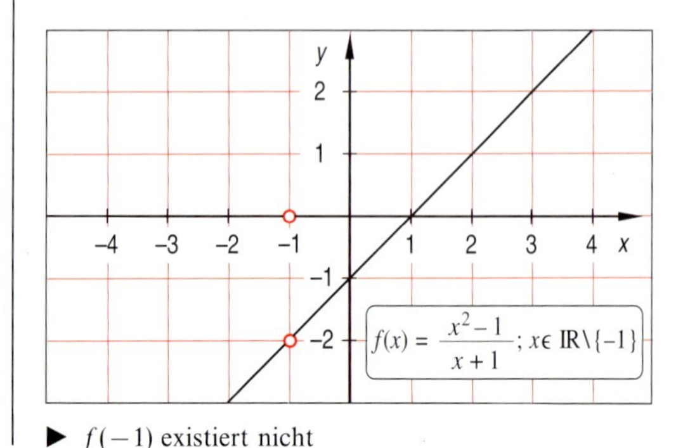

▶ $f(-1)$ existiert nicht

Da der Graph einer Funktion nicht über eine Definitionslücke hinaus durchgezogen werden kann, kommen für die Stetigkeitsuntersuchungen einer Funktion – und damit für ihren Graphen – nur Stellen in Frage, an denen die Funktion auch definiert ist.

Beispiel 5.19

$$f: f(x) = \begin{cases} \frac{x^2-1}{x+1}; & x \in \mathbb{R} \setminus \{-1\} \\ 1; & x = -1 \end{cases}$$

Bei dieser Funktion existiert der Funktionswert an der Stelle $x_0 = -1$ im Unterschied zur zweiten Funktion des vorigen Beispiels. Aber der Punkt $P\langle -1 | 1 \rangle$ „passt“ sich nicht dem übrigen Graphenverlauf an, d.h., der Funktionswert $f(-1)$ stimmt nicht mit dem Grenzwert der Funktion an der Stelle -1 überein. ▶ Beispiel 5.16

$G(f)$ ist an der Stelle $x_0 = -1$ **nicht stetig**.

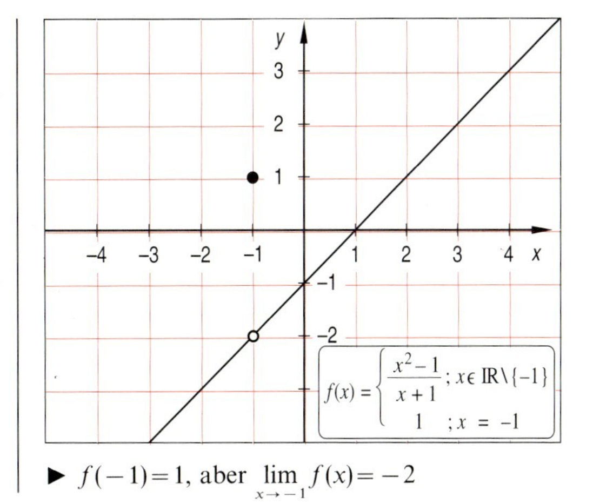

▶ $f(-1) = 1$, aber $\lim\limits_{x \to -1} f(x) = -2$

Damit ein stetiger Kurvenverlauf eines Funktionsgraphen gewährleistet ist, muss also der Funktionswert an einer Stelle mit dem Grenzwert an derselben Stelle übereinstimmen.

Beispiel 5.20

Aus der Regelungstechnik ist die sogenannte Sprungfunktion bekannt:

$$f: u = f(t) = \begin{cases} 0 & \text{für } t < 0 \\ u_0 & \text{für } t \geq 0 \end{cases}$$

Bei dieser Funktion existiert zwar auch der Funktionswert an der Stelle $t_0 = 0$; es ist $f(0) = u_0$, aber die Funktion besitzt an dieser Stelle keinen Grenzwert.

▶ Beispiel 5.13

$G(f)$ ist an der Stelle $t_0 = 0$ **nicht stetig**.

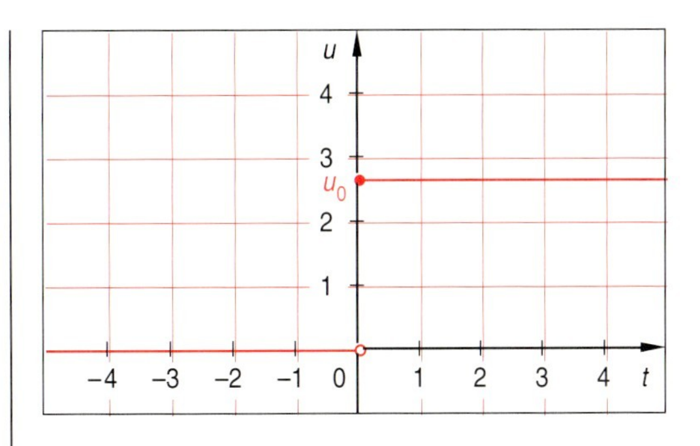

▶ $f(0) = u_0$, aber $\lim\limits_{t \to 0} f(t)$ existiert nicht.

Für einen stetigen Kurvenverlauf eines Funktionsgraphen an einer Stelle x_0 des Definitionsbereichs muss also gesichert sein, dass der Grenzwert der Funktion an dieser Stelle existiert.

Aus den Beispielen 5.18, 5.19 und 5.20 lassen sich die Bedingungen erkennen, die man an eine Funktion f stellen muss, damit ein stetiger Kurvenverlauf ihres Graphen $G(f)$ an einer Stelle x_0 vorliegt:

1. f muss an der Stelle x_0 definiert sein, d.h. $x_0 \in D(f)$.

2. Der Grenzwert von f muss an der Stelle x_0 existieren und mit dem Funktionswert an dieser Stelle übereinstimmen.

Merke:

Eine Funktion f nennt man **stetig an einer Stelle** $x_0 \in D(f)$, wenn gilt: $\lim_{x \to x_0} f(x) = f(x_0)$.

Anmerkungen:

Der Stetigkeitsbegriff an einer Stelle hängt offensichtlich sehr eng mit dem Grenzwertbegriff an derselben Stelle zusammen.

- Verbindet man den Stetigkeitsbegriff einer Funktion f an einer Stelle x_0 mit der anschaulichen Deutung des Grenzwertbegriffes an dieser Stelle, so ist zu beachten, dass wegen der Bedingung $x_0 \in D(f)$ nicht nur eine punktierte Umgebung $U(\not x_0)$, sondern eine **volle** Umgebung $U(x_0)$ Teilmenge von $D(f)$ sein muss.
  ▶ Beispiel 5.13; der hier dargestellte Graph einer Funktion an der Stelle x_0 ist **nicht** stetig.
- Nach der Definition des Grenzwertes einer Funktion an einer Stelle x_0 als Folgengrenzwert ist eine Funktion f an der Stelle x_0 stetig, wenn für **jede** Stellenwertfolge $\langle x_n \rangle$ mit $\lim_{n \to \infty} x_n = x_0$ gilt: $\lim_{n \to \infty} f(x_n) = f(x_0)$. Nach Ersetzen von x_0 durch $\lim_{n \to \infty} x_n$ erhält man: $\boldsymbol{\lim_{n \to \infty} f(x_n) = f(\lim_{n \to \infty} x_n)}$. Die Stetigkeit einer Funktion an einer Stelle x_0 bedeutet also **formal**, dass man beim Ausdruck $\lim_{n \to \infty} f(x_n)$ die Operationen der Grenzwert- und der Funktionswertbildung vertauschen kann.
- In manchen Fällen (▶ Beispiel 5.11) ist es zweckmäßig, eine Stellenwertfolge $\langle x_n \rangle$ mit Hilfe einer Nullfolge $\langle h_n \rangle$ auszudrücken: $x_n = x_0 + h_n$. Dann bedeutet die **Stetigkeitsbedingung** einer Funktion f an der Stelle x_0, dass für **jede** Nullfolge $\langle h_n \rangle$ gilt: $\lim_{n \to \infty} f(x_0 + h_n) = f(x_0)$. In diesen Fällen schreibt man dafür kurz: $\lim_{h \to 0} f(x_0 + h) = f(x_0)$.
- Der Punkt $P\langle -1 | 1 \rangle$ zum Graphen der Funktion aus Beispiel 5.19 „passt" nicht zum übrigen Graphenverlauf. Ersetzt man ihn aber durch den Punkt $Q\langle -1 | -2 \rangle$, so erhält man einen stetigen Graphenverlauf. ▶ Beispiel 5.11
  Man nennt daher die zweite Funktion f aus Beispiel 5.18 an der Stelle $x_0 = -1$ **stetig fortsetzbar**, die Definitionslücke eine **stetig behebbare Definitionslücke** und die Funktion
  $$f^*: f^*(x) = \begin{cases} f(x); & x \in \mathbb{R} \setminus \{-1\} \\ \lim_{x \to -1} f(x); & x = -1 \end{cases}$$
  die **stetige Fortsetzung** von f oder auch **Ergänzungsfunktion** von f. ▶ Abschnitte 2.5 und 5.2

Wenn eine Funktion f an **jeder** Stelle ihres Definitionsbereiches stetig ist, so sagt man: ***f* ist stetig**.

Hiernach sind also alle ganzrationalen Funktionen und alle gebrochen-rationalen Funktionen stetig. ▶ Abschnitt 5.2; Abschnitt 5.2, Übungsaufgabe 5

Merke:

- Eine Funktion f heißt in einem **offenen Intervall** $(a; b) \subset D(f)$ **stetig**, wenn sie an jeder Stelle $x_0 \in (a; b)$ stetig ist.
- Eine Funktion f heißt in einem **abgeschlossenen Intervall** $[a; b] \subset D(f)$ **stetig**, wenn sie im offenen Intervall $(a; b)$ stetig ist und wenn am linken Rand a und am rechten Rand b gilt:
  $\text{r-}\lim_{x \to a} f(x) = f(a)$ und $\text{l-}\lim_{x \to b} f(x) = f(b)$.
- Eine Funktion heißt **stetig**, wenn sie an jeder Stelle ihres Definitionsbereiches stetig ist.
- Der Graph einer stetigen Funktion ohne Definitionslücken ist **„durchzeichenbar"**.

Anmerkung:

Mit dem Begriff der Stetigkeit verbindet man im täglichen Leben die Vorstellung einer stetigen, d. h. einer nicht sprunghaften Veränderung. Demgemäß verbindet man mit dem Begriff „Stetigkeit einer Funktion in einem Intervall" die Vorstellung, dass sich dort der Graph an keiner Stelle sprunghaft ändert und man ihn sich deshalb sozusagen „ohne den Zeichenstift abzusetzen" gezeichnet denken kann. Allerdings wird diese Vorstellung dem Begriff der Stetigkeit nicht voll gerecht, da es stetige Funktionen gibt, deren Graphen man „praktisch" nicht zeichnen kann.

Stetige Funktionen spielen in den Anwendungen der Mathematik eine wichtige Rolle. Aus der Gültigkeit der Grenzwertsätze lässt sich unmittelbar folgern, dass die Summe, die Differenz, das Produkt und mit Einschränkungen auch der Quotient von zwei an derselben Stelle stetigen Funktionen an dieser Stelle auch stetig sind. ▶ Übungsaufgabe 8

Es gibt aber auch weitreichende Folgerungen für stetige Funktionen in einem abgeschlossenen Intervall, die anschaulich unmittelbar einleuchten, zu deren Nachweis es aber mathematischer Mittel bedarf, die in diesem Buch nicht zur Verfügung stehen. Eine dieser Folgerungen ist der **Nullstellensatz von *BOLZANO***[1] Er sagt aus, dass eine in einem abgeschlossenen Intervall $[a; b]$ stetige Funktion f immer dann mindestens eine Nullstelle hat, wenn die Funktionswerte $f(a)$ und $f(b)$ verschiedene Vorzeichen haben.

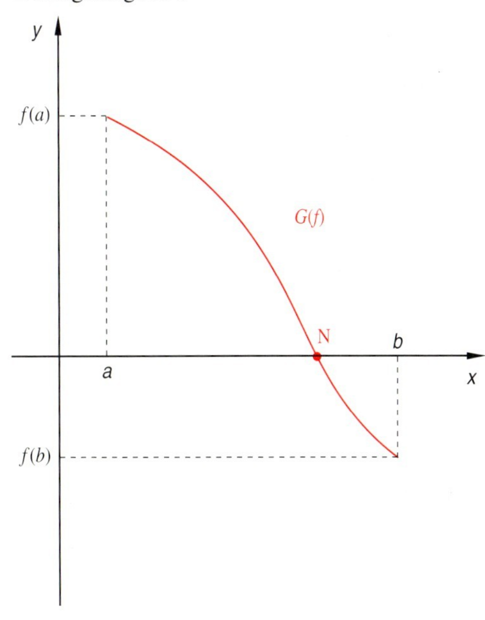

Merke:

Ist die Funktion f im Intervall $[a; b]$ stetig und gilt entweder $f(a)>0$ und $f(b)<0$ oder $f(a)<0$ und $f(b)>0$, dann hat f in $[a; b]$ mindestens eine Nullstelle **(Nullstellensatz)**.

Aus dem Nullstellensatz von *BOLZANO* läßt sich eine allgemeine Aussage über die „Lückenlosigkeit" stetiger Funktionen ableiten, und zwar der sog. **Zwischenwertsatz**

Merke:

Ist die Funktion f im Intervall $[a; b]$ stetig und gilt $f(a)<f(b)$ $[f(a)>f(b)]$, dann gibt es zu jeder Zahl $c \in \mathbb{R}$ mit $f(a)<c<f(b)$ $[f(a)>c>f(b)]$ mindestens eine Stelle x_0 mit $f(x_0)=c$ **(Zwischenwertsatz)**.

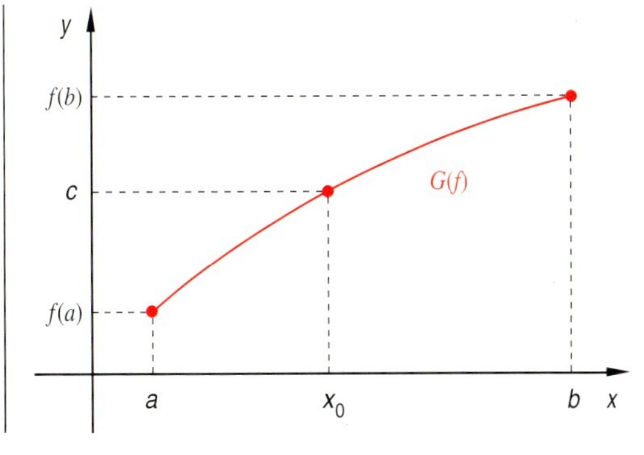

[1] Bernhard Bolzano (1781 – 1848), Philosoph und Mathematiker

Beispiel 5.21

Zeigen Sie, wie aus dem Nullstellensatz von *BOLZANO* der Zwischenwertsatz folgt.

Aus dem Schaubild kann man entnehmen, dass h: $h(x)=f(x)-c$; $x \in D(f)$ gilt, denn der Graph $G(h)$ ist gegenüber dem Graphen $G(f)$ um den Wert c in Richtung der negativen y-Achse verschoben.

Da die Funktion f im Intervall $[a; b]$ stetig ist, gilt dies auch für die Funktion h.

Auf die Funktion h läßt sich der Nullstellensatz von Bolzano anwenden.

Es gibt somit eine Stelle $x_0 \in [a; b]$, für die $h(x_0)=0$ gilt. Daraus folgt dann $f(x_0)=c$.

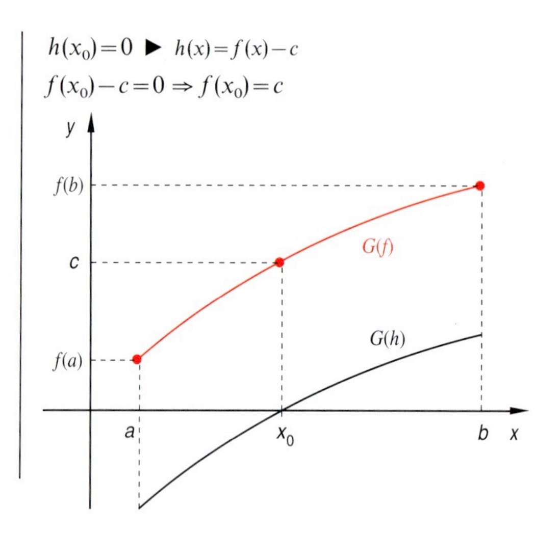

Übungen zu 5.3

1. Zeigen Sie, dass die Betragsfunktion f: $f(x)=|x|$; $D(f)=\mathbb{R}$ stetig ist.

2. Gegeben ist die Funktion f: $f(x)=\begin{cases} 1 & \text{für } 0 \leq x \leq 2 \\ 2 & \text{für } 2 < x < 3 \end{cases}$
   Zeichnen Sie $G(f)$ und untersuchen Sie f auf Steigkeit an der Stelle 2.

3. Gegeben ist die Funktion f: $f(x)=|x^2-9|$; $D(f)=\mathbb{R}$.
   a) Zeichnen Sie den Graphen der Funktion f im Intervall $[-4; 4]$.
   b) Untersuchen Sie die Funktion auf Stetigkeit an den Stellen -3 und 3.

4. Gegeben ist die Funktion f: $f(x)=\begin{cases} x & \text{für } x \neq 1 \\ 2 & \text{für } x=1 \end{cases}$
   a) Zeichnen Sie den Graphen der Funktion f im Intervall $[0; 4]$.
   b) Untersuchen Sie die Funktion auf Stetigkeit an der Stelle 1.

5. Zeichnen Sie den Graphen der Funktion f: $f(x)=|x-1|-1$; $D(f)=\mathbb{R}$ und zeigen Sie, dass f an der Stelle 1 stetig ist.

6. Gegeben sind die Funktionen f_1: $f_1(x)=[x]$; f_2: $f_2(x)=x+[x]$ und f_3: $f_3(x)=2+[x]$; $D(f_1)=D(f_2)=D(f_3)=[-1; 2)$.

   Anmerkung:
   $[x]$ bezeichnet die größte **ganze** Zahl für x, die kleiner oder gleich der Zahl für x ist.
   a) Zeichnen Sie die Graphen der Funktionen f_1, f_2 und f_3 im Intervall $[-1; 2]$.
   b) Untersuchen Sie die Funktionen auf Stetigkeit an den Stellen -1, 0 und 1.
   c) Welche Stetigkeitsaussagen können Sie für die Funktionen in den offenen Intervallen $(-1; 0)$; $(0; 1)$ und $(1; 2)$ machen?

7. Gegeben sind die Funktionen

$f_1\colon f_1(x)=\frac{2x^2-4x}{x-2}$; $f_2\colon f_2(x)=\frac{x^2+x-2}{(x-1)\cdot(x-2)}$ und $f_3\colon f_3(x)=\frac{x^3+3x^2-x-3}{x^2-1}$

a) Geben Sie jeweils den größtmöglichen Definitionsbereich an.
b) Zeichnen Sie die Graphen der einzelnen Funktionen.
c) Setzen Sie die Funktionen an den behebbaren Lücken stetig fort.

8. Zeigen Sie am Beispiel der Funktionen $f_1\colon f_1(x)=x^2$; $D(f_1)=\mathbb{R}$ und $f_2\colon f_2(x)=\frac{1}{x}$; $D(f_2)=\mathbb{R}^*$ mit Hilfe der Grenzwertsätze über Stellenwertfolgen: Sind zwei Funktionen f_1 und f_2 stetig an einer Stelle ihres **gemeinsamen** Definitionsbereiches, so sind es auch die Funktionen

a) $f\colon f(x)=f_1(x)+f_2(x)$, **b)** $f\colon f(x)=f_1(x)-f_2(x)$,

c) $f\colon f(x)=f_1(x)\cdot f_2(x)$, **d)** $f\colon f(x)=\frac{f_1(x)}{f_2(x)}$, falls $f_2(x)\neq 0$.

9. Begründen Sie, dass die Funktionen f aus Übungsaufgabe 8a)–8d) in $\mathbb{R}^*$ stetig sind.

10. Warum ist **jede** Folge $f\colon n\mapsto f(n)$; $D(f)=\mathbb{N}^*$ an jeder Stelle ihres Definitionsbereiches **nicht** stetig?
Hinweis: Denken Sie daran, dass es für den Grenzwert einer Funktion an einer Stelle wichtig ist, dass die Funktion in einer punktierten Umgebung dieser Stelle definiert sein muss.

11. Man spricht von einer „**Unstetigkeitsstelle**" einer Funktion f, wenn die Funktion f zwar an einer Stelle x_0 ihres Definitionsbereiches definiert ist, aber dort nicht mit ihrem Grenzwert (endlich oder unendlich) übereinstimmt. Begründen Sie, warum man die Funktion $f\colon f(x)=\frac{1}{x}$; $D(f)=\mathbb{R}^*$ an der Stelle $x_0=0$ weder stetig noch unstetig nennen kann.

6 Die Ableitung einer Funktion

Die Differentialrechnung ermöglicht es, auf der Grundlage des Grenzwertbegriffes Eigenschaften von Funktionen zu untersuchen. So ist es beispielsweise nicht nur interessant, welchen Funktionswert eine Funktion an einer Stelle hat, sondern auch, **wie** sich die Funktionswerte ändern, wenn sich die Argumente ändern.

Man möchte z.B. nicht nur wissen, welchen Widerstand R ein Heißleiter bei einer bestimmten Temperatur ϑ hat, sondern auch, wie sich der Widerstand bei einer Temperaturänderung verhält, damit man das Anzeigegerät entsprechend einstellen kann.

Bei einer Bewegung ist nicht nur der nach der Zeit t zurückgelegte Weg s von Interesse, sondern vielmehr auch die Geschwindigkeit v der Bewegung; ob also eine große oder eine kleine Wegstrecke in einem bestimmten Zeitintervall zurückgelegt wird.

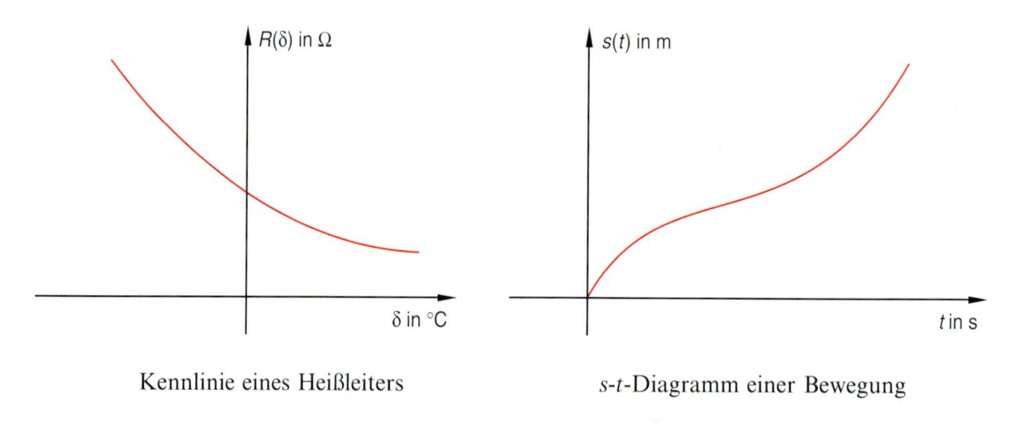

Kennlinie eines Heißleiters

s-t-Diagramm einer Bewegung

Da diesen Beispielen i.Allg. keine linearen Funktionen zugrunde liegen, stellt sich allgemein die Frage, ob sich auch für nicht lineare Funktionen an Stellen ihres Definitionsbereichs „Steigungsmaßzahlen" angeben lassen, also Maße, die darüber Auskunft geben, wie stark oder schwach der Graph einer solchen Funktion an diesen Stellen steigt oder fällt.

6.1 Steigung einer Funktion an einer Stelle

Beispiel 6.1

Der bei einer Bewegung eines Körpers zurückgelegte Weg lasse sich in dem Zeitintervall [0; 6] (Zeiteinheit: Minuten) durch die Funktion s mit $s(t)=t^3-6t^2+15t+32$ beschreiben. Dabei steht t für die Zeit, die seit Beginn der Bewegung verstrichen ist und $s(t)$ für den in der Zeit t zurückgelegten Weg. Wir messen die Zeit in Minuten, den zurückgelegten Weg in Metern.

Das nebenstehende Bild zeigt den Graphen der Funktion s. Wir können daran den nach einer Zeit t zurückgelegten Weg $s(t)$ näherungsweise ablesen. Genauere Werte erhält man mit Hilfe des Funktionsterms.

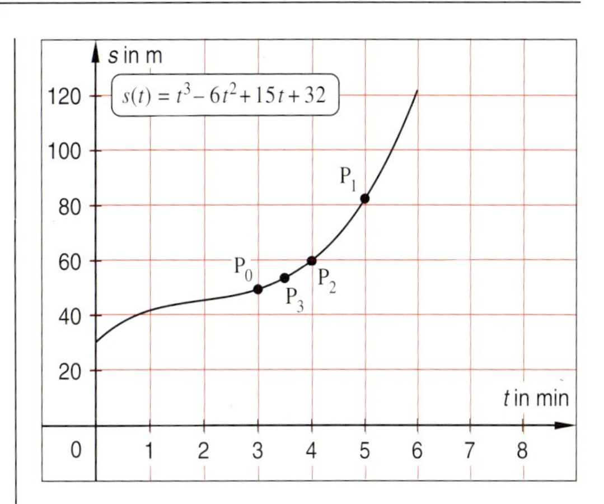

Für $t=3$ ergibt sich $s(3)=50$; nach 3 min beträgt der zurückgelegte Weg also 50 m.

Wir wollen untersuchen, **wie** sich der Bewegungsablauf in darauf folgenden Zeitabschnitten gestaltet.

In den nächsten 2 min wird ein Weg von 32 m zurückgelegt; das entspricht einem durchschnittlichen Wegzuwachs von 16 m pro Minute.

$$\frac{s(5)-s(3)}{2}=\frac{82-50}{2}=\underline{\underline{16}}$$

▶ $P_0\langle 3|50\rangle$; $P_1\langle 5|82\rangle$;

Betrachtet man lediglich die nächste Minute, so beträgt der Wegzuwachs nur 10 m.

$$\frac{s(4)-s(3)}{2}=\frac{60-50}{1}=\underline{\underline{10}}$$

▶ $P_0\langle 3|50\rangle$; $P_2\langle 4|60\rangle$;

Bei einer Zeitspanne von nur 0,5 min – also von 3 min auf 3,5 min – beträgt der Wegzuwachs pro Minute nur 7,75 m.

$$\frac{s(3{,}5)-s(3)}{2}=\frac{53{,}875-50}{0{,}5}=\underline{\underline{7{,}75}}$$

▶ $P_0\langle 3|50\rangle$; $P_3\langle 3{,}5|53{,}875\rangle$;

Der durchschnittliche Wegzuwachs **über den bisher zurückgelegten Weg hinaus** lässt sich aus dem Weg-Zeit-Diagramm mittels der Sekanten durch die Punkte P_0 und P_1, P_0 und P_2 bzw. P_0 und P_3 veranschaulichen und durch deren Steigungsmaß ausdrücken.

Die Steigung der Sekanten – also beispielsweise der Geraden durch die Punkte P_0 und P_1 – ist der Quotient aus der Wegdifferenz $s(5)-s(3)$ und der Zeitdifferenz $5-3$; er wird **Differenzquotient** zur Stelle 3 genannt und mit $D_{s(3)}(3;5)$ bezeichnet. Physikalisch bedeutet er die **Durchschnittsgeschwindigkeit** im Zeitintervall [3; 5].

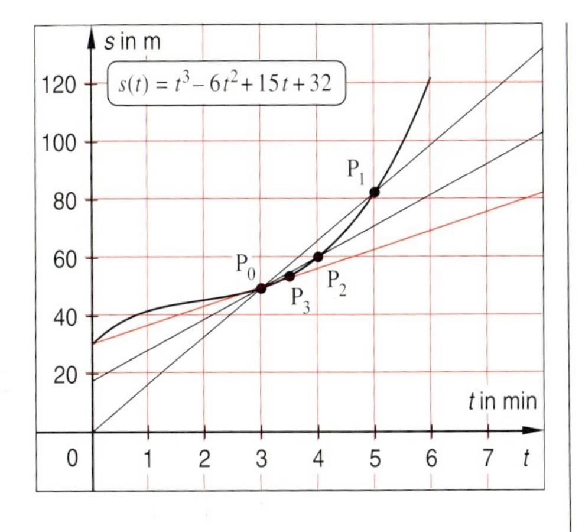

Differenzenquotienten

$$D_{s(3)}(3;5)=\frac{s(5)-s(3)}{5-3}=\frac{82-50}{2}=\underline{\underline{16}}$$

$$D_{s(3)}(3;4)=\frac{s(4)-s(3)}{4-3}=\frac{60-50}{1}=\underline{\underline{10}}$$

$$D_{s(3)}(3;3{,}5)=\frac{s(3{,}5)-s(3)}{3{,}5-3}=\frac{53{,}875-50}{0{,}5}=\underline{\underline{7{,}75}}$$

$$D_{s(3)}(3;3{,}1)=\frac{s(3{,}1)-s(3)}{3{,}1-3}=\frac{50{,}631-50}{0{,}1}=\underline{\underline{6{,}31}}$$

$$D_{s(3)}(3;3{,}01)=\frac{s(3{,}01)-s(3)}{3{,}01-3}=\frac{50{,}060301-50}{0{,}01}$$
$$=\underline{\underline{6{,}0301}}$$

Die Berechnungen der einzelnen Differenzenquotienten zeigen, dass bei dieser Wegfunktion die durchschnittliche Wegzunahme pro Minute über 3 Minuten hinaus je nach Zeitzuwachs unterschiedlich sind.

Zur genauen Ermittlung der Geschwindigkeit wird die Funktion

$$s\colon s(t)=t^3-6t^2+15t+32,\ D(s)=[0;6]$$

in kleinen rechtsseitigen Umgebungen der Stelle 3 betrachtet.

Bezeichnet man die Zeitzuwächse allgemein mit h $(h>0)$, so ergeben sich die Differenzenquotienten $D_{s(3)}(3;3+h)$ für jedes $h\in\mathbb{R}^{>0}$ mit $(3+h)\in D(s)$ die Durchschnittsgeschwindigkeit über die Zeit von 3 min hinaus an. Für jedes $h\in\mathbb{R}^{>0}$ stellt $P_h\langle 3+h\,|\,s(3+h)\rangle$ einen Punkt auf dem Graphen von s dar, der rechts vom Punkt P_0 liegt.

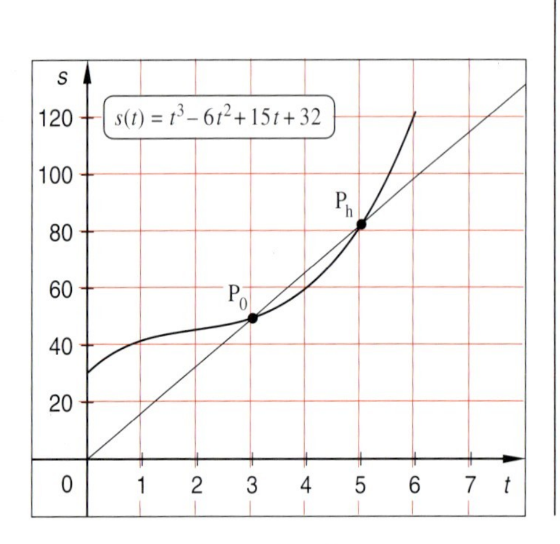

$$D_{s(3)}(3;3+h)=\frac{s(3+h)-s(3)}{(3+h)-h} \quad \blacktriangleright\ h>0$$

$$=\frac{[(3+h)^3-6(3+h)^2+15(3+h)+32]-50}{h}$$

$$=\frac{27+27h+9h^2-54-36h-6h^2+45+15h-50}{h}$$

$$=\frac{6h+3h^2+h^3}{h}$$

$$=\frac{h(6+3h+h^2)}{h}$$

$$=\underline{\underline{6+3h+h^2}}$$

Man erkennt, dass für $h\in\mathbb{R}^{>0}$ die Zuordnung $h\mapsto D_{s(3)}(3;3+h)$ funktional ist und nennt daher die Funktion $d_{s(3)}$: $d_{s(3)}(h)=6+3h+h^2$, $D(d_{s(3)}=\mathbb{R}^{>0}$ die **Differenzenquotientenfunktion der Funktion *s* zur Stelle 3**.

Setzt man in $d_{s(3)}(h)$ nun nacheinander für h die Zahlen 2; 1; 0,5; 0,1 und 0,01 ein, so entsprechen die jeweiligen Funktionswerte den bereits berechneten Differenzquotienten für $D_{s(3)}(3;3+h)$.

$$d_{s(3)}(2)=D_{s(3)}(3;5)=6+6+4=\underline{\underline{16}}$$

$$d_{s(3)}(1)=D_{s(3)}(3;4)=6+3+1=\underline{\underline{10}}$$

$$d_{s(3)}(0{,}5)=D_{s(3)}(3;3{,}5)=6+1{,}5+0{,}25=\underline{\underline{7{,}75}}$$

$$d_{s(3)}(0{,}1)=D_{s(3)}(3;3{,}1)=6+0{,}3+0{,}01=\underline{\underline{6{,}31}}$$

$$d_{s(3)}(0{,}01)=D_{s(3)}(3;3{,}01)=\underline{\underline{6{,}0301}}$$

Bei noch geringeren Zeitdifferenzen h, etwa $h=0{,}000001$, tendieren die Funktionswerte $d_{s(3)}(h)$ gegen den Wert 6.

$$d_{s(3)}(0{,}000001)=D_{s(3)}(3;3{,}000001)$$
$$=\underline{\underline{6{,}000003000001}}$$

Geometrisch bedeutet der Übergang $h\to 0$ mit $h>0$, dass sich die Sekanten durch die Punkte P_0 und $P_h\langle 3+h\,|\,s(3+h)\rangle$ immer mehr der Grenzlage der Tangente durch den Punkt P_0 an den Graphen von s annähern. Physikalisch ergibt sich bei dem Grenzübergang die **Momentangeschwindigkeit** des Körpers zum Zeitpunkt $t=3$ min.

Um die Momentangeschwindigkeit **exakt** zu berechnen, muss h mit $h>0$ immer kleiner und damit der rechtsseitige **Grenzwert der Differenzenquotientenfunktion** $d_{s(3)}$ an der Stelle 0, d.h. für $h \to 0$, gebildet werden.

$$d_{s(3)}(h) = 6 + 3h + h^2 \quad \blacktriangleright\ h>0$$

$$\underset{h\to 0}{\text{r-lim}}\, d_{s(3)}(h) = \underset{h\to 0}{\text{r-lim}}\,(6+3h+h^2)$$
$$= \underset{h\to 0}{\text{r-lim}}\, 6 + \underset{h\to 0}{\text{r-lim}}\, 3h + \underset{h\to 0}{\text{r-lim}}\, h^2$$
$$= 6+0+0 = \underline{\underline{6}}$$

Dieselben Betrachtungen kann man auch für Zeitpunkte vor $t = 3$ min durchführen und den linksseitigen Grenzwert berechnen. Dafür wird in $d_{s(3)}(h)$ die Variable h durch $-h$ ersetzt.

$$d_{s(3)}(-h) = 6 - 3h + h^2 \quad \blacktriangleright\ h>0$$

$$\underset{h\to 0}{\text{l-lim}}\, d_{s(3)}(h) = \underset{h\to 0}{\text{l-lim}}\,(6-3h+h^2)$$
$$= \underset{h\to 0}{\text{l-lim}}\, 6 - \underset{h\to 0}{\text{l-lim}}\, 3h + \underset{h\to 0}{\text{l-lim}}\, h^2$$
$$= 6-0+0 = \underline{\underline{6}}$$

Es zeigt sich, dass der linksseitige Grenzwert $\underset{h\to 0}{\text{l-lim}}\, d_{s(3)}(-h)$ für $h>0$ ebenfalls existiert und mit dem rechtsseitigen Grenzwert übereinstimmt.

$$\Rightarrow \underset{h\to 0}{\text{l-lim}}\, d_{s(3)}(h) = \underset{h\to 0}{\text{r-lim}}\, d_{s(3)}(h)$$

Damit existiert insgesamt der Grenzwert der Funktion $d_{s(3)}$ an der Stelle 0.

$$\lim_{h\to 0} d_{s(3)}(h) = 6 \text{ für } h \in \mathbb{R}^*.$$

Dieser Grenzwert ist die **Momentangeschwindigkeit** des Körpers zum Zeitpunkt $t = 3$ min.

Die Momentangeschwindigkeiten können zu jeder beliebigen Stelle $t_0 \in D(s)$ – und somit für jeden beliebigen Zeitpunkt – bestimmt werden.[1)]

Zu diesem Zweck wird zunächst die Differenzenquotientenfunktion

$$d\colon\ d(h) = \frac{s(t_0+h) - s(t_0)}{h}, \quad h \in \mathbb{R}^*$$

mit $t_0 + h \in D(s)$ zu einer beliebigen Stelle $t_0 \in \mathbb{R}^*$ gebildet.

$$d(h) = \frac{s(t_0+h)-s(t_0)}{h} \quad \blacktriangleright\ h \in \mathbb{R}^*$$

$$= \frac{(t_0+h)^3 - 6(t_0+h)^2 + 15(t_0+h) + 32 - [t_0^3 - 6t_0^2 + 15t_0 + 32]}{h}$$

$$= \frac{3t_0^2 h + 3t_0 h^2 + h^3 - 12t_0 h - 6h^2 + 15h}{h}$$

$$= \frac{h(3t_0^2 + 3t_0 h + h^2 - 12t_0 - 6h + 15h)}{h}$$

$$= \underline{\underline{3t_0^2 + 3t_0 h + h^2 - 12t_0 - 6h + 15}} \quad \blacktriangleright\ h \neq 0$$

Die Differenzenquotientenfunktion ist eine gebrochen-rationale Funktion in der Variablen h, die an der Stelle 0 für h nicht definiert ist, dort aber einen endlichen **Grenzwert** hat.

Damit:

$$\lim_{h\to 0} d(h) = \lim_{h\to 0}(3t_0^2 + 3t_0 h + h^2 - 12t_0 - 6h + 15)$$

Dieser Grenzwert ist die **Geschwindigkeit** zum Zeitpunkt t_0.

$$= \underline{\underline{3t_0^2 - 12t_0 + 15}} \quad \blacktriangleright \text{ gilt für jedes } t_0 \in D(s)$$

[1)] Zur Vereinfachung der Schreibweise lassen wir im Folgenden den Index $s(t_0)$ weg, schreiben also anstelle $d_{s(t_0)}(h)$ einfach nur $d(h)$.

Anschaulich bildet die Tangente an den Graphen von s im Punkt $P_0\langle t_0|s(t_0)\rangle$ die Grenzlage der Sekanten, rechnerisch ist die Steigung der Tangente gleich dem Grenzwert des Differenzenquotienten d an der Stelle 0.

Für die Steigung der Tangente im Punkt $P_0\langle t_0|s(t_0)\rangle$ gilt somit $3t_0^2-12t_0+15$.

Durch Setzen von 3 für t_0 ergibt sich auch hier im Punkt $P_0\langle 3|s(3)\rangle$ die Steigung 6.

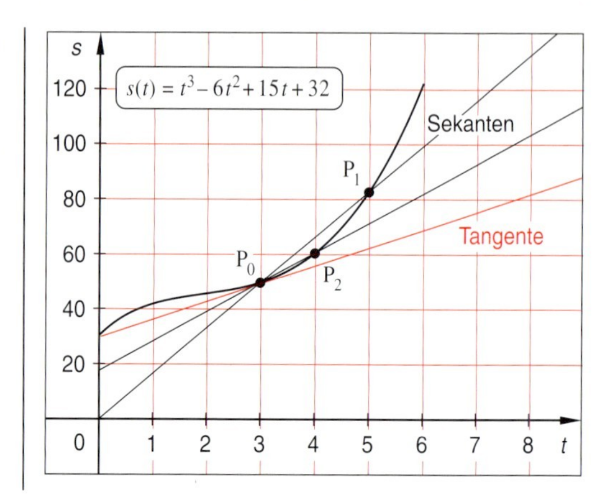

Merke:

Fasst man den Differenzenquotienten $\frac{f(x_0+h)-f(x_0)}{h}$ einer Funktion f als Funktionsterm $d(h)$ mit der Variablen h auf, so erhält man die **Differenzenquotientenfunktion** d der Funktion f zur Stelle $x_0 \in D(f)$ in Abhängigkeit von h.

$$d\colon\ d(h)=\frac{f(x_0+h)-f(x_0)}{h},\quad h\in\mathbb{R}^* \text{ mit } x_0+h\in D(f)$$

Existiert der endliche Grenzwert $\lim\limits_{h\to 0} d(h)=\lim\limits_{h\to 0}\frac{f(x_0+h)-f(x_0)}{h}$, so ist dieser gleich dem Anstieg der Tangente an den Graphen von f im Punkt $P_0\langle x_0|f(x_0)\rangle$.

Bemerkung: Es ist auch üblich den Differenzenquotienten einer Funktion mit $\frac{\Delta y}{\Delta x}$ zu bezeichnen. Dabei gilt: $\Delta x=h$ und $\Delta y=f(x_0+\Delta x)-f(x_0)$.

Bei dieser Bezeichnungsweise fehlt allerdings die Angabe der Stelle x_0, auf die sich dieser Quotient bezieht. Den Grenzwert des Differenzenquotienten – also der Differenzenquotientenfunktion – bezeichnet man in diesem Zusammenhang als **Differentialquotienten** und schreibt:

$$\frac{dy}{dx}=\lim_{\Delta x\to 0}\frac{\Delta y}{\Delta x};\ \text{oder besser: } \left(\frac{dy}{dx}\right)_{x=x_0}=\lim_{\Delta x\to 0}\frac{\Delta y}{\Delta x}.$$

Übungen zu 6.1

1. Der Zusammenhang zwischen dem Weg s und der Zeit t einer geradlinigen, gleichmäßig beschleunigten Bewegung wird beschrieben durch die Funktion $s\colon s(t)=2{,}5t^2$; $D(s)=[0;\,5]$.
Ermitteln Sie die Momentangeschwindigkeiten nach 0,5 s; 2 s; 2,5 s und 4 s.

2. Bei einer geradlinigen Bewegung wird der Zusammenhang zwischen dem zurückgelegten Weg s und der Zeit t durch die Funktion $s\colon s(t)=20t$, $D(s)=[0;\,15]$ beschrieben.
a) Wie groß ist die Momentangeschwindigkeit nach 3 s und nach 10 s?
b) Um welche Art von Bewegung handelt es sich?

3. a) Bestimmen Sie die Momentangeschwindigkeit eines Körpers im sog. „freien Fall“, dessen Bewegung durch die Weg-Zeit-Funktion $s\colon s(t)=0{,}5\,gt^2$ mit $g\approx 10\left(\text{bezogen auf } \frac{\text{m}}{\text{s}^2}\right)$ beschrieben werden kann, nach 2, 5, 10, 20 Sekunden.
b) Mit welcher Geschwindigkeit schlägt hiernach ein Körper auf, der aus einer Höhe von 5 m, 20 m, 45 m, 80 m, 125 m zur Erde fällt?

4. Die nebenstehende Tabelle gibt Auskunft über die Durchschnittsgrößen und -gewichte von Mädchen und Jungen (Stand 1996).

Berechnen Sie die mittleren Änderungsraten für die Durchschnittsgröße und das Durchschnittsgewicht zwischen den angegebenen Zeitpunkten und für den angegebenen Zeitraum insgesamt.

Mädchen			Jungen	
cm	**kg**	**Jahre**	**cm**	**kg**
50,0	3,3	0	51,0	3,5
75,6	10,0	1	77,0	10,5
87,8	12,8	2	88,9	13,3
96,5	14,9	3	97,9	15,6
104,2	16,9	4	105,0	17,6
110,9	18,9	5	111,4	19,4
117,3	20,8	6	117,8	21,2
123,3	23,2	7	123,8	23,6
129,0	25,8	8	129,6	26,2
134,2	28,5	9	134,8	28,8
139,1	31,3	10	139,8	31,4
144,1	34,8	11	144,6	34,5
151,0	39,7	12	149,6	37,9
157,2	45,0	13	155,1	42,2
161,2	49,8	14	161,3	47,8
163,9	53,4	15	168,6	54,6
165,4	55,8	16	173,1	59,7
166,0	57,2	17	176,1	63,5
166,3	58,2	18	177,6	66,2

5. Der Stadt-Express (SE 1) fährt auf der Strecke Köln–Dortmund nach nebenstehendem Fahrplan (Stand 1996).
Berechnen Sie die Durchschnittsgeschwindigkeit des Zuges zwischen den angegebenen Städten und die Durchschnittsgeschwindigkeit insgesamt.

Bahnhof	Ankunft	Abfahrt	km
Köln	–	15.16	1
K-Deutz	15.18	15.19	5
K-Mülheim	15.23	15.24	9
Leverkusen	15.30	15.31	17
D-Benrath	15.40	15.41	10
Düsseldorf	15.47	15.50	24
Duisburg	16.03	16.05	10
Mülheim	16.10	16.11	10
Essen	16.17	16.19	10
Wattenscheid	16.25	16.25	6
Bochum	16.29	16.31	19
Dortmund	16.43	–	–

6. Berechnen Sie jeweils die Steigungen der Tangenten an die Graphen der einzelnen Funktionen für die Stellen $-1{,}4$; -1; 0; $0{,}5$ und 3 und geben Sie die jeweils zugehörige Tangentenfunktion an.

a) $f\colon f(x)=5x^2-2x+3;\ D(f)=\mathbb{R}$
b) $f\colon f(x)=3x^3-3x^2-12x+12;\ D(f)=\mathbb{R}$
c) $f\colon f(x)=-2x^3+5x;\ D(f)=\mathbb{R}$
d) $f\colon f(x)=x^4-5x^2+10x;\ D(f)=\mathbb{R}$

7. Bearbeiten Sie bei den gegebenen Weg-Zeit-Funktionen folgende Aufgaben:
a) Bestimmen Sie die mittlere Geschwindigkeit im Zeitintervall $[t_1; t_2]$.
b) Bestimmen Sie die Momentangeschwindigkeit in t_1 und t_2.
c) Ermitteln Sie denjenigen Zeitpunkt t in dem Zeitintervall $[t_1; t_2]$, in dem die Momentangeschwindigkeit gleich der in Unteraufgabe a berechneten mittleren Geschwindigkeit ist.

1) $s(t)=\frac{3}{5}t+24;\quad t_1=2;\quad t_2=6$

2) $s(t)=\frac{t^2}{4};\quad t_1=2;\quad t_2=6$

3) $s(t)=\frac{t^2}{4};\quad t_1=1;\quad t_2=5$

4) $s(t)=t^2+0{,}5t;\quad t_1=0;\quad t_2=3$

8. Beim freien Fall ohne Luftwiderstand gilt $s(t)=\frac{g}{2}t^2$. $\left(g=9{,}81\ \frac{\text{m}}{s^2}\right)$
a) Welcher Weg wird nach 1 s, 2 s, 3 s, 4 s, 5 s Fall zurückgelegt?
b) Wie groß ist die mittlere Fallgeschwindigkeit in den Zeitintervallen [1; 2], [2; 3], …, [5; 6]?
c) Wie groß ist die Momentangeschwindigkeit bei 1 s, 2 s, 3 s, 4 s, 5 s Fallzeit?

6.2 Ableitungsfunktion und Differenzierbarkeit von Funktionen

Die in Abschnitt 6.1 (Beispiel 6.1) gewonnenen Erkenntnisse lassen sich folgendermaßen zusammenfassen.

Für jedes $t_0 \in (0; 6)$ existiert der **endliche** Grenzwert der Differenzenquotientenfunktion $d_{s(t_0)}$ zur Wegfunktion

s: $s(t) = t^3 - 6t^2 + 15t + 32$, $D(s) = [0; 6]$.

Er wird mit $s'(t_0)$ bezeichnet.

$s'(t_0)$ heißt **Ableitung** der Funktion s an der Stelle t_0, und man nennt die Funktion s an der Stelle t_0 **differenzierbar**.

Es gilt also für jedes $t_0 \in (0; 6)$:

$\lim\limits_{h \to 0} d_{s(t_0)} = s'(t_0) = 3t_0^2 - 12t_0 + 15.$

$s'(t_0)$ ► Ableitung von s an der Stelle t_0

$\Rightarrow s$ ist an der Stelle t_0 differenzierbar.

Existiert allgemein für eine Funktion f an einer Stelle $x_0 \in D(f)$ der Grenzwert $\lim\limits_{h \to 0} d_{f(x_0)}(h) = f'(x_0)$; $h \in \mathbb{R}^*$, so heißt $f'(x_0)$ die **Ableitung** von f an der Stelle x_0 und die Funktion f an der Stelle x_0 **differenzierbar**. Ist D eine Teilmenge von $D(f)$ und existiert dort für jedes $x_0 \in D$ die Ableitung $f'(x_0)$, so heißt f **in D differenzierbar**.

Anmerkungen:

- Die Differenzenquotientenfunktionen $d_{f(x_0)}$ sind an der Stelle 0 nicht definiert. Wenn $f'(x_0)$ existiert, so sind diese Funktionen durch $f'(x_0)$ an der Stelle 0 stetig ergänzbar.
- Wenn aus dem Textzusammenhang hervorgeht, **zu welcher Funktion** f und **an welcher Stelle** $x_0 \in D(f)$ man die Differenzenquotientenfunktion betrachtet, schreibt man statt $d_{f(x_0)}$ oft einfach nur d. Diese vereinfachte Schreibweise ist besonders dann von Vorteil, wenn bekannt ist, dass f an jeder Stelle ihres Definitionsbereiches differenzierbar ist.
- Das Bilden der Ableitung $f'(x_0)$ heißt **ableiten** oder **differenzieren**.
- Wenn $f'(x_0)$ existiert, d.h. der Anstieg der Tangente an $G(f)$ in $P_0\langle x_0 | f(x_0)\rangle$ bestimmt werden kann, so ist die Zahl für $f'(x_0)$ die **Steigung** des Graphen von f im Punkt $P_0\langle x_0 | f(x_0)\rangle$.

Mit Hilfe des gewonnenen Steigungsbegriffes kann man den bisher benutzten geometrischen Begriff einer Tangente, nach dem eine Tangente eine Gerade ist, die eine geometrische Figur in genau einem Punkt berührt, zu einem **analytischen Tangentenbegriff** erweitern. Danach versteht man unter der Tangente an einen Funktionsgraphen in einem Punkt $P_0\langle x_0 | f(x_0)\rangle$ eine Gerade, die durch P_0 verläuft und die Steigung $f'(x_0)$ hat. Diese Tangente passt sich in unmittelbarer Nähe der Stelle x_0 „optimal" dem Verlauf des Graphen der Funktion f an.

Allerdings kann in der analytischen Fassung des Tangentenbegriffs jetzt auch die Tangente den Funktionsgraphen in mehreren Punkten berühren oder ihn sogar schneiden. Im Unterschied zum geometrischen Tangentenbegriff gibt es beim analytischen Tangentenbegriff keine senkrechten Tangenten, da an solchen Stellen der Grenzwert der Differenzenquotientenfunktion nicht als endlicher Grenzwert existiert.

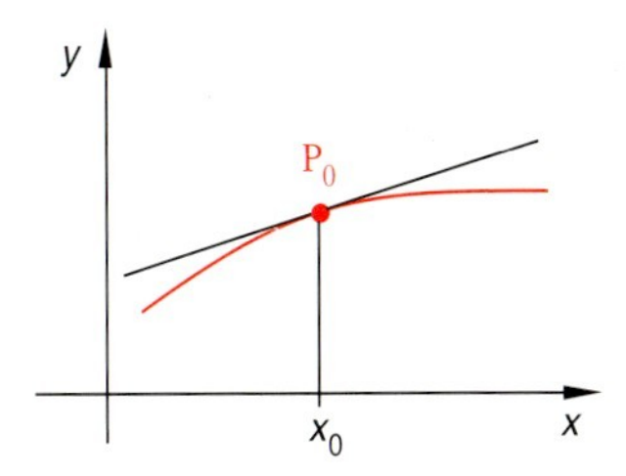

Tangente berührt den Graphen in genau einem Punkt.

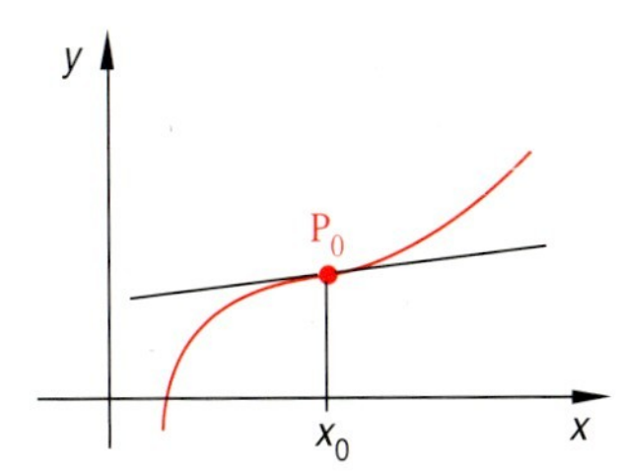

Tangente schneidet den Graphen in einem Punkt.

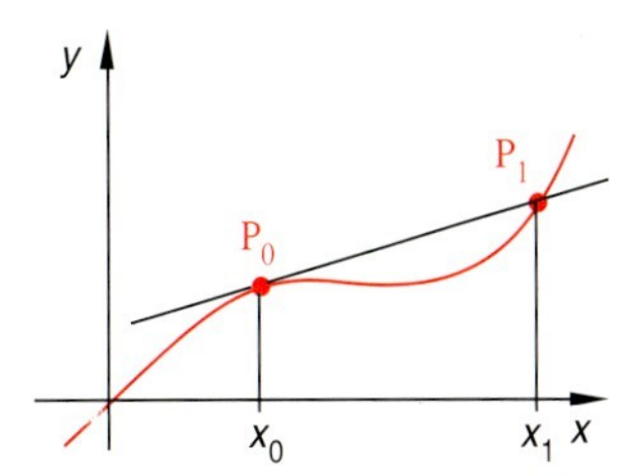

Tangente berührt den Graphen in P_0 und schneidet ihn in P_1.

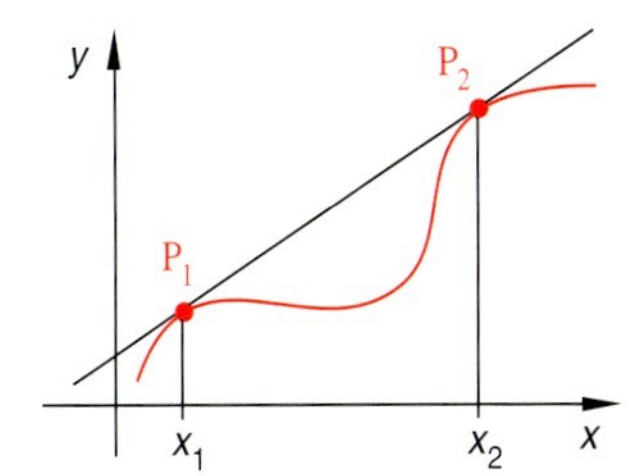

Tangente berührt den Graphen in mehreren Punkten.

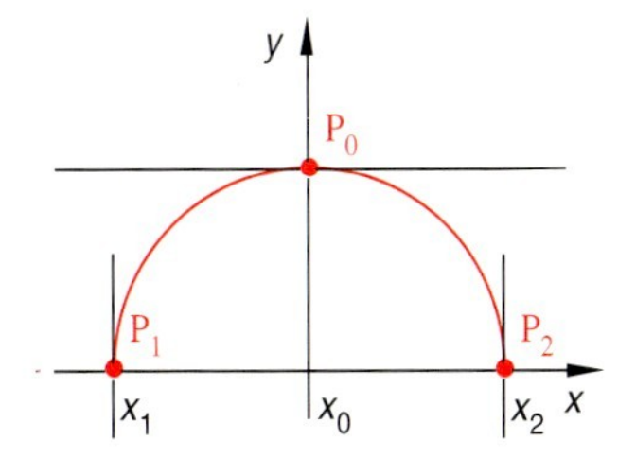

Waagerechte Tangente im Punkt P_0. Da $f'(x_1)$ und $f'(x_2)$ nicht definiert sind, gibt es keine senkrechten Tangenten in P_1 und P_2 im analytischen Sinne.

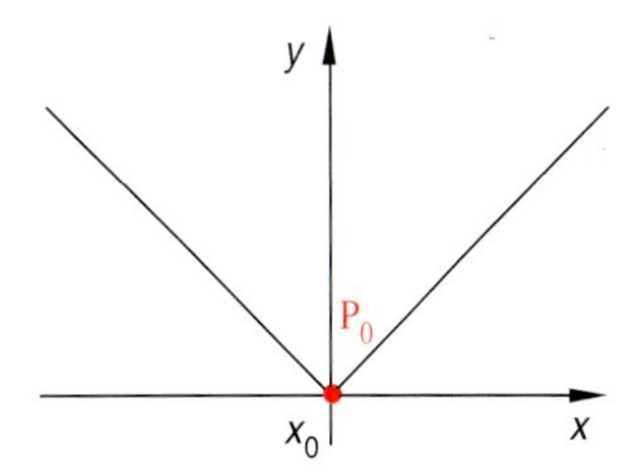

Da $f'(x_0)$ nicht existiert, gibt es in P_0 keine Tangente im analytischen Sinne.

In der Physik und Technik ist es oft wichtig, den Anstiegswinkel α einer Kurve in einem bestimmten Kurvenpunkt zu bestimmen. Unter diesem Winkel versteht man den Winkel zwischen der Tangente t in dem entsprechenden Kurvenpunkt und der Parallelen g zur Abszissenachse durch diesen Kurvenpunkt.

Der Anstieg m der Tangente t in dem Kurvenpunkt ist gleich der Ableitung der zugehörigen Funktion an der betreffenden Stelle, also

$$m = \frac{\Delta y}{\Delta x} = f'(x_0).$$

Andererseits ist das Verhältnis $\frac{\Delta y}{\Delta x}$ gleich dem Tangens des Winkels. Damit gilt für den Anstiegswinkel:

$$\tan \alpha = f'(x_0).$$

Ist also $f'(x_0)$ bekannt, so kann mit der $\tan^{-1}$-Taste eines Taschenrechners das Maß des Steigungswinkels ermittelt werden.

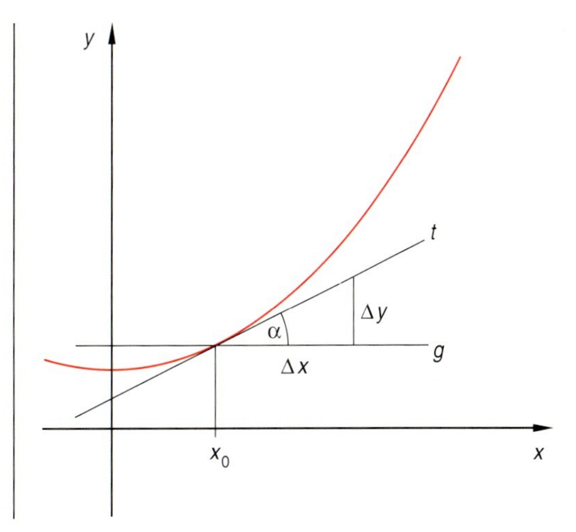

Existiert $f'(x_0)$, so kann man die **Gleichung der Tangente** an den Graphen der Funktion f im Punkt $P_0\langle x_0|f(x_0)\rangle$ bzw. die entsprechende **Tangentenfunktion** t angeben.

$$t(x)=m\cdot x+b \quad ▶ \ t(x_0)=f(x_0)$$
$$\Rightarrow \ f(x_0)=m\cdot x_0+b \quad ▶ \ m=f'(x_0)$$
$$\Rightarrow \ f(x_0)=f'(x_0)\cdot x_0+b$$
$$\Leftrightarrow \quad b=f(x_0)-f'(x_0)\cdot x_0$$
$$\Rightarrow t\colon t(x)=f'(x_0)\cdot x+f(x_0)-f'(x_0)\cdot x_0$$
$$=f'(x_0)\cdot(x-x_0)+f(x_0);\ x\in\mathbb{R}$$

▶ Tangentenfunktion

Merke:

- Eine Funktion f heißt **differenzierbar** an einer Stelle $x_0\in D(f)$, wenn der l-lim $d(-h)$ und der r-lim $d(h)$ für $h\to 0$ $(h\in\mathbb{R}^{>0})$ als **endliche** Werte existieren und gleich sind, also der endliche Grenzwert $\lim\limits_{h\to 0} d(h)=\lim\limits_{h\to 0}\frac{f(x_0+h)-f(x_0)}{h}$; $h\in\mathbb{R}^*$ existiert.
  Anschaulich bedeutet diese Existenz das Vorhandensein einer Tangente an den Graphen von f im Punkte $P_0\langle x_0|f(x_0)\rangle$.
- Dieser **Grenzwert** wird mit $f'(x_0)$ bezeichnet und gibt die **Steigung der Tangente** an $G(f)$ in $P_0\langle x_0|f(x_0)\rangle$ an. Es gilt also:
  $$f'(x_0)=\lim_{h\to 0}\frac{f(x_0+h)-f(x_0)}{h};\ h\in\mathbb{R}^*.$$
  $f'(x_0)$ heißt die **Ableitung** von f an der Stelle x_0 und ist die Steigung von $G(f)$ im Punkt $P_0\langle x_0|f(x_0)\rangle$.
- Die lineare Funktion t: $t(x)=f'(x_0)\cdot(x-x_0)+f(x_0)$; $x\in\mathbb{R}$ mit der Steigung $f'(x_0)$ heißt **Tangentenfunktion** von f im Punkt $P_0\langle x_0|f(x_0)\rangle$.
- Für den Steigungswinkel α im Punkt $P_0\langle x_0|f(x_0)\rangle$ gilt: $\tan\alpha=f'(x_0)$.

Folgerung:

- Die Funktion s: $s(t)=t^3-6t^2+15t+32$; $D(s)=[0;6]$ ist also für alle $t\in(0;6)$ differenzierbar. Da $s'(t)=3t^2-6t+15$ für alle $t\in(0;6)$ definiert und eindeutig ist, stellt s' wieder eine Funktion mit der Argumentvariablen t und dem Definitionsbereich $D(s')=(0;6)$ dar.
  s': $s'(t)=3t^2-6t+15$, $D(s')=(0;6)$ heißt **Ableitungsfunktion** der Funktion s.

Anmerkung:

Der Definitionsbereich der Funktion s ist $D(s)=[0;6]$, also das volle abgeschlossene Intervall von 0 bis einschließlich 6. Der Definitionsbereich der Funktion s' ist aber nur das offene Intervall $(0;6)$, weil sich an den Intervallgrenzen 0 und 6 nur einseitige Grenzwerte der jeweiligen Differenzenquotientenfunktionen bilden lassen.

Zur Bestimmung der Ableitung $f'(x_0)$ einer Funktion f an einer Stelle x_0 ihres Definitionsbereiches ist oft eine sehr mühsame Grenzwertberechnung von d an der Stelle 0 mit Hilfe der Grenzwertsätze notwendig. Mühsam können diese Grenzwertberechnungen vor allem deshalb sein, weil man in dem Funktionsterm $d(h)$ den Wert 0 für h selbst nicht setzen darf, da 0 nicht zum Definitionsbereich von d gehört.

In vielen Fällen lassen sich diese Grenzwertberechnungen aber vermeiden und durch die Berechnungen von Funktionswerten zugehöriger Ergänzungsfunktionen d^* ersetzen, wie an dem folgenden einfachen Beispiel dargestellt werden soll.

Beispiel 6.2

Der Funktionsterm der Differenzenquotientenfunktion d zur Funktion f mit $f(x)=x^2+1$; $D(f)=\mathbb{R}$ zu einer Stelle $x_0 \in D(f)=\mathbb{R}$ kann mittels Kürzung durch $h \neq 0$ quotientenfrei geschrieben werden.

$$d(h)=\frac{f(x_0+h)-f(x_0)}{h}$$ ▶ $h \in \mathbb{R}^*$

$$=\frac{(x_0+h)^2+1-(x_0^2+1)}{h}$$

$$=\frac{2x_0 \cdot h+h^2}{h}=\frac{h \cdot (2x_0+h)}{h}$$ ▶ Kürzen; $h \neq 0$

$$=2x_0+h$$

Der Term $2x_0+h$ ist nicht nur Funktionsterm der Funktion d mit $D(d)=\mathbb{R}^*$, sondern auch der Funktionsterm der Funktion d^*: $d^*(h)=2x_0+h$ mit $D(d^*)=\mathbb{R}$. Die Funktion d^* stimmt für alle $h \in \mathbb{R}^*$ mit der Funktion d überein, ist aber zusätzlich noch an der Stelle 0 definiert und hat dort den Funktionswert $2x_0$, d.h.: $d^*(0)=2x_0$.

Die Funktion d^* ist eine Ergänzungsfunktion für die Funktion d. Daher gilt: $\lim\limits_{h \to 0} d(h)=d^*(0)$; also $f'(x_0)=2x_0$.

Da $x_0 \in \mathbb{R}$ eine beliebige Stelle ist, ist die Ableitung $f'(x_0)=2x_0$ für jedes $x_0 \in \mathbb{R}$ definiert, d.h., die Funktion f ist an jeder Stelle x_0 ihres Definitionsbereiches $D(f)=\mathbb{R}$ **differenzierbar**.

d^*: $d^*(h)=2x_0+h$; $D(d^*)=\mathbb{R}$ ▶ Ergänzungsfunktion für d

$$\Rightarrow \lim_{h \to 0} d(h)=d^*(0)=2x_0$$

$$\Rightarrow f'(x_0)=2x_0;\ x_0 \in \mathbb{R}$$ ▶ Ableitung von f an der Stelle x_0

Dieses **Kürzungsverfahren** und das Verwenden von Ergänzungsfunktionen klappt bei allen ganzrationalen Funktionen, da sich bei ihnen die Terme der Differenzenquotientenfunktionen nach Kürzung durch $h \neq 0$ stets quotientenfrei schreiben lassen.
Ganzrationale Funktionen sind daher in ihrem gesamten Definitionsbereich differenzierbar.

Merke:

Ist eine Funktion f an jeder Stelle $x_0 \in D$ mit $D \subset D(f)$ differenzierbar, dann
- heißt die Funktion **differenzierbar** in D,
- existiert die **Ableitung** an jeder Stelle $x_0 \in D$,
- existiert die **Ableitungsfunktion** f'. Dabei ist der Definitionsbereich $D(f')$ der Ableitungsfunktion die größtmögliche Teilmenge D von $D(f)$, in der f differenzierbar ist.

Anmerkung:

Man beachte, dass der Definitionsbereich $D(f')$ der Ableitungsfunktion f' einer Funktion f **immer** im Definitionsbereich $D(f)$ der Funktion f enthalten sein muss, weil f' nur für die Stellen aus $D(f)$ definiert sein kann, für die f differenzierbar ist.

Nicht immer stimmen der links- und rechtsseitige Grenzwert der Differenzenquotientenfunktion einer Funktion an einer Stelle überein. Die Differenzenquotientenfunktion besitzt dann also an einer solchen Stelle keinen Grenzwert, und folglich ist die Funktion f dort nicht differenzierbar.

Beispiel 6.3

Untersuchen Sie die Funktion f: $f(x)=\begin{cases} x^2 \text{ für } x\in\mathbb{R}^{\leq 0} \\ x \text{ für } x\in\mathbb{R}^{>0}\end{cases}$ auf Differenzierbarkeit an der Stelle $x_0=0$.

Fasst man die Terme x^2 und x jeweils als Funktionsterme ganzrationaler Funktionen auf, so sind beide Funktionen im Innern ihrer jeweiligen Definitionsbereiche differenzierbar. Somit dort auch die Funktion f.

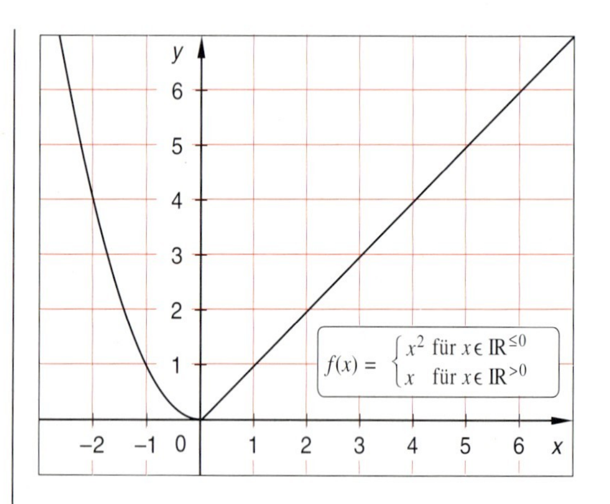

Nur an der „**Nahtstelle**“ $x_0=0$ dieser Definitionsbereiche stimmen der links- und der rechtsseitige Grenzwert von f nicht überein.

Der Grenzwert von d an der Stelle 0 **existiert also nicht**, somit ist die Funktion f an der Stelle $x_0=0$ auch **nicht differenzierbar**.

$$\text{l-}\lim_{h\to 0} d(-h)=\lim_{h\to 0}\frac{(0-h)^2-0^2}{-h} \quad \blacktriangleright\ h>0$$

$$=\lim_{h\to 0}\frac{h^2}{-h}=\lim_{h\to 0}(-h)=\underline{\underline{0}}$$

$$\text{r-}\lim_{h\to 0} d(h)=\lim_{h\to 0}\frac{(0+h)-0^2}{h} \quad \blacktriangleright\ h>0$$

$$=\lim_{h\to 0}\frac{h}{h}=\lim_{h\to 0} 1 =\underline{\underline{1}}$$

Beispiel 6.4

Untersuchen Sie, für welche reellen Zahlen anstelle von a die Funktionen

f_a: $f_a(x)=\begin{cases} x^2+a;\ x\in\mathbb{R}^{\leq 1} \\ 2x+1;\ x\in\mathbb{R}^{>1}\end{cases}$ an der Stelle $x_0=1$ differenzierbar sind.

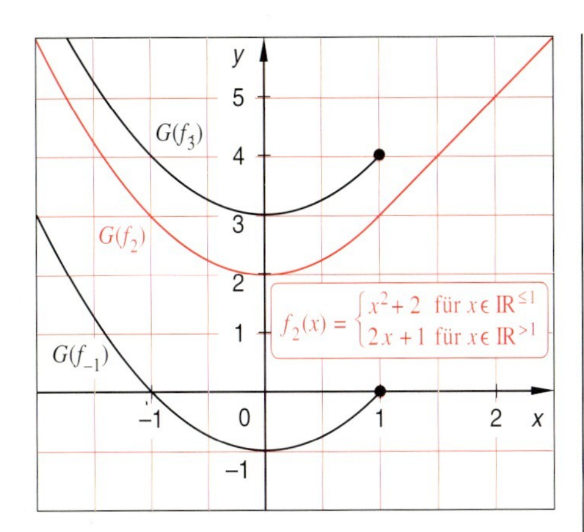

Die einseitigen Grenzwerte der Differenzenquotientenfunktionen d zur Stelle $x_0=1$ stimmen an der Stelle 0 **nur** überein, wenn $a=2$ gilt. Somit ist nur die Funktion

$$f_2\colon f_2(x)=\begin{cases} x^2+2 & \text{für } x\in\mathbb{R}^{\leq 1} \\ 2x+1 & \text{für } x\in\mathbb{R}^{>1} \end{cases}$$

an der Stelle $x_0=1$ differenzierbar.

Für $a\neq 2$ sind die Funktionen f_a an der Stelle $x_0=1$ nicht differenzierbar.

$$\text{l-}\lim_{h\to 0} d(-h)=\lim_{h\to 0}\frac{f_a(1-h)-f_a(1)}{-h} \quad \blacktriangleright\ h>0$$
$$=\lim_{h\to 0}\frac{(1-h)^2+a-(1+a)}{-h}$$
$$=\lim_{h\to 0}\frac{-2h+h^2}{-h}=\lim_{h\to 0}(2-h)=\underline{\underline{2}}$$

$$\text{r-}\lim_{h\to 0} d(h)=\lim_{h\to 0}\frac{f_a(1+h)-f_a(1)}{h} \quad \blacktriangleright\ h>0$$
$$=\lim_{h\to 0}\frac{2(1+h)+1-(1+a)}{h}$$
$$=\lim_{h\to 0}\frac{2+2h-a}{h}$$
$$=\lim_{h\to 0}\frac{2-a}{h}+\lim_{h\to 0}\frac{2h}{h}$$
$$=\lim_{h\to 0}\frac{2-a}{h}+2$$

Dieser rechtsseitige Grenzwert ist nur dann gleich 2, wenn $\lim_{h\to 0}\frac{2-a}{h}=0$.

Das wiederum ist nur der Fall, wenn gilt $\underline{\underline{a=2}}$.

Die Funktionen f_a sind für $a\neq 2$ an der Stelle $x_0=1$ unstetig; ihre Graphen weisen dort einen endlichen Sprung auf. Nur die Funktion f_2 ist an der Stelle $x_0=1$ stetig. Man könnte daher vermuten, dass die Stetigkeit einer Funktion an einer Stelle eine hinreichende Bedingung für deren Differenzierbarkeit dort ist. Dass dem nicht so ist, zeigt das folgende Beispiel.

Beispiel 6.5

Untersuchen Sie die Differenzierbarkeit der Betragsfunktion $f\colon f(x)=|x|;\ D(f)=\mathbb{R}$ an der Stelle $x_0=0$.

$$f(x)=|x|=\begin{cases} -x & \text{für } x\in\mathbb{R}^{<0} \\ x & \text{für } x\in\mathbb{R}^{\geq 0} \end{cases}$$

Die Betragsfunktion ist überall stetig, insbesondere also an der Stelle $x_0=0$.

▶ Abschnitt 5.3, Übungsaufgabe 1

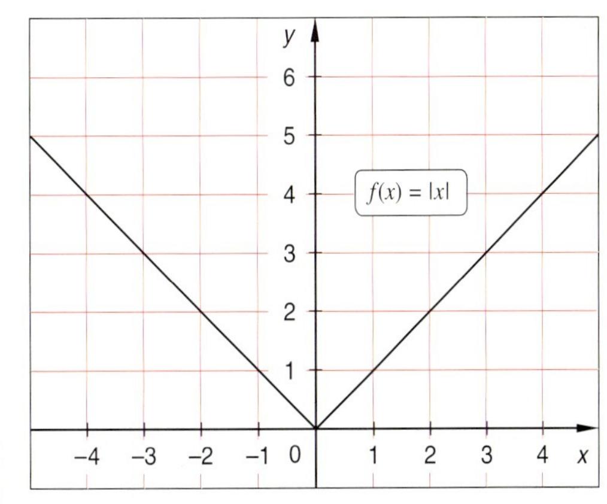

Dort ist sie aber **nicht differenzierbar**, denn die einseitigen Grenzwerte der Differenzenquotientenfunktion d zur Stelle $x_0=0$ stimmen an der Stelle 0 nicht überein.

Es leuchtet unmittelbar ein, dass die Betragsfunktion $f\colon f(x)=|x|;\ D(f)=\mathbb{R}$ an der Stelle 0 nicht differenzierbar ist: Durch den Punkt $\langle 0|0\rangle$ lassen sich unendlich viele Geraden legen, unter denen keine in der Weise als Tangente ausgezeichnet ist, dass sie sich in einer Umgebung der Stelle 0 dem Graphen von f „optimal" anpasst.

$$\text{l-}\lim_{h\to 0} d(-h)=\lim_{h\to 0}\frac{-(0-h)-0}{-h} \qquad \blacktriangleright\ h>0$$

$$=\lim_{h\to 0}\frac{h}{-h}=\lim_{h\to 0}-1=\underline{\underline{-1}}$$

$$\text{r-}\lim_{h\to 0} d(h)=\lim_{h\to 0}\frac{(0+h)-0}{h} \qquad \blacktriangleright\ h>0$$

$$=\lim_{h\to 0}\frac{h}{h}=\lim_{h\to 0}1=\underline{\underline{1}}$$

$\text{l-}\lim\limits_{h\to 0} d(-h)\neq \text{r-}\lim\limits_{h\to 0} d(h)$
$\Rightarrow f$ ist bei $x_0=0$ nicht differenzierbar.

Das Beispiel zeigt also:
Ist eine Funktion f an einer Stelle x_0 stetig, so braucht sie keineswegs an dieser Stelle differenzierbar zu sein.

Die Stetigkeit einer Funktion an einer Stelle ist also **keine** hinreichende Bedingung für deren Differenzierbarkeit dort.

Umgekehrt gilt jedoch:
Ist eine Funktion an einer Stelle x_0 ihres Definitionsbereiches differenzierbar, so ist sie dort auch stetig.

Das lässt sich leicht beweisen.

Beweis:

Wegen $f(x_0+h)=f(x_0+h)-f(x_0)+f(x_0)=\dfrac{f(x_0+h)-f(x_0)}{h}\cdot h+f(x_0)$ ▶ $h\neq 0$

folgt mit Hilfe der Grenzwertsätze und der Differenzierbarkeit von f an der Stelle x_0:

$$\lim_{h\to 0} f(x_0+h)=\lim_{h\to 0}\left(\frac{f(x_0+h)-f(x_0)}{h}\cdot h+f(x_0)\right)$$

$$=\lim_{h\to 0}\frac{f(x_0+h)-f(x_0)}{h}\cdot\lim_{h\to 0} h+\lim_{h\to 0} f(x_0) \qquad \blacktriangleright\ f \text{ ist bei } x_0 \text{ differenzierbar}$$

$$=f'(x_0)\cdot 0+f(x_0)=\underline{\underline{f(x_0)}}$$

$$\Rightarrow \lim_{h\to 0} f(x_0+h)=f(x_0) \Rightarrow f \text{ ist stetig bei } x_0.$$

Man sagt:
Die Stetigkeit ist für die Differenzierbarkeit eine notwendige, aber keine hinreichende Bedingung.

Merke:

- Eine an einer Stelle $x_0\in D(f)$ stetige Funktion f braucht an dieser Stelle nicht differenzierbar zu sein.
- Ist eine Funktion f jedoch an einer Stelle $x_0\in D(f)$ differenzierbar, so ist sie dort auch stetig.

Übungen zu 6.2

1. Ein Pkw beschleunigt aus dem Stand 6 Sekunden lang mit der Beschleunigung $5\,\frac{\text{m}}{\text{s}^2}$ und fährt dann mit gleichförmiger Bewegung weiter. Die funktionale Abhängigkeit zwischen dem Weg s und der Zeit t lässt sich dann durch die Funktion s beschreiben:

s: $s(t)=\begin{cases} 2{,}5\,t^2 & \text{für } x\in[0;\,6] \\ 30\,t-90 & \text{für } x\in(6;\,\infty) \end{cases}$.

a) Berechnen Sie die Geschwindigkeit zu den Zeitpunkten $t_{0_1}=5$ und $t_{0_2}=7$ (Zeiteinheit: s).
b) Zeigen Sie, dass die Funktion s an der Stelle $t_0=6$ differenzierbar ist, geben Sie die Geschwindigkeit zu diesem Zeitpunkt an und zeichnen Sie $G(s)$.

2. Ermitteln Sie jeweils $f'(x)$ mit Hilfe der Grenzwerte der Differenzenquotientenfunktionen. In welchen Punkten hat $G(f)$ jeweils die angegebene Steigung für m?
a) $f: f(x)=5x^2-2x+3;\ D(f)=\mathbb{R};\quad m=8$
b) $f: f(x)=-3x^2-12x+12;\ D(f)=\mathbb{R};\quad m=-6$
c) $f: f(x)=-2x^3+5x;\ D(f)=\mathbb{R};\quad m=-1$
d) $f: f(x)=-5x^2+10x;\quad D(f)=\mathbb{R};\quad m=30$

3. Gegeben sind die Funktionen f_a mit $f_a(x)=ax^2;\ D(f)=\mathbb{R};\ a\in\mathbb{R}$.
a) Zeichnen Sie für $a=1$ den Graphen $G(f_1)$ und berechnen Sie, in welchem Punkt Q von $G(f_1)$ die Sekante durch die Punkte $P\langle -1\,|\,1\rangle$ und Q die Steigung 0 hat.
b) Untersuchen Sie, für welche reelle Zahl anstelle von a die Tangente an $G(f_a)$ im Punkt $\langle 1\,|\,f_a(1)\rangle$ die Steigung 4 hat.

Zeichnen Sie in den Aufgaben 4 bis 6 jeweils den Graphen der Funktion.

4. Gegeben ist die Funktion $f: f(x)=\begin{cases} x^2-4x+1 & \text{für } x\in\mathbb{R}^{\leq -2} \\ -8x-3 & \text{für } x\in\mathbb{R}^{>-2} \end{cases}$.
a) Zeigen Sie, dass die Funktion an der Stelle $x_0=-2$ stetig ist.
b) Zeigen Sie, dass die Funktion an der Stelle $x_0=-2$ differenzierbar ist.

5. Gegeben ist die Funktion $g: g(x)=\begin{cases} x^2-4x+1 & \text{für } x\in\mathbb{R}^{\leq -2} \\ 3x+19 & \text{für } x\in\mathbb{R}^{>-2} \end{cases}$.
a) Zeigen Sie, dass die Funktion an der Stelle $x_0=-2$ stetig ist.
b) Überprüfen Sie, ob die Funktion an der Stelle $x_0=-2$ auch differenzierbar ist.

6. Gegeben ist die Funktion $l: l(x)=\begin{cases} x^2-4x+1 & \text{für } x\in\mathbb{R}^{\leq -2} \\ 3x+6 & \text{für } x\in\mathbb{R}^{>-2} \end{cases}$.
a) Überprüfen Sie, ob die Funktion an der Stelle $x_0=-2$ stetig ist.
b) Begründen Sie, warum die Funktion an der Stelle $x_0=-2$ nicht differenzierbar ist.

7. Gegeben ist die Funktion $f: f(x)=\begin{cases} -0{,}1\,x^3-4{,}7 & \text{für } x\in\mathbb{R}^{\leq -3} \\ 0{,}1\,x^3+0{,}7 & \text{für } x\in\mathbb{R}^{>-3} \end{cases}$.
a) Zeigen Sie, dass die Funktion an der Stelle $x_0=-3$ stetig ist.
b) Ist die Funktion an der Stelle $x_0=-3$ differenzierbar?
c) Überprüfen Sie Ihre Ergebnisse mit einer Zeichnung von $G(f)$ im Intervall $[-5;\,0]$.

8. Untersuchen Sie die Funktionen an den angegebenen Stellen auf Stetigkeit und Differenzierbarkeit und zeichnen Sie jeweils $G(f)$.
a) $f: f(x)=|x-3|+1;\ D(f)=\mathbb{R};\quad x_0=3$
b) $f: f(x)=|2x+1|-2;\ D(f)=\mathbb{R};\quad x_0=-0{,}5;\ x_0=1$
c) $f: f(x)=x-|x|;\ D(f)=\mathbb{R};\quad x_0=0$
d) $f: f(x)=|x^2-x-2|;\ D(f)=\mathbb{R};\quad x_0=-1;\ x_0=2;\ x_0=3$
e) $f: f(x)=|2x^2-12x+16|-2;\ D(f)=\mathbb{R};\quad x_0=1;\ x_0=2;\ x_0=4$

9. Für welche reellen Zahlen anstelle von a sind die folgenden Funktionen an den angegebenen Stellen stetig bzw. differenzierbar?
a) $f_a: f_a(x)=\begin{cases} ax^2 & \text{für } x\in\mathbb{R}^{\leq 3} \\ \frac{1}{9}x^3 & \text{für } x\in\mathbb{R}^{>3} \end{cases}\quad x_0=3$
b) $f_a: f_a(x)=\begin{cases} ax+2 & \text{für } x\in\mathbb{R}^{\leq 1} \\ x^2 & \text{für } x\in\mathbb{R}^{>1} \end{cases}\quad x_0=1$
c) $f_a: f_a(x)=\begin{cases} ax+3 & \text{für } x\in\mathbb{R}^{\leq 2} \\ x^2+3+a & \text{für } x\in\mathbb{R}^{>2} \end{cases}\quad x_0=2$
d) $f_a: f_a(x)=\begin{cases} ax^3 & \text{für } x\in\mathbb{R}^{\leq -1} \\ 3ax+2 & \text{für } x\in\mathbb{R}^{>-1} \end{cases}\quad x_0=-1$

10. Bei einer U-Bahn-Fahrt zwischen zwei Haltestellen wird der zurückgelegte Weg $s(t)$ als Funktion der Zeit t untersucht (Weg in m, Zeit in s). Dabei ergibt sich folgender Zusammenhang:

$$s(t)=\begin{cases} 0{,}5t^2 & \text{für } 0\le t\le 12 \\ 0{,}2(t+18)^2-108 & \text{für } 12<t\le 35 \\ 21{,}2(t-35)+453{,}8 & \text{für } 35<t\le 38 \\ -0{,}48(t-60)^2+749{,}72 & \text{für } 38<t\le 60 \end{cases}$$

a) Zeichnen Sie den Graphen von s für $0\le t\le 60$.

b) Untersuchen Sie s auf Stetigkeit und Differenzierbarkeit im Intervall [0; 60].

11. Eine Kupferwicklung eines Transformators hat bei einer Temperatur von 15 °C, also bei $T_*=288$ K, den Widerstand R_*. Während des Dauerbetriebs steigt der Widerstand auf einen Wert $R>R_*$ und die Temperatur auf einen Wert $T>T_*$; es besteht näherungsweise der folgende Zusammenhang:

$$\frac{T-T_*}{R-R_*}=\frac{T_*-39\text{ K}}{R_*} \quad \text{für } T>T_*;$$

Temperaturänderung und Widerstandsänderung sind also proportional mit dem empirischen Proportionalitätsfaktor $\frac{T_*-39\text{ K}}{R_*}$. Diese Beziehung nutzt man zur Fernüberwachung der Betriebstemperatur von Transformatoren: Löst man die obige Gleichung nach T auf, dann erhält man eine Funktionsgleichung $T=T(R)$, mit deren Hilfe aus dem bei Dauerbetrieb messbaren Widerstand R die entsprechende Temperatur $T(R)$ berechnet werden kann.

a) Ermitteln Sie die Funktionsgleichung $T=T(R)$.

b) Bei einem Transformator sei $R_*=18\,\Omega$. Berechnen Sie die Temperaturen $T(23{,}5\,\Omega)$ und $T(29\,\Omega)$.

c) Zur Beurteilung der Qualität der Temperaturmessung ist es wichtig, wie stark sich die Temperatur bei einer Widerstandserhöhung ändert. Wird eine kleine Temperaturerhöhung durch eine große Widerstandsänderung angezeigt, so ist die Messung zwar sehr genau, es wird aber nur ein kleiner Temperaturbereich abgedeckt. Wird andererseits eine große Temperaturerhöhung bereits durch kleine Widerstandsänderungen angezeigt, so wird die Messung zwar unpräzise, es wird aber ein großer Temperaturbereich abgedeckt.
Berechnen Sie die Sekantensteigungen der Funktion zu $T=T(R)$ bei Widerstandsänderungen von 23,5 Ω auf 23,7 Ω bzw. von 28 Ω auf 28,2 Ω.

d) Stellen Sie eine Formel auf, mit der man die Steigung der Funktion T – also die Empfindlichkeit der Temperaturmessung – zu jedem Widerstandwert R berechnen kann.

12. Bestimmen Sie näherungsweise die Steigung an jeweils drei verschiedenen Stellen der folgenden Kennlinien. Beachten Sie dabei die Achseneinteilung.

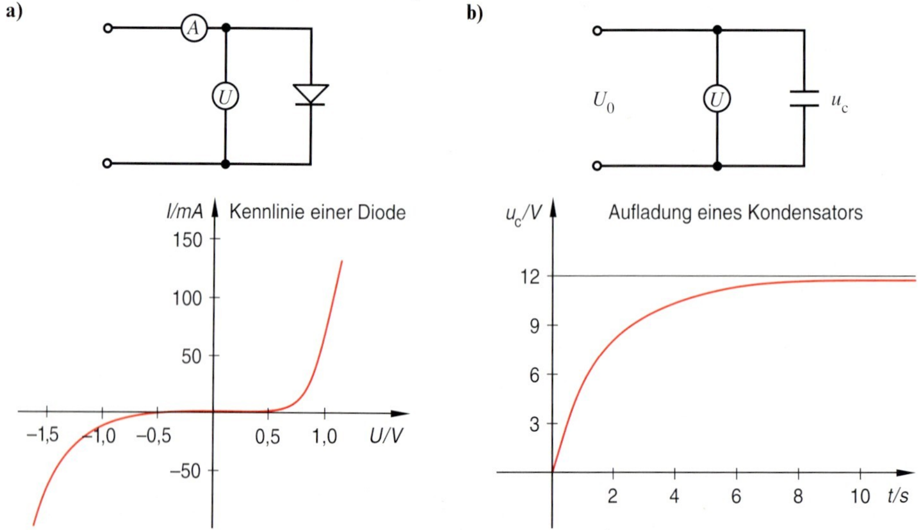

7 Differentialrechnung

Nachdem im Abschnitt 6.2 die Ableitung einer Funktion an einer Stelle ihres Definitionsbereiches hergeleitet und definiert wurde, sollen in diesem Kapitel zunächst Verfahren zur einfacheren Bestimmung von Ableitungen erarbeitet werden, die sog. Differenzierungs- oder **Ableitungsregeln**. Durch diese ist es für viele Funktionen vom selben Typ möglich, den oft mühsamen Weg über die Berechnungen von Grenzwerten zu vermeiden und stattdessen die Ableitung rein formelmäßig vorzunehmen. Anschließend dienen diese Regeln dann zur Definition **höherer Ableitungen**.

7.1 Ableitungsregeln und höhere Ableitungen

Besonders häufig kommen in den Anwendungen ganzrationale Funktionen mit Funktionstermen wie x, x^2, x^3, x^4, ... vor. Da diese Potenzterme sind, nennt man die zugehörigen Funktionen auch **Potenzfunktionen** vom Grad 1, 2, 3, 4, ... usw.

Merke:

Eine ganzrationale Funktion vom Typ $f: f(x) = x^m$; $D(f) = \mathbb{R}$, $m \in \mathbb{N}^*$ heißt **Potenzfunktion** vom Grad m.

Potenzfunktionen sind als ganzrationale Funktionen an jeder Stelle ihres Definitionsbereiches differenzierbar. Für sie lässt sich leicht eine Ableitungsregel finden. ▶ Beispiele 7.1, 7.2.

Beispiel 7.1

Berechnen Sie die Ableitungsfunktion f_1' der Funktion $f_1: f_1(x) = x^3$; $D(f_1) = \mathbb{R}$ und vergleichen Sie den Grad von f_1' mit dem Grad von f_1.

Zur Berechnung der Ableitung $f_1'(x_0)$ an einer beliebigen Stelle $x_0 \in D(f_1)$ wird die Differenzenquotientenfunktion

$$d: d(h) = \frac{f_1(x_0+h) - f_1(x_0)}{h}; \quad D(d) = \mathbb{R}^*$$

gebildet und ihr Grenzwert an der Stelle 0 bestimmt.

$$d(h) = \frac{(x_0+h)^3 - x_0^3}{h}$$

$$= \frac{x_0^3 + 3x_0^2 \cdot h + 3x_0 \cdot h^2 + h^3 - x_0^3}{h}$$

$$= \frac{3x_0^2 \cdot h + 3x_0 \cdot h^2 + h^3}{h}$$

$$= \frac{h \cdot (3x_0^2 + 3x_0 \cdot h + h^2)}{h} \quad ▶\ h \neq 0$$

$$= 3x_0^2 + 3x_0 \cdot h + h^2$$

$$\Rightarrow \lim_{h \to 0} (3x_0^2 + 3x_0 \cdot h + h^2) = 3x_0^2$$

$$\Rightarrow f_1'(x_0) = \underline{\underline{3x_0^2}}$$

$f_1'(x_0) = 3x_0^2$ ist die **Ableitung** der Funktion f_1 an einer beliebigen Stelle $x_0 \in \mathbb{R}$.

Die zugehörige **Ableitungsfunktion** ist $f_1': f_1'(x) = 3x^2$; $D(f_1') = \mathbb{R}$.

$f_1': f_1'(x) = 3x^2$; $D(f_1') = \mathbb{R}$ ▶ Ableitungsfunktion von f_1

Mit f_1 ist auch f_1' wieder eine ganzrationale Funktion. Der Grad von f_1' ist um 1 kleiner als der Grad von f_1.

Beispiel 7.2

Berechnen Sie die Ableitungsfunktion f_2' der Funktion $f_2\colon f_2(x)=x^4$; $D(f_2)=\mathbb{R}$ und vergleichen Sie den Grad von f_2' mit dem Grad von f_2.

Zur Berechnung der Ableitung $f_2'(x_0)$ an einer beliebigen Stelle $x_0 \in D(f_2)$ wird die Differenzenquotientenfunktion

$$d\colon d(h)=\frac{f_2(x_0+h)-f_2(x_0)}{h};\ D(d)=\mathbb{R}^*$$

gebildet und ihr Grenzwert an der Stelle 0 bestimmt.

$$d(h)=\frac{(x_0+h)^4-x_0^4}{h}$$

$$=\frac{x_0^4+4x_0^3\cdot h+6x_0^2\cdot h^2+4x_0\cdot h^3+h^4-x_0^4}{h}$$

$$=\frac{4x_0^3\cdot h+6x_0^2\cdot h^2+4x_0\cdot h^3+h^4}{h}$$

$$=\frac{h\cdot(4x_0^3+6x_0^2\cdot h+4x_0\cdot h^2+h^3)}{h}$$ ► $h \neq 0$

$$=4x_0^3+6x_0^2\cdot h+4x_0\cdot h^2+h^3$$

$f_2'(x_0)=4x_0^3$ ist die **Ableitung** der Funktion f_2 an einer beliebigen Stelle $x_0 \in \mathbb{R}$.

$$\Rightarrow \lim_{h\to 0}(4x_0^3+6x_0^2\cdot h+4x_0\cdot h^2+h^3)=4x_0^3$$

$$\Rightarrow f_2'(x_0)=4x_0^3$$

Die zugehörige **Ableitungsfunktion** ist $f_2'\colon f_2'(x)=4x^3$; $D(f_2')=\mathbb{R}$.

$f_2'\colon f_2'(x)=4x^3$; $D(f_2')=\mathbb{R}$ ► Ableitungsfunktion von f_2

Mit f_2 ist auch f_2' wieder eine ganzrationale Funktion. Der Grad von f_2' ist um 1 kleiner als der Grad von f_2.

Vergleicht man die Funktionen mit ihren Ableitungsfunktionen in den Beispielen 7.1 und 7.2 noch etwas genauer, so fällt auf, dass die Exponenten der Argumentvariablen der Funktionen f_1 bzw. f_2 wieder als Koeffizienten von Potenzen der Argumentvariablen in den Funktionstermen von f_1' bzw. f_2' auftreten.

$$f_1(x)=x^3$$
$$\Rightarrow f_1'(x)=3x^{3-1}=3x^2$$

$$f_2(x)=x^4$$
$$\Rightarrow f_2'(x)=4x^{4-1}=4x^3$$

Das lässt erkennen, dass alle Ableitungsfunktionen f' zu Potenzfunktionen vom Typ $f\colon f(x)=x^m$; $D(f)=\mathbb{R}$, $m \in \mathbb{N}^*$ auf dieselbe Weise gebildet werden:

$$f'\colon f'(x)=m\cdot x^{m-1};\ D(f')=\mathbb{R},\ m\in\mathbb{N}^*.$$

Potenzfunktionen vom Typ $f\colon f(x)=x^m$; $D(f)=\mathbb{R}$ und $m \in \mathbb{N}^*$ sind als spezielle ganzrationale Funktionen für jedes $x_0 \in \mathbb{R}$ differenzierbar.

Um für Potenzfunktionen eine allgemeine Ableitungsregel herleiten zu können, ersetzt man im Term der Differenzenquotientenfunktion zu einer Stelle $x_0 \in D(f)$ die Hilfsvariable h durch $x-x_0$. Der erhaltene Quotiententerm $\frac{x^m-x_0}{x-x_0}$ lässt sich durch Polynomdivision immer nennerfrei schreiben.

$$d(h)=\frac{(x_0+h)^m-x_0^m}{h}$$ ► $h=x-x_0$

$$=\frac{x^m-x_0^m}{x-x_0}$$ ► Polynomdivision

$$=x^{m-1}+x_0\cdot x^{m-2}+x_0^2\cdot x^{m-3}+\ldots$$
$$\ldots+x_0^{m-2}\cdot x+x_0^{m-1}$$

► $(m-1)$ Summanden

Statt $h \to 0$ lässt man dann $x \to x_0$ streben und erhält den Term $m \cdot x_0^{m-1}$ als Ableitungsterm von $f: f(x) = x^m$ an der Stelle x_0.

Weil dieses für jedes $x_0 \in D(f)$ gilt, sind $f': f'(x) = m \cdot x^{m-1}$ die Ableitungsfunktionen der Funktionen vom Typ $f: f(x) = x^m$.

$$\Rightarrow \lim_{x \to x_0} (x^{m-1} + x_0 \cdot x^{m-2} + x_0^2 \cdot x^{m-3} + \ldots$$
$$\ldots + x_0^{m-2} \cdot x + x_0^{m-1})$$
$$= x_0^{m-1} + x_0 \cdot x_0^{m-2} + x_0^2 \cdot x_0^{m-3} + \ldots$$
$$\ldots + x_0^{m-2} \cdot x_0 + x_0^{m-1}$$
$$= m \cdot x_0^{m-1} \qquad \blacktriangleright\ f'(x_0)$$
$$\Rightarrow f': f'(x) = m \cdot x^{m-1} \qquad \blacktriangleright \text{ Ableitungsfunktionen}$$

Die Bildung der Ableitungsfunktionen f' einer Potenzfunktion f erfolgt somit immer nach derselben „Regel":
Multipliziere die um 1 verminderte Potenz der Argumentvariablen von f mit ihrem ursprünglichen Exponenten.

Diese **Ableitungsregel** heißt **Potenzregel**.

$$f: f(x) = x^m;\ D(f) = \mathbb{R};\ m \in \mathbb{N}^* \Rightarrow f': f'(x) = m \cdot x^{m-1};\ D(f') = \mathbb{R};\ m \in \mathbb{N}^*.$$

Anmerkung:

Die Einbeziehung des Falles 1 für m in die allgemeine Potenzregel ist unter formal-mathematischem Aspekt problematisch, da $f': f'(x) = 1 \cdot x^0$ nur für $x \in \mathbb{R}^*$ erklärt ist. Korrekterweise müsste man hier zusätzlich die stetige Fortsetzung $f'(0) = 1$ von f' bei 0 angeben.
Andererseits ist aber klar, dass der Graph von $f: f(x) = x$ eine Gerade mit der Steigung 1 ist.

Die Potenzregel lässt sich auch bei Funktionen vom Typ $f: f(x) = x^{-m};\ D(f) = \mathbb{R}^*,\ m \in \mathbb{N}^*$ anwenden, wie die folgenden beiden Beispiele zeigen.

Beispiel 7.3

Berechnen Sie mit Hilfe der Potenzregel die Ableitungsfunktion f_3' der Funktion $f_3: f_3(x) = x^{-2}$; $D(f_3) = \mathbb{R}^*$ und führen Sie den Nachweis der Differenzierbarkeit dieser Funktion innerhalb ihres Definitionsbereiches allgemein durch.

Durch formale Anwendung der Potenzregel ergibt sich die Ableitungsfunktion $f_3': f_3'(x) = -2x^{-3}$.

Zum allgemeinen Nachweis der Differenzierbarkeit dieser Funktion bildet man den Grenzwert der Differenzenquotientenfunktion d an der Stelle 0 zu einer beliebigen Stelle $x_0 \in D(f)$ und erhält: $f_3'(x_0) = -2 \cdot x_0^{-3}$.

Somit lautet die Ableitungsfunktion $f_3': f_3'(x) = -2x^{-3};\ D(f_3') = \mathbb{R}^*$.

$$f_3: f_3(x) = x^{-2} \Rightarrow f_3': f_3'(x) = -2x^{-3}$$

$$d(h) = \frac{(x_0 + h)^{-2} - x_0^{-2}}{h}$$
$$= \frac{\frac{1}{(x_0 + h)^2} - \frac{1}{x_0^2}}{h} = \frac{x_0^2 - (x_0 + h)^2}{h \cdot x_0^2 \cdot (x_0 + h)^2}$$
$$= \frac{x_0^2 - (x_0^2 + 2x_0 \cdot h + h^2)}{h \cdot x_0^2 \cdot (x_0 + h)^2}$$
$$= \frac{-2x_0 \cdot h - h^2}{h \cdot x_0^2 \cdot (x_0 + h)^2} = \frac{h \cdot (-2x_0 - h)}{h \cdot x_0^2 \cdot (x_0 + h)^2} \qquad \blacktriangleright\ h \neq 0$$
$$= \frac{-2x_0 - h}{x_0^2 \cdot (x_0 + h)^2} \qquad \blacktriangleright \text{ Grenzwertsätze und } x_0 \neq 0$$

Für f_3' ergibt sich also auf diese Weise derselbe Funktionsterm wie durch Anwendung der Potenzregel.

$$\Rightarrow \lim_{h\to 0} \frac{-2x_0-h}{x_0^2\cdot(x_0+h)^2} = \frac{-2x_0}{x_0^4} = \frac{-2}{x_0^3}$$

$$\Rightarrow f_3'(x_0) = \underline{\underline{-2x_0^{-3}}}$$

Somit ist also die Funktion f_3 in ihrem gesamten Definitionsbereich differenzierbar.

$$\Rightarrow f_3' : f_3'(x) = -2x^{-3};\ D(f_3') = \mathbb{R}^*$$ ▶ Ableitungsfunktion

Beispiel 7.4

Berechnen Sie mit Hilfe der Potenzregel die Ableitungsfunktion f_4' der Funktion $f_4: f_4(x)=x^{-3}$; $D(f_4)=\mathbb{R}^*$ und führen Sie den Nachweis der Differenzierbarkeit dieser Funktion innerhalb ihres Definitionsbereiches allgemein durch.

Durch formale Anwendung der Potenzregel ergibt sich die Ableitungsfunktion $f_4': f_4'(x) = -3x^{-4}$.

$$f_4: f_4(x)=x^{-3} \Rightarrow f_4' : f_4'(x) = -3x^{-4}$$

Zum allgemeinen Nachweis der Differenzierbarkeit dieser Funktion bildet man den Grenzwert der Differenzenquotientenfunktion d an der Stelle 0 zu einer beliebigen Stelle $x_0 \in D(f)$ und erhält: $f_4'(x_0) = -3\cdot x_0^{-4}$.

Somit lautet die Ableitungsfunktion $f_4': f_4'(x) = -3x^{-4};\ D(f_4') = \mathbb{R}^*$.

$$d(h) = \frac{(x_0+h)^{-3}-x_0^{-3}}{h}$$

$$= \frac{\frac{1}{(x_0+h)^3}-\frac{1}{x_0^3}}{h} = \frac{x_0^3-(x_0+h)^3}{h\cdot x_0^3\cdot(x_0+h)^3}$$

$$= \frac{x_0^3-(x_0^3+3x_0^2\cdot h+3x_0\cdot h^2+h^3)}{h\cdot x_0^3\cdot(x_0+h)^3}$$

$$= \frac{-3x_0^2\cdot h-3x_0\cdot h^2-h^3}{h\cdot x_0^3\cdot(x_0+h)^3}$$

$$= \frac{h\cdot(-3x_0^2-3x_0\cdot h-h^2)}{h\cdot x_0^3\cdot(x_0+h)^3}$$ ▶ $h \neq 0$

$$= \frac{-3x_0^2-3x_0\cdot h-h^2}{x_0^3\cdot(x_0+h)^3}$$ ▶ Grenzwertsätze und $x_0 \neq 0$

Für f_4' ergibt sich also auf diese Weise derselbe Funktionsterm wie durch Anwendung der Potenzregel.

$$\Rightarrow \lim_{h\to 0} \frac{-3x_0^2-3x_0\cdot h-h^2}{x_0^3\cdot(x_0+h)^3} = \frac{-3x_0^2}{x_0^6} = \frac{-3}{x_0^4}$$

$$\Rightarrow f_4'(x_0) = \underline{\underline{-3x_0^{-4}}}$$

Somit ist also die Funktion f_4 in ihrem gesamten Definitionsbereich differenzierbar.

$$\Rightarrow f_4' : f_4'(x) = -3x^{-4};\ D(f_4') = \mathbb{R}^*$$ ▶ Ableitungsfunktion

Anmerkung:

Funktionen vom Typ $f: f(x)=x^{-m};\ D(f)=\mathbb{R}^*,\ m\in\mathbb{N}^*$ sind spezielle gebrochen-rationale Funktionen. Man kann allgemein zeigen:
Gebrochen-rationale Funktionen sind in ihrem gesamten Definitionsbereich differenzierbar.

Die bisherigen Beispiele zeigen insgesamt:
Die **Potenzregel** lässt sich auch für alle $m\in\mathbb{Z}^*$ anwenden.

$$f: f(x)=x^m;\ D(f)=\mathbb{R}^*;\ m\in\mathbb{Z}^* \Rightarrow f': f'(x)=m\cdot x^{m-1};\ D(f')=\mathbb{R}^*,\ m\in\mathbb{Z}^*$$

Neben der Potenzregel kann man noch weitere Ableitungsregeln herleiten, z. B. für konstante Funktionen, wie das folgende Beispiel zeigt:

Beispiel 7.5

Berechnen Sie die Ableitungsfunktion f' der konstanten Funktionen vom Typ $f: f(x)=c$; $D(f)=\mathbb{R}$ mit einer reellen Zahl für c.

Da $f(x_0+h)=c$ und $f(x_0)=c$ an jeder Stelle $x_0 \in \mathbb{R}$ gilt, sind die Differenzenquotientenfunktionen d zu jeder Stelle x_0 die Nullfunktion, d.h., es gilt: $d(h)=0$ für jedes $h \in \mathbb{R}^*$.

$$d(h)=\frac{c-c}{h}=\frac{0}{h}=0$$

Somit gilt auch $\lim\limits_{h \to 0} d(h)=0$, also $f'(x_0)=0$, und zwar für jedes $x_0 \in \mathbb{R}$.

$$\Rightarrow \lim_{h \to 0} d(h)=0$$

$$\Rightarrow f'(x_0)=\underline{\underline{0}}.$$

Die Ableitungsfunktion lautet somit:
$f': f'(x)=0;\ D(f')=\mathbb{R}$.

$$\Rightarrow f': f'(x)=0;\ D(f')=\mathbb{R}$$ ▶ Ableitungsfunktion

Die Ableitung einer konstanten Funktion ist also an jeder Stelle ihres Definitionsbereiches 0 und somit die Ableitungsfunktion die **Nullfunktion**. Dieser Sachverhalt ist auch anschaulich unmittelbar einleuchtend, denn der Graph jeder konstanten Funktion ist eine Parallele zur x-Achse, und deren Steigung ist Null. Das ist der Inhalt der sog. **Konstantenregel**.

$$f: f(x)=c;\ D(f)=\mathbb{R},\ c \text{ reell} \Rightarrow f': f'(x)=0;\ D(f')=\mathbb{R}.$$

Besteht der Funktionsterm einer reellen Funktion aus dem Produkt einer reellen Zahl mit einer Potenz der Argumentvariablen vom Typ x^m, so lässt sich eine weitere Regel herleiten.

Beispiel 7.6

Berechnen Sie die Ableitungsfunktion f' einer Funktion vom Typ $f: f(x)=c \cdot x^3$; $D(f)=\mathbb{R}$ mit einer reellen Zahl für c.

Als ganzrationale Funktion ist f in ihrem gesamten Definitionsbereich differenzierbar. Mit Hilfe des Kürzungsverfahrens lässt sich der Term der Differenzenquotientenfunktion nennerfrei schreiben und die Ableitung zu einer beliebigen Stelle $x_0 \in D(f)$ entweder durch Grenzwertbildung oder mittels einer Ergänzungsfunktion direkt angeben.
▶ Abschnitt 6.2; Beispiel 6.3.

$$d(h)=\frac{c \cdot (x_0+h)^3 - c \cdot x_0^3}{h}$$

$$=\frac{c \cdot (x_0^3+3x_0^2 \cdot h+3x_0 \cdot h^2+h^3)-c \cdot x_0^3}{h}$$

$$=\frac{c \cdot 3x_0^2 \cdot h+c \cdot 3x_0 \cdot h^2+c \cdot h^3}{h}$$

$$=\frac{h \cdot (c \cdot 3x_0^2+c \cdot 3x_0 \cdot h+c \cdot h^2)}{h}$$ ▶ $h \neq 0$

$$=c \cdot 3x_0^2+c \cdot 3x_0 \cdot h+c \cdot h^2$$

Die Ableitungsfunktion lautet somit:

$$\Rightarrow \lim_{h \to 0}(c \cdot 3x_0^2+c \cdot 3x_0 \cdot h+c \cdot h^2)=c \cdot 3x_0^2$$

$$\Rightarrow f'(x_0)=\underline{\underline{c \cdot 3x_0^2}}=\underline{\underline{3cx_0^2}}$$

$f': f'(x)=c \cdot 3x^2=3cx^2;\ D(f')=\mathbb{R}$.

$$\Rightarrow f': f'(x)=3cx^2;\ D(f')=\mathbb{R}$$ ▶ Ableitungsfunktion

Hieraus ist ersichtlich, dass der konstante Faktor c beim Differenzieren beibehalten wird.

Allgemeiner noch lässt sich zeigen:

Wenn f_1 eine **differenzierbare** Funktion ist, so sind auch die Funktionen vom Typ $f: f(x) = c \cdot f_1(x)$ mit einer reellen Zahl für c **differenzierbare** Funktionen mit $D(f) = D(f_1)$, und es gilt:

$f: f(x) = c \cdot f_1(x) \Rightarrow f': f'(x) = c \cdot f_1'(x)$.

Diese Ableitungsregel wird als **Faktorregel** bezeichnet.

$$d(h) = \frac{f(x_0+h) - f(x_0)}{h} \quad \blacktriangleright \; x_0 \in D(f) \text{ beliebig}$$

$$= \frac{c \cdot f_1(x_0+h) - c \cdot f_1(x_0)}{h}$$

$$= c \cdot \frac{f_1(x_0+h) - f_1(x_0)}{h}$$

$$\Rightarrow \lim_{h \to 0} c \cdot \frac{f_1(x_0+h) - f_1(x_0)}{h} \quad \blacktriangleright \text{ Grenzwertsätze}$$

$$= \lim_{h \to 0} c \cdot \lim_{h \to 0} \frac{f_1(x_0+h) - f_1(x_0)}{h}$$

$$= c \cdot f_1'(x_0)$$

$$\Rightarrow f'(x_0) = c \cdot f_1'(x_0)$$

$$\Rightarrow f': f'(x) = c \cdot f_1'(x);\; D(f) = D(f_1) \quad \blacktriangleright \text{ Ableitungsfunktion}$$

Ist der Funktionsterm einer Funktion f die Summe zweier Funktionsterme $f_1(x)$ und $f_2(x)$ von differenzierbaren Funktionen f_1 und f_2, also $f: f(x) = f_1(x) + f_2(x)$, so ist auch f differenzierbar und lässt sich nach einer allgemeinen Regel ableiten. Dabei ist zu beachten, dass der Definitionsbereich $D(f)$ aus den gemeinsamen Elementen von $D(f_1)$ und $D(f_2)$ besteht.

Beispiel 7.7

Berechnen Sie die Ableitungsfunktion f' der Funktion $f: f(x) = x^3 + x^{-2}$; $D(f) = \mathbb{R}^*$.

Die Funktion f kann als sog. **Summe der Funktionen**
$f_1: f_1(x) = x^3$; $D(f_1) = \mathbb{R}$ (► Beispiel 7.1) und $f_2: f_2(x) = x^{-2}$; $D(f_2) = \mathbb{R}^*$ (► Beispiel 7.3), d.h., $f = f_1 + f_2$ mit $f(x) = f_1(x) + f_2(x)$ aufgefasst werden.

Man bildet den Term der Differenzenquotientenfunktion der Funktion f zu einer beliebigen Stelle $x_0 \in D(f)$. Dieser lässt sich als Summe von zu den Funktionen f_1 und f_2 gehörenden Differenzenquotienten schreiben.

Zur Verdeutlichung, um welche Differenzenquotientenfunktion es sich dabei jeweils handelt, werden $d_{f_1(x_0)}(h)$ und $d_{f_2(x_0)}(h)$ zur Unterscheidung hier mit dem vollen Index geschrieben.

Durch Grenzwertbildung erhält man die Ableitung von f an der Stelle x_0 zu $f'(x_0) = f_1'(x_0) + f_2'(x_0)$.

$$d_{f(x_0)}(h) = \frac{(x_0+h)^3 + \dfrac{1}{(x_0+h)^2} - x_0^3 - \dfrac{1}{x_0^2}}{h}$$

$$= \frac{(x_0+h)^3 - x_0^3 + \dfrac{1}{(x_0+h)^2} - \dfrac{1}{x_0^2}}{h}$$

$$= \frac{(x_0+h)^3 - x_0^3}{h} + \frac{\dfrac{1}{(x_0+h)^2} - \dfrac{1}{x_0^2}}{h}$$

$$= d_{f_1(x_0)}(h) + d_{f_2(x_0)}(h)$$

$$\Rightarrow \lim_{h \to 0} d_{f(x_0)}(h)$$

$$= \lim_{h \to 0} [d_{f_1(x_0)}(h) + d_{f_2(x_0)}(h)]$$

$$= f_1'(x_0) + f_2'(x_0)$$

$$= 3x_0^2 + (-2x_0^{-3}) \quad \blacktriangleright \text{ Beispiele 7.1 und 7.3}$$

$$\Rightarrow f'(x_0) = 3x_0^2 - 2x_0^{-3}$$

Da $x_0 \in D(f)$ beliebig war, lautet die Ableitungsfunktion f' somit:

$$f': f'(x) = 3x^2 + (-2x^{-3}) = 3x^2 - 2x^{-3};\ D(f') = \mathbb{R}^*.$$

$$\Rightarrow f': f'(x) = f_1'(x) + f_2'(x) \quad \blacktriangleright \text{ Ableitungsfunktion}$$
$$= 3x^2 - 2x^{-3};\ D(f') = \mathbb{R}^*$$

Allgemeiner noch lässt sich zeigen:

Wenn f_1 und f_2 differenzierbare Funktionen sind, so ist auch die Summe $f: f(x) = f_1(x) + f_2(x)$ eine differenzierbare Funktion, wobei zu $D(f)$ alle gemeinsamen Elemente von $D(f_1)$ und $D(f_2)$ gehören, und es gilt: $f': f'(x) = f_1'(x) + f_2'(x)$.

$$d_{f(x_0)}(h) = \frac{f(x_0+h) - f(x_0)}{h}$$
$$= \frac{f_1(x_0+h) + f_2(x_0+h) - [f_1(x_0) + f_2(x_0)]}{h}$$
$$= \frac{f_1(x_0+h) - f_1(x_0) + [f_2(x_0+h) - f_2(x_0)]}{h}$$
$$= \frac{f_1(x_0+h) - f_1(x_0)}{h} + \frac{f_2(x_0+h) - f_2(x_0)}{h}$$

Diese Ableitungsregel wird als **Summenregel** bezeichnet; sie gilt auch für mehr als zwei Summanden.

$$\Rightarrow \lim_{h \to 0} d_{f(x_0)}(h)$$
$$= \lim_{h \to 0} \left(\frac{f_1(x_0+h) - f_1(x_0)}{h} + \frac{f_2(x_0+h) - f_2(x_0)}{h} \right)$$

▶ Grenzwertsätze

$$= \lim_{h \to 0} \frac{f_1(x_0+h) - f_1(x_0)}{h} + \lim_{h \to 0} \frac{f_2(x_0+h) - f_2(x_0)}{h}$$
$$= f_1'(x_0) + f_2'(x_0)$$
$$\Rightarrow f'(x_0) = \underline{\underline{f_1'(x_0) + f_2'(x_0)}}.$$

Merke:

- Für die Ableitung von Funktionen des Typs $f: f(x) = x^m;\ m \in \mathbb{Z}^*$ gilt die **Potenzregel**:
  $$f: f(x) = x^m;\ m \in \mathbb{Z}^* \Rightarrow f': f'(x) = m \cdot x^{m-1};\ m \in \mathbb{Z}^*.$$
- Für die Ableitung von konstanten Funktionen gilt die **Konstantenregel**:
  $$f: f(x) = c \text{ mit } c \in \mathbb{R} \Rightarrow f': f'(x) = 0.$$
- Ist eine Funktion f_1 an einer Stelle x_0 differenzierbar und ist c eine Konstante, dann ist auch die Funktion $f: f(x) = c \cdot f_1(x)$ an der Stelle x_0 differenzierbar, und es gilt die **Faktorregel**:
  $$f: f(x) = c \cdot f_1(x) \Rightarrow f'(x_0) = c \cdot f_1'(x_0).$$
- Sind zwei Funktionen f_1 und f_2 an einer Stelle x_0 differenzierbar, dann ist auch ihre Summe, d.h. die Funktion $f: f(x) = f_1(x) + f_2(x)$ an der Stelle x_0 differenzierbar, und es gilt die **Summenregel**:
  $$f: f(x) = f_1(x) + f_2(x) \Rightarrow f'(x_0) = f_1'(x_0) + f_2'(x_0).$$

Anmerkung:

Der Begriff „Ableitung“ wird in der Mathematik sowohl für die Ableitungsfunktion f' einer Funktion f als auch für den Ableitungsterm $f'(x_0)$ an einer Stelle x_0 verwendet. Mögliche Verwechslungen werden durch den Textzusammenhang ausgeschlossen. ▶ Abschnitt 6.2

Ableitungen höherer Ordnung

Ganzrationale Funktionen $f\colon f(x)=a_n x^n+a_{n-1}x^{n-1}+\ldots+a_1 x+a_0$; $D(f)=\mathbb{R}$ vom Grad n sind differenzierbar (▶ Abschnitt 6.2). Ihre Ableitungen sind wieder ganzrationale Funktionen, und zwar vom Grad $n-1$. Sie lassen sich nach der Summenregel durch **gliedweises Differenzieren** mit Hilfe der Potenz-, Faktor- und Konstantenregel leicht erhalten:

$$f\colon f(x)=a_n x^n+a_{n-1}x^{n-1}+\ldots+a_1 x+a_0 \Rightarrow f'\colon f'(x)=(a_n x^n)'+(a_{n-1}x^{n-1})'+\ldots+(a_1 x)'+(a_0)'$$
$$=n\cdot a_n x^{n-1}+(n-1)\cdot a_{n-1}x^{n-2}+\ldots+a_1+0$$
$$=n\cdot a_n x^{n-1}+(n-1)\cdot a_{n-1}x^{n-2}+\ldots+a_1.$$

Beispiel 7.8

Die Ableitung f' der ganzrationalen Funktion $f\colon f(x)=x^6-3x^4+2x^3-2x^2+2$; $D(f)=\mathbb{R}$ erfolgt gliedweise und wird dann mit Hilfe der Potenz-, Faktor- und Konstantenregel ermittelt.

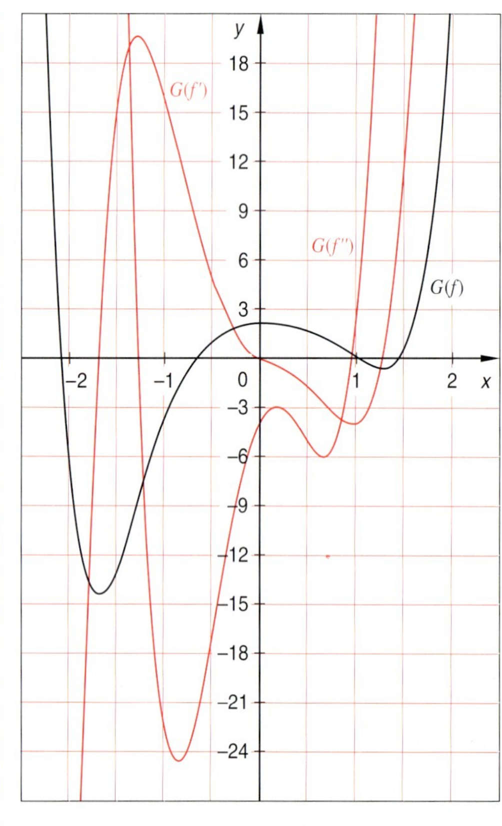

Hiernach ist
$f'\colon f'(x)=6x^5-12x^3+6x^2-4x$; $D(f')=\mathbb{R}$
die Ableitungsfunktion von f.

Sie heißt auch **Ableitung erster Ordnung** oder **erste Ableitung**.

f' ist wieder eine ganzrationale Funktion. Somit kann man die Ableitung von f' bilden, die mit f'' (f-zwei-Strich) bezeichnet wird und **Ableitung zweiter Ordnung** oder **zweite Ableitung** heißt.

$f''\colon f''(x)=30x^4-36x^2+12x-4$;
$D(f'')=\mathbb{R}$.

$$f'(x)=6\cdot x^{6-1}-3\cdot 4x^{4-1}+2\cdot 3x^{3-1}-2\cdot 2x^{2-1}$$
$$=6x^5-12x^3+6x^2-4x$$

$$f''(x)=5\cdot 6x^{5-1}-3\cdot 12x^{3-1}+2\cdot 6x^{2-1}-4x^{1-1}$$
$$=30x^4-36x^2+12x-4$$

Entsprechend heißt

$f'''\colon f'''(x)=120x^3-72x+12$; $D(f''')=\mathbb{R}$.
Ableitung dritter Ordnung oder **dritte Ableitung**.

$$f'''(x)=4\cdot 30x^{4-1}-2\cdot 36x^{2-1}+12x^{1-1}$$
$$=120x^3-72x+12$$

Von der vierten Ableitung an verzichtet man auf die Ableitungsstriche und schreibt:

$f^{(4)}\colon f^{(4)}(x)=360x^2-72$; $D(f^{(4)})=\mathbb{R}$.

Ableitung vierter Ordnung oder **vierte Ableitung**.

$$f^{(4)}(x)=3\cdot 120x^{3-1}-72x^{1-1}=360x^2-72$$

$f^{(5)}: f^{(5)}(x) = 720x$; $D(f^{(5)}) = \mathbb{R}$.
Ableitung fünfter Ordnung oder **fünfte Ableitung**.

$f^{(5)}(x) = 2 \cdot 360x^{2-1} = 720x$

$f^{(6)}: f^{(6)}(x) = 720$; $D(f^{(6)}) = \mathbb{R}$.
Ableitung sechster Ordnung oder **sechste Ableitung**.

$f^{(6)}(x) = 720x^{1-1} = 720$

$f^{(7)}: f^{(7)}(x) = 0$; $D(f^{(7)}) = \mathbb{R}$.
Ableitung siebenter Ordnung oder **siebente Ableitung**.

$f^{(7)}(x) = 0$

Weitere Ableitungen ergeben stets die Nullfunktion.

Merke:

Die Ableitung einer ganzrationalen Funktion f ist wieder ganzrational und damit auch wieder in ihrem gesamten Definitionsbereich $\mathbb{R}$ differenzierbar. Hinsichtlich f werden die einzelnen Ableitungen geordnet:

f' (f-Strich) ist die **erste Ableitung** von f;
f'' (f-zwei-Strich) ist die Ableitung von f' und die **zweite Ableitung** von f;
f''' (f-drei-Strich) ist die Ableitung von f'' und die **dritte Ableitung** von f;
Von der **vierten Ableitung** an schreibt man $f^{(4)}$ (f-vier-Strich), $f^{(5)}$, $f^{(6)}$, ... usw.

Allgemein erhält man die **Ableitung *n*-ter Ordnung** von f als Ableitung $(n-1)$-ter Ordnung von f, d.h.: $f^{(n)} = (f^{(n-1)})'$.

Technisch/physikalische Bedeutung des Ableitungsbegriffs

Der Funktionswert der Ableitungsfunktion f' gibt die Steigung des Graphen der Ausgangsfunktion f an einer bestimmten Stelle an. In den Naturwissenschaften und der Technik hat die Ableitungsfunktion weitere Interpretationen. Wie wir im Beispiel 6.1 gesehen haben, gibt die Ableitung s' der Wegfunktion s für jeden Zeitpunkt t die Momentangeschwindigkeit zu diesem Zeitpunkt an.

- Statt die auftretenden Funktionen ständig mit f zu bezeichnen, verwendet man üblicherweise die in der jeweiligen Fachrichtung gebräuchlichen Namen. Die Wegfunktion bekommt den Namen s, die Geschwindigkeitsfunktion den Namen v und die Beschleunigungsfunktion den Namen a.

Beispiele für Funktionsterme	
Weg zur Zeit t	$s(t)$
Geschwindigkeit zur Zeit t	$v(t)$
Beschleunigung zur Zeit t	$a(t)$

- Die erste Ableitung einer Funktion nach der Zeit t kennzeichnet man statt mit einem kleinen Strich mit einem Punkt über dem Funktionsnamen. Entsprechend werden die höheren Zeitableitungen mit mehreren Punkten versehen. Man schreibt:

  $v(t)=\dot{s}(t), \quad a(t)=\dot{v}(t)=\ddot{s}(t).$

Unabhängige Variable	Ausgangsfunktion	erste Ableitung	zweite Ableitung
x	$f(x)$	$f'(x)$	$f''(x)$
z	$f(z)$	$f'(z)$	$f''(z)$
Zeit t	$f(t)$	$\dot{f}(t)$	$\ddot{f}(t)$

In der Physik und der Technik gibt es zahlreiche physikalische Größen, die über die Ableitung miteinander verknüpft sind. Die folgende Tabelle enthält eine Zusammenstellung einiger Größen.

Ausgangsfunktion	Ableitung	Zusammenhang
Ladung $q(t)$	$i(t)=\dot{q}(t)$	Beim Stromfluss durch einen elektrischen Leiter ist die Stromstärke $i(t)$ die erste Ableitung der elektrischen Ladung $q(t)$ nach der Zeit t.
Stromstärke $i(t)$	$u(t)=L\cdot i(t)$	Fließt durch eine Spule der Induktivität L ein zeitlich veränderlicher Strom der Stromstärke $i(t)$, so ergibt sich die elektrisache Spannung $u(t)$ als Produkt aus Induktivität und der Ableitung der Stromstärke nach der Zeit t.
Weg $s(t)$	$v(t)=\dot{s}(t)$	Bei einer geradlinigen Bewegung ist die Momentangeschwindigkeit $v(t)$ gleich der ersten Abtung des Weges $s(t)$ nach der Zeit t.
Geschwindigkeit $v(t)$	$a(t)=\dot{v}(t)$	Bei einer geradlinigen Bewegung ist die Beschleunigung $a(t)$ gleich der ersten Ableitung der Geschwindigkeit $v(t)$ nach der Zeit t.
Weg $s(t)$	$a(t)=\ddot{s}(t)$	Bei einer geradlinigen Bewegung ist die Beschleunigung $a(t)$ gleich der zweiten Ableitung des Weges $s(t)$ nach der Zeit t.
Drehwinkel $\varphi(t)$	$\omega(t)=\dot{\varphi}(t)$	Die augenblickliche Lage eines Massenpunktes bei einer Drehbewegung wird durch den zeitabhängigen Winkel $\varphi(t)$ beschrieben. Die Winkelgeschwindigkeit $\omega(t)$ ist die erste Ableitung des Drehwinkels $\varphi(t)$ nach der Zeit t.
Winkelgeschwindigkeit $\omega(t)$	$\alpha(t)=\dot{\omega}(t)$	Die Winkelbeschleunigung $\alpha(t)$ ist die erste Ableitung der Winkelgeschwindigkeit $\omega(t)$ nach t.
Drehwinkel $\varphi(t)$	$\alpha(t)=\ddot{\varphi}(t)$	Die Winkelbeschleunigung $\alpha(t)$ ist die zweite Ableitung des Drehwinkels $\varphi(t)$ nach der Zeit t.

Wir bemerken noch, dass sich in den Naturwissenschaften und der Technik gewisse Sprechweisen eingebürgert haben, die von den exakten mathematischen Begriffsbildungen abweichen. Schreibt man beispielsweise $s(t)$ so ist in der Mathematik der Funktionsterm der Funktion s oder der Funktionswert der Funktion s an der Stelle t gemeint, was jeweils aus dem Zusammenhang deutlich wird. In den Naturwissenschaften und der Technik bezeichnet man häufig die Funktion bzw. das entsprechende Weg-Zeit-Gesetz mit dem Symbol $s(t)$.

Übungen zu 7.1

1. Bestimmen Sie die dritte Ableitung folgender Funktionen bzw. Funktionstypen:

a) $f: f(x)=0{,}5x^3$; $D(f)=\mathbb{R}$
b) $f: f(x)=1{,}5x^4$; $D(f)=\mathbb{R}$
c) $f: f(x)=0{,}5x^3+3x^2$; $D(f)=\mathbb{R}$
d) $f: f(x)=x^m$; $D(f)=\mathbb{R}$; $m\in\mathbb{N}^*$
e) $f: f(x)=-0{,}5x^5$; $D(f)=\mathbb{R}$
f) $f: f(x)=0{,}5x^3+1$; $D(f)=\mathbb{R}$
g) $f: f(x)=3x^3-5$; $D(f)=\mathbb{R}$
h) $f: f(x)=0{,}2x^{-3}$; $D(f)=\mathbb{R}^*$
i) $f: f(x)=-0{,}5x^{-5}$; $D(f)=\mathbb{R}^*$
j) $f: f(x)=3x^2-0{,}5x^{-3}$; $D(f)=\mathbb{R}^*$
k) $f: f(x)=-3x^7+1$; $D(f)=\mathbb{R}$
l) $f: f(x)=a+3bx^2$; $D(f)=\mathbb{R}$; $a, b\in\mathbb{R}$
m) $f: f(x)=ax^m$; $D(f)=\mathbb{R}^*$; $m\in\mathbb{Z}^*$; $a\in\mathbb{R}$
n) $f: f(x)=-0{,}5bx^{-n}$; $D(f)=\mathbb{R}^*$; $n\in\mathbb{N}^*$; $b\in\mathbb{R}$
o) $f: f(x)=-\frac{1}{3}x^3+2x^{-5}$; $D(f)=\mathbb{R}^*$
p) $f: f(x)=-\frac{1}{3}cx^n$; $D(f)=\mathbb{R}$; $n\in\mathbb{N}^*$; $c\in\mathbb{R}$.

2. Leiten Sie die folgenden Funktionen bzw. Funktionstypen so oft ab, bis die jeweilige Ableitungsfunktion eine konstante Funktion ist ($D(f)=\mathbb{R}$).

a) $f: f(x)=3x^7-0{,}5x^3$
b) $f: f(x)=0{,}25x^8+0{,}5x^{10}-3$
c) $f: f(x)=0{,}125x^8-30x^4$
d) $f: f(x)=0{,}03x^6+0{,}005x^4-3x$
e) $f: f(x)=0{,}01ax^{12}-0{,}5bx^8$; $a, b\in\mathbb{R}$
f) $f: f(x)=0{,}25ax^4+0{,}5bx^5-3$; $a, b\in\mathbb{R}$
g) $f: f(x)=3ax^5-0{,}5bx^4$; $a, b\in\mathbb{R}$
h) $f: f(x)=0{,}2ax^5+0{,}5bx^6-3$; a, $b\in\mathbb{R}$
i) $f: f(x)=0{,}125x^8+0{,}25x^6-0{,}2x^5-4x^3-3x^2+12x-15$

3. Bestimmen Sie die Steigungsmaße der Graphen folgender Funktionen an den jeweiligen Stellen.

a) $f: f(x)=0{,}5x^3$; $D(f)=\mathbb{R}$; $x_1=2$
b) $f: f(x)=-0{,}5x^5$; $D(f)=\mathbb{R}$; $x_1=-1$
c) $f: f(x)=0{,}5x^3+1$; $D(f)=\mathbb{R}$; $x_1=2$
d) $f: f(x)=0{,}5x^3+3x^2$; $D(f)=\mathbb{R}$; $x_1=3$
e) $f: f(x)=3x^2-0{,}5x^{-3}$; $D(f)=\mathbb{R}^*$; $x_1=-2$
f) $f: f(x)=-3x^7+2x$; $D(f)=\mathbb{R}$; $x_1=5$.

4. An welcher Stelle hat der Graph der Funktion

a) $f: f(x)=0{,}5x^3+2x$; $D(f)=\mathbb{R}$; das Steigungsmaß 3,5;
b) $f: f(x)=3x^2-0{,}5x^{-3}$; $D(f)=\mathbb{R}^*$; das Steigungsmaß $-4{,}5$;
c) $f: f(x)=0{,}5x^2$; $D(f)=\mathbb{R}$; das Steigungsmaß 2;
d) $f: f(x)=2x^3-3x^2$; $D(f)=\mathbb{R}$; das Steigungsmaß 12?

5. Bestimmen Sie die Steigungsmaße folgender Funktionen jeweils an der Stelle 2 und zeichnen Sie deren Graphen im Intervall [0; 3].

a) $f_1: f_1(x)=0{,}5x^3$; $D(f)=\mathbb{R}$
b) $f_2: f_2(x)=0{,}5x^3+3$; $D(f)=\mathbb{R}$
c) $f_3: f_3(x)=0{,}5x^3-5$; $D(f)=\mathbb{R}$
d) $f_4: f_4(x)=0{,}5x^3-2{,}5$; $D(f)=\mathbb{R}$

6. Geben Sie jeweils eine Funktion mit folgendem Ableitungsterm an.

a) $f'(x)=2$
b) $f'(x)=x$
c) $f'(x)=3x^2$
d) $f'(x)=2x+1$
e) $f'(x)=x^2-x$
f) $f'(x)=0{,}25x^3$

7. Zeigen Sie mit Hilfe der Polynomdivision und unter Anwendung der Grenzwertsätze am Beispiel der Funktion $f: f(x)=x^5$; $D(f)=\mathbb{R}$, dass der Term der Ableitungsfunktion $5x^4$ ist.

8. Aus dem Weg-Zeit-Gesetz $s(t)$ einer Bewegung kann man die Momentangeschwindigkeit $v(t)$ und die Momentanbeschleunigung $a(t)$ berechnen. Es gilt: $v(t)=\dot{s}(t)$ und $a(t)=\ddot{s}(t)$.
Ermitteln Sie zu dem gegebenen Term $s(t)$ die Funktionsterme $v(t)$ und $a(t)$.

a) $s(t)=3\,\frac{\text{m}}{\text{s}}\cdot t+2\,\text{m}$
b) $s(t)=4\,\frac{\text{m}}{\text{s}^2}\cdot t^2+10\,\frac{\text{m}}{\text{s}}\cdot t+1\,\text{m}$
c) $s(t)=v_0\cdot t-\frac{1}{2}g\cdot t^2$

Zeichnen Sie zu den Teilaufgaben a und b jeweils das Weg-Zeit-, das Geschwindigkeit-Zeit- und das Beschleunigung-Zeit-Diagramm

9. Das Weg-Zeit-Gesetz für den senkrechten Wurf lässt sich durch die ganzrationale Funktion $s: s(t)=v_0t-0{,}5gt^2$; $D(s)=\mathbb{R}$ beschreiben, wobei v_0 die Anfangsgeschwindigkeit (z.B. eines Balles beim Verlassen der Hand) und g die Gravitationskonstante ($\approx 10\,\text{m/s}^2$) bezeichnet. Die Anfangsgeschwindigkeit ist 30 m/s.

a) In welcher Höhe befindet sich der Ball nach 2 s, 4 s, 6 s?
b) Berechnen Sie die Ballgeschwindigkeit nach 2 s, 4 s, 6 s.
c) Wie groß ist die Geschwindigkeit des Balles zu dem Zeitpunkt, zu dem der Ball seine höchste Flughöhe erreicht hat, und wie hoch fliegt der Ball dann?

10. Für die Stromstärke gilt $i(t) = \dot{q}(t)$, wobei $q(t)$ die elektrische Ladung ist, die durch einen Leitungsquerschnitt fließt. Sei $q(t) = 2 - 2t + t^2$ (Zahlenwertgleichung). Bestimmen Sie die Stromstärke und die zeitliche Änderung der Stromstärke zum Zeitpunkt $t = 5$.

11. Für den freien Fall gilt $s(t) = \frac{1}{2} g \cdot t^2$.
a) Wie groß ist die Auftreffgeschwindigkeit bei einem Fall aus einer Höhe von 20 m (40 m)?
b) Aus welcher Höhe muss ein Stein fallen, wenn er mit $50 \frac{\text{km}}{\text{h}}$ auftreffen soll?

12. Wie groß ist die Momentangeschwindigkeit zur Zeit t_1 beim senkrechten Wurf nach unten? (Es gilt: $s(t) = \frac{1}{2} g \cdot t^2 + v_0 \cdot t$.)

13. Eine punktförmige Masse bewegt sich auf einer Geraden nach dem Gesetz $s(t) = \frac{1}{2} t^3 - 3t$. Bestimmen Sie seine Geschwindigkeit und seine Beschleunigung zur Zeit $t = 4$.

14. Das Weg-Zeit-Gesetz für die Bewegung eines Massenpunktes sei $s(t) = 2t^3 - 12t^2 + 18t + 8$.
a) Bestimmen Sie s und a für $v = 0$.
b) Bestimmen Sie s und v für $a = 0$.
c) In welchem Bereich wächst s?
d) In welchem Bereich wächst v?
e) Wann wechselt die Bewegungsrichtung?

15. Ein Körper bewege sich reibungsfrei nach dem Gesetz $s(t) = \frac{1}{2} t^3 - \frac{9}{2} t^2 + 12t$.
a) Wann wächst s und wann fällt s?
b) Wann wächst v und wann fällt v?
c) Bestimmen Sie die Gesamtstrecke, die der Körper in den ersten 5 s der Bewegung zurücklegt.

16. Ein Massenpunkt bewegt sich auf einer Kreisbahn gegen den Uhrzeigersinn nach dem Gesetz $\varphi(t) = 0{,}02t^2 - t$, wobei φ im Bogenmaß und t in s gemessen wird. Berechnen Sie $\varphi(10)$, $\omega(10)$ und $\alpha(10)$. ($\omega(t)$: Winkelgeschwindigkeit; $\alpha(t)$: Winkelbeschleunigung.)

17. Ein Träger ist an einem Ende fest eingespannt und liegt an seinem anderen Ende fest auf. Infolge seines Eigengewichts biegt sich der Träger nach unten durch. Die Lage der neutralen Faser des Trägers ist durch die Gleichung

$$y = -k \cdot \left(x - \frac{3x^3}{a^2} + \frac{2x^4}{a^3} \right)$$

gegeben. Dabei ist $a = 8$ m die Länge des Trägers und k eine positive dimensionslose Konstante.
a) An welcher Stelle hängt der Träger am weitesten durch?
b) Wie groß ist k, wenn der Winkel zwischen der Kurventangente im Auflagepunkt und der Horizontalen 1° beträgt?

7.2 Eigenschaften von ganzrationalen Funktionen

Physikalisch-technische Problemstellungen wie z. B. Geschwindigkeits- und Beschleunigungsprobleme bei bewegten Körpern lassen sich mittels Ableitungen einfach und quantitativ genau lösen.

In der Differentialrechnung interessieren die Ableitungen aber vor allem als Hilfsmittel zur Bestimmung wichtiger Eigenschaften der Funktionsgraphen bzw. Funktions**kurven** (deshalb: **Kurvendiskussion** ▶ Abschnitt 7.3). Zur Kurvendiskussion gehören auch die Bestimmung der Achsenschnittpunkte, die Untersuchung der Graphen ganzrationaler Funktionen auf Symmetrie sowie zusätzlich die Angabe von Definitionslücken und Asymptoten bei Graphen gebrochenrationaler Funktionen.

Anhand des Graphenverlaufs der ganzrationalen Funktion $f\colon f(x) = x^4 - x^3 - 4x^2 + 4x$; $D(f) = \mathbb{R}$ sollen die besonders wichtigen Eigenschaften eines Funktionsgraphen „**lokaler Extrempunkt**“ und „**absoluter Extrempunkt**“ verdeutlicht werden.

Alle Punkte des Graphen in unmittelbarer Nachbarschaft von P_2 liegen unterhalb von P_2. Ein Punkt $P\langle x_E | f(x_E)\rangle$ eines Graphen von f, dessen unmittelbar benachbarte Punkte auf dem Graphen links und rechts von ihm einen kleineren $f(x)$-Wert besitzen, heißt **lokaler Hochpunkt**. Ist $P\langle x_E | f(x_E)\rangle$ ein lokaler Hochpunkt, so heißt die Stelle x_E **lokale Maximalstelle** und der zugehörige $f(x_E)$-Wert **lokales Maximum**.

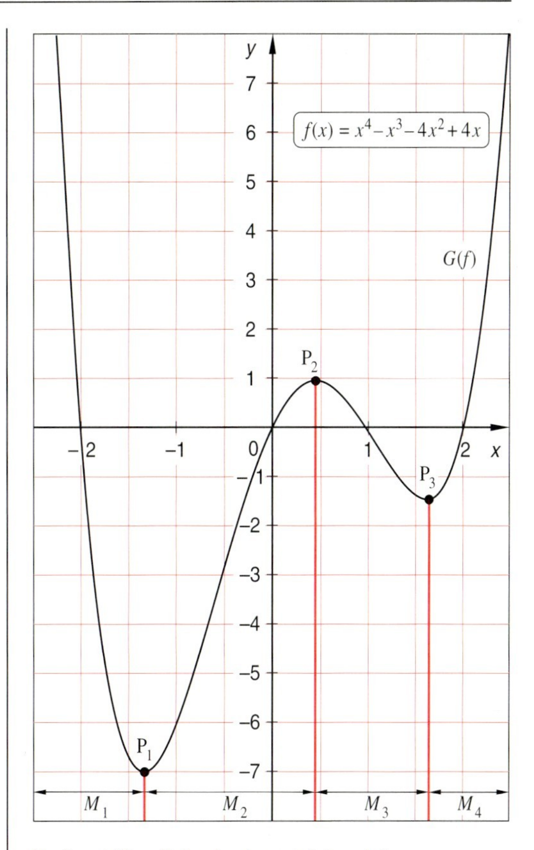

Gilt $f(x_E) > f(x)$ nicht nur für eine Umgebung der Stelle x_E, sondern für alle $x \in D(f) \setminus \{x_E\}$, so heißt $P\langle x_E | f(x_E)\rangle$ **absoluter Hochpunkt**.

Alle Punkte des Graphen in unmittelbarer Nachbarschaft von P_1 bzw. P_3 liegen oberhalb von P_1 bzw. P_3. Ein Punkt $P\langle x_E | f(x_E)\rangle$ eines Graphen von f, dessen unmittelbar benachbarte Punkte auf dem Graphen links und rechts von ihm einen größeren $f(x)$-Wert besitzen, heißt **lokaler Tiefpunkt**. Ist $P\langle x_E | f(x_E)\rangle$ ein lokaler Tiefpunkt, so heißt die Stelle x_E **lokale Minimalstelle** und der zugehörige $f(x_E)$-Wert **lokales Minimum**.

Alle Punkte des Graphen von f liegen oberhalb von P_1. Gilt $f(x_E) < f(x)$ nicht nur für eine Umgebung der Stelle x_E, sondern für alle $x \in D(f) \setminus \{x_E\}$, so heißt $P\langle x_E | f(x_E)\rangle$ **absoluter Tiefpunkt**.

$P_1\langle x_{E_1} | f(x_{E_1})\rangle$ ▶ absoluter Tiefpunkt
$P_2\langle x_{E_2} | f(x_{E_2})\rangle$ ▶ lokaler Hochpunkt
$P_3\langle x_{E_3} | f(x_{E_3})\rangle$ ▶ lokaler Tiefpunkt
} ▶ lokale Extrempunkte von $G(f)$

Die lokalen Maximal- und Minimalstellen einer Funktion f nennt man zusammenfassend auch ihre **lokalen Extremstellen**. Entsprechend nennt man die lokalen Maximal- und Minimalpunkte von $G(f)$ zusammenfassend seine **lokalen Extrempunkte**.

x_{E_1}, x_{E_3} ▶ lokale Minimalstellen von f
x_{E_2} ▶ lokale Maximalstelle von f
$x_{E_1}, x_{E_2}, x_{E_3}$ ▶ lokale Extremstellen von f

Die drei Extremstellen x_{E_1}, x_{E_2} und x_{E_3} teilen den Definitionsbereich von f ($D(f) = \mathbb{R}$) in vier **Monotonieintervalle** M_1, M_2, M_3 und M_4 ein.

$M_1 = (-\infty; x_{E_1})$ ▶ $G(f)$ fällt
$M_2 = (x_{E_1}; x_{E_2})$ ▶ $G(f)$ steigt
$M_3 = (x_{E_2}; x_{E_3})$ ▶ $G(f)$ fällt
$M_4 = (x_{E_3}; \infty)$ ▶ $G(f)$ steigt

Zwischen diesen Intervallen ändert $G(f)$ sein Steigungsverhalten, innerhalb dieser Intervalle aber nicht.

Monotonieverhalten und lokale Extremstellen

Beispiel 7.9a

Gegeben ist die ganzrationale Funktion

$f\colon f(x) = 0{,}125x^3 - 0{,}375x^2 - 1{,}125x + 2{,}375$

mit $D(f) = \mathbb{R}$, die auf ihr Monotonieverhalten und auf Extremstellen untersucht wird.

Für die Ableitung von f gilt:

$f'\colon f'(x) = 0{,}375x^2 - 0{,}75x - 1{,}125;\ D(f') = \mathbb{R}$.

Monotonieverhalten:
Betrachtet man die Graphen von f und f', so erkennt man, dass $G(f')$ dort **oberhalb** der x-Achse verläuft ($f'(x) > 0$), wo $G(f)$ **steigt**. Entsprechend verläuft $G(f')$ dort **unterhalb** der x-Achse ($f'(x) < 0$), wo $G(f)$ **fällt**.

Man erkennt außerdem:
Ist x_E eine **lokale Maximalstelle** von f, so müssen die Tangenten an den Graphen von f in unmittelbarer Umgebung von x_E links vom Punkt $\langle x_E | f(x_E) \rangle$ steigen und rechts davon fallen, während die Tangente im Punkt $\langle x_E | f(x_E) \rangle$ selbst **waagerecht** verläuft. Für die Funktion f bedeutet dies, dass in unmittelbarer Umgebung der Stelle x_E gelten muss:

$f'(x) > 0$ für $x < x_E$,
$f'(x_E) = 0$,
$f'(x) < 0$ für $x_E < x$.

Eine entsprechende Aussage gilt für eine lokale Minimalstelle.

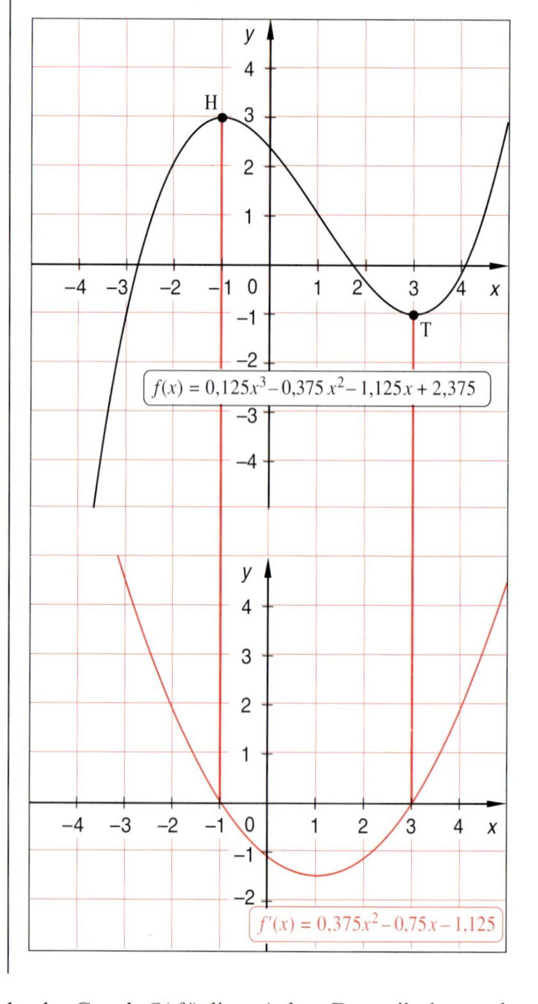

An einer lokalen Extremstelle x_E von f schneidet der Graph $G(f')$ die x-Achse. Dort gilt demnach $f'(x_E) = 0$ und $G(f)$ ändert hier sein Steigungsverhalten. Man sagt: Das **Steigungsverhalten** von $G(f)$ entspricht dem **Monotonieverhalten** von f.

Die beiden aus der Zeichnung ersichtlichen lokalen Extremstellen von f sind also Nullstellen der Ableitungsfunktion f' und bilden Grenzen von Monotonieintervallen von f.

Zur rechnerischen Bestimmung dieser Extremstellen wird daher die Gleichung $f'(x) = 0$ gelöst.

$$\begin{aligned} f'(x) = 0 &\Leftrightarrow 0{,}375x^2 - 0{,}75x - 1{,}125 = 0 && |:0{,}375 \\ &\Leftrightarrow x^2 - 2x - 3 = 0 && |+3 \\ &\Leftrightarrow x^2 - 2x = 3 && \blacktriangleright \text{ quadratische Ergänzung} \\ &\Leftrightarrow x^2 - 2x + 1 = 4 && \blacktriangleright \text{ Binom} \\ &\Leftrightarrow (x-1)^2 = 4 && |\sqrt{\ } \\ &\Leftrightarrow |x-1| = 2 \\ &\Leftrightarrow x = -1 \quad \text{oder} \quad x = 3 \end{aligned}$$

Lösung: $x_{E_1} = \underline{\underline{-1}}$ und $x_{E_2} = \underline{\underline{3}}$.

Die beiden Extremstellen x_{E_1} und x_{E_2} teilen den Definitionsbereich von f in die drei **Monotonieintervalle** M_1, M_2 und M_3 ein, wobei $x_{E_1} = -1$ und $x_{E_2} = 3$ Grenzen der Monotonieintervalle bilden, selbst aber nicht zu den jeweiligen Intervallen gehören (**offene Intervalle**), da $G(f)$ an diesen Stellen weder steigt noch fällt.

$M_1 = (-\infty; -1)$ ▶ $G(f)$ steigt
$M_2 = (-1; 3)$ ▶ $G(f)$ fällt
$M_3 = (3; \infty)$ ▶ $G(f)$ steigt

Anhand der Zeichnung erkennt man, dass im Intervall M_1 gilt $\boldsymbol{f'(x) > 0}$ und f dort **streng** monoton **steigt**.

In M_2 gilt $\boldsymbol{f'(x) < 0}$, dort **fällt** f **streng** monoton.

In M_3 gilt wieder $\boldsymbol{f'(x) > 0}$; dort **steigt** f somit nochmals **streng** monoton.

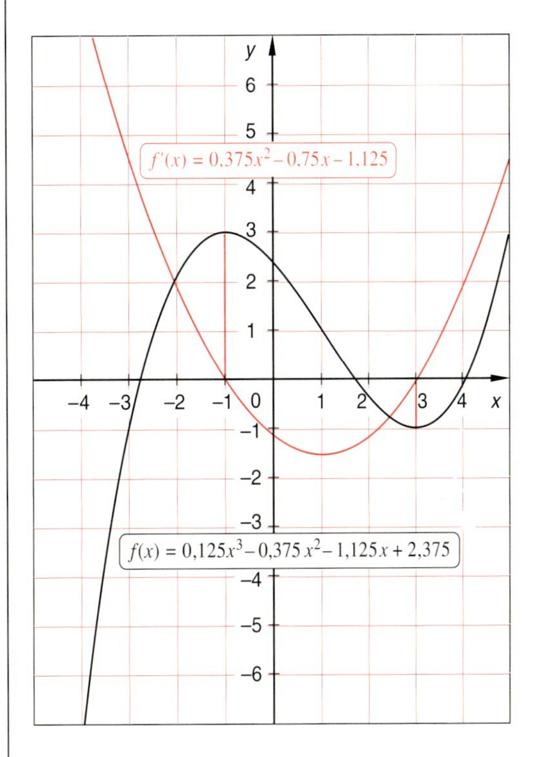

Zur Feststellung des Monotonieverhaltens in einem Monotonieintervall reicht i.allg. der Nachweis des Vorzeichens von $f'(x)$ an **einer** beliebigen Teststelle des jeweiligen Intervalls aus. Denn es gilt für ein beliebiges Intervall I:

Aus $\boldsymbol{f'(x) \geq 0}$ für alle $x \in I$ lässt sich schließen, dass f in diesem Intervall **monoton steigt**;

aus $\boldsymbol{f'(x) > 0}$ für alle $x \in I$ schließt man, dass f in I sogar **streng monoton steigt**.

Aus $\boldsymbol{f'(x) \leq 0}$ für alle $x \in I$ lässt sich schließen, dass f in diesem Intervall **monoton fällt**;

aus $\boldsymbol{f'(x) < 0}$ für alle $x \in I$ schließt man, dass f in I sogar **streng monoton fällt**.

$M_1 = (-\infty; -1)$: $f'(-2) = 1,875$ ▶ Vorzeichen „+"
$\Rightarrow f$ steigt in M_1 streng monoton

$M_2 = (-1; 3)$: $f'(0) = -1,125$ ▶ Vorzeichen „–"
$\Rightarrow f$ fällt in M_2 streng monoton

$M_3 = (3; \infty)$: $f'(4) = 1,875$ ▶ Vorzeichen „+"
$\Rightarrow f$ steigt in M_3 streng monoton

Weiß man umgekehrt, dass M ein Monotonieintervall der Funktion f ist, so muss dort entweder $f'(x) \geq 0$ oder $f'(x) \leq 0$ für alle $x \in M$ gelten.

Für ein **Monotonieintervall** M von f gilt: $f'(x) \geq 0$ oder $f'(x) \leq 0$ für alle $x \in M$.

Ohne den Graphenverlauf aus der Zeichnung zu kennen, würde man noch nichts über die jeweilige Art der berechneten Extremstellen von f wissen.

Die nachfolgenden Überlegungen liefern ein sehr brauchbares Kriterium zur Feststellung der Art der Extremstelle.

An einer lokalen Extremstelle x_E der Funktion f gilt **$f'(x_E)=0$**. Da $f'(x_E)$ die Steigung von $G(f)$ bzw. seiner Tangente im lokalen Extrempunkt E bezeichnet, besitzt $G(f)$ in einem lokalen Extrempunkt E eine **waagerechte Tangente**, so dass $G(f)$ dort weder steigt noch fällt.

Zur Überprüfung, von welcher Art eine lokale Extremstelle ist, d.h., ob es sich um eine lokale Maximal- oder lokale Minimalstelle von f handelt, eignet sich das sog. **Vorzeichenwechselkriterium (VZW) für $f'(x)$**, da es sehr anschaulich ist:

Ist nämlich x_E eine lokale Maximalstelle, so müssen die Tangenten an $G(f)$ in unmittelbarer Nähe links des Hochpunktes $H\langle x_E|f(x_E)\rangle$ steigen und rechts davon fallen. D.h., das Vorzeichen von $f'(x)$ wechselt dort „von + nach −".

Entsprechend gilt: Wenn x_E eine lokale Minimalstelle bezeichnet, so müssen die Tangenten in unmittelbarer Nähe links des Tiefpunktes $T\langle x_E|f(x_E)\rangle$ fallen und rechts davon steigen. D.h., das Vorzeichen von $f'(x)$ wechselt dort „von − nach +".

Extrempunkte:	
An der Stelle $x_{E_1}=-1$ schneidet $G(f')$ die x-Achse und fällt in der Nähe dieser Stelle ständig. An dieser Stelle gilt:	$f'(-1)=0$ ▶ -1 Nullstelle von f'
$f'(-1)=0$ und $f'(x)$ wechselt bei -1 von links nach rechts sein Vorzeichen „von + nach −" ($G(f)$ steigt erst und fällt dann).	$f'(-2)=1{,}875$ ▶ Vorzeichen „+", $-2\in M_1$ $f'(0)=-1{,}125$ ▶ Vorzeichen „−", $0\in M_2$
An dieser Stelle muss also $G(f)$ einen **lokalen Hochpunkt** besitzen.	$\Rightarrow x_{E_1}=-1$ ist lokale Maximalstelle von f. und **$H\langle -1\|3\rangle$** ist **lokaler Hochpunkt** von $G(f)$. ▶ $f(-1)=3$
Entsprechend gilt an der Stelle $x_{E_2}=3$:	$f'(3)=0$ ▶ 3 Nullstelle von f'
$f'(3)=0$ und $f'(x)$ wechselt bei 3 von links nach rechts sein Vorzeichen „von − nach +" ($G(f)$ fällt erst und steigt dann).	$f'(0)=-1{,}125$ ▶ Vorzeichen „−", $0\in M_2$ $f'(4)=1{,}875$ ▶ Vorzeichen „+", $4\in M_3$
An dieser Stelle muss also $G(f)$ einen **lokalen Tiefpunkt** besitzen.	$\Rightarrow x_{E_2}=3$ ist lokale Minimalstelle von f. und **$T\langle 3\|-1\rangle$** ist **lokaler Tiefpunkt** von $G(f)$. ▶ $f(3)=-1$

Da einerseits $\lim\limits_{x\to-\infty} f(x)=-\infty$ und andererseits $\lim\limits_{x\to\infty} f(x)=\infty$ gilt, besitzt $G(f)$ **keinen** absoluten Tiefpunkt und keinen absoluten Hochpunkt.

Allgemein gilt für irgendeine ganzrationale Funktion f:

$f'(x_E)=0$ und $f'(x)$ wechselt bei x_E sein Vorzeichen „von + nach −"
$\Rightarrow x_E$ ist **lokale Maximalstelle** von f.

$f'(x_E)=0$ und $f'(x)$ wechselt bei x_E sein Vorzeichen „von − nach +"
$\Rightarrow x_E$ ist **lokale Minimalstelle** von f.

Die Lösung der Gleichung $f'(x)=0$ lieferte also im Beispiel 7.9a die lokalen Extremstellen der Funktion f, die anhand des VZW-Kriteriums für $f'(x)$ in geeigneten Umgebungen dieser Stellen noch weiter hinsichtlich ihrer Art untersucht wurden.

Nicht immer ist jedoch eine Lösung der Gleichung $f'(x)=0$ auch eine lokale Extremstelle der Funktion f.

Die Bedingung $f'(x)=0$ ist zwar **notwendig** für das Vorliegen einer lokalen Extremstelle der Funktion f, aber nicht hinreichend, d.h., es muss dort keine vorliegen, wie das nächste Beispiel 7.10a zeigt.

Zunächst wird in diesem Beispiel das Monotonieverhalten der Funktion g untersucht.

Beispiel 7.10a

Gegeben ist die ganzrationale Funktion g: $g(x)=0{,}25x^4-x^3+1$ mit $D(g)=\mathbb{R}$, die auf ihr Monotonieverhalten und auf ihre Extremstellen untersucht wird.

Für die Ableitung von g gilt:
g': $g'(x)=x^3-3x^2$; $D(g')=\mathbb{R}$.

Monotonieverhalten:

Man erkennt anhand der Zeichnung, dass g in dem Intervall monoton **fällt**, in dem $G(g')$ **unterhalb** der x-Achse verläuft, und in dem Intervall monoton **steigt**, in dem $G(g')$ **oberhalb** der x-Achse verläuft.

Analog zu Beispiel 7.9a werden die möglichen Grenzen der Monotonieintervalle von g bestimmt.

Zu lösen ist also die Gleichung $g'(x)=0$.

$$g'(x)=0 \Leftrightarrow x^3-3x^2 = 0$$
$$\Leftrightarrow x^2\cdot(x-3)=0$$
$$\Leftrightarrow x^2=0 \text{ oder } x=3$$

Lösung: $x_{E_1}=\underline{\underline{0}}$ und $x_{E_2}=\underline{\underline{3}}$

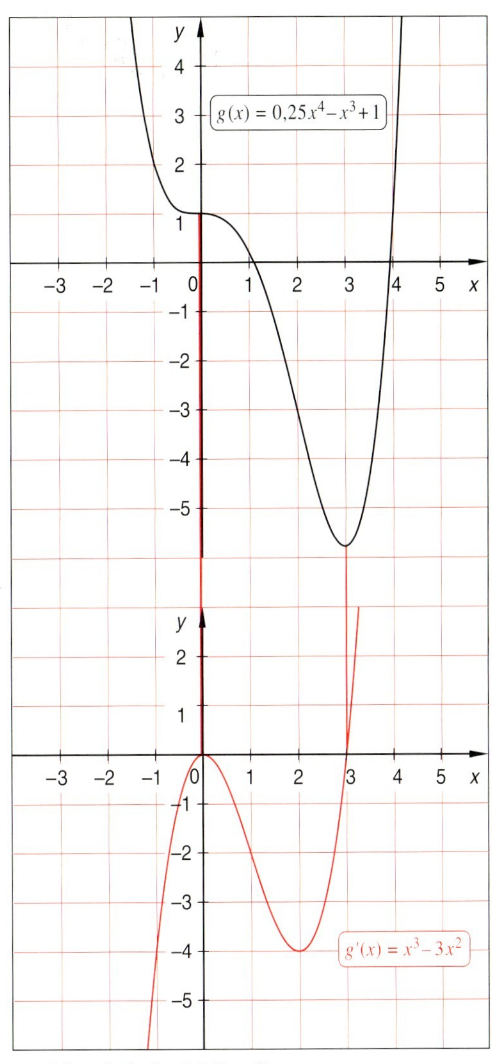

▶ 3 ist einfache Nullstelle
▶ 0 ist doppelte Nullstelle

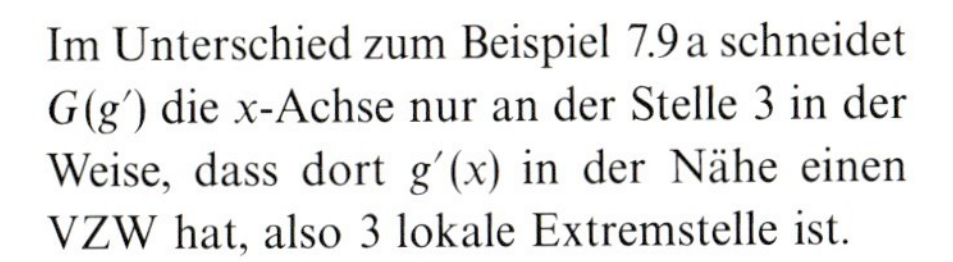

Im Unterschied zum Beispiel 7.9a schneidet $G(g')$ die x-Achse nur an der Stelle 3 in der Weise, dass dort $g'(x)$ in der Nähe einen VZW hat, also 3 lokale Extremstelle ist.

An der Stelle 0 berührt $G(g')$ die x-Achse nur, ohne dass dort in der Nähe ein VZW von $g'(x)$ stattfindet, 0 kann also keine lokale Extremstelle sein. Daher ist die Stelle 0 auch keine Grenze eines Monotonieintervalls.

Somit gibt es nur die beiden Monotonieintervalle $M_1 = (-\infty; 3)$ und $M_2 = (3; \infty)$.

Zum Nachweis der Art der Monotonie wird aus jedem Monotonieintervall eine Teststelle x_0 mit $g'(x_0) \neq 0$ gewählt und das Vorzeichen von $g'(x_0)$ bestimmt.

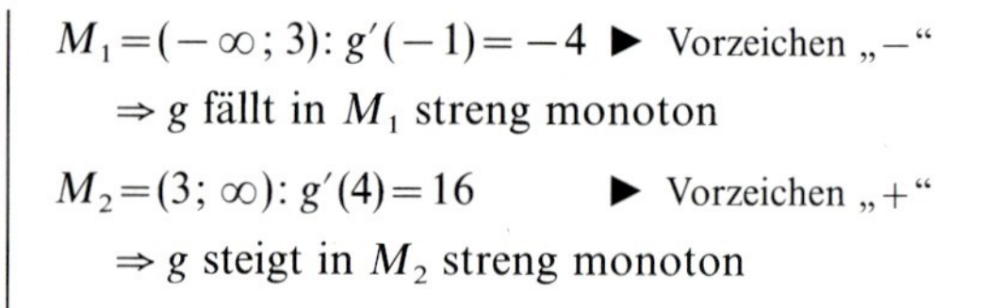

$M_1 = (-\infty; 3)$: $g'(-1) = -4$ ▶ Vorzeichen „−“
$\Rightarrow g$ fällt in M_1 streng monoton

$M_2 = (3; \infty)$: $g'(4) = 16$ ▶ Vorzeichen „+“
$\Rightarrow g$ steigt in M_2 streng monoton

Aus der Zeichnung erkennt man, dass $G(g)$ an der Stelle $x_{E_1} = 0$ zwar eine waagerechte Tangente besitzt, x_{E_1} aber **keine** lokale Extremstelle ist. Es zeigt sich also, dass die Nullstellen von g' nur **mögliche lokale Extremstellen** von g sind, die z. B. mit Hilfe des VZW-Kriteriums für $g'(x)$ noch genauer daraufhin untersucht werden müssen, ob sie es auch tatsächlich sind. Für die Stellen 0 und 3 gilt also:

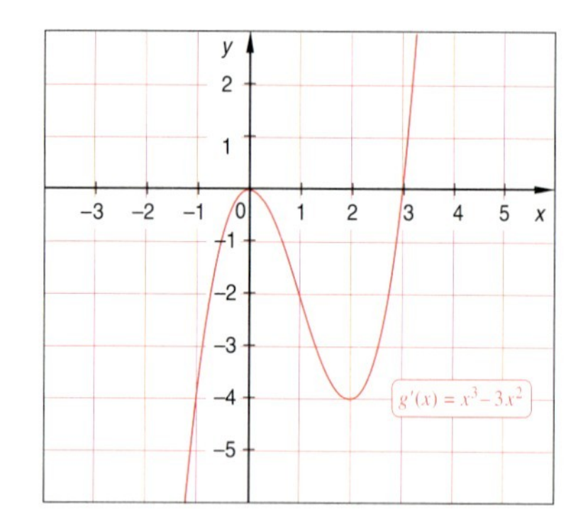

Extrempunkte:

- An der Stelle $\boldsymbol{x_{E_1} = 0}$ gilt:
$g'(0) = 0$ und $g'(x)$ wechselt bei 0 sein Vorzeichen **nicht**.
An dieser Stelle kann also $G(g)$ keinen lokalen Extrempunkt besitzen.

$g'(0) = 0$ ▶ 0 Nullstelle von g'
$g'(-1) = -4$ ▶ Vorzeichen „−“, $-1 \in M_1$
$g'(1) = -2$ ▶ Vorzeichen „−“, $1 \in M_1$

$\Rightarrow x_{E_1} = 0$ ist **keine** lokale Extremstelle von g.

- An der Stelle $\boldsymbol{x_{E_2} = 3}$ gilt:
$g'(3) = 0$ und $g'(x)$ wechselt bei 3 sein Vorzeichen „von − nach +“ ($G(g)$ fällt erst und steigt dann).

An dieser Stelle muss also $G(g)$ einen **lokalen Tiefpunkt** besitzen.

$g'(3) = 0$ ▶ 3 Nullstelle von g'
$g'(1) = -2$ ▶ Vorzeichen „−“, $1 \in M_1$
$g'(4) = 16$ ▶ Vorzeichen „+“, $4 \in M_2$

$\Rightarrow x_{E_2} = 3$ ist lokale Minimalstelle von g und **T⟨3| −5,75⟩** ist **lokaler Tiefpunkt** von $G(g)$. ▶ $g(3) = 5{,}75$

Da sowohl $\lim_{x \to -\infty} g(x) = \infty$ als auch $\lim_{x \to +\infty} g(x) = \infty$ und somit $\lim_{|x| \to \infty} g(x) = \infty$ gilt, ist **T⟨3| −5,75⟩** sogar **absoluter Tiefpunkt** von $G(g)$.

Man sagt:

Die Bedingung „$f'(x_E) = 0$“ für eine an einer Stelle x_E differenzierbare Funktion f ist **notwendig**, aber **nicht hinreichend** für das Vorliegen einer lokalen Extremstelle.

Die Bedingung „$f'(x)$ wechselt bei x_E sein Vorzeichen“ ist **hinreichend** für das Vorliegen einer lokalen Extremstelle.

Zusammen sind beide Bedingungen **notwendig und hinreichend** für die Existenz einer lokalen Extremstelle bei einer ganzrationalen Funktion.

Merke:

Für eine **ganzrationale Funktion** f gilt:

- Die **lokalen Extremstellen** der Funktion f bilden Grenzen der **Monotonieintervalle** M von f. Durch diese Monotonieintervalle wird $D(f)$ in „Abschnitte" zerlegt, in denen der Graph von f entweder steigt oder fällt.

  $f'(x) \geq 0$ für alle $x \in M \Leftrightarrow f$ ist im Intervall M **monoton steigend**.

  $f'(x) > 0$ für alle $x \in M \Rightarrow f$ ist im Intervall M **streng monoton steigend**.

  $f'(x) \leq 0$ für alle $x \in M \Leftrightarrow f$ ist im Intervall M **monoton fallend**.

  $f'(x) < 0$ für alle $x \in M \Rightarrow f$ ist im Intervall M **streng monoton fallend**.

- Für eine lokale Extremstelle $x_E \in D(f)$ muss dann gelten:

  1. $f'(x_E) = 0$.
  2. $f'(x)$ hat in einer Umgebung von x_E einen **Vorzeichenwechsel**.

  Wechselt $f'(x)$ bei x_E sein Vorzeichen „von + nach −", so hat f dort eine **lokale Maximalstelle**;
  mit $f(x_E)$ als lokalem Maximum ist $H\langle x_E | f(x_E)\rangle$ lokaler Hochpunkt von $G(f)$.

  Wechselt $f'(x)$ bei x_E sein Vorzeichen „von − nach +", so hat f dort eine **lokale Minimalstelle**;
  mit $f(x_E)$ als lokalem Minimum ist $T\langle x_E | f(x_E)\rangle$ lokaler Tiefpunkt von $G(f)$.

- Lokale Extremstellen müssen Lösungen der Gleichung $f'(x) = 0$ sein (**notwendige Bedingung**). Die Lösungen der Gleichung $f'(x) = 0$ sind aber nur **mögliche** Extremstellen von f. Sie sind auch tatsächlich Extremstellen von f, falls für $f'(x)$ bei diesen Stellen ein Vorzeichenwechsel stattfindet (**hinreichende Bedingung**).

Anmerkungen:

- Besitzt eine ganzrationale Funktion keine lokalen Extremstellen, wie z. B. die Funktion $f\colon f(x) = x^3$; $D(f) = \mathbb{R}$, so bildet der gesamte Definitionsbereich $\mathbb{R} = (-\infty; \infty)$ ein einziges Monotonieintervall.

- Für eine in einem Intervall M streng monotone Funktion f kann umgekehrt i. allg. nicht $f'(x) > 0$ für **alle** $x \in M$ gefolgert werden. So ist z. B. die Funktion $f\colon f(x) = x^3$ für alle $x \in \mathbb{R}$ streng monoton steigend, obwohl an der Stelle 0 gilt: $f'(0) = 0$. ► $f'(x) = 3x^2$
  Entsprechendes gilt für eine streng monoton fallende Funktion.

- Ist f eine ganzrationale Funktion vom Grad n, so ist ihre Ableitungsfunktion f' wieder ganzrational und vom Grad $n-1$. Die Funktion f' kann daher höchstens $n-1$ Nullstellen besitzen. ► Abschnitt 2.4
  Da unter diesen Nullstellen der Ableitungsfunktion f' auch alle lokalen Extremstellen der Funktion f vorkommen müssen, kann eine ganzrationale Funktion vom Grad n höchstens $n-1$ lokale Extremstellen besitzen.

Krümmungsverhalten und Wendestellen

Anhand des Graphenverlaufs der ganzrationalen der Funktion g: $g(x)=0{,}25\,x^4-x^3+1$; $D(g)=\mathbb{R}$ sollen weitere wichtige Eigenschaften eines Funktionsgraphen verdeutlicht werden.

Beispiel 7.10 b

„Durchfährt“ man den Graphen der Funktion g: $g(x)=0{,}25\,x^4-x^3+1$; $D(g)=\mathbb{R}$ von links nach rechts – wie auf einer Straße mit einem Auto –, so muss man bis zum Punkt $\langle 0|1\rangle$ linksherum steuern, vom Punkt $\langle 0|1\rangle$ bis zum Punkt $\langle 2|-3\rangle$ rechtsherum und anschließend wieder linksherum steuern.

Dementsprechend heißt der Graph von f im Intervall $(-\infty; 0)$ **linksgekrümmt**, im Intervall $(0; 2)$ **rechtsgekrümmt** und im Intervall $(2; \infty)$ wieder **linksgekrümmt**.

Die Punkte $\langle 0|1\rangle$ und $\langle 2|-3\rangle$, bei denen $G(f)$ sich sein Krümmungsverhalten ändert, heißen **Wendepunkte**, die Stellen 0 und 2 **Wendestellen**.

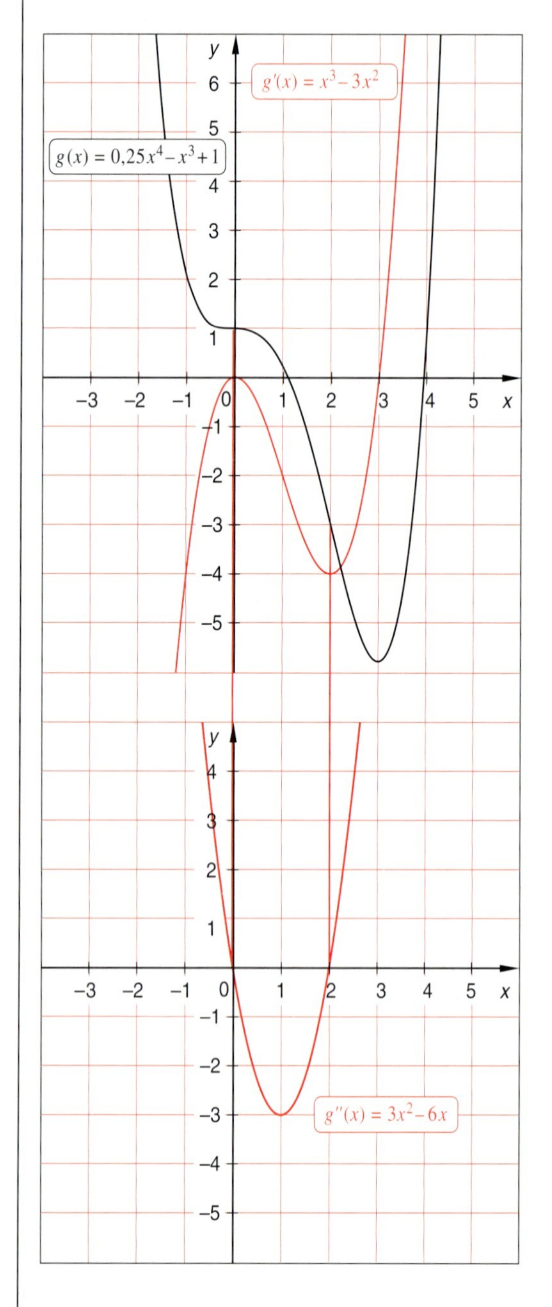

Krümmungsverhalten:
Für die ersten beiden Ableitungen von g gilt:

g': $g'(x)=x^3-3x^2$; $D(g')=\mathbb{R}$;

g'': $g''(x)=3x^2-6x$; $D(g'')=\mathbb{R}$.

Betrachtet man die Graphen von g, g' und g'', so erkennt man, dass $G(g)$ in den Intervallen nach **linksgekrümmt** ist, in denen g' streng monoton steigt und somit $G(g'')$ **oberhalb** der x-Achse verläuft ($g''(x)>0$).

In dem Intervall, in dem $G(g)$ nach **rechtsgekrümmt** ist, fällt g' streng monoton, und somit verläuft $G(g'')$ dort **unterhalb** der x-Achse ($g''(x)<0$).

Also sind die Monotonieintervalle von g' die **Krümmungsintervalle** von g.

Man erkennt außerdem:
Ist x_W eine **Wendestelle** von g, bei der sich die Krümmung des Graphen von einer Links- in eine Rechtskrümmung ändert, so hat g' dort eine **lokale Maximalstelle**.

Für die Funktion g' bedeutet dies, dass in unmittelbarer Umgebung der Stelle x_W gelten muss:

$$g''(x) > 0 \text{ für } x < x_W,$$
$$g'(x_W) = 0,$$
$$g''(x) < 0 \text{ für } x_W < x.$$

Eine entsprechende Aussage gilt für eine Wendestelle von g, bei der sich die Krümmung des Graphen von einer Rechts- in eine Linkskrümmung ändert. Dort besitzt die Ableitungsfunktion g' eine **lokale Minimalstelle**.

An einer Wendestelle x_W von g besitzt die Ableitungsfunktion g' eine lokale Extremstelle, und der Graph $G(g'')$ schneidet hier die x-Achse. Dort gilt demnach $g''(x_W) = 0$, und $G(g)$ ändert hier sein **Krümmungsverhalten**.

Die beiden aus der Zeichnung ersichtlichen Wendestellen von g sind also Nullstellen der zweiten Ableitungsfunktion g'' und bilden Grenzen von Krümmungsintervallen von g. Zur rechnerischen Bestimmung dieser Wendestellen wird daher die Gleichung $g''(x) = 0$ gelöst.

$$g''(x) = 0 \Leftrightarrow 3x^2 - 6x = 0$$
$$\Leftrightarrow 3x \cdot (x-2) = 0$$
$$\Leftrightarrow x = 0 \text{ oder } x = 2$$

Lösung: $x_{W_1} = \underline{\underline{0}}$ und $x_{W_2} = \underline{\underline{2}}$

Die beiden Wendestellen 0 und 2 teilen den Definitionsbereich von g in die drei **Krümmungsintervalle** K_1, K_2 und K_3 ein, wobei $x_{W_1} = 0$ und $x_{W_2} = 2$ Grenzen der Krümmungsintervalle bilden, selbst aber nicht zu den jeweiligen Intervallen gehören (**offene Intervalle**), da $G(g)$ an diesen Stellen weder nach rechts noch nach links gekrümmt ist.

$K_1 = (-\infty; 0)$ ▶ $G(g)$ linksgekrümmt
$K_2 = (0; 2)$ ▶ $G(g)$ rechtsgekrümmt
$K_3 = (2; \infty)$ ▶ $G(g)$ linksgekrümmt

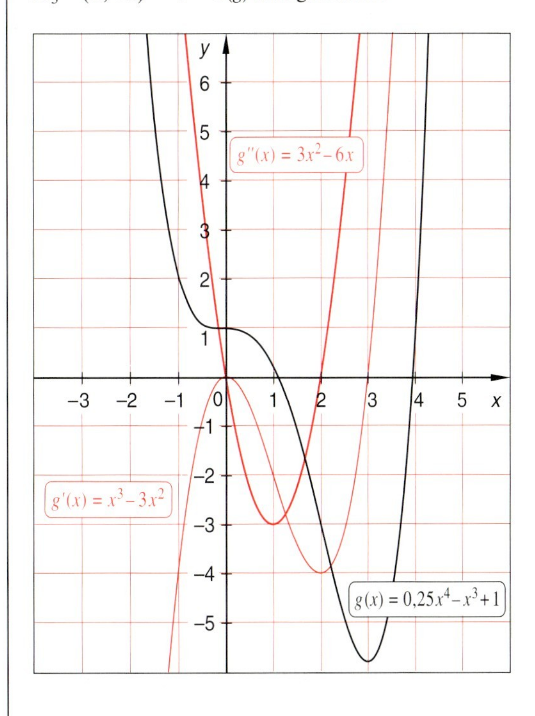

Anhand der Zeichnung erkennt man, dass im Intervall K_1 gilt $\boldsymbol{g''(x) > 0}$. Dort steigt g' streng monoton und ist $G(g)$ nach **links gekrümmt**.

In K_2 gilt $\boldsymbol{g''(x) < 0}$. Dort fällt g' streng monoton und ist $G(g)$ nach **rechts gekrümmt**.

In K_3 gilt wieder $\boldsymbol{g''(x) > 0}$. Dort steigt g' demnach wieder streng monoton und ist $G(g)$ wieder nach **links gekrümmt**.

Zur Feststellung des Krümmungsverhaltens in einem Krümmungsintervall reicht i.allg. der Nachweis des Vorzeichens von $g''(x)$ an **einer** beliebigen Teststelle des jeweiligen Intervalls aus. Denn es gilt für ein beliebiges Intervall I:

Aus $g''(x)>0$ für alle $x \in I$ lässt sich schließen, dass $G(g)$ in diesem Intervall **linksgekrümmt** ist;

aus $g''(x)<0$ für alle $x \in I$ lässt sich schließen, dass $G(g)$ in diesem Intervall **rechtsgekrümmt** ist.

$K_1=(-\infty; 0)$: $g''(-1)=9$ ▶ Vorzeichen „+“
$\Rightarrow G(g)$ ist in K_1 linksgekrümmt.

$K_2=(0; 2)$: $g''(1)=-3$ ▶ Vorzeichen „−“
$\Rightarrow G(g)$ ist in K_2 rechtsgekrümmt.

$K_3=(2; \infty)$: $g''(3)=9$ ▶ Vorzeichen „+“
$\Rightarrow G(g)$ ist in K_3 linksgekrümmt.

Weiß man umgekehrt, dass K ein Krümmungsintervall der Funktion g ist, so muss dort entweder $g''(x) \geq 0$ oder $g''(x) \leq 0$ für alle $x \in K$ gelten.

Für ein Krümmungsintervall K von g gilt: $g''(x) \geq 0$ oder $g''(x) \leq 0$ für alle $x \in K$

Ohne den Graphenverlauf aus der Zeichnung zu kennen, würde man noch nichts über die jeweilige Art der berechneten Wendestellen von g wissen.

Die nachfolgenden Überlegungen liefern ein sehr brauchbares Kriterium zur Feststellung der Art der Wendestelle.
An einer Wendestelle x_W der Funktion g besitzt die Ableitungsfunktion g' eine lokale Extremstelle, d.h., es gilt dort $g''(x_W)=0$. Diese ist nur dann eine lokale Maximal- bzw. Minimalstelle von g', wenn der Graph von g bei x_W einen Links-Rechts-Krümmungswechsel bzw. einen Rechts-Links-Krümmungswechsel hat. Daher lässt sich das **Vorzeichenwechselkriterium (VZW) für $g''(x)$** verwenden, um aus der Art der Extremstelle x_W der Ableitungsfunktion g' auf die Art der Wendestelle x_W von g zu schließen.

Ist nämlich x_W eine Wendestelle der Funktion g mit einem Links-Rechts-Krümmungswechsel von $G(g)$, so müssen die Tangenten an $G(g')$ in unmittelbarer Nähe links des Hochpunktes $H\langle x_W | g'(x_W)\rangle$ von $G(g')$ steigen und rechts davon fallen. D.h., das Vorzeichen von $g''(x)$ wechselt dort „von + nach −“.

Entsprechend gilt: Wenn x_W eine Wendestelle mit einem Rechts-Links-Krümmungswechsel von $G(g)$ bezeichnet, so müssen die Tangenten in unmittelbarer Nähe links des Tiefpunktes $T\langle x_W | g'(x_W)\rangle$ von $G(g')$ fallen und rechts davon steigen. D.h., das Vorzeichen von $g''(x)$ wechselt dort „von − nach +“.

Wendepunkte:

An der Stelle $x_{W_1}=0$ schneidet $G(g'')$ die x-Achse und fällt in der Nähe dieser Stelle ständig. An dieser Stelle gilt:

$g''(0)=0$ und $g''(x)$ wechselt bei 0 von links nach rechts sein Vorzeichen „von + nach −“ ($G(g)$ ist erst links- und dann rechtsgekrümmt).

$g''(0)=0$ ▶ 0 Nullstelle von g''
$g''(-1)=9$ ▶ Vorzeichen „+“; $-1<0$
$g''(1)=-3$ ▶ Vorzeichen „−“; $1>0$

An dieser Stelle muss also $G(g)$ einen **Wendepunkt** besitzen.

Weil zusätzlich noch $g'(0)=0$ gilt, hat $G(g)$ an der Stelle $x_{W_1}=0$ eine waagerechte Tangente.

$\Rightarrow x_{W_1}=0$ ist Wendestelle von g
und **$W_S\langle 0|1\rangle$ Sattelpunkt** von $G(g)$ mit einem Links-Rechts-Krümmungswechsel. ▶ $g(0)=1$

Ein Wendepunkt eines Funktionsgraphen mit waagerechter Tangente heißt **Sattelpunkt** oder **Terrassenpunkt** des Graphen.

An der Stelle $x_{W_2}=2$ schneidet $G(g'')$ die x-Achse und steigt in der Nähe dieser Stelle ständig. An dieser Stelle gilt:

$g''(2)=0$ ▶ 2 Nullstelle von g''

$g''(2)=0$ und $g''(x)$ wechselt bei 2 von links nach rechts sein Vorzeichen „von − nach +" ($G(g)$ ist erst rechts- und dann linksgekrümmt).

$g''(1)=-3$ ▶ Vorzeichen „−"; $1<2$

$g''(3)=9$ ▶ Vorzeichen „+"; $3>2$

An dieser Stelle muss also $G(g)$ einen **Wendepunkt** besitzen.

$\Rightarrow x_{W_2}=2$ ist Wendestelle von g
und **W⟨2|−3⟩ Wendepunkt** von $G(g)$ mit einem Rechts-Links-Krümmungswechsel. ▶ $g(2)=-3$

Beispiel 7.9 b

Der Graph der Funktion f aus Beispiel 7.9 a mit
$f(x)=0{,}125x^3-0{,}375x^2-1{,}125x+2{,}375$;
$D(f)=\mathbb{R}$ wird nun auch in bezug auf sein Krümmungsverhalten und seine Wendepunkte untersucht.

Die aus der Zeichnung ersichtliche einzige Wendestelle von f muss Nullstelle der zweiten Ableitungsfunktion f'' sein.

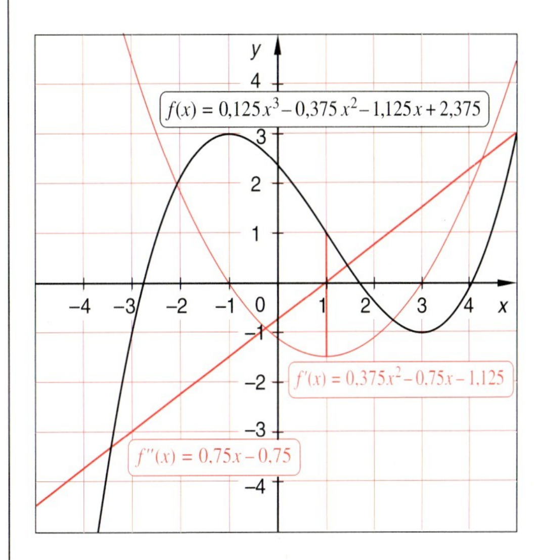

Zur rechnerischen Bestimmung dieser Wendestelle wird daher die Gleichung $f''(x_W)=0$ gelöst.

$f(x)=0{,}125x^3-0{,}375x^2-1{,}125x+2{,}375$;
$\Rightarrow f'(x)=0{,}375x^2-0{,}75x-1{,}125$
$\Rightarrow f''(x)=0{,}75x-0{,}75$

$f''(x)=0 \Leftrightarrow 0{,}75x-0{,}75=0$
$\Leftrightarrow x=1$

Lösung: $x_W=\underline{\underline{1}}$

Wendepunkte:

Ohne Bezug zur Zeichnung stellt man die Wendestelleneigenschaft von $x_W=1$ folgendermaßen fest:

An der Stelle $x_W=1$ schneidet $G(f'')$ die x-Achse und steigt in der Nähe dieser Stelle ständig. An dieser Stelle gilt:

$f''(1)=0$ ▶ 1 Nullstelle von f''

$f''(1)=0$ und $f''(x)$ wechselt bei 1 von links nach rechts sein Vorzeichen „von − nach +" ($G(f)$ ist erst rechts- und dann linksgekrümmt).

$f''(0)=-0{,}75$ ▶ Vorzeichen „−", $0<1$

$f''(2)=0{,}75$ ▶ Vorzeichen „+", $2>1$

An dieser Stelle muss also $G(f)$ einen **Wendepunkt** besitzen.

$\Rightarrow x_W=1$ ist Wendestelle von f
und **W⟨1|1⟩ Wendepunkt** von $G(f)$ mit einem Rechts-Links-Krümmungswechsel. ▶ $f(1)=1$

Krümmungsverhalten:

Die Wendestelle 1 teilt den Definitionsbereich von f in die zwei **Krümmungsintervalle** K_1 und K_2 ein.

Im Intervall K_1 gilt $\boldsymbol{f''(x)<0}$, dort ist $G(f)$ nach **rechts gekrümmt**.

In K_2 gilt $\boldsymbol{f''(x)>0}$, dort ist $G(f)$ nach **links gekrümmt**.

$K_1=(-\infty;1)$: $f''(0)=-0{,}75$ ▶ Vorzeichen „–"
$\Rightarrow G(f)$ ist in K_1 rechtsgekrümmt.

$K_2=(1;\infty)$: $f''(2)=0{,}75$ ▶ Vorzeichen „+"
$\Rightarrow G(f)$ ist in K_2 linksgekrümmt.

Allgemein gilt für irgendeine ganzrationale Funktion f:

$f''(x_W)=0$ und $f''(x)$ wechselt bei x_W sein Vorzeichen „von + nach –"
$\Rightarrow x_W$ ist **Wendestelle** von f mit Links-Rechts-Krümmungswechsel.

$f''(x_W)=0$ und $f''(x)$ wechselt bei x_W sein Vorzeichen „von – nach +"
$\Rightarrow x_W$ ist **Wendestelle** von f mit Rechts-Links-Krümmungswechsel.

Die Lösung der Gleichung $f''(x)=0$ lieferte also im Beispiel 7.9 b die Wendestelle der Funktion f, die anhand des VZW-Kriteriums für $f''(x)$ in geeigneten Umgebungen dieser Stelle noch weiter hinsichtlich ihrer Art untersucht wurde.

Nicht immer ist jedoch eine Lösung der Gleichung $f''(x)=0$ auch eine Wendestelle der Funktion f.

Die Bedingung $f''(x)=0$ ist zwar **notwendig** für das Vorliegen einer Wendestelle der Funktion f, aber nicht hinreichend, d.h., es muss dort keine Wendestelle vorliegen, wie das nächste Beispiel 7.11 zeigt.

Beispiel 7.11

Um die Funktion f: $f(x)=x^4$; $D(f)=\mathbb{R}$ auf Wendestellen zu untersuchen, müssen die Nullstellen der zweiten Ableitung $f''(x)$ ermittelt werden. Denn nur unter diesen können sich Wendestellen von f befinden.

Für die Ableitungen gilt:

f': $f'(x)=4x^3$; $D(f')=\mathbb{R}$;

f'': $f''(x)=12x^2$; $D(f'')=\mathbb{R}$.

Aus der Zeichnung erkennt man, dass $G(f'')$ die x-Achse an der Stelle 0 nur berührt, aber nicht schneidet. Es gilt z. B.:

$f''(-1)=12$ ▶ Vorzeichen „+", $-1<0$

$f''(1) \;\;=12$ ▶ Vorzeichen „+", $1>0$

Somit findet bei 0 **kein** Vorzeichenwechsel von f'' statt. Die Stelle 0 ist also **keine** Wendestelle von f.
Es zeigt sich daher, dass die Nullstellen von f'' nur **mögliche Wendestellen** von f sind.

$f''(x)=0 \Leftrightarrow 12x^2=0$

$\Leftrightarrow \quad x=0$

Lösung: $x_W=0$

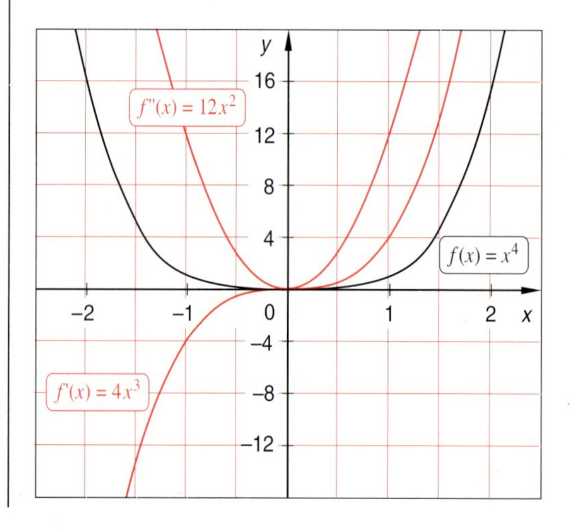

Merke:

Für eine **ganzrationale Funktion** f gilt:

- Die **Wendestellen** der Funktion f bilden Grenzen der **Krümmungsintervalle** K von f. Durch diese Krümmungsintervalle wird $D(f)$ in „Abschnitte" zerlegt, in denen der Graph von f entweder linksgekrümmt oder rechtsgekrümmt ist.

  $f''(x)>0$ für alle $x\in K \Rightarrow G(f)$ ist im Intervall K **linksgekrümmt**.

  $f''(x)<0$ für alle $x\in K \Rightarrow G(f)$ ist im Intervall K **rechtsgekrümmt**.

- Für eine Wendestelle $x_W \in D(f)$ muss dann gelten:

  1. $f''(x_W)=0$.
  2. $f''(x)$ hat in unmittelbarer Umgebung von x_W einen **Vorzeichenwechsel**.

  Wechselt $f''(x)$ bei x_W sein Vorzeichen „von $+$ nach $-$", so hat f dort eine **Wendestelle**, an der sich das Krümmungsverhalten von $G(f)$ von einer Linkskrümmung zu einer Rechtskrümmung ändert;
  mit $f(x_W)$ ist $W\langle x_W | f(x_W)\rangle$ Wendepunkt von $G(f)$.

  Wechselt $f''(x)$ bei x_W sein Vorzeichen „von $-$ nach $+$", so hat f dort eine **Wendestelle**, an der sich das Krümmungsverhalten von $G(f)$ von einer Rechtskrümmung zu einer Linkskrümmung ändert;
  mit $f(x_W)$ ist $W\langle x_W | f(x_W)\rangle$ Wendepunkt von $G(f)$.

- Wendestellen müssen Lösungen der Gleichung $f''(x)=0$ sein (**notwendige Bedingung**). Die Lösungen der Gleichung $f''(x)=0$ sind aber nur **mögliche** Wendestellen von f.
  Sie sind tatsächlich Wendestellen von f, falls für $f''(x)$ bei diesen Stellen ein Vorzeichenwechsel stattfindet (**hinreichende Bedingung**).

Anmerkungen:

- Besitzt eine ganzrationale Funktion keine Wendestellen, wie z.B. die Funktion $f\colon f(x)=x^4$; $D(f)=\mathbb{R}$, so bildet der gesamte Definitionsbereich ein einziges Krümmungsintervall.

- Für einen in einem Intervall K linksgekrümmten Graphen einer Funktion f kann umgekehrt i.allg. nicht $f''(x)>0$ für alle $x\in K$ gefolgert werden. So ist z.B. der Graph der Funktion $f\colon f(x)=x^4$ für alle $x\in\mathbb{R}$ linksgekrümmt, obwohl an der Stelle 0 gilt: $f''(0)=0$. ▶ $f''(x)=12x^2$
  Entsprechendes gilt für einen rechtsgekrümmten Graphen einer Funktion.

- Ist f eine ganzrationale Funktion vom Grad n, so ist ihre zweite Ableitungsfunktion f'' wieder ganzrational und vom Grad $n-2$. Die Funktion f'' kann daher höchstens $n-2$ Nullstellen besitzen. ▶ Abschnitt 2.4
  Da unter diesen Nullstellen der zweiten Ableitungsfunktion f'' auch alle Wendestellen der Funktion f vorkommen müssen, kann eine ganzrationale Funktion vom Grad n höchstens $n-2$ Wendestellen besitzen.

Ein weiteres hinreichendes Kriterium für die Existenz lokaler Extrempunkte

Obwohl das VZW-Kriterium für $f'(x)$ in der Nähe einer Nullstelle von f' sehr anschaulich für die Existenz einer lokalen Extremstelle der Funktion f ist, lässt es sich oft nur schwierig handhaben, weil man eine dafür geeignete Umgebung der Nullstelle finden muss. Einfacher wäre es, wenn man die Nullstelle von f' direkt auf ihre mögliche Extremstelleneigenschaft in Bezug auf die Funktion f überprüfen könnte. Das wird in der Tat durch folgende Überlegung möglich: Da ein lokaler **Hochpunkt** nur auf dem **rechtsgekrümmten** Teil eines Graphen und ein lokaler Tiefpunkt nur auf dem **linksgekrümmten** Teil eines Graphen liegen kann, lässt sich vermuten, dass an einer Stelle x_E mit $f'(x_E)=0$ eine lokale Maximalstelle vorliegt, falls $f''(x_E)<0$, und eine lokale Minimalstelle vorliegt, falls $f''(x_E)>0$ gilt. Diese Vermutung ist richtig, auf ihren Beweis wird aber in diesem Buch verzichtet.

Extremstellen der Funktion f aus Beispiel 7.9a lassen sich nach diesem Kriterium dann folgendermaßen ermitteln:

Beispiel 7.9c

Mit Hilfe der zweiten Ableitung $f''(x)$ wird die Art der in Beispiel 7.9a ermittelten Extremstellen der reellen Funktion f festgestellt:

$f(x)=0{,}125x^3-0{,}375x^2-1{,}125x+2{,}375;$

$\Rightarrow f'(x)=0{,}375x^2-0{,}75x-1{,}125$

$\Rightarrow f''(x)=0{,}75x-0{,}75.$

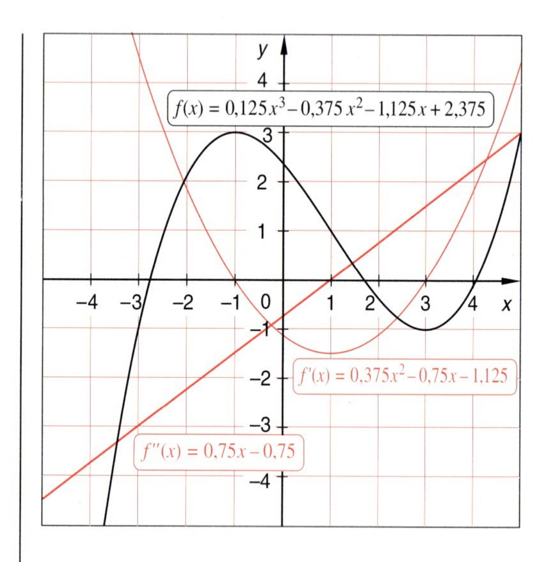

Somit gilt für $\boldsymbol{x_{E_1}=-1}$:

$f'(-1)=0$ und $f''(-1)=-1{,}5$ $(f''(-1)<0)$.

$f'(-1)=0$ ► -1 Nullstelle von f'

$f''(x_{E_1})=f''(-1)=-1{,}5$ ► Vorzeichen „−“

An dieser Stelle muss also $G(f)$ einen **lokalen Hochpunkt** besitzen.

$\Rightarrow x_{E_1}=-1$ ist lokale Maximalstelle von f, und **H⟨−1|3⟩** ist **lokaler Hochpunkt** von $G(f)$. ► $f(-1)=3$

Entsprechend gilt für die zweite lokale Extremstelle $\boldsymbol{x_{E_2}=3}$:

$f'(3)=0$ und $f''(3)=1{,}5$ $(f''(3)>0)$.

$f'(3)=0$ ► 3 Nullstelle von f'

$f''(x_{E_2})=f''(3)=1{,}5$ ► Vorzeichen „+“

An dieser Stelle muss also $G(f)$ einen **lokalen Tiefpunkt** besitzen.

$\Rightarrow x_{E_2}=3$ ist lokale Minimalstelle von f, und **T⟨3|−1⟩** ist **lokaler Tiefpunkt** von $G(f)$. ► $f(3)=-1$

Beispiel 7.10c

Für die Funktion $g: g(x) = 0{,}25\,x^4 - x^3 + 1$; $D(g) = \mathbb{R}$ aus Beispiel 7.10a lassen sich nach diesem Kriterium für die Nullstellen 0 und 3 von g' folgende Feststellungen treffen:

$g(x) = 0{,}25\,x^4 - x^3 + 1$; $D(g) = \mathbb{R}$.

$\Rightarrow g'(x) = x^3 - 3x^2$

$\Rightarrow g''(x) = 3x^2 - 6x$

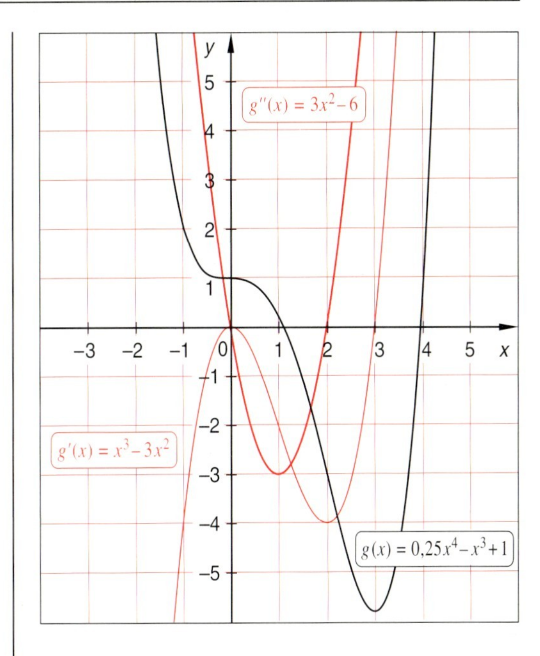

$\boldsymbol{x_{E_1} = 0}$:

$g'(0) = 0$ und $g''(0) = 0$.

Weil auch $g''(0) = 0$ gilt, kann nach diesem Kriterium keine Aussage über das Vorliegen einer lokalen Extremstelle von g gemacht werden.

$g'(0) = 0$ ► 0 Nullstelle von g'

$g''(0) = 0$ ► weder $g''(0) < 0$ noch $g''(0) > 0$

$\boldsymbol{x_{E_2} = 3}$:

$g'(3) = 0$ und $g''(3) = 9$ ($g''(3) > 0$).

$g'(3) = 0$ ► 3 Nullstelle von g'

$g''(3) = 9$ ► Vorzeichen „+“

An dieser Stelle muss also $G(g)$ einen **lokalen Tiefpunkt** besitzen.

$\Rightarrow x_{E_2} = 3$ ist lokale Minimalstelle von g, und **T⟨3|−5,75⟩** ist **lokaler Tiefpunkt** von $G(g)$.

Merke:

- Eine ganzrationale Funktion f besitzt an einer Stelle $x_E \in D(f)$ eine lokale Extremstelle, wenn gilt:

  1. $f'(x_E) = 0$ und 2. $f''(x_E) \neq 0$.

  Ist hierbei $f''(x_E) < 0$, so hat f an der Stelle x_E eine **lokale Maximalstelle**; mit $f(x_E)$ als lokalem Maximum ist $H\langle x_E | f(x_E)\rangle$ lokaler Hochpunkt von $G(f)$.

  Ist hierbei $f''(x_E) > 0$, so hat f an der Stelle x_E eine **lokale Minimalstelle**; mit $f(x_E)$ als lokalem Minimum ist $T\langle x_E | f(x_E)\rangle$ lokaler Tiefpunkt von $G(f)$.

- Lokale Extremstellen müssen Lösungen der Gleichung $f'(x) = 0$ sein (**notwendige Bedingung**). Die Lösungen der Gleichung $f'(x) = 0$ sind aber nur **mögliche** Extremstellen von f. Sie sind tatsächlich Extremstellen von f, falls an diesen Stellen auch $f''(x) \neq 0$ gilt (**hinreichende Bedingung**).

Anmerkung:

Die beiden Bedingungen $f'(x_E) = 0$ und $f''(x_E) \neq 0$ sind zusammen nur eine hinreichende Bedingung für das Vorhandensein einer lokalen Extremstelle der Funktion f bei x_E. D.h., es kann an einer Stelle $x_E \in D(f)$ auch dann eine Extremstelle vorliegen, falls mit $f'(x_E) = 0$ auch $f''(x_E) = 0$ gilt. ► $f(x) = x^4$; Beispiel 7.12

Ein weiteres hinreichendes Kriterium für die Existenz von Wendepunkten

Obwohl auch das Vorzeichenwechselkriterium für $f''(x)$ in der Nähe einer Nullstelle von f'' sehr anschaulich für die Existenz einer Wendestelle der Funktion f ist, lässt es sich oft nur schwierig handhaben, weil man auch dafür eine geeignete Umgebung der Nullstelle finden muss.

Einfacher wäre es, wenn man die Nullstelle von f'' direkt auf ihre mögliche Wendestelleneigenschaft in Bezug auf die Funktion f überprüfen könnte. Das ist in der Tat möglich, denn die Wendestellen der Funktion f sind die lokalen Extremstellen der Funktion f'. Man kann daher die Überprüfung der Wendestelleneigenschaft in Bezug auf die Funktion f auf die Überprüfung der Extremstelleneigenschaft in Bezug auf die Funktion f' zurückführen.

Hiernach besitzt f' an der Stelle $x_W \in D(f)$ eine lokale Maximalstelle – und somit f an der Stelle x_W eine Wendestelle mit Links-Rechts-Krümmungswechsel –, wenn mit $f''(x_W)=0$ auch $f'''(x_W)<0$ gilt.

Entsprechendes gilt für eine Wendestelle mit Rechts-Links-Krümmungswechsel.

Man benötigt also zur Überprüfung der Wendestelleneigenschaft nach diesem Kriterium die dritte Ableitung einer Funktion f.

Beispiel 7.10 d

Für die Funktion g: $g(x)=0{,}25x^4-x^3+1$; $D(g)=\mathbb{R}$ aus Beispiel 7.10 b lassen sich nach diesem Kriterium für die Nullstellen 0 und 2 von g'' folgende Feststellungen treffen:

$g(x)=0{,}25x^4-x^3+1$; $D(g)=\mathbb{R}$.

$\Rightarrow g'(x) = x^3-3x^2$
$\Rightarrow g''(x) = 3x^2-6x$
$\Rightarrow g'''(x) = 6x-6$

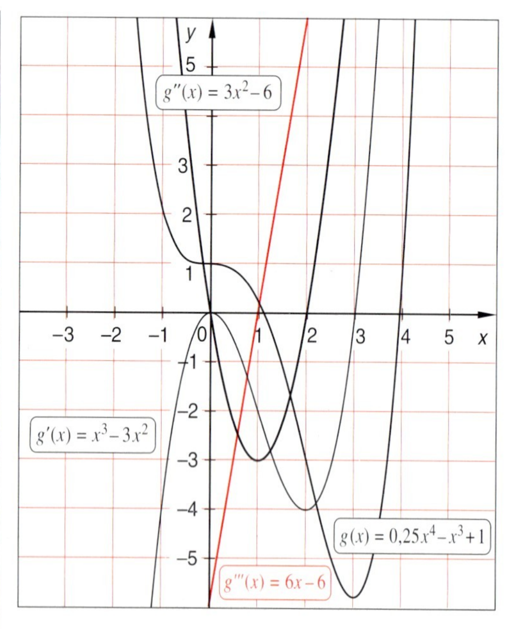

$x_{W_1}=0$:

$g''(0)=0$ und $g'''(0)=-6<0$ $(g'''(0)<0)$.

$g''(0) = 0$ ▶ 0 Nullstelle von g''
$g'''(0) = -6$ ▶ Vorzeichen „–"

An dieser Stelle muss also $G(g)$ einen Wendepunkt besitzen. Weil aber außerdem $g'(0)=0$ gilt, hat $G(g)$ an dieser Stelle einen Wendepunkt mit waagerechter Tangente, d.h. einen **Sattelpunkt**.

$\Rightarrow x_{W_1}=0$ ist Wendestelle von g und $\mathbf{W_S = \langle 0|1 \rangle}$ **Sattelpunkt** von $G(g)$ mit einem Links-Rechts-Krümmungswechsel. ▶ $g(0)=1$

$x_{W_2}=2$:

$g''(2)=0$ und $g'''(2)=6$ ($g'''(2)>0$).

$g''(2)=0$ ▶ 2 Nullstelle von g''

$g'''(2)=6$ ▶ Vorzeichen „+"

An dieser Stelle muss also $G(g)$ einen **Wendepunkt** besitzen.

$\Rightarrow x_{W_2}=2$ ist Wendestelle von g und **W = ⟨2|−3⟩ Wendepunkt** von $G(g)$ mit einem Rechts-Links-Krümmungswechsel. ▶ $g(2)=-3$

Beispiel 7.9 d

Die Wendestelle der Funktion f aus Beispiel 7.9 b lässt sich nach diesem Kriterium dann folgendermaßen ermitteln:

$f(x)=0{,}125\,x^3-0{,}375\,x^2-1{,}125\,x+2{,}375$;

$\Rightarrow f'(x)=0{,}375\,x^2-0{,}75\,x-1{,}125$

$\Rightarrow f''(x)=0{,}75\,x-0{,}75$

$\Rightarrow f'''(x)=0{,}75$

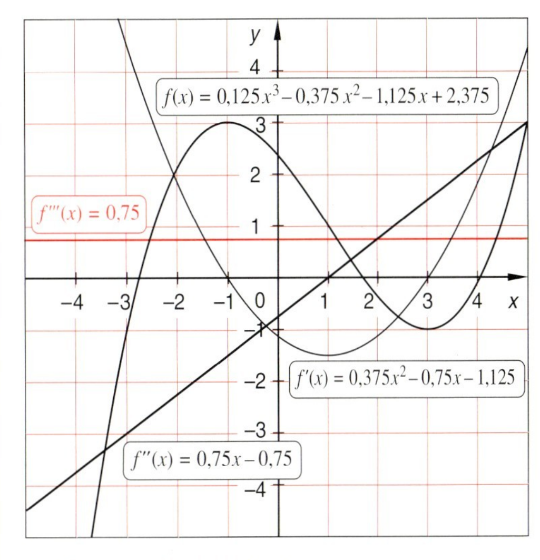

$x_W=1$:

$f''(1)=0$ und $f'''(1)=0{,}75$ ($f'''(1)>0$).

$f''(1)=0$ ▶ 1 Nullstelle von f''

$f'''(1)=0{,}75$ ▶ Vorzeichen „+"

An dieser Stelle muss also $G(f)$ einen **Wendepunkt** besitzen.

$\Rightarrow x_W=1$ ist Wendestelle von f und **W⟨1|1⟩ Wendepunkt** von $G(f)$ mit einem Rechts-Links-Krümmungswechsel. ▶ $f(1)=1$

Merke:

- Eine ganzrationale Funktion f besitzt an einer Stelle $x_W \in D(f)$ eine Wendestelle, wenn gilt:

  1. $f''(x_W)=0$ und 2. $f'''(x_W)\neq 0$.

  Ist hierbei $f'''(x_W)<0$, so hat f an der Stelle x_W eine **Wendestelle**, an der sich das Krümmungsverhalten von $G(f)$ von einer Linkskrümmung zu einer Rechtskrümmung ändert; mit $f(x_W)$ ist $W\langle x_W|f(x_W)\rangle$ Wendepunkt von $G(f)$.

  Ist hierbei $f'''(x_W)>0$, so hat f an der Stelle x_W eine **Wendestelle**, an der sich das Krümmungsverhalten von $G(f)$ von einer Rechtskrümmung zu einer Linkskrümmung ändert; mit $f(x_W)$ ist $W\langle x_W|f(x_W)\rangle$ Wendepunkt von $G(f)$.

- Wendestellen müssen Lösungen der Gleichung $f''(x)=0$ sein (**notwendige Bedingung**). Die Lösungen der Gleichung $f''(x)=0$ sind aber nur **mögliche** Wendestellen von f. Sie sind tatsächlich Wendestellen von f, falls an diesen Stellen auch $f'''(x)\neq 0$ gilt (**hinreichende Bedingung**).

Anmerkung:
Die beiden Bedingungen $f''(x_W)=0$ und $f'''(x_W)\neq 0$ sind zusammen nur eine hinreichende Bedingung für das Vorhandensein einer Wendestelle der Funktion f bei x_W. D.h., es kann an einer Stelle $x_W \in D(f)$ auch dann eine Wendestelle vorliegen, falls mit $f''(x_W)=0$ auch $f'''(x_W)=0$ gilt. ▶ $f(x)=x^5$; Beispiel 7.13

Nicht immer lassen sich bei ganzrationalen Funktionen die bisher aufgestellten hinreichenden Kriterien für die Existenz lokaler Extrempunkte bzw. Wendepunkte anwenden. Es kann vorkommen, dass diese hinreichenden Kriterien versagen und trotzdem an einer Stelle eine Extremstelle oder Wendestelle vorliegt.

Beispiel 7.12

Der Graph der Funktion $f: f(x)=x^4$; $D(f)=\mathbb{R}$ hat den lokalen und absoluten Tiefpunkt **T⟨0|0⟩**.

$$\begin{aligned} f(x) &= x^4 \\ \Rightarrow f'(x) &= 4x^3 \\ \Rightarrow f''(x) &= 12x^2 \\ \Rightarrow f'''(x) &= 24x \\ \Rightarrow f^{(4)}(x) &= 24 \end{aligned}$$

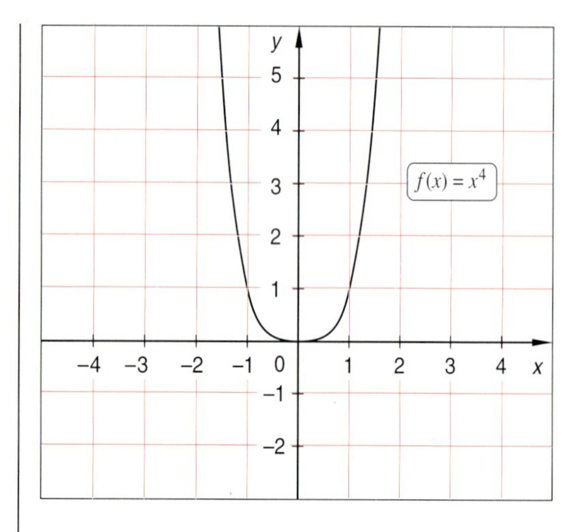

Löst man die Gleichung $f'(x)=0$, so erhält man $x_E=0$ als einzige mögliche lokale Extremstelle. Da aber auch $f''(0)=0$ gilt, lässt sich mit Hilfe der zweiten Ableitung der Funktion f noch keine Aussage über das Vorliegen einer Extremstelle machen.

$f'(x)=0 \Leftrightarrow 4x^3=0$

$\Leftrightarrow \quad x=0$

Lösung: $x_E = \underline{\underline{0}}$

Bildet man weitere Ableitungen, so erhält man $f^{(4)}(0)=24$ als erste von Null verschiedene Ableitung an der Stelle 0.

$$\begin{aligned} f'(0) &= 0 \\ f''(0) &= 0 \\ f'''(0) &= 0 \\ f^{(4)}(0) &= 24 \end{aligned}$$ ▶ Vorzeichen „+“

Für ganzrationale Funktionen kann man allgemein zeigen:

Gilt $f'(x_E)=0$ und ist die erste von Null verschiedene Ableitung an der Stelle x_E von **gerader Ordnung** (hier: $f^{(4)}(0)=24$ ▶ Ableitung vierter Ordnung), so gibt deren Vorzeichen Aufschluss über die Art der Extremstelle.

Ist $f^{(n)}(x_E)<0$, $n\in\mathbb{N}^*$, n gerade, so ist x_E **lokale Maximalstelle** von f;
Ist $f^{(n)}(x_E)>0$, $n\in\mathbb{N}^*$, n gerade, so ist x_E **lokale Minimalstelle** von f.

Im obigen Beispiel 7.12 gilt somit:

$f'(0)=0$ und $f^{(4)}(0)=24$ (▶ Vorzeichen „+“):
Mit $f(0)=0$ ist T⟨0|0⟩ lokaler Tiefpunkt von $G(f)$.

Beispiel 7.13

Der Graph der Funktion $f: f(x) = x^5$; $D(f) = \mathbb{R}$ hat den Wendepunkt **W ⟨0|0⟩**.

$f(x) = x^5$
$\Rightarrow f'(x) = 5x^4$
$\Rightarrow f''(x) = 20x^3$
$\Rightarrow f'''(x) = 60x^2$
$\Rightarrow f^{(4)}(x) = 120x$
$\Rightarrow f^{(5)}(x) = 120$

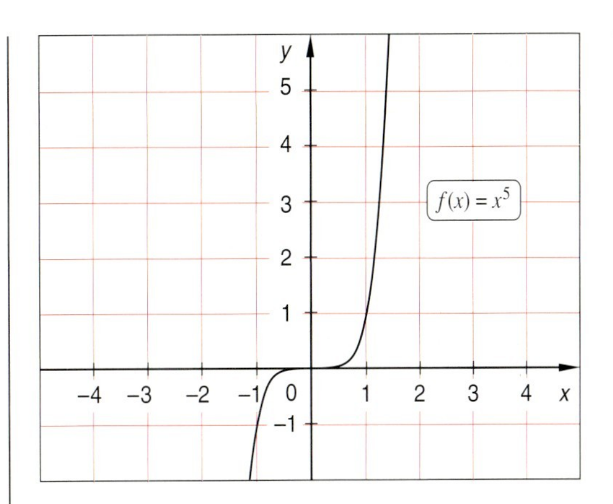

Löst man die Gleichung $f''(x) = 0$, so erhält man $x_W = 0$ als einzige mögliche Wendestelle. Da aber auch $f'''(0) = 0$ gilt, lässt sich mit Hilfe der dritten Ableitung der Funktion f noch keine Aussage über die Existenz einer Wendestelle machen.

$f''(x) = 0 \Leftrightarrow 20x^3 = 0$
$\Leftrightarrow x = 0$

Lösung: $x_W = 0$

Bildet man weitere Ableitungen, so erhält man $f^{(5)}(0) = 120$ als erste von Null verschiedene Ableitung an der Stelle 0.

$f'(0) = 0$
$f''(0) = 0$
$f'''(0) = 0$
$f^{(4)}(0) = 0$
$f^{(5)}(0) = 120$ ▶ Vorzeichen „+"

Für ganzrationale Funktionen kann man allgemein zeigen:

Gilt $f''(x_W) = 0$ und ist die erste von Null verschiedene Ableitung an der Stelle x_W von **ungerader Ordnung** (hier: $f^{(5)}(0) = 120$ ▶ Ableitung fünfter Ordnung), so gibt deren Vorzeichen Aufschluss über die Art der Wendestelle.

Ist $f^{(n)}(x_E) < 0$, $n \in \mathbb{N}^*$, n ungerade, so ist x_W **Wendestelle** von f, an der sich das Krümmungsverhalten von $G(f)$ von einer Linkskrümmung zu einer Rechtskrümmung ändert;

ist $f^{(n)}(x_E) > 0$, $n \in \mathbb{N}^*$, n ungerade, so ist x_W **Wendestelle** von f, an der sich das Krümmungsverhalten von $G(f)$ von einer Rechtskrümmung zu einer Linkskrümmung ändert.

Im obigen Beispiel 7.13 gilt somit:

$f''(0) = 0$ und $f^{(5)}(0) = 120$ (▶ Vorzeichen „+"):
Mit $f(0) = 0$ ist W ⟨0|0⟩ Wendepunkt von $G(f)$ mit „Rechts-Links-Krümmungswechsel".

Die beiden letzten Beispiele machen noch einmal deutlich, dass die Bedingungen $f'(x) = 0$ bzw. $f''(x) = 0$ nur **notwendig** für die Existenz lokaler Extremstellen bzw. von Wendestellen sind:

In Beispiel 7.12 gilt zwar $f''(0) = 0$, aber $x_E = 0$ ist keine Wendestelle, da die erste von Null verschiedene Ableitung von gerader Ordnung ist ($f^{(4)}(0) = 24$).

In Beispiel 7.13 gilt zwar $f'(0) = 0$, aber $x_W = 0$ ist keine lokale Extremstelle, da die erste von Null verschiedene Ableitung von ungerader Ordnung ist ($f^{(5)}(0) = 120$).

Merke:

Für eine ganzrationale Funktion f und für $n \in \mathbb{N}^*$ gilt:

- Ist $f'(x_E)=0$ und $f^{(n)}(x_E)$ die erste von Null verschiedene Ableitung von gerader Ordnung, für die $f^{(n)}(x_E)<0$ ist, so liegt bei x_E eine lokale **Maximalstelle** von f vor;

  ist $f'(x_E)=0$ und $f^{(n)}(x_E)$ die erste von Null verschiedene Ableitung von gerader Ordnung, für die $f^{(n)}(x_E)>0$ ist, so liegt bei x_E eine lokale **Minimalstelle** von f vor.

- Ist $f''(x_W)=0$ und $f^{(n)}(x_W)$ die erste von Null verschiedene Ableitung von ungerader Ordnung, für die $f^{(n)}(x_W)<0$ ist, so liegt bei x_W eine **Wendestelle** von f mit einem **„Links-Rechts-Krümmungswechsel"** vor;

  ist $f''(x_W)=0$ und $f^{(n)}(x_W)$ die erste von Null verschiedene Ableitung von ungerader Ordnung, für die $f^{(n)}(x_W)>0$ ist, so liegt bei x_W eine **Wendestelle** von f mit einem **„Rechts-Links-Krümmungswechsel"** vor.

Das folgende Schema soll für ganzrationale Funktionen f mindestens dritten Grades mit $D(f)=\mathbb{R}$ einen Überblick über die Eigenschaften und die möglichen Zusammenhänge von f, f', f'' und f''' bzw. ihrer Graphen geben. Hierbei bezeichnen M bzw. K offene Intervalle.

$f, G(f)$	$f', G(f')$	f''	f'''
f hat Nullstelle x_0; $f(x_0)=0$			
f monton steigend in M	$f'(x)\geq 0$ für alle $x\in M$		
f monoton fallend in M	$f'(x)\leq 0$ für alle $x\in M$		
$G(f)$ hat Rechtskrümmung in K (abnehmende Steigung)	$G(f')$ fällt in K	$f''(x)<0$ für alle $x\in K$	
$G(f)$ hat Linkskrümmung in K (zunehmende Steigung)	$G(f')$ steigt in K	$f''(x)>0$ für alle $x\in K$	
$G(f)$ hat lokalen Extrempunkt bei x_E als Hochpunkt (abnehmende Steigung) als Tiefpunkt (zunehmende Steigung)	 $f'(x_E)=0$ $G(f')$ fällt in der Nähe von x_E $G(f')$ steigt in der Nähe von x_E	 $f''(x_E)<0$ $f''(x_E)>0$	
$G(f)$ hat Wendepunkt bei x_W W (L-R-Krümmungs-wechsel) W (R-L-Krümmungs-wechsel)	$G(f')$ hat lokalen Extrempunkt $G(f')$ hat lokalen Hochpunkt $G(f')$ hat lokalen Tiefpunkt	$f''(x_W)=0$	 $f'''(x_W)<0$ $f'''(x_W)>0$
$G(f)$ hat Sattelpunkt bei x_W W mit waagerechter Tangente	$G(f')$ hat lokalen Extrempunkt $f'(x_W)=0$	$f''(x_W)=0$	$f'''(x_W)\neq 0$

Anhand dieser Bedingungen und mit den Kenntnissen aus Kapitel 2 lassen sich jetzt Kurvendiskussionen nicht nur qualitativ, sondern auch quantitativ (rechnerisch) machen, an deren Schluss dann die Zeichnung des Funktionsgraphen aufgrund der rechnerisch ermittelten Werte steht.

Übungen zu 7.2

1. Gegeben sind folgende Funktionsterme ganzrationaler Funktionen f mit $D(f)=\mathbb{R}$. Zeichnen Sie die Graphen der Funktionen und der zugehörigen Ableitungsfunktionen jeweils im Intervall $[-5; 5]$.
Ermitteln Sie rechnerisch die Stellen, an denen die Graphen waagerechte Tangenten besitzen, und die Intervalle, in denen die Graphen der einzelnen Funktionen steigen bzw. fallen.
a) $f(x)=3x-5$; **b)** $f(x)=3-0{,}5x$; **c)** $f(x)=0{,}5x^2+1$;
d) $f(x)=0{,}5x^2+x$; **e)** $f(x)=5-0{,}5x^2$; **f)** $f(x)=4x^2-10x-4$;
g) $f(x)=\frac{1}{12}x^3+2x$; **h)** $f(x)=x^3-1{,}5x^2-6x$; **i)** $f(x)=\frac{1}{4}x^4+\frac{1}{3}x^3-2x^2-4x+1$.

2. Bestimmen Sie die Punkte mit waagerechter Tangente der Graphen der folgenden Funktionen.
a) $f: f(x)=2x^3-12x^2+18x$; $D(f)=\mathbb{R}$ **b)** $f: f(x)=0{,}2x^5+x^3-4x$; $D(f)=\mathbb{R}$
c) $f: f(x)=\frac{1}{16}x^4-\frac{1}{6}x^3+1$; $D(f)=\mathbb{R}$ **d)** $f: f(x)=\frac{1}{4}x^4+\frac{4}{3}x^3-\frac{1}{2}x^2-6$; $D(f)=\mathbb{R}$

3. Untersuchen Sie folgende Funktionen in Bezug auf ihr Monotonieverhalten.
a) $f: f(x)=x^2-1$; $D(f)=\mathbb{R}$ **b)** $f: f(x)=x^3+3$; $D(f)=\mathbb{R}$
c) $f: f(x)=x^3-12x$; $D(f)=\mathbb{R}$ **d)** $f: f(x)=-x^3+3x^2$; $D(f)=\mathbb{R}$
e) $f: f(x)=\frac{1}{3}x^3-2x^2-5x+4$; $D(f)=\mathbb{R}$ **f)** $f: f(x)=\frac{1}{4}x^4-\frac{1}{3}x^3$; $D(f)=\mathbb{R}$

4. Untersuchen Sie die folgenden Funktionen ($D(f)=\mathbb{R}$) in Bezug auf lokale Extrema, geben Sie die Art der lokalen Extrema an und bestimmen Sie für diese Extremstellen die jeweils zugehörige Tangentenfunktion.
a) $f: f(x)=0{,}5x^2-1$ **b)** $f: f(x)=-0{,}5x^2+x$ **c)** $f: f(x)=x^2+3x$
d) $f: f(x)=x^2-4x+5$ **e)** $f: f(x)=x^4-8x^2$ **f)** $f: f(x)=-0{,}25x^4-x^3$
g) $f: f(x)=\frac{1}{3}x^3-\frac{1}{2}x^2-6x$ **h)** $f: f(x)=-\frac{1}{3}x^3+4x$ **i)** $f: f(x)=\frac{1}{3}x^3+1$

5. Untersuchen Sie die Graphen der folgenden Funktionen ($D(f)=\mathbb{R}$) in Bezug auf ihr Krümmungsverhalten.
a) $f: f(x)=-x^2+4x$ **b)** $f: f(x)=2x^2-3x$ **c)** $f: f(x)=-x^3+2$
d) $f: f(x)=\frac{1}{24}x^4-\frac{1}{2}x^3$ **e)** $f: f(x)=-\frac{1}{12}x^4+2x^2$ **f)** $f: f(x)=\frac{1}{2}x^3+3x$
g) $f: f(x)=\frac{1}{6}x^3-\frac{1}{2}x^2$ **h)** $f: f(x)=\frac{1}{12}x^4+\frac{1}{2}x^3-2x^2+x$ **i)** $f: f(x)=\frac{1}{20}x^5$

6. Untersuchen Sie die folgenden Funktionen ($D(f)=\mathbb{R}$) in Bezug auf Wendepunkte, ermitteln Sie die Steigungsmaße der einzelnen Wendetangenten und geben Sie für die Wendestellen die jeweils zugehörige Tangentenfunktion an.
a) $f: f(x)=\frac{1}{3}x^3-1$ **b)** $f: f(x)=\frac{1}{3}x^3-x^2$ **c)** $f: f(x)=\frac{1}{6}x^4-\frac{1}{3}x^3$ **d)** $f: f(x)=\frac{1}{12}x^4-\frac{1}{2}x^2$
e) $f: f(x)=-\frac{1}{20}x^5+\frac{1}{2}x^2$ **f)** $f: f(x)=\frac{1}{20}x^5-\frac{1}{6}x^3$ **g)** $f: f(x)=x^3-6x^2+15x+32$
h) $f: f(x)=0{,}5x^3-4x^2+8x$ **i)** $f: f(x)=\frac{1}{12}x^4-\frac{1}{6}x^3-3x^2+x$ **j)** $f: f(x)=\frac{1}{20}x^5+\frac{1}{6}x^3+2x$

7. Untersuchen Sie die folgenden Funktionen ($D(f)=\mathbb{R}$) in Bezug auf lokale Extrempunkte und Wendepunkte und charakterisieren Sie deren Art.
a) $f: f(x)=0{,}25x^3-2x^2+4x$ **b)** $f: f(x)=x^3-6x^2+9x$
c) $f: f(x)=x^3-3x^2+3x-1$ **d)** $f: f(x)=x^4-6x^3+5x^2+24x-36$
e) $f: f(x)=\frac{1}{4}x^4+\frac{1}{3}x^3-2x^2-4x$ **f)** $f: f(x)=-x^4+2x^3+3x^2-4x-4$
g) $f: f(x)=-\frac{1}{18}x^4+\frac{1}{3}x^3+\frac{3}{2}$ **h)** $f: f(x)=-\frac{3}{16}x^3+\frac{9}{4}x$
i) $f: f(x)=\frac{1}{16}x^4-\frac{1}{2}x^3+x^2$ **j)** $f: f(x)=-\frac{3}{8}x^4+\frac{9}{2}x^2$
k) $f: f(x)=x^4-x^3$ **l)** $f: f(x)=2x^5+3x^4$ **m)** $f: f(x)=0{,}2x^5-3x^3+1$
n) $f: f(x)=0{,}05x^5-x^4+3x^3$ **o)** $f: f(x)=0{,}05x^5-4x^4$
p) $f: f(x)=\frac{1}{30}x^6+\frac{1}{20}x^5+\frac{1}{12}x^4$ **q)** $f: f(x)=\frac{1}{42}x^7-\frac{1}{30}x^6+\frac{1}{20}x^5$

8. Zeigen Sie am Beispiel der Funktion $f: f(x)=x^3-4x^2+4x$; $D(f)=\mathbb{R}$, dass eine doppelte Nullstelle einer ganzrationalen Funktion immer eine Extremstelle dieser Funktion ist und somit der Graph der Funktion die x-Achse an dieser Stelle nur berührt und nicht schneidet.

9. In welchen Punkten hat der Graph der Funktion $f: f(x)=\frac{2}{3}x^3-2x^2-1$; $D(f)=\mathbb{R}$
a) eine waagerechte Tangente,
b) eine Tangente mit der Steigungsmaßzahl -2,
c) eine Tangente mit der Steigungsmaßzahl 6?

10. Berechnen Sie für den Graphen der Funktion f die Wendepunkte und den Schnittpunkt ihrer Wendetangenten: $f: f(x)=-\frac{1}{12}x^4+\frac{1}{6}x^3+x^2$; $D(f)=\mathbb{R}$.

11. Für welche reelle Zahl anstelle von a haben die Funktionen vom Typ f_a mit $f_a(x)=x^3-24ax+5$; $D(f_a)=\mathbb{R}$ an den Stellen -2 und 2 jeweils eine lokale Extremstelle?

12. Für welche reelle Zahl anstelle von a haben die Funktionen vom Typ $f_a: f_a(x)=x^4-ax^2+3$; $D(f_a)=\mathbb{R}$ an den Stellen -1 und 1 jeweils eine Wendestelle?

13. Für welche reellen Zahlen anstelle von a haben die Funktionen vom Typ $f_a: f_a(x)=\frac{1}{3}x^3-\frac{1}{2}ax^2+9x-1$; $D(f_a)=\mathbb{R}$ keine bzw. eine lokale Extremstelle oder zwei lokale Extremstellen?

14. Für welche reellen Zahlen anstelle von a haben die Funktionen vom Typ $f_a: f_a(x)=x^4-3ax^2-71$; $D(f_a)=\mathbb{R}$ keine bzw. eine Wendestelle oder zwei Wendestellen?

7.3 Kurvendiskussion

Unter einer **Kurvendiskussion** versteht man die Untersuchung von Funktionsgraphen mit den Mitteln der Differentialrechnung, wobei vor allem der Ableitungsbegriff eine Rolle spielt.

Exemplarische Kurvendiskussion einer ganzrationalen Funktion vierten Grades

Im Folgenden soll der Graph einer ganzrationalen Funktion vierten Grades in Bezug auf sein Verhalten für $|x| \to \infty$, seine Symmetrieeigenschaften, Achsenschnitt-, Extrem- und Wendepunkte sowie sein Monotonie- und Krümmungsverhalten untersucht (diskutiert) werden.

Die anhand der Kurvendiskussion gewonnenen Ergebnisse sollen dann dazu benutzt werden, den Graphen der Funktion zu skizzieren.

Beispiel 7.14

Diskutieren Sie die Funktion $f: f(x)=-0{,}25x^4+2{,}25x^2+x-3$; $D(f)=\mathbb{R}$ und skizzieren Sie ihren Graphen.

Verhalten von f für $|x| \to \infty$:

Das Verhalten von ganzrationalen Funktionen wird für betragsmäßig große x-Werte durch die höchste Potenz von x festgelegt. Daher wird im Funktionsterm für $f(x)$ die höchste in x vorkommende Potenz ausgeklammert. Anschließend wird mit Hilfe der Grenzwertsätze, die bei richtiger Interpretation auch für uneigentliche Grenzwerte gelten (▶ 5.1), das Verhalten von $f(x)$ für $x \to \infty$ bzw. $x \to -\infty$ festgestellt.

Die Funktionswerte **fallen** sowohl für $x \to \infty$ als auch für $x \to -\infty$ grenzenlos.

$$f(x) = -0{,}25x^4 + 2{,}25x^2 + x - 3 = x^4\left(-0{,}25 + \frac{2{,}25}{x^2} + \frac{1}{x^3} - \frac{3}{x^4}\right)$$

$$\Rightarrow \lim_{x \to \infty}\left(x^4\left[-0{,}25 + \frac{2{,}25}{x^2} + \frac{1}{x^3} - \frac{3}{x^4}\right]\right) = \lim_{x \to \infty}(x^4) \cdot \lim_{x \to \infty}\left(-0{,}25 + \frac{2{,}25}{x^2} + \frac{1}{x^3} - \frac{3}{x^4}\right) = \infty \cdot (-0{,}25) = \underline{\underline{-\infty}}$$

$$\Rightarrow \lim_{x \to -\infty}(x^4) \cdot \lim_{x \to -\infty}\left(-0{,}25 + \frac{2{,}25}{x^2} + \frac{1}{x^3} - \frac{3}{x^4}\right) = \infty \cdot (-0{,}25) = \underline{\underline{-\infty}}$$

Symmetrieeigenschaften von $G(f)$:

Die Funktion ist weder gerade noch ungerade, und somit ist ihr Graph weder achsensymmetrisch zur y-Achse noch punktsymmetrisch zum Koordinatenursprung.

Überprüfung z. B. an der Teststelle $x_0 = 1$:

$f(-1) = -2$ und $f(1) = 0$ ▶ $f(-1) \neq f(1)$

$-f(-1) = 2$ und $f(1) = 0$ ▶ $-f(-1) \neq f(1)$

Achsenschnittpunkte:

Die Ordinate des Schnittpunktes von $G(f)$ mit der y-Achse wird durch $f(0)$ bestimmt. Sie stimmt mit dem Absolutglied des Funktionsterms von f überein.

$f(0) = -3 \Rightarrow \underline{\underline{S_y\langle 0 | -3 \rangle}}$ ▶ Schnittpunkt von $G(f)$ mit der y-Achse

Die Abszissen der Schnittpunkte von $G(f)$ mit der x-Achse werden durch Lösen der Gleichung $f(x) = 0$ ermittelt.

$$f(x) = 0 \Leftrightarrow -0{,}25x^4 + 2{,}25x^2 + x - 3 = 0 \Leftrightarrow -0{,}25(x^4 - 9x^2 - 4x + 12) = 0$$ ▶ $x_{01} = 1$

Da $f(x)$ ein ganzrationaler Term vierten Grades ist und nicht direkt in ein Produkt von linearen oder quadratischen Termen umgeformt werden kann, müssen zwei Nullstellen x_{01} und x_{02} durch Probieren gefunden werden.

$f(1) = 0$ ▶ 1 ist Nullstelle von f

$x_{01} = \underline{\underline{1}}$ durch Probieren gefunden.

Durch Probieren stellt man fest, dass f an der Stelle $x_{01} = 1$ eine Nullstelle hat. Die Polynomdivision des Funktionsterms durch den Linearfaktor $(x - x_{01})$ liefert das Polynom $p(x)$, dessen zugehörige Funktion p die Nullstelle $x_{02} = -2$ besitzt, die ebenfalls durch Probieren gefunden werden kann.

$$(x^4 - 9x^2 - 4x + 12) : (x - 1) = \underbrace{x^3 + x^2 - 8x - 12}_{p(x)}$$
$$\begin{array}{l} \underline{-(x^4 - x^3)} \\ \quad x^3 - 9x^2 \\ \quad \underline{-(x^3 - x^2)} \\ \qquad -8x^2 - 4x \\ \qquad \underline{-(-8x^2 + 8x)} \\ \qquad\quad -12x + 12 \\ \qquad\quad \underline{-(-12x + 12)} \\ \qquad\qquad 0 \end{array}$$

$p(-2) = 0$ ▶ -2 ist Nullstelle von p und damit auch von f

$x_{02} = \underline{\underline{-2}}$ durch Probieren gefunden.

Nachdem zwei Nullstellen von f gefunden worden sind, reduziert sich die weitere Suche nach Nullstellen von f auf die Bestimmung der Nullstellen der zu dem Term x^2-x-6 gehörigen quadratischen Funktion q.

$$
\begin{array}{l}
(x^3+\ \ x^2-8x-12):(x+2)=\underbrace{x^2-x-6}_{q(x)} \\
\underline{-(x^3+2x^2)} \\
\qquad -x^2-8x \\
\quad \underline{-(-x^2-2x)} \\
\qquad\qquad -6x-12 \\
\qquad\quad \underline{-(-6x-12)} \\
\qquad\qquad\qquad 0
\end{array}
$$

Die Lösung der quadratischen Gleichung $q(x)=0$ liefert eine weitere Nullstelle von f.

An der Stelle -2, die nochmals ermittelt wurde, liegt eine sog. **doppelte Nullstelle** vor.

$$
\begin{aligned}
q(x)=0 &\Leftrightarrow x^2-x-6 &&=0 \\
&\Leftrightarrow x^2-x+0{,}25 &&=6{,}25 \\
&\Leftrightarrow (x-0{,}5)^2 &&=6{,}25 \\
&\Leftrightarrow |x-0{,}5| &&=2{,}5 \\
&\Leftrightarrow x=-2 \text{ oder } x=3
\end{aligned}
$$

Lösung: $x_{03}=\underline{\underline{-2}}$ und $x_{04}=\underline{\underline{3}}$.

Lokale Extrempunkte:

Die Nullstellen der ersten Ableitung f' sind die möglichen lokalen Extremstellen von f.

Da -2 eine doppelte Nullstelle von f ist, ist sie auch eine Extremstelle von f.

► Abschnitt 7.2, Übung 8

$f'(x)=-x^3+4{,}5x+1$

$x_{E_1}=-2$ ► doppelte Nullstelle und Extremstelle von f

$f'(-2)=0$ ► -2 ist Nullstelle von f'

Durch Polynomdivision erhält man $q_1(x)$.

$$
\begin{array}{l}
(-x^3+4{,}5x+1):(x+2)=\underbrace{-x^2+2x+0{,}5}_{q_1(x)} \\
-\underline{(-x^3-2x^2)} \\
\qquad\quad 2x^2+4{,}5x \\
\qquad -\underline{(2x^2+\ \ 4x)} \\
\qquad\qquad\quad 0{,}5x+1 \\
\qquad\qquad -\underline{(0{,}5x+1)} \\
\qquad\qquad\qquad\quad 0
\end{array}
$$

Nach der Polynomdivision von $-x^3+4{,}5x\ +1$ durch $(x-x_{E_1})$ liefert die Lösung der quadratischen Gleichung $q_1(x)=0$ zwei weitere Nullstellen der Funktion f'.

$$
\begin{aligned}
q_1(x)=0 &\Leftrightarrow -x^2+2x+0{,}5=0 \\
&\Leftrightarrow \quad x^2-2x-0{,}5=0 \\
&\Leftrightarrow (x-1)^2 &&=1{,}5 \\
&\Leftrightarrow |x-1| &&=\sqrt{1{,}5} \\
&\Leftrightarrow x=-0{,}22 \text{ oder } x=2{,}22
\end{aligned}
$$

Lösung: $x_{E_2}=\underline{\underline{-0{,}22}}$ und $x_{E_3}=\underline{\underline{2{,}22}}$

Für die ermittelten drei Nullstellen von f' werden die Funktionswerte der zweiten Ableitung f'' berechnet, um eine Aussage darüber treffen zu können, von welcher Art sie sind bzw. ob sie auch tatsächlich lokale Extremstellen der Funktion f sind.

$$
\begin{aligned}
f''(x)&=-3x^2+4{,}5 \\
&=-(3x^2-4{,}5)
\end{aligned}
$$

Da diese Funktionswerte alle von Null verschieden sind, liegen hier tatsächlich lokale Extremstellen der Funktion f vor.

Die Vorzeichen dieser Funktionswerte liefern weitere Aussagen über die Art der Extremstellen.

$f'(-2)=0$ ▶ -2 Nullstelle von f'

$f''(x_{E_1})=f''(-2)=-7{,}5$ ▶ Vorzeichen „$-$“

Extremstelle mit Rechtskrümmung.

$f(-2)=0 \Rightarrow$ **H₁⟨−2|0⟩**.

$f'(-0{,}22)=0$ ▶ $-0{,}22$ Nullstelle von f'

$f''(x_{E_2})=f''(-0{,}22)=4{,}35$ ▶ Vorzeichen „$+$“

Extremstelle mit Linkskrümmung.

$f(-0{,}22)=-3{,}11 \Rightarrow$ **T⟨−0,22|−3,11⟩**.

$f'(2{,}22)=0$ ▶ $2{,}22$ Nullstelle von f'

$f''(x_{E_3})=f''(2{,}22)=-10{,}29$ ▶ Vorzeichen „$-$“

Extremstelle mit Rechtskrümmung.

$f(2{,}22)=4{,}24 \Rightarrow$ **H₂⟨2,22|4,24⟩**.

Da sowohl $\lim\limits_{x\to\infty} f(x)=-\infty$ als auch $\lim\limits_{x\to-\infty} f(x)=-\infty$ gilt, ist **$H_2\langle 2{,}22|4{,}24\rangle$** sogar **absoluter Hochpunkt** von $G(f)$.

Monotonieverhalten:

Die drei lokalen Extremstellen teilen den Definitionsbereich von f in vier Monotonieintervalle ein.

$x_{E_1}=-2$, $x_{E_2}=-0{,}22$ und $x_{E_3}=2{,}22$.

Durch die Berechnung eines Funktionswertes von f' an je einer Teststelle aus diesen Monotonieintervallen wird anhand des Vorzeichens von $f'(x)$ die Art der Monotonie von f in diesen Intervallen festgestellt.

$M_1=(-\infty;\,-2)$: $f'(-3)=14{,}5$ ▶ Vorzeichen „$+$“
$\Rightarrow f$ steigt in M_1 streng monoton

$M_2=(-2;\,-0{,}22)$: $f'(-1)=-2{,}5$ ▶ Vorzeichen „$-$“
$\Rightarrow f$ fällt in M_2 streng monoton

$M_3=(-0{,}22;\,2{,}22)$: $f'(0)=1$ ▶ Vorzeichen „$+$“
$\Rightarrow f$ steigt in M_3 streng monoton

$M_4=(2{,}22;\,\infty)$: $f'(3)=-12{,}5$ ▶ Vorzeichen „$-$“
$\Rightarrow f$ fällt in M_4 streng monoton

$G(f)$ steigt somit im M_1, fällt in M_2, steigt in M_3 und fällt wieder in M_4.

Wendepunkte:

Die Nullstellen der zweiten Ableitung f'' sind die möglichen Wendestellen von f.

$f''(x)=-3x^2+4{,}5=-(3x^2-4{,}5)$

$$\begin{aligned} f''(x)=0 &\Leftrightarrow 3x^2-4{,}5=0\\ &\Leftrightarrow 3x^2=4{,}5\\ &\Leftrightarrow x^2=1{,}5\\ &\Leftrightarrow |x|=\sqrt{1{,}5}\\ &\Leftrightarrow x=-1{,}22 \text{ oder } x=1{,}22\end{aligned}$$

Lösung: $x_{W_1}=-1{,}22$ und $x_{W_2}=1{,}22$

Von diesen Nullstellen von f'' werden die Funktionswerte der dritten Ableitung f''' berechnet, um eine Aussage darüber treffen zu können, ob sie auch tatsächlich Wendestellen der Funktion f sind.

Da diese Funktionswerte alle von Null verschieden sind, liegen hier tatsächlich Wendestellen der Funktion f vor.

Die Vorzeichen dieser Funktionswerte liefern weitere Aussagen über die Art der Wendestellen.

$f'''(x) = -6x$

$f''(-1{,}22) = 0$ ▶ $-1{,}22$ Nullstelle von f''

$f'''(x_{W_1}) = f'''(-1{,}22) = +7{,}32$ ▶ Vorzeichen „+"

Wendestelle mit Rechts-Links-Krümmungswechsel

$f(-1{,}22) = -1{,}42 \Rightarrow$ $\mathbf{W_1\langle -1{,}22 | -1{,}42\rangle}$

$f''(1{,}22) = 0$ ▶ $1{,}22$ Nullstelle von f''

$f'''(x_{W_2}) = f'''(1{,}22) = -7{,}32$ ▶ Vorzeichen „−"

Wendestelle mit Links-Rechts-Krümmungswechsel

$f(1{,}22) = 1{,}02 \Rightarrow$ $\mathbf{W_2\langle 1{,}22 | 1{,}02\rangle}$

Krümmungsverhalten:

Die zwei Wendestellen von f teilen den Definitionsbereich von f in drei Krümmungsintervalle ein.

Durch die Berechnung eines Funktionswertes von f'' an je einer Teststelle aus diesen Krümmungsintervallen wird anhand des Vorzeichens von $f''(x)$ die Art der Krümmung von f in diesen Intervallen festgestellt.

$G(f)$ ist in K_1 rechtsgekrümmt, in K_2 linksgekrümmt und in K_3 wieder rechtsgekrümmt.

$x_{W_1} = -1{,}22$ und $x_{W_2} = 1{,}22$

$K_1 = (-\infty;\ -1{,}22)$: $f''(-2) = -7{,}5$ ▶ Vorzeichen „−"
$\Rightarrow G(f)$ ist in K_1 rechtsgekrümmt.

$K_2 = (-1{,}22;\ 1{,}22)$: $f''(0) = 4{,}5$ ▶ Vorzeichen „+"
$\Rightarrow G(f)$ ist in K_2 linksgekrümmt.

$K_3 = (1{,}22;\ \infty)$: $f''(2) = -7{,}5$ ▶ Vorzeichen „−"
$\Rightarrow G(f)$ ist in K_3 rechtsgekrümmt.

Graph der Funktion:

Die durch die Kurvendiskussion ermittelten Punkte werden in ein Koordinatensystem eingetragen und unter Berücksichtigung der Stetigkeit von f, des Grenzwert-, Steigungs- und Krümmungsverhaltens zum Graphen der Funktion verbunden.

$P_{01}\langle -2|0\rangle$, $P_{02}\langle 1|0\rangle$, $P_{03}\langle 3|0\rangle$ ▶ Schnittpunkte mit der x-Achse

$S_y\langle 0|-3\rangle$ ▶ Schnittpunkt mit der y-Achse

$H_1\langle -2|0\rangle$ ▶ Hochpunkt
$T\langle -0{,}22|-3{,}11\rangle$ ▶ Tiefpunkt
$H_2\langle 2{,}22|4{,}24\rangle$ ▶ Hochpunkt

$W_1\langle -1{,}22|-1{,}42\rangle$, $W_2\langle 1{,}22|1{,}02\rangle$ ▶ Wendepunkte

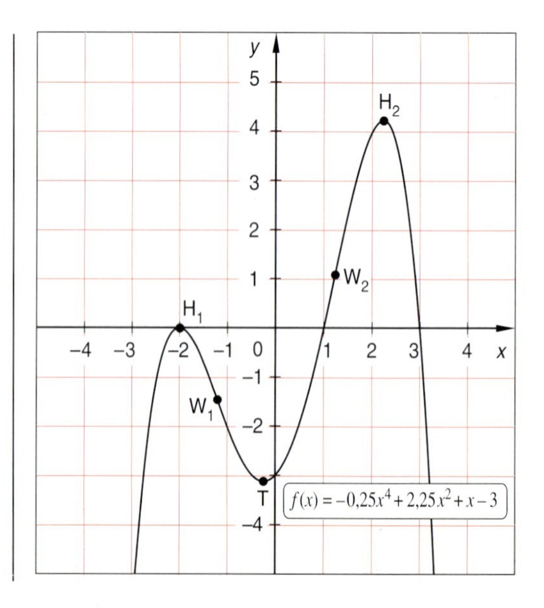

Bestimmung des Funktionsterms einer ganzrationalen Funktion aus ihren Eigenschaften

Durch eine Kurvendiskussion lassen sich verschiedene Eigenschaften einer durch ihren Funktionsterm gegebenen Funktion ermitteln; anschließend kann ihr Graph gezeichnet werden. In der Praxis steht häufig das umgekehrte Problem: Von einer Funktion sind verschiedene Eigenschaften bekannt und es ist ein passender Funktionsterm zu ermitteln.

Beispiel 7.15

Von einer differenzierbaren Funktion f der Variablen x sind die folgenden Eigenschaften bekannt.

I: Die Funktion f hat bei $x=0$ eine Nullstelle.

II: Der Graph von f hat an der Stelle $\frac{1}{\sqrt{3}}$ einen Extrempunkt.

III: Der Graph von f hat an der Stelle 0 einen Wendepunkt.

IV: Es gilt $f'''(x)=6$ für alle $x \in \mathbb{R}$.

Da über die Art der Funktion f keine weiteren Angaben vorliegen, suchen wir der Einfachheit halber einen Term einer ganzrationalen Funktion, die die obigen Eigenschaften erfüllt. Die Eigenschaft IV besagt, dass die dritte Ableitung der Funktion eine von null verschiedene Konstante ist. Damit ist klar, dass wir den Term einer ganzrationalen Funktion 3. Grades zu suchen haben. Der allgemeine Term einer ganzrationalen Funktion 3. Grades lautet

$$f(x)=ax^3+bx^2+cx+d.$$

Die **vier** reellen Zahlen a, b, c und d müssen so gewählt werden, dass die **vier** Bedingungen der Aufgabe erfüllt sind.[1]

Da die Bedingungen II bis IV Eigenschaften der Ableitungen der Funktion f wiedergeben, bilden wir zunächst die Terme der 1., 2. und 3. Ableitung; es gilt mit dem Ansatz $f(x)=ax^3+bx^2+cx+d$:

$$f'(x)=3ax^2+2bx+c, \quad f''(x)=6ax+2b \quad \text{und} \quad f'''(x)=6a.$$

Wir formulieren nun die obigen vier Bedingungen mit Hilfe der Funktion bzw. der Ableitungen:

$$\begin{array}{llllll}
\text{I:} & f(0)=0 & \Leftrightarrow & a\cdot 0^3+b\cdot 0^2+c\cdot 0+d=0 & \Leftrightarrow & d=0 \\
\text{II:} & f'\left(\frac{1}{\sqrt{3}}\right)=0 & \Leftrightarrow & 3a\cdot\left(\frac{1}{\sqrt{3}}\right)^2+2b\cdot\frac{1}{\sqrt{3}}+c=0 & \Leftrightarrow & a+\frac{2}{\sqrt{3}}b+c=0 \\
\text{III:} & f''(0)=0 & \Leftrightarrow & 6a\cdot 0^2+2b=0 & \Leftrightarrow & b=0 \\
\text{IV:} & f'''(x)=6 & \Leftrightarrow & 6a=6 & \Leftrightarrow & a=1
\end{array}$$

Man erhält also für die vier Parameter a, b, c und d ein lineares Gleichungssystem, das mit einem der bekannten Verfahren (s. S. 38, 53, 68) zu lösen ist. Im vorliegenden Fall ist dies sehr einfach; man erhält:

$$a=1, \quad b=0, \quad c=-1, \quad d=0,$$

also den Funktionsterm $f(x)=\underline{\underline{x^3-x}}$.

[1] Da die Anzahl der Bedingungen mit der Anzahl der Unbekannten übereinstimmt, besteht die berechtigte Hoffnung, dass das Problem eine eindeutige Lösung besitzt. Wären weniger Eigenschaften bekannt, dann blieben einzelne Parameter frei wählbar. So erfüllen beispielsweise alle Funktionen zu $f(x)=ax^3+bx^2+cx$ mit beliebigen reellen Zahlen a, b, c offensichtlich die Bedingung I. Nur der letzte Parameter steht mit $d=0$ fest. Sind andererseits mehr als vier Bedingungen gegeben, so könnten wir unter diesen vier auswählen und aus diesen einen passenden Funktionsterm bestimmen – oder wir wählen eine andere Funktionenklasse.

Da in dem Funktionsterm $f(x)=x^3-x$ nur ungerade Exponenten auftreten, ist der Graph symmetrisch zum Ursprung.

Aus der Darstellung

$$f(x)=x^3-x=x(x^2-1)=x(x+1)(x-1)$$

erkennt man, dass f außer der Nullstelle 0 die weiteren Nullstellen -1 und 1 besitzt.

Wir bestimmen noch die Funktionswerte an den Extremstellen $\frac{1}{\sqrt{3}}$ und $-\frac{1}{\sqrt{3}}$; es gilt:

$$f\left(\frac{1}{\sqrt{3}}\right)=-\frac{2}{3\sqrt{3}}\approx -0{,}385,$$

also wegen der Symmetrie

$$f\left(-\frac{1}{\sqrt{3}}\right)=\frac{2}{3\sqrt{3}}\approx 0{,}385.$$

Damit können wir den Graphen zeichnen.

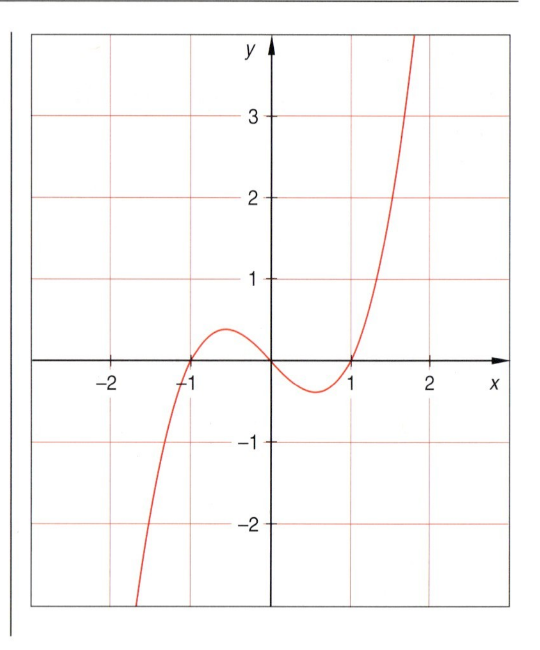

Betrachten wir unsere Vorgehensweise bei dem Beispiel 7.15, so können wir das Folgende feststellen.

Merke:

Bei der Angabe von $n+1$ Bedingungen kann ein Funktionsterm $f(x)$ in der Klasse der ganzrationalen Funktionen n-ten Grades mit dem Ansatz

$$f(x)=a_n x^n + a_{n-1} x^{n-1} + \ldots + a_2 x^2 + a_1 x + a_0$$

gesucht werden. Mit $n+1$ gegebenen Bedingungen für die Funktion f und ihre Ableitungen erhält man $n+1$ Bestimmungsgleichungen für die unbekannten Parameter $a_0, a_1, \ldots, a_n$. Mit der Lösung des Gleichungssystems erhält man durch Einsetzen der Zahlen für die Parameter den konkreten Funktionsterm $f(x)$.

Anmerkungen:

- Bei direkter Vorgabe der Funktionenklasse – dies ist bei praktischen Aufgaben meist der Fall bzw. aus der Problemstellung abzuleiten – verfährt man in gleicher Weise mit einem zur Funktionenklasse passenden Ansatz für den Funktionsterm. Ist beispielsweise der zeitliche Spannungsverlauf beim Entladevorgang eines Kondensators zu modellieren, dann sind ganzrationale Funktionen ungeeignet und man macht besser einen Ansatz der Form $u(t)=a\cdot e^{-b\cdot t}$ mit den zu bestimmenden Parametern a und b. Bei Vorgabe von zwei Bedingungen für die Funktion u bzw. deren Ableitungen ergibt sich wieder ein Gleichungssystem für die beiden Parameter.
- Ist das Gleichungssystem zwar lösbar aber nicht eindeutig lösbar, so sind weitere Bedingungen erforderlich, um die Aufgabe in der vorgegebenen Funktionenklasse zu lösen.
- Ergibt sich bei der Lösung des Gleichungssystems ein Widerspruch, so hat die Aufgabe in der betreffenden Funktionenklasse keine Lösung.

Wir behandeln nun noch ein Beispiel aus der Technik, bei dem sich eine geeignete Funktionenklasse aus der Problemstellung ergibt.

Beispiel 7.16

Eine Schlucht soll durch ein Drahtseil überbrückt werden, das an zwei Gittermasten befestigt wird (s. Abbildung). Für die Berechnung der Kräfte in den Aufhängepunkten A und B ist es wichtig zu wissen, welche Winkel das Seil mit den Gittermasten bildet. Das Seil hängt ungefähr in Form einer quadratischen Parabel. Der Aufhängepunkt B liegt um 8 m tiefer als der Aufhängepunkt A.

Durch die Aufgabenstellung ist kein Koordinatensystem vorgegeben. Wir wählen ein kartesisches Koordinatensystem, zu dem sich die Funktionsgleichung $y = f(x)$ der Parabel leicht bestimmen lässt, und legen den Koordinatenursprung in den Punkt A. Die x-Achse sei waagerecht, die y-Achse weist senkrecht nach oben. Der zweite Aufhängepunkt besitzt damit die Koordinaten $x = 40$ und $y = -8$.

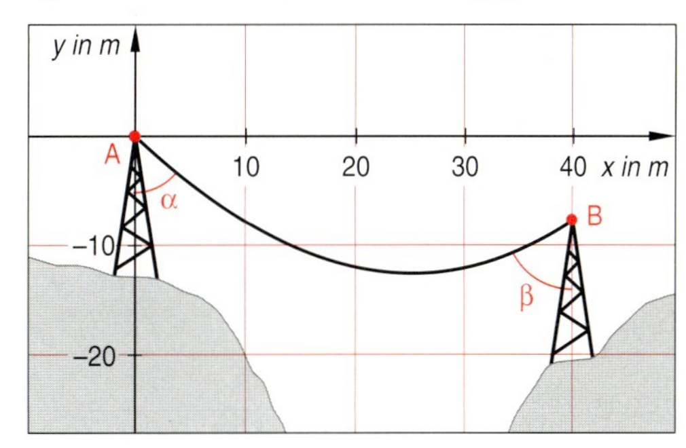

Der allgemeine Term einer quadratischen Funktion lautet

$$f(x) = ax^2 + bx + c.$$

Ihre Ableitungsfunktion hat den Term

$$f'(x) = 2ax + b.$$

Mit den Koordinaten der Aufhängepunkte stehen zwei Bedingungen (I und II) für die drei Parameter a, b und c fest. Um die drei Parameter bestimmen zu können, benötigen wir eine dritte Bedingung (III). Diese ergibt sich aus der zusätzlichen Forderung, dass das Seil im Punkt A einen Winkel von 45° mit dem Mast bilden soll. Damit erhalten wir die Bedingung III, dass die Ableitung von f an der Stelle $x = 0$ den Wert -1 haben muss.

$$\begin{aligned} &\text{I:} \quad f(0) = 0 \quad &&\Leftrightarrow \quad a \cdot 0^2 + b \cdot 0 + c = 0 \quad &&\Leftrightarrow \quad c = 0 \\ &\text{II:} \quad f(40) = -8 \quad &&\Leftrightarrow \quad a \cdot 40^2 + b \cdot 40 + c = -8 && \\ &\text{III:} \quad f'(0) = -1 \quad &&\Leftrightarrow \quad 2a \cdot 0^2 + b = -1 \quad &&\Leftrightarrow \quad b = -1 \end{aligned}$$

Mit den Ergebnissen $b = -1$ und $c = 0$, die sich aus den Bedingungen III bzw. I unmittelbar ergeben, erhalten wir aus der Bedingung II für den dritten Parameter

$$1600a + 40b + c = -8 \quad \Leftrightarrow \quad 1600a - 40 = -8 \quad \Leftrightarrow \quad a = 0{,}02.$$

Das Gleichungssystem besitzt also die Lösungen $a = 0{,}02$, $b = -1$ und $c = 0$; der Term der Funktion f ist damit $f(x) = \underline{\underline{0{,}02x^2 - x}}$.

Zur Ermittlung des Winkels β berechnen wir die Ableitung der Funktion f an der Stelle 40 und erhalten damit den Anstieg der Tangente an den Graphen von f im Punkt B.

$$\begin{aligned} & f(x) = 0{,}02x^2 - x \\ \Rightarrow\; & f'(x) = 0{,}04x - 1 \\ \Rightarrow\; & f'(40) = 0{,}04 \cdot 40 - 1 = 0{,}6 \end{aligned}$$

Den Steigungswinkel γ ermitteln wir mit der $\tan^{-1}$-Taste eines Taschenrechners.

$$\begin{aligned} & \tan\gamma = f'(40) = 0{,}6 \\ \Rightarrow\; & \gamma \approx 31° \end{aligned}$$

Die Winkel β und γ ergänzen sich zu 90°. Der Winkel am Aufhängepunkt B beträgt also ungefähr 59°.

$$\begin{aligned} & \beta = 90° - \gamma \approx 90° - 31° \\ \Rightarrow\; & \beta = \underline{\underline{59°}} \end{aligned}$$

Mit Hilfe der Funktionsgleichung $f(x)=0{,}02\,x^2-x$ lassen sich weitere Eigenschaften der Seilverbindung berechnen. Wir interessieren uns dafür, wie weit das Seil durchhängt. Dazu berechnen wir die Koordinaten des Scheitelpunktes der Parabel, wofür uns im vorliegenden Fall zwei Wege offenstehen.

Berechnung des Scheitelpunktes mit Hilfe der Scheitelpunktformel: ▶ Abschnitt 2.3

$$x_s=-\frac{b}{2a}=-\frac{-1}{2\cdot 0{,}02}=\underline{\underline{25}}$$

$$y_s=\frac{4ac-b^2}{4a}=\frac{0-(1)^2}{4\cdot 0{,}02}=\underline{\underline{-12{,}5}}$$

Berechnung des Scheitelpunktes mit Hilfe der Differentialrechnung:

$$f'(x_s)=0{,}04\,x_s-1=0 \quad\Leftrightarrow\quad x_s=\underline{\underline{25}}$$

$$y_s=f(x_s)=0{,}02\cdot 25^2-25=\underline{\underline{-12{,}5}}$$

Das Seil hängt bezogen auf die Horizontale durch den Aufhängepunkt A also 12,5 m durch.

Übungen zu 7.3

Kurvendiskussion

1. Untersuchen Sie die folgenden ganzrationalen Funktionen ($D(f)=\mathbb{R}$) in Bezug auf ihr Verhalten für $|x|\to\infty$ sowie ihre Graphen in Bezug auf ihre Symmetrieeigenschaften, ihre Achsenschnitt-, lokalen Extrem- und Wendepunkte und ihr Steigungs- und Krümmungsverhalten.
Skizzieren Sie die Graphen der Funktionen auf der Grundlage Ihrer Funktionsuntersuchungen.

a) $f: f(x)=0{,}5\,x^3-4\,x^2+8\,x$ **b)** $f: f(x)=x^3-2\,x^2-3\,x$
c) $f: f(x)=0{,}25\,x^3+x^2$ **d)** $f: f(x)=x^3-6\,x^2+12\,x-8$
e) $f: f(x)=-\frac{1}{3}x^3-\frac{2}{3}x^2+3\,x+6$ **f)** $f: f(x)=\frac{3}{16}x^3-\frac{9}{8}x^2+6$
g) $f: f(x)=0{,}2\,x^3+0{,}6\,x^2-2{,}6\,x-3$ **h)** $f: f(x)=-0{,}2\,x^3+0{,}6\,x^2+1{,}8\,x+1$
i) $f: f(x)=0{,}2\,x^3-2{,}4\,x^2+9\,x-10$ **j)** $f: f(x)=-x^4+2\,x^3$
k) $f: f(x)=x^3-2\,x^2-2{,}75\,x+3{,}75$ **l)** $f: f(x)=0{,}5\,x^3+2{,}5\,x^2+1{,}5\,x-4{,}5$
m) $f: f(x)=-0{,}2\,x^3-x^2+0{,}2\,x+1$ **n)** $f: f(x)=-0{,}25\,x^3+1{,}5\,x^2+x-6$
o) $f: f(x)=-0{,}5\,x^3-2\,x^2-0{,}5\,x+3$ **p)** $f: f(x)=-0{,}5\,x^3+2{,}5\,x^2-x-4$
q) $f: f(x)=-0{,}25\,x^3-2\,x^2+0{,}25\,x+2$ **r)** $f: f(x)=0{,}25\,x^4-3\,x^3+9\,x^2$
s) $f: f(x)=0{,}25\,x^4-0{,}25\,x^3-2\,x^2+3\,x$ **t)** $f: f(x)=0{,}25\,x^4-3{,}25\,x^2+9$
u) $f: f(x)=\frac{1}{48}x^4-x^2+9$ **v)** $f: f(x)=-x^4+3\,x^2+4$
w) $f: f(x)=0{,}25\,x^4-x^2-1{,}25$ **x)** $f: f(x)=-0{,}5\,x^4+5\,x^2-4{,}5$
y) $f: f(x)=5\,x^3-50\,x^2+215\,x+360;\ D(f)=\mathbb{R}^{\geq 0}$ **z)** $f: f(x)=x^3-10\,x^2+43\,x+72;\ D(f)=\mathbb{R}^{\geq 0}$

Das Bestimmen ganzrationaler Funktionsterme

2. Der Graph einer ganzrationalen Funktion dritten Grades berührt die x-Achse im Koordinatenursprung und hat im Punkt $P\langle -3|0\rangle$ die Steigung 9. Bestimmen Sie den Funktionsterm.

3. Der Graph einer ganzrationalen Funktion dritten Grades verläuft durch den Koordinatenursprung. Er hat bei $x_1=2$ eine waagerechte Tangente und bei $x_2=4$ eine Wendestelle. Die Wendetangente hat die Steigung -4. Bestimmen Sie den Funktionsterm.

4. Der Graph einer ganzrationalen Funktion vierten Grades ist symmetrisch zur y-Achse. Er hat in $P\langle 2|0\rangle$ die Steigung 2 und bei -1 eine Wendestelle. Bestimmen Sie den Funktionsterm.

5. Bestimmen Sie den Term der ganzrationalen Funktion dritten Grades, deren Graph bei -2 die x-Achse schneidet und bei 0 eine Wendestelle hat. Die Wendetangente dort ist Graph der Funktion t mit $t(x)=\frac{1}{3}x+2;\ D(t)=\mathbb{R}$.

6. Der Graph einer ganzrationalen Funktion dritten Grades schneidet die x-Achse bei -2 und 3 und hat den Hochpunkt $H\langle 0|7{,}2\rangle$. Ermitteln Sie den Funktionsterm.

7. Der Graph einer ganzrationalen Funktion fünften Grades ist punktsymmetrisch zum Koordinatenursprung, hat in $T\langle -1|-2\rangle$ einen Tiefpunkt und verläuft durch den Punkt $P\langle 2|-13{,}25\rangle$. Bestimmen Sie den Funktionsterm.

8. Ein durch den Koordinatenursprung verlaufender Graph einer ganzrationalen Funktion dritten Grades besitzt bei 6 eine Nullstelle und bei 3 eine Wendestelle mit der Steigung -3. Ermitteln Sie den Funktionsterm.

9. Eine ganzrationale Funktion vierten Grades, deren Graph achsensymmetrisch zur y-Achse verläuft, hat bei 2 eine Nullstelle. Der Graph von f hat im Punkt $P\langle 1|-6\rangle$ die Steigung -2. Ermitteln Sie den Funktionsterm.

10. Der Graph einer ganzrationalen Funktion dritten Grades verläuft durch den Koordinatenursprung und schneidet bei 6 die x-Achse. Die Wendetangente durch den Punkt $\langle 0|0\rangle$ ist Graph der Funktion t mit $t(x)=2x$; $D(t)=\mathbb{R}$. Ermitteln Sie den Funktionsterm.

11. Der Graph einer ganzrationalen Funktion dritten Grades schneidet die x-Achse im Koordinatenursprung und bei -3 und hat in $P\langle 3|-6\rangle$ ein lokales Minimum. Bestimmen Sie den Funktionsterm.

12. Der Graph einer ganzrationalen Funktion dritten Grades berührt die x-Achse an der Stelle 4 und hat an der Stelle $\frac{8}{3}$ eine Wendestelle. Die Wendetangente hat die Steigung $-\frac{4}{3}$. Ermitteln Sie den Funktionsterm.

13. Der Graph einer ganzrationalen Funktion dritten Grades berührt die x-Achse an der Stelle 4 und hat in $W\langle 2|3\rangle$ einen Wendepunkt. Bestimmen Sie den Funktionsterm.

14. Der Graph einer ganzrationalen Funktion dritten Grades hat in $H\langle 3|0{,}8\rangle$ einen Hochpunkt und an der Stelle 4 eine Wendestelle. Die Wendetangente hat die Steigung $-0{,}6$. Ermitteln Sie den Funktionsterm.

15. Der Graph einer ganzrationalen Funktion dritten Grades schneidet die x-Achse bei $-1{,}5$, hat in $H\langle -0{,}5|4{,}5\rangle$ einen Hochpunkt und an der Stelle $\frac{2}{3}$ eine Wendestelle. Ermitteln Sie den Funktionsterm.

16. Der Graph einer ganzrationalen Funktion dritten Grades schneidet die x-Achse an der Stelle -3 mit der Steigung $-12{,}5$ und hat an den Stellen $-\frac{4}{3}$ und 2 Extremstellen. Bestimmen Sie den Funktionsterm.

17. Der Graph einer ganzrationalen Funktion dritten Grades hat in $H\langle 3|2\rangle$ einen Hochpunkt und an der Stelle 2 eine Wendestelle. Die Wendetangente hat die Steigung 1,5. Ermitteln Sie den Funktionsterm.

18. Der achsensymmetrische Graph einer ganzrationalen Funktion vierten Grades hat in $W\left\langle 2\middle|-\frac{20}{3}\right\rangle$ einen Wendepunkt. Die Wendetangente hat die Steigung $-\frac{16}{3}$. Ermitteln Sie den Funktionsterm.

19. Der Graph einer ganzrationalen Funktion vierten Grades hat im Koordinatenursprung einen Sattelpunkt und in $W\langle 1|1\rangle$ einen Wendepunkt. Bestimmen Sie den Funktionsterm.

20. Der Graph einer ganzrationalen Funktion vierten Grades berührt die x-Achse an der Stelle -1 und hat in $W_S\langle 2|6{,}75\rangle$ einen Sattelpunkt. Ermitteln Sie den Funktionsterm.

21. Die Tragseile einer Hängebrücke sind bei den Punkten A und B an den Brückenpfeilern befestigt. Sie tragen über senkrecht verlaufende Spannseile die Brücke und bilden durch diese Befestigung die Form einer quadratischen Parabel. Deren tiefster Punkt liegt 50 m unterhalb der beiden Aufhängungspunkte. Welchen Winkel schließen das Tragseil und ein Brückenpfeiler ein?

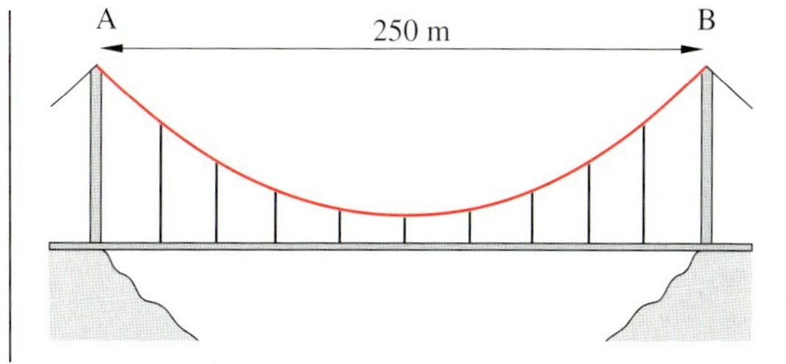

7.4 Extremwertaufgaben

Viele Probleme technischer, naturwissenschaftlicher, ökonomischer und mathematischer Art bestehen darin, für gewisse Funktionen einen maximalen Funktionswert zu bestimmen. Ergeben sich aus der Aufgabenstellung differenzierbare Funktionen, so können derartige Extremwertberechnungen mit Hilfe der Differentialrechnung durchgeführt werden. Wir unterscheiden dabei zwischen **Extremwertaufgaben ohne Nebenbedingungen** und solchen **mit Nebenbedingungen**.

Extremwertaufgaben ohne Nebenbedingungen

Im Beispiel 2.39 (Seite 58) betrachteten wir ein praktisches Problem, dessen mathematische Modellierung auf eine ganzrationale Funktion dritten Grades führte. Wir fragten nach einem bestimmten Optimalwert, den wir dort aber nur näherungsweise aus dem Graphen der Funktion ablesen konnten. Mit den Mitteln der Differentialrechnung können wir diese Aufgabenstellung nun exakt lösen. Wir greifen deshalb dieses Beispiel erneut auf.

Beispiel 7.17 (► Beispiel 2.39)

Aus einer rechteckigen Metallplatte mit den Maßen $a=30$ cm und $b=14$ cm soll ein offener Kasten mit maximalem Volumen hergestellt werden. Welche optimale Kastenhöhe h ist zu wählen?
Im Beispiel 2.39 ergab sich die Funktion

V: $V(h)=4h^3-88h^2+420h$.

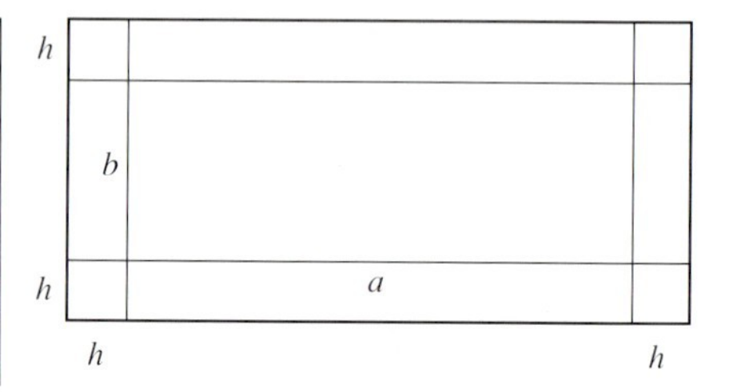

Bestimmung des maximalen Definitionsbereiches

Der Funktionsterm $V(h)$ ist zwar für alle reellen h definiert, durch die reale Problemstellung gibt es allerdings Einschränkungen für h; h kann nicht negativ und nicht größer sein als die Hälfte der Seitenlänge b.

$$0\text{ cm} \le h \le \frac{b}{2} = 7\text{ cm}$$

$$\Rightarrow D(V)=[0;7]$$

Bestimmung des lokalen Extremums

Zu untersuchen ist die **Zielfunktion** V. Zur Bestimmung des lokalen Extremums bilden wir die erste Ableitung V'.

V: $V(h)=4h^3-88h^2+420h$, $D(V)=[0;7]$.

V': $V'(h)=12h^2-176h+420$, $D(V')=(0;7)$.

Die **möglichen Extremstellen** von V sind die Lösungen $h\in D(V')$ der Gleichung $V'(h)=0$. (notwendige Bedingung für das Vorliegen eines Extremums)

$$V'(h)=0 \quad\Leftrightarrow\quad 12h^2-176h+420=0$$

$$\Leftrightarrow h^2-\tfrac{44}{3}h+35=0$$

$$\Leftrightarrow h=\tfrac{22}{3}+\sqrt{(\tfrac{22}{3})^2-35} \text{ oder } h=\tfrac{22}{3}-\sqrt{(\tfrac{22}{3})^2-35}$$

$$\Leftrightarrow h=\tfrac{22}{3}+\tfrac{13}{3} \text{ oder } h=\tfrac{22}{3}-\tfrac{13}{3}$$

$$\Leftrightarrow h=\tfrac{35}{3}=11,\overline{6} \text{ oder } h=\tfrac{9}{3}=3$$

Mögliche Extremstelle: $h=3$

Der Wert $h=\frac{35}{3}=11,\overline{6}$ liegt nicht in $D(V)$, ist folglich auch keine Lösung der Aufgabe. Für die weiteren Untersuchungen kommt also nur noch $h=3\in D(V)$ in Frage.

Überprüfung der hinreichenden Bedingung für das Vorliegen eines Extremums

Wir bilden die zweite Ableitung und setzen für h die Zahl 3 ein. Wegen $V''(3)<0$ liegt bei $h=3$ ein **lokales Maximum**. Der Funktionswert an dieser Stelle ist 576.

$V''(h)=24h-176$

$\Rightarrow V''(3)=24\cdot 3-176=-104<0$

$V(3)=4\cdot 3^3-88\cdot 3^2+420\cdot 3=576.$

Vergleich mit den Randwerten. Schlusssatz (Ergebnis)

Die Untersuchung der Funktion V mit $D(V)=[0;7]$ mit Hilfe ihrer Ableitungsfunktion V' liefert nur Extremwerte von V, die in $D(V')=(0;7)$ liegen. In den Randpunkten 0 und 7 von $D(V)$ könnten aber weitere Extremwerte auftreten.

Wir vergleichen deshalb den Extremwert $V(3)$ mit den **Randwerten** $V(0)$ und $V(7)$ und stellen fest, dass diese kleiner als $V(3)$ sind. Folglich liegt bei $h=3$ das **absolute Maximum** der Funktion V.

Es gilt $V(0)=0$, $V(7)=0$ und $V(3)=576$, also: $V(0)<V(3)$ und $V(7)<V(3)$.
Schlusssatz: Die optimale Kastenhöhe beträgt 3 cm, der Kasten hat dann das maximale Volumen von 576 cm³.

Extremwertaufgaben mit Nebenbedingungen

Verschiedene Anwendungsprobleme erfordern die Bestimmung von Extrema **mit Nebenbedingungen**. Im Unterschied zur bisherigen Kurvendiskussion ist die zu untersuchende **Zielfunktion** zunächst nicht nur von einer Argumentvariablen, sondern **von mehreren Variablen abhängig**. Durch die einzelnen **Nebenbedingungen** werden aber oft Zusammenhänge zwischen den verschiedenen Argumentvariablen hergestellt, so dass sich das Problem schließlich doch auf die Untersuchung der Zielfunktion mit nur **einer** Argumentvariablen reduziert.

Beispiel 7.18

In vielen Sportstadien wird die Rasenfläche von einer 400-m-Innenlaufbahn umgeben. Wie sind die Länge der Parallelstrecken und der Radius der Halbkreise zu wählen, wenn bei einer 400-m-Innenlaufbahnlänge die rechteckige Spielfläche einen möglichst großen Flächeninhalt haben soll?

Zur Lösung dieser Extremwertaufgabe skizziert man zunächst eine rechteckige Fläche und eine 400-m-Laufbahn und bezeichnet die einzelnen Maßzahlen für die Streckenlängen mit x und y.

Der Flächeninhalt der rechteckigen Spielfläche soll maximiert werden. Somit lautet die **Zielfunktion** in Abhängigkeit der beiden Variablen x und y: $A: A(x, y)=x\cdot y$, wobei sich der **Definitionsbereich** der Funktion A aus allen zulässigen Werten für x und y zusammensetzt. Man nennt die Menge der zulässigen Werte von x bzw. y auch den jeweiligen **Gültigkeitsbereich** der Variablen.

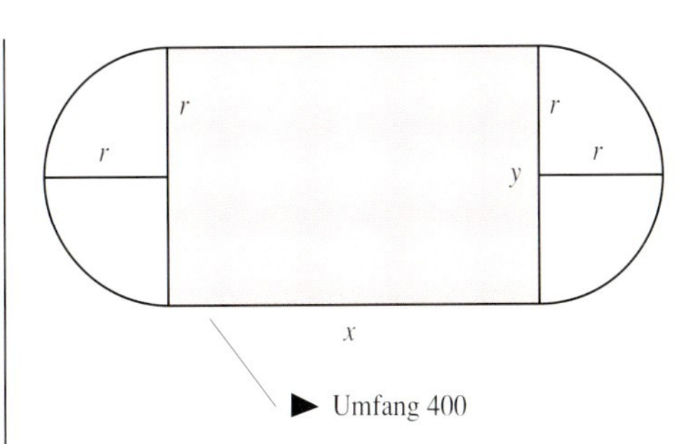

x ▶ Maßzahl für die Spielfeldlänge
y ▶ Maßzahl für die Spielfeldbreite

Flächeninhalt des Spielfeldes:

$A: A(x, y)=x\cdot y$ ▶ Zielfunktion A

Eine von zwei Argumentvariablen abhängige Funktion lässt sich mit den bisherigen Mitteln der Analysis nicht ableiten, so dass eine Variable mit Hilfe der Nebenbedingung durch einen Term in der anderen Variablen ersetzt werden muss. Dabei spielt es keine Rolle, welche der beiden Variablen ersetzt wird.

Die **Nebenbedingung** ermöglicht somit, die Abhängigkeit von A auf eine Variable (hier x) zu **reduzieren**.

Umfang der Laufbahn:

$U(x, y) = 2 \cdot x + 2 \cdot \pi \cdot r$ ▶ Nebenbedingung $r = 0{,}5\,y$

$= 2 \cdot x + 2 \cdot \pi \cdot 0{,}5 \cdot y = 400$

$$U(x, y) = 400$$

$$\Leftrightarrow 2 \cdot x + 2 \cdot \pi \cdot 0{,}5 \cdot y = 400$$

$$\Leftrightarrow \quad y = \frac{400 - 2x}{\pi}$$

$$\Rightarrow A(x) = \frac{x \cdot (400 - 2x)}{\pi} = \frac{400x - 2x^2}{\pi}$$

Wenn die Laufbahn nur aus zwei Geraden ohne Halbkreise und somit ohne integrierte Spielfläche bestehen würde, könnten die beiden Geraden höchstens 200 m lang sein.

$\Rightarrow x \in [0; 200]$ ▶ Gültigkeitsbereich von x.

$$400 - 2x \geq 0 \Leftrightarrow x \leq 200$$

und $x \geq 0$

$$\Rightarrow \quad 0 \leq x \leq 200$$

Zu untersuchen ist also die **Zielfunktion**

$$A\colon A(x) = \frac{400x - 2x^2}{\pi}; \quad x \in [0; 200].$$

$$A(x) = \frac{400x - 2x^2}{\pi}$$

$$\Rightarrow A'(x) = \frac{400 - 4x}{\pi}$$

Die **möglichen Extremstellen** von A sind die Lösungen der Gleichung $A'(x) = 0$.

$$A'(x) = 0 \Leftrightarrow 400 - 4x = 0$$

$$\Leftrightarrow \quad x = 100$$

Die gefundene Lösung 100 der Gleichung $A'(x) = 0$ liegt im **Gültigkeitsbereich** $[0; 200]$ für die Variable x.

$$A''(x) = -\frac{4}{\pi} \text{ für alle } x \in [0; 200]$$

Da $A''(100) < 0$ gilt, ist $x_E = 100$ eine **lokale Maximalstelle** von A.

$\Rightarrow A''(100) = -\frac{4}{\pi}$ ▶ Vorzeichen „–"

Lösung: $x_E = \underline{\underline{100}}$ ▶ $x \in [0; 200]$.

$A(100) = \underline{\underline{6\,366{,}2}}$.

$\Rightarrow A_{max} = \underline{\underline{\langle 100 \,|\, 6\,366{,}2 \rangle}}$.

Da der Funktionswert $A(100)$ größer als beide **Randwerte** ist, ist das lokale Maximum auch das **absolute Maximum**.

$A(0) = 0$ und $A(200) = 0$

Der Radius r entspricht $0{,}5\,y$, und somit ist $r = 31{,}83$.

$$r = \frac{y}{2} = \frac{200}{2\pi} = \underline{\underline{31{,}83}}.$$

Schlusssatz: Die Spielfeldfläche ist dann am größten ($6\,366{,}2\ \text{m}^2$), wenn die Geraden der Laufbahn 100 m lang sind und der Radius der Halbkreise 31,83 m beträgt.

Beispiel 7.19

Ein mit Diesel betriebenes landwirtschaftliches Kombifahrzeug dessen Kraftstoffkosten (bezogen auf € je Stunde) durch die Funktion K_{St}: $K_{St}(v) = 0{,}00002\,v^2 + 6$ beschrieben werden, muss zur Auslieferung von Getreide eine 120 km lange Strecke zurücklegen. (Dabei entspricht v der Maßzahl der Geschwindigkeit des Kombis bezogen auf km/h. Die Höchstgeschwindigkeit des Kombis beträgt 80 km/h.)

Mit welcher Geschwindigkeit fährt das Kombifahrzeug am kostengünstigsten?
Wie hoch sind die Spritkosten für die 120 km lange Strecke?

Die Spritkosten für die Fahrt ergeben sich als Produkt aus den Kraftstoffkosten (bezogen auf € pro Stunde) und der Fahrtzeit (bezogen auf Stunden).

$\Rightarrow$ **Zielfunktion:** $K: K(v, t) = K_{St}(v) \cdot t$

Mittels der **Nebenbedingung** lässt sich die Abhängigkeit der Zielfunktion K auf eine Variable (v) **reduzieren**.

Der Term der **Zielfunktion** in Abhängigkeit der Variablen v lautet somit:

$$K(v) = 0{,}0024\,v^2 + \frac{720}{v}.$$

Der **Gültigkeitsbereich** von v ergibt sich aus der Höchstgeschwindigkeit des Kombifahrzeuges: $v \in (0;\, 80]$.

Zu untersuchen ist also die **Zielfunktion**

$$K: K(v) = 0{,}0024\,v^2 + \frac{720}{v};\quad v \in (0;\, 80].$$

Die **möglichen Extremstellen** von K sind die Lösungen der Gleichung $K'(v) = 0$.

Die gefundene Lösung 53,13 der Gleichung $K'(v) = 0$ ist **Element des Gültigkeitsbereiches** (0; 80] von v.

Da $K''(53{,}13) > 0$ gilt, ist $v_E = 53{,}13$ eine **lokale Minimalstelle** von K.

Die **Randuntersuchung** für $v \to 0$ ergibt, dass das lokale Minimum auch das **absolute Minimum** ist.

v ▶ Maßzahl der Geschwindigkeit des Kombis
t ▶ Maßzahl der Fahrtzeit

Spritkosten:

$K: K(v, t) = K_{St}(v) \cdot t$ ▶ Zielfunktion K

Fahrzeit: $s = v \cdot t$ ▶ Nebenbedingung; physikalische Formel

$\Leftrightarrow t = \frac{s}{v}$ hier: $t = \frac{120}{v}$

$$K(v) = (0{,}00002\,v^3 + 6) \cdot \frac{120}{v}$$
$$= 0{,}0024\,v^2 + \frac{720}{v}$$

$v > 0$ ▶ K bei 0 nicht definiert
$v \leq 80$ ▶ Höchstgeschwindigkeit des Kombis

$$K(v) = 0{,}0024\,v^2 + \frac{720}{v}$$
$$\Rightarrow K'(v) = 0{,}0048\,v - \frac{720}{v^2}$$

$$K'(v) = 0 \Leftrightarrow \frac{0{,}0048\,v^3 - 720}{v^2} = 0$$
$$\Rightarrow 0{,}0048\,v^3 = 720$$
$$\Leftrightarrow \quad v = \sqrt[3]{150000}$$
$$= 53{,}13$$

$$K''(v) = 0{,}0048 + \frac{1440}{v^3} \text{ für alle } v \in (0;\, 80]$$

$K''(53{,}13) = 0{,}0144$ ▶ Vorzeichen „+“

Lösung: $v_E = 53{,}13$ ▶ $53{,}13 \in (0;\, 80]$

$K(53{,}13) = 20{,}33$

$\Rightarrow K_{min}\langle 53{,}13 \mid 20{,}33 \rangle$.

$\lim\limits_{v \to 0} K(v) = \infty$ und

$K(80) = 24{,}36$

Schlusssatz:
Das Kombifahrzeug fährt mit einer Geschwindigkeit von ca. 53,13 km/h am kostengünstigsten. Bei dieser Geschwindigkeit betragen die Spritkosten für die 120 km lange Strecke ca. 20,33 €.

Beispiel 7.20

Untersuchen Sie, welches gleichschenklige Dreieck mit der Schenkellänge 10 cm den größten Flächeninhalt hat.

Die Höhe eines gleichschenkligen Dreiecks teilt dessen Grundseite in zwei gleich große Teile.

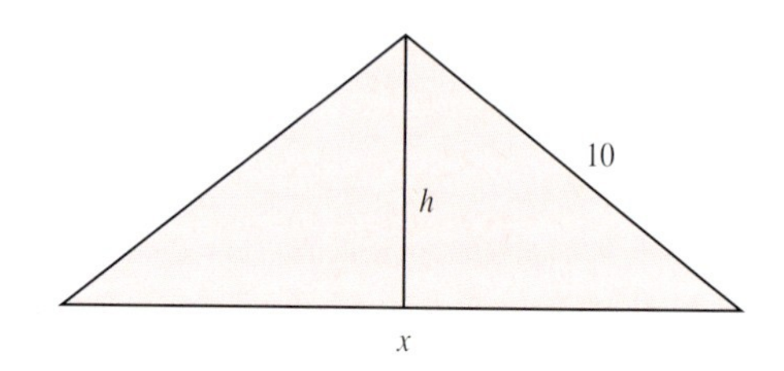

x ▶ Maßzahl für die Grundseitenlänge
h ▶ Maßzahl für die Höhe

Flächeninhalt des Dreiecks:

$\Rightarrow$ **Zielfunktion:** $A\colon A(x, h) = \frac{x}{2} \cdot h$

$A\colon A(x, h) = \frac{x}{2} \cdot h$ ▶ Zielfunktion A

Mittels der **Nebenbedingung** („Satz des Pythagoras") lässt sich die Abhängigkeit der Zielfunktion A auf eine Variable (x) **reduzieren**.

Schenkellänge:

$h^2 + \left(\frac{x}{2}\right)^2 = 10^2$ ▶ Nebenbedingung

$\Leftrightarrow \quad h^2 = 100 - \frac{x^2}{4}$

Der Term der Zielfunktion in Abhängigkeit von x lautet somit:

$A(x) = \frac{x}{4} \cdot \sqrt{400 - x^2}.$

$A(x) = \frac{x}{2} \cdot \sqrt{100 - \frac{x^2}{4}} = \frac{x}{4} \cdot \sqrt{400 - x^2}.$

Sollten beide Katheten zusammen so lang sein wie die Hypotenuse (x), so kann die Grundseite maximal 20 cm lang werden.

$\Rightarrow x \in [0; 20].$

$x \geq 0$ ▶ Länge der Grundseite
$x \leq 10 + 10$ ▶ Summe beider Kathetenlängen

Anstelle der Funktion $A\colon A(x)$ wird die Funktion $A^2\colon A^2(x)$ auf Extremstellen untersucht, denn sie besitzt auch alle Extremstellen der Funktion $A\colon A(x)$.
▶ Übungsaufgabe 1

$A^2(x) = \frac{x^2}{16} \cdot (400 - x^2) = \frac{1}{16} \cdot (400x^2 - x^4)$

▶ $A^2(x) = f(x)$

Zu untersuchen ist also die **Zielfunktion**

$f\colon f(x) = \frac{1}{16} \cdot (400x^2 - x^4); \ x \in [0; 20].$

$\Rightarrow f'(x) = \frac{1}{16} \cdot (800x - 4x^3)$

Die **möglichen Extremstellen** von f sind die Lösungen der Gleichung $f'(x) = 0$.

$f'(x) = 0 \Leftrightarrow \frac{1}{16} \cdot (800x - 4x^3) = 0$

$\Leftrightarrow 0{,}25x \cdot (200 - x^2) = 0$

$\Leftrightarrow x = 0$ oder $x = -\sqrt{200}$

oder $x = \sqrt{200}$

Von diesen Lösungen hat nur die Lösung $\sqrt{200}$ einen praktischen Sinn, da es keine Dreiecke mit Maßzahlen kleiner oder gleich Null für die Grundseitenlänge gibt.

$\sqrt{200}=14{,}14$ ▶ 14,14 praktisch sinnvolle Lösung

Die gefundene Lösung $\sqrt{200}$ der Gleichung $f'(x)=0$ ist **Element des Gültigkeitsbereiches** [0; 20] von x.

$f''(x)=\frac{1}{16}\cdot(800-12x^2)$ für alle $x\in[0;20]$

$\Rightarrow f''(\sqrt{200})=-100$ ▶ Vorzeichen „–"

Lösung: $x_E=14{,}14$ ▶ $14{,}14\in[0;20]$

Da $f''(14{,}14)<0$ gilt, ist $x_E=14{,}14$ eine **lokale Maximalstelle** von f.

Der maximale Flächeninhalt wird wieder durch die Funktion A: $A(x)$ berechnet.

$A(\sqrt{200})=50.$

$\Rightarrow A_{max}=\langle 14{,}14\,|\,50\rangle.$

Da der Funktionswert $A(14{,}14)$ größer als beide **Randwerte** ist, ist das lokale Maximum auch das **absolute Maximum**.

$A(0)=0$

$A(20)=0$

Anhand der Nebenbedingung lässt sich die Maßzahl für die **Höhe** h berechnen.

$$h^2=100-\frac{200}{4}=100-50=50$$

$$\Rightarrow h=\sqrt{50}=7{,}07$$

Wegen $h=\frac{x}{2}$ ist das gleichschenklige Dreieck sogar ein rechtwinkliges Dreieck.

Schlusssatz: Das gleichschenklige Dreieck mit der Schenkellänge 10 cm, der Grundseitenlänge von ca. 14,14 cm und der Höhe von ca. 7,07 cm hat den größten Flächeninhalt (50 cm²).

Beispiel 7.21

Zwischen dem Graphen der Funktion f: $f(x)=\frac{1}{25}x^4-\frac{2}{3}x^2+\frac{9}{5}$ und der x-Achse soll ein Rechteck mit maximalem Inhalt wie in der Zeichnung eingeschrieben werden. Untersuchen Sie, wie groß der maximale Rechteckinhalt ist und welche Längen die Rechteckseiten haben.

Da f eine gerade Funktion und $G(f)$ somit achsensymmetrisch zur y-Achse ist, liegt auch das Rechteck symmetrisch zu beiden Seiten der y-Achse zwischen den Nullstellen $-1{,}84$ und $1{,}84$ der Funktion f.
▶ Zeichnung

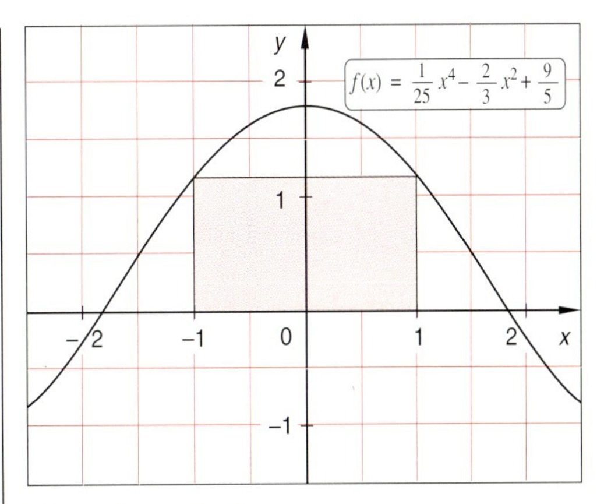

Diese Nullstellen lassen sich rechnerisch aus $\frac{1}{25}x^4-\frac{2}{3}x^2+\frac{9}{5}=0$ mit Hilfe des Substitutionsverfahrens ermitteln. Daher kann für $x\in[0;1{,}84]$ die Länge der Grundseite des Rechtecks mit $2\cdot x$ und die Länge der Höhe mit $y=f(x)$ (**Nebenbedingung**) bezeichnet werden.

Für $x\in[0;1{,}84]$ gilt:

$2x$ ▶ Länge der Rechteckgrundseite

$y=f(x)$ ▶ Länge der Rechteckhöhe

Mit Hilfe der **Nebenbedingung** erhält man die von nur einer Argumentvariablen (x) abhängige **Zielfunktion**

$A\colon A(x)=2\cdot x\cdot f(x)=\frac{2}{25}x^5-\frac{4}{3}x^3+\frac{18}{5}x;$

$x\in[0;\,1{,}84]$.

Die **möglichen Extremstellen** von A sind die Lösungen der Gleichung $A'(x)=0$. Beim Lösen dieser Gleichung wird das **Substitutionsverfahren** angewendet.
► Abschnitt 2.4

Nur die gefundene Lösung 1 ist **Element des Gültigkeitsbereiches** $[0;\,1{,}84]$ von x.

Da $A''(1)<0$ gilt, ist $x_E=1$ **lokale Maximalstelle** von A.

$A'(1)=0,\ A''(1)<0$ und $A(1)=2{,}35$
$\Rightarrow$ $\mathbf{A_{max}=\langle 1\,|\,2{,}35\rangle}$.

Da der Funktionswert $A(1)$ größer als beide **Randwerte** ist, ist das lokale Maximum auch das **absolute Maximum**.

Die Rechteckhöhe entspricht $f(1)=1{,}17$.

Flächeninhalt des Rechtecks:

$A\colon A(x,y)=2\cdot x\cdot y$ ► Zielfunktion A

$\Rightarrow A(x)=2\cdot x\cdot f(x)=\frac{2}{25}x^5-\frac{4}{3}x^3+\frac{18}{5}x$

$\Rightarrow A'(x)=0{,}4x^4-4x^2+3{,}6$

$A'(x)=0 \Leftrightarrow 0{,}4x^4-4x^2+3{,}6=0$
$\Leftrightarrow x^4-10x^2+9=0$

Substituiere $x^2=z$:

$x^4-10x^2+9=0 \Leftrightarrow z^2-10z+9=0$
$\Leftrightarrow z^2-10z+25=16$
$\Leftrightarrow (z-5)^2=16$
$\Leftrightarrow |z-5|=4$
$\Leftrightarrow z=1$ oder $z=9$

Rücksubstituiere $z=x^2$:

$z=1 \Leftrightarrow x^2=1 \Leftrightarrow |x|=1$
$\Leftrightarrow x=-1$ ► $-1\notin[0;\,1{,}84]$
oder $x=\underline{\underline{1}}$ ► $1\in[0;\,1{,}84]$

$z=9 \Leftrightarrow x^2=9 \Leftrightarrow |x|=3$
$\Leftrightarrow x=-3$ ► $-3\notin[0;\,1{,}84]$
oder $x=3$ ► $3\notin[0;\,1{,}84]$

$A''(x)=1{,}6x^3-8x$
$\Rightarrow A''(1)=-6{,}4$ ► Vorzeichen „–“

<u>Lösung:</u> $x_E=\underline{\underline{1}}$ ► $1\in[0;\,1{,}84]$

$A(1)=\frac{176}{75}=2{,}35$

$A(0)=0$
$A(1{,}84)=0$

$y=f(1)=\frac{88}{75}$.

Schlusssatz: Die Rechteckseiten müssen 2 LE und 1,17 LE lang sein, damit der maximale Rechteckinhalt von 2,35 FE erreicht wird.

Merke:

Zur Lösung von Extremwertaufgaben mit Nebenbedingungen empfiehlt sich folgende Vorgehensweise:

- Darlegung der Problemstellung möglichst anhand einer **Skizze** mit allen gegebenen Größen und den vorkommenden Variablen.
- Aufstellen der **Zielfunktion** in Abhängigkeit aller auftretenden Variablen.
- Formulierung der **Nebenbedingungen**, mit deren Hilfe die Zielfunktion als Funktion in **nur** einer Variablen reduziert wird.
- Bestimmung des **Gültigkeitsbereichs** der Argumentvariablen der Zielfunktion.
- Untersuchung der Zielfunktion auf **lokale Extremstellen**.
- Feststellen anhand der **Randuntersuchung**, ob das errechnete lokale Extremum auch absolutes Extremum ist.
- **Berechnung der Werte für die weiteren Variablen** mittels der Extrema und der Nebenbedingungen.
- Formulierung des **Schlusssatzes**.

Übungen zu 7.4

1. Zeichnen Sie den Graphen der Funktionen $f\colon f(x)=\frac{x}{4}\cdot\sqrt{400-x^2};\ D(f)=[0;\,20]$ und $f^2\colon f^2(x)=\frac{x^2}{16}\cdot(400-x^2);\ D(f^2)=[0;\,20]$ und zeigen Sie am Beispiel dieser beiden Funktionen, dass die Funktion f^2 an denselben Stellen Extremstellen gleicher Art besitzt wie die Funktion f.

Extremwertaufgaben ohne Nebenbedingungen

2. Welcher Punkt des zur Funktion $f\colon f(x)=\sqrt{6-x};\ D(f)=\mathbb{R}^{\leq 6}$ gehörenden Funktionsgraphen hat vom Koordinatenursprung den kürzesten Abstand?

3. Gegeben sind die Funktionen $f\colon f(x)=(x-2)^2+3;\ D(f)=\mathbb{R}$ und $g\colon g(x)=x-5;\ D(g)=\mathbb{R}$. Ermitteln Sie die kürzeste Entfernung zwischen beiden Graphen.

Extremwertaufgaben mit Nebenbedingungen:

4. Ein Rechteck mit dem Umfang 20 cm soll so gestaltet werden, dass die Diagonale möglichst klein wird.

5. Ein Kegel mit der Seitenkante 24 cm soll ein möglichst großes Volumen haben.

6. Einer Halbkugel mit dem Radius 20 cm soll ein Zylinder mit maximalem Volumen einbeschrieben werden.

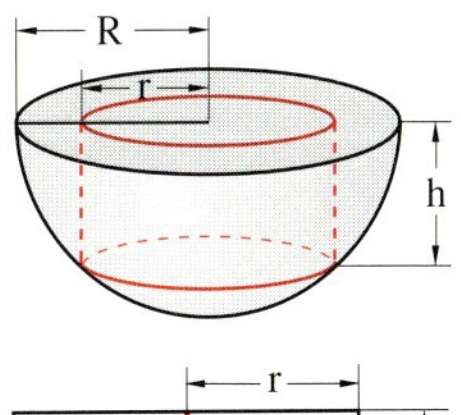

7. Einem Halbkreis mit dem Radius 30 cm soll ein gleichschenkliges Dreieck einbeschrieben werden, dessen Spitze mit dem Halbierungspunkt des Durchmessers zusammenfällt.
Welche Maße muss das Dreieck haben, damit seine Fläche maximal groß ist?

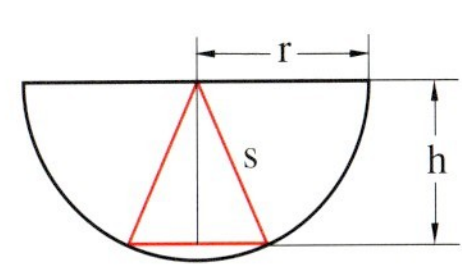

8. Gesucht ist ein Rechteck mit der Diagonalen 15 cm, das den größten Flächeninhalt hat.

9. In eine Kugel mit dem Radius 18 cm soll ein Zylinder mit maximalem Volumen einbeschrieben werden.

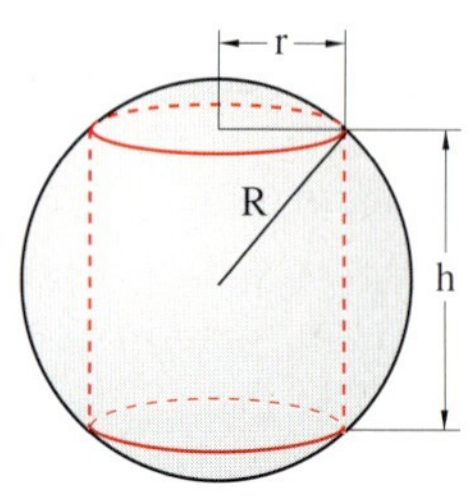

10. Ein gleichschenkliges Dreieck mit dem Umfang 120 m soll so gewählt sein, dass der Flächeninhalt maximal ist.

11. Welches Rechteck mit der Fläche $A = 120\,\text{cm}^2$ hat die kleinste Diagonallänge d?

12. Die Zahl 20 soll so in zwei Summanden zerlegt werden, dass
a) ihr Produkt möglichst groß und
b) die Summe ihrer Quadrate möglichst klein wird.

13. In einen Kreis mit dem Radius 8 cm soll ein Rechteck eingezeichnet werden, das
a) einen möglichst großen Flächeninhalt bzw.
b) einen möglichst großen Umfang besitzt.

14. Einem Halbkreis ist ein auf der Spitze stehendes gleichschenkliges Dreieck mit möglichst großem Inhalt einzubeschreiben. Wie groß sind Höhe und Basis zu wählen?

15. Die beiden Katheten eines rechtwinkligen Dreiecks sind zusammen 10 cm lang. Wie sind die Katheten zu wählen, damit die Hypotenuse möglichst klein wird?

16. Ein rundum gemauerter unterirdischer Abwasserkanal in der Form eines Rechtecks mit aufgesetztem Halbkreis (Gesamtumfang 5 m) soll wegen der günstigeren Strömungsverhältnisse einen möglichst großen Querschnitt haben. Welche Abmessungen sind zu wählen?

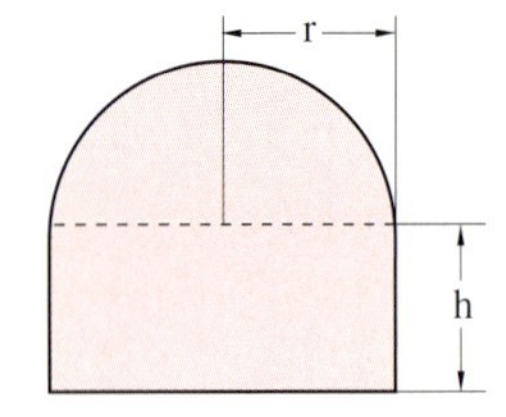

17. Die Biegefestigkeit eines Balkens hängt von der Form seines Querschnitts ab. Für die Belastbarkeit eines Balkens mit rechteckigem Querschnitt gilt die Formel $M = \sigma \cdot \frac{b \cdot h^2}{6}$, wobei b die Breite und h die Höhes des Querschnittsrechtecks ist; $\sigma > 0$ ist eine Materialkonstante.
Wie muss man einen Baumstamm mit kreisförmigem Querschnitt (Radius r) zuschneiden, um einen Balken mit größtmöglicher Festigkeit zu erhalten?
Welchen Durchmesser müsste ein Baumstamm mindestens haben, wenn die schmale Seite des optimalen Balkens 12 cm betragen soll?

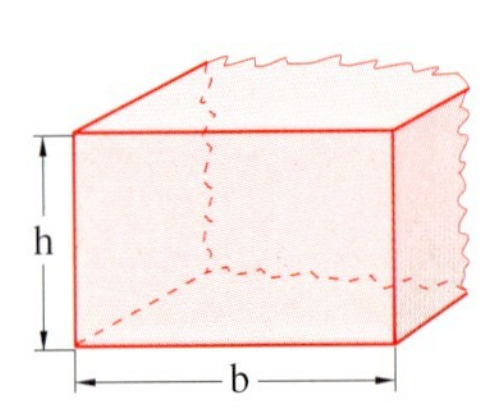

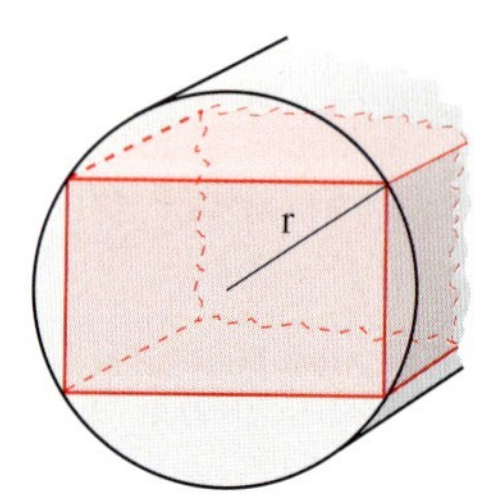

7.5 Das Newton'sche Näherungsverfahren

Die bisherigen Ausführungen im Kapitel 7 haben gezeigt, dass **Nullstellen** von Funktionen in vielfacher Weise eine Bedeutung haben können. Als Nullstellen der Ableitungsfunktion f' einer ganzrationalen Funktion f sind sie z. B. mögliche Extremstellen der Funktion f, und als Nullstellen von f'' sind sie mögliche Wendestellen von f. Durch die Nullstellen der Funktion f und ihrer Ableitungsfunktionen f' und f'' lässt sich daher der Verlauf von $G(f)$ im wesentlichen beschreiben. Deshalb kommt der Bestimmung von Nullstellen einer Funktion eine besondere Rolle zu.
Die systematische „Probiermethode" zur Bestimmung der Nullstellen einer Funktion f ist zwar ein brauchbares, aber auch oft ein sehr langwieriges Verfahren, vor allen Dingen dann, wenn es keine ganze Zahl als Nullstelle gibt. ► Abschnitt 2.4

Mit Hilfe der **Ableitung** einer differenzierbaren Funktion f lässt sich ein sog. **Iterationsverfahren** verwenden, das die Nullstellen von f durch Wiederholung des gleichen Rechenvorganges auf einen zuvor ermittelten Wert und bei Beachtung gewisser Bedingungen mit beliebiger Genauigkeit **berechnet**. Die grundlegende Idee ist dabei die folgende:

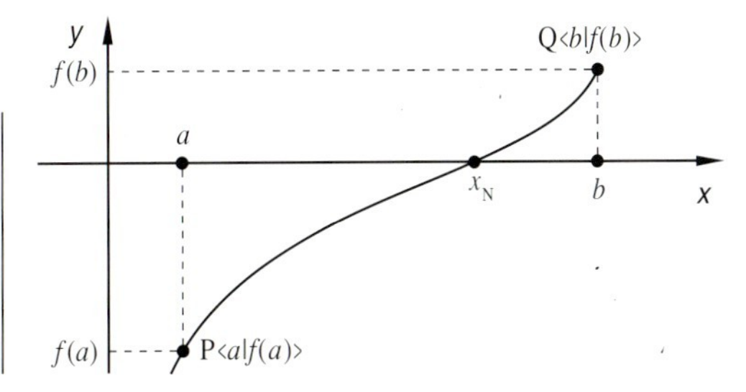

Haben die Funktionswerte $f(a)$ und $f(b)$ einer differenzierbaren Funktion f unterschiedliche Vorzeichen, so besitzt die Funktion f im abgeschlossenen Intervall $[a; b]$ mindestens eine Nullstelle x_N. ► Abschnitt 5.3; Nullstellensatz von *BOLZANO*

Für die folgenden Betrachtungen wird angenommen, dass die Funktion f in $[a; b]$ genau eine Nullstelle x_N besitzt. Das ist z. B. dann der Fall, wenn f dort streng monoton ist.

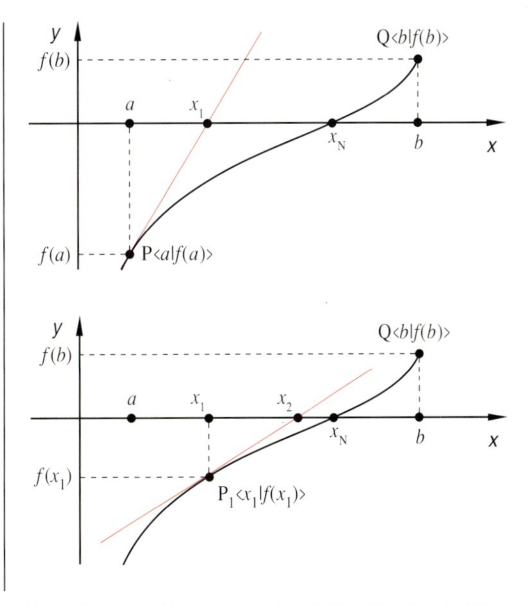

Legt man an den Graphen von f im Punkt $P\langle a | f(a)\rangle$ die Tangente an, so schneidet diese die x-Achse im Intervall $[a; b]$ an einer Stelle x_1. Die Nullstelle x_N von f liegt dann im Teilintervall $[a; x_1]$ oder im Teilintervall $[x_1; b]$ von $[a; b]$. Da die Intervallänge dieses Teilintervalls kleiner ist als die des Ausgangsintervalls $[a; b]$, hat man die Nullstelle x_N dadurch besser eingeschlossen als zuvor.

Mit diesem Teilintervall setzt man das **Tangentenverfahren** im Punkt $P_1\langle x_1 | f(x_1)\rangle$ fort und erhält durch die Schnittstelle x_2 der Tangente mit der x-Achse eine weitere Annäherung an die Nullstelle x_N. Durch ständige Wiederholung des Verfahrens kann man die Nullstelle x_N immer genauer eingrenzen, d. h. die Stellenwertfolge $\langle x_n\rangle$ konvergiert gegen x_N.

Das Verfahren der schrittweisen Annäherung (Iterationsverfahren) an die Nullstelle durch Tangenten stammt von *ISAAC NEWTON* (1643 – 1727) und wird deshalb auch **Newton'sches Näherungsverfahren** genannt. Rechnerisch lässt sich die Nullstelle danach wie folgt ermitteln:

Die Tangente an den Punkt $P\langle a|f(a)\rangle$ ist der Graph der Tangentenfunktion t_0: $t_0(x)=f'(a)\cdot(x-a)+f(a)$. ▶ Abschnitt 6.2

$x_0=a$ ▶ Ausgangswert

t_0: $t_0(x)=f'(a)\cdot(x-a)+f(a)$ ▶ Tangentenfunktion von f im Punkt $P\langle a|f(a)\rangle$

Ihre Nullstelle und damit die Schnittstelle der Tangente mit der x-Achse ist Lösung der Gleichung $t_0(x)=0$.

$$t_0(x)=0$$

$$\Leftrightarrow \quad x=a-\frac{f(a)}{f'(a)}$$

Lösung: $x_1=a-\dfrac{f(a)}{f'(a)}$ ▶ 1. Näherung

Die Tangente durch den Punkt $P_1\langle x_1|f(x_1)\rangle$ ist Graph der Tangentenfunktion t_1: $t_1(x)=f'(x_1)\cdot(x-x_1)+f(x_1)$. Ihre Nullstelle und damit die Schnittstelle von $G(t_1)$ mit der x-Achse ist Lösung der Gleichung $t_1(x)=0$.

t_1: $t_1(x)=f'(x_1)\cdot(x-x_1)+f(x_1)$ ▶ Tangentenfunktion von f im Punkt $P_1\langle x_1|f(x_1)\rangle$

$$t_1(x)=0$$

$$\Leftrightarrow \quad x=x_1-\frac{f(x_1)}{f'(x_1)}$$

Lösung: $x_2=x_1-\dfrac{f(x_1)}{f'(x_1)}$ ▶ 2. Näherung

....

Nach $(n-1)$-maliger Wiederholung des Verfahrens kann man im n-ten Schritt die Tangente an $G(f)$ durch den Punkt $P_{n-1}\langle x_{n-1}|f(x_{n-1})\rangle$ legen und erhält als Schnittstelle dieser Tangente mit der x-Achse die Stelle x_n. ▶ $n\in\mathbb{N}^*$

t_{n-1}: $t_{n-1}(x)=f'(x_{n-1})\cdot(x-x_{n-1})+f(x_{n-1})$

▶ Tangentenfunktion von f im Punkt $P_{n-1}\langle x_{n-1}|f(x_{n-1})\rangle$

$$t_{n-1}(x)=0$$

$$\Leftrightarrow \quad x=x_{n-1}-\frac{f(x_{n-1})}{f'(x_{n-1})}$$

Lösung: $x_n=x_{n-1}-\dfrac{f(x_{n-1})}{f'(x_{n-1})}$ ▶ n-te Näherung

Besitzt die Funktion z. B. an den Stellen x_{n-1} und x_n Funktionswerte mit unterschiedlichen Vorzeichen, so hat man die Nullstelle x_N zwischen den Stellen x_{n-1} und x_n eingeschlossen.

Beispiel 7.22

Bestimmen Sie mit Hilfe des Newton'schen Näherungsverfahren Nullstellen der ganzrationalen Funktion $f: f(x)=x^3-2x-5$; $D(f)=\mathbb{R}$ auf 4 Nachkommastellen genau.

Als ganzrationale Funktion ungeraden Grades muss die Funktion f mindestens eine Nullstelle x_N besitzen. ▶ Abschnitt 2.4

$\lim\limits_{x\to-\infty} f(x)=-\infty$ und $\lim\limits_{x\to\infty} f(x)=\infty$

$\Rightarrow f$ besitzt mindestens eine Nullstelle

Anhand des Graphenverlauf z. B. wird klar, dass die Funktion f auch nur eine Nullstelle hat. Dies lässt sich auch durch Monotonieuntersuchungen mit Hilfe der 1. Ableitung begründen. ▶ Abschnitt 7.2

Wegen $f(2)<0$ und $f(3)>0$ liegt diese Nullstelle im Intervall [2; 3].

▶ Nullstellensatz von *BOLZANO*

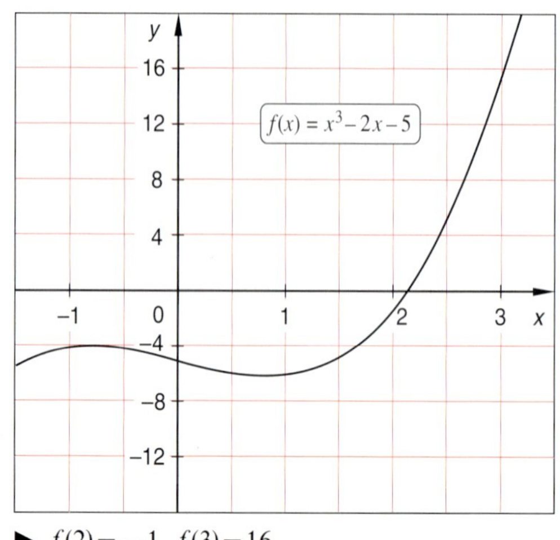

▶ $f(2)=-1$, $f(3)=16$

Mit Hilfe der Ableitungsfunktion $f': f'(x) = 3x^2 - 2$; $D(f') = \mathbb{R}$ und der Tangentenfunktion t_0: $t_0(x) = f'(2) \cdot (x-2) + f(2)$ wird eine erste Näherung x_1 der Nullstelle x_N berechnet.

$$x_1 = 2 - \frac{f(2)}{f'(2)} = 2 - \frac{-1}{10} = \underline{2{,}1} \quad \blacktriangleright \text{ 1. Näherung}$$

Wegen $f(2) < 0$ und $f(2{,}1) > 0$ liegt die Nullstelle im Intervall [2; 2,1]. Dieses Intervall hat die Intervallänge 0,1. Deshalb weicht die erste Näherung auch höchstens um 0,1 von dem Wert für die Nullstelle x_N ab. Damit hat man die Nullstelle auf die Vorkommastelle 2 genau bestimmt.

▶ $f(2) = -1$
▶ $f(2{,}1) = 0{,}061$
$\Rightarrow x_N \in [2; 2{,}1]$

Mit $x_1 = 2{,}1$ als neuem Startwert wird das Verfahren wiederholt; man erhält als zweite Näherung für die Nullstelle x_N den Wert 2,094 mit drei Dezimalstellen nach dem Komma.

$$x_2 = 2 - \frac{f(2{,}1)}{f'(2{,}1)} = 2 - \frac{0{,}061}{11{,}23} \quad \blacktriangleright \text{ TR}$$
$$= \underline{2{,}094} \quad \blacktriangleright \text{ 2. Näherung}$$

Man kann die Genauigkeit dieses Ergebnisses dadurch testen, indem man die letzte Ziffer um 1 vermindert bzw. erhöht und für diese neuen Werte die Funktionswerte berechnet. Wenn das Vorzeichen wechselt, hat man die Nullstelle eingeschlossen.

▶ $f(2{,}093) = -0{,}0173$; $f(2{,}095) = 0{,}0050$

$\Rightarrow$ Die Nullstelle liegt im Intervall [2,093; 2,095].

$\Rightarrow$ Die Nullstelle x_N ist durch x_2 auf 2 Nachkommastellen genau bestimmt.

Wiederholt man das Verfahren mit dem neuen Startwert $x_2 = 2{,}094$ erneut, so erhält man den Wert $x_3 = 2{,}09455$ mit 5 Dezimalstellen nach dem Komma.

▶ $f(2{,}094) = -0{,}0062$

$$x_3 = 2{,}094 - \frac{f(2{,}094)}{f'(2{,}094)} = 2{,}094 - \frac{-0{,}0062}{11{,}1545} \quad \blacktriangleright \text{ TR}$$
$$= \underline{2{,}09455} \quad \blacktriangleright \text{ 3. Näherung}$$

Testet man dieses Ergebnis, indem man die letzte Ziffer um 1 vermindert bzw. erhöht, so stellt man fest, dass man die Nullstelle im Intervall [2,09454; 2,09456] eingeschlossen hat.

▶ $f(2{,}09454) = -0{,}000128$; $f(2{,}09456) = 0{,}000095$

$\Rightarrow$ Die Nullstelle liegt im Intervall [2,09454; 2,09456].

$\Rightarrow$ Die Nullstelle x_N ist durch x_3 auf 4 Nachkommastellen genau bestimmt.

Damit ist die Nullstelle x_N durch den dritten Näherungswert für x_3 auf 4 Nachkommastellen genau bestimmt.

$\Rightarrow x_N = \underline{\underline{2{,}0945}}$

Merke:

Besitzt eine differenzierbare Funktion f im Intervall $[a; b]$ eine Nullstelle x_N, so kann man zu ihrer Berechnung die Rekursionsformel mit dem Ausgangswert $x_0 = a$ und $x_n = x_{n-1} - \frac{f(x_{n-1})}{f'(x_{n-1})}$ mit $n \in \mathbb{N}^*$ verwenden. ▶ Newton'sches Näherungsverfahren

Anmerkung:

Wegen des Auftretens der 1. Ableitung der Funktion f im Nenner der Rekursionsformel von *NEWTON* ist das Verfahren immer dann durchführbar, falls f der Bedingung $f'(x) \neq 0$ im Intervall $[a; b]$ genügt. Dann ist f in $[a; b]$ auch streng monoton. ▶ Abschnitt 7.2
Besitzt f darüber hinaus an den Rändern des Intervalls Funktionswerte mit unterschiedlichen Vorzeichen, so gibt es in $[a; b]$ genau eine Nullstelle von f.
Das Newton'sche Näherungsverfahren versagt in der Regel, wenn die Tangente an den Graphen der Funktion f bei einer Näherungsstelle für die Nullstelle nahezu parallel zur x-Achse verläuft. Das gilt auch dann, wenn zwischen der Näherungsstelle und der Nullstelle eine Extremstelle oder eine Wendestelle mit nahezu paralleler Wendetangente liegt. Außerdem sollte die Nullstelle vom ersten angenommenen Näherungswert nicht zu weit entfernt sein.

Beispiel 7.23

Bestimmen Sie $\sqrt{2}$ mit Hilfe des Newton'schen Näherungsverfahrens auf 5 Stellen nach dem Komma genau.

Um das Newton'sche Näherungsverfahren anwenden zu können, wird die positive Nullstelle der Funktion $f: f(x)=x^2-2$; $D(f)=\mathbb{R}$ auf 5 Stellen nach dem Komma bestimmt.

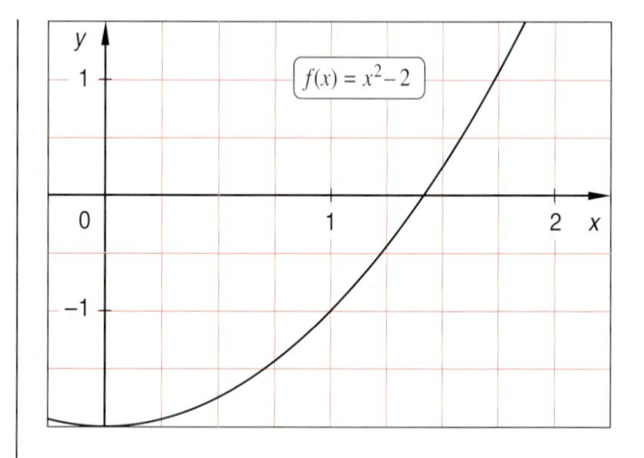

Wegen $f': f'(x)=2x$; $D(f)=\mathbb{R}$ und $f(1)=-1$, $f(2)=2$ erhält man die Rekursionsformel $x_n=\frac{1}{2}\cdot\left(x_{n-1}+\frac{2}{x_{n-1}}\right)$; $n\in\mathbb{N}^*$ mit dem Ausgangswert $x_0=1$.

▶ $f(1)=-1$, $f(2)=2$

$x_0=1$ ▶ Ausgangswert

$$x_n = x_{n-1} - \frac{x_{n-1}^2-2}{2x_{n-1}}$$

$$= x_{n-1} - \frac{1}{2}x_{n-1} + \frac{1}{x_{n-1}}$$

$$= \frac{1}{2}\cdot\left(x_{n-1}+\frac{2}{x_{n-1}}\right)$$

$x_1=1{,}5$; $x_2=1{,}416$; $x_3=1{,}41421$

Testet man das Ergebnis von x_3, indem man die letzte Ziffer um 1 vermindert bzw. erhöht, so stellt man fest, dass man die Nullstelle eingeschlossen und schon auf 4 Nachkommastellen genau bestimmt hat.
Ein weiterer Iterationsschritt liefert dann die Nullstelle sogar schon mit 7 Nachkommastellen genau.

▶ $f(1{,}41420)=-0{,}000038$; $f(1{,}41422)=0{,}000018$

$x_4=1{,}41421356$

▶ $f(1{,}41421355)=-0{,}00000003$
$f(1{,}41421357)=0{,}00000002$

$\Rightarrow x_N\in[1{,}41421355;\ 1{,}41421357]$

▶ Der Fehler von x_4 liegt nur in der letzten Dezimalstelle.

Ein Computerprogramm zum Newton'schen Verfahren

Das Beispiel 7.23 zeigt, dass das Newtonverfahren bereits nach wenigen Iterationsschritten sehr genaue Ergebnisse liefern kann. Verwendet man für die Rechnung einen Taschenrechner, so können sich dennoch wegen der Vielzahl von Tastenbetätigungen leicht Eingabefehler einschleichen. Da sich andererseits derselbe Rechenzyklus mehrmals wiederholt, bietet sich die Umsetzung in ein Programm für einen programmierbaren Taschenrechner oder einen Computer geradezu an.

Der nebenstehende Quelltext stellt eine Realisierung des Verfahrens in Turbo-Pascal dar. Nach Eingabe eines Startwertes (Zeile 15) erfolgt in der REPEAT-UNTIL-Schleife die Iteration so lange, bis die „Korrektur" $-f(x)/f'(x)$ betragsmäßig kleiner ist als eine vorgegebene Zahl d, wobei die Anzahl n der Iterationen durch *nmax* begrenzt ist. Falls das Programm für eine andere Funktion angewendet werden soll, so sind nur die Zeilen 7 (Funktionsterm) und 11 (Term der 1. Ableitung) zu ändern.

► Aufgabe 4

Pascal-Programm „Newtonverfahren":

```
 1  PROGRAM Newtonverfahren;
 2  USES Crt;
 3  CONST d=1E-8; nmax=50;
 4  VAR q,x: Real; n: Integer;
 5  FUNCTION f(x: Real): Real;
 6  BEGIN
 7     f:=x*x-2;
 8  END;
 9  FUNCTION f1(x: Real): Real;
10  BEGIN
11     f1:=2*x;
12  END;
13  BEGIN
14     ClrScr; n:=0;
15     Write('Startwert: '); Readln(x);
16     REPEAT
17        q:=-f(x)/f1(x);
18        x:=x+q;
19        n:=n+1;
20        writeln(n:3,x:20:10);
21     UNTIL (abs(q)<d) OR (n>=nmax);
22     Writeln('Ende: <Enter>'); Readln
23  END.
```

Übungen zu 7.5

1. Zeigen Sie: Wenn eine Stellenwertfolge $\langle x_n \rangle$ mit $x_0 = a$ und $x_n = x_{n-1} - \frac{f(x_{n-1})}{f'(x_{n-1})}$ des Newton'schen Näherungsverfahrens konvergiert, dann muss sie gegen eine Nullstelle der Funktion f konvergieren.

2. Begründen Sie, dass nachfolgende Funktionen mindestens eine Nullstelle besitzen sowie im jeweils angegebenen Intervall I streng monoton sind, und bestimmen Sie nach dem Newton'schen Näherungsverfahren jeweils die Nullstelle der folgenden Funktionen f mit dem Definitionsbereich $D(f) = \mathbb{R}$ auf wenigstens 3 Nachkommastellen genau.

a) $f: f(x) = x^3 - 2x^2 - 5x - 3$; $I = [3; 4]$
b) $f: f(x) = x^3 - x^2 - 8x - 7$; $I = [3; 4]$
c) $f: f(x) = 0{,}5x^3 - x^2 + x - 1$; $I = [1; 2]$
d) $f: f(x) = 0{,}25x^3 - 0{,}25x^2 + 1{,}25x - 1$; $I = [0; 1]$
e) $f: f(x) = -x^3 + 2x^2 + 2$; $I = [2; 3]$
f) $f: f(x) = x^5 - 3x^3 + 5$; $I = [-2; -1]$
g) $f: f(x) = x^5 + x^3 - 4$; $I = [1; 2]$
h) $f: f(x) = 0{,}1x^5 - 0{,}2x^4 + 3x^3 - 1$; $I = [0; 1]$

3. Bestimmen Sie nach dem Newton'schen Näherungsverfahren die folgenden Wurzeln auf wenigstens 3 Nachkommastellen genau.

a) $\sqrt{3}$ **b)** $\sqrt{5}$ **c)** $\sqrt{11}$ **d)** $\sqrt{19}$ **e)** $\sqrt{31}$ **f)** $\sqrt{526}$
g) $\sqrt[3]{5}$ **h)** $\sqrt[3]{19}$ **i)** $\sqrt[3]{37}$ **j)** $\sqrt[3]{456}$ **k)** $\sqrt[4]{5}$ **l)** $\sqrt[5]{5}$

4. Bearbeiten Sie die Aufgaben 2 und 3 mit Hilfe eines Computerprogramms. Verwenden Sie dazu entweder eine verfügbare Software, die das Newton'sche Verfahren anbietet, oder das obige Pascal-Programm in Verbindung mit entsprechender Software (Turbo-Pascal). Falls Sie eine andere Programmiersprache und -umgebung bevorzugen, so kann das obige Programm als Anregung dienen.

7.6 Untersuchung weiterer Funktionenklassen

Die Ableitung der Sinus- und der Kosinusfunktion

Ein Körper gleitet auf einer Bahn, die bei geeigneter Maßstabswahl in guter Näherung einem Teil des Graphen der Kosinusfunktion entspricht. Es steht die Aufgabe, für jeden Bahnpunkt die dabei auftretende Gleitreibungskraft zu berechnen.

Die Reibungskraft ist der sog. Normalkraft proportional, die in jedem Punkt der Bahn in Richtung der **Normalen** der Kurve in diesem Punkt wirkt, welche wiederum senkrecht auf der entsprechenden Tangente steht. Die Aufgabenstellung führt also auf das Problem, die Ableitungsfunktion der Kosinusfunktion zu ermitteln.

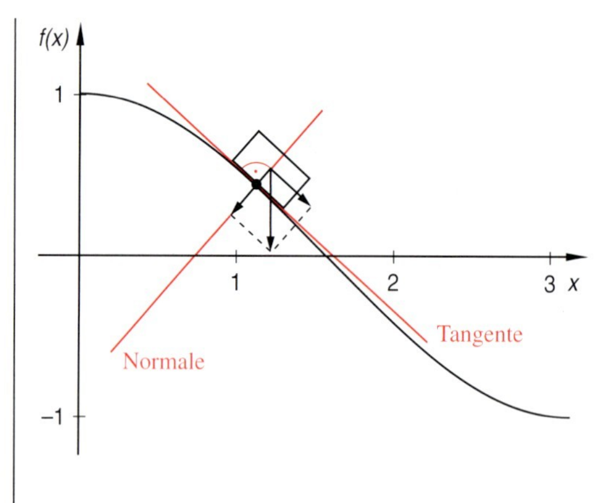

Beispiel 7.24

Berechnen Sie die Ableitungsfunktion f' der Funktion f: $f(x)=\cos x$; $D(f)=\mathbb{R}$.

Zur Berechnung der Ableitung $f'(x_0)$ an einer beliebigen Stelle $x_0 \in D(f)$ wird die Differenzenquotientenfunktion

$$d\colon\ d(h)=\frac{f(x_0+h)-f(x_0)}{h};\ D(d)=\mathbb{R}^*$$

gebildet und ihr Grenzwert an der Stelle 0 bestimmt.

$$d(h)=\frac{\cos(x_0+h)-\cos x_0}{h}$$

Anwendung des Additionstheorems:

$$d(h)=\frac{\cos x_0 \cos h-\sin x_0 \sin h-\cos x_0}{h}$$

Ausklammern von $\cos x_0$ und ordnen:

$$d(h)=\cos x_0\cdot\frac{\cos h-1}{h}-\sin x_0\cdot\frac{\sin h}{h}$$

Setzen wir für die Winkelgröße h (im Bogenmaß) betragsmäßig immer kleinere Zahlen ein, so nähert sich der Wert des Terms $\frac{\sin h}{h}$ der Zahl 1 und der Wert des Terms $\frac{\cos h-1}{h}$ dem Wert 0.

Es gilt:

$$\lim_{h\to 0}\frac{\cos h-1}{h}=0,\ \lim_{h\to 0}\frac{\sin h}{h}=1.$$

Damit:

$$d(h)=\cos x_0\cdot\underbrace{\frac{\cos h-1}{h}}_{\downarrow}-\sin x_0\cdot\underbrace{\frac{\sin h}{h}}_{\downarrow}$$

$$\lim_{h\to 0} d(h)=\cos x_0\cdot 0 \quad - \quad \sin x_0\cdot 1$$

$$\Rightarrow \lim_{h\to 0} d(h)=f'(x_0)=-\sin x_0.$$

$f'(x_0)=-\sin x_0$ ist die Ableitung der Funktion f: $f(x)=\cos x$ an einer beliebigen Stelle $x_0 \in D(f)$.

Die zugehörige Ableitungsfunktion ist

$$f'\colon\ f'(x)=-\sin x;\ D(f')=\mathbb{R}.$$

Auf gleichem Wege ergibt sich die Ableitungsfunktion g' der Funktion g: $g(x)=\sin x$; $D(f)=\mathbb{R}$:

g': $g'(x)=\cos x$; $D(g')=\mathbb{R}$. ▶ Aufgabe 1

Die Ableitung von Exponentialfunktionen

Im Abschnitt 2.6 haben wir Exponentialfunktionen untersucht, mit denen verschiedene Wachstums- und Abnahmeprozesse beschrieben werden können. Bei solchen Prozessen wird häufig nach der Wachstumsgeschwindigkeit zu einem bestimmten Zeitpunkt gefragt. Diese ergibt sich als Ableitung der entsprechenden Exponentialfunktion im jeweiligen Zeitpunkt. Es entsteht damit die Aufgabe, Ableitungsfunktionen von Exponentialfunktionen zu berechnen.

Wir betrachten die Exponentialfunktionen

f_a: $f_a(x)=a^x$; $a>0$; $D(f_a)=\mathbb{R}$.

Die Graphen der Funktionen f_a besitzen im Punkt $P\langle 0|1\rangle$ stets eine Tangente, deren Anstieg positiv ist. Der Anstieg ist offensichtlich umso größer, desto größer die Basis a der jeweiligen Exponentialfunktion ist.

Unter allen diesen Exponentialfunktionen wollen wir diejenige auszeichnen, deren Tangente in P den Anstieg 1 besitzt:

$$f'(0)=\lim_{h\to 0}\frac{a^{0+h}-a^0}{h}=\lim_{h\to 0}\frac{a^h-1}{h}=1.$$

Die Basis a mit dieser Eigenschaft wird mit dem Buchstaben e bezeichnet. Die sogenannte Euler'sche Zahl e ist also diejenige reelle Zahl, für die gilt:

$$\lim_{h\to 0}\frac{e^h-1}{h}=1.$$

Die Zahl e ist eine Irrationalzahl. Ein Näherungswert für e ist 2,718281828459.

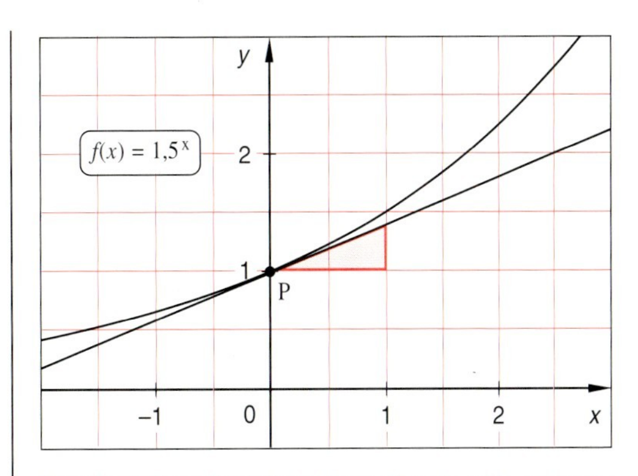

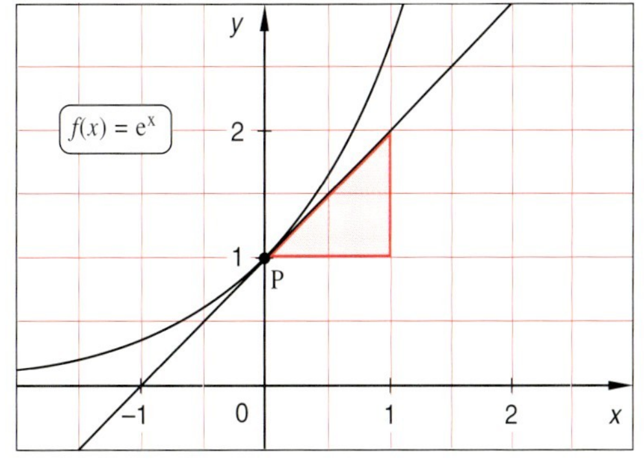

Wir ermitteln nun die Ableitungsfunktion f' der e-Funktion f: $f(x)=e^x$; $D(f)=\mathbb{R}$, indem wir zunächst an einer beliebigen Stelle $x_0\in D(f)$ die für $h\in\mathbb{R}^*$ definierte Differenzenquotientenfunktion d bilden und anschließend ihren Grenzwert an der Stelle 0 bestimmen.

Bildung der Differenzenquotientenfunktion

$$d\colon d(h)=\frac{f(x_0+h)-f(x_0)}{h};\ D(d)=R^*.$$

$$d(h)=\frac{e^{x_0+h}-e^{x_0}}{h}=\frac{e^{x_0}\cdot e^h-e^{x_0}}{h}=e^{x_0}\cdot\frac{e^h-1}{h}$$

Berechnung des Grenzwertes der Differenzenquotientenfunktion an der Stelle 0 unter Verwendung der Beziehung $\lim\limits_{h\to 0}\frac{e^h-1}{h}=1$.

$$\lim_{h\to 0}d(h)=\lim_{h\to 0}\left(e^{x_0}\cdot\frac{e^h-1}{h}\right)=e^{x_0}\cdot\lim_{h\to 0}\frac{e^h-1}{h}=e^{x_0}\cdot 1=e^{x_0}=f(x_0)$$

Die Funktion f mit $f(x)=e^x$ ist also für alle $x_0\in\mathbb{R}$ differenzierbar; es gilt: $f'(x_0)=f(x_0)=e^{x_0}$. **Dies bedeutet, dass die Ableitungsfunktion der e-Funktion wieder die e-Funktion ist.**

Auf der Grundlage dieses Ergebnisses können wir nun auch die Ableitung einer Exponentialfunktion mit beliebiger positiver und von 1 verschiedener Basis a ermitteln.

Wir bilden für die Exponentialfunktion zu $f(x)=a^x$ mit $a \in \mathbb{R}^{>0} \setminus \{1\}$ und $D(f)=\mathbb{R}$ die Differenzenquotientenfunktion d, ersetzen im Zähler des Bruchterms $\frac{a^h-1}{h}$ die Basis a durch den gleichwertigen Term $e^{\ln a}$ und erweitern schließlich mit $\ln a$.

Strebt h gegen 0, so geht nach Grenzwertsatz auch $k=h \cdot \ln a$ gegen 0; deshalb gilt:

$$\lim_{h \to 0} \frac{e^{h \cdot \ln a}-1}{h \cdot \ln a} = \lim_{k \to 0} \frac{e^k-1}{k} = 1.$$

$$d(h) = \frac{a^{x_0+h}-a^{x_0}}{h} = \frac{a^{x_0} \cdot a^h - a^{x_0}}{h}$$
$$= a^{x_0} \cdot \frac{a^h-1}{h} = a^{x_0} \cdot \frac{(e^{\ln a})^h-1}{h}$$
$$= a^{x_0} \cdot \frac{e^{h \cdot \ln a}-1}{h} = a^{x_0} \cdot \ln a \cdot \frac{e^{h \cdot \ln a}-1}{h \cdot \ln a}$$

Wir erhalten:

$$\lim_{h \to 0} d(h) = a^{x_0} \cdot \ln a \cdot \lim_{h \to 0} \frac{e^{h \cdot \ln a}-1}{h \cdot \ln a} = a^{x_0} \cdot \ln a.$$

Die zugehörige Ableitungsfunktion ist also f': $f'(x)=a^x \cdot \ln a$; $D(f')=\mathbb{R}$.

Beispiel 7.25 Der Term der Ableitungsfunktion zu $f(x)=2^x$ ist $f'(x)=2^x \cdot \ln 2 \approx 0{,}693 \cdot 2^x$.

Merke:

- Die Sinusfunktion $f: f(x)=\sin x$; $D(f)=\mathbb{R}$ besitzt die Ableitungsfunktion

  f': $f'(x)=\cos x$; $D(f')=\mathbb{R}$.
- Die Kosinusfunktion $f: f(x)=\cos x$; $D(f)=\mathbb{R}$ besitzt die Ableitungsfunktion

  f': $f'(x)=-\sin x$; $D(f')=\mathbb{R}$.
- Die e-Funktion $f: f(x)=e^x$; $D(f)=\mathbb{R}$ besitzt die Ableitungsfunktion

  f': $f'(x)=e^x$; $D(f')=\mathbb{R}$.

  Für die spezielle Exponentialfunktion mit der Basis $e=2{,}718\ldots$ gilt also: $(e^x)'=e^x$.
- Die Exponentialfunktion $f: f(x)=a^x$; $D(f)=\mathbb{R}$ besitzt die Ableitungsfunktion

  f': $f'(x)=a^x \cdot \ln a$; $D(f')=\mathbb{R}$.

Weitere Ableitungsregeln

Bei Aufgabenstellungen in der Technik ergeben sich nur selten Funktionen, deren Terme von einfacher Gestalt wie beispielsweise x^n, $\sin x$, e^x, etc. sind. Vielmehr treten häufig Funktionsterme auf, die durch unterschiedliche Verknüpfungen mehrerer einfacher Terme entstehen.

Beispiele 7.26

1) Bei einer Rakete, die durch den Treibstoffverbrauch an Masse verliert, sind sowohl die Masse m als auch die Beschleunigung a Funktionen der Zeit t. Die wirkende Kraft $F(t)$ ist damit gleich dem **Produkt** $m(t) \cdot a(t)$ zweier zeitabhängiger Funktionen.

2) Für den Widerstand eines Leiters, bei dem sich sowohl die stoffliche Zusammensetzung (und damit der spezifische Widerstand ϱ) als auch der Querschnitt A mit zunehmender Länge l ändern, gilt die Formel $R(l)=\frac{\varrho(l) \cdot l}{A(l)}$; R ist also **Quotient** zweier Funktionen von l.

3) Für die Wechselstromstärke i gilt beispielsweise $i(t)=i_0 \cdot \sin(\omega t+\varphi)$; hier liegt also eine **Verkettung** der Sinusfunktion zu $i=\sin z$ mit der linearen Zeitfunktion zu $z=\omega t+\varphi$ vor.

Im Folgenden werden Ableitungsregeln für solche Funktionen entwickelt.

Die Ableitung des Produktes zweier differenzierbarer Funktionen

Sind die Funktionen u und v an der Stelle x differenzierbar, so ist auch die Summenfunktion $u+v$ dort differenzierbar und es gilt die Summenregel: $(u(x)+(v(x))'=u'(x)+v'(x)$.

Man könnte nun vermuten, dass auch für das Produkt gilt: $(u(x)\cdot(v(x))'=u'(x)\cdot v'(x)$. So einfach können die Verhältnisse aber nicht liegen. Denn wählt man beispielsweise $u(x)=x^2$ und $v(x)=1$, so erhält man auf der linken Seite der letzten Gleichung den Term $2x$, rechts aber den Term 0; die Gleichung ist also nicht allgemein gültig.

Um eine allgemein gültige Formel für die Ableitung des Produktes zweier an der Stelle x differenzierbarer Funktionen u und v zu gewinnen, bilden wir die Differenzenquotientenfunktion d zur Funktion f mit $f(x)=u(x)\cdot v(x)$.

Im Zähler des Quotienten subtrahieren wir den Term $u(x)\cdot v(x+h)$, addieren ihn aber sogleich wieder, zerlegen dann den Bruchterm und klammern schließlich so aus, dass sich Differenzenquotienten der Funktionen u und v ergeben.

$$d(h)=\frac{f(x+h)-f(x)}{h}=\frac{u(x+h)v(x+h)-u(x)v(x)}{h}$$

$$=\frac{u(x+h)v(x+h)-u(x)v(x+h)+u(x)v(x+h)-u(x)v(x)}{h}$$

$$=\frac{u(x+h)v(x+h)-u(x)v(x+h)}{h}+\frac{u(x)v(x+h)-u(x)v(x)}{h}$$

$$=\frac{u(x+h)-u(x)}{h}\cdot v(x+h)+u(x)\cdot\frac{v(x+h)-v(x)}{h}$$

Wegen der Differenzierbarkeit von u und v an der Stelle x ist $\lim\limits_{h\to 0}\frac{u(x+h)-u(x)}{h}=u'(x)$ und $\lim\limits_{h\to 0}\frac{v(x+h)-v(x)}{h}=v'(x)$; aus der Differenzierbarkeit von v folgt die Stetigkeit von v, also: $\lim\limits_{h\to 0}v(x+h)=v(x)$.

$$\lim_{h\to 0}d(h)=\lim_{h\to 0}\frac{u(x+h)-u(x)}{h}\cdot\lim_{h\to 0}v(x+h)$$

$$+\lim_{h\to 0}u(x)\cdot\lim_{h\to 0}\frac{v(x+h)-v(x)}{h}$$

$$=u'(x)\cdot v(x)+u(x)\cdot v'(x)$$

Die Produktfunktion $f=u\cdot v$ zweier Funktionen u und v ist also an allen Stellen x differenzierbar, an denen sowohl u als auch v differenzierbar sind; für die zugehörige Ableitungsfunktion gilt:

$$f'(x)=u'(x)\cdot v(x)+u(x)\cdot v'(x).$$

Damit haben wir die **Produktregel** bewiesen.

$$(u(x)\cdot v(x))'=u'(x)\cdot v(x)+u(x)\cdot v'(x)$$

Beispiel 7.27

Wir ermitteln den Term der Ableitungsfunktion f' zu $f(x)=(2x-3)\cdot\cos x$.

Mit $u(x)=2x-3$, also $u'(x)=2$, und $v(x)=\cos x$, also $v'(x)=-\sin x$, ergibt sich:

$f'(x)=u'(x)\cdot v(x)+u(x)\cdot v'(x)=2\cdot\cos x+(2x-3)\cdot(-\sin x)=2\cos x-(2x-3)\sin x.$

Die Ableitung des Quotienten zweier differenzierbarer Funktionen

Zur Herleitung einer Formel für die Ableitung der Quotientenfunktion $f=\frac{u}{v}$ zweier an der Stelle x differenzierbarer Funktionen u und v (mit $v(x)\neq 0$) könnte man die Gleichung $f(x)=\frac{u(x)}{v(x)}$ nach $u(x)$ auflösen, in der sich ergebenden Gleichung $f(x)\cdot v(x)=u(x)$ auf beiden Seiten formal die Ableitung bilden (links mit Hilfe der Produktregel) und schließlich die dabei entstehende Gleichung nach $f'(x)$ auflösen:

$$f'(x)v(x)+f(x)v'(x)=u'(x) \quad \Leftrightarrow \quad f'(x)v(x)+\frac{u(x)}{v(x)}v'(x)=u'(x) \quad \Leftrightarrow \quad f'(x)=\frac{u'(x)v(x)-u(x)v'(x)}{[v(x)]^2}.$$

Dabei würde man allerdings stillschweigend voraussetzen, dass die Quotientenfunktion $f=\frac{u}{v}$ differenzierbar ist. Dies ist aber nicht selbstverständlich. Zum Beweis der Differenzierbarkeit ist also wie bei der Produktregel der Nachweis der Existenz des Grenzwertes der Differenzenquotientenfunktion erforderlich.

Wir können diesen Beweis allerdings etwas vereinfachen, wenn wir zunächst die **Kehrwertregel** herleiten, indem wir die Differenzenquotientenfunktion d zur Funktion $g=\frac{1}{v}$ untersuchen.

Wegen der Differenzierbarkeit von v an der Stelle x ist $\lim\limits_{h\to 0}\frac{v(x+h)-v(x)}{h}=v'(x)$; aus der Differenzierbarkeit von v folgt die Stetigkeit von v, also $\lim\limits_{h\to 0} v(x+h)=v(x)$.

$$d(h)=\frac{g(x+h)-g(x)}{h}=\frac{\frac{1}{v(x+h)}-\frac{1}{v(x)}}{h}$$

$$=\frac{v(x)-v(x+h)}{v(x)v(x+h)\cdot h}=-\frac{\frac{v(x+h)-v(x)}{h}}{v(x)v(x+h)}$$

$$\lim_{h\to 0} d(h)=-\frac{\lim\limits_{h\to 0}\frac{v(x+h)-v(x)}{h}}{\lim\limits_{h\to 0} v(x)\cdot\lim\limits_{h\to 0} v(x+h)}$$

$$=-\frac{v'(x)}{[v(x)]^2}$$

Die Funktion $g=\frac{1}{v}$ (mit $v(x)\neq 0$) ist also an allen Stellen x differenzierbar, an denen auch v differenzierbar ist; für die zugehörige Ableitungsfunktion gilt:

$$g'(x)=\left(\frac{1}{v(x)}\right)'=-\frac{v'(x)}{[v(x)]^2}.$$

Aus der Produktregel folgt nun, dass die Quotientenfunktion $f=\frac{u}{v}$ ebenfalls an allen Stellen x differenzierbar ist, an denen sowohl u als auch v differenzierbar sind, denn der Funktionsterm $\frac{u(x)}{v(x)}$ kann als Produkt in der Form $u(x)\cdot\frac{1}{v(x)}$ geschrieben werden.

Die **Quotientenregel**

$$\left(\frac{u(x)}{v(x)}\right)'=\frac{u'(x)\cdot v(x)-u(x)\cdot v'(x)}{[v(x)]^2}$$

kann nun unmittelbar mit Hilfe der Produktregel aufgestellt werden.

$$f'(x)=\left(\frac{u(x)}{v(x)}\right)'=\left(u(x)\cdot\frac{1}{v(x)}\right)'$$

$$=u'(x)\cdot\frac{1}{v(x)}+u(x)\cdot\left(-\frac{v'(x)}{[v(x)]^2}\right)$$

$$=\frac{u'(x)\cdot v(x)-u(x)\cdot v'(x)}{[v(x)]^2}$$

Beispiel 7.28

Wir ermitteln den Term der Ableitungsfunktion f' zu $f(x)=\frac{x^3-2x^2}{x-1}$.

Mit $u(x)=x^3-2x^2$, also $u'(x)=3x^2-4x$, und $v(x)=x-1$, also $v'(x)=1$, ergibt sich:

$$f'(x)=\frac{u'(x)\cdot v(x)-u(x)\cdot v'(x)}{[v(x)]^2}=\frac{(3x^2-4x)\cdot(x-1)-(x^3-2x^2)\cdot 1}{(x-1)^2}=\frac{x\cdot(2x^2-5x+4)}{(x-1)^2}$$

Die Ableitung verketteter Funktionen

Besitzt eine Funktion beispielsweise den Funktionsterm $\sin(ax+b)$, dann spricht man von **verketteten Funktionen**, denn bei dem betrachteten Beispiel hat die Sinusfunktion nicht einfach das Argument x, sondern es wird der Sinus des linearen Funktionsterms $g(x)=ax+b$ gebildet. Man schreibt deshalb:

$$f(g(x))=\sin(ax+b).$$

Ist die Ableitung einer solchen Funktion gesucht, so wäre wieder der Grenzwert der entsprechenden Differenzenquotientenfunktion d: $d(h)=\frac{f(g(x+h))-f(g(x))}{h}$ zu bilden. In vielen Fällen kann man aber auch spezielle Gesetzmäßigkeiten ausnutzen, um die Ableitung zu erhalten. Wir betrachten zwei Beispiele.

Beispiel 7.29 Ableitung der Funktion mit dem Funktionsterm $\sin(2x)$

Es ist die Ableitung der Verkettung mit dem Funktionsterm $f(g(x))=\sin(2x)$ zu bilden. Dabei wenden wir die bekannten Formeln für $\sin(2x)$ und $\cos(2x)$ (S. 118) an. Die Ableitung bilden wir mit der Produktregel.

$$\begin{aligned}(\sin(2x))' &= (2\cdot\sin x\cdot\cos x)'\\ &= 2(\cos x\cdot\cos x+\sin x\cdot(-\sin x))\\ &= 2(\cos^2 x-\sin^2 x)\\ &= 2\cdot\cos(2x)\end{aligned}$$

Beispiel 7.30 Ableitung der Funktion mit dem Funktionsterm e^{3x+5}

Es ist die Ableitung der Verkettung mit dem Funktionsterm $f(g(x))=e^{3x+5}$ zu bilden. Dabei wenden wir die Potenzgesetze an: $e^{3x+5}=(e^3)^x\cdot e^5$. Bei der Bildung der Ableitung nutzen wir die Regel $(a^x)'=a^x\ln a$.

$$\begin{aligned}(e^{3x+5})' &= ((e^3)^x\cdot e^5)'\\ &= (e^3)^x\cdot\ln(e^3)\cdot e^5\\ &= e^{3x}\cdot 3\cdot e^5\\ &= 3\cdot e^{3x+5}\end{aligned}$$

Bei beiden Beispielen fällt auf, dass sich die Ableitung der Verkettung als Produkt aus der Ableitung der **inneren Funktion** g an der Stelle x und der **äußeren Funktion** f an der Stelle $g(x)$ ergibt; bei beiden Beispielen gilt also: $[f(g(x))]'=g'(x)\cdot f'(g(x))$.

Diese Regel gilt allgemein, wenn die innere Funktion g an der Stelle x und die äußere Funktion f an der Stelle $g(x)$ differenzierbar sind. Die Ableitungsregel heißt **Kettenregel**, man schreibt sie meist in der Form

$$[f(g(x))]'=f'(g(x))\cdot g'(x).$$

Wir bestätigen die Regel anhand eines weiteren Beispiels.

Beispiel 7.31 Ableitung der Funktion mit dem Funktionsterm $(2x^3+1)^2$

Es ist die Ableitung der Verkettung mit dem Funktionsterm $f(g(x))=(2x^3+1)^2$ zu bilden. Die äußere quadratische Funktion f besitzt Die Ableitung $2g(x)=2(2x^3+1)$, die Ableitung der inneren Funktion g ist $6x^2$.

$$\begin{aligned}((2x^3+1)^2)' &= 2(2x^3+1)\cdot 6x^2\\ &= 12x^2(2x^3+1)\end{aligned}$$

Wegen $(2x^3+1)^2=4x^6+4x^3+1$ können wir die Ableitung auch auf herkömmlichem Wege bilden und vergleichen.

$$\begin{aligned}((2x^3+1)^2)' &= (4x^6+4x^3+1)'\\ &= 24x^5+12x^2\\ &= 12x^2(2x^3+1)\end{aligned}$$

Übungen zu 7.6

1. Berechnen Sie die Ableitungsfunktion f' der Funktion $f: f(x)=\sin x$; $D(f)=\mathbb{R}$, indem Sie den Grenzwert der zugehörigen Quotientendifferenzenfunktion d für $h \to 0$ bilden.
▶ Ableitung der Kosinusfunktion, S. 272

Übungsaufgaben zur Produktregel

2. Ermitteln Sie die Ableitungsfunktion.
a) $f(x)=x^2 \cdot \sin x$ **b)** $f(x)=x^3 \cdot \cos x$ **c)** $f(x)=e^x \cdot (x^2-1)$
d) $f(x)=e^x \cdot \sin x$ **e)** $f(x)=e^x \cdot (x^3-7x^2+5x)$ **f)** $f(x)=e^x \cdot \sin x \cdot \cos x$

3. Bestimmen Sie die 1. und die 2. Ableitung.
a) $f(x)=(2x^3-3)\cdot(x^3-2x)$ **b)** $f(x)=e^x \cdot (x^2-3)$ **c)** $f(x)=(x^4-2)\cdot \sin x$
d) $f(x)=e^x \cdot (x^4+\sin x)$ **e)** $f(x)=(2+e^x \sin x)(x^2-3)$ **f)** $f(x)=(x^2-\cos x)(e^x-\sin x)$

Übungsaufgaben zur Quotientenregel

4. Ermitteln Sie die Ableitungsfunktion.
a) $f(x)=\frac{7-x^2}{2x^3}$ **b)** $f(x)=\frac{2x^2}{4x-3}$ **c)** $f(x)=\frac{2\sin x}{x^2+1}$
d) $f(x)=\frac{e^x-1}{2e^x+1}$ **e)** $f(x)=\frac{(x^2-1)\cdot \sin x}{x^3+1}$ **f)** $f(x)=\frac{(x^3-2x^2)\cdot e^x}{3\cdot(3+\sin x)}$

Übungsaufgaben zur Kettenregel

5. Bilden Sie die 1. Ableitung.
a) $f(x)=\sin(3x+2)$ **b)** $f(x)=e^{-0{,}5x}$ **c)** $f(x)=(x^2-3)^4$
d) $f(x)=3\cdot e^{2x+1}$ **e)** $f(x)=(1-\cos x)^3$ **f)** $f(x)=e^{\cos(2x)}$

Vermischte Aufgaben

6. Ermitteln Sie die 1. Ableitung.
a) $f(x)=\frac{x}{\sin(2x+5)}$ **b)** $f(x)=e^{x+1}\cdot \sin(2x+2)$ **c)** $f(x)=\frac{(x^2-3x)^4}{e^{2x+3}}$
d) $f(x)=3\cdot e^{-2x}\cdot \sin(2x-4)$ **e)** $f(x)=\frac{5^x-2}{(e^x-x^2)^3}$ **f)** $f(x)=\left(\frac{\sin^2 x}{e^{2x}}\right)^6$

7. Ermitteln Sie eine Ableitungsregel für die Tangensfunktion.

8. Ermitteln Sie eine Ableitungsregel für die ln-Funktion, indem Sie in der Formel für die Kettenregel $f(g(x))=e^{\ln x}=x$ und $g(x)=\ln x$ setzen.

9. Eine gedämpfte Schwingung kann durch den Funktionsterm

$$f(t)=e^{-\lambda \cdot t}\cdot \sin(\omega t+\varphi)$$

beschrieben werden.
a) Ermitteln Sie den Term der Ableitungsfunktion f'.
b) Untersuchen Sie den Einfluss der Parameter λ, ω und φ auf die Graphen von f und f' mit Hilfe eines Computerprogramms zur Darstellung von Funktionsgraphen.

10. Für das Weg-Zeit-Gesetz einer ungedämpften Schwingung eines Federpendels der Masse m und der Federkonstanten D gilt

$$s(t) = A \cdot \sin\left(\sqrt{\frac{D}{m}} \cdot t\right).$$

Dabei ist A die Amplitude. Ermitteln Sie Funktionsterme für die Geschwindigkeit $\dot{s}(t)$ und die Beschleunigung $\ddot{s}(t)$. Drücken Sie die Beschleunigung mit Hilfe der Weg-Zeit-Funktion aus.

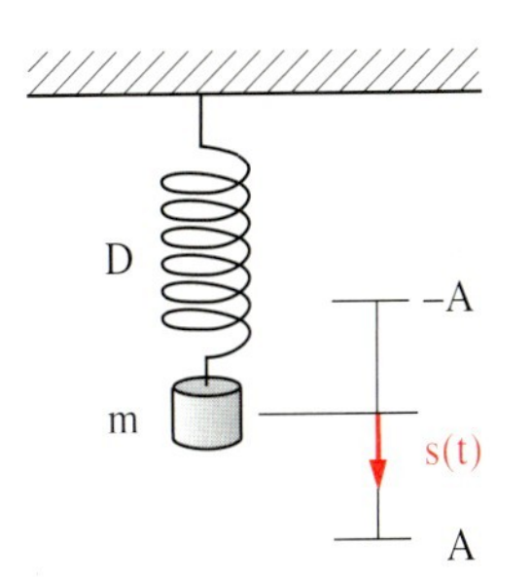

11. Bei einem schrägen Wurf gilt für die erreichte Höhe das Gesetz

$$h(x) = x \cdot \tan\alpha - \frac{5x^2}{(v_0 \cdot \cos\alpha)^2}.$$

Dabei ist α der Wurfwinkel, v_0 die Abwurfgeschwindigkeit und x der horizontal zurückgelegte Weg. Berechnen Sie mit Hilfe der Differentialrechnung den höchsten Punkt und überprüfen Sie Ihr Ergebnis, indem Sie den Scheitelpunkt der Parabel ermitteln. Wie weit fliegt der Körper?
Zusatz: Bestimmen Sie den Abwurfwinkel für die maximale Wurfweite.

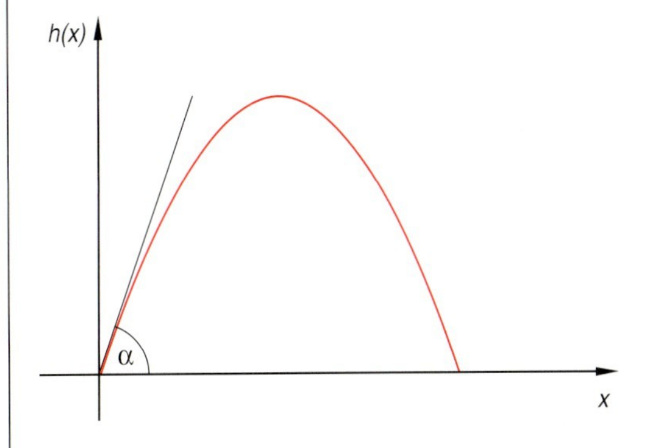

12. Ein Strom fließt durch eine elektrische Spule mit der Impedanz L. Der Strom sei abklingend:

$$i(t) = i_0 \cdot e^{-a \cdot t}.$$

Dabei ist i_0 die Anfangsstromstärke und a eine (positive) Abklingkonstante. Ermitteln Sie einen Funktionsterm $u(t) = L \cdot \dot{i}(t)$ für die induzierte Spannung u.

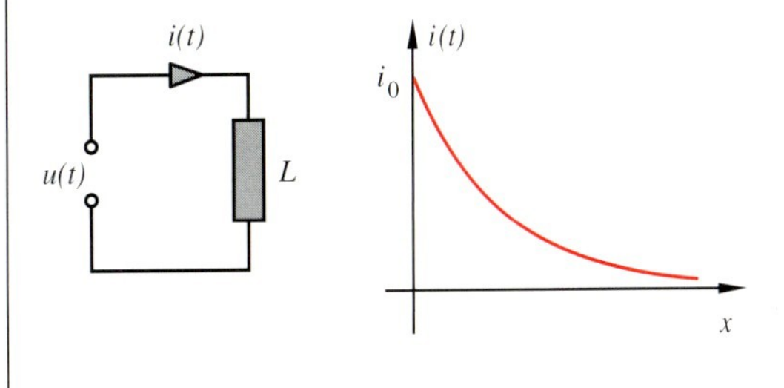

13. In der Nachrichtentechnik werden zur Übertragung kleine Leistungen verwendet. Daher muss man den jeweiligen Verbraucher so an die Energiequelle anpassen, dass möglichst wenig Energie „verlorengeht", d.h., dass der Verbraucher möglichst viel von der abgegebenen Leistung aufnimmt.
Als Beispiel betrachten wir als Energiequelle einen Verstärker mit dem Innenwiderstand R_i als Verbraucher eine Lautsprecherbox mit dem Anpassungswiderstand R_a. Für die Leistungsaufnahme P des Lautsprecher gilt:

$$P(R_a) = \frac{U_0^2 \cdot R_a}{(R_a + R_i)^2}.$$

Wie muss man den Widerstand R_a des Lautsprechers wählen, damit dessen Leistungsaufnahme maximal wird?

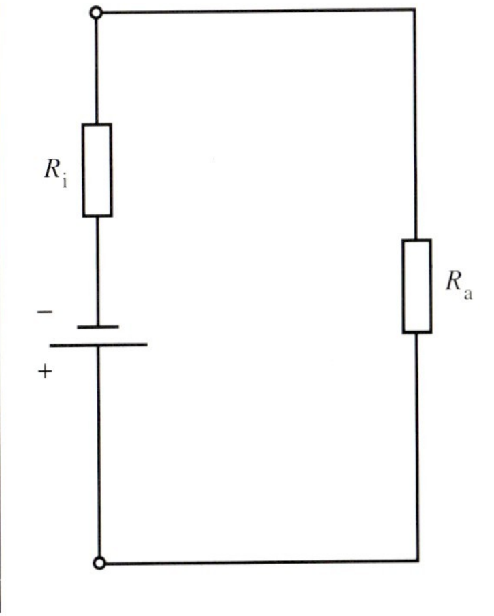

8 Integralrechnung

Die Differentialrechnung ist aus dem Bedürfnis heraus entstanden, den Anstieg der Tangente in einem Punkt des Graphen einer Funktion zu berechnen (**Tangentenproblem**), die Integralrechnung aus dem Bedürfnis heraus, den Flächeninhalt krummlinig begrenzter Flächenstücke zu ermitteln (**Flächeninhaltsproblem**). Während sich das eine auf eine Eigenschaft im Kleinen bezieht, befasst sich das andere mit einer Eigenschaft im Ganzen.

Trotz dieses grundlegenden Unterschiedes besteht eine so enge Beziehung zwischen den beiden Problemen, dass beide unter gewissen Voraussetzungen als Umkehrungen voneinander angesehen werden können, ähnlich wie die Multiplikation und die Division Umkehrungen voneinander sind. Das ist im wesentlichen **der Inhalt des sog. Hauptsatzes der Differential- und Integralrechnung**, der im Folgenden erarbeitet wird.

Beispiele 8.1

Wie groß sind die Maßzahlen der Inhalte der jeweiligen markierten Flächen?

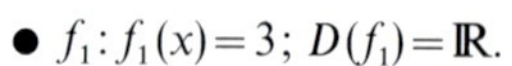

● $f_1: f_1(x) = 3;\ D(f_1) = \mathbb{R}$.

Aus der Zeichnung erkennt man, dass der Rechteckinhalt 12 FE umfasst; die Flächenmaßzahl ist somit 12.

Variiert man die Grundseitenlänge des Rechtecks, so erhält man in Abhängigkeit dieser Länge verschiedene Maßzahlen für die einzelnen Flächeninhalte; dabei bleibt die Rechteckbreite erhalten.

Somit kann man die Inhalte der jeweiligen Flächen in Abhängigkeit von x durch die Funktion $A_1: A_1(x) = 3x;\ D(A_1) = \mathbb{R}$ ausdrücken.

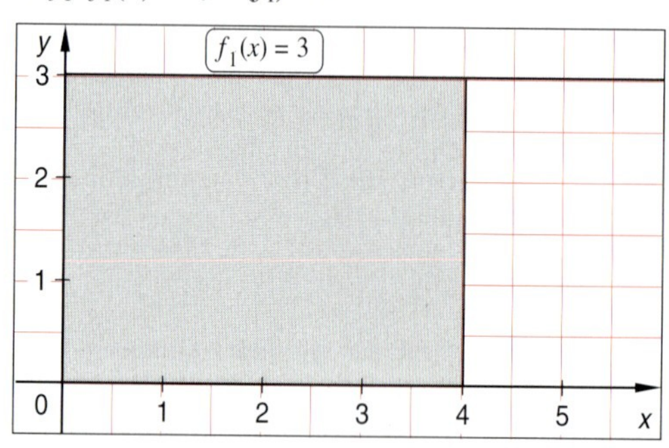

$A_1(4) = 3 \cdot 4 = \underline{\underline{12}}$. ▶ Rechtecksinhalt: „Breite · Länge"

Die markierte Fläche hat den Inhalt 16 FE.

Die Maßzahlen der Dreiecksflächeninhalte sind das Produkt aus den Höhen ($f_2(x) = 2x$) und den halben Grundseitenlängen ($0{,}5x$).

Für verschiedene x-Werte gilt also:

$A_2: A_2(x) = (2x) \cdot (0{,}5x) = x^2;\ D(A_2) = \mathbb{R}$.

● $f_2: f_2(x) = 2x;\ D(f_2) = \mathbb{R}$.

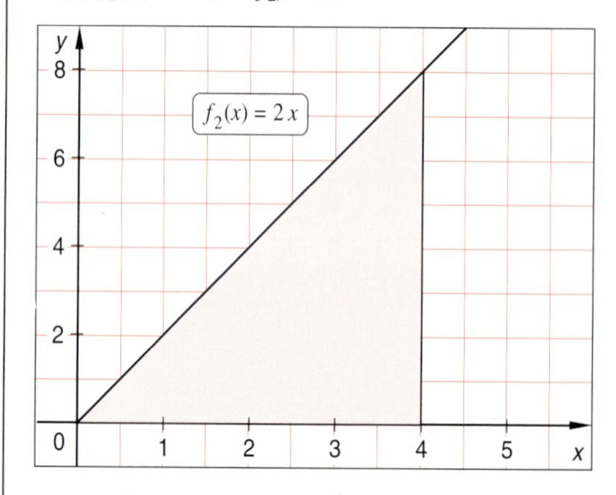

$A_2 = A_2(4) = (2 \cdot 4) \cdot (0{,}5 \cdot 4) = \underline{\underline{16}}$.

▶ Dreiecksinhalt: „Höhe · halbe Grundseitenlänge"

Die markierte Fläche hat den Inhalt 28 FE.

Dabei setzt sich die Flächenmaßzahl des Trapezes OACD aus den Maßzahlen des Dreiecks DBC und des Rechtecks OABD zusammen.

Für verschiedene x-Werte gilt:

$A_3: A_3(x) = (2x) \cdot (0{,}5x) + 3x$
$\quad = x^2 + 3x;\ D(A_3) = \mathbb{R}.$

- $f_3: f_3(x) = 2x + 3;\ D(f_3) = \mathbb{R}.$

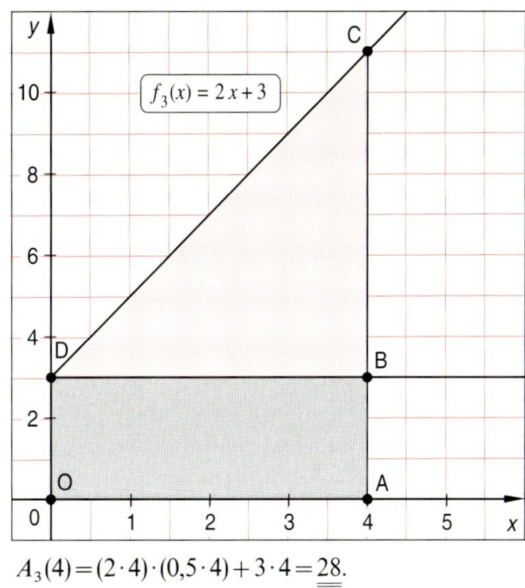

$A_3(4) = (2 \cdot 4) \cdot (0{,}5 \cdot 4) + 3 \cdot 4 = \underline{\underline{28}}.$

► „Dreiecksinhalt + Rechtecksinhalt"

Alle Flächenmaßzahlen der Flächen unterhalb der Graphen in den Intervallen $[0; x]$ hängen von der oberen Intervallgrenze für x eindeutig ab und bestimmen somit jeweils eine **Funktion** A.

In den folgenden Beispielen soll einerseits die Abhängigkeit des Flächeninhalts von der Länge des Intervalls untersucht sowie andererseits Zusammenhänge zwischen der **Flächenmaßzahlfunktion** A und der Funktion f, deren Graph die Fläche begrenzt, dargestellt werden.

Dabei soll auch hier zunächst der Flächeninhalt der markierten Fläche elementar und dann die zu f gehörende Flächenmaßzahlfunktion A bestimmt werden.

Beispiel 8.2

Die markierte Fläche ist genauso groß wie die markierte Fläche aus den Beispielen 8.1. Das Flächenstück ist hier aber gegenüber dem aus den Beispielen 8.1 in Richtung der positiven x-Achse verschoben.

Nach den Beispielen 8.1 gilt: $A_1(x) = 3x$.

Zur Berechnung der Maßzahl dieser markierten Fläche kann man zunächst die Maßzahl der Fläche des Rechtecks OBCE bestimmen und davon die Maßzahl der Fläche des Rechtecks OADE abziehen.

- $f_1: f_1(x) = 3;\ D(f_1) = \mathbb{R}.$

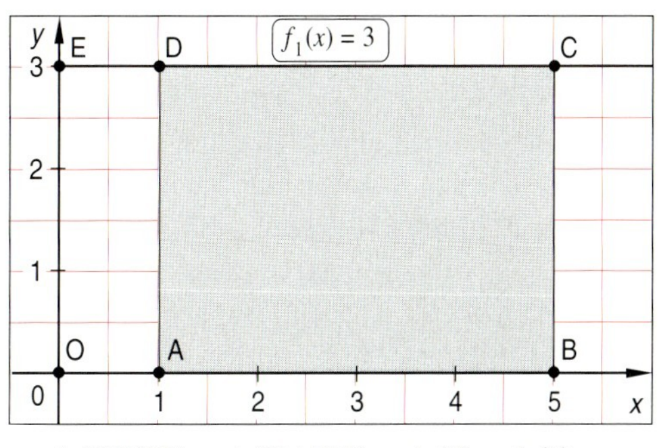

$A_1(\text{OBCE}) - A_1(\text{OADE}) = A_1(5) - A_1(1)$
$= 3 \cdot 5 - 3 \cdot 1 = 3 \cdot (5-1) = 3 \cdot 4 = \underline{\underline{12}} = A_1(4).$

Anstelle von $A_1(5) - A_1(1)$ schreibt man auch $A_1(x)\Big|_1^5 = 3x\Big|_1^5$ und meint hiermit die Flächeninhaltsformel des Flächenstücks unterhalb des Graphen von f im Intervall $[1; 5]$.

Beispiel 8.3

Nach den Beispielen 8.1 gilt:
$A_3(x) = x^2 + 3x$.

Die Inhaltsmaßzahl der markierten Fläche entspricht der Differenz der Maßzahlen der gesamten Trapezfläche OBCE und der Fläche des Trapezes OADE, wobei zur Vereinfachung wieder zunächst wie in den Beispielen 8.1 die entsprechenden Dreiecks- und Rechtecksflächenmaßzahlen bestimmt werden.

- $f_3\colon f_3(x) = 2x + 3;\ D(f_3) = \mathbb{R}$.

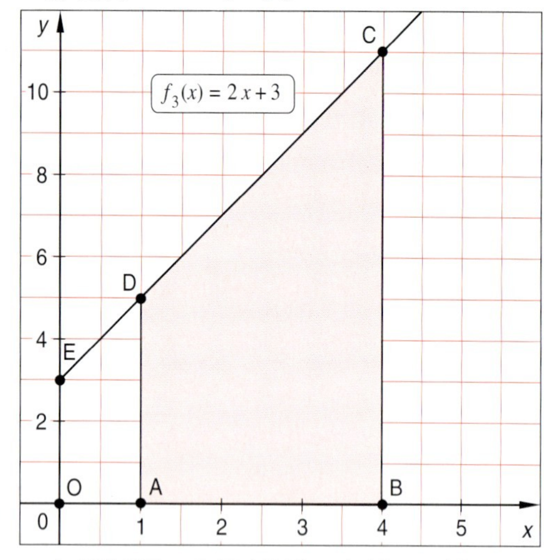

Auch hier lässt sich die Maßzahl der sog. **Differenzfläche** in der Schreibweise

$A_3(x)\Big|_1^4 = x^2 + 3x\Big|_1^4$ angegeben.

$$\begin{aligned}&A_3(\text{OBCE}) - A_3(\text{OADE}) = A_3(4) - A_3(1)\\ &= (2\cdot 4)\cdot(0{,}5\cdot 4) + 3\cdot 4 - [(2\cdot 1)\cdot(0{,}5\cdot 1) + 3\cdot 1)]\\ &= \quad 4^2 \quad + 3\cdot 4 - (\quad 1^2 \quad + 3\cdot 1)\\ &= \underline{\underline{24}}\end{aligned}$$

Bei allen Beispielen ergeben sich ganzrationale Flächenmaßzahlfunktionen A, die als solche in den betrachteten abgeschlossenen Intervallen **differenzierbar** sind, wobei an den Intervallgrenzen nur die einseitige Differenzierbarkeit gemeint ist.

Bildet man die Ableitungen A' aller Flächenmaßzahlfunktionen A, so fällt auf, dass bei allen Beispielen $A'(x) = f(x)$ gilt.

$$\begin{aligned}A_1(x) &= 3x &&\Rightarrow A_1'(x) = 3 &&= f_1(x)\\ A_2(x) &= x^2 &&\Rightarrow A_2'(x) = 2x &&= f_2(x)\\ A_3(x) &= x^2 + 3x &&\Rightarrow A_3'(x) = 2x + 3 &&= f_3(x)\end{aligned}$$

Bisher wurden nur Maßzahlen von Flächen berechnet, die von Graphen linearer Funktionen begrenzt waren. Den allgemeinen Zusammenhang zwischen A und f stellt die folgende Betrachtung her:

Beispiel 8.4 a

Lässt sich z. B. auch eine Maßzahl der Fläche zwischen der x-Achse und dem Graphen von $f\colon f(x) = x^2 + 1;\ D(f) = \mathbb{R}$ im Intervall $[x_0;\ x_0 + h]$ mit $h > 0$ bestimmen, obwohl die Fläche durch den Graphen nicht geradlinig begrenzt wird? Ist auch die zu f gehörende Flächenmaßzahlfunktion A differenzierbar?

Die Maßzahl der markierten Fläche lässt sich nach unten und oben abschätzen. Denn:

Die Funktion f ist in $D(f)$ stetig, also auch in jedem Intervall $[x_0;\ x_0 + h]$.

- $f\colon f(x) = x^2 + 1;\ D(f) = \mathbb{R}$

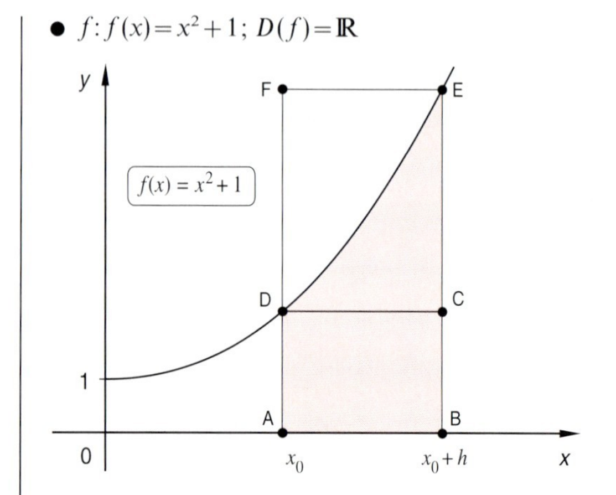

Wählt man daher für die stetige Funktion f allgemein zwei Stellen x_0 und x_0+h $(h>0)$ aus $D(f)$ als Intervallgrenzen, so ist die Maßzahl der Differenzfläche $[A(x_0+h)-A(x_0)]$ größer als das Produkt aus h und $f(x_0)$ (Rechteck ABCD) und kleiner als das Produkt aus h und $f(x_0+h)$ (Rechteck ABEF), weil f streng monoton wachsend ist.

▶ f stetig, $h>0$

$$h\cdot f(x_0)\leq A(x_0+h)-A(x_0)\leq h\cdot f(x_0+h)$$

$$\Leftrightarrow f(x_0) \leq \frac{A(x_0+h)-A(x_0)}{h} \leq f(x_0+h)$$

Da f an der Stelle x_0 stetig ist, gilt $\lim\limits_{h\to 0} f(x_0+h)=f(x_0)$. Somit strebt der Differenzenquotient $\frac{A(x_0+h)-A(x_0)}{h}$ für $h\to 0$ gegen den Funktionswert $f(x_0)$.

$$\Rightarrow \lim_{h\to 0} f(x_0)\leq \lim_{h\to 0}\frac{A(x_0+h)-A(x_0)}{h}\leq \lim_{h\to 0} f(x_0+h)$$

▶ f stetig

$$\Rightarrow f(x_0)\leq A'(x_0)\leq f(x_0)$$

$$\Leftrightarrow \underline{\underline{A'(x_0)=f(x_0)}}$$

▶ $x_0\in D(f)$

Also existiert die Ableitung $A'(x_0)$ der Funktion A. Dies gilt für jedes $x_0\in D(f)$, und folglich ist daher die Flächenmaßzahlfunktion A differenzierbar.

▶ $A'(x_0)$ existiert für jedes $x_0\in D(f)$

Ist allgemeiner f irgendeine in einem Intervall $[a;b]\subset D(f)$ definierte stetige Funktion, deren Funktionswerte dort nicht negativ sind, und ist darüberhinaus f dort streng monoton, so überträgt sich der eben für die Funktion $f\colon f(x)=x^2+1;\ D(f)=\mathbb{R}$ durchgeführte Beweis ganz entsprechend. D.h., die zu f gehörende sicher vorhandene Flächenmaßzahlfunktion A ist in $[a;b]$ differenzierbar, und es gilt dort für jedes $x\in[a;b]$ die Beziehung:

$$\boldsymbol{A'(x)=f(x)}.$$

Aber auch ohne die zusätzliche Voraussetzung der strengen Monotonie von f in $[a;b]$ lässt sich der Beweis mit Hilfe des Zwischenwertsatzes durchführen.

Ist nämlich x_0 eine feste und x_0+h eine benachbarte Stelle in $[a;b]$, so ist $A(x_0+h)-A(x_0)$ der Flächeninhalt der markierten Fläche im nebenstehenden Bild. Sein Inhalt liegt zwischen $h\cdot m$ und $h\cdot M$, wenn m und M das wegen der Stetigkeit von f in $[x_0;x_0+h]$ vorhandene Minimum bzw. Maximum bezeichnen.

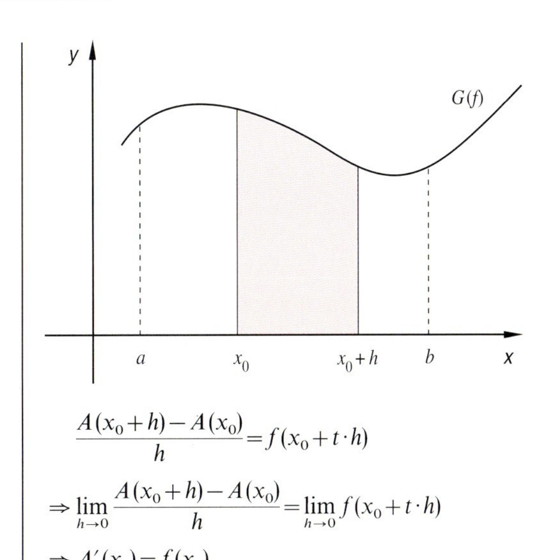

Aufgrund des Zwischenwertsatzes kann dazu $A(x_0+h)-A(x_0)=h\cdot f(x_0+t\cdot h)$ gesetzt werden, wenn t mit $0\leq t\leq 1$ passend gewählt wird.

$$\frac{A(x_0+h)-A(x_0)}{h}=f(x_0+t\cdot h)$$

Da f bei x_0 stetig ist, folgt wieder $A'(x_0)=f(x_0)$.

$$\Rightarrow \lim_{h\to 0}\frac{A(x_0+h)-A(x_0)}{h}=\lim_{h\to 0} f(x_0+t\cdot h)$$

$$\Rightarrow A'(x_0)=f(x_0)$$

Sind zwei Funktionen f und F beide in einem Intervall $[a; b] \subset D(f)$ definiert und gilt dort für alle $x \in [a; b]$ die Gleichung $F'(x) = f(x)$, so heißt F eine **Stammfunktion der Funktion f** in $[a; b]$. Zu jeder in einem Intervall $[a; b] \subset D(f)$ stetigen Funktion mit nicht negativen Funktionswerten ist also die Flächenmaßzahlfunktion A eine Stammfunktion der Funktion f.

Man kann allgemeiner zeigen:

Zu jeder in einem Intervall $[a; b] \subset D(f)$ stetigen Funktion f existiert wenigstens eine Stammfunktion F.

Auf den Beweis zu diesem Satz kann bei dieser Einführung in die Integralrechnung nicht eingegangen werden.

Die Flächeninhaltsfunktionen aus den Beispielen 8.1. bis 8.3 sind Stammfunktionen der jeweils gegebenen Funktionen f.

Addiert man z.B. zum Term $A_3(x)$ der Stammfunktion A_3 aus Beispiel 8.3 verschiedene reelle Konstante und leitet die jeweils zugehörigen neuen Funktionen F_c ab, so erhält man immer wieder die Funktion f_3 als Ableitungsfunktion.

- $f_3(x) = 2x + 3$
- $A_3(x) = x^2 + 3x$

$F_1: F_1(x) = x^2 + 3x + 1 \Rightarrow F_1'(x) = 2x + 3 = f_3(x)$

$F_{-2}: F_{-2}(x) = x^2 + 3x - 2 \Rightarrow F_{-2}'(x) = 2x + 3 = f_3(x)$

$F_4: F_4(x) = x^2 + 3x + 4 \Rightarrow F_4'(x) = 2x + 3 = f_3(x)$

$F_c: F_c(x) = x^2 + 3x + c \Rightarrow F_c'(x) = 2x + 3 = f_3(x)$

► $c \in \mathbb{R}$

Ist allgemeiner f irgendeine in $[a; b] \subset D(f)$ stetige Funktion, die dort nur nicht negative Funktionswerte hat, so ist ihre Flächenmaßzahlfunktion A eine Stammfunktion von f. Aber außer A besitzt f dann noch unendlich viele weitere Stammfunktionen. Denn mit A ist dann auch jede Funktion vom Typ F_c: $F_c(x) = A(x) + c$ mit einer reellen Zahl für c eine Stammfunktion, denn es gilt:

$F_c'(x) = (A(x) + c)' = A'(x) + 0 = f(x)$, also $F_c'(x) = f(x)$ für alle $x \in [a; b]$.

Der Funktionsterm jeder dieser Stammfunktionen F_c unterscheidet sich also von $A(x)$ nur durch eine additive Konstante.

Diese Art der Unterscheidung gilt sogar stets zwischen zwei beliebigen (ganzrationalen) Stammfunktionen F und G zu einer im Intervall $[a; b]$ erklärten (ganzrationalen) Funktion f.

Denn aus $[F(x) - G(x)]' = F'(x) - G'(x) = f(x) - f(x) = 0$ für alle $x \in [a; b]$ folgt, dass der Graph der Funktion $F - G$ mit $(F - G)(x) = F(x) - G(x)$ überall in $[a; b]$ die Steigung 0 hat.

$[F(x) - G(x)]' = 0$ ist aber gleichbedeutend damit, dass sowohl $[F(x) - G(x)]' \geq 0$ wie auch $[F(x) - G(x)]' \leq 0$ für alle $x \in [a; b]$ gelten muss. Nach Abschnitt 7.2, Monotonieverhalten, ist daher die Funktion $F - G$: $(F - G)(x) = F(x) - G(x)$ sowohl monoton steigend als auch monoton fallend. Das ist nur möglich, wenn die Funktion $F - G$ in $[a; b]$ **konstant** ist.

Daher gibt es eine reelle Zahl für c, so dass $(F - G)(x) = c$, also $F(x) - G(x) = c$, d.h., dass

$$F(x) = G(x) + c \quad \text{für alle } x \in [a; b] \text{ gilt.}$$

Anmerkung:
Der vorstehende Beweis klappt nur, weil $F - G$ in einem (Monotonie-)**Intervall** erklärt ist.
► Auch die Funktion H: $H(x) = \begin{cases} -1; x < 0 \\ 1; x > 0 \end{cases}$ ist differenzierbar und besitzt in $\mathbb{R}^*$ die Ableitung 0; sie ist dort aber **nicht** konstant.

Ist nun wieder f eine stetige Funktion, die im Intervall $[a; b]$ nur nicht negative Funktionswerte hat, so ist die Flächenmaßzahlfunktion A **eine** Stammfunktion von f.

Zwischen einer beliebigen anderen Stammfunktion F von f und der Flächenmaßzahlfunktion muss dann für eine passende Zahl für c die Beziehung $A(x) = F(x) + c$ bestehen.

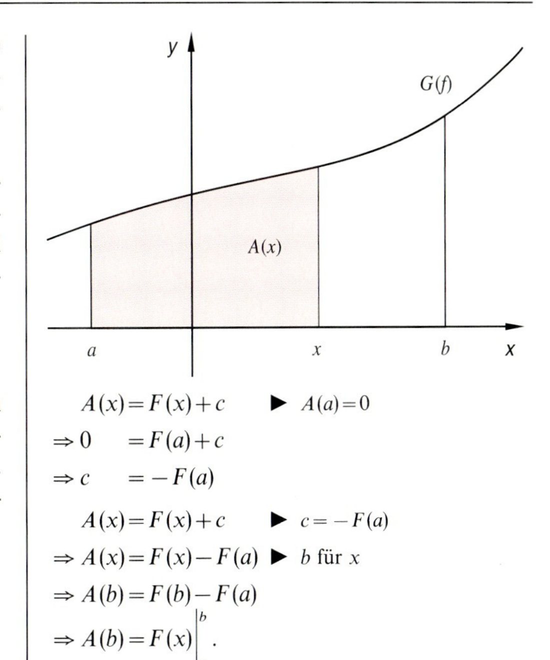

Die Flächenmaßzahlfunktion ist unter allen Stammfunktionen von f dadurch ausgezeichnet, dass für sie $A(a) = 0$ gelten muss. In der Zeichnung gilt für den gesamten Flächeninhalt im Intervall $[a; b]$ daher

$A(b) = F(b) - F(a)$ oder $A(b) = F(x)\Big|_a^b$.

$A(x) = F(x) + c$ ▶ $A(a) = 0$

$\Rightarrow 0 \quad = F(a) + c$

$\Rightarrow c \quad = -F(a)$

$A(x) = F(x) + c$ ▶ $c = -F(a)$

$\Rightarrow A(x) = F(x) - F(a)$ ▶ b für x

$\Rightarrow A(b) = F(b) - F(a)$

$\Rightarrow A(b) = F(x)\Big|_a^b$.

Wie groß ist nun die Fläche, die durch den Graphen der Funktion f: $f(x) = x^2 + 1$; $D(f) = \mathbb{R}$ oberhalb der x-Achse im Intervall $[a; b] = [1; 2]$ begrenzt wird? ▶ Beispiel 8.4a

In den bisherigen Beispielen wurde die Flächenmaßzahl mit Hilfe geometrischer Kenntnisse elementar bestimmt. Bei Flächenstücken, die durch Graphen krummlinig begrenzt werden, kann man nicht mehr derart vorgehen.

Zur Lösung dieser Frage wird daher jetzt die Flächenmaßzahl bestimmt, indem für irgendeine Stammfunktion F von f die Differenz $F(2) - F(1)$ berechnet wird.

Da f die Ableitung von F sein muss, liegt es nahe, F durch „**Aufleitung**" der ganzrationalen Funktion f nach dem Muster des folgenden Beispiels zu bestimmen.

Beispiel 8.4b

Da für eine Potenzfunktion vom Typ F mit $F(x) = \frac{1}{m+1} \cdot x^{m+1}$; $D(F) = \mathbb{R}$ mit $m \in \mathbb{N}$ gilt $F'(x) = x^m$, ist F eine Stammfunktion zu einer Funktion vom Typ f: $f(x) = x^m$.

$$\Rightarrow F'(x) = (m+1) \cdot \frac{1}{m+1} x^{m+1-1} = x^m = f(x)$$

Anmerkung: Zu einer in einem Intervall $[a; b] \subset D(f)$ definierten Funktion f braucht es keine Stammfunktion F zu geben. Sie existiert aber, wenn f stetig ist. Doch selbst bei einer stetigen Funktion f ist eine Stammfunktion F für sie i.a. nicht durch „Aufleitung" zu erhalten.

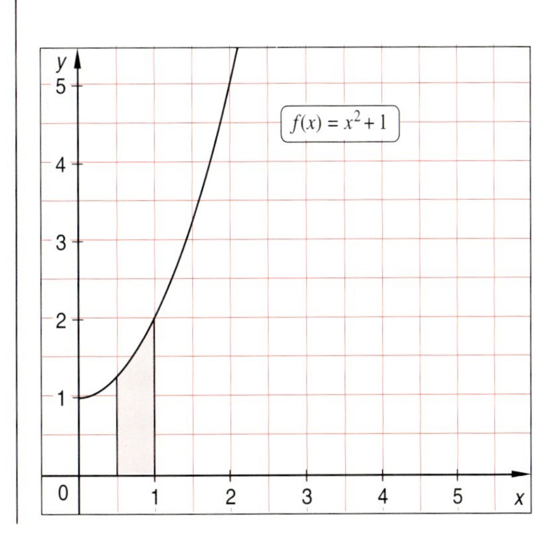

Orientiert man sich an dem Beispiel 8.4b, so müssen umgekehrt zur **Bestimmung einer Stammfunktion** F zur ganzrationalen Funktion f mit $f(x)=x^2+1$; $D(f)=\mathbb{R}$ die Exponenten der Argumentvariablen von f um 1 erhöht werden.

$$f: f(x) = x^2+1 = x^2+1\cdot x^0$$
$$\Rightarrow F: F(x) = \frac{1}{2+1}\cdot x^{2+1} + \frac{1}{0+1}\cdot x^{0+1}$$
$$= \frac{1}{3}\cdot x^3 + x$$

Die Kehrwerte der um 1 erhöhten Exponenten von x bilden die Koeffizienten von Potenzen der Argumentvariablen der Stammfunktion F zu f.

Zur Probe kann man wieder die Ableitung von F bilden und erhält f.

$$F'(x) = 3\cdot\frac{1}{3}\cdot x^{3-1} + 1\cdot x^{1-0}$$
$$= x^2+1 = f(x)$$

Die **Maßzahl** der Fläche oberhalb der x-Achse zwischen $G(f)$ und der x-Achse im Intervall $[1; 2]$ wird nun mittels dieser Stammfunktion F durch die Differenz $F(2)-F(1)$ bestimmt. Die markierte Fläche hat die Maßzahl $\frac{10}{3}$.

$$F(2)-F(1) = F(x)\Big|_1^2 = \frac{1}{3}\cdot x^3 + x\Big|_1^2$$
$$= \frac{1}{3}\cdot 8 + 2 - \left(\frac{1}{3}\cdot 1 + 1\right) = \underline{\underline{\frac{10}{3}}}$$

Anmerkung:
Entsprechend wie für die Funktion f mit $f(x)=x^2+1$ findet man bei jeder ganzrationalen Funktion eine zugehörige Stammfunktion durch „Aufleitung" ihrer Summanden im Funktionsterm.

Besitzt eine Funktion f in einem Intervall $[a; b]$ eine Stammfunktion F, so nennt man die Funktion f in diesem Intervall **integrierbar**.
Stetige Funktionen sind also integrierbar. Verläuft der Graph einer stetigen Funktion f im Intervall $[a; b]$ ganz oberhalb der x-Achse, so wird durch die Differenz $F(b)-F(a)$ die Flächenmaßzahl der Fläche zwischen der x-Achse und dem Graphen von f im Intervall $[a; b]$ bestimmt.

Merke:

- Existiert in einem Intervall $[a; b]\subset D(f)$ zu einer Funktion f eine Funktion F, deren Ableitung f ist, für die also für alle $x\in[a; b]$ gilt $F'(x)=f(x)$, so heißt F eine **Stammfunktion** von f und f in diesem Intervall **integrierbar**.
- Ist f eine stetige Funktion in $[a; b]$, deren Graph ganz oberhalb der x-Achse verläuft und F eine Stammfunktion von f, so lässt sich die Flächenmaßzahl der Fläche zwischen der x-Achse und dem Graphen von f im Intervall $[a; b]$ durch die Differenz $F(b)-F(a)$ bestimmen. Für diese Differenz ist auch die Schreibweise $F(x)\Big|_a^b$ gebräuchlich:
  $$F(b)-F(a) = F(x)\Big|_a^b.$$
- Potenzfunktionen vom Typ f: $f(x)=x^m$; $D(f)=\mathbb{R}$ mit $m\in\mathbb{N}$ sowie ganzrationale Funktionen besitzen Stammfunktionen, die man durch die sog. „**Aufleitung**" von f erhalten kann:
  $$f: f(x)=x^m \Rightarrow F: F(x)=\frac{1}{m+1}\cdot x^{m+1}.$$
- **Zwei Stammfunktionen** zu einer (ganzrationalen) Funktion f unterscheiden sich nur durch eine **additive Konstante**.

Bisher wurden nur Maßzahlen von Flächeninhalten berechnet, deren Flächen oberhalb der x-Achse lagen. Im Folgenden soll nun auch die Maßzahl von Flächen bestimmt werden, die ganz oder teilweise **unterhalb** der x-Achse liegen können.

Beispiel 8.5

Zu berechnen ist der markierte Inhalt der Fläche, die zwischen der x-Achse und dem Graphen der Funktion $f: f(x) = -x^3 + 4x$; $D(f) = \mathbb{R}$ im Intervall $[-2; 2]$ liegt.

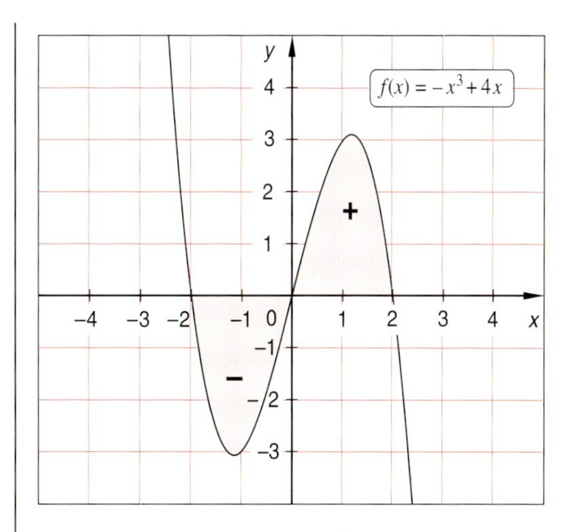

Zunächst wird der Inhalt der Fläche zwischen $G(f)$ und der x-Achse im Intervall $[0; 2]$ berechnet.

Wie in Beispiel 8.4b ermittelt man dazu eine Stammfunktion F von f durch Aufleitung von f.

$$f(x) = -x^3 + 4x \Rightarrow F(x) = -\frac{1}{4}x^4 + 2x^2$$

Da F Stammfunktion von f im Intervall $[-2; 2]$ ist, kann man die Flächenmaßzahl für die Fläche im Intervall $[0; 2]$ auf die Berechnung der Differenz $F(2) - F(0)$ zurückführen.

$$F(2) - F(0) = F(x)\Big|_0^2 = -0{,}25x^4 + 2x^2\Big|_0^2$$
$$= -4 + 8 - (-0 + 0) = \underline{\underline{4}}.$$

► Flächenmaßzahl in $[0; 2]$

Will man nun die Maßzahl der **Gesamtfläche** berechnen und bildet dazu die Differenz $F(2) - F(-2)$, so erhält man als Ergebnis 0, obwohl man für das punktsymmetrisch liegende Flächenstück eher eine Verdoppelung des ersten Flächeninhalts vermuten würde.

$$F(2) - F(-2) = F(x)\Big|_{-2}^2 = -0{,}25x^4 + 2x^2\Big|_{-2}^2$$
$$= -4 + 8 - (-4 + 8) = \underline{\underline{0}}.$$

Die formale Berechnung der Flächenmaßzahl für die Fläche im Intervall $[-2; 0]$, also von $F(0) - F(-2)$, ergibt mit -4 eine negative Zahl.

$$F(0) - F(-2) = F(x)\Big|_{-2}^0 = -0{,}25x^4 + 2x^2\Big|_{-2}^0$$
$$= 0 - (-4 + 8) = \underline{\underline{-4}}.$$

Da aber auch die Maßzahl einer Fläche unterhalb der x-Achse positiv sein muss, berechnet man den Betrag dieser Zahl $|F(0) - F(-2)| = |-4| = 4$.

$$|F(0) - F(-2)| = |-4| = \underline{\underline{4}}.$$

► Flächenmaßzahl in $[-2; 0]$

Um die Maßzahl der markierten Fläche zu ermitteln, muss also zwischen der oberhalb der x-Achse und der unterhalb der x-Achse liegenden Fläche unterschieden werden. Man sagt, die eine Fläche ist **positiv orientiert**, die andere **negativ orientiert**.

Die Maßzahl der Gesamtfläche ist somit die Summe der Beträge $|F(0)-F(-2)|$ und $|F(2)-F(0)|$, die sich **zwischen den Nullstellen** der Funktion f bilden lassen. Hierbei kann man die Betragsstriche bei der positiv orientierten Fläche auch weglassen.

$$|F(0)-F(-2)|+|F(2)-F(0)|$$
$$=\left|F(x)\Big|_{-2}^{0}\right|+\left|F(x)\Big|_{0}^{2}\right|$$
$$=4+4=\underline{\underline{8}}.$$ ▶ Flächenmaßzahl in $[-2; 2]$

Im Unterschied zu $\left|F(x)\Big|_{-2}^{0}\right|+\left|F(x)\Big|_{0}^{2}\right|$ gibt hier $F(x)\Big|_{-2}^{2}$ **keine** Flächenmaßzahl an.

Trotzdem hat auch $F(x)\Big|_{a}^{b}$ oft die Bedeutung einer Flächenmaßzahl, wobei F eine Stammfunktion einer Funktion f in einem Intervall $[a; b]$ ist. ▶ Beispiel 8.4a

Daher führt man für die Differenz $F(b)-F(a)$ einen allgemeinen Namen und eine besondere Schreibweise ein. Ist F eine Stammfunktion einer Funktion f in einem Intervall $[a; b] \subset D(f)$, dann heißt die Zahl für $F(b)-F(a)$ das **Integral der Funktion f zwischen den Grenzen a und b** und wird mit $\int_a^b f(x)\,dx$ bezeichnet. Es gilt also: $\int_a^b f(x)\,dx = F(b)-F(a)$.

Das Zeichen $\int_a^b f(x)\,dx$ lässt sich historisch erklären, aber bei dieser Einführung in die Integralrechnung nicht verständlich machen. Insbesondere kann hier nicht begründet werden, warum in diesem Zeichen das sog. „Differential" dx auftritt. Man liest dieses Zeichen „Integral von a bis b f von x dx".
Dabei heißt f die **Integrandfunktion**, $f(x)$ der **Integrand**, x die **Integrationsvariable**, a die **untere Grenze** und b die **obere Grenze** des Integrals.

Auf das Zeichen für die Integrationsvariable kommt es nicht an. Statt x kann man auch einen anderen Buchstaben, z.B. den Buchstaben t verwenden. Es gilt also auch $\int_a^b f(x)\,dx = \int_a^b f(t)\,dt$.

Nur für den Fall $a<b$ und $f(t) \geq 0$ für alle $t \in [a; b]$ stellt das Integral $\int_a^b f(t)\,dt$ die Flächenmaßzahl der Fläche zwischen der x-Achse und dem Graphen von f im Intervall $[a; b]$ dar.

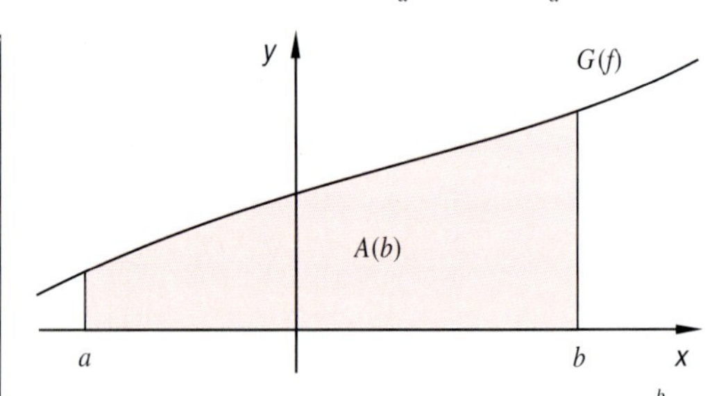

▶ Die markierte Fläche hat die Flächenmaßzahl $\int_a^b f(t)\,dt$

Wie bereits gezeigt wurde, gilt dann für die zugehörige Flächenmaßzahlfunktion A die Beziehung $A(x)=F(x)-F(a)$ oder in der Integralschreibweise $A(x)=\int_a^x f(t)\,dt$.

In dieser Schreibweise tritt die obere Grenze des Integrals als Funktionsvariable der Funktion A auf, während die untere Grenze für alle Funktionswerte von A für dieselbe Zahl steht.

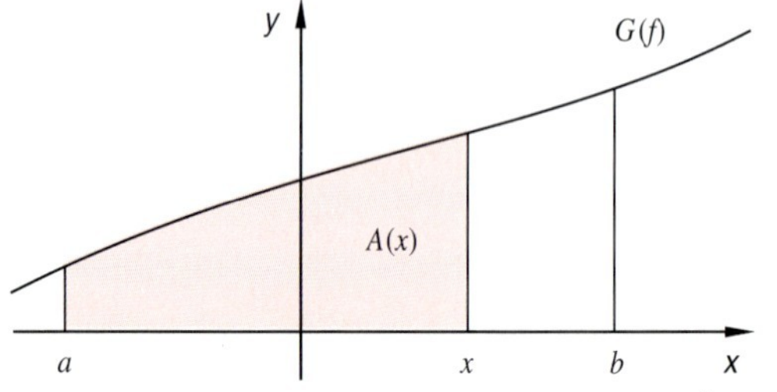

▶ Die markierte Fläche hat die Flächenmaßzahl $\int_a^x f(t)\,dt$

Auch für andere in einem Intervall $[a; b]$ integrierbare Funktionen f lässt sich der Integralbegriff dadurch erweitern, dass man die obere Grenze des Integrals als Funktionsvariable auffasst. Dadurch wird jedem Wert für die obere Grenze der betreffende Integralwert als Funktionswert zugeordnet. Man nennt solche Funktionen **Integralfunktionen** und bezeichnet sie mit I_a. Der Index a soll hier darauf hinweisen, dass die Funktionen zu einer bestimmten unteren Grenze gebildet werden.

Merke:

Unter der **Integralfunktion** einer zwischen den Grenzen a und b integrierbaren Funktion f versteht man die Funktion I_a mit $I_a(x) = \int_a^x f(t)\,dt$ für $x \in [a; b]$.

Jede Integralfunktion einer Funktion f ist auch eine Stammfunktion von f, wie die nebenstehende Rechnung zeigt.

Ist F irgendeine Stammfunktion von f in $[a; b]$, so gilt:

$$I_a(x) = \int_a^x f(t)\,dt = F(x) - F(a).$$

$$\Rightarrow \quad I'_a(x) = F'(x) - 0 = f(x)$$

$$\Rightarrow \quad I'_a(x) = f(x) \blacktriangleright I_a \text{ ist Stammfunktion von } f$$

Den Inhalt der Gleichung $I'_a(x) = f(x)$ oder – anders geschrieben – $\left(\int_a^x f(t)\,dt\right)' = f(x)$, kann man kurz folgendermaßen ausdrücken:

Bildet man zu einer integrierbaren Funktion f erst die Integralfunktion und differenziert diese dann, so erhält man wieder die ursprüngliche Funktion.

In diesem Sinne sagt man auch:

Die Differentiation ist die Umkehrung der Integration

Mit Hilfe des Begriffs der Integralfunktion lässt sich auch der Inhalt der Beziehung

$$\int_a^b f(x)\,dx = F(b) - F(a) \quad \text{anders ausdrücken.}$$

Da F eine Stammfunktion von f ist, gilt also $F'(x) = f(x)$ und somit

$$\int_a^b F'(x)\,dx = F(b) - F(a) \quad \text{bzw.,}$$

wenn man die obere Integrationsgrenze als Variable betrachtet:

$$\int_a^x F'(t)\,dt = F(x) - F(a).$$

Hat die Funktion F an der Stelle a eine Nullstelle, gilt also $F(a) = 0$, so erhält man

$$\int_a^x F'(t)\,dt = F(x).$$

Der wesentliche Inhalt dieser Gleichung ist:

Bildet man zu einer Funktion F erst die Ableitungsfunktion F' und zu F' anschließend die Integralfunktion, so erhält man wieder die ursprüngliche Funktion, falls F an der unteren Integrationsstelle eine Nullstelle hat. (Dies ist z. B. der Fall, wenn F die Flächenmaßzahlfunktion A ist.)

In diesem Sinne sagt man auch:

Die Integration ist die Umkehrung der Differentiation

In der Literatur werden die Beziehungen $\int\limits_a^b f(x)\,dx = F(b) - F(a)$ und $\left(\int\limits_a^b f(t)\,dt\right)' = f(x)$

häufig als **Hauptsatz der Differential- und Integralrechnung** bezeichnet und ihr wesentlicher Inhalt auf die folgende Kurzformulierung gebracht:

Differenzieren und Integrieren sind einander entgegengesetzte Rechenoperationen.

Merke:

- Für eine integrierbare Funktion f ist $\int\limits_a^b f(x)\,dx = F(x)\Big|_a^b = F(b) - F(a)$ das **Integral** von f im Intervall $[a; b]$.
- Besitzt f nur nicht negative Funktionswerte in $[a; b]$, so stellt das Integral $\int\limits_a^b f(x)\,dx$ die **Flächenmaßzahl** der Fläche zwischen der x-Achse und dem Graphen von f dar.
- Gilt für alle Funktionswerte $f(x) \leq 0$ in $[a; b]$, so stellt der **Betrag** von $\int\limits_a^b f(x)\,dx$ diese Flächenmaßzahl dar.

Integrationsregeln

Die folgenden Regeln über integrierbare Funktionen vereinfachen oft die Integration; sie werden formuliert, bewiesen und jeweils anhand eines Beispiels deutlich gemacht.

Faktorregel:

Ist f im Intervall $[a; b]$ integrierbar, so auch $c \cdot f$ für jede reelle Zahl für c, und es gilt:

$$\int\limits_a^b c \cdot f(x)\,dx = c \cdot \int\limits_a^b f(x)\,dx.$$

Beweis:

Ist F eine Stammfunktion von f, dann ist $c \cdot F$ eine solche von $c \cdot f$, und es gilt:

$$\int\limits_a^b c \cdot f(x)\,dx = c \cdot F(x)\Big|_a^b = c \cdot F(b) - c \cdot F(a)$$
$$= c \cdot [F(b) - F(a)] = c \cdot \int\limits_a^b f(x)\,dx.$$

Beispiel:

$$\int\limits_2^4 12x^3\,dx = 12 \cdot \int\limits_2^4 x^3\,dx$$
$$= 12 \cdot \frac{1}{4} x^4\Big|_2^4$$
$$= 3x^4\Big|_2^4$$
$$= 3 \cdot (256 - 16) = \underline{\underline{720}}$$

Durch das Herausziehen des konstanten Faktors 12 wird die Berechnung des Integrals vereinfacht.

Summenregel:

Sind f und g im Intervall $[a; b]$ integrierbar, so auch $f + g$, und es gilt:

$$\int\limits_a^b [f(x) + g(x)]\,dx = \int\limits_a^b f(x)\,dx + \int\limits_a^b g(x)\,dx.$$

Beispiel:

$$\int\limits_1^3 (3x^2 + 4x^3)\,dx = \int\limits_1^3 3x^2\,dx + \int\limits_1^3 4x^3\,dx$$
$$= x^3\Big|_1^3 + x^4\Big|_1^3$$
$$= (27 - 1) + (81 - 1) = \underline{\underline{106}}.$$

Beweis:

Ist F eine Stammfunktion von f und G eine Stammfunktion von g. Dann ist $F+G$ eine Stammfunktion von $f+g$, und es gilt:

$$\int_a^b [f(x)+g(x)]\,dx = [F(x)+G(x)]\Big|_a^b$$
$$=[F(b)+G(b)]-[F(a)+G(a)]$$
$$=[F(b)-F(a)]+[G(b)-G(a)]$$
$$=\int_a^b f(x)\,dx+\int_a^b g(x)\,dx.$$

Bei einer ganzrationalen Funktion kann die Integration „gliedweise" erfolgen. Das vereinfacht die Integration erheblich.

Die vorstehenden beiden Regeln bezogen sich auf die Integrandenfunktion. Die nachfolgenden beiden Regeln beziehen sich auf die Integrationsgrenzen.

Intervalladditivität:

Ist f in den Intervallen $[a; b]$ und $[b; c]$ integrierbar, so auch im Intervall $[a; c]$, und es gilt:

$$\int_a^c f(x)\,dx=\int_a^b f(x)\,dx+\int_b^c f(x)\,dx.$$

Beweis:

Ist F eine Stammfunktion von f im Intervall $[a; c]\subset D(f)$, dann ist F auch eine Stammfunktion von f für die Intervalle $[a; b]\subset D(f)$ und $[b; c]\subset D(f)$, und es gilt:

$$\int_a^c f(x)\,dx=F(c)-F(a)$$
$$=[F(c)-F(a)]+F(b)-F(b)$$
$$=[F(b)-F(a)]+[F(c)-F(b)]$$
$$=F(x)\Big|_a^b+F(x)\Big|_b^c$$
$$=\int_a^b f(x)\,dx+\int_b^c f(x)\,dx.$$

Beispiel:

$$\int_{-1}^{2} 6x^2\,dx+\int_{2}^{4} 6x^2\,dx$$
$$=2x^3\Big|_{-1}^{2}+2x^3\Big|_{2}^{4}$$
$$=16-(-2)+128-16$$
$$=\underline{\underline{130}}.$$

$$\int_{-1}^{4} 6x^2\,dx=2x^3\Big|_{-1}^{4}=128-(-2)$$
$$=\underline{\underline{130}}.$$

Die Intervalladditivität ist besonders dann von Bedeutung, wenn die Flächenmaßzahl einer Fläche oberhalb und unterhalb der x-Achse berechnet werden soll. ▶ Beispiel 8.5

Bisher wurde in der Integralschreibweise $\int_a^b f(x)\,dx$ immer stillschweigend vorausgesetzt, dass $a<b$ gilt, weil f im Intervall $[a; b]$ betrachtet wurde. Diese Einschränkung kann in der Integralschreibweise aber fallengelassen werden, wenn man zusätzlich $\int_a^a f(x)\,dx=0$ festsetzt.

Vertauschen der Integrationsgrenzen:

Ist f integrierbar im Intervall $[a; b]$, so auch $-f$, und es gilt:

$$\int_a^b f(x)\,dx = -\int_b^a f(x)\,dx.$$

Beweis:

Ist F eine Stammfunktion von f, dann gilt:

$$\int_a^b f(x)\,dx = F(x)\Big|_a^b = F(b) - F(a)$$

$$= -[F(a) - F(b)] = -\int_b^a f(x)\,dx.$$

Beispiel:

$$\int_1^3 -9x^2\,dx = -3x^3\Big|_1^3 = -81 - (-3) = \underline{\underline{-78}}.$$

$$\int_1^3 -9x^2\,dx = -\int_3^1 -9x^2\,dx = \int_3^1 9x^2\,dx$$

$$= 3x^3\Big|_3^1 = 3 - 81 = \underline{\underline{-78}}.$$

Manchmal ist es für die Berechnung eines Integrals bequemer, vom entgegengesetzten Integranden mit vertauschten Integrationsgrenzen auszugehen.

Merke:

Für in Intervallen integrierbare Funktionen gelten:

- **Faktorregel:** $\int_a^b c \cdot f(x)\,dx = c \cdot \int_a^b f(x)\,dx;$
- **Summenregel:** $\int_a^b [f(x) + g(x)]\,dx = \int_a^b f(x)\,dx + \int_a^b g(x)\,dx;$
- **Intervalladditivität:** $\int_a^c f(x)\,dx = \int_a^b f(x)\,dx + \int_b^c f(x)\,dx;$
- **Vertauschen der Integrationsgrenzen:** $\int_a^b f(x)\,dx = -\int_b^a f(x)\,dx.$

Mit den vorstehenden Integrationsregeln lassen sich auch Maßzahlen komplizierterer Flächen berechnen. Dabei ist zu beachten:

Wenn der Funktionsterm einer Funktion f in einem Intervall einmal oder mehrmals das Vorzeichen wechselt, so ist das Intervall so in Teilintervalle zu zerlegen, dass der Funktionsterm in jedem Teilintervall vorzeichenbeständig ist. Hierzu **muss** man also die Nullstellen der Funktion f im gegebenen Intervall bestimmen.

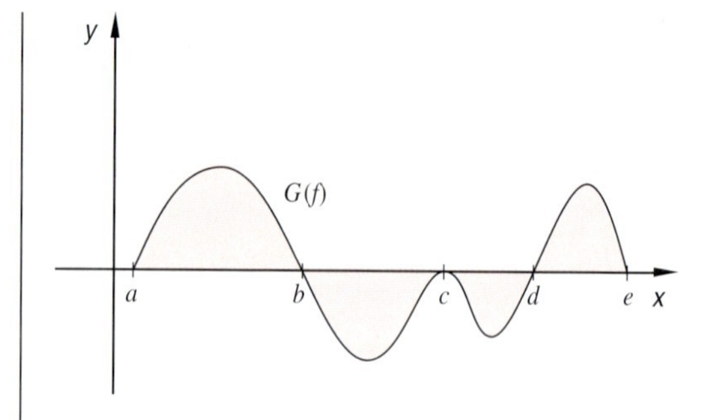

Für die Maßzahl der farbigen Fläche im nebenstehenden Bild gilt dann:

$$A(x) = \left|\int_a^b f(x)\,dx\right| + \left|\int_b^d f(x)\,dx\right| + \left|\int_d^e f(x)\,dx\right|.$$

Hierbei könnte man die Betragsstriche beim ersten und dritten Summanden auch weglassen, weil die zugehörigen Flächen positiv orientiert sind.

Beispiel 8.6

Bestimmen Sie die Maßzahl der Fläche zwischen der x-Achse und dem Graphen von f mit $f(x)=0{,}25x^4-1{,}25x^2+1$; $D(f)=\mathbb{R}$ im Intervall $[-2; 2]$.

Um die Maßzahlen der einzelnen Teilflächen bestimmen zu können, müssen zunächst die Nullstellen der Funktion f im Intervall $[-2; 2]$ berechnet werden.

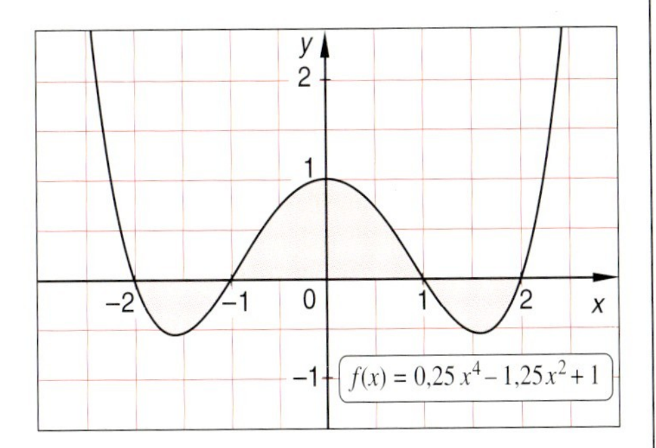

$f(x)=0 \Leftrightarrow 0{,}25x^4-1{,}25x^2+1=0$

▶ biquadratische Gleichung; Substituiere $x^2=z$

$\Leftrightarrow 0{,}25z^2-1{,}25z+1=0 \mid :0{,}25$

$\Leftrightarrow z^2-5z+4 \quad =0$

$\Leftrightarrow (z-2{,}5)^2 \quad =2{,}25 \mid \sqrt{\ }$

$\Leftrightarrow |z-2{,}5| \quad =1{,}5$

$\Leftrightarrow z=1$ oder $z=4$.

▶ Rücksubstituiere $z=x^2$:

- $z=1$: $\quad x^2=1$

  $\Leftrightarrow x=-1$ oder $x=1$

$\Rightarrow$ Lösung: $x_{01}=\underline{\underline{-1}}$ und $x_{02}=\underline{\underline{1}}$

- $z=4$: $\quad x^2=4$

  $\Leftrightarrow x=-2$ oder $x=2$

$\Rightarrow$ Lösung: $x_{03}=\underline{\underline{-2}}$ und $x_{04}=\underline{\underline{2}}$

$f(x)=0{,}25x^4-1{,}25x^2+1$

$\Rightarrow F(x)=\frac{1}{20}x^5-\frac{5}{12}x^3+x$ ▶ Stammfunktion von f

Da $G(f)$ Graph einer geraden Funktion ist, müssen nur die Maßzahlen für A_3 und A_4 der Flächeninhalte zwischen 0 und 1 und zwischen 1 und 2 berechnet werden.

$$A_3=\left|F(x)\Big|_0^1\right| =\left|\frac{1}{20}x^5-\frac{5}{12}x^3+x\Big|_0^1\right| =\left|\frac{19}{30}\right| =\underline{\underline{\frac{19}{30}}}$$

Wegen der Achsensymmetrie von $G(f)$ zur y-Achse sind die Maßzahlen für A_1 und A_4 bzw. für A_2 und A_3 gleich.

$$A_4=\left|F(x)\Big|_1^2\right| =\left|\frac{1}{20}x^5-\frac{5}{12}x^3+x\Big|_1^2\right| =\left|\frac{4}{15}-\frac{19}{30}\right| =\left|-\frac{11}{30}\right|=\underline{\underline{\frac{11}{30}}}$$

Die Maßzahl für A der Gesamtfläche entspricht dann dem Doppelten der beiden Maßzahlen für A_3 und A_4.

$$A=2\cdot(A_3+A_4) =2\cdot\frac{30}{30}=\underline{\underline{2}}$$ ▶ Flächeninhalt

Mit Hilfe der Integralrechnung lassen sich auch Maßzahlen noch komplizierterer Flächen berechnen, z.B. von Flächen, die von zwei Funktionsgraphen eingeschlossen werden. Hierbei ist zu beachten:

Schließen zwei Funktionsgraphen $G(f)$ und $G(g)$ mit genau zwei Schnittpunkten eine Fläche ein, die **oberhalb** der x-Achse im Koordinatensystem liegt, so berechnet sich die Maßzahl dieser Fläche als Betrag der Differenz der Flächenmaßzahlen von den jeweils unter den einzelnen Funktionsgraphen mit der x-Achse eingeschlossenen Flächen. Die Integrationsgrenzen sind dabei die Abszissen x_1 und x_2 der beiden Schnittpunkte.

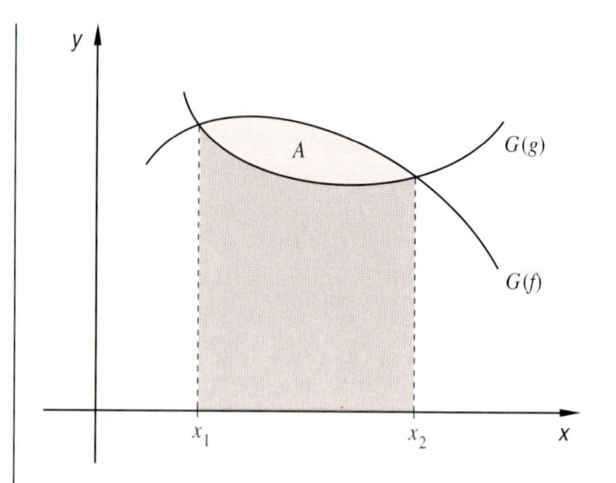

▶ $A = \left| \int_{x_1}^{x_2} f(x)\,dx - \int_{x_1}^{x_2} g(x)\,dx \right| = \left| \int_{x_1}^{x_2} [f(x) - g(x)]\,dx \right|$

▶ Hier könnte man die Betragsstriche auch weglassen, da in $[x_1; x_2]$ gilt: $f(x) \geq g(x)$.

Schließen zwei Funktionsgraphen $G(f)$ und $G(g)$ mit genau zwei Schnittpunkten eine Fläche ein, die teilweise oder ganz auch **unterhalb** der x-Achse im Koordinatensystem liegt, so darf man sich beide Funktionsgraphen in Richtung der positiven y-Achse zusammen verschoben denken, bis die eingeschlossene Fläche wie vorstehend oberhalb der x-Achse liegt. Durch diese Verschiebung ändert sich die Maßzahl der eingeschlossenen Fläche nicht, da sich die Funktionsterme beider Funktionen f und g um dieselbe additive Konstante c ändern, welche bei ihrer Differenzbildung wieder wegfällt.

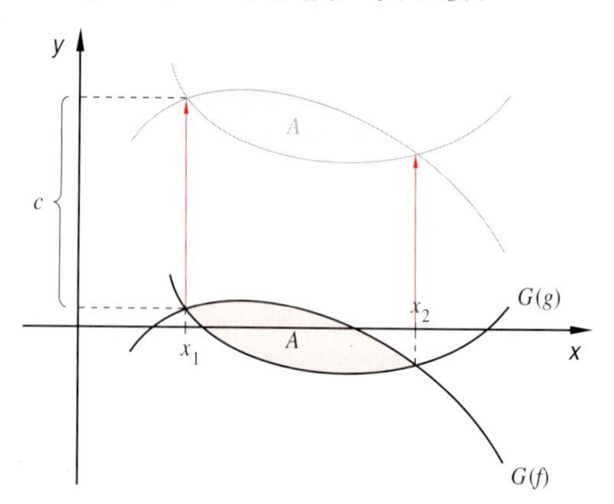

▶ $A = \left| \int_{x_1}^{x_2} [f(x) + c]\,dx - \int_{x_1}^{x_2} [g(x) + c]\,dx \right|$

$= \left| \int_{x_1}^{x_2} [f(x) - g(x)]\,dx \right|$

▶ Hier könnte man die Betragsstriche auch weglassen, da in $[x_1; x_2]$ gilt: $f(x) \geq g(x)$.

Man braucht bei der Berechnung der Maßzahl einer Fläche zwischen zwei benachbarten Schnittstellen von Funktionsgraphen $G(f)$ und $G(g)$ also **nicht** zu berücksichtigen, ob die Funktionen f und g dort selbst Nullstellen besitzen. Entscheidend ist vielmehr, ob die Differenz $f(x) - g(x)$ dort **vorzeichenbeständig** ist. ▶ Beispiel 8.6; $f(x) - g(x)$ ist der Funktionsterm der Differenzfunktion $h = f - g$ mit $h(x) = f(x) - g(x)$; die Nullstellen von h sind die Abszissen der Schnittpunkte von $G(f)$ und $G(g)$.

Besitzen die Funktionsgraphen $G(f)$ und $G(g)$ zweier Funktionen f und g mehr als zwei Schnittpunkte, so zerlegt man das Integrationsintervall zweckmäßigerweise in einzelne Abschnitte, in denen die Differenz $f(x)-g(x)$ vorzeichenbeständig ist, und bestimmt die Flächenmaßzahl der Fläche zwischen den Funktionsgraphen als Summe von Flächenmaßzahlen zwischen den Abszissenwerten benachbarter Schnittpunkte.

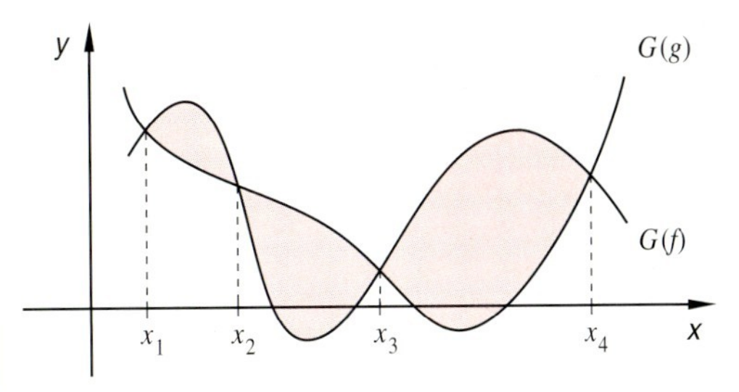

▶ $A=\left|\int_{x_1}^{x_2}[f(x)-g(x)]\,dx\right|+\left|\int_{x_2}^{x_3}[f(x)-g(x)]\,dx\right|+\left|\int_{x_3}^{x_4}[f(x)-g(x)]\,dx\right|$

▶ Hier könnte man beim 1. und 3. Summanden die Betragsstriche auch weglassen, da dort stets gilt: $f(x)\geq g(x)$.

Beispiel 8.7

Bestimmen Sie die Maßzahl der Fläche zwischen den Graphen der Funktionen
$f: f(x)=0{,}5x^3-x^2-2{,}5x+6;\ D(f)=\mathbb{R}$
und
$g: g(x)=-1{,}5x^3+3x^2+7{,}5x-6;\ D(g)=\mathbb{R}$.

Die Maßzahl als Summe von Flächenmaßzahlen für die Fläche zwischen den Graphen der Funktionen f und g muss intervallweise bestimmt werden, weil in den verschiedenen Intervallen sowohl $f(x)-g(x)\geq 0$ als auch $f(x)-g(x)\leq 0$ gilt. Die Integrationsgrenzen sind hier die Abszissen der Schnittpunkte der Graphen $G(f)$ und $G(g)$.

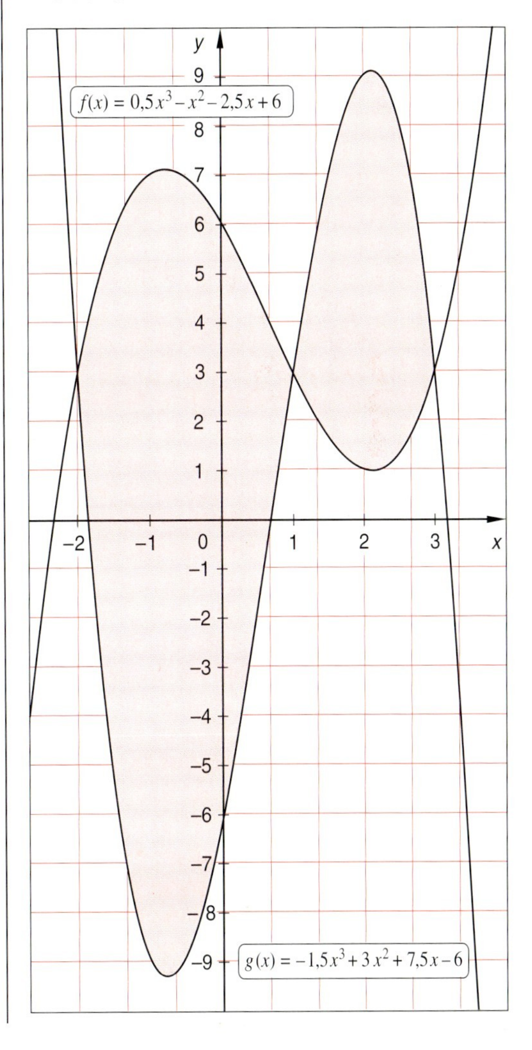

Diese Abszissen sind die Lösungen der Gleichung $f(x)=g(x)$.

$$\begin{aligned} & f(x)=g(x) \\ \Leftrightarrow\ & f(x)-g(x)=0 \\ \Leftrightarrow\ & 2x^3-4x^2-10x+12=0 \\ \Leftrightarrow\ & x^3-2x^2-5x+6=0 \end{aligned}$$

Da $f(x)-g(x)=2x^3-4x^2-10x+12$ ein ganzrationaler Term dritten Grades ist und nicht direkt in ein Produkt von linearen oder quadratischen Termen umgeformt werden kann, muss eine Nullstelle der Differenzfunktion $f-g$: $(f-g)(x)=f(x)-g(x)$; $D(f-g)=\mathbb{R}$ durch Probieren gefunden werden.

$x_{01}=\underline{\underline{1}}$ durch Probieren gefunden.

$$(x^3-2x^2-5x+6):(x-1)=\underbrace{x^2-x-6}_{q(x)}$$

$$\begin{aligned} &-(x^3-x^2) \\ &\quad -x^2-5x \\ &\quad -(-x^2+x) \\ &\quad\quad -6x+6 \\ &\quad\quad -(-6x+6) \\ &\quad\quad\quad 0 \end{aligned}$$

Nachdem eine Nullstelle von $(f-g)$ gefunden worden ist, reduziert sich die weitere Suche nach Nullstellen von $(f-g)$ auf die Bestimmung der Nullstellen der zu dem Term x^2-x-6 gehörenden quadratischen Funktion q.

$$\begin{aligned} q(x)=0 \ \Leftrightarrow\ & x^2-x-6 &&=0 \\ \Leftrightarrow\ & x^2-x+0{,}25 &&=6{,}25 \\ \Leftrightarrow\ & (x-0{,}5)^2 &&=6{,}25 \\ \Leftrightarrow\ & |x-0{,}5| &&=2{,}5 \\ \Leftrightarrow\ & x=-2 \text{ oder } x=3 \end{aligned}$$

Die Lösung der quadratischen Gleichung $q(x)=0$ liefert zwei weitere Nullstellen von $(f-g)$.

Lösung: $x_{02}=\underline{\underline{-2}}$ und $x_{03}=\underline{\underline{3}}$.

Zu berechnen ist also:

$$\begin{aligned} A &= A_1+A_2 \\ &= \left|\int_{-2}^{1}[f(x)-g(x)]\,dx\right|+\left|\int_{1}^{3}[f(x)-g(x)]\,dx\right|. \end{aligned}$$

Diese Berechnung erfolgt für jeden der beiden Summanden nach der Faktor- und der Summenregel.

$$\left|\int_{-2}^{1}(2x^3-4x^2-10x+12)\,dx\right|+\left|\int_{1}^{3}(2x^3-4x^2-10x+12)\,dx\right|$$

$$=\left|\frac{1}{2}x^4-\frac{4}{3}x^3-5x^2+12x\Big|_{-2}^{1}\right|+\left|\frac{1}{2}x^4-\frac{4}{3}x^3-5x^2+12x\Big|_{1}^{3}\right|$$

$$=\left|\frac{1}{2}-\frac{4}{3}-5+12-\left(8+\frac{32}{3}-20-24\right)\right|+$$

$$+\left|\frac{81}{2}-36-45+36-\left(\frac{1}{2}-\frac{4}{3}-5+12\right)\right|$$

$$=\left|\frac{63}{2}\right|+\left|-\frac{32}{3}\right|=\frac{189}{6}+\frac{64}{6}$$

$$=\frac{253}{6}=\underline{\underline{42{,}17}}$$

Die Maßzahl der Fläche zwischen den beiden Graphen von f und g beträgt 42,17 Flächeneinheiten (FE).

Technisch-physikalische Bedeutung des Integralbegriffs

Der Wert des bestimmten Integrals $\int_a^b f(x)\,dx$ gibt im Fall $f(x)>0$ den Flächeninhalt der Fläche an, die vom Graphen der Funktion f, von der x-Achse und von den Geraden zu $x=a$ und $x=b$ begrenzt wird. Dieser Flächeninhalt hat bei einigen physikalischen Problemen eine bestimmte Bedeutung. Das Integral kann deshalb wie die Ableitung (vgl. S. 223) in verschiedenem Sinne physikalisch interpretiert werden. Beispiele enthält die folgende Tabelle.

Ausgangsfunktion	Integral	Skizze	Zusammenhang
Geschwindigkeit $v(t)$	$s=\int_{t_1}^{t_2} v(t)\,dt$		Der Flächeninhalt entspricht dem im Zeitintervall $[t_1; t_2]$ zurückgelegten Weg.
Beschleunigung $a(t)$	$v=\int_{t_1}^{t_2} a(t)\,dt$		Der Flächeninhalt entspricht der im Zeitintervall $[t_1; t_2]$ erreichten Geschwindigkeit.
Kraft $F(s)$	$W=\int_{s_1}^{s_2} F(s)\,ds$		Der Flächeninhalt entspricht der im Wegintervall $[s_1; s_2]$ verrichteten mechanischen Arbeit.
Stromstärke $i(t)$	$Q=\int_{t_1}^{t_2} i(t)\,dt$		Der Flächeninhalt entspricht der im Zeitintervall $[t_1; t_2]$ durch den Strom transportierten elektrischen Ladung.

Übungen zu 8

1. Bilden Sie die Stammfunktionen zu folgenden Funktionen für ein Intervall $[a; b]$.

a) $f\colon f(x)=3x;\ D(f)=\mathbb{R}$
b) $f\colon f(x)=2x+5;\ D(f)=\mathbb{R}$
c) $f\colon f(x)=-0{,}5x^2;\ D(f)=\mathbb{R}$
d) $f\colon f(x)=2x^2-3x;\ D(f)=\mathbb{R}$
e) $f\colon f(x)=4x^3+2x^2+x;\ D(f)=\mathbb{R}$
f) $f\colon f(x)=-5x^4+2x^2;\ D(f)=\mathbb{R}$
g) $f\colon f(x)=x^n;\ D(f)=\mathbb{R}$
h) $f\colon f(x)=ax^n-bx^{n-1};\ D(f)=\mathbb{R};\ a, b\in\mathbb{R}$.

2. Gegeben ist die Funktion $f\colon f(x)=-\frac{1}{3}x^3+2x^2-\frac{5}{3}x;\ D(f)=\mathbb{R}$.

a) Bestimmen Sie die Nullstellen der Funktion f und zeichnen Sie $G(f)$.
b) Berechnen Sie die Maßzahl der vom Graphen der Funktion und der x-Achse begrenzten Fläche.

3. Gegeben sind die Funktionen $f\colon f(x)=x^2-6x+5;\ D(f)=\mathbb{R}$ und $g\colon g(x)=2{,}5x-10;\ D(g)=\mathbb{R}$. Berechnen Sie die Maßzahl der Fläche, die zwischen den Graphen beider Funktionen liegt.

4. Gegeben sind die Funktionen $f\colon f(x)=x^3;\ D(f)=\mathbb{R}$ und $g\colon g(x)=-x^2+12;\ D(g)=\mathbb{R}$. Berechnen Sie die Maßzahl der von beiden Graphen und der y-Achse eingeschlossenen Fläche.

5. Gegeben sind die Funktionen $f\colon f(x)=x^2-4;\ D(f)=\mathbb{R}$ und $g\colon g(x)=-x^2+14;\ D(g)=\mathbb{R}$. Berechnen Sie die Maßzahl der Fläche zwischen den beiden Graphen.

6. Gegeben sind die Funktionen $f\colon f(x)=(x-2)^2;\ D(f)=\mathbb{R}$ und $g\colon g(x)=-(x-2)^2+8;\ D(g)=\mathbb{R}$. Berechnen Sie die Maßzahl der Fläche zwischen den beiden Graphen.

7. Gegeben sind die Funktionen $f\colon f(x)=-x^2+4;\ D(f)=\mathbb{R}$ und $g\colon g(x)=\frac{5}{3}x;\ D(g)=\mathbb{R}$. Berechnen Sie die Maßzahl der Fläche zwischen den beiden Graphen.

8. Zeigen Sie am Beispiel der Funktion $f\colon f(x)=x;\ D(f)=\mathbb{R}$, dass nicht jede Stammfunktion auch eine Integralfunktion sein muss.

9. Ein Massenpunkt wird aus der Ruhelage auf einer geradlinigen Bahn gleichmäßig beschleunigt mit der konstanten Beschleunigung $a=3\,\frac{\mathrm{m}}{\mathrm{s}}$. Berechnen Sie die Geschwindigkeit, die der Körper nach 10 s erreicht hat. Welchen Weg hat der Körper in dieser Zeit zurückgelegt?
Berechnen Sie die Geschwindigkeit und den zurückgelegten Weg für den Fall, dass der Beschleunigungsvorgang nicht aus der Ruhelage sondern mit einer Anfangsgeschwindigkeit von $5\,\frac{\mathrm{m}}{\mathrm{s}}$ beginnt.

10. Beim senkrechten Wurf nach oben wirkt auf einen Körper durch die Erdanziehungskraft die konstante Fallbeschleunigung $g=9{,}81\,\frac{\mathrm{m}}{\mathrm{s}^2}$ gegen die Bewegungsrichtung. Stellen Sie die Formel $v=v(t)$ für die Geschwindigkeits-Zeit-Funktion auf, die es erlaubt, zu jedem Zeitpunkt t die Geschwindigkeit des Körpers zu berechnen, wenn die Anfangsgeschwindigkeit $v_0=4\,\frac{\mathrm{m}}{\mathrm{s}}$ beträgt.
Zu welchem Zeitpunkt t wird der Funktionswert $v(t)$ gleich 0? Welche Bedeutung hat dieser Zeitpunkt für den Bewegungsablauf?
Der Körper wurde 10 m über der Erdoberfläche abgeworfen. Bestimmen Sie die Funktionsgleichung $s=s(t)$ der Weg-Zeit-Funktion der entsprechenden Bewegung. Wie hoch fliegt der Körper maximal? Wann kommt er wieder an der Abwurfstelle vorbei? Wann erreicht er den Erdboden?

11. Wird eine Schraubenfeder mittels einer Kraft F gedehnt, so ist die Verlängerung s proportional der wirkenden Kraft (**Hooke'sches Gesetz**[1]). Der Proportionalitätsfaktor D heißt Federkonstante; es gilt also:

$$F(s)=D\cdot s.$$

Eine Schraubenfeder mit der Federkonstanten $D=12\,\frac{\mathrm{N}}{\mathrm{m}}$ wird um 10 cm gedehnt. Wie groß ist die verrichtete mechanische Arbeit?

12. Auf Seite 91 haben wir das Beispiel der Aufladung eines Kondensators mit der Ladestromstärke

$$i(t)=5{,}56\cdot \mathrm{e}^{-\frac{t}{1{,}08}}$$

betrachtet (i in mA; t in s). Zeigen Sie durch Bilden der Ableitung, dass die Funktion Q mit

$$Q(t)=-6.0048\cdot \mathrm{e}^{-\frac{t}{1{,}08}}$$

eine Stammfunktion von i ist.
Wie kann man auf dieser Grundlage die in den ersten 4 s transportierte Ladung berechnen?

13. Ein sinusförmiger Wechselstrom habe eine Frequenz von 50 Hz und eine Amplitude von 1 A. Berechnen Sie die während einer halben Periode transportierte elektrische Ladung Q.

14. Der sogenannte Effektivwert einer Wechselstromstärke zu

$$i(t)=I_{\max}\cdot\sin\frac{2\pi t}{T}\qquad (T\text{: Periodendauer; } I_{\max}\text{: Stromamplitude})$$

ist durch die Formel

$$I_{\mathrm{eff}}=\sqrt{\frac{1}{T}\int_0^T i^2(t)\,dt}$$

definiert. Zeigen Sie durch Bilden der Ableitung, dass die Funktion f mit

$$f(t)=\frac{I_{\max}^2}{2}\cdot\left(t-\frac{T}{2\pi}\sin\frac{2\pi t}{T}\cos\frac{2\pi t}{T}\right)$$

eine Stammfunktion von i^2: $i^2(t)=I_{\max}^2\cdot\sin^2\frac{2\pi t}{T}$ ist und ermitteln Sie den Effektivwert I_{eff}.

[1] Robert Hooke, englischer Physiker (1635–1703)

9 Vektoralgebra

9.1 Der Begriff des Vektors

Bei der Lösung vieler Probleme im Bereich Naturwissenschaften und Technik kommt es insbesondere darauf an, ob die beteiligten physikalischen Größen allein durch eine Maßzahl und eine Maßeinheit charakterisiert sind, oder ob zusätzliche Angaben notwendig sind. So ist beispielsweise die Angabe, dass ein Körper eine Masse von 100 Kilogramm hat, für die Beschreibung dieser physikalischen Größe ausreichend. Für die vollständige Beschreibung des Gewichts dieses Körpers reicht aber die entsprechende Angabe, dass dieses 981 Newton beträgt, nicht aus. Für das Gewicht ist über die Angabe von Maßzahl und Einheit hinaus noch die Tatsache wichtig, dass es sich beim Gewicht wie bei jeder Kraft um eine **gerichtete Größe** handelt.

Größen, die allein durch Maßzahl und Einheit beschreibbar sind, heißen **Skalare**. Demgegenüber spricht man bei gerichteten Größen von **Vektoren**. Die Formelzeichen vektorieller Größen kennzeichnet man durch einen Pfeil: $\vec{v}$. Wir stellen in der folgenden Tabelle einige Beispiele für Skalare und Vektoren zusammen.

Beispiele für Skalare		Beispiele für Vektoren	
Größe	**Formelzeichen**	**Größe**	**Formelzeichen**
Masse	m	Kraft	$\vec{F}$
Zeit	t	Weg	$\vec{s}$
Temperatur	T	Beschleunigung	$\vec{a}$
elektrische Spannung	U	magnetische Feldstärke	$\vec{H}$

Bei der mathematischen Behandlung skalarer Größen in physikalische Formeln verfährt man wie mit gewöhnlichen Variablen. Man wendet also bei der Umformung solcher physikalischer Beziehungen, die nur Skalare enthalten, die bekannten algebraischen Umformungen an.

Für die mathematische Behandlung von Vektoren wurde die **Vektoralgebra** entwickelt, deren grundlegende Begriffsbildungen und Rechengesetze im Folgenden behandelt werden.

Vektorbegriff und graphische Darstellung von Vektoren

Legen wir mehrere Kompasse nebeneinander, so zeigen die Kompassnadeln alle parallel zueinander in dieselbe Richtung; jede einzelne repräsentiert die Feldlinien des magnetischen Feldes der Erde.

Die magnetische Feldstärke in einem bestimmten kleinen Bereich ist damit **darstellbar durch zueinander parallele Pfeile**, die den Kompassnadeln entsprechen. Zusätzlich gibt man den Pfeilen eine solche **Länge**, die der Maßzahl der dortigen Feldstärke entspricht.

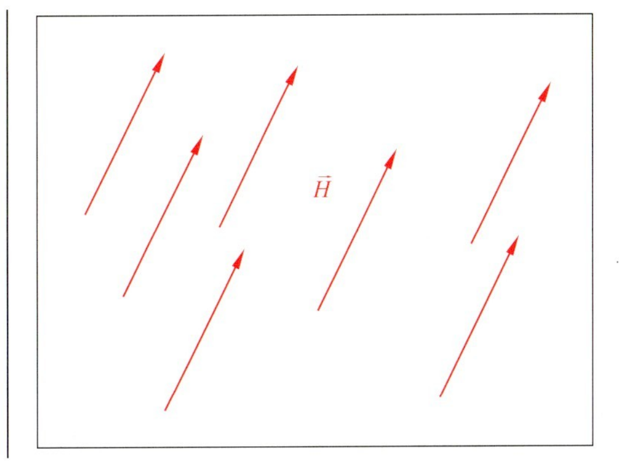

Nun fasst man alle Pfeile, die die gleiche Länge haben, zueinander parallel und gleich orientiert sind, zu einer **Pfeilklasse** zusammen und bezeichnet eine solche Pfeilklasse als **Vektor**.

Merke:

Man versteht unter einem Vektor die Menge aller Pfeile gleicher Richtung und gleicher Länge. Alle Pfeile, die zu einem Vektor gehören, sind also gleich lang, zueinander parallel und gleich orientiert.

Für die Anwendung des Vektorbegriffs in der Technik ist es sinnvoll, Vektoren durch ausgewählte Pfeile – sog. **Repräsentanten** des Vektors – in einem Bezugssystem darzustellen. Wir kennen bereits eine entsprechende Veranschaulichung von der Zeigerdarstellung komplexer Zahlen im zweidimensionalen kartesischen Koordinatensystem der Gauß'schen Zahlenebene (▶ Kap. 1 und 3).

Ist ein technischer Sachverhalt auf eine Ebene beschränkt, so reicht eine zweidimensionale Darstellung aus. Bei den meisten technischen Sachverhalten – so beispielsweise in der CNC-Technik – ist aber eine **räumliche** und damit eine **dreidimensionale Darstellung** erforderlich.

Hier wird im Allgemeinen das **„rechtshändige" kartesische Koordinatensystem** angewendet. Die drei Koordinatenachsen eines solchen Systems besitzen die gleiche Ausrichtung wie Daumen, Zeigefinger und Mittelfinger bei deren senkrechter Ausrichtung. Der Daumen zeigt dabei in x-Richtung, der Zeigefinger in y-Richtung und der Mittelfinger in z-Richtung. Dreht man die positive x-Achse auf kürzestem Wege zur positiven y-Achse, so bewegt sich das System wie eine rechtsgängige Schraube in Richtung der positiven z-Achse.

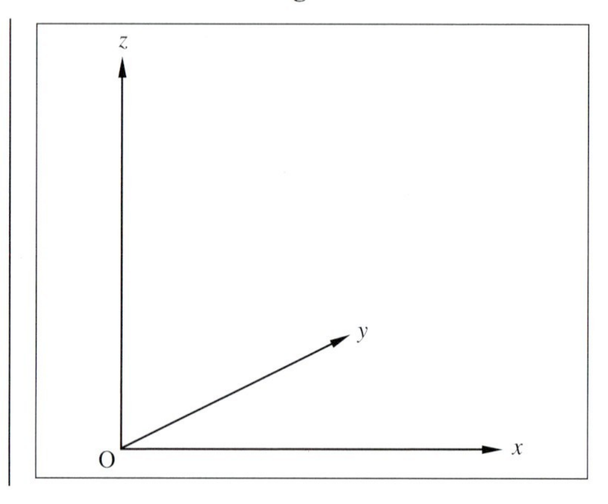

Komponentendarstellung von Vektoren

Wir kennen die Beschreibung der Lage eines Punktes P im zweidimensionalen kartesischen Koordinatensystem durch seine Koordinaten x und y als geordnetes Paar: $(x|y)$ bzw. $\mathrm{P}\langle x; y\rangle$. Im dreidimensionalen Koordinatensystem ergibt sich entsprechend eine Beschreibung durch die drei Koordinaten x, y und z als geordnetes **Zahlentripel** $(x|y|z)$ bzw. $\mathrm{P}\langle x|y|z\rangle$.

Wählen wir als Repräsentanten eines Vektors den Pfeil, der vom Koordinatenursprung ausgeht, so sprechen wir von einem **Ortsvektor zum Punkt P**. Dieser ist in eindeutigerweise durch die Koordinaten x, y und z seiner Pfeilspitze P charakterisiert, die als **Komponenten** des Vektors bezeichnet werden. Wir erhalten damit die **Komponentendarstellung** des Vektors als sog. **Zeilenvektor**:

$\vec{r}\,(\mathrm{P}) = \overrightarrow{\mathrm{OP}} = (x|y|z)$.

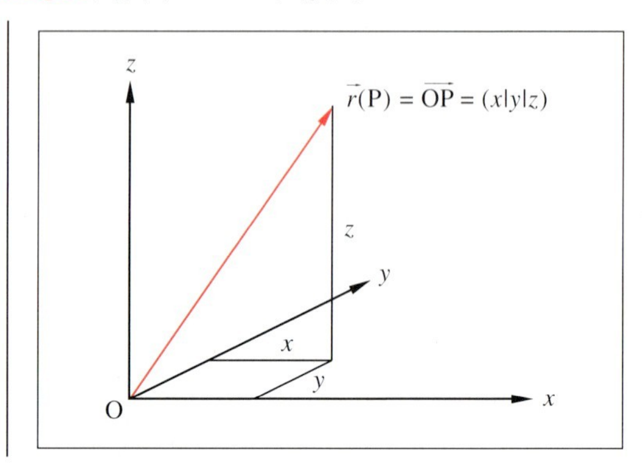

Anstelle der Zeilenschreibweise werden wir im Folgenden häufig die Schreibweise als **Spaltenvektor** verwenden:

$$\vec{r}\,(\mathrm{P}) = \overrightarrow{\mathrm{OP}} = \begin{pmatrix} x \\ y \\ z \end{pmatrix}.$$

Ist ein Vektor $\vec{v}$ durch einen Pfeil (Repräsentanten) gegeben, der nicht im Koordinatenursprung, sondern in einem Punkt $\mathrm{P}_1\langle x_1|y_1|z_1\rangle$ beginnt und dessen Spitze im Punkt $\mathrm{P}_2\langle x_2|y_2|z_2\rangle$ liegt, so ergeben sich die Komponenten v_x, v_y und v_z des Vektors $\vec{v}$ als Differenzen der Koordinaten der beiden Punkte:

$$\vec{v} = \overrightarrow{\mathrm{P}_1\mathrm{P}_2} = \begin{pmatrix} x_2 - x_1 \\ y_2 - y_1 \\ z_2 - z_1 \end{pmatrix} = \begin{pmatrix} v_x \\ v_y \\ v_z \end{pmatrix}.$$

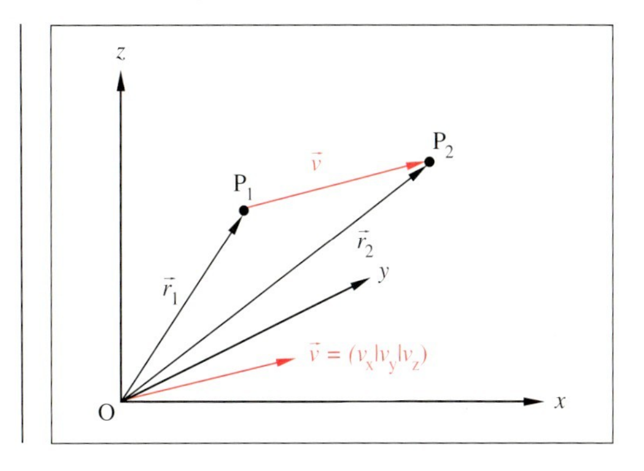

Gleichheit, Addition, Subtraktion und Vielfachbildung von Vektoren

Zwei Vektoren $\vec{v}$ und $\vec{w}$ sind gleich, wenn sie dieselbe Pfeilklasse besitzen. Dann stimmen aber auch die Ortsvektoren und damit ihre Komponenten überein.

Gleichheit von Vektoren:

$$\vec{v} = \vec{w} \quad \Leftrightarrow \quad v_x = w_x \text{ und } v_y = w_y \text{ und } v_z = w_z$$

Aus dem obigen Bild geht hervor, dass der Pfeil $\overrightarrow{\mathrm{OP}_2}$ die geometrische Summe der Pfeile $\overrightarrow{\mathrm{OP}_1}$ und $\overrightarrow{\mathrm{P}_1\mathrm{P}_2}$ ist. Damit ist es gerechtfertigt, dass der Vektor $\vec{r}_2$ als Summe der Vektoren $\vec{r}_1$ und $\vec{v}$ angesehen wird: $\vec{r}_2 = \vec{r}_1 + \vec{v}$.

Der Vektor $\vec{v}$ ergibt sich damit als Differenz der Vektoren $\vec{r}_2$ und $\vec{r}_1$: $\vec{v} = \vec{r}_2 - \vec{r}_1$. Wir sehen, dass die Komponenten des Differenzvektors $\vec{v}$ sich als Differenz der Komponenten der Vektoren $\vec{r}_2$ und $\vec{r}_1$ ergeben.

Damit können wir die Summenbildung und die Differenzbildung von Vektoren auf der Grundlage der Komponentendarstellung erklären:

Summe von Vektoren:

$$\vec{v} + \vec{w} = \begin{pmatrix} v_x \\ v_y \\ v_z \end{pmatrix} + \begin{pmatrix} w_x \\ w_y \\ w_z \end{pmatrix} = \begin{pmatrix} v_x + w_x \\ v_y + w_y \\ v_z + w_z \end{pmatrix}$$

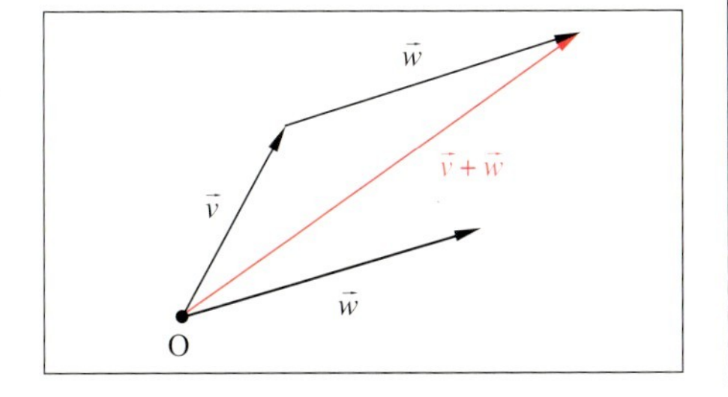

Differenz von Vektoren:

$$\vec{v} - \vec{w} = \begin{pmatrix} v_x \\ v_y \\ v_z \end{pmatrix} - \begin{pmatrix} w_x \\ w_y \\ w_z \end{pmatrix} = \begin{pmatrix} v_x - w_x \\ v_y - w_y \\ v_z - w_z \end{pmatrix}$$

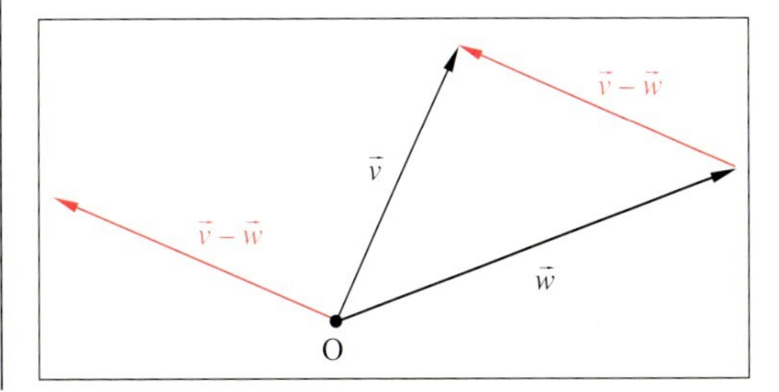

Die Vielfachbildung von Vektoren – also die Multiplikation eines Vektors mit einer natürlichen Zahl – kann man als mehrfache Addition ein und desselben Vektors auffassen.

Beispiel 9.1

Setzen wir ausgehend vom Koordinatenursprung 3-mal ein und denselben Pfeil aneinander, so erhalten wir einen Pfeil gleicher Richtung aber dreifacher Länge. Die Komponenten des neuen Vektors $\vec{w}=3\cdot\vec{v}$ ergeben sich als das Dreifache der Komponenten des Ausgangsvektors $\vec{v}$

$$\vec{w}=3\cdot\vec{v}=3\cdot\begin{pmatrix}v_x\\v_y\\v_z\end{pmatrix}=\begin{pmatrix}3v_x\\3v_y\\3v_z\end{pmatrix}$$

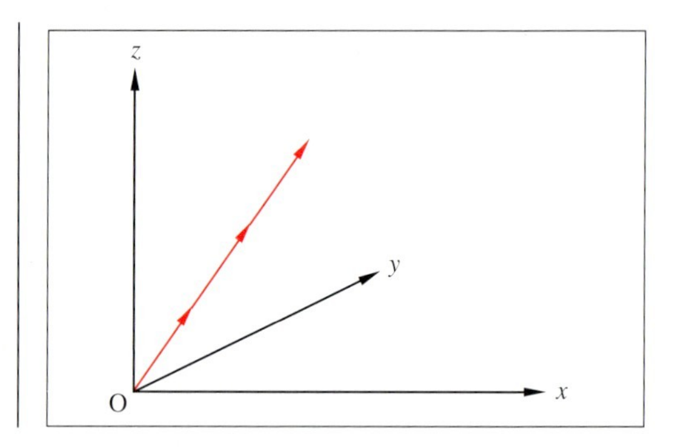

Dieses Ergebnis kann für die Multiplikation von Vektoren mit reellen Zahlen verallgemeinert werden. Man multipliziert also einen Vektor $\vec{v}$ mit einer reellen Zahl c, indem man jede Komponente des Vektors $\vec{v}$ mit c multipliziert. Da der Vektor $\vec{v}$ mit dem „Skalar" c multipliziert wird, spricht man von der **S-Multiplikation**.[1] Es gilt:

$$\vec{w}=c\cdot\vec{v}=c\cdot\begin{pmatrix}v_x\\v_y\\v_z\end{pmatrix}=\begin{pmatrix}cv_x\\cv_y\\cv_z\end{pmatrix}\quad \text{für alle } c\in\mathbb{R}.$$

Spezialfälle ergeben sich bei der Multiplikation eines Vektors mit den Zahlen -1 und 0.

Bei der Multiplikation mit -1 ergibt sich ein Vektor mit gleicher Pfeillänge aber entgegengesetzter Pfeilrichtung, was man aus den Komponenten der beiden Vektoren ablesen kann. Man spricht von **inversen** Vektoren.

$$\vec{v}=\begin{pmatrix}v_x\\v_y\\v_z\end{pmatrix}\quad\Rightarrow\quad -\vec{v}=\begin{pmatrix}-v_x\\-v_y\\-v_z\end{pmatrix}$$

Bei der Multiplikation mit 0 ergibt sich der sog. **Nullvektor**, dessen sämtliche Koordinaten 0 sind. Es ist zweckmäßig, dem Nullvektor **jede** Richtung und **jede** Orientierung zuzuordnen.

$$0\cdot\vec{v}=0\cdot\begin{pmatrix}v_x\\v_y\\v_z\end{pmatrix}=\begin{pmatrix}0\\0\\0\end{pmatrix}=\vec{0}$$

Beispiele 9.2

$$\begin{pmatrix}1\\2\\-3\end{pmatrix}+\begin{pmatrix}4\\-3\\2\end{pmatrix}=\begin{pmatrix}5\\-1\\-1\end{pmatrix};\quad \begin{pmatrix}3\\0\\7\end{pmatrix}-\begin{pmatrix}5\\-6\\7\end{pmatrix}=\begin{pmatrix}-2\\6\\0\end{pmatrix};$$

$$3\cdot\begin{pmatrix}5\\0\\-3\end{pmatrix}=\begin{pmatrix}15\\0\\-9\end{pmatrix};\quad -\begin{pmatrix}5\\-7\\-13\end{pmatrix}=\begin{pmatrix}-5\\7\\13\end{pmatrix};\quad 0\cdot\begin{pmatrix}6\\-2\\0\end{pmatrix}=\begin{pmatrix}0\\0\\0\end{pmatrix}$$

[1] Wohlgemerkt: Man spricht **hier nicht** vom Skalarprodukt, denn dieser Begriff ist mit einer Verknüpfung von zwei Vektoren verbunden, die auf Seite 309 ff. eingeführt wird.

Wie verfährt man nun, wenn die Summe von mehr als zwei Vektoren zu bilden ist? Ist beispielsweise die Summe der drei Vektoren $\vec{u}$, $\vec{v}$ und $\vec{w}$ zu ermitteln, so kann man offensichtlich zunächst die Summe der Vektoren $\vec{u}$ und $\vec{v}$ bilden und erhält einen Vektor $\vec{r}$:

$$\vec{r}=\vec{u}+\vec{v}=\begin{pmatrix}u_x\\u_y\\u_z\end{pmatrix}+\begin{pmatrix}v_x\\v_y\\v_z\end{pmatrix}=\begin{pmatrix}u_x+v_x\\u_y+v_y\\u_z+v_z\end{pmatrix}.$$

Durch Addition der Vektoren $\vec{r}$ und $\vec{w}$ erhält man dann den Summenvektor $\vec{s}$ der drei gegebenen Vektoren $\vec{u}$, $\vec{v}$ und $\vec{w}$:

$$\vec{s}=\vec{u}+\vec{v}+\vec{w}=\vec{r}+\vec{w}=\begin{pmatrix}u_x+v_x\\u_y+v_y\\u_z+v_z\end{pmatrix}+\begin{pmatrix}w_x\\w_y\\w_z\end{pmatrix}=\begin{pmatrix}u_x+v_x+w_x\\u_y+v_y+w_y\\u_z+v_z+w_z\end{pmatrix}.$$

Man erhält also die Komponenten des Summenvektors, indem man die entsprechenden Komponenten der einzelnen Summanden jeweils addiert.

Die geometrische Lösung wird nach der **Polygonregel** durchgeführt, d.h., die den Summanden entsprechenden Pfeile werden beginnend im Koordinatenursprung aneinandergefügt; der Pfeil zum Summenvektor reicht dann vom Ursprung zur Pfeilspitze des zuletzt angefügten Pfeils.

Das Bild deutet das Aneinanderfügen der Pfeile im Raum an. Die Konstruktion kann natürlich nur auf Papier ausgeführt werden, wenn alle Pfeile in einer Ebene liegen und zwar besonders leicht, wenn alle Pfeile beispielsweise in der x-y-Ebene liegen.

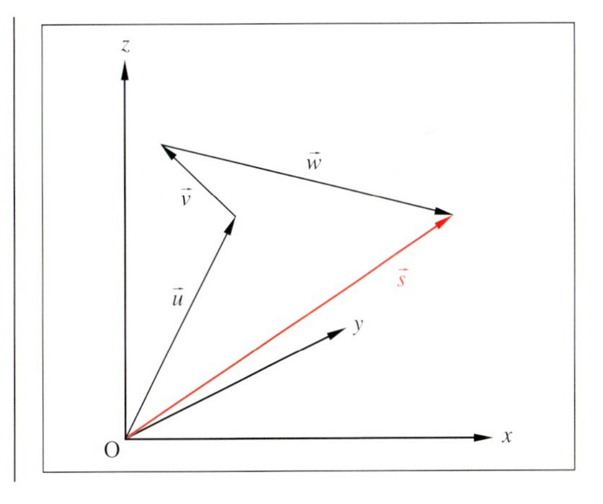

Kollinearität von Vektoren

Beispiel 9.3

Wir betrachten zwei Vektoren $\vec{u}$ und $\vec{v}$, die durch ihre Komponenten gegeben sind.

Die beiden Vektoren können im vorliegenden Fall jeweils als Vielfaches von ein und demselben Vektor $\vec{w}=(-2|8|3)$ geschrieben werden.

$$\vec{u}=\begin{pmatrix}-6\\24\\9\end{pmatrix};\quad \vec{v}=\begin{pmatrix}1\\-4\\-1{,}5\end{pmatrix}$$

$$\vec{u}=3\cdot\begin{pmatrix}-2\\8\\3\end{pmatrix};\quad \vec{v}=\left(-\frac{1}{2}\right)\cdot\begin{pmatrix}-2\\8\\3\end{pmatrix}$$

Jeder Pfeil zum Vektor $\vec{u}$ ist zwar 3-mal so lang wie jeder Pfeil zum Vektor $\vec{w}$, aber alle Pfeile verlaufen parallel und haben dieselbe Orientierung.

Jeder Pfeil zum Vektor $\vec{v}$ ist zwar $\frac{1}{2}$-mal so lang wie jeder Pfeil zum Vektor $\vec{w}$, aber alle Pfeile verlaufen ebenfalls parallel, die Pfeile zum Vektor $\vec{v}$ sind allerdings entgegengesetzt orientiert.

Man sagt: Die Vektoren $\vec{u}$ und $\vec{v}$ sind **kollinear**. Somit beinhaltet **Kollinearität von Vektoren**, dass die Pfeile der beiden zugehörigen Pfeilklassen zueinander parallel sind. Die Orientierung spielt dabei keine Rolle. Algebraisch zeigt sich die Kollinearität zweier Vektoren darin, dass man einen weiteren Vektor $\vec{w}$ so finden kann, dass $\vec{u}$ und $\vec{v}$ jeweils Vielfache von $\vec{w}$ sind.

Der Betrag eines Vektors

Alle Pfeile ein und derselben Pfeilklasse – also alle Pfeile, die zu ein und demselben Vektor $\vec{v}$ gehören – haben die gleiche Längenmaßzahl. Diese Zahl nennt man den **Betrag des Vektors** und schreibt $|\vec{v}|$ oder einfach v. Wir bestimmen $|\vec{v}|$ aus den Komponenten v_x, v_y und v_z des Vektors $\vec{v}$, indem wir mit dem Satz des Pythagoras die Hypotenusen der rechtwinkligen Dreiecke OBC und OAB ausdrücken. Es gilt:

$$|\vec{v}|^2 = d^2 + v_z^2 = v_x^2 + v_y^2 + v_z^2$$

$$\Rightarrow \quad |\vec{v}| = \sqrt{v_x^2 + v_y^2 + v_z^2}$$

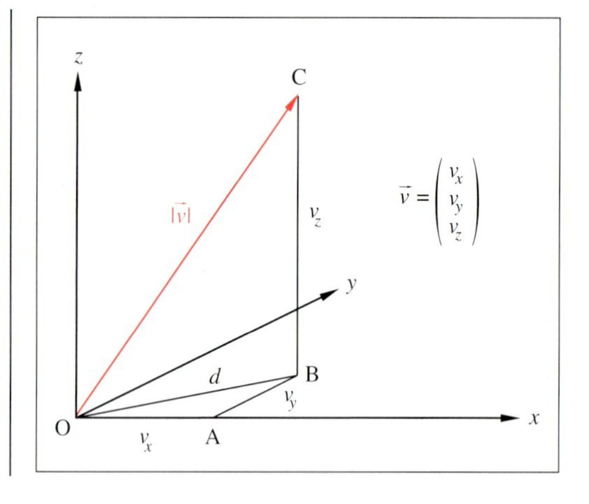

Beispiel 9.4

Für den Vektor $\vec{v} = \begin{pmatrix} -3 \\ 2 \\ 5 \end{pmatrix}$ gilt: $|\vec{v}| = \sqrt{(-3)^2 + 2^2 + 5^2} = \underline{\underline{\sqrt{38}}} \approx \underline{\underline{6{,}16}}$.

Multipliziert man einen Vektor $\vec{v}$ mit dem Kehrwert $\frac{1}{|\vec{v}|}$ seines Betrages, dann erhält man einen zu $\vec{v}$ kollinearen Vektor $\vec{e}$. Wir wollen am Beispiel untersuchen, welchen Betrag $\vec{e}$ hat.

Beispiel 9.5

$$\vec{e} = \frac{1}{|\vec{v}|} \cdot \vec{v} = \frac{1}{\sqrt{38}} \cdot \begin{pmatrix} -3 \\ 2 \\ 5 \end{pmatrix} = \begin{pmatrix} \frac{-3}{\sqrt{38}} \\ \frac{2}{\sqrt{38}} \\ \frac{5}{\sqrt{38}} \end{pmatrix} \quad \Rightarrow \quad |\vec{e}| = \sqrt{\left(\frac{-3}{\sqrt{38}}\right)^2 + \left(\frac{2}{\sqrt{38}}\right)^2 + \left(\frac{5}{\sqrt{38}}\right)^2} = \sqrt{\frac{38}{38}} = \underline{\underline{1}}$$

Der Vektor $\vec{e} = \frac{1}{|\vec{v}|} \cdot \vec{v}$ hat also den Betrag 1. Ein Vektor mit dem Betrag 1 heißt **Einheitsvektor**.

Man kann analog zum Beispiel 9.5 zeigen: Multipliziert man einen beliebigen vom Nullvektor verschiedenen Vektor mit dem Kehrwert seines Betrages, dann ergibt sich stets ein Einheitsvektor. ► Aufgabe 11.

Ein vom Nullvektor verschiedener Vektor $\vec{v}$ bildet mit den Achsen des Koordinatensystems Richtungswinkel α, β und γ, für die die folgenden Beziehungen gelten:

$$\cos\alpha = \frac{v_x}{|\vec{v}|}, \quad \cos\beta = \frac{v_y}{|\vec{v}|}, \quad \cos\gamma = \frac{v_z}{|\vec{v}|}.$$

► Aufgabe 12.

Beispiel 9.6

Für den Vektor $\vec{v} = \begin{pmatrix} -3 \\ 2 \\ 5 \end{pmatrix}$ gilt: $\cos\alpha = \frac{v_x}{|\vec{v}|} = \frac{-3}{\sqrt{38}} \approx -0{,}4867 \quad \Rightarrow \quad \alpha \approx \underline{\underline{119{,}1°}}$.

Basiseinheitsvektoren

Die Vektoren $\vec{i}=\begin{pmatrix}1\\0\\0\end{pmatrix}$, $\vec{j}=\begin{pmatrix}0\\1\\0\end{pmatrix}$ und $\vec{k}=\begin{pmatrix}0\\0\\1\end{pmatrix}$ haben alle den Betrag 1; sie sind also Einheitsvektoren. Bei genauer Betrachtung stellt man fest, dass $\vec{i}$ in Richtung der positiven x-Achse, $\vec{j}$ in Richtung der positiven y-Achse und $\vec{k}$ in Richtung der positiven z-Achse zeigt. Diese drei Einheitsvektoren spannen also das Koordinatensystem auf. Man bezeichnet diese drei Vektoren deshalb häufig auch mit $\vec{e}_x$, $\vec{e}_y$ und $\vec{e}_z$. Mit Hilfe dieser drei Einheitsvektoren kann jeder beliebige Vektor ausgedrückt werden, denn es gilt:

$$\vec{v}=\begin{pmatrix}v_x\\v_y\\v_z\end{pmatrix}=\begin{pmatrix}v_x\\0\\0\end{pmatrix}+\begin{pmatrix}0\\v_y\\0\end{pmatrix}+\begin{pmatrix}0\\0\\v_z\end{pmatrix}=v_x\cdot\begin{pmatrix}1\\0\\0\end{pmatrix}+v_y\cdot\begin{pmatrix}0\\1\\0\end{pmatrix}+v_t\cdot\begin{pmatrix}0\\0\\1\end{pmatrix}=v_z\cdot\vec{i}+v_y\cdot\vec{j}+v_z\cdot\vec{k}.$$

Man sagt: Die Einheitsvektoren $\vec{i}=\begin{pmatrix}1\\0\\0\end{pmatrix}$, $\vec{j}=\begin{pmatrix}0\\1\\0\end{pmatrix}$ und $\vec{k}=\begin{pmatrix}0\\0\\1\end{pmatrix}$ bilden eine **Basis** des dreidimensionalen Raumes.

Beispiel 9.7

Für den Vektor $\vec{v}=\begin{pmatrix}-3\\2\\5\end{pmatrix}$ gilt: $\vec{v}=(-3)\cdot\vec{i}+2\cdot\vec{j}+5\cdot\vec{k}$.

Ein Anwendungsbeispiel zur Vektorrechnung

Beispiel 9.8

Ein Flugzeug wird durch eine Schubkraft von 4,8 kN in konstanter Flughöhe geradlinig angetrieben. Der Wind übt eine gleichbleibende Kraft von ca. 3 kN in einem Winkel von etwa 70° zur Flugrichtung aus. Welche Kraft wirkt insgesamt auf das Flugzeug? Unter welchem Winkel zur gewünschten Flugroute muss Kurs gehalten werden, um an den Zielort zu gelangen? Die Aufgabe soll graphisch und algebraisch gelöst werden.

Wir beginnen mit der graphischen Lösung, weil wir damit gleichzeitig die Anschauung für den algebraischen Lösungsweg erhalten.

Das Problem kann in der Ebene – also mit zweidimensionalen Vektoren – behandelt werden. Der Einfachheit halber legen wir die Wirklinie der Schubkraft auf die y-Achse. Mit einem geeigneten Kräftemaßstab lässt sich die Zeichnung erstellen und das abgemessene Ergebnis zur physikalischen Größe umrechnen. Man erhält:

$F_G \approx 6{,}5$ kN, $|\sphericalangle(\vec{F}_S;\vec{F}_G)| \approx 26°$.

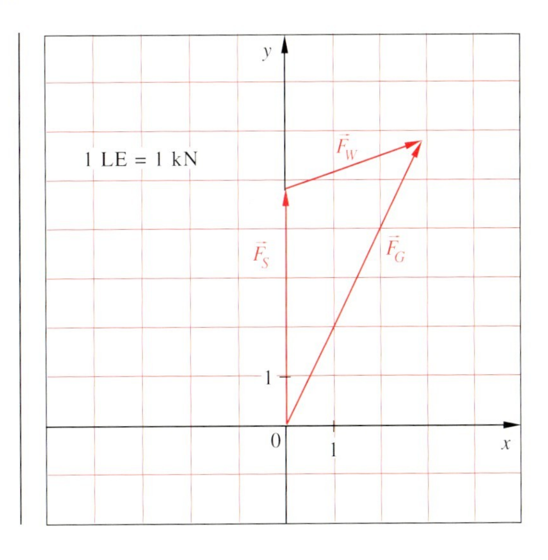

Zur rechnerischen Lösung bestimmen wir die Komponenten der gegebenen Vektoren. Die Komponenten F_{Sx} und F_{Sy} der Schubkraft $\vec{F}_S$ können unmittelbar der Zeichnung entnommen werden.

$F_{Sx}=0\,\text{kN};\ F_{Sx}=4{,}8\,\text{kN}$

$$\Rightarrow \vec{F}_S=\begin{pmatrix}0\\4{,}8\end{pmatrix}\text{kN}$$

Die Komponenten F_{Wx} und F_{Wy} der Windkraft berechnen wir mithilfe der Winkelbeziehungen im rechtwinkligen Steigungsdreieck des Vektors $\vec{F}_W$.

$$F_{Wx}=F_W\cdot\cos(90°-70°)=2{,}82\,\text{kN}$$

$$F_{Wy}=F_W\cdot\sin(90°-70°)=1{,}03\,\text{kN}$$

$$\Rightarrow \vec{F}_W=\begin{pmatrix}2{,}82\\1{,}03\end{pmatrix}\text{kN}$$

Damit können wir die auf das Flugzeug wirkende Gesamtkraft in Komponentenschreibweise ermitteln und den Betrag der Gesamtkraft sowie den durch die Windkraft verursachten Ablenkungswinkel berechnen.

$$\vec{F}_G=\vec{F}_S+\vec{F}_W$$

$$=\begin{pmatrix}0\\4{,}8\end{pmatrix}\text{kN}+\begin{pmatrix}2{,}82\\1{,}03\end{pmatrix}\text{kN}$$

$$=\begin{pmatrix}2{,}82\\5{,}83\end{pmatrix}\text{kN}$$

Insgesamt wirkt auf das Flugzeug eine Kraft von ca. 6,5 kN.

$$|\vec{F}_G|=\sqrt{(2{,}82\,\text{kN})^2+(5{,}83\,\text{kN})^2}=\underline{\underline{6{,}48\,\text{kN}}}$$

Um zum Zielort zu gelangen muss unter einem Winkel von etwa 26° zur eigentlichen Flugroute Kurs gehalten werden.

$$|\sphericalangle(\vec{F}_S;\vec{F}_G)|=\tan^{-1}\left(\frac{F_{Gx}}{F_{Gy}}\right)=\underline{\underline{25{,}8°}}$$

Übungen zu 9.1

1. Welche der physikalischen Größen sind vektoriell, welche skalar?
Geschwindigkeit, Leistung, elektrischer Widerstand, Reibung, Druck, Scherspannung, Dichte

2. Bestimmen Sie die Komponenten des Vektors zu $\overrightarrow{P_1P_2}$.

a) $P_1\langle 2|3\rangle;\ P_2\langle 5|2\rangle$ **b)** $P_1\langle 4|-5\rangle;\ P_2\langle -7|9\rangle$
c) $P_1\langle 1|-4|6\rangle;\ P_2\langle -3|1|-5\rangle$ **d)** $P_1\langle -8|3|-4\rangle;\ P_2\langle 2|-2|4\rangle$

3. Führen Sie zu $\vec{r}=\begin{pmatrix}-1\\3\end{pmatrix}$, $\vec{s}=\begin{pmatrix}2\\4\end{pmatrix}$, $\vec{t}=\begin{pmatrix}3\\-5\\7\end{pmatrix}$, $\vec{u}=\begin{pmatrix}0\\1\\0\end{pmatrix}$, $\vec{v}=\begin{pmatrix}-5\\4\\3\end{pmatrix}$, $\vec{w}=\begin{pmatrix}7\\-9\\1\end{pmatrix}$ folgende Rechnungen aus.

a) $\vec{r}+\vec{s}$ **b)** $\vec{s}-\vec{r}$ **c)** $2\vec{r}+3\vec{s}$ **d)** $4\vec{r}-5\vec{s}$
e) $\vec{t}+\vec{u}+\vec{v}$ **f)** $\vec{u}-\vec{v}+\vec{w}$ **g)** $\vec{t}-\vec{u}-\vec{v}-\vec{w}$ **h)** $2\vec{t}-3\vec{u}+4\vec{v}-5\vec{w}$

4. Zeigen Sie allgemein, dass für die Addition von Vektoren das Assoziativgesetz gilt:
$\vec{u}+\vec{v}+\vec{w}=(\vec{u}+\vec{v})+\vec{w}=\vec{u}+(\vec{v}+\vec{w})$.

5. Die Abbildung zeigt einen Quader mit den Maßen $4\times3\times3$. Ermitteln Sie den Vektor und seinen Betrag.

a) $\overrightarrow{PP_1}$ **b)** $\overrightarrow{PP_2}$ **c)** $\overrightarrow{PP_3}$
d) $\overrightarrow{PP_4}$ **e)** $\overrightarrow{PP_5}$ **f)** $\overrightarrow{PP_6}$
g) $\overrightarrow{P_1P_2}$ **h)** $\overrightarrow{P_1P_3}$ **i)** $\overrightarrow{P_1P_7}$
j) $\overrightarrow{P_2P_3}$ **k)** $\overrightarrow{P_2P_5}$ **l)** $\overrightarrow{P_2P_4}$
m) $\overrightarrow{P_7P_6}$ **n)** $\overrightarrow{P_7P_5}$ **o)** $\overrightarrow{P_7P_1}$

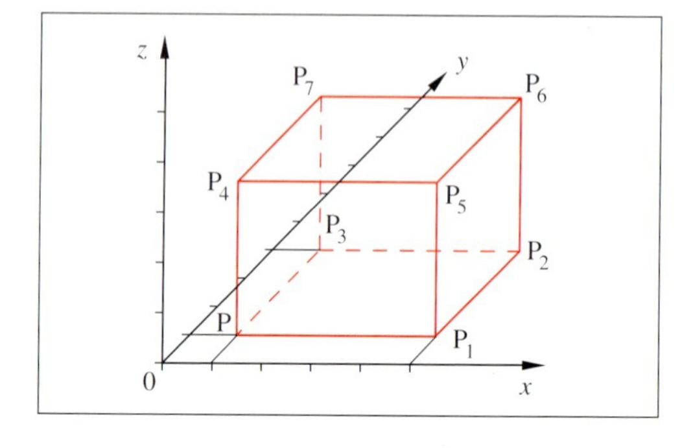

6. Nennen Sie zur nebenstehenden Abbildung fünf Paare kollinearer Vektoren.

7. Bestimmen Sie zeichnerisch und rechnerisch zu den Vektoren

$\vec{r}=\begin{pmatrix}2\\1\end{pmatrix}$, $\vec{s}=\begin{pmatrix}4\\-3\end{pmatrix}$, $\vec{t}=\begin{pmatrix}-1\\5\end{pmatrix}$ und $\vec{u}=\begin{pmatrix}-6\\-8\end{pmatrix}$

den Vektor $\vec{v}$.

a) $\vec{v}=3\cdot\vec{r}$ **b)** $\vec{v}=-2\cdot\vec{s}$ **c)** $\vec{v}=\frac{1}{2}\cdot\vec{t}$

d) $\vec{v}=-\frac{1}{3}\cdot\vec{u}$ **e)** $\vec{v}=|\vec{u}|\cdot\vec{u}$ **f)** $\vec{v}=\frac{1}{|\vec{u}|}\cdot\vec{u}$

8. Gegeben sind: $\vec{r}=\begin{pmatrix}7\\4\\3\end{pmatrix}$, $\vec{s}=\begin{pmatrix}2\\5\\1\end{pmatrix}$ und $\vec{t}=\begin{pmatrix}8\\6\\9\end{pmatrix}$. Berechnen Sie $\vec{x}$.

a) $\vec{x}=2\vec{r}+3\vec{s}$ **b)** $\vec{x}=4\vec{s}-\frac{1}{3}\vec{t}$ **c)** $\vec{x}=\frac{1}{2}(\vec{r}-\vec{t})$

d) $\vec{x}=0{,}25\,\vec{s}-0{,}6(4{,}5\,\vec{r}-8{,}2\,\vec{t})$ **e)** $5\vec{t}-2\vec{x}=9\vec{s}$ **f)** $m(2\vec{x}+3\vec{s})+2n(\vec{t}-2\vec{x})=\vec{0}$

9. Gegeben sind die Vektoren

$\vec{r}=\begin{pmatrix}2\\4\\3\end{pmatrix}$, $\vec{s}=\begin{pmatrix}1\\-5\\8\end{pmatrix}$ und $\vec{t}=\begin{pmatrix}-6\\3\\-3\end{pmatrix}$.

Bestimmen Sie Zahlen k, m und n so, dass die Summe $k\cdot\vec{r}+m\cdot\vec{s}+n\cdot\vec{t}$ den Vektor $\vec{v}$ ergibt.

a) $\vec{v}=\begin{pmatrix}1\\-4\\27\end{pmatrix}$ **b)** $\vec{v}=\begin{pmatrix}-13{,}5\\-0{,}5\\-5\end{pmatrix}$ **c)** $\vec{v}=\begin{pmatrix}18{,}6\\-13\\10{,}7\end{pmatrix}$ **d)** $\vec{v}=\begin{pmatrix}5\\16{,}75\\-3{,}75\end{pmatrix}$

10. Berechnen Sie den Betrag.

a) $\vec{r}=\begin{pmatrix}2\\-1\\4\end{pmatrix}$ **b)** $\vec{s}=\begin{pmatrix}5\\7\\-8\end{pmatrix}$ **c)** $\vec{t}=\begin{pmatrix}-3\\0\\6\end{pmatrix}$ **d)** $\vec{u}=\begin{pmatrix}5\\-5\\2\end{pmatrix}$ **e)** $\vec{v}=\begin{pmatrix}\sqrt{3}\\-3\\\sqrt{5}\end{pmatrix}$

11. Beweisen Sie: Multipliziert man einen beliebigen vom Nullvektor verschiedenen Vektor mit dem Kehrwert seines Betrages, dann ergibt sich stets ein Einheitsvektor (vgl. S. 304).

12. Begründen Sie die Formeln für die Richtungswinkel α, β und γ, die ein vom Nullvektor verschiedener Vektor mit den Achsen des Koordinatensystems bildet.

$\cos\alpha=\frac{v_x}{|\vec{v}|}$, $\cos\beta=\frac{v_y}{|\vec{v}|}$, $\cos\gamma=\frac{v_z}{|\vec{v}|}$

13. Berechnen Sie die Einheitsvektoren, die gleiche Richtung und gleichen Richtungssinn haben wie die Vektoren von Aufgabe 10.

14. Für welche Zahlenwerte von t ist der Vektor ein Einheitsvektor?

a) $\begin{pmatrix}0\\t\\0\end{pmatrix}$ **b)** $\begin{pmatrix}t\\1\\t\end{pmatrix}$ **c)** $\begin{pmatrix}3t\\4t\\0\end{pmatrix}$ **d)** $\begin{pmatrix}t-1\\0\\t\end{pmatrix}$

15. Bestimmen Sie die Variablen so, dass der Betrag des Vektors 5 ist.

a) $\begin{pmatrix}x\\3\\2\sqrt{3}\end{pmatrix}$ **b)** $\begin{pmatrix}-\sqrt{7}\\y\\3\end{pmatrix}$ **c)** $\begin{pmatrix}0\\-4\\z\end{pmatrix}$ **d)** $\begin{pmatrix}t\\2t\\3t\end{pmatrix}$

16. Auf den Schwerpunkt eines Körpers wirken die folgenden Kräfte:

$\vec{F}_1=\begin{pmatrix}20\\10\end{pmatrix}$ N; $\vec{F}_2=\begin{pmatrix}-60\\20\end{pmatrix}$ N; $\vec{F}_3=\begin{pmatrix}30\\50\end{pmatrix}$ N.

Ermitteln Sie zeichnerisch und rechnerisch die Größe und die Richtung der resultierenden Kraft.

17. An einem Lager greifen folgende Kräfte an: $\vec{F}_1=\begin{pmatrix}5\\3\\1\end{pmatrix}$ kN; $\vec{F}_2=\begin{pmatrix}1\\6\\4\end{pmatrix}$ kN; $\vec{F}_3=\begin{pmatrix}2\\1\\2\end{pmatrix}$ kN.

Welche Komponenten muss die Gegenkraft des Lagers haben, damit das Bauteil statisch im Gleichgewicht ist?

18. Der dargestellte Wanddrehkran wird mit einer Kraft von 14 kN belastet. Bestimmen Sie die vektorielle Darstellung der Kräfte, die auf die drei Trag- und Stützprofile wirken. Werden die Profile auf Zug oder auf Druck belastet? Ermitteln Sie die Kräfte auch zeichnerisch.

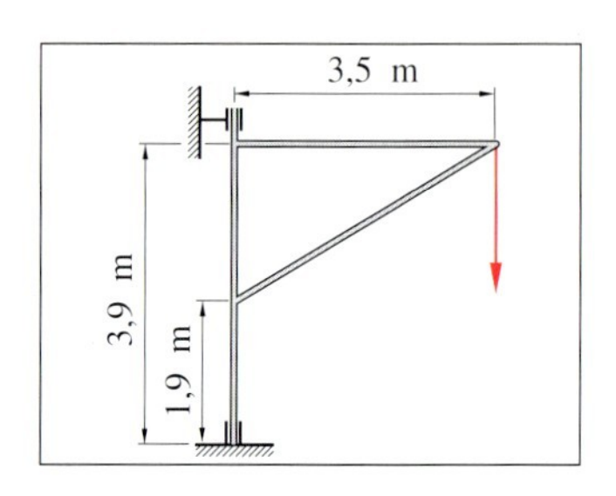

19. Auf einem CNC gesteuerten Bohrautomaten werden pro Werkstück 9 Bohrungen gradlinig hintereinander in gleichen Abständen gefertigt. Durch eine Betriebsstörung sind nur noch die Koordinaten der dritten Bohrung mit $P_3\langle 130|85|115\rangle$ und der achten Bohrung mit $P_8\langle 305|185|190\rangle$ gegeben (Angaben in mm). Berechnen Sie die fehlenden Koordinaten. Welchen Abstand haben die Bohrungen voneinander?

20. Ein Ruderer versucht, mit seinem Boot einen 76 m breiten Fluss auf kürzestem Weg zu überqueren. Er erreicht eine Eigengeschwindigkeit von $v_E = 3{,}8\,\frac{\text{km}}{\text{h}}$. Der Fluss besitzt eine Strömungsgeschwindigkeit von $v_S = 0{,}5\,\frac{\text{m}}{\text{s}}$. Mit welcher Geschwindigkeit und unter welchem Winkel zur beabsichtigten Richtung bewegt sich das Boot? Wie viel m beträgt die Abweichung vom anvisierten Zielpunkt? Welche Zeit wird für die Fahrt benötigt?

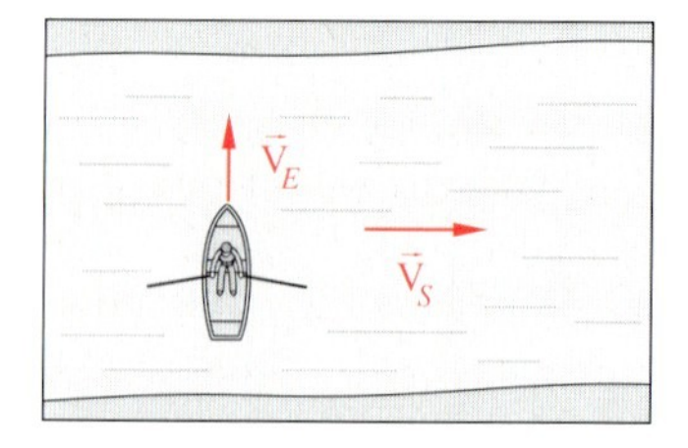

21. Der Grat an einem Gesenkschmiedeteil wird an einer Presse mit einem Abschrotmeißel entfernt. Der Keilwinkel beträgt $\beta = 70°$, die Pressenkraft $F = 380$ N. Ermitteln Sie zeichnerisch und rechnerisch sowohl die Trennkraft als auch die Normalkraft, die auf die Flanken des Meißels wirkt. Wie groß muss der Keilwinkel sein, wenn bei gleicher Pressenkraft die Trennkraft verdoppelt werden soll?

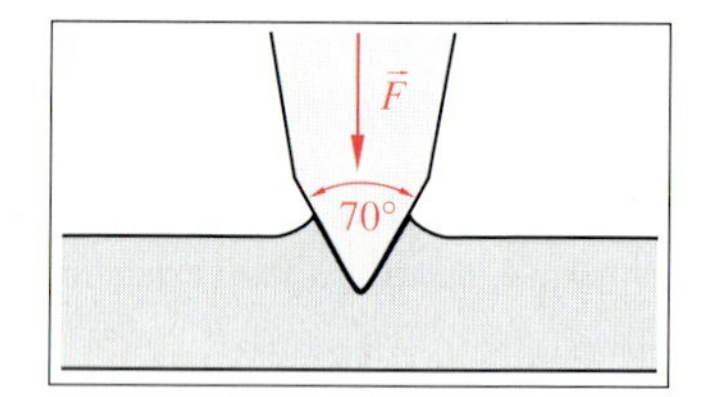

22. Im Apparatebau soll eine Trennwand aus Stahl durch ein numerisch gesteuertes Bolzenschweißgerät mit Befestigungsbolzen bestückt werden. Von der Fläche, die die Form eines Parallelogramms besitzt, sind die Koordinaten von 3 Ecken in m gegeben: $E_1\langle 15|22|3\rangle$; $E_2\langle 25{,}8|25|6{,}6\rangle$; $E_3\langle 17|26|9\rangle$. In 3 zu $\overline{E_1E_2}$ parallelen Reihen sollen jeweils 5 Bolzen in gleichmäßigen Abständen angebracht werden. Berechnen Sie die Koordinaten und die Abstände der Schweißstellen in mm und die Koordinaten von E_4 in m.

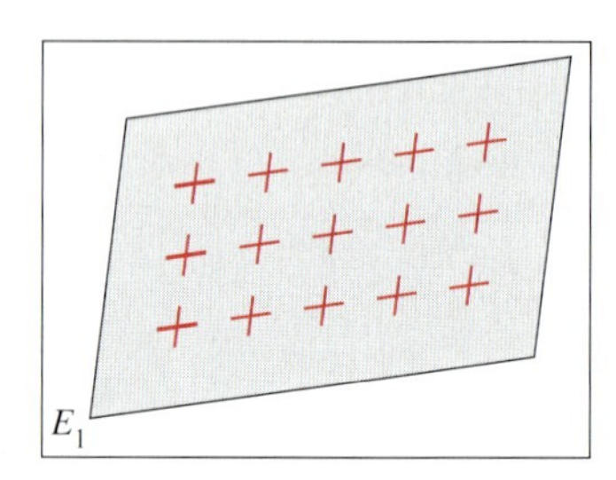

23. Ein Gewindedrehmeißel bewegt sich mit einem Vorschub von 12,5 mm bei einem Drehdurchmesser von 34 mm und einer Schnittgeschwindigkeit von $12\,\frac{\text{m}}{\text{min}}$. Bestimmen Sie zeichnerisch und rechnerisch die Wirkgeschwindigkeit und den Wirkwinkel. Welche Hauptzeit wird für einen Schnitt bei einem 700 mm langen Gewinde benötigt?

24. Die auf der Planscheibe einer Drehmaschine aufgespannten Teile (Werkstück, Spannpratzen, Gegengewichte) bewirken im Betrieb die in der Skizze dargestellten Fliehkräfte $F_1 = 1{,}4$ kN; $F_2 = 0{,}6$ kN; $F_3 = 0{,}9$ kN; $F_4 = 0{,}7$ kN. Bestimmen Sie die Komponenten und den Betrag derjenigen Kraft zeichnerisch und rechnerisch, die auf das Radiallager der Arbeitsspindel wirkt. Bei der vektoriellen Darstellung wird das Koordinatensystem als mit der Planscheibe umlaufend angenommen.

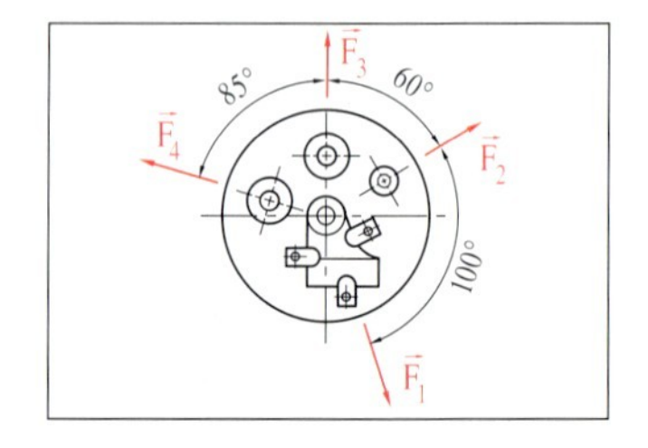

9.2 Das Skalarprodukt und das Vektorprodukt

Das Skalarprodukt zweier Vektoren

In der Physik werden vielfach zwei vektorielle Größen miteinander verknüpft, wobei das Ergebnis kein Vektor, sondern ein Skalar ist. Ein Beispiel ist der physikalische Begriff der mechanischen Arbeit W. Die Arbeit ist eine skalare Größe; sie ist sinnvoll festgelegt als eine spezielle Verknüpfung der vektoriellen Größen Kraft $\vec{F}$ und Weg $\vec{s}$, die man als **Skalarprodukt** bezeichnet: $W = \vec{F} \cdot \vec{s}$.

Anhand des Beispiels der mechanischen Arbeit werden wir im Folgenden diese „Produktbildung" von Vektoren kennenlernen.

Beispiel 9.9

Wirkt auf einen Körper eine konstante Kraft $\vec{F}$ und legt der Körper aufgrund dieser Kraftwirkung den Weg $\vec{s}$ in Richtung der wirkenden Kraft zurück, dann versteht man unter der an dem Körper verrichteten mechanischen Arbeit das Produkt aus den Beträgen $F = |\vec{F}|$ und $s = |\vec{s}|$ der vektorielle Größen Kraft und Weg:

$W = F \cdot s.$

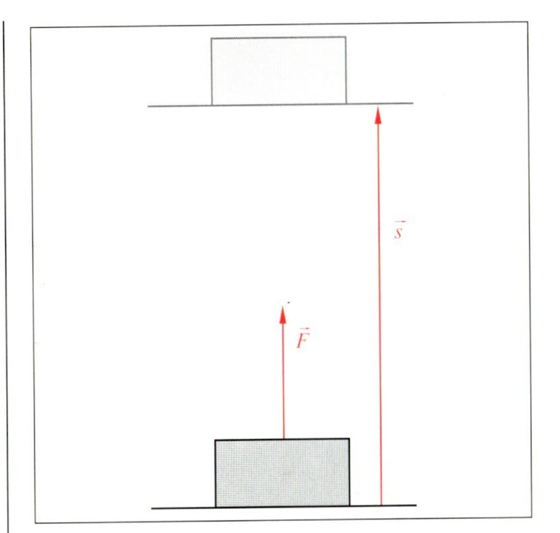

Wird beispielsweise ein Körper mit der Masse $m = 1$ kg angehoben, so ist dazu die Kraft $F = 9{,}81$ N erforderlich. Legt der Körper beim Anheben den Weg $s = 1$ m zurück, so beträgt die verrichtete **Hubarbeit**

$W = F \cdot s = 9{,}81 \text{ N} \cdot 1 \text{ m} = 9{,}81 \text{ Nm}.$

Stimmen Kraft- und Wegrichtung **nicht** überein – wie das beispielsweise der Fall ist, wenn ein Traktor schräg einen Eisenbahnwaggon zieht, der auf einem zur Straße parallelen Gleis läuft –, dann wird die Bewegung nur durch den Anteil der Kraft $\vec{F}$ bewirkt, der in Wegrichtung liegt. Dieser Anteil, den wir mit $\vec{F}_s$ bezeichnen wollen, ist gleich der **Projektion** des Vektors $\vec{F}$ auf die Wegrichtung. Für den Betrag F_s von $\vec{F}_s$ ergibt sich:

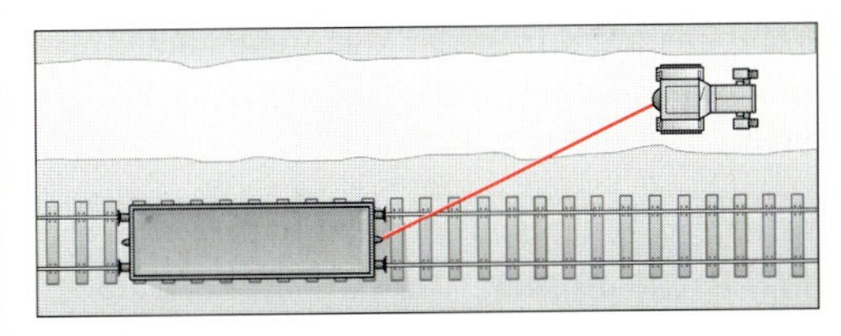

$F_s = |\vec{F}_s| = |\vec{F}| \cdot \cos \alpha$

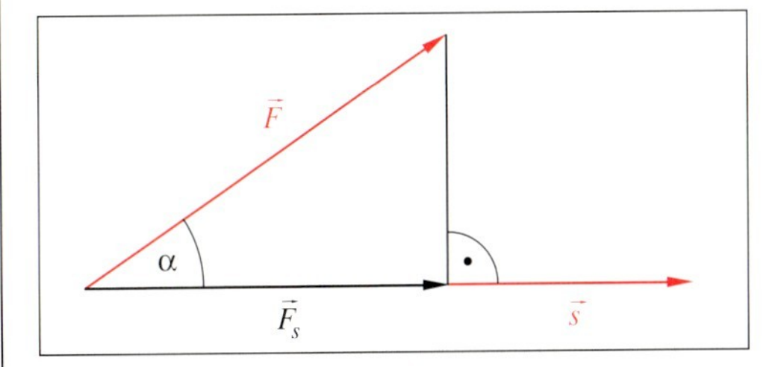

Damit erhalten wir für die Arbeit

$W = |\vec{F}_s| \cdot |\vec{s}| = |\vec{F}| \cdot |\vec{s}| \cdot \cos \alpha.$

Den Ausdruck $|\vec{F}| \cdot |\vec{s}| \cdot \cos \alpha$ nennt man das **Skalarprodukt** der Vektoren $\vec{F}$ und $\vec{s}$.

Skalarprodukt der Vektoren $\vec{F}$ und $\vec{s}$:

$$\vec{F} \cdot \vec{s} = |\vec{F}| \cdot |\vec{s}| \cdot \cos \alpha.$$

Abgeleitet vom physikalischen Begriff der mechanischen Arbeit verallgemeinern wir die derartige Verknüpfung als **Skalarprodukt** für beliebige Vektoren $\vec{u}$ und $\vec{v}$:

$$\vec{u} \cdot \vec{v} = |\vec{u}| \cdot |\vec{v}| \cdot \cos \alpha.$$

Dabei ist α das Maß des Winkels, den zwei in einem Punkt angetragene Repräsentanten der Vektoren $\vec{u}$ und $\vec{v}$ einschließen, wobei gilt:

$$0° \leq \alpha \leq 180°.$$

Einige Eigenschaften des Skalarproduktes können aus der Definitionsgleichung unmittelbar abgelesen werden:

1) Sind die beiden Vektoren **orthogonal**, gilt also $\alpha = 90°$, dann ist $\cos \alpha = 0$. Das Skalarprodukt $\vec{u} \cdot \vec{v}$ ist damit ebenfalls gleich 0. Das Skalarprodukt von Vektoren kann also auch 0 sein, wenn keiner der beiden Vektoren der Nullvektor ist!

2) Sind die beiden Vektoren **kollinear**, dann gilt für einen eingeschlossenen Winkel entweder $\alpha = 0°$ oder $\alpha = 180°$. Wegen $\cos 0° = 1$ und $\cos 180° = -1$ ist

$$\vec{u} \cdot \vec{v} = |\vec{u}| \cdot |\vec{v}| \text{ für } \alpha = 0° \quad \text{und} \quad \vec{u} \cdot \vec{v} = -|\vec{u}| \cdot |\vec{v}| \text{ für } \alpha = 180°.$$

Das Skalarprodukt ist in diesen beiden Fällen betragsmäßig maximal, da $\cos \alpha$ in allen anderen Fällen, also für $0° < \alpha < 180°$, zwischen -1 und 1 liegt.

3) Jeder Vektor ist zu sich selbst kollinear, es gilt also:

$$\vec{v} \cdot \vec{v} = |\vec{v}|^2 = v_x^2 + v_y^2 + v_z^2, \quad \text{also} \quad |\vec{v}| = \sqrt{\vec{v} \cdot \vec{v}} = \sqrt{v_x^2 + v_y^2 + v_z^2}$$

Die Gleichung $\vec{v} \cdot \vec{v} = v_x^2 + v_y^2 + v_z^2$ liefert einen Term für das Skalarprodukt eines Vektors mit sich selbst, der die Komponenten des Vektors enthält. Es wäre vorteilhaft, wenn wir jedes Skalarprodukt $\vec{u} \cdot \vec{v}$ durch die Komponenten der beiden Vektoren $\vec{u}$ und $\vec{v}$ ausdrücken könnten. Dies gelingt mithilfe des Kosinussatzes (s. S. 106).

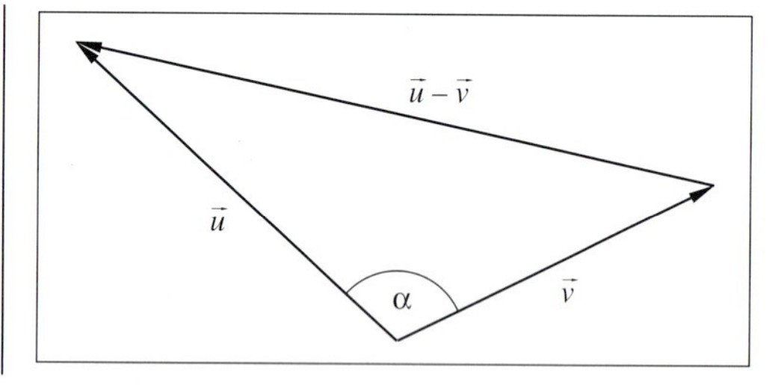

Für das abgebildete Dreieck gilt nach dem Kosinussatz

$$|\vec{u} - \vec{v}|^2 = |\vec{u}|^2 + |\vec{v}|^2 - 2|\vec{u}||\vec{v}|\cos \alpha = |\vec{u}|^2 + |\vec{v}|^2 - 2 \cdot \vec{u} \cdot \vec{v}.$$

Andererseits gilt $\vec{u} - \vec{v} = \begin{pmatrix} u_x - v_x \\ u_y - v_y \\ u_z - v_z \end{pmatrix}$, also:

$$\begin{aligned} |\vec{u} - \vec{v}|^2 &= (u_x - v_x)^2 + (u_y - v_y)^2 + (u_z - v_z)^2 \\ &= (u_x^2 - 2u_x v_x + v_x^2) + (u_y^2 - 2u_y v_y + v_y^2) + (u_z^2 - 2u_z v_z + v_z^2) \\ &= \underbrace{(u_x^2 + u_y^2 + u_z^2)} + \underbrace{(v_x^2 + v_y^2 + v_z^2)} - 2 \cdot (u_x v_x + u_y v_y + u_z v_z) \\ &= \quad |\vec{u}|^2 \quad + \quad |\vec{v}|^2 \quad - 2 \cdot (u_x v_x + u_y v_y + u_z v_z) \end{aligned}$$

Vergleichen wir die letzte Zeile mit dem Ergebnis aus dem Kosinussatz, dann sehen wir:

$$\vec{u} \cdot \vec{v} = u_x v_x + u_y v_y + u_z v_z.$$

Damit haben wir eine sehr einfache Formel für die Berechnung des Skalarprodukts erhalten für den Fall, dass die Komponenten der beiden Vektoren gegeben sind. Insbesondere lässt sich mit dieser Gleichung und der Definitionsgleichung des Skalarproduktes aus den Komponenten das Winkelmaß α bestimmen:

$$\cos\alpha = \frac{\vec{u}\cdot\vec{v}}{|\vec{u}|\cdot|\vec{v}|} = \frac{u_x v_x + u_y v_y + u_z v_z}{|\vec{u}|\cdot|\vec{v}|} = \frac{u_x v_x + u_y v_y + u_z v_z}{\sqrt{u_x^2+u_y^2+u_z^2}\cdot\sqrt{v_x^2+v_y^2+v_z^2}}.$$

Bevor wir die Ergebnisse zusammenfassen, wenden wir sie in vier Beispielen an.

Beispiel 9.10

In einem Braunkohlentageabbau wird die abgebaute Braunkohle aus einer Tiefe von bis zu 300 m durch Förderbänder direkt in ein Kraftwerk transportiert. Ein geradliniges Teilstück von 1050 m Länge führt einen Hang mit dem Steigungswinkel von 15° hinauf. Welche Hubarbeit wird dort an jeder Tonne geförderter Kohle verrichtet?

(Eine Tonne Kohle hat ein Gewicht von 9810 Newton.)

Gegeben:

$F = |\vec{F}| = 9810\ \mathrm{N}$

$s = |\vec{s}| = 1050\ \mathrm{m}$

$\alpha = 90° - 15° = 75°$

Wir berechnen durch Bildung des Skalarprodukts die Hubarbeit:

$W = \vec{F}\cdot\vec{s} = |\vec{F}|\cdot|\vec{s}|\cdot\cos\alpha$

$W = 9810\cdot 1050\cdot\cos 75°\ \mathrm{Nm} \approx \underline{\underline{2{,}666\cdot 10^6\ \mathrm{Nm}}}$

Beispiel 9.11

Welche potentielle Energie hat das Gefährt einer Achterbahn zusätzlich erhalten, wenn es mit der Kraft $\vec{F}$ um die Strecke $\vec{s}$ angehoben wurde?

Die Zunahme der potentiellen Energie ist gleich der verrichteten Hubarbeit, die wir als Skalarprodukt unmittelbar mit den gegebenen Komponentendarstellungen der Vektoren $\vec{F}$ und $\vec{s}$ berechnen können.

Gegeben:

$\vec{F} = \begin{pmatrix} 80 \\ 230 \end{pmatrix}\mathrm{N}, \quad \vec{s} = \begin{pmatrix} 0 \\ 7 \end{pmatrix}\mathrm{m}$

$W = \vec{F}\cdot\vec{s} = \begin{pmatrix} 80 \\ 230 \end{pmatrix}\mathrm{N}\cdot\begin{pmatrix} 0 \\ 7 \end{pmatrix}\mathrm{m}$

$W = 80\ \mathrm{N}\cdot 0\ \mathrm{m} + 230\ \mathrm{N}\cdot 7\ \mathrm{m} = \underline{\underline{1610\ \mathrm{Nm}}}$

Beispiel 9.12

Gegeben sind die Spaltenvektoren

$\vec{u} = \begin{pmatrix} -2 \\ 3 \\ 1 \end{pmatrix}, \quad \vec{v} = \begin{pmatrix} 4 \\ 2t \\ 5 \end{pmatrix}.$

Der Parameter t ist so zu bestimmen, dass die beiden Vektoren orthogonal sind.

Wir berechnen das Skalarprodukt der beiden Vektoren und wenden die Orthogonalitätsbedingung $\vec{u}\cdot\vec{v} = 0$ an.

Skalarprodukt von $\vec{u}$ und $\vec{v}$:

$\vec{u}\cdot\vec{v} = \begin{pmatrix} -2 \\ 3 \\ 1 \end{pmatrix}\cdot\begin{pmatrix} 4 \\ 2t \\ 5 \end{pmatrix}$

$= (-2)\cdot 4 + 3\cdot 2t + 1\cdot 5$

$= 6t - 3$

Orthogonalitätsbedingung:

$\vec{u}\cdot\vec{v} = 6t - 3 = 0 \Leftrightarrow t = \underline{\underline{\tfrac{1}{2}}}$

Beispiel 9.13

Zum Verschweißen von Verstrebungen in den Tragkonstruktionen mehrerer Lagerhallen soll eine Vorrichtung gebaut werden. Die räumliche Ausrichtung zweier Anschläge ist durch die Vektoren $\vec{r}$ und $\vec{s}$ festgelegt, wobei die zweite Komponente s_y von $\vec{s}$ noch zu bestimmen ist und zwar so, dass die Streben einen Winkel von 60° einschließen.

Gegeben:

$$\vec{r}=\begin{pmatrix}2\\-2\\0\end{pmatrix},\quad \vec{s}=\begin{pmatrix}1\\s_y\\-3\end{pmatrix},$$

$$\alpha=|\sphericalangle(\vec{r};\vec{s})|=60°$$

Wir notieren die Gleichung für das Skalarprodukt und schreiben dann auf der linken Seite die Komponentenform.

$$\vec{r}\cdot\vec{s}=|\vec{r}|\cdot|\vec{s}|\cdot\cos\alpha$$

$$r_x s_x+r_y s_y+r_z s_z=|\vec{r}|\cdot|\vec{s}|\cdot\cos\alpha$$

Nach dem Einsetzen der Komponenten, der Beträge und $\frac{1}{2}$ für $\cos 60°$ ergibt sich eine Bestimmungsgleichung für die gesuchte Komponente s_y. Durch das Quadrieren dieser Wurzelgleichung können Scheinlösungen eingeschleppt werden. Es ist also unbedingt eine Probe in der Ausgangsgleichung erforderlich!

$$2-2s_y=\sqrt{8}\cdot\sqrt{10+s_y^2}\cdot\tfrac{1}{2}$$

$$(2-2s_y)^2=8\cdot(10+s_y^2)\cdot\tfrac{1}{4}$$

$$4-8s_y+4s_y^2=20+2s_y^2$$

$$2s_y^2-8s_y-16=0$$

$$s_y^2-4s_y-8=0$$

$$(s_y-2)^2=12$$

Die Gleichung $(s_y-2)^2=12$ besitzt die Lösungen $s_y=2+\sqrt{12}$ und $s_y=2-\sqrt{12}$. Zur Probe setzen wir die beiden Lösungen in die Gleichung $2-2s_y=\sqrt{8}\cdot\sqrt{10+s_y^2}\cdot\frac{1}{2}$ ein.

Probe für $s_y=2+\sqrt{12}$:

$$2-2(2+\sqrt{12})=\sqrt{8}\cdot\sqrt{10+(2+\sqrt{12})^2}\cdot\tfrac{1}{2}$$

$$-2-2\sqrt{12}=\sqrt{8}\cdot\sqrt{10+(2+\sqrt{12})^2}\cdot\tfrac{1}{2}>0$$

► falsche Aussage

Nur der Wert $s_y=2-\sqrt{12}\approx-1{,}46$ ist eine Lösung. Der Vektor $\vec{s}$ hat damit die Darstellung

$$\vec{s}=\begin{pmatrix}1\\-1{,}46\\-3\end{pmatrix}.$$

Probe für $s_y=2-\sqrt{12}$:

$$2-2(2-\sqrt{12})=\sqrt{8}\cdot\sqrt{10+(2-\sqrt{12})^2}\cdot\tfrac{1}{2}$$

$$-2+2\sqrt{12}=\sqrt{8}\cdot\sqrt{10+(2-\sqrt{12})^2}\cdot\tfrac{1}{2}$$

$$4{,}92820324=4{,}92820323\ \text{(TR!)}$$

► wahre Aussage

Merke:

Das **Skalarprodukt** zweier Vektoren $\vec{u}$ und $\vec{v}$ ist das Produkt aus den Beträgen der beiden Vektoren, multipliziert mit dem Kosinus des eingeschlossenen Winkels:

$$\vec{u}\cdot\vec{v}=|\vec{u}|\cdot|\vec{v}|\cdot\cos\alpha\quad(0°\le\alpha\le180°).$$

Sind die Vektoren in ihrer Komponentenform $\vec{u}=\begin{pmatrix}u_x\\u_y\\u_z\end{pmatrix}$ und $\vec{v}=\begin{pmatrix}v_x\\v_y\\v_z\end{pmatrix}$ gegeben, so gilt:

$$\vec{u}\cdot\vec{v}=u_x v_x+u_y v_y+u_z v_z\quad\text{und}\quad\cos\alpha=\frac{u_x v_x+u_y v_y+u_z v_z}{\sqrt{u_x^2+u_y^2+u_z^2}\cdot\sqrt{v_x^2+v_y^2+v_z^2}}.$$

Zwei vom Nullvektor verschiedene Vektoren $\vec{u}$ und $\vec{v}$ sind **orthogonal** genau dann, wenn gilt: $\vec{u}\cdot\vec{v}=0$. Sie sind **kollinear** genau dann, wenn $|\vec{u}\cdot\vec{v}|=|\vec{u}|\cdot|\vec{v}|$.

Das Vektorprodukt

Eine weitere Verknüpfung von Vektoren ist das sog. **Vektorprodukt**. Sie wird so bezeichnet, weil sich hier im Gegensatz zum Skalarprodukt als Ergebnis der Verknüpfung wieder ein Vektor ergibt. Man nennt das Vektorprodukt auch **Kreuzprodukt** oder auch **äußeres Produkt**. Demgegenüber wird das **Skalarprodukt** auch als **inneres Produkt** bezeichnet.

Die neue Verknüpfung zweier Vektoren lernen wir ebenfalls anhand eines Beispiels aus der Physik/Technik kennen.

Beispiel 9.14

In vielen Bereichen der Technik spielt das **Drehmoment** eine große Rolle. Der Technikerausspruch „Drehmoment = Kraft mal Hebelarm" ist nur bedingt richtig. Wie aus dem Bild ersichtlich, ist der Betrag M des Drehmomentes nicht nur abhängig von der Entfernung des Kraftangriffspunktes von der Drehachse, sondern von dem Anteil $\vec{F}_\perp$ der Kraft $\vec{F}$, der rechtwinklig zum Hebelarm wirkt. Bildet der Kraftvektor $\vec{F}$ mit dem Hebelarm einen Winkel mit dem Maß α, so gilt

$$|\vec{F}_\perp| = |\vec{F}| \cdot \sin\alpha$$

und das Drehmoment hat den Betrag

$$M = |\vec{r}| \cdot |\vec{F}_\perp| = |\vec{r}| \cdot |\vec{F}| \cdot \sin\alpha.$$

Nun ist das Drehmoment eine vektorielle Größe. Die Richtung des Drehmoments $\vec{M}$ stimmt mit der Richtung der Drehachse überein; das Drehmoment steht auf der durch die Vektoren $\vec{r}$ und $\vec{F}$ aufgespannten Ebene senkrecht. Die Orientierung von $\vec{M}$ ergibt sich aus der folgenden **Schraubenregel**: Dreht man auf kürzestem Wege $\vec{r}$ nach $\vec{F}$, so bewegt sich das System wie eine rechtsgängige Schraube in Richtung von $\vec{M}$.

Man verwendet als Zeichen für das Vektorprodukt nicht den Multiplikationspunkt, sondern das Zeichen $\times$ und spricht: „Vektor r Kreuz Vektor F".

Beim Vektorprodukt kommt es auf die Reihenfolge der Faktoren an.

Der Betrag des Vektorproduktes ist gleich der Maßzahl des Flächeninhalts A des von den Vektoren $\vec{r}$ und $\vec{F}$ aufgespannten Parallelogramms.

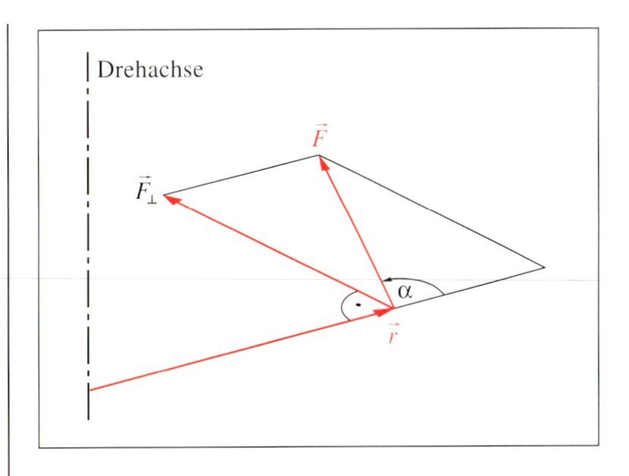

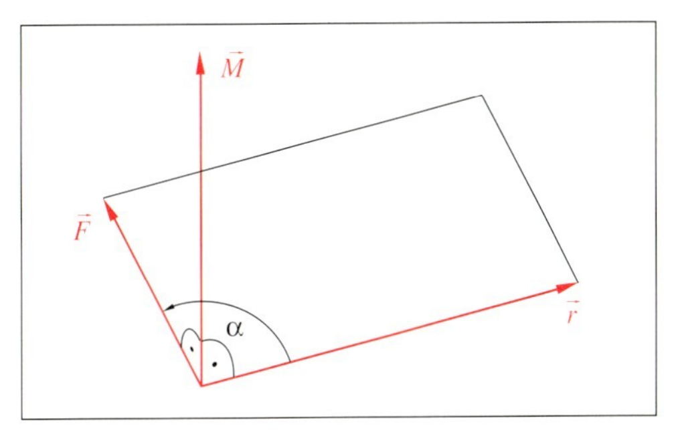

Vektorprodukt der Vektoren $\vec{r}$ und $\vec{F}$:

$$\vec{M} = \vec{r} \times \vec{F} \qquad |\vec{M}| = |\vec{r}| \cdot |\vec{F}| \cdot \sin\alpha$$

Es gilt: $\vec{F} \times \vec{r} = -(\vec{r} \times \vec{F}) = -\vec{M}$.

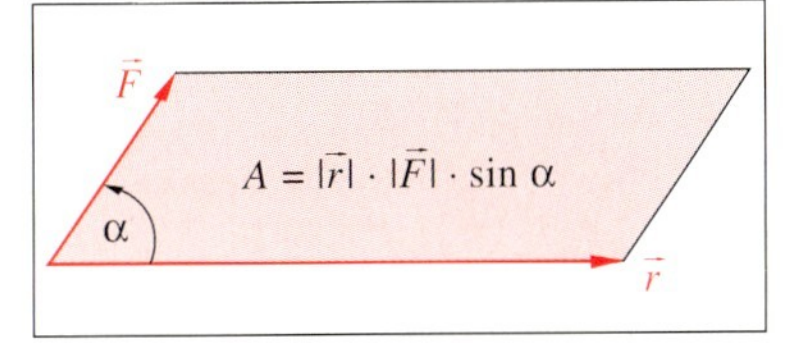

Wirkt die Kraft in Richtung des Hebelarms, so ergibt sich kein Drehmoment; anders ausgedrückt: Das Drehmoment ist in diesem Fall der Nullvektor. Ist also $\alpha = 0°$ oder $\alpha = 180°$, dann sind $\vec{r}$ und $\vec{F}$ **kollinear** und es gilt: $\vec{M} = \vec{r} \times \vec{F} = \vec{0}$. Damit haben wir ein Kriterium zur Überprüfung der Kollinearität von Vektoren erhalten.

Kollinearität von Vektoren $\vec{u}$, $\vec{v} \neq \vec{0}$:

$$\vec{u} \times \vec{v} = \vec{0} \quad \Leftrightarrow \quad \vec{u} = a \cdot \vec{v} \quad (a \in \mathbb{R})$$

Der Vektor $\vec{w} = \vec{u} \times \vec{v}$ ist nach Definition des Vektorproduktes orthogonal sowohl zum Vektor $\vec{u}$ als auch zum Vektor $\vec{v}$. Aus dieser Bedingung kann mithilfe des Orthogonalitätskriteriums des Skalarproduktes – dieses wird bekanntlich 0 für orthogonale Vektoren – und der Beziehung $|\vec{w}| = |\vec{u}| \cdot |\vec{v}| \cdot \sin \alpha$ die Komponentendarstellung des Vektorproduktes hergeleitet werden.

► Aufgabe 13

Komponentendarstellung des Vektorproduktes der Vektoren $\vec{u} = \begin{pmatrix} u_x \\ u_y \\ u_z \end{pmatrix}$ und $\vec{v} = \begin{pmatrix} v_x \\ v_y \\ v_z \end{pmatrix}$:

$$\vec{u} \times \vec{v} = \begin{pmatrix} u_y v_z - u_z v_y \\ u_z v_x - u_x v_z \\ u_x v_y - u_y v_x \end{pmatrix}$$

Bevor wir die Eigenschaften des Vektorproduktes zusammenfassen, behandeln wir noch eine Beispielaufgabe.

Beispiel 9.15

Es ist zu prüfen, ob die beiden Vektoren

$$\vec{u} = \begin{pmatrix} 2 \\ -3 \\ 1 \end{pmatrix} \quad \text{und} \quad \vec{v} = \begin{pmatrix} 4 \\ 6 \\ -3 \end{pmatrix}$$

kollinear sind.

Ist dies nicht der Fall, so ist der Flächeninhalt A des durch die beiden Vektoren aufgespannten Parallelogramms zu berechnen.

Wir berechnen zunächst das Vektorprodukt:

$$\vec{u} \times \vec{v} = \begin{pmatrix} 2 \\ -3 \\ 1 \end{pmatrix} \times \begin{pmatrix} 4 \\ 6 \\ -3 \end{pmatrix}$$

$$\vec{u} \times \vec{v} = \begin{pmatrix} 9-6 \\ 4+6 \\ 12+12 \end{pmatrix} = \begin{pmatrix} 3 \\ 10 \\ 24 \end{pmatrix} \neq \vec{0}$$

$\Rightarrow$ Die Vektoren sind nicht kollinear.

Für den Flächeninhalt ergibt sich:

$$A = |\vec{u} \times \vec{v}| = \sqrt{3^2 + 10^2 + 24^2} = \underline{\underline{\sqrt{685}}} \approx \underline{\underline{26{,}17}}.$$

Merke:

Das **Vektorprodukt** $\vec{u} \times \vec{v}$ zweier Vektoren $\vec{u}$ und $\vec{v}$ ist ein Vektor, der sowohl zu $\vec{u}$ als auch zu $\vec{v}$ orthogonal ist; seine Orientierung ergibt sich aus der „Schraubenregel“ (s. S. 313).

Für den Betrag des Vektorproduktes gilt:

$$|\vec{u} \times \vec{v}| = |\vec{u}| \cdot |\vec{v}| \cdot \sin \alpha.$$

Sind die Vektoren in ihrer Komponentenform $\vec{u} = \begin{pmatrix} u_x \\ u_y \\ u_z \end{pmatrix}$ und $\vec{v} = \begin{pmatrix} v_x \\ v_y \\ v_z \end{pmatrix}$ gegeben, so gilt:

$$\vec{u} \times \vec{v} = \begin{pmatrix} u_y v_z - u_z v_y \\ u_z v_x - u_x v_z \\ u_x v_y - u_y v_x \end{pmatrix}.$$

Zwei vom Nullvektor verschiedene Vektoren $\vec{u}$ und $\vec{v}$ sind **kollinear** genau dann, wenn gilt: $\vec{u} \times \vec{v} = \vec{0}$.

Übungen zu 9.2

1. Berechnen Sie mit $\vec{r}=\begin{pmatrix}2\\4\\5\end{pmatrix}$; $\vec{s}=\begin{pmatrix}1\\-6\\3\end{pmatrix}$; $\vec{t}=\begin{pmatrix}-2\\8\\-3\end{pmatrix}$; $\vec{u}=\begin{pmatrix}-6\\-9\\1\end{pmatrix}$ die Skalarprodukte.

a) $\vec{r}\cdot\vec{s}$ **b)** $\vec{r}\cdot\vec{t}$ **c)** $\vec{r}\cdot\vec{u}$
d) $\vec{s}\cdot\vec{s}$ **e)** $\vec{r}\cdot\vec{u}+\vec{s}\cdot\vec{u}$ **f)** $\vec{s}\cdot\vec{r}+\vec{s}\cdot\vec{t}+\vec{s}\cdot\vec{u}$

2. Gegeben sind $|\vec{r}|=8$ und $|\vec{s}|=12$; der von den Vektoren eingeschlossene Winkel betrage 120°. Berechnen Sie:
a) $\vec{r}\cdot(\vec{r}+\vec{s})$ **b)** $\vec{s}\cdot(\vec{r}+\vec{s})$ **c)** $(\vec{r}-\vec{s})\cdot\vec{s}$
d) $(\vec{r}+\vec{s})\cdot(\vec{r}+\vec{s})$ **e)** $(\vec{r}+\vec{s})\cdot(\vec{r}-\vec{s})$ **f)** $(\vec{r}-\vec{s})\cdot(\vec{r}-\vec{s})$

3. Bestimmen Sie den Winkel zwischen den Vektoren.
a) $\vec{r}=\begin{pmatrix}-2\\3\end{pmatrix}$; $\vec{s}=\begin{pmatrix}5\\7\end{pmatrix}$ **b)** $\vec{r}=\begin{pmatrix}-4\\9\end{pmatrix}$; $\vec{s}=\begin{pmatrix}8\\6\end{pmatrix}$

c) $\vec{r}=\begin{pmatrix}4\\1\\5\end{pmatrix}$; $\vec{s}=\begin{pmatrix}6\\-2\\9\end{pmatrix}$ **d)** $\vec{r}=\begin{pmatrix}3\\8\\-4\end{pmatrix}$; $\vec{s}=\begin{pmatrix}1\\-5\\6\end{pmatrix}$

4. Bestimmen Sie den Parameter $t\in\mathbb{R}$ so, dass mit $\vec{r}=\begin{pmatrix}7\\t\\2\end{pmatrix}$ und $\vec{s}=\begin{pmatrix}4\\-6\\5\end{pmatrix}$ gilt:

a) $\vec{r}\cdot\vec{s}=21$ **b)** $\vec{r}\cdot\vec{s}=-18$

5. Bestimmen Sie alle Winkel des Dreiecks, das durch die Vektoren eingeschlossen wird.
a) $\vec{r}=\begin{pmatrix}4\\2\end{pmatrix}$; $\vec{s}=\begin{pmatrix}-1\\3\end{pmatrix}$ **b)** $\vec{r}=\begin{pmatrix}5\\6\end{pmatrix}$; $\vec{s}=\begin{pmatrix}3\\-2\end{pmatrix}$

c) $\vec{r}=\begin{pmatrix}-7\\-4\end{pmatrix}$; $\vec{s}=\begin{pmatrix}-5\\5\end{pmatrix}$ **d)** $\vec{r}=\begin{pmatrix}-9\\3\end{pmatrix}$; $\vec{s}=\begin{pmatrix}5\\-1\end{pmatrix}$

6. Berechnen Sie die Zahl $k\in\mathbb{R}$ so, dass die Vektoren orthogonal sind.
a) $\vec{r}=\begin{pmatrix}k\\2\\1\end{pmatrix}$; $\vec{s}=\begin{pmatrix}3\\2k\\k\end{pmatrix}$ **b)** $\vec{r}=\begin{pmatrix}k+2\\5\\k-1\end{pmatrix}$; $\vec{s}=\begin{pmatrix}k-3\\k\\k+4\end{pmatrix}$

c) $\vec{r}=\begin{pmatrix}3k\\2k\\5k\end{pmatrix}$; $\vec{s}=\begin{pmatrix}k+5\\k-2\\k+3\end{pmatrix}$ **d)** $\vec{r}=\begin{pmatrix}2\\k-3\\2\end{pmatrix}$; $\vec{s}=\begin{pmatrix}-1\\k+2\\3\end{pmatrix}$

7. Bestimmen Sie den Punkt P_3 so, dass $\overrightarrow{P_1P_2}$ und $\overrightarrow{P_1P_3}$ orthogonal sind.
a) $P_1\langle 3|1|2\rangle$; $P_2\langle 4|5|3\rangle$; $P_3\langle -2|y|3\rangle$ **b)** $P_1\langle 6|2|-8\rangle$; $P_2\langle 7|-4|-11\rangle$; $P_3\langle 3|5|z\rangle$
c) $P_1\langle 1|5|7\rangle$; $P_2\langle 0|-6|8\rangle$; $P_3\langle x|3|z\rangle$ **d)** $P_1\langle -3|4|-6\rangle$; $P_2\langle 5|3|-9\rangle$; $P_3\langle x|y|z\rangle$

8. Ein Schrägaufzug wird durch ein Drahtseil bewegt. Die Kraft, die über das Seil wirkt, lässt sich in der Form $\vec{F}=(6|2|3)$ kN darstellen. Der tiefste Punkt, den der Aufzug anfährt, hat die Koordinaten $P_0\langle 550|300|150\rangle$, der höchste Punkt ist $P_1\langle 670|350|200\rangle$. Die Angaben der Koordinaten erfolgen in m bezogen auf einen Vermessungspunkt. Welche Arbeit wird bei einer Aufzugsfahrt erbracht?

9. Ein Lastkahn wird in einer Hafenanlage von einer Lokomotive an den Landungssteg einer Firma getreidelt. Die Zugkraft in der Kette ist $\vec{F}=(3{,}3|11{,}5|0{,}6)$ kN, wobei die Wasseroberfläche die x-y-Ebene darstellt. Das Schiff legt einen Weg von 95 m zurück. Der Winkel zwischen der Kette und der Bewegungsrichtung des Schiffes beträgt 12°. Berechnen Sie die durch die Lokomotive aufgewendete Arbeit. Welcher Höhenunterschied besteht bei einer 14 m langen Kette zwischen dem Befestigungspunkt am Schiff und dem an der Lokomotive?

10. Ermitteln Sie die Vektorprodukte $\vec{r} \times \vec{s}$ und $\vec{s} \times \vec{r}$. Berechnen Sie die Beträge der Ausgangsvektoren und der Vektorprodukte.

a) $\vec{r} = \begin{pmatrix} 6 \\ 2 \\ 5 \end{pmatrix}$; $\vec{s} = \begin{pmatrix} -4 \\ 3 \\ 1 \end{pmatrix}$ **b)** $\vec{r} = \begin{pmatrix} -7 \\ 9 \\ -2 \end{pmatrix}$; $\vec{s} = \begin{pmatrix} -8 \\ -5 \\ 10 \end{pmatrix}$

c) $\vec{r} = \begin{pmatrix} 12 \\ -3 \\ 4 \end{pmatrix}$; $\vec{s} = \begin{pmatrix} 1 \\ -7 \\ 2 \end{pmatrix}$ **d)** $\vec{r} = \begin{pmatrix} 3 \\ 8 \\ 6 \end{pmatrix}$; $\vec{s} = \begin{pmatrix} -3 \\ 0 \\ 12 \end{pmatrix}$

11. Berechnen Sie zu den Vektoren von Aufgabe 10a–d die Ausdrücke $(\vec{r} \cdot \vec{r}) \cdot (\vec{r} \times \vec{r})$ und $(\vec{s} \cdot \vec{s}) \cdot (\vec{s} \times \vec{s})$.

12. Prüfen Sie die Vektoren auf Kollinearität
1) durch Bestimmungsgleichungen,
2) mithilfe des Vektorproduktes.

a) $\vec{r} = \begin{pmatrix} -9 \\ 1 \\ -4 \end{pmatrix}$; $\vec{s} = \begin{pmatrix} 5 \\ -3 \\ 8 \end{pmatrix}$ **b)** $\vec{r} = \begin{pmatrix} 4{,}5 \\ -2{,}6 \\ -1{,}8 \end{pmatrix}$; $\vec{s} = \begin{pmatrix} -54 \\ 31{,}2 \\ 21{,}6 \end{pmatrix}$

b) $\vec{r} = \begin{pmatrix} 12 \\ -5 \\ 7 \end{pmatrix}$; $\vec{s} = \begin{pmatrix} -7 \\ 5 \\ -12 \end{pmatrix}$ **d)** $\vec{r} = \begin{pmatrix} -8 \\ 6 \\ 3 \end{pmatrix}$; $\vec{s} = \begin{pmatrix} 20 \\ -15 \\ k \end{pmatrix}$

13. Leiten Sie die Komponentendarstellung des Vektorproduktes her. Verwenden Sie dabei die Eigenschaft des Vektorproduktes, dass das Vektorprodukt senkrecht auf jedem der Vektoren steht, durch die es gebildet wird, und die Gleichung für den Betrag des Vektorproduktes.

14. Berechnen Sie das Drehmoment in vektorieller Darstellung und als physikalische Größe in Nm. Berechnen Sie ebenso den rechtwinklig zum Hebelarm stehenden Anteil $\vec{F}_{\perp}$ der Kraft $\vec{F}$ in N.

a) $\vec{F} = (3{,}5|1{,}5|2)$ kN; $\vec{r} = (500|200|100)$ mm

b) $\vec{F} = (30|45|-25)$ daN; $\vec{r} = (-40|30|10)$ dm

15. Auf einer Werft soll ein Regenschutz in Form eines Parallelogramms zwischen vier Befestigungspunkten gespannt werden. Die Punkte besitzen die folgenden Koordinaten (Bezugsmaß: m):

$P_1\langle 4|2|3\rangle$; $P_2\langle 10|6|4\rangle$; $P_3\langle 12|9|6\rangle$; $P_4\langle 6|5|5\rangle$.

Wieviel m^2 Plane sind mindestens erforderlich? Wie lang müssten Drahtseile mindestens sein, die man zur Verstärkung diagonal abspannt?

16. Berechnen Sie vektoriell und betragsmäßig die maximalen Drehmomente, die bei dem Wanddrehkran von Aufgabe 18 (Seite 308) auf alle Profile wirken.

17. Die untere Stückaufnahme eines Förderbandes liegt 1 m über dem Punkt $P_u\langle 7|12|4\rangle$ m des völlig waagerechten Bodens einer Fertigungshalle. Ausgehend von dieser Aufnahme lässt sich die Anordnung und die Länge des Bandes durch den Vektor $\vec{l}\,(3|9|5)$ m beschreiben. Von den größten zu befördernden Teilen mit einer Masse $m = 23$ kg können 8 gleichzeitig befördert werden. Vergleichen Sie die für diesen Fall notwendige maximale Hubarbeit mit der für den gleichen Fall notwendigen Bandantriebsarbeit zur Überwindung der Hangabtriebskräfte. Welche Leistung muss der Motor bei einer Bandgeschwindigkeit von $8\,\frac{\text{m}}{\text{min}}$ mindestens erbringen? Bestimmen Sie die Koordinaten des oberen Werkstückübergabepunktes.

18. Auf den abgebildeten Kolben wirkt in der momentanen Stellung ein Gasdruck von 38 bar. Bestimmen Sie den Kraftvektor in der Pleuelstange. Berechnen Sie den Momentenvektor bezogen auf die Kurbelwelle. Mit welcher Kraft drückt der Kolben gegen die Zylinderwand?

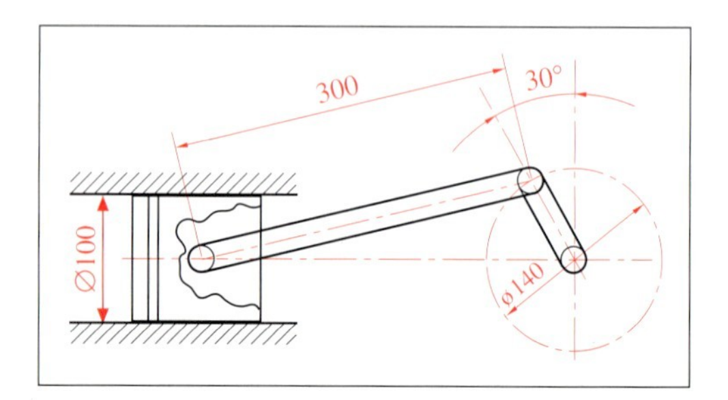

9.3 Lineare Gleichungssysteme

Lineare Unabhängigkeit von Vektoren

Im Rahmen der Behandlung des Skalarproduktes und des Vektorproduktes haben wir jeweils Möglichkeiten gefunden, Paare von Vektoren auf Kollinearität zu überprüfen (vgl. S. 310 u. 314). In der Anwendung – beispielsweise bei der Betrachtung von Kräften in der Mechanik – leisten diese Kriterien gute Dienste. Wir wollen uns an dieser Stelle noch einmal die inhaltliche Bedeutung des Begriffs Kollinearität in Erinnerung rufen. Auf Seite 303 haben wir die Festlegung getroffen, dass zwei Vektoren $\vec{u}$ und $\vec{v}$ kollinear heißen, wenn es einen weiteren Vektor $\vec{w}$ gibt, so dass $\vec{u}$ und $\vec{v}$ jeweils Vielfache von $\vec{w}$ sind. Im Fall der Kollinearität gibt es also zwei von 0 verschiedene reelle Zahlen α und β, so dass gilt:

$$\vec{u}=\alpha\cdot\vec{w} \quad \text{und} \quad \vec{v}=\beta\cdot\vec{w} \quad \text{bzw.} \quad \vec{w}=\frac{1}{\alpha}\cdot\vec{u} \quad \text{und} \quad \vec{w}=\frac{1}{\beta}\cdot\vec{v}.$$

Aus der letzten Beziehung folgt für die kollinearen Vektoren $\vec{u}$ und $\vec{v}$:

$$\frac{1}{\alpha}\cdot\vec{u}=\frac{1}{\beta}\cdot\vec{v}, \quad \text{also} \quad \frac{1}{\alpha}\cdot\vec{u}+\left(-\frac{1}{\beta}\right)\cdot\vec{v}=\vec{0}.$$

Auf der linken Seite der letzten Gleichung steht eine sog. **Linearkombination** der Vektoren $\vec{u}$ und $\vec{v}$; setzen wir $a=\frac{1}{\alpha}$ und $b=-\frac{1}{\beta}$, so besagt die damit entstehende Gleichung

$$a\cdot\vec{u}+b\cdot\vec{v}=\vec{0} \quad (\text{mit } a, b\in\mathbb{R}^*),$$

dass es eine Linearkombination der beiden Vektoren gibt, die gleich dem Nullvektor ist. Man sagt: Die Vektoren $\vec{u}$ und $\vec{v}$ sind **linear abhängig**. Zwei kollineare Vektoren sind also stets linear abhängig.

Der Begriff der linearen Abhängigkeit ist aber etwas weiter gefasst: Gilt $a\cdot\vec{u}+b\cdot\vec{v}=\vec{0}$ im Fall, dass wenigstens einer der Faktoren a oder b von 0 verschieden ist, so sind $\vec{u}$ und $\vec{v}$ linear abhängig. Nehmen wir beispielsweise an, dass $a\neq 0$ gilt, dann kann die Gleichung nach $\vec{u}$ aufgelöst werden, $\vec{u}$ also als Vielfaches von $\vec{v}$ dargestellt werden:

$$\vec{u}=\left(-\frac{b}{a}\right)\cdot\vec{v}.$$

Auf dieser Grundlage eröffnet sich eine einfache Möglichkeit, ein Vektorpaar auf lineare Abhängigkeit zu untersuchen.

Beispiel 9.16 Untersuchung auf lineare Abhängigkeit durch Quotientenbildung

Gegeben sind die Vektoren $\vec{u}$ und $\vec{v}$. Dividieren wir die Komponenten von $\vec{u}$ durch die entsprechenden Komponenten von $\vec{v}$, so ergibt sich jeweils derselbe Quotient $-\frac{1}{2}$. Es gilt also: $\vec{u}=(-\frac{1}{2})\cdot\vec{v}$.

$$\vec{u}=\begin{pmatrix}2\\-5\\1\end{pmatrix}; \quad \vec{v}=\begin{pmatrix}-4\\10\\-2\end{pmatrix}$$

Es gilt: $2:(-4)=(-5):10=1:(-2)=-\frac{1}{2}$

Der Begriff der linearen Abhängigkeit ist auch für mehr als zwei Vektoren sinnvoll. So heißen die drei Vektoren $\vec{u}$, $\vec{v}$, $\vec{w}$ linear abhängig genau dann, wenn es eine Linearkombination der Vektoren mit der Eigenschaft $a\cdot\vec{u}+b\cdot\vec{v}+c\cdot\vec{w}=\vec{0}$ gibt, bei der wenigstens einer der Faktoren a, b, c verschieden von Null ist.

In diesem Fall kann nämlich der entsprechende Vektor als Linearkombination der anderen beiden Vektoren ausgedrückt werden.

Beispiel 9.17 Ist z. B. $c \neq 0$, so folgt $\vec{w} = (-\frac{a}{c}) \cdot \vec{u} + (-\frac{b}{c}) \cdot \vec{v}$.

Folgt nun andererseits aus der Gleichung $a \cdot \vec{u} + b \cdot \vec{v} + c \cdot \vec{w} = \vec{0}$, dass $a = b = c = 0$ gilt, dann heißen die Vektoren $\vec{u}$, $\vec{v}$, $\vec{w}$ **linear unabhängig**. Entsprechend wird der Begriff der linearen Unabhängigkeit für zwei oder mehr als drei Vektoren definiert. Im folgenden Beispiel sollen zwei Vektoren anhand der Definition auf lineare Unabhängigkeit untersucht werden.

Beispiel 9.18

Sind die Vektoren $\vec{u} = \begin{pmatrix} 6 \\ -4 \\ -3 \end{pmatrix}$ und $\vec{v} = \begin{pmatrix} -1 \\ 5 \\ 2 \end{pmatrix}$ linear unabhängig oder linear abhängig?

Wir bilden die Linearkombination $a \cdot \vec{u} + b \cdot \vec{v}$ und schreiben zur Bestimmung der Faktoren a und b die Vektorgleichung $a \cdot \vec{u} + b \cdot \vec{v} = \vec{0}$ ausführlich auf.

$$a \cdot \vec{u} + b \cdot \vec{v} = \vec{0}$$

$$\Rightarrow a \cdot \begin{pmatrix} 6 \\ -4 \\ -3 \end{pmatrix} + b \cdot \begin{pmatrix} -1 \\ 5 \\ 2 \end{pmatrix} = \begin{pmatrix} 0 \\ 0 \\ 0 \end{pmatrix}$$

Man erhält ein **lineares Gleichungssystem** aus drei Gleichungen für die beiden Variablen a und b, auf dessen rechter Seite nur Nullen stehen; man sagt: Das Gleichungssystem ist **homogen**. Ein homogenes lineares Gleichungssystem hat offensichtlich stets den Nullvektor als Lösung.

$$\Rightarrow \begin{cases} 6a - b = 0 & \text{(I)} \\ -4a + 5b = 0 & \text{(II)} \\ -3a + 2b = 0 & \text{(III)} \end{cases}$$

Man erkennt unmittelbar:

$\begin{pmatrix} a \\ b \end{pmatrix} = \begin{pmatrix} 0 \\ 0 \end{pmatrix}$ ist eine Lösung.

Es fragt sich nun, ob noch andere, also vom Nullvektor verschiedene Lösungen existieren. Zur Beantwortung multiplizieren wir Gleichung (I) mit 2, Gleichung (II) mit 3 und Gleichung (III) mit 4 und erhalten so das äquivalente System (I_1), (II_1), (III_1).

$$\left.\begin{matrix} \text{(I)} \\ \text{(II)} \\ \text{(III)} \end{matrix}\right\} \Leftrightarrow \begin{cases} 12a - 2b = 0 & (I_1) \\ -12a + 15b = 0 & (II_1) \\ -12a + 8b = 0 & (III_1) \end{cases}$$

Im zweiten Schritt behalten wir die Gleichung (I_1) bei und addieren diese zu den Gleichungen (II_1) und (III_1). Das äquivalente System (I_2), (II_2), (III_2) hat in der Tat nur die triviale Lösung $a = 0$ und $b = 0$.

$$\left.\begin{matrix} (I_1) \\ (II_1) \\ (III_1) \end{matrix}\right\} \Leftrightarrow \begin{cases} 12a - 2b = 0 & (I_2) \\ 13b = 0 & (II_2) \\ 6b = 0 & (III_2) \end{cases}$$

$$\Leftrightarrow a = 0 \text{ und } b = 0$$

$\vec{u}$ und $\vec{v}$ sind also linear unabhängig.

Beispiel 9.19

Für die Vektoren von Beispiel 9.16 liefert das Verfahren von Beispiel 9.18 das nebenstehende homogene lineare Gleichungssystem. Man erkennt, dass dieses Gleichungssystem nicht nur die triviale Lösung hat, sondern unendlich viele Lösungen besitzt. Die Vektoren sind also in der Tat linear abhängig.

$$a \cdot \vec{u} + b \cdot \vec{v} = \vec{0}$$

$$\Rightarrow \begin{cases} 2a - 4b = 0 & \text{(I)} \\ -5a + 10b = 0 & \text{(II)} \\ a - 2b = 0 & \text{(III)} \end{cases}$$

Alle drei Gleichungen sind äquivalent zu $a = 2b$.

$$\Rightarrow L = \left\{ \begin{pmatrix} a \\ b \end{pmatrix} \middle| \, a, b \in \mathbb{R} \text{ mit } a = 2b \right\}$$

Lösungsverfahren für lineare Gleichungssysteme

Zur Untersuchung von Vektorsystemen auf lineare Unabhängigkeit ist man immer wieder vor die Aufgabe gestellt, lineare Gleichungssysteme zu lösen. Darüber hinaus führt die Modellierung zahlreicher Anwendungen aus den Naturwissenschaften, der Technik und der Wirtschaft direkt auf lineare Gleichungssysteme. An einigen Stellen (vgl. z. B. die Seiten 38 f., 53 f., 68 f., 253) waren wir mit dem Problem der Lösung solcher Systeme bereits konfrontiert. Dabei haben wir als Lösungsverfahren meist das Additionsverfahren angewendet. Andere einfache Verfahren sind das Einsetzungsverfahren und das Gleichsetzungsverfahren. Im Folgenden werden wir zwei weitere Lösungsalgorithmen behandeln. Dazu betrachten wir zunächst ein Beispiel aus der Statik.

Beispiel 9.20

Auf das Auflager B des skizzierten Konsolträgers wirken über zwei Stäbe die Stabkräfte S_1 und S_2. Die Gleichgewichtsbedingung ergibt für die Belastung B_x in x-Richtung die Gleichung

$$\sin 30° \cdot S_1 + \sin 50° \cdot S_2 = B_x;$$

für die Belastung B_y in y-Richtung erhalten wir die Gleichung

$$\cos 30° \cdot S_1 + \cos 50° \cdot S_2 = B_y.$$

Aus Festigkeitsgründen sind die höchstzulässigen Belastungen des Lagers mit $B_x = 7$ kN und $B_y = 8$ kN vorgegeben. Setzen wir diese Zahlenwerte und Näherungswerte für die Koeffizienten der Stabkräfte in die Gleichungen ein, so erhalten wir das nebenstehende **inhomogene lineare Gleichungssystem** zur Berechnung der maximal möglichen Stabkräfte S_1 und S_2.

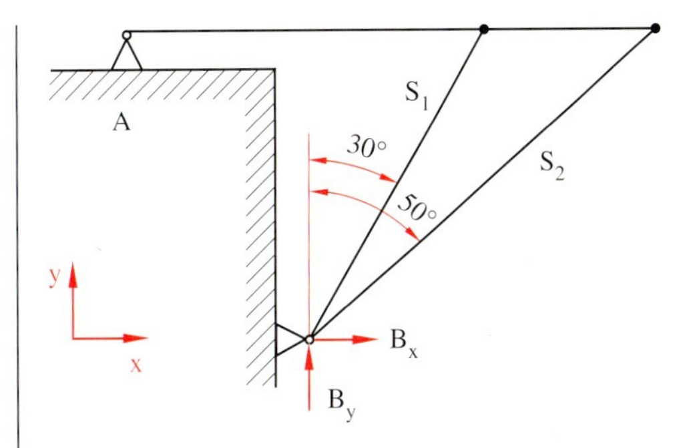

$$0{,}500 \cdot S_1 + 0{,}766 \cdot S_2 = 7 \quad \text{(I)}$$
$$0{,}866 \cdot S_1 + 0{,}643 \cdot S_2 = 8 \quad \text{(II)}$$

Mit z. B. dem Additionsverfahren (vgl. S. 39) erhält man für die maximalen Stabkräfte:

$$S_1 \approx 4{,}8 \text{ kN},$$
$$S_2 \approx 6{,}0 \text{ kN}.$$

Bei der Lösung linearer Gleichungssysteme nach dem Additionsverfahren sind immer wieder dieselben Rechenschritte durchzuführen. Wir untersuchen das Verfahren und die sich ergebenden Lösungen an einem dem obigen Gleichungssystem entsprechenden System, bei dem wir für die Zahlenkoeffizienten Variable schreiben:

$$a_{11}x_1 + a_{12}x_2 = b_1$$
$$a_{21}x_1 + a_{22}x_2 = b_2$$

$$a_{11}x_1 + a_{12}x_2 = b_1 \quad | \cdot a_{22}$$
$$a_{21}x_1 + a_{22}x_2 = b_2 \quad | \cdot (-a_{12})$$
$$\Rightarrow \begin{cases} a_{11}a_{22}x_1 + a_{12}a_{22}x_2 = b_1 a_{22} \\ -a_{12}a_{21}x_1 - a_{12}a_{22}x_2 = -a_{12}b_2 \end{cases}$$
$$\Rightarrow (a_{11}a_{22} - a_{12}a_{21}) \cdot x_1 = b_1 a_{22} - a_{12}b_2$$

$$a_{11}x_1 + a_{12}x_2 = b_1 \quad | \cdot (-a_{21})$$
$$a_{21}x_1 + a_{22}x_2 = b_2 \quad | \cdot a_{11}$$
$$\Rightarrow \begin{cases} -a_{11}a_{21}x_1 - a_{12}a_{21}x_2 = -b_1 a_{21} \\ a_{11}a_{21}x_1 + a_{11}a_{22}x_2 = a_{11}b_2 \end{cases}$$
$$\Rightarrow (a_{11}a_{22} - a_{12}a_{21}) \cdot x_2 = a_{11}b_2 - b_1 a_{21}$$

Damit gilt:

$$\left.\begin{matrix} a_{11}x_1+a_{12}x_2=b_1 \\ a_{21}x_1+a_{22}x_2=b_2 \end{matrix}\right\} \Leftrightarrow \left\{\begin{matrix} (a_{11}a_{22}-a_{12}a_{21})\cdot x_1=b_1a_{22}-a_{12}b_2 \\ (a_{11}a_{22}-a_{12}a_{21})\cdot x_2=a_{11}b_2-b_1a_{21} \end{matrix}\right.$$

Wir bemerken, dass auf der linken Seite des rechten Systems derselbe Faktor $D=a_{11}a_{22}-a_{12}a_{21}$ vorkommt, von dessen Beschaffenheit offensichtlich die Lösbarkeitseigenschaften des Gleichungssystems wesentlich bestimmt werden. Ist $D \neq 0$, so besitzt das rechte System – und damit auch das Ausgangssystem – die einzige Lösung

$$\begin{pmatrix} x_1 \\ x_2 \end{pmatrix} \quad \text{mit} \quad x_1=\frac{b_1a_{22}-a_{12}b_2}{D} \quad \text{und} \quad x_2=\frac{a_{11}b_2-b_1a_{21}}{D}.$$

Die Zahl $D=a_{11}a_{22}-a_{12}a_{21}$ heißt **Determinante** der **Koeffizientenmatrix** $\begin{pmatrix} a_{11} & a_{12} \\ a_{21} & a_{22} \end{pmatrix}$ des Ausgangsgleichungssystems. Man schreibt:

$$D=\begin{vmatrix} a_{11} & a_{12} \\ a_{21} & a_{22} \end{vmatrix}=a_{11}a_{22}-a_{12}a_{21}.$$

Merke:

Die Determinante einer zweireihigen Matrix $\begin{pmatrix} a & b \\ c & d \end{pmatrix}$ wird berechnet, indem man vom Produkt der Elemente a, d der „Hauptdiagonale“ das Produkt der Elemente b, c der „Nebendiagonale“ subtrahiert: $\begin{vmatrix} a & b \\ c & d \end{vmatrix}=ad-bc.$

Beachten wir diesen Sachverhalt, dann stellen wir fest, dass im Zähler der Lösungsterme von x_1 und x_2 ebenfalls Determinanten von speziellen zweireihigen Matrizen stehen; es gilt:

$$D_1=\begin{vmatrix} b_1 & a_{12} \\ b_2 & a_{22} \end{vmatrix}=b_1a_{22}-a_{12}b_2 \quad \text{und} \quad D_2=\begin{vmatrix} a_{11} & b_1 \\ a_{21} & b_2 \end{vmatrix}=a_{11}b_2-b_1a_{21}.$$

Wir können nun mit Hilfe von Determinanten ein systematisches Verfahren zur Bestimmung der Lösungsmenge eines linearen Gleichungssystems aus zwei Gleichungen mit zwei Variablen in übersichtlicher Form angeben. Das Verfahren wird als **Cramer'sche Regel** [1] bezeichnet.

Merke:

Das lineare Gleichungssystem $\begin{bmatrix} a_{11}x_1+a_{12}x_2=b_1 \\ a_{21}x_1+a_{22}x_2=b_2 \end{bmatrix}$ besitzt im Fall $D \neq 0$ die Lösungsmenge $L=\left\{\left(\frac{D_1}{D}\middle|\frac{D_2}{D}\right)\right\}$. Dabei ist die Nennerdeterminante $D=\begin{vmatrix} a_{11} & a_{12} \\ a_{21} & a_{22} \end{vmatrix}=a_{11}a_{22}-a_{12}a_{21}$ die Koeffizientendeterminante; die Zählerdeterminanten $D_1=\begin{vmatrix} b_1 & a_{12} \\ b_2 & a_{22} \end{vmatrix}=b_1a_{22}-a_{12}b_2$ und $D_2=\begin{vmatrix} a_{11} & b_1 \\ a_{21} & b_2 \end{vmatrix}=a_{11}b_2-b_1a_{21}$ erhält man aus der Koeffizientendeterminante, indem man die zu x_1 bzw. x_2 gehörenden Koeffizienten durch die Koeffizienten der rechten Seite des Systems ersetzt.

[1] Gabriel Cramer (1704 – 1752), schweizer. Mathematiker

Wir wenden die Cramer'sche Regel auf das Gleichungssystem

$0{,}500 \cdot S_1 + 0{,}766 \cdot S_2 = 7$ (I)

$0{,}866 \cdot S_1 + 0{,}643 \cdot S_2 = 8$ (II)

von Beispiel 9.20 (Seite 319) an. Das System besitzt die Koeffizientenmatrix

$$\begin{pmatrix} 0{,}500 & 0{,}766 \\ 0{,}866 & 0{,}643 \end{pmatrix};$$

die rechte Seite wird durch den Vektor $\begin{pmatrix} 7 \\ 8 \end{pmatrix}$ gebildet.

$$D = \begin{vmatrix} 0{,}500 & 0{,}766 \\ 0{,}866 & 0{,}643 \end{vmatrix}$$

$$= 0{,}5 \cdot 0{,}643 - 0{,}766 \cdot 0{,}866 = -0{,}3411856$$

$$D_1 = \begin{vmatrix} 7 & 0{,}766 \\ 8 & 0{,}643 \end{vmatrix} = 7 \cdot 0{,}643 - 0{,}766 \cdot 8 = -1{,}627$$

$$D_2 = \begin{vmatrix} 0{,}500 & 7 \\ 0{,}866 & 8 \end{vmatrix} = 0{,}5 \cdot 8 - 7 \cdot 0{,}866 = -2{,}062$$

$$S_1 = \frac{D_1}{D} = \frac{-1{,}627}{-0{,}3411856} \approx 4{,}759314$$

$$S_2 = \frac{D_2}{D} = \frac{-2{,}062}{-0{,}3411856} \approx 6{,}031779$$

Der Begriff der Determinante ist nicht auf zweireihige quadratische Matrizen beschränkt, sondern kann auf beliebige quadratische Matrizen ausgedehnt werden. Der Rechenaufwand steigt allerdings mit zunehmender Anzahl der Zeilen und Spalten sehr stark an. Ist ein lineares Gleichungssystem von drei Gleichungen mit drei Variablen x_1, x_2, x_3 in der Normalform

$$a_{11}x_1 + a_{12}x_2 + a_{13}x_3 = b_1$$
$$a_{21}x_1 + a_{22}x_2 + a_{23}x_3 = b_2$$
$$a_{31}x_1 + a_{32}x_2 + a_{33}x_3 = b_3$$

gegeben, so kann mit Hilfe des Additionsverfahrens analog zum Verfahren für zwei Gleichungen ein äquivalentes System der folgenden Form erzeugt werden, bei dem jede Gleichung wieder nur eine der Variablen enthält:

$$D \cdot x_1 = D_1, \quad D \cdot x_2 = D_2, \quad D \cdot x_3 = D_3.$$

Dabei hat der Faktor D, der in allen drei Gleichungen vorkommt, die Form

$$D = a_{11}a_{22}a_{33} - a_{11}a_{23}a_{32} - a_{21}a_{12}a_{33} + a_{21}a_{13}a_{32} + a_{31}a_{12}a_{23} - a_{31}a_{13}a_{22}.$$

Klammert man aus den ersten beiden Summanden den Faktor a_{11}, aus den nächsten beiden Summanden den Faktor $-a_{21}$ und aus den letzten beiden Summanden den Faktor a_{31} aus, so wird ersichtlich, dass D mittels zweireihiger Determinanten darstellbar ist:

$$D = a_{11}(a_{22}a_{33} - a_{23}a_{32}) - a_{21}(a_{12}a_{33} - a_{13}a_{32}) + a_{31}(a_{12}a_{23} - a_{13}a_{22})$$
$$= a_{11} \cdot \begin{vmatrix} a_{22} & a_{23} \\ a_{32} & a_{33} \end{vmatrix} - a_{21} \cdot \begin{vmatrix} a_{12} & a_{13} \\ a_{32} & a_{33} \end{vmatrix} + a_{31} \cdot \begin{vmatrix} a_{12} & a_{13} \\ a_{22} & a_{23} \end{vmatrix}. \quad (*)$$

Man bezeichnet die Zahl D als Determinante der dreireihigen quadratischen Matrix

$$\begin{pmatrix} a_{11} & a_{12} & a_{13} \\ a_{21} & a_{22} & a_{23} \\ a_{31} & a_{32} & a_{33} \end{pmatrix} \quad \text{und schreibt:} \quad D = \begin{vmatrix} a_{11} & a_{12} & a_{13} \\ a_{21} & a_{22} & a_{23} \\ a_{31} & a_{32} & a_{33} \end{vmatrix}.$$

Mit der Beziehung (*) haben wir eine Möglichkeit erhalten, die Berechnung der Determinante einer dreireihigen Matrix auf die Berechnung von zweireihigen **Unterdeterminanten** zurückzuführen. Man beachte, dass die Unterdeterminanten mit den Koeffizienten der ersten Spalte multipliziert werden, wobei sich die jeweilige Unterdeterminante aus der dreireihigen Determinante durch Streichen der ersten Spalte und durch Streichen derjenigen Zeile, in der der Koeffizient a_{11} bzw. a_{21} bzw. a_{31} steht, ergibt.

Merke:

Entwicklungssatz:

Die Berechnung der dreireihigen Determinante $\begin{vmatrix} a_{11} & a_{12} & a_{13} \\ a_{21} & a_{22} & a_{23} \\ a_{31} & a_{32} & a_{33} \end{vmatrix}$ kann auf die Berechnung zweireihiger Unterdeterminanten zurückgeführt werden. Es gilt:

$$\begin{vmatrix} a_{11} & a_{12} & a_{13} \\ a_{21} & a_{22} & a_{23} \\ a_{31} & a_{32} & a_{33} \end{vmatrix} = a_{11} \cdot \begin{vmatrix} a_{22} & a_{23} \\ a_{32} & a_{33} \end{vmatrix} - a_{21} \cdot \begin{vmatrix} a_{12} & a_{13} \\ a_{32} & a_{33} \end{vmatrix} + a_{31} \cdot \begin{vmatrix} a_{12} & a_{13} \\ a_{22} & a_{23} \end{vmatrix}.$$

Die obige Entwicklung der dreireihigen Determinante erfolgte nach der ersten Spalte. Analog kann man eine dreireihige Determinante auch nach einer anderen Spalte bzw. einer der Zeilen entwickeln. Die folgende Gleichung stellt die Entwicklung nach der zweiten Spalte dar.

$$\begin{vmatrix} a_{11} & a_{12} & a_{13} \\ a_{21} & a_{22} & a_{23} \\ a_{31} & a_{32} & a_{33} \end{vmatrix} = -a_{12} \cdot \begin{vmatrix} a_{21} & a_{23} \\ a_{31} & a_{33} \end{vmatrix} + a_{22} \cdot \begin{vmatrix} a_{11} & a_{13} \\ a_{31} & a_{33} \end{vmatrix} - a_{32} \cdot \begin{vmatrix} a_{11} & a_{13} \\ a_{21} & a_{23} \end{vmatrix}.$$

Das Vorzeichen des Entwicklungskoeffizienten a_{ik} ist bestimmt durch den Ausdruck $(-1)^{i+k}$.

Wir wollen nun noch ein anderes, sehr einprägsames Verfahren zur Berechnung dreireihiger Determinanten kennenlernen. Dazu ordnen wir die Summanden in der Formel

$$D = a_{11} a_{22} a_{33} - a_{11} a_{23} a_{32} - a_{21} a_{12} a_{33} + a_{21} a_{13} a_{32} + a_{31} a_{12} a_{23} - a_{31} a_{13} a_{22}$$

zunächst nach dem Vorzeichen und dann nach aufsteigendem Zeilenindex innerhalb der Produktterme:

$$\begin{aligned} D &= a_{11} a_{22} a_{33} + a_{31} a_{12} a_{23} + a_{21} a_{13} a_{32} - a_{31} a_{13} a_{22} - a_{11} a_{23} a_{32} - a_{21} a_{12} a_{33}, \\ &= a_{11} a_{22} a_{33} + a_{12} a_{23} a_{31} + a_{13} a_{21} a_{32} - a_{13} a_{22} a_{31} - a_{11} a_{23} a_{32} - a_{12} a_{21} a_{33}. \end{aligned}$$

Damit ist ersichtlich, dass eine dreireihige Determinante auch leicht zu bestimmen ist, wenn man an die drei Spalten der Matrix nochmals die ersten beiden Spalten anhängt und in diesem Schema wie folgt rechnet:

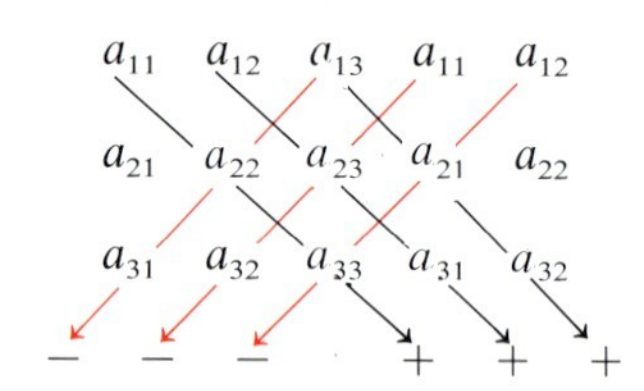

Man bildet – wie durch die Pfeile dargestellt – in dem neuen Schema die Produkte der drei von links oben nach rechts unten verlaufenden Diagonalen und versieht diese mit einem Pluszeichen:

$$+a_{11} a_{22} a_{33}; \quad +a_{12} a_{23} a_{31}; \quad +a_{13} a_{21} a_{32}.$$

Dann bildet man die Produkte der drei von rechts oben nach links unten verlaufenden Diagonalen und versieht diese mit einem Minuszeichen:

$$-a_{13} a_{22} a_{31}; \quad -a_{11} a_{23} a_{32}; \quad -a_{12} a_{21} a_{33}.$$

Die Summe aller sechs Produkte ist dann gleich der gesuchten Determinante. Das Verfahren wird als **Regel von Sarrus** [1] bezeichnet.

[1] Pierre Frédéric Sarrus (1798 – 1861), frz. Mathematiker

Bevor wir uns wieder unserem Gleichungssystem zuwenden, verweisen wir noch auf einen weiteren Zusammenhang. Auf Seite 314 wurde die Komponentendarstellung des Vektorprodukts angegeben. Mit Hilfe der Basiseinheitsvektoren $\vec{i}, \vec{j}, \vec{k}$ (vgl. S. 305) erhält man eine weitere Darstellung:

$$\begin{aligned}\vec{u} \times \vec{v} &= (u_y v_z - u_z v_y)\,\vec{i} + (u_z v_x - u_x v_z)\,\vec{j} + (u_x v_y - u_y v_x)\,\vec{k},\\ &= (u_y v_z - u_z v_y)\,\vec{i} - (u_x v_z - u_z v_x)\,\vec{j} + (u_x v_y - u_y v_x)\,\vec{k}.\end{aligned}$$

Die Differenzen von Komponentenprodukten in den Klammern sind zweireihige Determinanten. Damit kann schließlich das Vektorprodukt als spezielle Determinante geschrieben werden:

$$\vec{u} \times \vec{v} = \vec{i} \cdot \begin{vmatrix} u_y & v_y \\ u_z & v_z \end{vmatrix} - \vec{j} \cdot \begin{vmatrix} u_x & v_x \\ u_z & v_z \end{vmatrix} + \vec{k} \cdot \begin{vmatrix} u_x & v_x \\ u_y & v_y \end{vmatrix} = \begin{vmatrix} \vec{i} & u_x & v_x \\ \vec{j} & u_y & v_y \\ \vec{k} & u_z & v_z \end{vmatrix}.$$

Ergibt sich bei dieser Determinante der Nullvektor, so sind die Vektoren $\vec{u}$ und $\vec{v}$ kollinear, also linear abhängig; andernfalls sind sie linear unabhängig.

Schließlich sei darauf verwiesen, dass die beiden ebenen Vektoren $\begin{pmatrix} u_x \\ u_y \end{pmatrix}$ und $\begin{pmatrix} v_x \\ v_y \end{pmatrix}$ bzw. die drei räumlichen Vektoren $\begin{pmatrix} u_x \\ u_y \\ u_z \end{pmatrix}$, $\begin{pmatrix} v_x \\ v_y \\ v_z \end{pmatrix}$ und $\begin{pmatrix} w_x \\ w_y \\ w_z \end{pmatrix}$ linear unabhängig sind, wenn für die entsprechenden Determinanten gilt:

$$\begin{vmatrix} u_x & v_x \\ u_y & v_y \end{vmatrix} \neq 0 \quad \text{bzw.} \quad \begin{vmatrix} u_x & v_x & w_x \\ u_y & v_y & w_y \\ u_z & v_z & w_z \end{vmatrix} \neq 0.$$

(▶ Aufgaben: S. 327)

Nach diesem kleinen Einblick in die Welt der Determinanten soll abschließend die **Cramer'sche Regel** für das lineare Gleichungssystem

$$\begin{aligned} a_{11}x_1 + a_{12}x_2 + a_{13}x_3 &= b_1 \\ a_{21}x_1 + a_{22}x_2 + a_{23}x_3 &= b_2 \quad (*) \\ a_{31}x_1 + a_{32}x_2 + a_{33}x_3 &= b_3 \end{aligned}$$

formuliert werden:

Merke:

Das lineare Gleichungssystem (*) besitzt im Fall $D \neq 0$ die Lösungsmenge $L = \left\{ \frac{D_1}{D} \middle| \frac{D_2}{D} \middle| \frac{D_3}{D} \right\}$.

Dabei ist die Nennerdeterminante $D = \begin{vmatrix} a_{11} & a_{12} & a_{13} \\ a_{21} & a_{22} & a_{23} \\ a_{31} & a_{32} & a_{33} \end{vmatrix}$ die Koeffizientendeterminante; die Zählerdeterminanten $D_1 = \begin{vmatrix} b_1 & a_{12} & a_{13} \\ b_2 & a_{22} & a_{23} \\ b_3 & a_{32} & a_{33} \end{vmatrix}$, $D_2 = \begin{vmatrix} a_{11} & b_1 & a_{13} \\ a_{21} & b_2 & a_{23} \\ a_{31} & b_3 & a_{33} \end{vmatrix}$, $D_3 = \begin{vmatrix} a_{11} & a_{12} & b_1 \\ a_{21} & a_{22} & b_2 \\ a_{31} & a_{32} & b_3 \end{vmatrix}$ erhält man aus der Koeffizientendeterminante, indem man die zu x_1 bzw. x_2 bzw. x_3 gehörenden Koeffizienten durch die Koeffizienten der rechten Seite des Systems ersetzt.

Die Begründung der Regel kann wie im Fall von zwei Gleichungen erfolgen; wir wenden die Cramer'sche Regel auf ein Beispiel an.

Beispiel 9.21 a Lösung eines Gleichungssystems mit der Cramer'schen Regel

Die Entwicklungsabteilung einer Firma hat bei der Untersuchung einer neuen Regeleinrichtung drei Messpunkte $P_1\langle 2|5\rangle$, $P_2\langle 3|7\rangle$, $P_3\langle 1|3\rangle$ erfasst. Weiterhin ist den Mitarbeitern der Abteilung bekannt, dass die gemessenen Schaltvorgänge in Abhängigkeit einer ganzrationalen Funktion dritten Grades mit dem Term $f(t)=t^3+at^2+bt+c$ zustande kommen. Um die Regeleinrichtung kalibrieren zu können, sind die Koeffizienten a, b und c der spezifischen Funktion zu ermitteln.

Setzt man die Koordinaten der Messpunkte in die Funktionsgleichung ein, so erhält man ein lineares Gleichungssystem.

$$2^3+a\cdot 2^2+b\cdot 2+c=5$$
$$3^3+a\cdot 3^2+b\cdot 3+c=7$$
$$1^3+a\cdot 1^2+b\cdot 1+c=3$$

Wir berechnen die Potenzen und ordnen das Gleichungssystem zur Normalform.

$$\begin{aligned} 4a+2b+c&=-3\\ 9a+3b+c&=-20\\ a+b+c&=2 \end{aligned}$$

Es hat die Koeffizientenmatrix $\begin{pmatrix} 4 & 2 & 1\\ 9 & 3 & 1\\ 1 & 1 & 1 \end{pmatrix}$.

Wir berechnen die Koeffizientendeterminante D mit der Regel von Sarrus.

$$D=\begin{vmatrix} 4 & 2 & 1\\ 9 & 3 & 1\\ 1 & 1 & 1 \end{vmatrix}=12+2+9-3-4-18=-2$$

D ist von 0 verschieden; das Gleichungssystem ist also eindeutig lösbar.

Zur Ermittlung der Lösungen mit der Cramer'schen Regel berechnen wir schließlich die Zählerdeterminanten $D_1=D_a$, $D_2=D_b$ und $D_3=D_c$.

$$D_a=\begin{vmatrix} -3 & 2 & 1\\ -20 & 3 & 1\\ 2 & 1 & 1 \end{vmatrix}=-9+4-20-6+3+20=12$$

$$D_b=\begin{vmatrix} 4 & -3 & 1\\ 9 & -20 & 1\\ 1 & 2 & 1 \end{vmatrix}=-80-3+18+20-8+27=-26$$

$$D_c=\begin{vmatrix} 4 & 2 & -3\\ 9 & 3 & -20\\ 1 & 1 & 2 \end{vmatrix}=24-40-27+9+80-36=10$$

Mit der Cramer'schen Regel folgt:

$$\Rightarrow a=\frac{12}{-2}=\underline{\underline{-6}},\quad b=\frac{-26}{-2}=\underline{\underline{13}},\quad c=\frac{10}{-2}=\underline{\underline{-5}}.$$

Die spezifische Funktion hat damit den Funktionsterm [1]

$f(t)=t^3-6t^2+13t-5.$

Die Cramer'sche Regel gilt analog auch bei größeren linearen Gleichungssystemen. Dabei sind die Determinanten mit Hilfe des Entwicklungssatzes durch drei- oder zweireihige Determinanten auszudrücken. Mit zunehmender Anzahl der Gleichungen steigt aber der Rechenaufwand sprunghaft an, so dass das Verfahren auch bei Nutzung moderner Rechenanlagen nicht effizient ist.

Man muss deshalb für die praktische Lösung größerer linearer Gleichungssysteme – wie sie beispielsweise bei der Berechnung komplexer Konstruktionen in der Statik oder großer elektrischer Netzwerke auftreten – nach anderen systematischen Verfahren suchen, die sich effektiv auf Computern umsetzen lassen. Ein solches Verfahren ist der **Gauß'sche Algorithmus** [2], den wir anhand des oben behandelten Beispiels abschließend demonstrieren wollen.

Die Idee von Gauß war, das in Normalform gegebene Gleichungssystem durch Äquivalenzumformungen schrittweise in ein System mit einer Matrix umzuwandeln, bei der unterhalb der Hauptdiagonalen alle Koeffizienten gleich 0 sind. Dieses System kann dann leicht von unten nach oben aufgelöst werden.

---

[1] Bei solchen Aufgabenstellungen ist die Probe nicht durch Einsetzen in das Gleichungssystem, sondern durch Überprüfung der Messpunkte durchzuführen.

[2] Carl Friedrich Gauß (1777 – 1855), deutscher Mathematiker

Beispiel 9.21 b Lösung eines Gleichungssystems mit dem Gauß'schen Algorithmus

System (I_1), (II_1), (III_1):
Das Anwendungsbeispiel von Seite 324 führt auf das nebenstehende Gleichungssystem (I_0), (II_0), (III_0) in Normalform. In diesem System vertauschen wir die erste und dritte Gleichung. Dieser Umformungsschritt ist im vorliegenden Fall zwar nicht unbedingt erforderlich, er vereinfacht aber etwas die Rechnung.

$$\begin{aligned} 4a+2b+c &= -3 \quad (I_0)\\ 9a+3b+c &= -20 \quad (II_0)\\ a+b+c &= 2 \quad (III_0) \end{aligned}$$

$$\begin{aligned} a+b+c &= 2 \quad (I_1)\\ 9a+3b+c &= -20 \quad (II_1)\\ 4a+2b+c &= -3 \quad (III_1) \end{aligned}$$

System (I_2), (II_2), (III_2):
Die Gleichung (I_1) halten wir fest und bilden eine neue zweite Gleichung (II_2), indem wir das (-9)-fache der Gleichung (I_1) zur Gleichung (II_1) addieren. Im gleichen Schritt bilden wir eine neue dritte Gleichung (III_2), indem wir das (-4)-fache der Gleichung (I_1) zur Gleichung (II_1) addieren.

$$\begin{aligned} a+b+c &= 2 \quad (I_2)\\ -6b-8c &= -38 \quad (II_2)\\ -2b-3c &= -11 \quad (III_2) \end{aligned}$$

System (I_3), (II_3), (III_3):
Um Brüche zu vermeiden, haben wir die letzten beiden Gleichungen vertauscht und durch Multiplikation mit (-1) die Minuszeichen beseitigt.

$$\begin{aligned} a+b+c &= 2 \quad (I_3)\\ 2b+3c &= 11 \quad (II_3)\\ 6b+8c &= 38 \quad (III_3) \end{aligned}$$

System (I_4), (II_4), (III_4):
Die Gleichung (II_3) halten wir ebenfalls fest und bilden eine neue dritte Gleichung (III_4), indem wir das (-3)-fache der Gleichung (II_3) zur Gleichung (III_3) addieren.

$$\begin{aligned} a+b+c &= 2 \quad (I_4)\\ 2b+3c &= 11 \quad (II_4)\\ -c &= 5 \quad (III_4) \end{aligned}$$

Damit haben wir ein zum Ausgangssystem äquivalentes Gleichungssystem erhalten, dessen Koeffizientenmatrix die gewünschte Dreiecksstruktur besitzt. Dieses System kann leicht gelöst werden, indem man mit der letzten Gleichung beginnt, die nur die Variable c enthält. Die vorletzte Gleichung, die nur die Variablen b und c enthält, wird nach b aufgelöst, wobei der vorher aus der letzten Gleichung bestimmte Wert für c eingesetzt wird. Schließlich wird die erste Gleichung nach a aufgelöst, wobei die vorher bestimmten Werte für b und c eingesetzt werden. Der Gauß'sche Algorithmus liefert dieselbe Lösung wie die Cramer'sche Regel.

$$\begin{pmatrix} 1 & 1 & 1\\ 0 & 2 & 3\\ 0 & 0 & -1 \end{pmatrix}$$

$$c = \underline{\underline{-5}}$$

$$b = \frac{11-3c}{2} = \frac{11+15}{2} = \underline{\underline{13}}$$

$$a = 2-b-c = 2-13+5 = \underline{\underline{-6}}$$

Abschließend fassen wir die wesentlichen Rechenschritte des Gauß'schen Algorithmus zusammen.

Merke:

Der Gauß'sche Algorithmus ist in zwei Phasen gegliedert.

1. Phase: Erzeugung der Dreiecksgestalt

Wir nehmen an, dass die ersten i-Zeilen bearbeitet sind, so dass das System in der Form [1]

$$\begin{aligned}
a_{11}x_1+a_{12}x_2+a_{13}x_3+\ldots+ \quad a_{1i}x_i+\ldots+ \quad a_{1n}x_n&=b_1\\
a_{22}x_2+a_{23}x_3+\ldots+ \quad a_{2i}x_i+\ldots+ \quad a_{2n}x_n&=b_2\\
a_{23}x_3+\ldots+ \quad a_{3i}x_i+\ldots+ \quad a_{3n}x_n&=b_3\\
&\vdots\\
a_{ii}x_i+\ldots+ \quad a_{in}x_n&=b_i\\
a_{i+1,i}x_i+\ldots+a_{i+1,n}x_n&=b_{i+1}\\
&\vdots\\
a_{ni}x_i+\ldots+ \quad a_{nn}x_n&=b_n
\end{aligned}$$

vorliegt. Ist $a_{ii}=0$, so ist die i-te Gleichung mit einer der folgenden Gleichungen zu tauschen, in der der entsprechende Koeffizient verschieden von 0 ist.[2] Ist $a_{ii}\neq 0$, dann wird das $\left(-\frac{a_{i+1,i}}{a_{ii}}\right)$-fache der i-ten Gleichung zur $(i+1)$-ten Gleichung addiert, das $\left(-\frac{a_{i+2,i}}{a_{ii}}\right)$-fache der i-ten Gleichung zur $(i+2)$-ten Gleichung addiert, ..., das $\left(-\frac{a_{ni}}{a_{ii}}\right)$-fache der i-ten Gleichung zur n-ten Gleichung addiert. In allen neuen Gleichungen ist der Koeffizient von x_i dann gleich 0. In gleicher Weise verfährt man mit den restlichen Gleichungen, bis schließlich das Dreieckssystem vorliegt.

2. Phase: Rückwärtseinsetzen

Das Dreieckssystem

$$\begin{aligned}
a_{11}x_1+a_{12}x_2+a_{13}x_3+\ldots+ \quad a_{1,n-1}x_{n-1}+ \quad a_{1n}x_n&=b_1\\
a_{22}x_2+a_{23}x_3+\ldots+ \quad a_{2,n-1}x_{n-1}+ \quad a_{2n}x_n&=b_2\\
a_{23}x_3+\ldots+ \quad a_{3,n-1}x_{n-1}+ \quad a_{3n}x_n&=b_3\\
&\vdots\\
a_{n-1,n-1}x_{n-1}+a_{n-1,n}x_n&=b_{n-1}\\
a_{nn}x_n&=b_n
\end{aligned}$$

wird von unten beginnend nacheinander nach $x_n, x_{n-1}, \ldots, x_1$ aufgelöst:

$$x_n=\frac{1}{a_{nn}}\cdot b_n,\quad x_{n-1}=\frac{1}{a_{n-1,n-1}}\cdot(b_{n-1}-a_{n-1,n}x_n),\ \ldots$$

$$x_1=\frac{1}{a_{11}}\cdot(b_1-a_{12}x_2-a_{13}x_3-\ldots-a_{1n}x_n).$$

[1] Wir verwenden der Einfachheit halber für die Koeffizienten immer dieselben Bezeichnungen a bzw. b, obwohl die Zahlenwerte sich bei den Umformungen ständig ändern. Bei der Umsetzung des Algorithmus in ein Computerprogramm werden die Werte ebenfalls in denselben ARRAY-Variablen gespeichert.

[2] Gibt es keine solche Gleichung so bricht das Verfahren ab; es muss dann untersucht werden, ob das System widersprüchlich ist oder unendlich viele Lösungen besitzt.

Übungen zu 9.3

1. Untersuchen Sie das Vektorpaar auf lineare Unabhängigkeit bzw. Abhängigkeit
1) durch Quotientenbildung,
2) durch Berechnung der entsprechenden Determinante.

a) $\vec{r}=\begin{pmatrix}2\\-6\end{pmatrix}$, $\vec{s}=\begin{pmatrix}-0{,}25\\0{,}75\end{pmatrix}$ **b)** $\vec{r}=\begin{pmatrix}-1{,}75\\3{,}25\end{pmatrix}$, $\vec{s}=\begin{pmatrix}1{,}4\\-2{,}6\end{pmatrix}$

c) $\vec{r}=\begin{pmatrix}5{,}5\\-1{,}4\\3{,}9\end{pmatrix}$, $\vec{s}=\begin{pmatrix}-6{,}6\\1{,}7\\-4{,}8\end{pmatrix}$ **d)** $\vec{r}=\begin{pmatrix}12{,}4\\1{,}3\\-8{,}6\end{pmatrix}$, $\vec{s}=\begin{pmatrix}31\\3{,}2\\-21\end{pmatrix}$

2. Bearbeiten Sie die Aufgabenstellung der Übung 1 für die Vektorpaare der Übung 12 von Seite 316.

3. Weisen Sie mit Hilfe der Regel von Sarrus die Übereinstimmung des Kreuzproduktes zweier Vektoren mit der Berechnung der zugehörigen Determinante nach.

4. Lösen Sie die Aufgaben 10 und 11 von Seite 316 mit Hilfe der Koeffizientendeterminante.

5. Prüfen Sie auf lineare Unabhängigkeit durch die Berechnung der zugehörigen Determinante
1) nach der Regel von Sarrus,
2) anhand des Entwicklungssatzes.

a) $\vec{r}=\begin{pmatrix}-3\\5\\-6\end{pmatrix}$, $\vec{s}=\begin{pmatrix}8\\-7\\-4\end{pmatrix}$, $\vec{t}=\begin{pmatrix}-25\\29\\-10\end{pmatrix}$

b) $\vec{r}=\begin{pmatrix}15\\9\\-3\end{pmatrix}$, $\vec{s}=\begin{pmatrix}-6\\14\\4\end{pmatrix}$, $\vec{t}=\begin{pmatrix}-9\\-4\\5\end{pmatrix}$

6. Weisen Sie mit Hilfe der Regel von Sarrus den Entwicklungssatz nach.

7. Gegeben sind die Vektoren

1) $\vec{r}=\begin{pmatrix}9\\-4\\7\end{pmatrix}$, $\vec{s}=\begin{pmatrix}5\\-1\\-3\end{pmatrix}$, $\vec{t}=\begin{pmatrix}1\\2\\k\end{pmatrix}$, $\vec{u}=\begin{pmatrix}4\\15\\-20\end{pmatrix}$.

2) $\vec{r}=\begin{pmatrix}6\\2\\-5\end{pmatrix}$, $\vec{s}=\begin{pmatrix}-2\\k\\6\end{pmatrix}$, $\vec{t}=\begin{pmatrix}-10\\-8\\4\end{pmatrix}$, $\vec{u}=\begin{pmatrix}9\\-3\\-14\end{pmatrix}$.

a) Berechnen Sie mit Hilfe der Determinante zu den Vektoren $\vec{r}$, $\vec{s}$ und $\vec{t}$ den Parameter $k\in\mathbb{R}$, der bei linearer Unabhängigkeit auszuschließen ist.

b) Bestimmen Sie nun für 1) $k=5$ [2) $k=3$] die skalaren Faktoren zu $\vec{r}$, $\vec{s}$, $\vec{t}$, so dass $\vec{u}$ sich als Linearkombination der Vektoren $\vec{r}$, $\vec{s}$ und $\vec{t}$ ergibt. Benutzen Sie dazu die Cramer'sche Regel.

8. Berechnen Sie die Determinante.

a) $\begin{vmatrix}1&-2&-3\\2&4&6\\3&2&3\end{vmatrix}$ **b)** $\begin{vmatrix}-5&-6&3\\1&-4&5\\2&2&3\end{vmatrix}$ **c)** $\begin{vmatrix}7&4&5\\-9&-7&2\\1&-1&9\end{vmatrix}$

d) $\begin{vmatrix}1&1&1\\x&y&z\\x^2&y^2&z^2\end{vmatrix}$ **e)** $\begin{vmatrix}x&0&z\\0&1&0\\\frac{1}{z}&0&\frac{1}{x}\end{vmatrix}$ **f)** $\begin{vmatrix}x&y&z\\y&0&y\\z&y&x\end{vmatrix}$

9. Für welche Werte $k\in\mathbb{R}$ ist die Determinante verschieden von Null?

a) $\begin{vmatrix}2&k\\-5&10\end{vmatrix}$ **b)** $\begin{vmatrix}-k&12\\4&6\end{vmatrix}$ **c)** $\begin{vmatrix}-3&k\\-2k&6\end{vmatrix}$

d) $\begin{vmatrix}4&-8&-2\\9&k&5\\8&-2&3\end{vmatrix}$ **e)** $\begin{vmatrix}1&-1&3\\4&-9&-3\\-k&2&-6\end{vmatrix}$ **f)** $\begin{vmatrix}5&-k&-7\\2&-k&-1\\4&-1&-7\end{vmatrix}$

10. Lösen Sie die Übung 13 von Seite 41 mit Hilfe der Cramer'schen Regel.

11. Bearbeiten Sie die Übung 9 von Seite 307 unter Verwendung der Cramer'schen Regel.

12. Bestimmen Sie die Lösungsmenge des linearen Gleichungssystems
1) nach der Cramer'schen Regel,
2) mit dem Gauß'schen Algorithmus.
Machen Sie gegebenenfalls die Koeffizienten zunächst ganzzahlig.

a) $2x+3y=11$
$-4x+4y=28$

b) $6x-10y=17$
$8{,}2x-3{,}5y=15{,}1$

c) $-x+8y+53=0$
$x-16y-109=0$

d) $x+y=2$
$x-z=-4$
$y-z=-12$

e) $6x+5y+z=-13$
$-x+3y-9z=-32$
$4x-8y-z=9$

f) $3x+4y+5z-93=0$
$2x+4y-6z-82=0$
$x-2y-3z+19=0$

g) $2(x+y)+6z=5+8x$
$10(2z-7)-14x=25(3-3z)-6$
$5z-18y+8x=4(9x+y+7)$

h) $\frac{5}{2}y-\frac{2}{3}(z-x+2)=\frac{3}{5}(6+2x+3y)-z$
$\frac{1}{3}(x-z+y+24)=\frac{3}{2}(z+5y)+x$
$\frac{3}{2}-\frac{2}{5}(y+1)-\frac{1}{3}x=-\frac{1}{2}(x+y)$

13. Der Graph einer Funktion mit dem Term $f(x)=x^3+a_2x^2+a_1x+a_0$ wird von der Geraden zu $g(x)$ an den Stellen x_1, x_2 und x_3 geschnitten. Bestimmen Sie die Koeffizienten a_0, a_1 und a_2 des Funktionsterms $f(x)$ mit Hilfe des Gauß'schen Algorithmus. Geben Sie den Funktionsterm an.

a) $g(x)=2x+3;\ x_1=-3;\ x_2=-1;\ x_3=2$

b) $g(x)=\frac{3}{2}x-3;\ x_1=-2;\ x_2=2;\ x_3=3$

c) $g(x)=-x+\frac{1}{2};\ x_1=-\frac{1}{2};\ x_2=\frac{3}{2};\ x_3=4$

14. Eine Gießerei hat am Lager Schmelzreste von Edelstählen, die zur Herstellung eines Stranggussprofils mit der Masse von 200 kg wieder verwendet werden sollen. Welche Mengen von Charge A mit 5% Cr und 2% Mo, von Charge B mit 1% Cr und 5% Mo und von Charge C mit 2% Cr und 0,5% Mo müssen gemischt werden, um eine Schmelze mit Legierungsanteilen von jeweils 2% zu erhalten?

15. Die nebenstehende Abbildung zeigt eine Abscheidewand in einem Filterbecken mit den zugehörigen Belastungen. Durch Anwendung der Gleichgewichtsbedingungen der Statik ergibt sich das folgende lineare Gleichungssystem.

$a\cdot S_2+a\cdot F_0+a\cdot F_0=0$
$-S_1+F_0=0$
$-S_2+S_3+F_0-F_0=0$

Stellen Sie das System so um, dass nur wenige Schritte des Gauß'schen Algorithmus notwendig sind und berechnen Sie die Stabkräfte S_1, S_2 und S_3 für $a=3{,}5$ m und $F_0=75$ N. In welchen Stäben herrscht Zugbelastung, in welchen Druckbelastung?

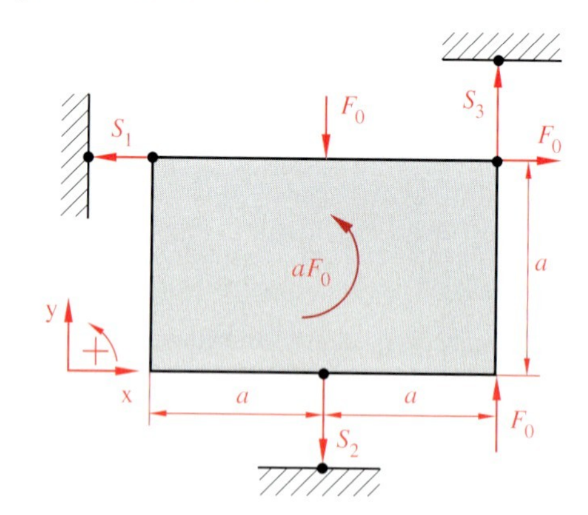

16. Stellt man die Gleichgewichtsbedingungen für die Kräftesummen und die Momentensummen an den drei Knoten des Auslegers auf, so erhält man das lineare Gleichungssystem

I $\quad A_x - S_1 - S_2 \cdot \cos 30° = 0$

$\quad A_y + S_2 \cdot \sin 30° = 0$

II $\quad S_2 \cdot \cos 30° - S_3 \cdot \cos 60° = 0$

$\quad B_y - S_2 \cdot \sin 30° - S_3 \cdot \sin 60° = 0$

III $\quad S_3 \cdot \cos 60° + S_1 = 0$

$\quad S_3 \cdot \sin 60° - F = 0$

Formen Sie das Gleichungssystem so um, dass nur wenige Schritte des Gauß'schen Algorithmus genügen, um mit $A_y = -6\,\text{kN}$, $B_y = 24\,\text{kN}$ und $F = 18\,\text{kN}$ die Stabkräfte S_1, S_2 und S_3 zu berechnen. In welchen Stäben herrscht Zugbelastung, in welchen Druckbelastung?

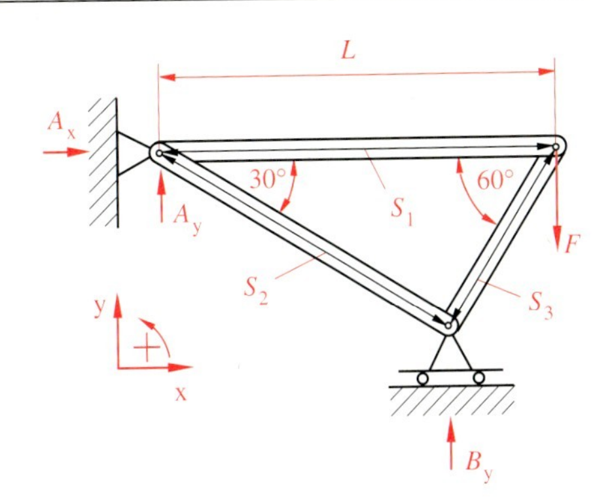

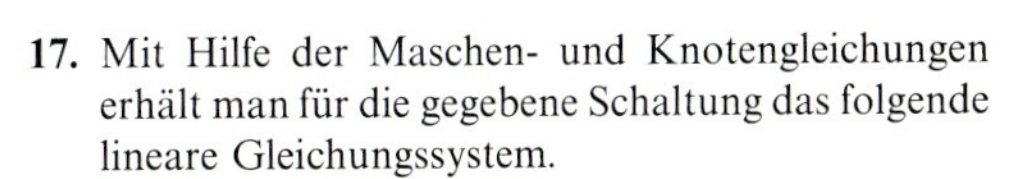

17. Mit Hilfe der Maschen- und Knotengleichungen erhält man für die gegebene Schaltung das folgende lineare Gleichungssystem.

Knotengleichung

K_1: $I = I_1 + I_2$

Maschengleichungen

M_1: $I \cdot R_1 + I_2 \cdot R_3 - U_2 - U_1 = 0$

M_2: $I_2 \cdot R_3 - I_1 \cdot R_2 = 0$

M_3: $I \cdot R_1 + I_1 \cdot R_2 - U_2 - U_1 = 0$

Es sei $U_1 = 40\,\text{V}$, $U_2 = 18\,\text{V}$, $R_1 = 5\,\Omega$, $R_2 = 6\,\Omega$ und $R_3 = 3{,}6\,\Omega$. Bestimmen Sie I, I_1 und I_2, indem Sie das Gleichungssystem ordnen und den Gauß'schen Algorithmus anwenden.

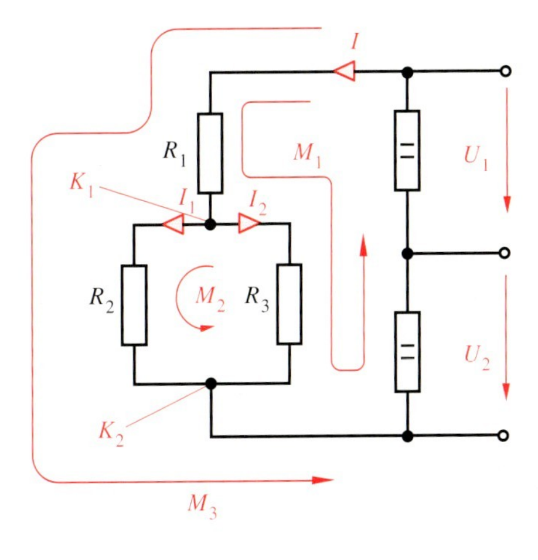

Anhang A Physikalisch-technische Größen und Formeln

Vorsätze zur Kennzeichnung von Teilen oder Vielfachen von Maßeinheiten

Zeichen	Sprechweise	Multiplikator mit der Basiseinheit		Beispiel	
p	Piko	$\frac{1}{1\,000\,000\,000\,000}$	$=10^{-12}$	Pikofarad	pF
n	Nano	$\frac{1}{1\,000\,000\,000}$	$=10^{-9}$	Nanometer	nm
µ	Mikro	$\frac{1}{1\,000\,000}$	$=10^{-6}$	Mikrogramm	µg
m	Milli	$\frac{1}{1000}$	$=10^{-3}$	Milliampere	mA
c	Zenti	$\frac{1}{100}$	$=10^{-2}$	Zentiliter	*cl*
d	dezi	$\frac{1}{10}$	$=10^{-1}$	Dezitonne	dt
da	Deka	10	$=10^{1}$	Dekanewton	daN
h	Hekto	100	$=10^{2}$	Hektopascal	hPa
k	Kilo	1000	$=10^{3}$	Kilowatt	kW
M	Mega	1 000 000	$=10^{6}$	Megahertz	MHz
G	Giga	1 000 000 000	$=10^{9}$	Gigawattstunde	GWh

Basisgrößen und Basiseinheiten des internationalen Einheitensystems (SI) [Auswahl]

Größe Formelzeichen	Einheit Zeichen	Definition der Einheit
Länge l bzw. s	Meter m	Das Meter ist die Länge der Strecke, die Licht im Vakuum während der Dauer von $\frac{1}{299\,792\,458}$ Sekunden durchläuft.
Masse m	Kilogramm kg	Das Kilogramm ist die Masse des internationalen Kilogrammprototyps in Paris.
Temperatur T	Kelvin K	Das Kelvin ist $\frac{1}{273{,}16}$ der thermodynamischen Temperatur des Tripelpunktes des Wassers.
Zeit t	Sekunde s	Die Sekunde ist das 9 192 631 770-fache der Periodendauer der beim Übergang zwischen den beiden Hyperfeinstrukturniveaus des Grundzustandes von Atomen des Nuklids ^{133}Cs entsprechenden Strahlung.
Stromstärke I	Ampere A	Das Ampere ist die Stromstärke eines zeitlich unveränderlichen elektrischen Stromes, der, durch zwei im Vakuum parallel im Abstand von 1 m voneinander angeordneten, unendlich langen Leiter von vernachlässigbar kleinem, kreisförmigem Querschnitt fließend, zwischen diesen Leitern je 1 m Leiterlänge elektrodynamisch die Kraft $0{,}2 \cdot 10^{-6}$ N hervorrufen würde.

Auswahl zusammengesetzter bzw. abgeleiteter Größen und Einheiten

Größe (Erläuterung/Hinweis)	Formel/Zeichen	Einheit
Geschwindigkeit (bei gleichförmiger Bewegung)	$v=\frac{s}{t}$	$\frac{m}{s}$
Beschleunigung (bei gleichmäßig beschleunigter Bewegung)	$a=\frac{v}{t}$	$\frac{m}{s^2}$
Umfangsgeschwindigkeit (speziell: Schnittgeschwindigkeit v_c)	$v=\pi\cdot d\cdot n$	$\frac{m}{min}$
Drehzahl	n	min^{-1}
Kraft (Einheit: Newton [N])	$F=m\cdot a$	$1\,N=1\,\frac{kg\cdot m}{s^2}$
Gewichtskraft (bei Erdbeschleunigung $g=9{,}81\,\frac{m}{s^2}$)	$F_G=m\cdot g$	N
Druck (Einheiten: Pascal [Pa], Bar [bar]; 1 bar $=10^5$ Pa)	$p=\frac{F}{A}$	$1\,Pa=1\,\frac{N}{m^2}$
Federhärte (Verhältnis der Belastung F zum zugehörigen Federweg f. Bei linearem Verhalten heißt c Federkonstante.)	$c=\frac{F}{f}$	$\frac{N}{mm}$
Normalspannung (Zug/Druckspannung; hervorgerufen durch Normalkraft F_N senkrecht zur beanspruchten Fläche A)	$\sigma=\frac{F_N}{A}$	$\frac{N}{mm^2}$
Biegespannung (Verhältnis von Biegemoment M_b und Widerstandsmoment W)	$\sigma_b=\frac{M_b}{W}$	$\frac{N}{mm^2}$
Drehmoment als Vektorprodukt	$\vec{M}=\vec{r}\times\vec{F}$	Nm
Betrag des Drehmoments	$M=r\cdot F\cdot\sin\alpha$	Nm
mechanische Arbeit als Skalarprodukt	$W=\vec{F}\cdot\vec{s}$ $W=F\cdot s\cdot\cos\alpha$	Nm
mechanische Leistung (mit Winkelgeschwindigkeit $\omega=2\pi\cdot n$)	$P=\frac{W}{t}=F\cdot v$ $P=M\cdot\omega$	$\frac{Nm}{s}$
elektrische Ladung	$Q=I\cdot t$	As
elektrische Feldstärke	$E=\frac{F}{Q}$	$\frac{N}{As}$
elektrische Arbeit	$W=U\cdot I\cdot t$	Ws
elektrische Leistung (Einheit: Watt [W])	$P=U\cdot I$	1 W = 1 VA
Ohm'scher Widerstand (eines Drahtes mit der Leitungslänge l, dem konstanten Querschnitt A und dem spezifischen Widerstand ϱ)	$R=\varrho\cdot\frac{l}{A}$	Ω (Ohm)
Ohm'sches Gesetz: In einem geschlossenen Stromkreis sind bei konstantem Widerstand R eines metallischen Leiters die Spannung U und die Stromstärke I zueinander proportional.	$R=\frac{U}{I}$	$1\,\Omega=1\,\frac{V}{A}$
Komplexe Darstellung des Ohm'schen Gesetzes für Wechselstromkreise	$\underline{Z}=\underline{u}/\underline{i}$	$1\,\Omega=1\,\frac{V}{A}$
Frequenz	$F=\frac{1}{T}$	$1\,Hz=1\,\frac{1}{s}$
Periodendauer bzw. Schwingungsdauer	$T=\frac{1}{f}$	s
Kreisfrequenz	$\omega=2\pi\cdot f$	$\frac{1}{s}$
Induktivität einer Spule (Einheit: Henry [H])	L	$1\,H=1\,\frac{Vs}{A}$
Kapazität eines Kondensators (Einheit: Farad [F])	$C=\frac{Q}{U}$	$1\,F=1\,\frac{As}{V}$
Komplexe Widerstände: Ohm'scher Widerstand	$Z=R$	
induktiver Widerstand	$Z=X_L=\omega\cdot L$	
kapazitiver Widerstand	$Z=X_C=\frac{1}{\omega\cdot C}$	

Gleichgewichtsbedingungen der Statik

Ein Kräftesystem ist im Gleichgewicht, wenn die Summe aller Kräfte $\vec{F}_i$ und die Summe aller durch diese Kräfte erzeugten Momente $\vec{M}_i$ verschwindet.

1. Allgemeiner Fall $\sum_i \vec{F}_i = \vec{0}$, $\sum_i \vec{M}_i = \vec{0}$ bzw. in Komponenten[1]:

$$\sum_i F_{i,x} = 0, \; \sum_i F_{i,y} = 0, \; \sum_i F_{i,z} = 0,$$

$$\sum_i M_{i,x} = 0, \; \sum_i M_{i,y} = 0, \; \sum_i M_{i,z} = 0$$

2. Knotengleichungen Bei einem Kräftesystem mit einem gemeinsamen Angriffspunkt gilt:

$$\sum_i \vec{F}_i = \vec{0} \text{ bzw. } \sum_i F_{i,x} = 0, \; \sum_i F_{i,y} = 0, \; \sum_i F_{i,z} = 0$$

Schaltungen von elektrischen Widerständen

Reihenschaltung

Der Gesamtwiderstand einer Reihenschaltung ist gleich der Summe der Teilwiderstände. $R_{\text{ges}} = \sum_i R_i$

Parallelschaltung

Der Kehrwert des Gesamtwiderstandes einer Parallelschaltung ist gleich der Summe der Kehrwerte der Teilwiderstände. $\frac{1}{R_{\text{ges}}} = \sum_i \frac{1}{R_i}$

Knotenpunktgleichung bzw. 1. Kirchhoff'sche Regel

Die Summe der zum Knoten fließenden Ströme ist gleich der Summe der vom Knoten wegfließenden Ströme. $\sum I_{\text{zu}} = \sum I_{\text{ab}}$

Maschengleichung bzw. 2. Kirchhoff'sche Regel

Die auf einem beliebigen geschlossenen Weg in einem Netzwerk gebildete Summe der Teilspannungen ist unter Beachtung der Vorzeichen stets gleich null. $\sum U - \sum I \cdot R = 0$

[1] Je nachdem, ob es sich um räumliche oder ebene Kräftesysteme handelt, können Komponenten entfallen.

Stichwortverzeichnis